CBT 상시시 … 무이한 교재!

"2%의 차이가 당신을 합격의 길로 인도합니다!"

미용사(일반) 국가기술자격 필기시험을 준비하는 수험자가
이 한 권으로 완벽하게 대비하고 합격할 수 있도록 구성한 유일무이한 합격 바이블!
합격에 필요한 모든 것을 드리는 최고의 수험서가 당신을 합격으로 인도합니다!

1 기출문제를 완벽하게 분석한 핵심이론과 과목별로 실력을 점검하는 실전예상문제

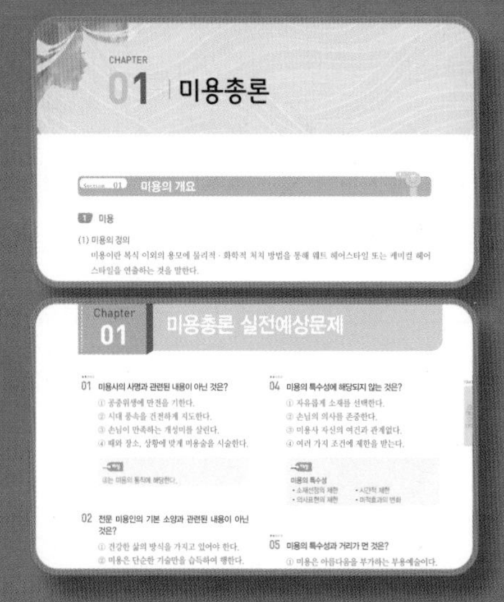
CHAPTER 01 미용총론

Section 01 미용의 개요

1 미용

(1) 미용의 정의
미용이란 복식 이외의 용모에 물리적·화학적 처치 방법을 통해 웨트 헤어스타일 또는 메이컵 헤어스타일을 연출하는 것을 말한다.

Chapter 01 미용총론 실전예상문제

01 미용사의 사명과 관련된 내용이 아닌 것은?
04 미용의 특수성에 해당되지 않는 것은?
02 전문 미용인의 기본 소양과 관련된 내용이 아닌 것은?
05 미용의 특수성과 거리가 먼 것은?

2 매년 반복 출제되는 알짜배기 기출문제

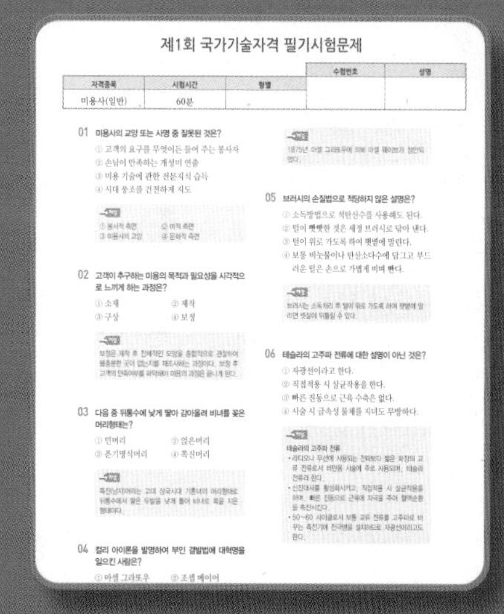
제1회 국가기술자격 필기시험문제

자격종목	시험시간	형별	수험번호	성명
미용사(일반)	60분			

01 미용사의 교양 또는 사명 중 잘못된 것은?
02 고객이 추구하는 미용의 목적과 필요성을 시각적으로 느끼게 하는 과정은?
03 다음 중 뒤통수에 낮게 딸아 감아올려 비녀를 꽂은 머리형태는?
04 컬리 아이론을 발명하여 부인 결발법에 대혁명을 일으킨 사람은?
05 브러시의 손질법으로 적당하지 않은 설명은?
06 테슬라의 고주파 전류에 대한 설명이 아닌 것은?

3 최근 상시시험 출제경향을 분석한 상시복원 · 적중문제

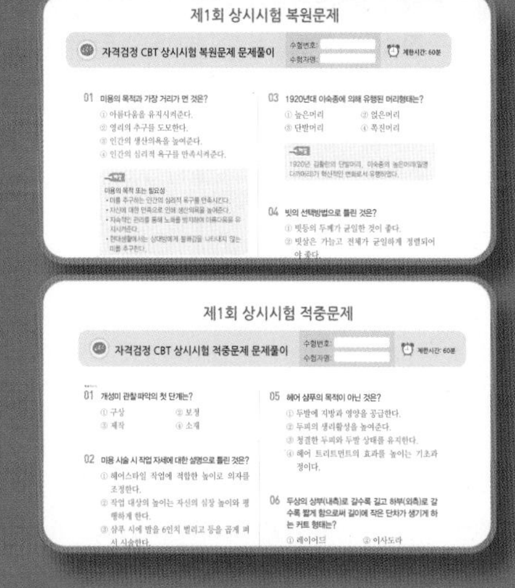
제1회 상시시험 복원문제

자격검정 CBT 상시시험 복원문제 문제풀이

01 미용의 목적과 가장 거리가 먼 것은?
03 1920년대 이숙종에 의해 유행된 머리형태는?
04 빗의 선택방법으로 틀린 것은?

제1회 상시시험 적중문제

자격검정 CBT 상시시험 적중문제 문제풀이

01 개성미 관찰 파악의 첫 단계는?
02 미용 시술 시 작업 자세에 대한 설명으로 틀린 것은?
05 헤어 샴푸의 목적이 아닌 것은?
06 두상의 상부(내측)로 갈수록 길고 하부(외측)로 갈수록 짧게 함으로써 길이에 작은 단차가 생기게 하는 커트 형태는?

4 OX 합격노트와 저자직강 무료동영상

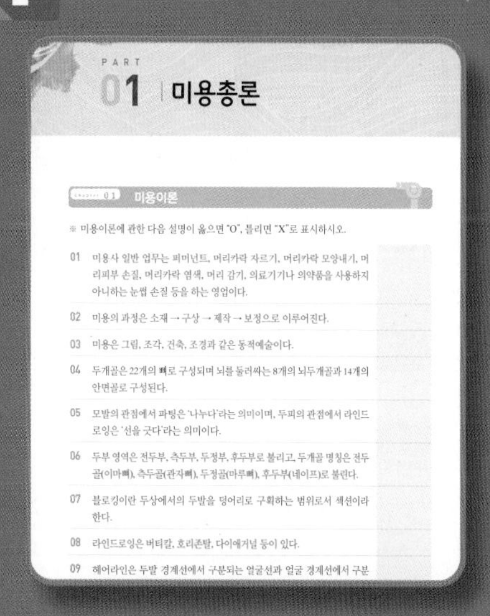
PART 01 미용총론

Chapter 01 미용이론

※ 미용이론에 관한 다음 설명이 옳으면 "O", 틀리면 "X"로 표시하시오.

01 미용사 일반 업무는 퍼머넌트, 머리카락 자르기, 머리카락 모양내기, 머리피부 손질, 머리카락 염색, 머리 감기, 의료기기나 의약품을 사용하지 아니하는 눈썹 손질 등을 하는 영업이다.
02 미용의 과정은 소재 → 구상 → 제작 → 보정으로 이루어진다.
03 미용은 그림, 조각, 건축, 조경과 같은 동적예술이다.
04 두개골은 22개의 뼈로 구성되며 뇌를 둘러싸는 8개의 뇌두개골과 14개의 안면골로 구성된다.
05 모발의 관점에서 파팅은 '나누다'라는 의미이며, 두피의 관점에서 라인드로잉은 '선을 긋다'라는 의미이다.
06 두부 영역은 전두부, 측두부, 두정부, 후두부로 불리고, 두개골 명칭은 전두골(이마뼈), 측두골(관자뼈), 두정골(마루뼈), 후두부(네이프)로 불린다.
07 블로킹이란 두상에서의 두발을 덩어리로 구획하는 범위로서 섹션이라 한다.
08 라인드로잉은 버티컬, 호리존탈, 다이애거널 등이 있다.
09 헤어라인은 두발 경계선에서 구분되는 얼굴선과 얼굴 경계선에서 구분

무료동영상 강의 이용방법

PC 이용방법

❶ 성안당 e러닝(bm.cyber.co.kr) 홈페이지 접속

❷ 회원가입 후 로그인

❸ 마이페이지 〉 쿠폰 등록 / 발급 내역 〉 "쿠폰번호" 등록

❹ "미용사 일반 필기시험에 美치다" 확인 후 "사용하기" 클릭

※ 일반 강좌와 동일하게 수강신청을 해주시되, 무료강좌는 무통장(가상계좌)를 선택하고 결제 진행하시면 회원 부담금 없이 사이버머니로 0원 결제되오니, 참고 부탁드립니다. 즉, 회원님에게 별도 청구되는 금액은 없으니 이용에 참고해주시기 바랍니다.

❺ 마이페이지 〉 나의 강의실 〉 수강중인 강좌에서 "입장하기" 클릭

모바일 이용방법

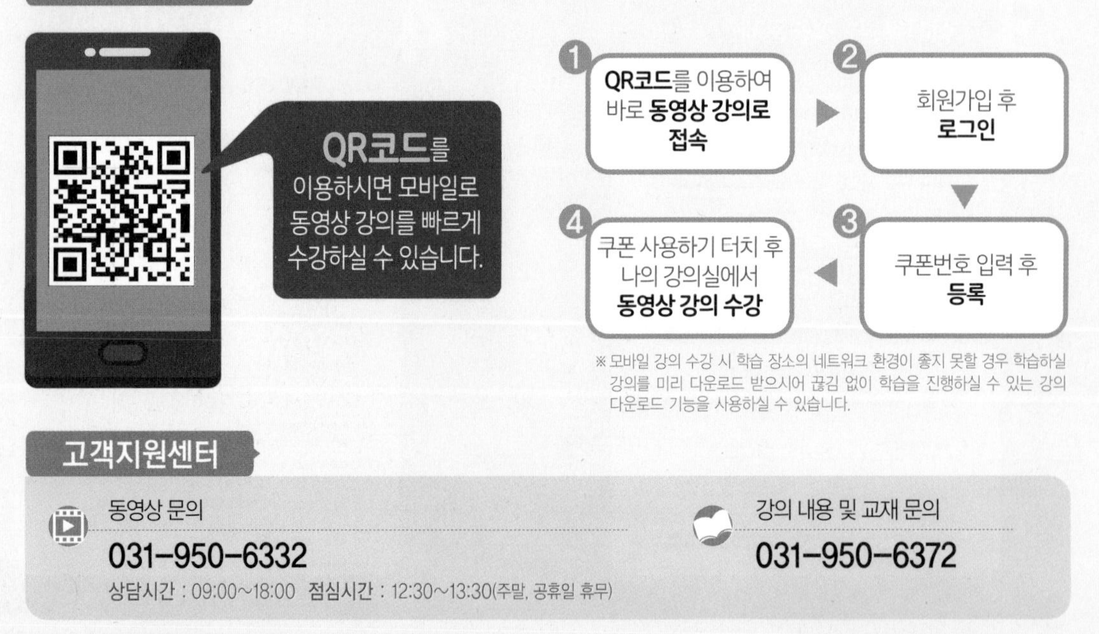

※ 모바일 강의 수강 시 학습 장소의 네트워크 환경이 좋지 못할 경우 학습하실 강의를 미리 다운로드 받으시어 끊김 없이 학습을 진행하실 수 있는 강의 다운로드 기능을 사용하실 수 있습니다.

고객지원센터

동영상 문의

031-950-6332

상담시간 : 09:00~18:00 점심시간 : 12:30~13:30(주말, 공휴일 휴무)

강의 내용 및 교재 문의

031-950-6372

미용사 일반

필기시험에

미치다

(美: 아름다울 미)

한국미용교과교육과정연구회 지음

BM (주)도서출판 성안당

저자 약력

배신영

현) 대림대학교 항공서비스과 교수
U.A.E Emirates Arilines Cabin Crew
Melbourne University Private Hawthorn English Language Centers Certificate California State University, Long Beach, TESOL Cetificate
中國天津南开大學校 研修
中國北京人民大學校 研修
中國硯台師範大學校 研修

곽진만

현) 한국헤어컬러리스트 협회 대표
현) 뷰티 에듀테인먼트(주) 대표
경력
로레알 코리아 교육팀 과장
쟈끄데상쥬 교육이사
이용사 NCS 모듈 집필위원

윤정순

현) 신라대학교 뷰티비지니스학과 외래교수
현) 대동대학교 겸임 조교수
현) 윤정순 뷰티아카데미 학원 원장
학력
인제대학교 보건대학원 보건학 석사
인제대학교 일반대학원 보건학 박사 수료
경력
동주대학교 겸임전임 강사 및 초빙교수 역임
동명대학교 전임강사 및 학과장 역임
윤정순 미용실 운영
인제대학교, 인제대학보건대학원 외래교수 역임
부산시 상공회의소(소창업 지원센터) 교육강사

이복희

현) 서경대학교 미용예술학과 주임교수
학력
서경대학교 문화예술학 박사
서경대학교(일반대학원) 미용예술학 석사
경력
NCS 개발 및 심의 위원
학습모듈 개발 검토위원
대한민국 산업현장교수

윤미선

현) 한성대학교 예술대학원 뷰티예술학과 주임교수
학력
숭실대학교 뷰티공학 박사
경력
한국네일미용학회 이사
한국미용직능대책위원회 부위원장
USA NAIL & HAIR 대표
USA NAIL2 대표
ELITE NAIL & HAIR(미국 뉴저지주) 근무

오무선

현) 오무선뷰티컴퍼니 대표
현) 오무선미용실 및 오무선 뷰티아카데미 경영
현) 계명문화대학교 기업브랜드학부 오무선뷰티전공 교수
경력
대구 교도소 재소자 직업훈련지도 미용 특별 강사
대구미용사회 중앙회 기술 강사 및 이사 역임
전국 기능경기 대회 미용심사위원
국제기능 올림픽 대회 후보 선수 2차 평가 미용직종 심사위원
대구기능발전회 회장 역임
대구광역시장배 미용기능 경기대회 심사위원
한국미용장협회 대구, 경북지회장 및 이사 임명
대구광역시 기능경기위원회 위원

정매자

현) 서정대학교 뷰티아트과 교수
현) 대한민국 명장회 및 대한미용장협회 이사
현) 과정평가형 자격 지원단 위촉장
현) 대한민국명장 심사위원
현) 지방, 전국 기능경기대회 과제출제 및 검토위원
현) 대한미용사 중앙회 기술 강사
현) 정정원헤어룩 대표
경력
대구광역시 달구별명인 심사위원회 위원 다수
각종 기능경기대회 심사위원 다수
국가기술자격검정 미용장 시험 감독위원(채점)
국가기술검정 시험위원

들어가면서

본서(本書)는 미용 관련 NCS 학습모듈과 2015 개정 교육과정에서 요구하는 일(산업현장) – 교육·훈련 – 자격(검정형·과정형) 간 정합성에 따른 미용사(일반) 분야의 표준 수험서이다. 특히 2009년 이후부터 현재까지의 국가기술자격시험 기출문제 유형을 분석하여 관련된 내용을 빠짐없이 체계화하였다.

즉, 문제풀이만으로는 더 이상 합격을 보장할 수 없는 현실의 국가기술자격시험 출제 경향에 편승하여 단면적인 내용면에서 단원 내 영역과 단원 간의 난이도 및 분량, 내용의 폭과 깊이를 적정화하였다. 세부항목이 갖는 역량이 지식, 기술, 태도를 포함한 총체적 개념(McAchan, 1979)이라 할 때 미용사(일반) 필기서는 대분류(미용이론, 공중위생관리학, 화장품학)를 주요항목으로 하여 세부항목 42개를 중심으로 다음과 같이 분류, 구성, 집필된다.

첫째, '미용이론'은 헤어미용 분과교과로서, 17개 세부항목을 토대로 현장의 일과 관련된 샴푸, 커트, 펌, 염·탈색 등이 갖는 개념과 원리를 일반화된 지식으로 체계화함으로써 모든 학교 교육기관에서 적용할 수 있는 교과교육과정으로 연계하였다.

둘째, '공중위생관리학'은 공중보건학과 소독학, 공중위생법규 등 22개 세부항목으로 하는 미용사(일반·피부·네일·메이크업) 자격 취득 과정별 전공 또는 기초에 해당되는 통합교과로서 수험자 위주의 내용으로 편집 구성하였다.

셋째, '화장품학'은 3개 세부항목으로 헤어미용과 관련된 전공기초교과이다. 이는 성공적인 미용인의 미래 삶에 적용 또는 활용할 수 있도록 출제기준에 준하여 쉽게 접근하였다.

현재 현장에서는『미용사(일반) 실기시험에 美치다』를 수행 수준인 성취(평가) 기준으로 하여 직업교육에 활용하고 있다. 이를 지식으로 구조화시킨『미용사(일반) 필기시험에 美치다』는 헤어미용과 연계된 표준서로 제시된다. 그 덕에 20년 이상 미용 분야에 종사한 교과 전문가로 구성된 한국미용교과교육과정연구회는 교육학을 기반으로 2015 개정 교육과정 심의위원과 NCS 학습모듈 집필자로서 1여 년 이상 ㈜성안당 편집부의 도움으로 집필에 매진할 수 있었다. 후학들에게 '조금 가르치고 많이 알게 하고자' 하는 성과 중심 교육과정을 반영함으로써 수험자들의 1차 관문인 합격으로 인도함과 동시에 성공한 전문미용사로서 직무에 도움이 되길 바라는 간절한 바람을 본서에 담아 기원드린다.

한국미용교과교육과정연구회

국가직무능력표준(NCS) 기반 헤어미용

국가직무능력표준(NCS)

국가직무능력표준(NCS, National Competency Standards)은 산업현장에서 직무를 행하기 위해 요구되는 지식 · 기술 · 태도 등의 내용을 국가가 산업 부문별, 수준별로 체계화한 것으로, 산업현장의 직무를 성공적으로 수행하기 위해 필요한 능력(지식, 기술, 태도)을 국가적 차원에서 표준화한 것을 의미한다.

NCS 학습모듈

국가직무능력표준(NCS)이 현장의 '직무 요구서'라고 한다면, NCS 학습모듈은 NCS의 능력단위를 교육훈련에서 학습할 수 있도록 구성한 '교수 · 학습 자료'이다. NCS 학습모듈은 구체적 직무를 학습할 수 있도록 이론 및 실습과 관련된 내용을 상세하게 제시한다.

'헤어미용' NCS 학습모듈 둘러보기

1. NCS '헤어미용' 직무 정의
   헤어 미용은 헤어 미용 시술을 원하는 고객의 미적 요구와 정서적 만족감 충족을 위해 미용기기와 제품을 활용하여 샴푸, 헤어 커트, 헤어펌, 헤어 컬러, 두피 · 모발 관리, 헤어스타일 연출, 메이크업 등의 미용 서비스를 고객에게 제공하는 일이다.

2. '헤어미용' NCS 학습모듈 검색

분류체계				NCS 학습모듈
대분류 이용 · 숙박 · 여행 · 오락 · 스포츠 ▶	**중분류** 이 · 미용 ▶	**소분류** 이 · 미용 서비스 ▶	**세분류(직무)** 헤어미용 ▶	1. 미용업 안전위생 관리 2. 두피 · 모발 관리 3. 헤어미용 전문제품 사용 4. 고객응대 서비스 5. 베이직 헤어펌 6. 롤 헤어펌 7. 매직스트레이트 헤어펌 8. 기초 드라이 9. 헤어컬러 분석 10. 베이직 헤어컬러 11. 그레이 헤어컬러 12. 원랭스 헤어커트 18. 디자인 헤어펌 19. 디지털세팅 헤어펌 20. 볼륨 매직 헤어펌 21. 디자인 헤어컬러 22. 베이직 업스타일 23. 응용 드라이 24. 헤드 스파케어 25. 고객 불만 관리 26. 헤어트렌드 분석

분류체계				NCS 학습모듈
대분류 이용 · 숙박 · 여행 · 오락 · 스포츠 ▶	**중분류** 이 · 미용 ▶	**소분류** 이 · 미용 서비스 ▶	**세분류(직무)** 헤어미용 ▶	27. 헤어디자인 개발 28. 콤비네이션 헤어커트 29. 크리에이티브 헤어커트 30. 크리에이티브 헤어컬러 31. 크리에이티브 업스타일 32. 전통 헤어스타일 연출 33. 가발 헤어스타일 연출 34. 디자인 헤어타투 35. 미용업 홍보관리 36. 미용업 재고관리 37. 미용업 재무관리 38. 미용업 인사관리 39. 미용업 교육관리 40. 헤어 샴푸

3. NCS 능력단위

순번	분류번호	능력단위명	수준	변경이력	미리보기	선택
1	1201010101_17v4	미용업 안전위생 관리	2	변경이력	미리보기	☐
2	1201010112_17v4	두피·모발 관리	3	변경이력	미리보기	☐
3	1201010113_17v4	헤어미용 전문제품 사용	3	변경이력	미리보기	☐
4	1201010116_19v5	고객응대 서비스	2	변경이력	미리보기	☐
5	1201010120_19v5	베이직 헤어펌	2	변경이력	미리보기	☐

4. NCS 학습모듈

순번	학습모듈명	분류번호	능력단위명	첨부파일	이전 학습모듈
1	헤어케어	LM1201010112_17v4	두피·모발 관리	PDF	이력보기
		LM1201010140_17v4	헤드 스파케어		
2	헤어제품사용	LM1201010113_17v4	헤어미용 전문제품 사용	PDF	이력보기
		LM1201010152_17v4	미용업 재고관리		
3	기초 헤어펌	LM1201010120_17v4	베이직 헤어펌	PDF	이력보기
		LM1201010121_17v4	롤 헤어펌		
		LM1201010122_17v4	매직스트레이트 헤어펌		
4	헤어스타일링	LM1201010123_17v4	기초 드라이	PDF	이력보기
		LM1201010139_17v4	응용 드라이		
5	기초 헤어 컬러	LM1201010124_17v4	헤어컬러 분석	PDF	이력보기
		LM1201010125_17v4	베이직 헤어컬러		

국가자격 미용사(일반) 필기시험 안내

개요

미용업무는 공중위생 분야로, 국민의 건강과 직결되어 있는 중요한 분야이다. 국가의 산업구조가 제조업에서 서비스업 중심으로 전환되는 차원에서 수요가 증대되고 있다. 분야별로 세분화 및 전문화되고 있는 세계적인 추세에 맞추어 미용 업무를 수행할 수 있는 미용분야 전문인력을 양성하여 국민의 보건과 건강을 보호하기 위하여 자격제도를 제정하였다.

수행직무

아름다운 헤어스타일 연출 등을 하기 위하여 헤어 및 두피에 적절한 관리법과 기기 및 제품을 사용하여 일반미용을 수행한다.

취득방법

- 시행처 : 한국산업인력공단(q-net.or.kr)
- 시험과목
  - 필기 : 1. 미용이론(피부학) 2. 공중위생관리학(공중보건학, 소독학, 공중위생법규) 3. 화장품학
  - 실기 : 미용작업
- 검정방법
  - 필기 : 객관식 4지 택일형, 60문항(60분)
  - 실기 : 작업형(2시간 25분)
- 합격기준 : 60점 이상/100점
- 응시자격 : 제한 없음

시험 수수료

- 필기 : 14,500원
- 실기 : 24,900원

출제경향

헤어샴푸, 헤어커트, 헤어펌, 헤어세팅, 헤어컬러링 등 미용작업의 숙련도, 정확성 평가

수험원서 접수방법

- 인터넷 접수만 가능
- 원서접수 홈페이지 : q-net.or.kr

수험원서 접수시간

- 접수시간은 회별 원서접수 첫날 10:00부터 마지막 날 18:00까지

수험원서 접수기간

- CBT 필기시험 : 연중 상시시험
- 실기시험 : 연중 상시시험

※ 필기 · 실기시험별로 정해진 접수기간 동안 접수하며 연간 시행계획을 기준으로 지사(출장소)의 세부시행 계획에 따라 시행

합격자 발표

CBT 필기시험	실기시험
수험자 답안 제출과 동시에 합격여부 확인	해당 실기시험 종료 후 다음 주 목요일 09:00에 합격자 발표 • 공휴일에 해당할 경우 별도 지정

필기(CBT) 부별 시험시간

시행구분	수험자교육 (입실시간)	시험시간	비고
1부	08:40~09:00 (08:40)	09:00~10:00	입실시간 : 시험시작 20분 전
2부	10:10~10:30 (10:10)	10:30~11:30	
3부	12:10~12:30 (12:10)	12:30~13:30	
4부	13:40~14:00 (13:40)	14:00~15:00	
5부	15:10~15:30 (15:10)	15:30~16:30	
6부	16:40~17:00 (16:40)	17:00~18:00	
7부	18:10~18:30 (18:10)	18:30~19:30	
8부	19:40~20:00 (19:40)	20:00~21:00	

※ 시행지역별 접수인원에 따라 일일 시행 횟수(최대 8회)는 변동될 수 있음

국가자격 미용사(일반) 필기시험 출제기준

직무 분야	이용 · 숙박 · 여행 · 오락 · 스포츠	중직무 분야	이용 · 미용	자격 종목	미용사(일반)	적용 기간	2021. 1. 1. ~ 2021. 12. 31.

직무내용 : 고객의 미적요구와 정서적 만족감 충족을 위해 미용기구와 제품을 활용하여 샴푸, 헤어 커트, 헤어 퍼머넌트 웨이브, 헤어 컬러, 두피, 모발 관리, 헤어스타일 연출 등의 서비스를 제공하는 직무

검정방법	객관식	문제 수	60	시험 시간	1시간

주요항목	세부항목	세세항목	
1. 미용이론	1. 미용총론	1. 미용의 개요 3. 미용작업의 자세	2. 미용과 관련된 인체의 명칭 4. 고객응대
	2. 미용의 역사	1. 한국의 미용	2. 외국의 미용
	3. 미용장비	1. 미용도구(빗, 브러시, 가위, 레이저, 샴푸도기 등) 2. 미용기기(세팅기, 미스트기, 히팅기, 소독기 등)	
	4. 헤어 샴푸 및 컨디셔너	1. 헤어샴푸	2. 헤어 컨디셔너
	5. 헤어 커트	1. 헤어 커트의 기초이론(작업 자세 및 커트 유형, 특징 등) 2. 헤어 커트 시술	
	6. 헤어 퍼머넌트 웨이브	1. 퍼머넌트 웨이브 기초이론	2. 퍼머넌트 웨이브 시술
	7. 헤어스타일 연출	1. 헤어스타일 기초이론 2. 헤어 세팅 작업(헤어 세팅, 헤어 아이론(Iron), 블로 드라이 등)	
	8. 두피 및 모발 관리	1. 두피 · 모발 관리의 이해 3. 모발 관리(헤어트리트먼트)	2. 두피 관리(스캘프 트리트먼트)
	9. 헤어 컬러	1. 색채이론 3. 염색이론 및 방법	2. 탈색이론 및 방법
	10. 뷰티 코디네이션	1. 토탈 뷰티코디네이션	2. 가발
	11. 피부와 피부 부속기관	1. 피부 구조 및 기능	2. 피부 부속기관의 구조 및 기능
	12. 피부 유형 분석	1. 정상피부의 성상 및 특징 3. 지성피부의 성상 및 특징 5. 복합성 피부의 성상 및 특징	2. 건성피부의 성상 및 특징 4. 민감성 피부의 성상 및 특징 6. 노화피부의 성상 및 특징
	13. 피부와 영양	1. 3대 영양소, 비타민, 무기질 3. 체형과 영양	2. 피부와 영양
	14. 피부 장애와 질환	1. 원발진과 속발진	2. 피부 질환

주요항목	세부항목	세세항목	
1. 미용이론	15. 피부와 광선	1. 자외선이 미치는 영향	2. 적외선이 미치는 영향
	16. 피부 면역	1. 면역의 종류와 작용	
	17. 피부 노화	1. 피부 노화의 원인	2. 피부 노화현상
2. 공중위생관리학	1. 공중보건학 총론	1. 공중보건학의 개념 3. 인구보건 및 보건지표	2. 건강과 질병
	2. 질병관리	1. 역학 3. 기생충질환관리 5. 정신보건	2. 감염병관리 4. 성인병관리 6. 이 · 미용 안전사고
	3. 가족보건 및 노인보건	1. 가족보건	2. 노인보건
	4. 환경보건	1. 환경보건의 개념 3. 수질환경	2. 대기환경 4. 주거 및 의복환경
	5. 산업보건	1. 산업보건의 개념	2. 산업재해
	6. 식품위생과 영양	1. 식품위생의 개념 3. 영양상태 판정 및 영양장애	2. 영양소
	7. 보건행정	1. 보건행정의 정의 및 체계	2. 사회보장과 국제 보건기구
	8. 소독의 정의 및 분류	1. 소독 관련 용어 정의 3. 소독법의 분류	2. 소독기전 4. 소독인자
	9. 미생물 총론	1. 미생물의 정의 3. 미생물의 분류	2. 미생물의 역사 4. 미생물의 증식
	10. 병원성 미생물	1. 병원성 미생물의 분류	2. 병원성 미생물의 특성
	11. 소독방법	1. 소독 도구 및 기기 3. 대상별 살균력 평가	2. 소독 시 유의사항
	12. 분야별 위생 · 소독	1. 실내 환경 위생 · 소독 3. 이 · 미용업 종사자 및 고객의 위생관리	2. 도구 및 기기 위생 · 소독
	13. 공중위생관리법의 목적 및 정의	1. 목적 및 정의	
	14. 영업의 신고 및 폐업	1. 영업의 신고 및 폐업신고	2. 영업의 승계
	15. 영업자 준수사항	1. 위생관리	
	16. 이 · 미용사의 면허	1. 면허발급 및 취소	2. 면허수수료
	17. 이 · 미용사의 업무	1. 이 · 미용사의 업무	

주요항목	세부항목	세세항목	
2. 공중위생관리학	18. 행정지도감독	1. 영업소 출입검사 3. 영업소 폐쇄	2. 영업제한 4. 공중위생감시원
	19. 업소 위생등급	1. 위생평가	2. 위생등급
	20. 보수교육	1. 영업자 위생교육	2. 위생교육기관
	21. 벌칙	1. 위반자에 대한 벌칙, 과징금 3. 행정처분	2. 과태료, 양벌규정
	22. 법령, 법규사항	1. 공중위생관리법시행령	2. 공중위생관리법시행규칙
3. 화장품학	1. 화장품학 개론	1. 화장품의 정의	2. 화장품의 분류
	2. 화장품 제조	1. 화장품의 원료 3. 화장품의 특성	2. 화장품의 기술
	3. 화장품의 종류와 기능	1. 기초 화장품 3. 모발 화장품 5. 네일 화장품 7. 에센셜(아로마) 오일 및 캐리어 오일	2. 메이크업 화장품 4. 바디(Body)관리 화장품 6. 방향화장품 8. 기능성 화장품

목차

PART 04 소독학

PART 05 공중위생관리법규

PART 06 화장품학

PART 07 기출문제 - 매년 반복 출제되는 알짜배기

PART 08 상시시험 복원문제 - 최근 CBT 상시시험 출제경향 이해·적용

PART 09 상시시험 적중문제 - 최근 3개년 빈출 CBT 상시시험 완벽 분석·적용

부록 OX 합격노트

PART 1 미용 이론

Chapter 1 미용총론
실전예상문제

Chapter 2 미용의 역사
실전예상문제

Chapter 3 미용장비
실전예상문제

Chapter 4 헤어 샴푸 및 컨디셔너
실전예상문제

Chapter 5 헤어 커트
실전예상문제

Chapter 6 헤어 퍼머넌트 웨이브
실전예상문제

Chapter 7 헤어스타일 연출
실전예상문제

Chapter 8 두피 및 모발 관리
실전예상문제

Chapter 9 헤어 컬러링
실전예상문제

Chapter 10 뷰티 코디네이션
실전예상문제

CHAPTER

01 미용총론

Section 01 미용의 개요

1 미용

(1) 미용의 정의

미용이란 복식 이외의 용모에 물리적 · 화학적 처치 방법을 통해 웨트 헤어스타일 또는 케미컬 헤어스타일을 연출하는 것을 말한다.

(2) 공중위생관리법에서 미용업의 정의

① 미용업(공중위생관리법 제2조)

고객의 얼굴, 머리, 피부 등을 손질하여 고객의 외모를 아름답게 꾸미는 영업을 말한다.

② 미용사(일반) 업무(공중위생관리법 시행령 제4조)

퍼머넌트, 머리카락 자르기, 머리카락 모양내기, 머리피부 손질, 머리카락 염색, 머리 감기, 의료기기나 의약품을 사용하지 아니하는 눈썹 손질 등을 하는 영업이다.

[TIP] 미용의 필요성

① 미를 추구하는 인간의 심리적 욕구를 만족시킨다.
② 자신에 대한 만족으로 인해 생산의욕을 높여 준다.
③ 지속적인 관리를 통해 노화를 방지하여 아름다움을 유지시켜 준다.
④ 타인에 대한 배려로서 미를 추구한다.

미의 외적 기준

① 본성적인 욕구로서 스스로에 대한 미적 욕구가 우선적이다.
② 생활의 모든 면에서 실용성과 함께 미를 추구한다.
③ 인간의 심리적 욕구를 만족시키고 생산의욕을 향상시키는 데 의의와 목적이 있다.

미용술이란

① 모발 상태를 개선시키고 미화시키는 기술(技術)인 동시에 예술이다.
② 미용사의 손질뿐 아니라 화장품을 통해 개개인의 외적인 용모를 다루는 응용과학의 한 분야이다.

2 미용의 특수성

미용은 그림, 조각, 건축, 조경(造景)과 같은 조형예술로서 주로 시각(視覺)을 통해 얻어진다. 따라서 미용은 조형예술, 장식예술, 정적예술, 부용예술 등이라는 명칭과 함께 특수성을 갖는다.

(1) 의사표현의 제한

미용사 자신의 의사표현보다는 고객의 의사가 우선적으로 다루어진다.

(2) 소재선정의 제한

신체의 일부인 모발을 소재로 하므로 고객을 자유롭게 선택하거나 교체할 수 없다.

(3) 시간의 제한

미용사 자신의 여건과 관계없이 고객의 생태적인 머리모양을 이상적인 머리형태(Hair-do)로 꾸미기(Make-up) 위해 오리지널과 리세트를 신속히 해야 하는 시간적 제한이 따른다.

(4) 미적 효과의 변화

고객의 신체 일부인 모발을 대상으로 동작이나 표정, 의복, 때와 장소 · 경우(Time, Place, Occasion, T.P.O) 등에 따라 미용술이 표현된다.

(5) 부용예술

살아있는 인체의 조건에 미용적 제한을 극복하여 아름다움을 부가하는 예술이다.

> [TIP] 그림, 조각 등이 자유예술인 반면 미용이나 건축은 부용예술이면서 정적예술(靜的藝術)이다.

3 미용의 과정(절차)

모발을 소재로 하여 머리형태(헤어스타일)를 완성시켜 나가는 4가지 절차이다.

(1) 소재

모발은 미용술의 소재이다. 전신의 자태, 얼굴형, 표정, 동작의 특징 등과 함께 신속 정확하게 관찰, 파악해야 한다.

> [TIP] 미용의 소재인 모발을 대상으로 헤어스타일이 구성된다. 신체의 일부분인 모발은 사람마다 일률적이지 못하므로 얼굴형, 전신의 특징 등을 정확히 관찰한 후 개성미를 파악하는 것이 필수이다.

(2) 구상

① 계획 단계로서 고객의 얼굴형과 특징 등을 고려하여 개성미를 연출할 수 있도록 구상한다.
② 고객과의 의견 차이가 있을 경우 그 의견 차이를 좁히도록 양해와 이해를 구해야 한다.

> [TIP] 구상 과정은 짧은 시간 내에 미용사의 총체적인 결정을 요구하는 과정이다. 지식, 기술, 태도를 포함한 직무능력에 따른 예술적 자질을 갖추어야 한다.

(3) 제작

① 구체적인 미용술의 표현 과정으로서 미용의 절차에서 가장 중요한 단계이다.

② 제작은 신속하고 정확해야 하며, 미적 표현은 실제적이면서 생활적이어야 한다.

> [TIP] 구상의 구체적인 표현으로서 제작 과정은 미용의 절차 중 가장 중요하다. 구상(계획)을 아무리 잘했다 하더라도 예술적인 기교가 부족하면 고객의 개성미를 충분히 살릴 수가 없다.

(4) 보정

제작 후 전체적인 모양을 헤어디자인의 요소와 원리에 따라 종합적으로 관찰하고, 불충분한 곳이 없는지를 재조사하여 보정한다.

> [TIP] 보정 후 고객의 만족여부를 파악한 후에야 미용의 과정이 끝나게 된다.

4 미용의 통칙

미용술을 행할 때 지켜야 할 공통된 주의사항을 미용의 통칙이라 한다.

(1) 연령

고객 연령층에 따라 미용적 표현에 대한 기준이 달라지므로 그 시대 트렌드와 잘 조화시킨다.

> [TIP] 연령과 시대의 유행을 무시한 미용은 어색해 보이므로 고객의 연령과 시대의 트렌드가 잘 조화되도록 조언한다.

(2) 계절

계절, 기후, 풍토 등 주변 환경의 여건에 맞추어 연출한다.

> [TIP] 계절에 따른 기후와 주위 환경의 변화는 사람의 이미지에 큰 영향을 미친다.

(3) 경우

때와 장소, 상황에 맞추어 헤어스타일의 이미지를 연출한다.

> [TIP] 결혼식, 약혼식, 장례식, 음악회, 연회석, 낮과 밤 등을 구별하여 그 장소와 분위기(경우)에 맞게 미용술을 연출한다.

(4) 직업

직업 또는 직장이 요구하는 분위기에 어울리도록 헤어스타일을 연출한다.

5 미용사의 사명

문화가 발전함에 따라 생겨난 직업인 미용업은 위생적, 문화적, 미적 측면에서 사회에 공헌해야 한다.

(1) 미적 측면

미에 대한 욕구는 본능적인 것으로, 고객의 요구에 맞는 만족스러운 개성미를 창출해야 한다.

(2) 문화적 측면

① 미용사는 시대에 맞는 건전한 풍속과 문화를 유도해야 한다.
② 고객의 불건전한 요구를 수용하거나 유행으로 유도하지 말아야 한다.

> [TIP] 그 시대를 반영하고 표출하며, 시대사조를 현저하게 나타내는 것이 미용과 복식의 변화이다.

(3) 위생적 측면

① 미용실은 대중을 대상으로 작업이 이루어지는 곳이므로 위생에 특히 주의한다.
② 공중위생상 안전유지를 위해 채광, 조명, 실내 환기 등에 주의한다.

> [TIP] 미용사는 고객의 요구에 따라 자신이 쌓은 풍부한 감각과 습득한 기술을 이용하여 신체의 미를 부각시키는 기술자이다. 따라서 미용사는 미용업을 통해서 사회에 공헌한다는 사명감을 갖고 직업적, 인간적 자질을 갖추도록 한다.

6 미용사의 교양 및 위생

미용사는 미용술이라는 지식과 기술을 통해서 사회 발전에 공헌한다는 뚜렷한 목적의식을 갖고 일하는 자세가 무엇보다도 중요하다.

(1) 미용사의 교양

① 위생 지식의 습득
공중보건학, 감염병 소독학, 미생물학 등의 위생 지식을 습득하여 공중위생의 유지와 증진에 기여하고 이끌어 나가는 지도자 역할을 해야 한다.
② 미적 감각의 함양
미용사는 미학, 색채학, 예술론 등의 학문을 통해 미(美)에 대한 지식을 넓히는 동시에 음악, 그림, 연극, 무용 등을 감상하여 풍부한 미적 감각을 길러야 한다.

> [TIP] 고객의 용모를 정리하여 아름답게 하는 것이 미용사의 사명이지만 미에 대한 지식 없이는 미(美)를 바르게 표현할 수가 없다.

③ 인격 함양
긍정적인 사고와 상냥하고 세련된 태도, 성실한 시술자세, 고객의 의사를 존중하는 교양 있는 언어 습관 등을 몸에 익혀 고객에게 신뢰 받을 수 있는 원만하고 품위 있는 인격을 갖추도록 해야 한다.

> **[TIP]** 원만한 인격은 노련한 시술 능력과 마찬가지로 미용사로서의 성공여부에 크게 영향을 준다. 또한 미용업계에 대한 사회적 인식을 높이는 데 중요한 역할을 한다.

④ 건전한 지식의 배양

대화를 원만히 이끌어 나가기 위해서는 직업, 지위, 처지가 다른 사람과도 공통된 화제가 될 수 있는 시사문제 등을 신문, 잡지, 매스컴을 통하여 정확하고 폭넓게 알아둘 필요가 있다.

⑤ 미용 기술에 관한 전문지식의 습득

미용 작업 시 사용되는 도구 및 기구, 향장품에 대한 전문지식과 미용 기술의 과학적 기본 원리와 개념 등을 보다 정확하고 효과적으로 말할 수 있어야 한다.

(2) 미용사의 개인 위생

위생	내용
청결	• 목욕과 샤워 등을 매일 함으로써 땀, 피지, 표면상의 더러움을 제거한다. • 손은 고객마다 시술 전과 시술 후에 씻도록 한다. • 화장실 사용 후나 쓰레기통과 같은 물건을 만진 후에도 손을 씻도록 한다.
구강 위생	• 업무상 많은 사람을 대하므로 최소 하루 두 번 이상 양치질을 한다.
복장	• 디자인은 단순하면서도 산뜻한 것으로 한다. • 자주 세탁해도 새것 같은 상쾌한 착용감이 있는 양질의 옷감을 선택한다. • 신발은 굽이 낮고 잘 맞는 것을 착용한다.
휴식	• 정신적, 육체적으로 피로하지 않게 하여 미용실 내의 분위기를 맑고 밝게 한다.

Section 02 미용과 관련된 인체의 명칭

미용 시술에 필요한 인체 각부의 명칭은 해부학 용어이며, 머리(Head)는 두부와 얼굴, 목 등을 포함한다.

1 두부의 각부 명칭

1) 두개골의 구조

두개피부로 감싸져 있는 두개골은 머리의 뼈로서 뇌를 감싸고 있다.

(1) 두개골의 영역

22개의 뼈로 구성된 두개골은 뇌를 둘러싸는 8개의 뇌두개골과 14개의 안면골로 구성된다. 얼굴형은 뇌두개와 안면두개의 크기와 비례하여 나타난다.

두개골 영역	특징
전두골	• 얼굴과 두발 경계선인 발제선을 포함한다. • 전발이 존재한다.
두정골	• 사각형 접시 모양의 납작뼈로 4개의 모서리와 4개의 각이 있다. • 두개골 중 가장 넓은 영역으로서 두정융기를 포함한다. • 곡을 포함한 전발, 양빈, 포의 경계 부분을 갖는다.
측두골	• 얼굴측면 발제선을 포함한다. • 측두융기가 있으며 양빈이 존재한다.
후두골	• 뒤통수 부위에 있는 마름모꼴의 뼈로서 위쪽에는 좌우 두정골이 있다. • 외측에는 측두골의 유양돌기가 있다. • 후두골 뒷면 중앙부에는 두드러진 뒤통수인 후두융기가 있다. • 목선과 목 옆선을 포함하는 포가 존재한다.

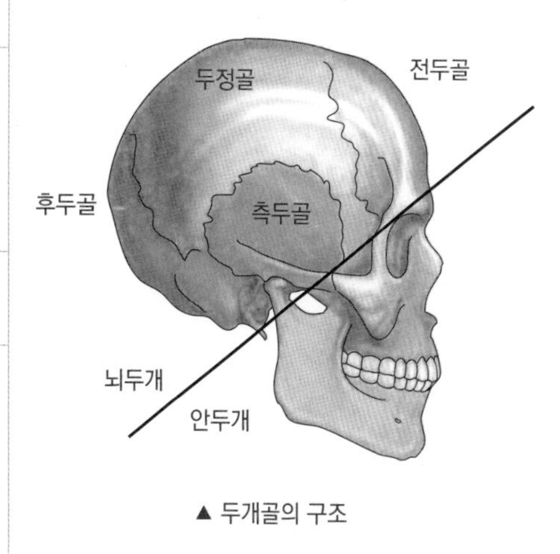

▲ 두개골의 구조

(2) 두상에서의 융기

머리의 영역은 볼록한 공간(Occupied space)인 융기와 오목한 공간인 공간체를 가진 구형을 나타낸다.

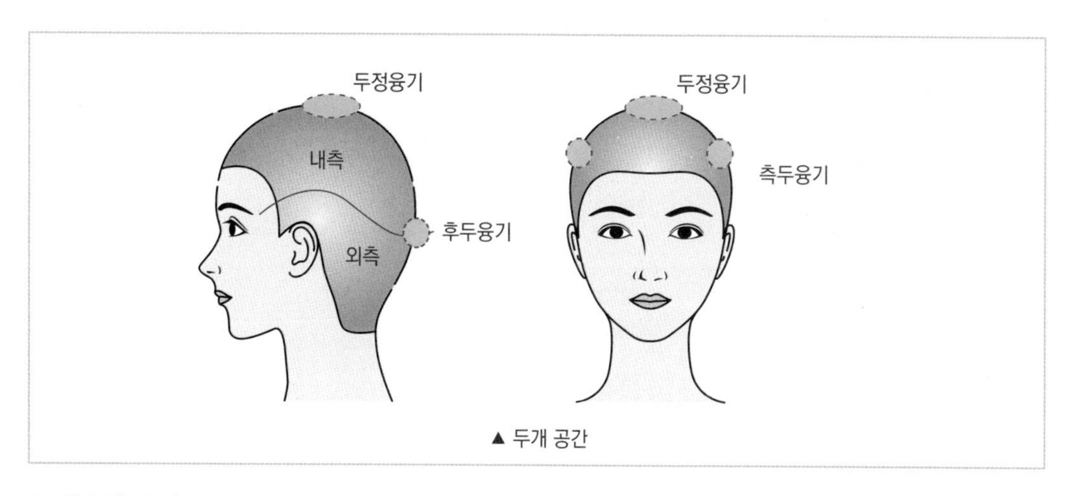

▲ 두개 공간

① 볼록한 공간

두정융기, 후두융기, 측두융기 등은 부피 또는 볼륨을 나타낸다.

② 오목한 공간

융기 부분을 연결시켜주는 함몰 유선으로, 기하학적인 모양 또는 머리형태의 근간이 된다.

2) 두부의 영역

두발의 관점 또는 두피의 관점에서 경계와 방향, 위치를 갖는다.

(1) 파팅(Parting)

① 두발의 관점에서 사용되는 파팅은 두상 내 머리카락을 상하, 좌우로 나누어 경계짓는다는 의미이다.

② 두상에서의 두발을 상하, 좌우로 나누는 파트는 덩어리로 구획 짓는(나누는) 블로킹(Blocking)과 섹셔닝(Sectioning)이라는 범위를 포함한다. 이를 다시 작게 나눈 것을 섹션(Section)이라 한다.

> **[TIP]** 섹션의 종류
> ① 베이스 섹션(Base section) : 두피 관점에서 행해지는 파팅된 길이와 폭이 베이스 크기를 나타낸다.
> ② 서브 섹션(Subsection) : 두발의 관점에서 블록된 덩어리를 더 작은 구획으로 나눈다는 뜻이다.

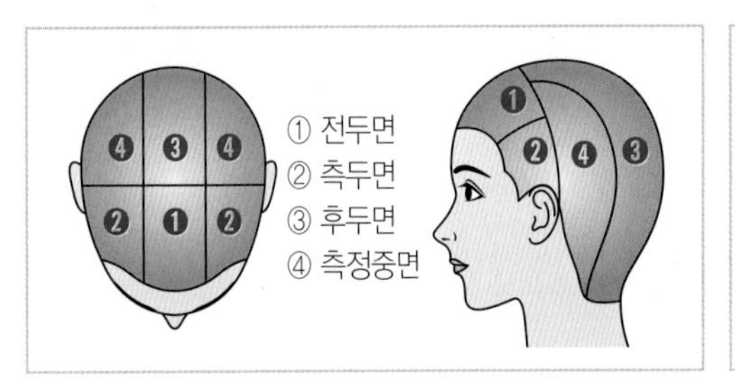

구분	두부 영역	두발 명칭	두개골 명칭
전두부(면)	프론트(Front)	전발(前髮)	전두골(이마 뼈)
우측두부(면) 좌측두부(면)	사이드(Side)	양빈(兩鬢)	측두골(관자 뼈)
두정부(면) 우측정중부(면) 좌측정중부(면)	크라운(Crown)	곡(鬠)	두정골(마루 뼈)
후두부(면)	네이프(Nape)	포(髱)	후두골

(2) 라인 드로잉(Line drawing)

두피의 관점에서 사용되는 라인 드로잉은 '선을 긋다'라는 의미로서 수직(Vertical), 수평(Horizontal), 사선(Diagonal) 등이 있다.

(3) 헤어라인(Face line)

두발 경계선에서 구분되는 얼굴선과 얼굴 경계선에서 구분되는 발제선에 따라 얼굴 모양이 다양하게 형성된다.

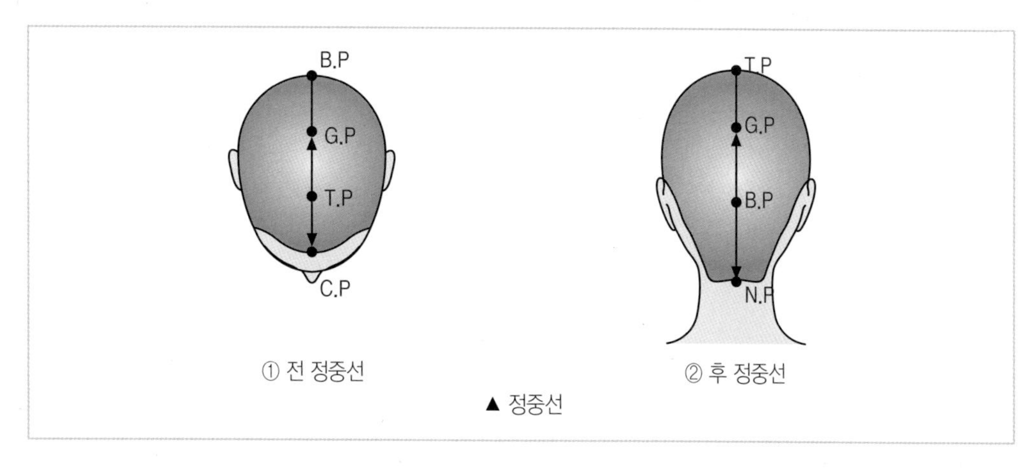

① 전 정중선

② 후 정중선

▲ 정중선

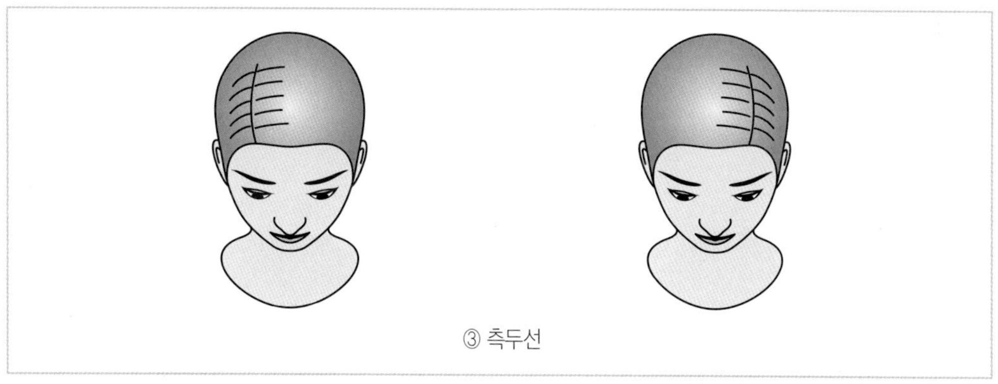
③ 측두선

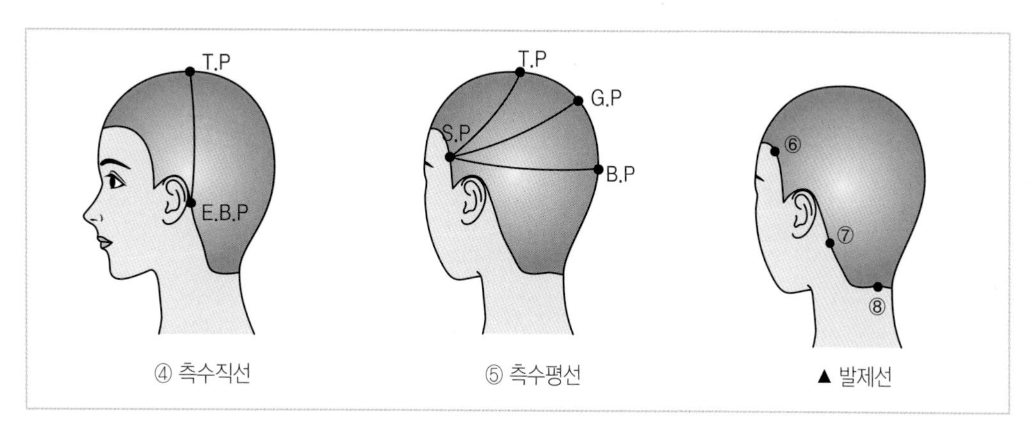

④ 측수직선

⑤ 측수평선

▲ 발제선

분류	구분	명칭	비고
①	두상의 선	전 정중선 (Front center line)	코를 중심으로 C.P와 T.P을 연결하기 위해 나누는 선
②		후 정중선 (Back center line)	T.P에서 G.P에서 N.P까지 연결하기 위해 나누는 선
③		측두선	F.S.P에서 T.P 또는 G.P로 연결하기 위해 분배되는 선
④		측수직선	E.B.P에서 T.P까지 수직으로 연결하기 위해 나누는 선
⑤		측수평선	S.P에서 T.P, G.P, B.P로 이어지는 선
⑥	헤어라인 (발제선)	얼굴선(Hem line)	C.P에서 양쪽 E.S.C.P까지 이어지는 발제선
⑦		목 옆선(Nape side line)	E.P에서 E.B.P~N.S.C.P까지 이어지는 발제선
⑧		목선(Nape line)	오른쪽 N.S.C.P와 왼쪽 N.S.C.P를 연결시키는 발제선

(4) 두부의 지점

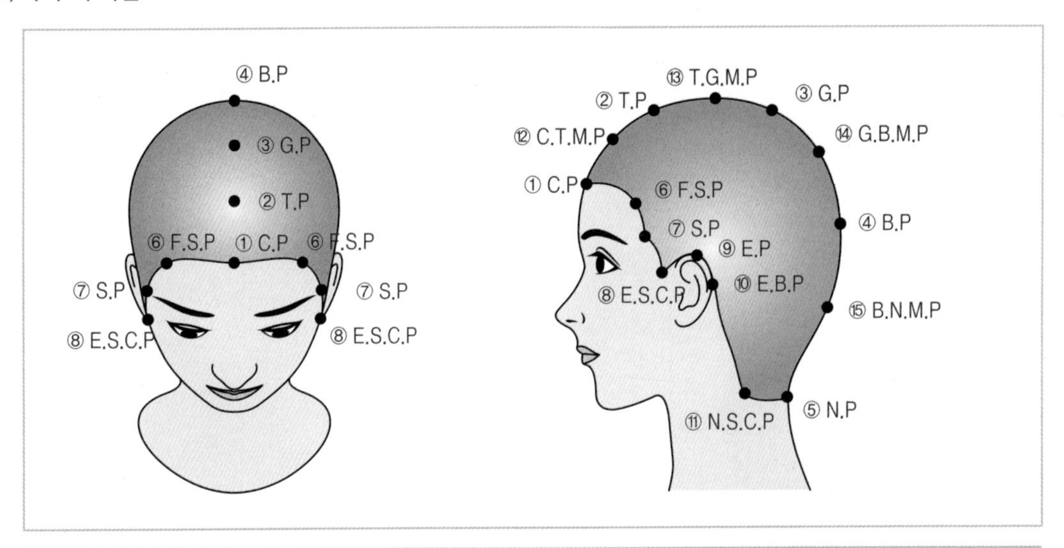

번호	기호	명칭
①	C.P	Center Point : 센터 포인트
②	T.P	Top Point : 탑 포인트
③	G.P	Golden Point : 골덴 포인트
④	B.P	Back Point : 백 포인트
⑤	N.P	Nape Point : 네이프 포인트
⑥	F.S.P	Front Side Point : 프론트 사이드 포인트
⑦	S.P	Side Point : 사이드 포인트

⑧	E.S.C.P	Ear Side Corner Point : 이어 사이드 코너 포인트
⑨	E.P	Ear Point : 이어 포인트
⑩	E.B.P	Ear Back Point : 이어 백 포인트
⑪	N.S.C.P	Nape Side Corner Point : 네이프 사이드 코너 포인트
⑫	C.T.M.P	Center Top Medium Point : 센터 탑 미디움 포인트
⑬	T.G.M.P	Top Golden Medium Point : 탑 골덴 미디움 포인트
⑭	G.B.M.P	Golden Back Medium Point : 골덴 백 미디움 포인트
⑮	B.N.M.P	Back Nape Medium Point : 백 네이프 미디움 포인트

2 손의 명칭

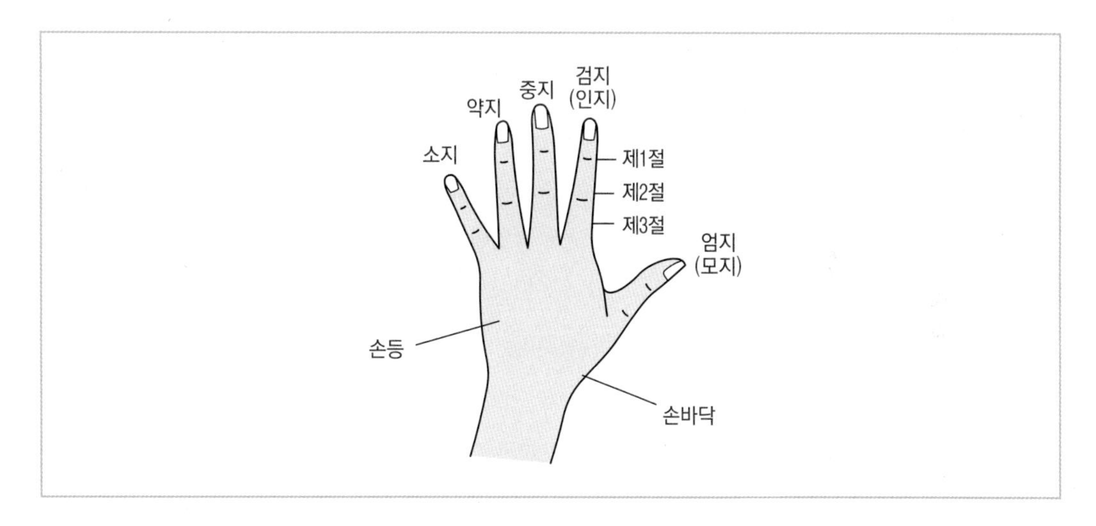

Section 03 미용작업의 자세

1 미용이론

우리나라에서 미용기술의 이론적 체계가 확립된 것은 1945년 해방 이후부터이다.

(1) NCS 기반 미용이론

NCS는 성과 지향형 교육과정으로서 교육 · 훈련기간에 배운 내용이 산업현장의 일에 적용 또는 활용되었는가를 평가하는 능력이다. 이는 유의미한 학습을 통해 기술의 습득을 보다 쉽게 하는 데 있다. 2015년 개정교육과정인 국가직무능력표준(NCS)은 국가적인 수준에서 설정된 표준으로서 일(산업체), 자격(검정형, 과정형), 훈련(교육기관)의 정합성(Maching)을 토대로 한다.

2 미용 기술

NCS 능력단위명인 샴푸 및 스케일링, 커트, 블로 드라이 스타일, 헤어 펌, 헤어 컬러링, 두개피 관리 등은 이론을 토대로 표준화된 기술에 대한 평가가 요구된다. 미용 기술은 다양하게 발달된 화장료나 향장품류 또는 기구와 기계를 사용하여 사람의 용모를 아름답게 연출한다. 이는 인문학적 철학과 기초 과학을 토대로 응집성, 계열성, 계속성에 따라 체계화, 항목화, 유목화되어야 한다.

3 미용 시술 시 올바른 작업 자세

미용업은 대개 의자에 앉은 고객을 향해 서서 작업하는 경우가 많아 작업 자세는 피곤과 능률에 깊은 관계가 있다.

(1) 안정된 작업 자세

몸 전체의 근육을 꾸준히 움직이므로 균형을 잘 유지할 수 있도록 한다.

(2) 작업 대상의 높이와 자세

① 미용의자를 사용함으로써 작업 대상의 높이를 조절한다.

② 작업 대상과는 정대(正對)해야 하며, 심장 높이 정도에서 작업한다. 심장 높이보다 높게 작업할 시 혈액순환이 감소되고, 심장의 위치보다 낮게 작업할 시 울혈을 일으키기 쉽다.

(3) 힘의 배분(配分)과 자세

작업 시 힘의 배분은 미용사의 자세에 영향을 준다.

(4) 명시거리와 자세

정상 시력일 때 안구(眼球)에서 약 25cm 명시거리를 두고, 실내의 조도(照度)는 밝게 조정하여 올바른 자세를 취한다.

[TIP] 미용 시술 시 작업 자세

① 작업 대상과의 명시거리는 약 25cm 정도를 유지한다.
② 시작부터 마무리까지 균일한 동작을 위하여 힘의 배분을 고려한다.
③ 샴푸 작업 시 어깨너비 정도로 발을 벌리고, 등을 곧게 펴도록 한다.
④ 앉아서 시술할 때는 의자에 똑바로 앉아 상체를 약간 앞으로 굽혀 시술한다.
⑤ 실내의 조도는 약 75lux로 유지하고, 정밀 작업 시 조도는 약 100lux로 한다.
⑥ 작업 대상의 높이는 자신의 심장 높이와 평행하게 맞추어 주는 것이 좋다.
⑦ 후두부 작업 시 고객의 고개를 앞으로 숙이도록 하며, 미용사는 무릎을 굽히지 말고 허리선으로 거리를 조정한다.

Chapter 01 미용총론 실전예상문제

★★☆☆☆

01 미용사의 사명과 관련된 내용이 아닌 것은?

① 공중위생에 만전을 기한다.
② 시대 풍속을 건전하게 지도한다.
③ 손님이 만족하는 개성미를 살린다.
④ 때와 장소, 상황에 맞게 미용술을 시술한다.

해설
④는 미용의 통칙에 해당한다.

02 전문 미용인의 기본 소양과 관련된 내용이 아닌 것은?

① 건강한 삶의 방식을 가지고 있어야 한다.
② 미용은 단순한 기술만을 습득하여 행한다.
③ 고객의 개성을 최대한 살려줄 수 있도록 한다.
④ 미용인으로서 자신의 모습을 깔끔하고 정돈되도록 가꾼다.

해설
- 미용사는 미용술이라는 기술을 통해서 사회발전에 공헌한다는 강하고 뚜렷한 목적의식을 갖고 미용업에 일하는 자세가 무엇보다도 중요하다.
- 항상 기술을 연마하고 틈틈이 교양을 쌓아 미용사로서의 자질을 개발해야 한다.

03 미용의 과정 중 고객의 만족여부를 파악하는 절차는 어디에 해당되는가?

① 소재 ② 구상
③ 제작 ④ 보정

해설
보정 후 고객의 만족여부를 파악해야 미용의 과정은 끝나게 된다.

★★☆☆☆

04 미용의 특수성에 해당되지 않는 것은?

① 자유롭게 소재를 선택한다.
② 손님의 의사를 존중한다.
③ 미용사 자신의 여건과 관계없다.
④ 여러 가지 조건에 제한을 받는다.

해설
미용의 특수성
- 소재선정의 제한
- 시간적 제한
- 의사표현의 제한
- 미적효과의 변화

★★☆☆☆

05 미용의 특수성과 거리가 먼 것은?

① 미용은 아름다움을 부가하는 부용예술이다.
② 미용은 일반 조형예술과 같이 정적예술이다.
③ 고객의 머리모양을 낼 때 미용사 자신의 독특한 구상을 표현한다.
④ 미용사 자신의 여건에 관계없이 고객의 머리모양을 낼 때 시간적 제한을 받는다.

③ 미용사 자신의 의사표현보다는 고객의 의사가 우선적으로 다루어져야 한다.

★★☆☆☆

06 미용의 특수성과 거리가 먼 것은?

① 손님의 요구에 따른다.
② 시간적 제한을 받는다.
③ 그림, 조각 등과 같은 자유예술이다.
④ 일반 조형예술과 같은 정적예술이다.

그림, 조각 등과 같은 조형예술이다. 미용은 조형예술, 장식예술, 정적예술, 부용예술 등의 특수성을 갖는다.

정답 01 ④ 02 ② 03 ④ 04 ① 05 ③ 06 ③

07 다음 내용 중 미용의 필요성(목적)으로 가장 거리가 먼 것은?

① 전적으로 노화를 방지해주므로 필요하다.
② 현대생활에서는 상대방에게 불쾌감을 주지 않는 것이 중요하므로 필요하다.
③ 인간의 심리적 욕구를 만족시키고 생산의욕을 높이는 데 도움을 주므로 필요하다.
④ 미용의 기술로 외모의 결점 부분까지도 보완하여 개성미를 연출해주므로 필요하다.

해설
미용의 목적 또는 필요성
- 미를 추구하는 인간의 심리적 욕구를 만족시킨다.
- 자신에 대한 만족으로 인해 생산의욕을 높여준다.
- 지속적인 관리를 통해 노화를 방지하여 아름다움을 유지시켜준다.
- 현대생활에서는 상대방에게 불쾌감을 주지 않으려고 미를 추구한다.

★★☆☆☆
08 코를 중심으로 두부를 수직으로 나누는 두상라인은?

① 정중선　② 측중선
③ 수평선　④ 측두선

해설
정중선은 C.P → T.P → G.P → B.P → N.P를 연결하는 선이다.

09 머리모양에서 개성을 발휘하기 위한 첫 단계는?

① 소재　② 구상
③ 보정　④ 제작

해설
미용의 소재는 신체의 일부분인 모발이다. 이는 사람마다 일률적이지 못하므로 개성미를 파악하는 것이 필수이다. 이를 주 소재로 하여 전신의 자태, 얼굴형, 표정, 동작의 특징 등을 신속 정확하게 관찰 및 파악해야 한다.

10 미용의 과정에서 구상 시 우선적으로 하는 것은?

① 구체적인 표현 파악
② 고객의 얼굴 파악
③ 고객의 희망사항 파악
④ 고객의 개성 파악

해설
구상은 손님의 얼굴형과 특징 등을 고려하여 개성미를 연출할 수 있도록 계획하는 것이다. 고객과의 의견 차이가 있을 경우 그 차이를 좁히도록 양해를 구해야 한다.

★☆☆☆☆
11 미용 기술을 행할 때 올바른 작업 자세가 아닌 것은?

① 안정된 자세를 취하도록 한다.
② 적정한 힘을 배분하여 시술하도록 한다.
③ 작업 대상의 위치는 심장의 높이보다 낮게 한다.
④ 작업 대상과의 명시거리는 약 30cm를 유지한다.

해설
미용 시술 시 올바른 작업 자세
- 작업 대상은 심장 높이 정도(평행)에 위치하도록 한다.
- 심장의 위치보다 낮게 작업 시 울혈을 일으키기 쉽다.

★☆☆☆☆
12 위그의 치수 측정 시 이마의 헤어라인에서 정중선을 따라 네이프의 움푹 들어간 지점까지는?

① 두상 길이
② 두상 높이
③ 이마 길이
④ 두상 둘레

해설
두정골은 포와 전발, 양빈을 경계로 하고 있다.

정답 — 07 ① 08 ① 09 ① 10 ② 11 ③ 12 ①

13 **미용의 개념과 관계가 없는 것은?**

① 물리적 또는 화학적 기교에 의하여 용모를 화려하게 하는 것
② 심신의 상태를 개선하고 호전시키는 진보적인 미를 개발하는 것
③ 정형(Plastic operation)에 의하여 진보적인 미를 개발하는 것
④ 공중위생법에 규정된 이 · 미용에 관한 사항을 준수하는 것

해설
미용은 정형성이 아니라 유동성에 의해 개발된다.

14 **미용 기술로 인해서 생기는 미적 가치관은?**

① 유동성이며 고정되어 있다.
② 유동성이며 고정되어 있지 않다.
③ 부동성이며 고정되어 있다.
④ 부동성이며 고정되어 있지 않다.

해설
미용에 대한 미적 가치관은 유동적이다.

★★☆☆☆
15 **올바른 미용인으로서의 인간관계와 전문적인 태도에 관한 내용으로 가장 거리가 먼 것은?**

① 고객의 기분에 주의를 기울여야 한다.
② 효과적인 의사소통 방법을 익혀두어야 한다.
③ 예의바르고 친절한 서비스를 모든 고객에게 제공한다.
④ 대화의 주제는 종교나 정치 같은 논쟁의 대상이 되거나 개인적인 문제에 관련된 것이 좋다.

해설
올바른 미용인의 태도
- 긍정적인 사고와 상냥하고 세련된 태도, 성실한 시술 자세, 손님의 의사를 존중하는 교양 있는 언어습관 등을 몸에 익혀 고객에게 신뢰받을 수 있는 원만하고 품위 있는 인격을 갖추도록 해야 한다.
- 대화를 원만히 이끌어 나가기 위해 공통된 화제가 될 수 있는 시사문제 등을 폭 넓게 알아둘 필요는 있으나 이념이나 사상문제는 피하는 것이 좋다.

16 **미용사의 교양에 대한 설명이 아닌 것은?**

① 위생지식의 습득 - 공중위생의 유지와 증진에 기여한다.
② 인격함양 - 긍정적인 사고와 교양 있는 언어 습관 등의 원만한 인격을 갖춘다.
③ 건전한 지식의 배양 - 대화의 원만함을 위해 시사문제 등을 폭넓게 알아두어야 한다.
④ 문화적 지식의 습득 - 시대의 알맞은 건전한 풍속과 문화를 유도하기 위해 신문, 잡지, 매스컴 등의 사설을 익힌다.

해설
미용사의 교양은 위생지식의 습득, 미적 감각의 함양, 인격 함양, 건전한 지식의 배양, 미용 기술에 관한 전문 지식의 습득 등이 있다.

17 **두부·두상 영역, 머리카락 명칭과의 연결이 맞는 것은?**

① 전두부 - 프론트 - 전발
② 측두부 - 사이드 - 포
③ 두정부 - 크라운 - 양빈
④ 후두부 - 네이프 - 곡

해설
② 측두부 – 사이드 – 양빈
③ 두정부 – 크라운 – 곡
④ 후두부 – 네이프 – 포

정답 – 13 ③ 14 ② 15 ④ 16 ④ 17 ①

18 두개골의 영역에 대한 설명이 잘못된 것은?

① 22개의 뼈로 구성되어 있다.
② 14개의 안면골로 구성된다.
③ 8개의 뇌두골이 뇌를 둘러싸고 있다.
④ 두개골은 뇌두개와 안면두개의 크기 비례와 관련이 없다.

해설
두개골은 뇌두개와 안면두개의 크기 비례로서 얼굴형을 나타낸다.

19 후두골과 관련된 설명으로 틀린 것은?

① 뒤통수 부위에 있는 마름모꼴의 뼈이다.
② 목선과 목 옆선을 포함하는 포가 존재한다.
③ 얼굴과 두발 경계선인 발제선을 포함한다.
④ 사각형 접시 모양의 납작뼈로 4개의 모서리와 각이 있다.

해설
④는 두정골에 관한 설명이다.

20 파팅에 대한 설명이 아닌 것은?

① 모발의 관점에서 '나누다'라는 의미를 갖는다.
② 두상의 경계에서 상 · 하, 좌 · 우로 구분 짓는다.
③ 파트는 구획 짓는 범위로서 블로킹과 섹셔닝이 있다.
④ 두피의 관점에서 '선을 긋다'라는 의미를 갖는다.

해설
두피의 관점에서 '선을 긋다'는 의미를 갖는 것은 라인 드로잉이며 수직, 수평, 사선 등이 있다.

정답 18 ④ 19 ④ 20 ④

CHAPTER

02 미용의 역사

인간은 태어나면서부터 아름다워지고자 하는 미적 본능을 갖고 있다. 이러한 미적 본능의 원초적 표현 중 하나가 수식사(修飾史)이다. 두발을 꾸미는 수식(首飾)의 역사는 인류의 역사와 더불어 시작되었으며, 발전·변천하여 오늘에 이르고 있다.

Section 01 한국의 미용

1 고대미용

고대미용의 고찰은 유적지의 유물이나 고분 출토물(古墳 出土物), 벽화 등을 통하여 이루어진다.

1) 고조선

단군왕검 환웅이 백성들로 하여금 편발로서 두발을 땋아서 늘어뜨리거나 방망이와 같이 삐쭉하게 묶는 상투머리형태를 가르쳤다.

[TIP] 「증보문헌비고」의 단군조선 수식(首飾)에 "단군원년 나라 사람들에게 머리를 개수하는 법을 가르쳤다."라고 기록되어 있다.

2) 삼한(낙랑)시대

[TIP] ① 남지수식 : 머리형태로 신분을 표시한 최초의 시대로서 후한서나 신당서 등에 기록되어 있다. 수장급들은 관모를 착용하였고, 일반인들은 상투를 틀었으며, 노예들은 체두(머리털을 밀어버림)를 하였다.
② 여자수식 : 두상에서 두발 다발을 나누어 한 다발은 정수리에 틀어 얹고, 남은 두발은 뒤로 늘어뜨리거나 땋아 후두부에 말아 올린 뒤 뒷머리에 납작하게 붙이기도 하였다.
③ 화장법 : 「채협총」의 채화칠협(거울)의 인물은 이마를 넓게 보이도록 머리털을 뽑고, 눈썹에 화장을 하였으며, 단정한 차림의 생활상을 나타낸다. 이는 삼한시대의 보편적인 화장법으로 볼 수 있다.

(1) 마한

두발을 길고 아름답게 가꾸는 것을 선호하였으며, 과두(머리다발을 틀어서 과결을 만듦) 노계를 하였다.

> **[TIP]** 어린이에서 어른까지 남녀 구별 없이 장신구를 목이나 귀에 달고 다녔다.

(2) 진한(낙랑)

① 남자들은 정수리에 상투를 틀었다.

② 어린아이의 머리를 돌로 눌러서 머리모양을 각지게 변형시키는 편두의 풍습이 있었다.

(3) 변한

진한과 같이 상투와 편두의 풍습이 있었으며, 문신으로 신분과 계급을 표시하였다.

3) 삼국시대

고구려, 백제, 고 신라의 삼국시대 수식은 대부분 공통된 양식이며, 머리형태로 신분과 지위를 나타내었다. 피발(풀어 헤친 머리)에서 계(땋은머리 다발)로 발달하여 남자는 상투머리를 틀고, 여자는 쪽진머리(북계), 민머리, 얹은머리 등 다양하게 수식하였다.

(1) 고구려

고구려 벽화에는 다양한 머리형태가 나타난다.

구분	머리형태	특징
미혼녀	쌍 상투머리	• 아직 덜 자란 두발을 두상 좌우의 정변 가까이에 묶었다. 두 개의 계두(상투)를 솟게 한 계양이다.
	채머리(민머리)	• 자연적 피발 상태로서 두발을 길게 늘어뜨렸다.
	묶은 중발머리	• 짧게 자란 두발을 뒤통수에 낮게 묶었다.
기혼녀	푼기명머리	• 뒤통수의 계양은 알 수 없으나 머리채를 3개의 다발로 하여 한 다발의 머리채는 뒤로하고 두 다발의 머리채는 좌우의 볼 쪽에 늘어뜨렸다.
	쪽진머리	• 땋은 두발을 뒤통수에서 낮게 트는(쪽진) 계양이다.
	얹은머리(트레머리)	• 뒤통수에서 땋은 두발을 앞이마쪽으로 감아 돌린 후 끝을 이마 가운데에 감아 꽂아 맺었다.

(2) 백제

중국의 사서인「북사열전」,「수서」,「주서」에 "혼인을 전후로 여인의 머리형태가 달랐다."라고 하였다.

① 미혼녀 머리형태

편발로서 뒤통수에다가 머리채를 한 갈래로 땋아 목덜미 뒤로 늘어뜨렸다.

② 기혼녀 머리형태

편발을 반한 머리형태로서 뒤통수에서 두 다발로 나눠 땋은 머리채를 두상 위에 빙빙 둘러서 포개어 감은 쪽진머리이다.

[TIP] 백제(百濟)

자료가 될 만한 조형적 유물은 물론 벽화분(**壁畵墳**)이 결여되어 있다. 따라서 중국의 사서(**史書**)를 통한 북사열전(**北史列傳**)에 변발수후(**辮髮垂後**)로서 미혼녀는 변발(**辮髮**), 편발(**編髮**) 계양을 하였으며 기혼녀는 뒤통수에서 두 갈래로 나눠 머리 둘레에 반(**盤**)하거나 북계식 계양을 한다고 기록되어 있다.

(3) 신라

「구당서」 동이전 신라조에 "부인의 두발은 매우 아름답고 길었다."라고 기술하였다. 「삼국사기」 기록에 가체(다리)를 외국에 수출하였으며, 장발 가체(긴 두발)처리 기술이 뛰어났다고 하였다.

① 머리형태

- 쪽진머리 : 삼국 모두의 머리형태로서 여자는 두발을 묶어서 목덜미 부분에 쪽을 지었다.
- 얹은머리 : 두발을 뒤통수에 낮게 모아 땋아서 머리 둘레를 둘렀다.
- 가체식 : 결발 또는 변발의 기법으로 본발 이외 다른 모다발(가체)을 얹어서 구성한 머리형태이다.

② 머리 장신구

양반 부녀들은 대모(거북의 껍질로 만든 장식 빗), 옥잠, 봉잠, 용잠, 각잠, 산호잠, 국잠, 석유잠 등의 비녀를 사용하였다. 서민들은 돌, 놋쇠 등으로 만든 비녀를 사용했다.

③ 화장법

- 남자 화장이 행해진 것이 특징이다.
- 향수와 향료 제조와 함께 애용되었다.
- 백분과 연지, 눈썹먹 등을 사용하여 엷은 화장을 하였다.

4) 통일신라 · 발해시대

중국 당의 제도를 모방 또는 융합하여 민족문화를 이룩하였다.

(1) 통일신라

① 머리형태

- 북계머리 : 여자의 두발은 가르마를 정수리까지 나누어서 머리채를 뒤통수 중간에 묶고 오른쪽으로 비틀어 결발하는 쪽진머리로서 우리 고유의 북계였다.
- 고계 반발머리 : 당나라 풍인 고계(머리 위로 높게 올린 머리형태)는 고유의 우리 계양과 중국식 계양이 혼재하였다.

② 머리 장신구

- 가위 : 두 개의 날(협신)이 X형으로 교차되어 기능면에서 우수하였다.
- 빗 : 슬슬전대모빗이라는 터키식인 녹송석으로 만든 빗은 정발용과 장식용으로 사용하였다.
- 채 : 금 · 은 등의 재질로 만든 비녀를 이용하여 장식하였다.
- 화관 : 신라의 진골녀나 6두품 여인만이 머리에 장식할 수 있었다.

> **[TIP]** 신라(新羅) · 통일신라(統一新羅)
>
> 신라의 부인들도 수발(髮)과 계식(繫飾)하기를 즐겨했음을 「삼국사기」에 가체(다래)를 당나라에 예물로 가져가게 한 미체(美髢)라는 기록으로 알 수 있다. 안악 제 3호분 미천왕의 왕비상에서 결발 또는 변발의 기법으로 본발 이외에 다른 모다발(加髢)을 얹어서 수발했음과 조선시대의 떠구지머리를 연상시키는 가체를 사용한 모습을 볼 수 있다. 남자들 역시 「당서(唐書)」의 신라조에 "신라의 남자는 두발을 잘라 팔고 흑건을 썼다."라고 하였다. 경주 금령총 출토 도제기마인물고분 벽화상의 대부분의 남자들은 관모를 착용해 머리형태를 알기 어려웠다.
>
> 수식(首飾)
>
> 신라가 삼국을 통일한 뒤인 문무왕 6년(666년)에 "부녀의 모든 복장을 당(唐)의 것과 동일하게 하라."라는 교지가 내려진 것으로 보아 당시 당나라에서 유행하던 분대화장이 통일신라시대에는 일반화되었다는 것을 알 수 있다.
>
> 장신구
>
> ① 빗– 대모빗(거북 껍질), 소아빗(상아), 슬슬전대모빗, 자개장식빗 등이 있다.
> ② 비녀– 문양으로 분류(각잠, 국잠, 용잠, 봉잠, 석유잠)된다.
> 재질로 분류(금, 은, 놋쇠, 옥, 산호잠)된다.

(2) 발해

① 머리형태

여자들은 고계, 쌍계, 변발수후 등의 머리형태를 주로 하였다.

② 머리 장신구

- 나무, 대모, 상아, 골각 등으로 만든 빗을 머리 장식으로 꽂기도 하였다.
- 비녀 및 머리 꽂이는 금, 은, 동, 뼈, 청동제로 된 U자형, Y자형 등이 있었다.

> **[TIP]** 신분 고하에 따라 빗 사용
>
> ① 양반 부녀는 슬슬전대모빗(자라 등껍질에 자개장식을 함), 소아빗(장식 없이 상아로 만듦), 대모빗, 자개장식빗 등으로 치장했다.
> ② 평민 부녀는 뿔, 나무, 놋쇠 등으로 만든 빗을 사용하여 치장하였다.

5) 고려시대

송, 원, 명나라 등 중국의 유습이 혼합되어 확고한 제도는 없었다.

(1) 머리형태

여인들의 계양도 신라시대의 것과 대체로 유사하였으나 중국 송나라 사신 서긍이 쓴 「고려도경」에서 머리형태를 살펴볼 수 있다.

① 미혼녀 머리형태

미혼 남자의 수식과 동일하게 남자는 땋아서 노끈으로, 여자는 붉은 비단으로 묶었다.

② 기혼녀 머리형태

- 쪽진머리 : 쪽을 뒤통수에 붙이지 않고 땋은머리 다발 중간에 틀어 심홍색 갑사 댕기로 묶어 오른쪽 어깨 위로 드리우고, 그 나머지는 아래로 내려뜨리되 붉은 깁으로 묶고 작은 비녀를 꽂았다.

• 얹은머리 : 가체를 사용하여 구름 같은 머리털에 옥잠을 꽂았다고 하였다.

[TIP] 개체변발 : 고려 후기 중국 원나라와 국혼관계로 족두리, 도두락 댕기 등 몽골풍의 개체변발(정수리 부분의 두발만으로 땋아 늘어뜨리고 나머지 두발은 모두 삭발 형태로 밀어 버림)의 머리형태를 하였다.

염색(흑발장윤법) : 검고 윤기나는 긴 두발로서 머리숱이 많아야 미인형이라 하여 모발 관리를 하였다.

(2) 화장

고려시대의 특기할 사항은 두발 염색이 행하여졌으며, 면약(面藥 : 일종의 안면용 화장품)이 사용되었고, 관아에서는 거울 제조기술자와 빗 제조기술자를 따로 두었다.

[TIP] 분대화장

① 기생 중심의 짙은 화장으로서 하얗게 분을 많이 바르고, 눈썹은 가늘고 또렷하게 그리며, 반질거릴 정도로 머릿기름을 많이 바르는 것이 특징이다.

② 고려 초기에는 교방(敎坊)에서 기생을 훈련시키고, 분대화장법도 가르쳤다.

비분대화장 : 여염집 부인들은 옅은 화장을 하였다.

(3) 장신구

① 상류층에서는 머리에 꽃과 보석으로 장식된 비녀를 사용했다.

② 불두잠이라 하여 비녀의 머리 부분이 없거나 비녀의 머리가 부처의 머리를 닮은 모양이다. 이는 감아올린 머리 다발이 흩어지지 않도록 꽂아 사용하였다.

[TIP] 족두리는 신라의 화관이 고려에 전승된 것이다. 이는 귀족·양반계급 부녀자가 예복에 쓰는 관모로서 원 복속기에 고려의 궁양이 되었다.

6) 조선시대

남성은 시종일관 상투머리였으며, 미혼 남녀는 땋은머리를, 1820년 순조 중엽까지 얹은머리가 유행함으로써 가체(加髢)에 치중하였다. 그 후 쪽머리가 대종을 이루면서 사치스러운 비녀가 유행하였다.

(1) 머리형태

① 기혼녀의 머리형태

㉠ 얹은머리(트레머리)

머리채를 뒤통수에서 두 다발로 묶어 나눈 뒤 왼쪽 가닥은 오른쪽으로, 오른쪽 가닥은 왼쪽으로 교차시킨다. 그 끝을 앞이마로 돌려 꽈리 모양으로 얽어 얹은 뒤 남은 끝은 한쪽으로 몰아 붉은 장식 댕기로 고정시킨다. 그 얹은머리 위에 흑색 가르마를 얹기도 하였다.

[TIP] 조선조 중기에 와서는 가체를 사용하여 틀어 올렸는데 얹은머리를 크고 높게(高髮) 할수록 아름답거나 부(富)를 지닌 것으로 여겼다.

㉡ 쪽진머리(낭자머리)

- 1800년 이후 순조 중엽에 가서야 본발(本髮)로 목덜미(뇌후)에 쪽을 진 다음 작은 비녀를 꽂았다.
- 국조 중엽 정조신해(15년) 이전까지는 가체를 본발과 합쳐 땋지 않고 긴 가체를 땋은머리채에 한 번 두를 만큼 만들어 얹고 비녀를 꽂았다.
- 정조신해 이후 가체를 금하고 북계(北髻)로서 속명 낭자(娘子)라고 하는 것을 쓰게 하였다. 낭자는 두발을 땋아 목 뒤에 둥글게 서린 다음 비녀를 꽂고 족두리를 쓰게 한 것이다.
- 큰머리의 체계(髢髻)를 대신하고자 한 쪽진머리는 정조 재위 중 가체금지령으로 인해 완전히 실시되지 못하였다.

㉢ 어유미(어여머리)

- 왕실이나 양반집에서 의식 때 대례복에 병용하거나 예장 시 머리에 얹는(가체) 커다란 머리형태이다.
- 궁중의식 때 가르마 위에 첩지를 매고 그 위에 어염족두리를 쓰고 그 위에 가체 일곱 쪽지를 두 갈래로 땋아서 만든 어여머리를 얹어 옥판과 화잠으로 장식하였다.

[TIP] 어염족두리는 어여머리의 밑받침으로 사용하였다. 검은색 공단에 목화솜을 넣고 가운데 부분에 잔주름을 잡아 양쪽이 불룩하게 둥글며, 아랫부분은 백색 면직물을 밑받침으로 덧붙여 부드러운 촉감을 준다. 표면의 정중앙부에는 자색 견사로 된 굵은 끈이 달려있다.

㉣ 조짐머리

- 양반가 부녀자들이 문안차 입궐 시 첩지와 더불어 쪽을 돋보이게 하였다.
- 정조 발제개혁 이후 얹은머리 대신 가체의 일종인 낭자를 소라딱지 비슷하게 크게 틀어 붙인 머리형태이다.

㉤ 첩지머리(또야머리)

- 첩지는 조선시대 왕비를 비롯한 내 · 외명부가 머리에 치장하던 장신구의 하나이며, 화관이나 족두리가 흘러내리지 않도록 고정시키는 역할을 하기도 하였다.
- 첩지를 가르마 중심(가운데)에 두고, 느슨하게 양쪽 다레를 곱게 빗어 본발과 같은 결이 되도록 붙여서 귀 뒤를 지나 서로 반대편에서 쪽 옆으로 돌린다. 나머지 길이도 모두 쪽에 감아서 고정시킨다.

[TIP] 첩지는 장식과 형태, 재료에 따라 신분을 나타내기도 하였다. 예장 시 왕비는 도금으로 봉첩지를 하였다. 내·외 명부는 도금하거나 흑각으로 만든 개구리첩지를 썼다. 첩지의 좌우에는 긴 가체가 달려 있다.

㉥ 거두미(큰머리, 떠구지머리)

궁중에서 의식 때 대례복과 같이 착용하던 머리형태로서 머리채 대신 나무(木)로 만든 떠구지를 얹음으로써 큰머리 또는 거두미라고도 하였다.

> **[TIP]** 떠구지 : 정조 3년 구지(木)가 만들어지기 이전에는 다레 일곱 꼭지를 한 데 묶어서 만들었으나 중량이 커서 사용하기 불편하여 대용물로 다레 일곱 꼭지를 조각 무늬로 그려넣었다.

ⓢ 대수(大首)머리

- 궁중에서 대례(大禮)를 행할 때 갖추는 가체의 하나로서 익관(冠) 대신 착용하였다.
- 어깨 높이까지 곱게 빗어 내린 두발의 양 끝에 봉(鳳)이 조각된 비녀를 꽂았으며, 뒷머리 가운데에는 두발을 두 갈래로 땋아 자주색 댕기를 늘이고, 머리 위의 앞 부분을 떨잠과 봉황비녀로 장식하였다.

② 기혼남의 머리형태

고대로부터 이어져 온 상투머리이다.

③ 미혼남녀의 머리형태

「거가잡복고」의 기록에는 쌍상투와 사양머리(새앙머리)가 공존하였으며, 8등분하여 땋는 바둑판머리(종종머리), 두발을 땋은머리 다발 끝에 댕기를 매는 댕기머리 등의 계양이다.

㉠ 바둑판머리(종종머리)

모량이 적은 어린 여자아이의 머리형태로서 앞가르마를 하고 좌우 귀밑머리에서 각각 3가닥으로 땋아 내려가 뒷머리 부분에서 합쳐 땋고 댕기를 드린 후 가르마의 중앙에 칠보장식을 붙였다.

㉡ 귀밑머리

가르마 양편 귀 뒤에서 가늘게 땋은 다음, 뒤통수에서 한꺼번에 굵게 땋아 끝을 빨간 댕기로 매었다.

> **[TIP]** 양반가의 규수는 귀밑머리로 귀를 가렸으나 평민들은 귀를 가리지 못하였다.

㉢ 새앙머리

상궁이나 양반가 규수의 머리형태로서 고려시대에서부터 조금씩 변형되어 이조시대 말기까지 유행하였다. 궁중 또는 서민들이 하였던 머리형태는 조금씩 달랐다.

(2) 장신구

머리장식에는 상류계급에서 사용되던 첩지, 떨잠, 뒤꽂이 등이 있으며, 예장 시 장식품으로 이용하였다. 비녀나 댕기 등은 두발을 고정시키거나 장식의 역할을 하였다.

장신구	특징	
비녀	쪽진머리를 고정시키거나 장식용으로 사용하였다.	
	재료	금, 은, 백동, 진주, 옥, 상아, 비취, 산호, 나무, 대나무, 뿔, 뼈 등이 있으며 귀천에 따라 재료나 모양의 사용이 제한되었다.
	문양	봉잠, 용잠, 국잠, 호도잠, 석류잠, 각잠 등이 신분과 지위에 따라 치장을 달리하였다.

빗	• 얼레빗 : 빗살이 굵고 성긴 빗살로 구성된다. • 참빗 : 빗살이 촘촘하여 기름을 바르고 두발을 붙여서 빗을 때와 이물질을 제거할 때 사용된다.
떨잠	• 의식 때 왕비 및 상류계급에 한하여 큰머리나 어여머리의 중심과 양편에 하나씩 꽂는 장식품이다. • 원형, 각형 등 옥판에 칠보, 진주, 보석으로 장식하여 걸음을 옮길 때마다 파르르 떨린다 하여 떨칠반자라고도 한다.
빗치개	• 쪽진머리에 덧 꽂는 비녀 이외의 장식품으로 상류 또는 일반 부녀에 따라 종류와 재료가 제한되어 있다. • 가르마를 나누거나 빗살의 때를 제거하고 뒤꽂이로 사용하거나 기름 바르는 도구 또는 귀이개 등으로 사용하였다.
댕기	• 댕기는 실용성을 넘어 머리장식을 화려하고 아름답게 장식하는 데 쓰였다. • 용도에 따라 쪽댕기, 제비부리댕기, 큰댕기, 앞댕기, 도투락댕기, 말뚝댕기 등이 있다. • 삼국시대부터 전래된 댕기는 미혼 남녀 모두 변발수후하여 이를 묶거나 장식용으로 사용하였다.
첩지	• 조선조 귀족층의 장식품으로서 영조 때 발제개혁 이후 얹은머리 대신 쪽진머리와 족두리를 권장하였다. • 가르마에 꽂는 것으로 신분에 따라 재질과 문양이 다르다.
화관·족두리	• 금, 은, 석웅황, 비취, 진주꾸러미 등으로 장식한 예복에 갖추어 쓰던 관의 하나로 의식에 사용되었다. • 영·정조 때 가체의 폐단을 시정하기 위해 화관과 족두리를 가체 대체물로 사용하거나 쓰게 하였다.

[TIP] ① 조선 초기에는 밑화장용으로 참기름을 사용함으로써 가벼운 화장이 유행하였다.
② 조선 중기에는 분화장이 신부화장에 사용되기 시작했다. 양쪽 뺨에 연지, 이마에 곤지를 찍고, 눈썹을 밀고 따로 그렸다.

2 근대미용(개화기)

전통의 신분제를 폐지하면서 복제 간소화나 양복화 등 단발령의 기초가 되는 정책을 시행하였다. 개화기를 맞이하였지만 나라가 존속하는 한 궁중양식에서도 그대로였다. 조선조 후기 예장에 어여머리, 큰머리 등은 그대로 존속했다. 서민의 기혼녀는 기호를 중심으로 이남은 쪽진머리, 서북은 얹은머리가 그대로 유지되었으며 미혼녀는 댕기머리가 주를 이루었다.

① 1920년 김활란의 단발머리, 이숙종의 높은머리(일명 다까머리)가 혁신적인 변화로서 유행하였다.
② 1933년 오엽주가 일본에서 미용 기술을 배워 화신백화점 내에 우리나라 최초로 미용실을 개원하였다.
③ 광복 이후 김상진에 의해 현대미용학원이 설립되었다.
④ 6.25 사변 이후 권정희는 정화고등기술학교(사범 2년제 도입)를 설립하였다.
⑤ 오엽주는 예림고등기술학교를 설립하였다.

[TIP] 한국사회 역사적 단계에서는 갑오개혁(1884년, 고종21년)부터 한일합방(1910년)까지 구미 각국의 제열강과 통상조약을 체결함으로써 새로운 근대국가로의 일대 전환을 맞게 되었다.

3 현대미용

한국미용은 과거 중국 당나라의 영향을 받았으나 근대에는 구미(프랑스)와 일본의 영향을 받았다. 현대는 동서양을 막론하고 IT의 발달로 일관된 미용예술의 길을 걷고 있다. 따라서 서양의 근대, 현대미용을 동시대적 배경으로 살펴볼 수 있다.

Section 02 외국의 미용

1 중국의 고대미용

고서(古書)에 의하면

① B.C 2200년경 하(夏)나라 때에는 이미 분(粉)이 사용되었다.

② B.C 1150년경 은(殷)나라 주왕 때 연지화장을 하였다.

③ B.C 246~210년 진시황제시대 아방궁 삼천궁녀들 사이에서는 백분, 연지, 눈썹화장이 성행하였다.

④ 당나라 시대는 높이 치켜 올리거나 내리는 머리형태를 하였다.

- 액황(額黃)을 이마에 발라 약간의 입체감을 나타내었다.
- 홍장(紅粧)이라 하여 백분을 바른 후에 연지를 덧바른 화장을 하였다.
- 당 현종(713~755년) 때에는 십미도(十眉圖)라 하여 10가지 눈썹 모양을 소개하였다.

[TIP] 수하미인도(樹下美人圖)의 인물상은 홍장의 예이다.

2 구미의 미용

1) 이집트

지리적으로 더운 기후를 갖고 있는 나일강 유역(적도 바로 밑)에 위치하며, 약 5천년 이전부터 고대문명이 융성하였다. 당시 문화에 대한 자료는 피라미드 내유물인 거울, 면도날, 매니큐어용 도구, 눈썹먹으로 사용한 연필, 크림 용기 등이 기원전 500년에 있었음이 밝혀졌다.

[TIP] 어떤 나라의 풍속을 알고자 할 때에는 그 시대의 화폐나 남아있는 조각, 벽화의 여신, 건축물, 돌에 새겨져 있는 벽의 부조를 살펴보면 추정이 가능하다.

▲ 이집트의 부조

(1) 머리형태

① 가발을 이용하여 일광을 막을 수 있게 했다.

- 한 사람이 여러 유형의 가발을 갖고 있어서 마치 지금의 모자와 같은 구실을 했다.
- 본발은 짧게 깎거나 밀어냈다.

[TIP] 가발재료로는 인모(人毛)나 검은 양털, 종려나무의 섬유 등이 사용되었다.

(2) 펌의 기원

알칼리 토양의 진흙을 모발에 발라 둥근 막대기로 말고 태양열로 건조시켜서 두발에 컬을 만들기도 했다.

(3) 염모의 기원

- 자연적인 흑발에 헤나(Henna)를 진흙에 개서 바르고 태양광선에 건조시켰다.
- 가발을 검게 염색하기 위해 종려나무의 잎 섬유를 가늘게 나눠 짜서 사용하였다.

> **[TIP]** 왕조들은 화려한 장식으로 치장함으로써 부와 힘을 과시하였다. 고대미용의 발생지인 이집트는 왕조 전에는 남녀 모두 짧은 단발머리였다. 특히 여성의 머리형태는 중간 가르마형의 웨이브 스타일로서 모발을 풍성하게 보이도록 했다. 당조시대로 들어오면서 땋은머리로 진보되었다.

2) 그리스(B.C 5세기)

전문적인 결발사(結髮師)들이 출현함으로써 로마에까지 그 영향이 미쳤다. 특히 처음으로 남자 이용원이 생겨 일종의 사교 클럽식으로 존재했다.

▲ 그리스의 부조

(1) 머리형태

① 밀로의 비너스상처럼 두발을 자연스럽게 묶거나 중앙에서 나눠 뒤로 틀어 올린 고전적 스타일이 많았다.

② 키프로스풍의 두발형에서 링레트와 나선형 컬을 몇 겹으로 쌓아 겹친 스타일을 만들었다.

③ 거울이 최초로 고안되었으며 손가락으로 모발의 층을 내는 커트 기술이 있었다.

④ 수염, 손톱, 발톱 등을 깎아주고 가발, 헤어 피스 등을 제작하였다.

> **[TIP]** ① 아테네 사람들이 시칠리아 섬의 원정에 실패하였다. 왕이 면도 중에 이발사에게 스스럼없이 얘기하다가 비밀이 누설되었다고 한다.
> ② 그리스의 조각가들이 남긴 불멸의 조각상의 머리형태는 오늘날의 미용사들이 시행하고 있는 고전머리 중 기본 스타일의 하나라고 할 정도로 균형과 조화로움이 탁월하여 현재도 가끔씩 유행의 무대에 등장한다.

3) 로마(B.C 30년)

① 초기 로마에서의 두발형은 그리스시대의 것을 답습하였다.

② 가체나 가발 등을 사용한 머리형태로서 웨이브나 컬을 창출하였다.

③ 북방 이민족을 포로로 잡아 노예로 삼았으며 이들 모발색을 모방하여 염 · 탈색을 했다.

> **[TIP]** 로마시대 이발소는 최신의 정보를 단골 고객에게 전달함으로써 흥미거리나 가십거리를 제공하였다.

4) 중세(400~1500년)

(1) 의학으로 취급되었던 이용이 의학과 분리

① 14세기 초에 하나의 독립된 전문 직업으로 개발되기 시작하였다.

② 외과의사와 이발사는 두 개의 길드조합을 구성하였다.

③ 교회 통치에 복종하는 의미로 삭발을 시행하였다.

(2) 종교가 생활과 관습에 영향

① 머리에 관이나 장식을 쓰는 것을 중시하였다.

② 네트를 이용하여 두발을 감쌌다.

③ 에넹은 원뿔 형태의 모자로서 두발이 보이지 않도록 감쌌으며, 에넹의 높이는 신분이나 부를 상징하였다.

5) 르네상스(14~16세기)

① 목을 감싸는 러프가 점점 대형화되면서 헤어스타일은 짧고 단정하게 빗어 넘겼다.

② 챙이 없는 모자인 토크와 장식용 쇠사슬인 벨 페로니에를 사용하였다.

6) 바로크(17C)

17C 초 미용사(Hair dress)는 16C부터 이어진 전두부에 와이어나 쿠션을 집어넣어 높게 부풀린 다양한 스타일을 하였다.

① 남성 또한 풍성하고 여성스러운 헤어스타일을 선호하였다.

② 여성은 가발을 씌워 포마드로 굳혀서 높이 빗어 올린 쪽에 보석과 진주로 장식한 핀을 꽂는 머리형태를 연출하였다.

③ 루이 14세 시대에는 퐁땅쥬(Fontange) 스타일이 유행하였다.

④ 최초의 남자 결발사 샴페인(Champagen)으로부터 브레이드(Braid) 스타일이 성업했다.

> **[TIP]** 퐁땅쥬 스타일 : 얼굴 정면을 향해 높게 핀컬로 장식하고 이를 지탱하기 위해 파제드라고 하는 금속바늘을 모다발 속에 넣는다. 컬이 부족한 부분에 머리카락 뭉치(심)를 집어넣거나 레이스로 주름 잡아 철사로 층층이 세운 머리 장식용 리본(퐁땅쥬)인 쓰개로 보충하였다.
>
> 바로크 : 예술 양식의 하나이며, '일그러진 진주'라는 뜻으로 이상한 모양, 괴이한 모양이라고 지정된다.

7) 로코코(18C, 1701~1800년)

루이 14세 정치 말기에서 루이 15세의 전성기 머리형태와 루이 16세 왕비의 머리형태가 공존하였으며 두발용 파우더가 90년간 유행하였다.

① 두발을 부풀게 하지 않은 납작하고 작은 머리형태인 퐁파두르 스타일이 유행하였다.

② 거대하고 장식이 화려한 마리 앙투아네트의 머리형태가 유행하였다.

③ 백발이 유행하여 곡물가루로 만든 백분(파우더)을 사용하였다.

④ 남성들은 두발을 뒤통수에 낮게 묶어 리본으로 장식하거나 사이드의 두발을 짧게 잘라 컬을 말고 후두부의 두발은 묶는 머리형태를 하였다.

> **[TIP]** 로코코(1715~1789) : 프랑스를 중심으로 확산된 유럽미술 양식이다.
>
> ① 18C 후반 머리형태는 마리 앙투아네트에 의해 점점 높아지고 볼륨이 커졌다.
>
> ② 루이 16세 시대는 이발의 전성기이기도 하였다.
>
> ③ 이 시대만큼 유행이 자주 바뀌고 부조화를 이루는 시기는 없었다.

> **[TIP]** 퐁파두르 스타일
> 팜프도르 스타일이라고도 하며 납작하고 작은 머리형태이다.

8) 나폴레옹 제정시대(19C, 1801~1900년)

① 여성들은 모발에 염색을 하고 층을 내는 헤어스타일을 하기 시작했다.

② 여성 패션계에서는 복고스타일인 단발머리가 부활했다.

③ 1804년 장 바버(Jeang Barber)가 외과와 이용을 완전 분리하여 이용을 상징하는 싸인볼(청, 홍, 백색)을 제작함으로써 이용 문화를 전 세계에 보급했다.

④ 19C는 로맨틱 시대로서 여성스러움이 강조됨으로써 화려해졌다. 1830년대 프랑스 미용사 무슈 끄로샤뜨에 의해 아폴로 노트 머리형태가 고안되어 유행했다.

⑤ 1867년 과산화수소(H_2O_2)가 탈색제에 이용되었다.

⑥ 1871년 가구 제작소인 바리캉 & 마르 회사가 수동식 바리캉을 발명하여 헤어 커트에 기구를 도입하였다.

⑦ 1872년 일본 귀족 목촌중랑이 서구문명을 받아들여 이용 기술을 연구하였다. 일본 정부의 삭발령 선포를 계기로 좇마게(상투의 일종)를 잘라 짧은 커트스타일을 창시했다.

⑧ 1875년 프랑스인 마셀 그라또우에 의해 일시적인 마셀웨이브 스타일이 창안되었다.

⑨ 1883년 합성유기염료가 염모제로 사용되었다.

9) 근대(20C, 1901~1999년)

화이트 콜렉션의 분위기로 신세대(New age)에 의해 모발 관리(Hair care)가 유행했다.

① 1905년 영국의 찰스 네슬러(Charles Nessler)에 의해 웨이브 펌이 고안되었다.

- 1906년 런던에서 처음으로 대중들에게 웨이브 펌을 선보였다.
- 머신히트 웨이브(스파이럴식)가 고안되었다.

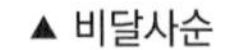
▲ 비달사순

② 1914~1918년 전쟁 전후에 프랑스에서 짧은 보브스타일이 유행하였다.

③ 1917년 미국 간호사들은 잔다르크 커트라 하여 쇼트 커트 머리형에 웨이브 펌이 유행하였다.

④ 1925년 독일의 조셉 메이어에 의해 크로키놀(Cropuignole)식의 열펌이 고안되어 스파이럴식의 단점을 보충함과 동시에 능률 향상에도 공헌하였다.

⑤ 1936년 영국의 스피크먼(J.B. Speakman)에 의해 콜드 펌으로서 화학제품 작용에 의한 웨이브 펌이 성공하였다.

⑥ 1940년 산성 중화샴푸제가 출시되었다.

⑦ 1960년대 비달사순의 기하학적인 헤어 커트가 국경을 없앴다.

⑧ 1970년대의 히피스타일이 다시 유행하였다.

⑨ 1980년대 다양한 펌 스타일(스트레이트, 웨이브 펌)이 유행하였다.

⑩ 1990년대 다양한 컬러가 유행하였다.

10) 현대(2000년~현재)

다원화된 현대사회는 디지털 노마드시대로서 사회변동이 전 세계에 걸쳐 동시다발적으로 일어나고 있다. 머리형태는 실용적이고 기능적이며 생활적으로 다양화된 개성화가 주를 이루고 있다.

> [TIP] 디지털 노마드(Digital nomad)
> 스마트폰이나 노트북 컴퓨터와 같은 첨단 기기를 갖추고 시간과 장소의 제약으로부터 자유로운 사람을 의미한다.

Chapter 02

미용의 역사 실전예상문제

01 다음 내용 중 비녀를 사용하는 고대 여성의 머리형태는?

① 쪽진(낭자)머리
② 얹은머리
③ 푼기명식머리
④ 쌍상투머리

해설
쪽진(낭자)머리는 고대 삼국시대 기혼녀의 머리형태로, 뒤통수에서 땋은 두발을 낮게 틀어 비녀로 쪽을 지은 형태이다.

★★☆☆☆
02 우리나라 고대 여성의 머리형태에 속하지 않는 것은?

① 큰머리
② 얹은머리
③ 높은머리
④ 쪽진머리

해설
높은머리(일명 다까머리)는 근대(개화기) 이숙종에 의해 유행된 머리형태이다.

03 다음 내용 중 아름다운 가체를 사용하여 머리형태를 만들었던 나라는?

① 낙랑　② 진한
③ 신라　④ 변한

해설
「삼국사기」 기록에 의하면 신라는 가체(다리)를 중국 당나라에 수출하였으며 여인들은 가체를 사용한 장발(긴 두발)처리 기술이 뛰어났다고 한다.

04 헤나와 진흙을 혼합하여 두발에 바르고 태양광선에 건조시켜 염색을 했던 최초의 고대국가는?

① 프랑스　② 로마
③ 그리스　④ 이집트

해설
고대 이집트에서는 자연적인 흑발에 헤나를 진흙에 개어서 바르고 태양광선에 건조시켰다.

05 조선시대의 신부 화장술에 대한 설명이 아닌 것은?

① 연지는 뺨에, 곤지는 이마에 찍었다.
② 눈썹은 실로 밀어낸 후 따로 그렸다.
③ 밑화장으로 동백기름을 발랐다.
④ 분화장을 했다.

해설
밑화장(피부 관리)으로 참기름을 발랐으며 동백기름은 모발에 발랐다.

06 첩지와 관련된 내용이 아닌 것은?

① 첩지는 봉 또는 개구리 모양이 있다.
② 조선시대 사대부의 예장 때 머리 위 가르마를 꾸미는 장식품이다.
③ 왕비는 은으로 된 개구리첩지를 사용하였다.
④ 첩지는 내·외명부 등의 신분을 밝혀주는 표시이기도 했다.

해설
왕비는 도금으로 봉첩지를 하였다. 내·외명부는 도금으로 은 또는 흑각 개구리 첩지를 하였다.

정답 — 01 ① 02 ③ 03 ③ 04 ④ 05 ③ 06 ③

07 뒤통수에 머리채를 낮게 땋아 틀어 올린 후 비녀를 꽂은 머리형태는?

① 민머리 ② 얹은머리
③ 푼기명식머리 ④ 쪽진머리

해설
쪽진(낭자)머리는 고대 삼국시대 기혼녀의 머리형태로 뒤통수에서 땋은 두발을 낮게 틀어 비녀로 쪽을 지은 형태이다.

08 삼한시대 머리형태로서 설명으로 잘못된 것은?

① 포로나 노예는 두발을 밀어 깎았다.
② 수장급은 관모를 썼다.
③ 일반인은 상투를 틀게 했다.
④ 머리형태는 신분이나 계급에 관계가 없었다.

해설
삼한시대의 머리형태는 신분이나 계급과 관련이 깊었다.

09 컬러 아이론을 발명하여 부인 결발법의 대혁명을 일으킨 사람은?

① 마셀 그라또우
② 조셉 메이어
③ 찰스 네슬러
④ J.B.스피크먼

해설
1875년 마셀 그라또우는 일시적 웨이브를 창안하였다.

10 고대 평민 여성들이 분화장, 연지, 곤지, 눈화장 등이 대중화된 시기는?

① 고려 중기 ② 고려 말기
③ 조선 중엽 ④ 조선 말기

해설
조선 중기에 분과 연지, 곤지 등이 신부화장에 사용되기 시작하였다.

11 17C초 바로크시대 프랑스에서 여성들의 두발결발사로서 종사한 최초의 남자는?

① 샴페인
② 오데코롱
③ 아폴로노트
④ 무슈 끄로샤뜨

해설
샴페인은 프랑스 최초의 남자 미용사로, 파리에서 결발술이 성행하게 하였으며 프랑스 혁명 이후 근대 미용의 기반을 마련하였다.

12 조선시대 귀족층이 예장할 때 가르마에 꽂는 머리의 장신구는?

① 빗 ② 비녀
③ 화관 ④ 첩지

해설
첩지는 조선시대 귀족층이 예장할 때 가르마에 꽂는 머리 장신구이다. 신분에 따라 재질과 문양이 다르며, 영조시기 발제개혁 이후 얹은머리 대신 쪽진머리와 족두리를 권장하였다.

13 서울 종로 화신백화점 내 화신미용원을 개설한 해는?

① 1933년 ② 1935년
③ 1940년 ④ 1945년

해설
오엽주가 일본에서 미용 기술을 배워 화신백화점 내에서 1933년에 우리나라 최초로 화신미용원을 개원하였다.

정답 – 07 ④ 08 ④ 09 ① 10 ③ 11 ① 12 ④ 13 ①

14 **서구 미용역사에서 거대하고 장식이 화려하여 사치스러운 머리형태가 유행했던 시대는?**

① 로코코시대
② 바로크시대
③ 프랑스 혁명기
④ 르네상스시대

해설
로코코시대에는 머리카락을 셔과 철사 뼈대 위로 둘러서 포마드로 고정시키고 체를 사용하거나 파우더를 뿌리는 등의 복합적인 머리형태를 하였다.

★★☆☆☆
15 **중국 당나라 현종(713~755년) 때의 십미도(十眉圖)에 관한 내용인 것은?**

① 열 명의 미인도
② 열 가지의 산수화
③ 열 가지의 화장술
④ 열 종류의 눈썹 모양

해설
당 현종 때의 십미도는 열 종류의 눈썹 모양을 그림으로 그린 것이다.

★★☆☆☆
16 **뒤통수에 낮게 머리채를 땋아 틀어 올리고 비녀를 꽂은 머리모양은?**

① 첩지머리
② 얹은머리
③ 땋은머리
④ 쪽진머리

해설
쪽진머리는 고대 삼국의 머리형태로 두발을 묶어서 목덜미 부분에 쪽을 지었다고 하여 쪽진머리라 하였다.

★★☆☆☆
17 **중국의 고대미용에 대한 설명으로 틀린 것은?**

① 당나라 때 액황을 이마에 발라 입체감을 살렸다.
② 홍장은 백분을 바른 후 다시 연지를 덧발랐다.
③ 십미도는 열 종류의 눈썹 모양을 그린 것이다.
④ 머리형태는 쪽진머리, 큰머리, 조짐머리가 있었다.

해설
쪽진머리, 큰머리, 조짐머리 등은 조선시대의 머리형태이다.

★★★★☆
18 **근대(개화기)에 대한 설명으로 옳은 것은?**

① 일본의 단발령에 의해 미용이 발달했다.
② 1933년 우리나라에 처음으로 일본인이 미용실을 개원했다.
③ 해방 전 우리나라 최초의 미용교육기관은 정화고등기술학교이다.
④ 오엽주 여사는 화신백화점 내에 미용실을 개원했다.

해설
① 일본은 서구문명을 빨리 받아들여 메이지 유신 때부터 미용이 발달했다.
② 1933년 화신백화점 내에 오엽주가 미용실을 최초로 개원했다.
③ 해방 후 김상진에 의해 미용학원이 설립되었고 6.25 사변 이후 고등기술학교에 미용 교육이 도입되었다.

19 **고대 한국의 머리형태에 대한 명칭과 설명이 바르게 연결된 것은?**

① 쪽머리 – 뒤통수에서 땋아 늘어뜨린 머리
② 푼기명머리 – 삼한시대에 양쪽 귀 옆에 머리카락의 일부를 늘어뜨린 머리
③ 중발머리 – 중간 정도 길이의 두발을 목덜미에서 묶은 머리
④ 귀밑머리 – 상궁이나 양반가 규수들의 머리형태로서 귀밑 길이의 머리

해설
중발머리는 짧은 두발을 뒤통수에 낮게 묶은 형태이다.

정답 14 ① 15 ④ 16 ④ 17 ④ 18 ④ 19 ③

20 외국의 고대미용에 대해 연결이 잘못된 것은?

① 중국의 미용 – 원뿔 모양의 모자
② 이집트 미용 – 형형색색의 환상적 가발
③ 로마 미용 – 향장품의 제조와 사용 성행
④ 프랑스 미용 – 파리는 세계 미용의 중심지

해설
원뿔 모양의 모자는 중세 때 머리카락을 감쌌던 에넹이다.

21 분대화장 또는 비분대화장으로 분류된 시대는?

① 삼한시대 ② 삼국시대
③ 조선시대 ④ 고려시대

고려시대의 화장술은 짙은 화장(분대화장)과 옅은 화장(비분대화장)으로 분류되었다.

22 신라에서 조선시대에 걸쳐 사용된 가체에 대한 설명 중 틀린 것은?

① 장발의 처리 기술로 사용되었다.
② 쪽진머리를 하기 위하여 사용되었다.
③ 신분의 높낮이를 나타내기 위해 사용되기도 하였다.
④ 어여머리를 하기 위해 사용되었다.

해설
②는 삼국시대에서 조선시대에 걸친 공통적인 머리형태이다. ④는 어여머리는 조선시대에 양반이나 왕실에서 예장 시 머리에 얹은 가체이다.

23 개체변발의 설명으로 틀린 것은?

① 몽고풍의 머리형태이다.
② 고려시대에 한동안 일부 계층에서 유행했던 남성의 머리형태이다.
③ 남성의 머리형태로서 머리카락을 끌어올려 정수리에서 틀어 감아 맨 모양이다.
④ 정수리 이외 두발은 삭발하고 정수리 부분만 남겨 땋아 늘어뜨린 형이다.

해설
개체변발은 고려 후기 중국 원나라와 국혼관계로 인해 들어온 머리형태로, 정수리 부분의 두발만 땋아 늘어뜨리고 나머지 두발은 모두 밀어 버린 형태이다.

★★★☆☆
24 다음 내용 중 1920년 우리나라 최초의 단발머리를 유행시킨 여성은?

① 김상진 ② 김활란
③ 권정희 ④ 이숙종

1920년대 김활란의 단발머리, 이숙종의 높은머리(일명 다까머리)가 혁신적인 변화를 가져다 주었다.

25 우리나라에서 현대미용의 시초라고 볼 수 있는 시기는?

① 조선 중엽 ② 한일합방 이후
③ 해방 이후 ④ 6.25 사변 이후

우리나라 현대미용의 시초는 1910년 한일합방 이후이다.

26 조선시대에 가체 대신 떠구지를 얹은 머리형은?

① 큰머리 ② 쪽진머리
③ 귀밑머리 ④ 조짐머리

떠구지는 궁중에서 의식 때 모발 대신 나무로 만든 장식이다. 떠구지를 얹은 형태의 머리를 큰머리 또는 거두미라고 하였다.

정답 20 ① 21 ④ 22 ② 23 ③ 24 ② 25 ② 26 ①

27 **고대미용에서 앞머리 양쪽에 틀어 얹은 머리형태는?**

① 낭자머리 ② 쪽진머리
③ 푼기명식머리 ④ 쌍상투머리

해설
쌍상투머리는 두상에 상투를 두 개 틀어놓은 남성의 머리형태이다.

28 **다음은 신라시대 머리장식품 중 비녀이다. 재료에서 이름을 따온 비녀만으로 묶어진 것은?**

① 산호잠, 옥잠
② 석류잠, 호도잠
③ 국잠, 금잠
④ 봉잠, 용잠

해설
산호잠은 산호로, 옥잠은 옥으로 만든 비녀로, 재질에서 이름을 따왔다. 석류잠, 호도잠, 국잠(국화), 봉잠(봉황), 용잠 등은 비녀의 모양에서 이름을 따왔다.

29 **조선 초기 여성의 밑화장용 피부 손질에 사용한 기름은?**

① 콩기름 ② 동백기름
③ 참기름 ④ 파마자기름

해설
밑화장(피부 관리)으로 참기름을 발랐으며, 동백기름은 모발에 발랐다.

30 **퍼머넌트 웨이브 방식과 그 창시자의 연결이 옳은 것은?**

① 아이론 웨이브 – 1875년 무슈 끄로샤뜨
② 콜드 웨이브 – 1936년 스피크먼
③ 스파이럴 퍼머넌트 웨이브 – 1925년 조셉 메이어
④ 크로키놀식 웨이브 – 1905년 찰스 네슬러

해설
영국의 화학자인 스피크먼에 의해 콜드 웨이브가 개발되어 실온(상온)에서 펌 시술이 이루어졌다.

31 **17C의 퐁땅쥬 스타일에 대한 설명인 것은?**

① 얼굴 정면을 향해 핀컬을 이용하여 높게 장식하였다.
② 거대하고 장식이 화려한 마리 앙투아네트의 머리형태이다.
③ 곡물가루로 만든 백분(파우더)을 사용하였다.
④ 로맨틱 시대로서 여성스러움이 강조되어 화려해졌다.

해설
얼굴 정면을 향해 핀컬로 높게 장식하고, 이를 지탱하기 위해 파제드라고 하는 바늘을 두발 속에 넣었다. 컬이 부족한 부분에 머리카락 뭉치를 넣거나 레이스로 주름잡아 철사로 층층이 세운 머리 장식용 리본(퐁땅주)인 쓰개로 보충하였다.
②, ③ 18C 로코코
④ 19C 나폴레옹 제정시대

32 **바로크시대의 헤어스타일과 관련된 내용으로 거리가 먼 것은?**

① 퐁땅쥬(머리 장식용 리본)스타일이 유행하였다.
② 최초 남성 결발사 샴페인으로부터 브레이드 스타일이 유행하였다.
③ 프랑스 혁명 이후의 고대미용의 기반을 마련하였다.
④ 캐더린 오프메디시 여왕이 이탈리아 결발사, 가발사, 화장품 제조기사 등을 초빙하여 기술을 전수시켰다.

해설
바로크는 17C 예술양식의 하나로서 프랑스 혁명 이후의 근대미용의 기반을 마련하였다.

정답 – 27 ④ 28 ① 29 ③ 30 ② 31 ① 32 ③

33 **르네상스(14~16세기)시대 머리형태와 관련된 설명인 것은?**

① 네트를 이용하여 두발을 감쌌다.
② 가발을 사용함으로써 일광을 막을 수 있었다.
③ 가체나 가발 등으로 웨이브나 컬을 창출하였다.
④ 챙이 없는 토크모자와 장식용 쇠사슬인 벨페로니에를 사용하였다.

해설

르네상스 시대에는 목을 감싸는 러프칼라가 점점 대형화되면서 헤어스타일은 짧고 단정하게 빗어 넘겼으며 보닛, 캡, 후드처럼 크라운이 낮고 머리 둘레는 둥근 챙을 썼다.
①은 중세, ②는 이집트, ③은 로마시대에 대한 설명이다.

PART 1 미용이론

정답 33 ④

CHAPTER

03 | 미용장비

미용이 갖는 기술적 효과는 모발에 관한 지식(50%)과 기술에 관한 지식(30%), 기술(20%) 등의 숙지에 따른 태도에 의해 총체적으로 표출된다.

Section 01 미용도구

미용 시술에 사용되는 용구류는 미용도구, 미용기구, 미용기기 등으로 나눌 수 있다. 미용도구에서 도구는 '인도하다, 갖추다'라는 의미를 갖는다. 이는 빗, 브러시, 가위, 레이저, 클리퍼 등으로서 손가락의 움직임을 인도하고 손의 동작을 보조하는 역할을 한다.

[TIP] 인간과 동물을 구별하는 조건 중의 하나는 인간이 도구를 제작하고 사용함으로써 문화를 형성시킴에 있다. 미용에서의 용구는 미용사의 손과 손가락의 움직임을 통해 물건을 찢거나 쥐거나 누르는 것과 같이 실제적, 구체적으로 돕는 기능을 갖고 있다.

(1) 취급 시 주의사항

미용실은 공중을 대상으로 시술이 행하여지는 곳이므로 공중위생에 철저해야 한다.

① 고객에게 접촉되거나 사용되었던 용구는 감염성 질환의 매개물이 되지 않도록 소독에 주의한다.

② 용구에 묻은 물기나 화장품류 등은 매번 청결하게 닦아내고 재질의 변질을 막을 수 있도록 충분히 손질해야 한다.

③ 용구는 반드시 위생상 안전한 케이스(Case)나 소독장에 정리하여 청결하게 보관한다.

④ 미용사 법에 제시된 소독방법을 준수하고, 고객 1인마다 소독된 기구나 도구를 사용하며, 소독된 것과 소독되지 않은 것을 따로 보관한다.

[TIP] 미용사가 되기 위해서는 필수교과로 공중보건학, 소독학, 공중위생법규 등을 이수하여 공중의 소독과 관련된 지식을 갖추어야 한다.

1 빗(Comb)

빗의 종류는 간격이 넓은 빗살(거친 빗살), 간격이 좁은 빗살(고운 빗살), 거친 빗살 반과 고운 빗살 반으로 이루어진 3가지 형태로 구분된다.

> [TIP] 승문시대(5000여 년 전) 유적지에서 발견된 빗은 빗몸 부분이 길고 빗살 부분이 짧아 두발을 정돈하는 것뿐 아니라 장식용으로도 사용되었음을 알 수 있다. 이후 형태상, 기능상으로 보다 정교하게 발전되어 현대에 이르러서는 머리 장식품으로 사용하는 경향은 적고 정발(整髮)에 주로 사용하고 있다.

(1) 빗의 종류

열과 화학제에 대한 내구성으로서 내열성이 좋아야 하는 빗은 재질과 시술목적에 따라 형태가 다양하다. 빗의 용도에 따른 종류로는 ① 정발용, ② 커트용, ③ 펌용, ④ 컬리 아이론용, ⑤ 스케일용, ⑥ 두개피관리용, ⑦ 결발용, ⑧ 세팅용, ⑨ 장식용 등이 있다.

(2) 빗의 각부 명칭과 특징

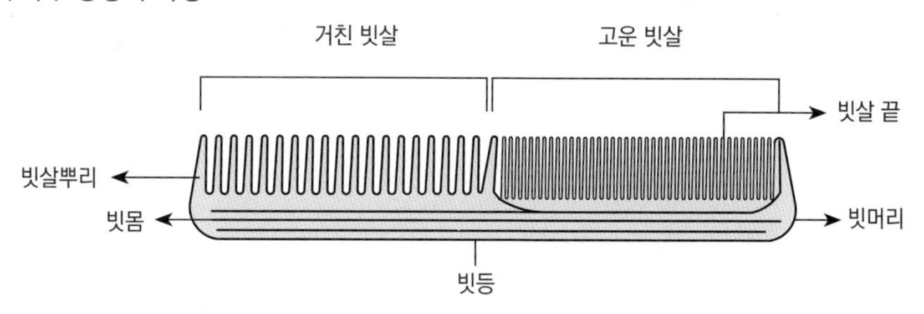

명칭	기능
빗살 끝	• 두피에 접해 있는 모발을 일으켜 세우는 작용을 한다. • 빗살 끝은 가늘고, 너무 뾰족하거나 무디지 않아야 한다.
빗살	• 빗살은 전체가 균일하게 정렬되어야 한다. • 모발 속으로 잘 빗질되면서 모발에 적합한 힘이 작용되어야 한다. • 빗의 주요 특성을 나타내는 부위로서 빗살 간격과 크기가 적당해야 한다.
빗살뿌리	• 모발을 가지런히 정돈하면서 빗질 시 요구되는 각도를 유지시킨다.
빗몸(빗허리)	• 빗 선체를 지탱하며 균형을 잡아주는 역할을 한다. • 빗허리는 너무 매끄럽거나 반질거리지 않으며 안정성이 있어야 한다.
빗등	• 빗등의 두께는 균일해야 한다. • 재질은 약간 강한 느낌이 나는 것이 좋다. • 빗등 전체가 삐뚤어지거나 구부러지지 않는 것이 좋다.
빗머리	• 모발이 걸리지 않고 손질하기 쉽도록 빗머리의 가장자리는 둥근 것이 좋다.

(3) 빗의 역할

① 모발을 분배하고 조정한다.
② 모발을 떠올려 각도나 볼륨을 만든다.
③ 모발을 곱게 빗으면서 매만져(Shaping) 가지런하게 한다.

(4) 빗의 소독방법

빗질(Combing) 시 비듬 이외에 모발에 부착되어 있는 먼지나 때(Soil)를 부분적으로 제거해주는 빗 자체는 이물질이 끼어 더러워지기가 쉽다.

① 빗살에 낀 이물질을 먼저 털어 내고 비눗물에 담근 후 소독을 해야 한다.
② 소독하기 전 브러시로 털어 내거나 심할 경우 비눗물에 담가 브러시로 닦는다.
③ 소독은 석탄산수, 크레졸수, 포르말린수, 자외선, 역성비누액 등을 사용한다.
④ 소독액에 오래 담가두면 빗이 휘어진다. 소독액에서 빗을 꺼낸 다음 물로 헹구고 마른 수건으로 물기를 닦아낸 후 잘 말린다.

> **[TIP]** 빗은 재질상(材質上) 열에 약하므로 자비, 증기소독은 피한다.

2 브러시(Brush)

브러시는 모발을 정돈하거나 볼륨, 웨이브, 유연함 등을 연출한다. 브러시의 재질과 형태에 따라 헤어스타일의 양감과 질감은 달라진다. 이는 라운드(롤) 브러시와 라운드 숄더 브러시로 구분된다.

1) 라운드 숄더 브러시(Round shoulder brush)

하프 라운드 브러시(Half round brush)라고도 한다. 브러시의 재질과 종류에 따라 모발에 광택을 부여하며 시술을 용이하게 한다.

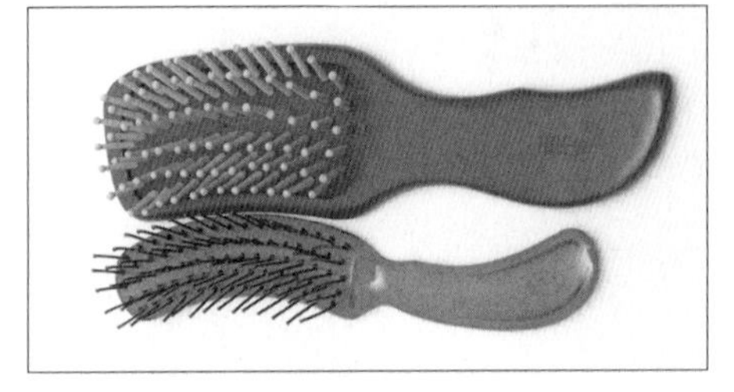

▲ 브러시

(1) 역할

① 모발에 윤기를 부여한다.
② 모질을 부드럽고 유연하게 한다.
③ 엉켜있는 모발을 가지런히 정돈한다.
④ 모발 브러싱 시 혈액순환을 유도하여 대사작용을 촉진시킨다.

(2) 재질

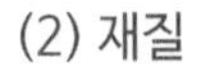

천연재질(동물의 털, 고무, 나무, 금속 등)과 합성재질(플라스틱, 합성수지)로 분류된다.

① 천연재질의 브러시

라운드 숄더(브러시의 등과 몸체)에 천연재질로 구성된 빗살이 일정 간격으로 심겨 있다.

- 모발이 가지런하고 곱게 빗질된다.
- 빗살 사이가 넓으면 넓을수록 빗질이 쉽게 된다.
- 빗질 시 모발과의 마찰이 적으며, 정전기를 방지해 주고 광택을 준다.

[TIP] 천연재질 브러시는 물기와 열에 강하지 않고, 모량이 많은 모발에서의 사용은 적합하지 않다는 단점이 있다. 모량이 적고 가는 모발은 부드러운 천연재질의 브러시를 사용한다.

② 합성재질의 브러시

- 열에 잘 견디며 헤어스타일을 다양하게 구사할 수 있다.
- 쿠션이 있는 브러시는 모발을 매끄럽게 하며 당김을 주지 않는다.
- 빗살 끝은 둥글거나 구슬 형태의 모양으로서 마모를 방지한다.

[TIP] 합성재질 브러시는 빗살 끝이 마모가 잘 된다는 단점이 있다.

(3) 종류

① 덴맨(쿠션) 브러시

스탠다드 브러시로서 와이드 라운드 숄더 브러시라고도 하며, 유럽 및 미국에서 가장 많이 사용되는 브러시류로서 열에 강하다.

▲ 덴맨(쿠션) 브러시

- 모발에 부드러움과 윤기를 준다.
- 모발에 텐션을 주고 모근에 강한 볼륨을 나타낼 때 사용한다.
- 모다발 끝의 부드러운 안말음과 겉말음 컬 연출에 적합하다.

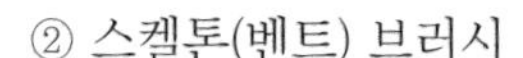

② 스켈톤(벤트) 브러시

- 빗살이 듬성하여 모발 표면의 흐름을 거칠게 하는 단점이 있다.
- 볼륨감을 원할 때 사용하며 모근에 볼륨 또는 방향성을 갖게 한다.

(4) 취급 시 유의점

① 빗과 동일한 방법으로 소독처리한다.

② 천연재질인 빗살이 아래로 향하도록 자연바람으로 건조시킨다.

③ 소독처리 후 건조 시 빗등이 아래로, 빗살이 위로 향하면 빗살이 뒤틀릴 수 있다.

④ 빗살이 고무로 된 쿠션 브러시의 경우 쿠션 내 몸체에 나 있는 공기구멍을 성냥개비로 막은 후 물로 헹군다.

2) 라운드(롤) 브러시(Round brush)

시술목적에 따른 브러시 재질의 선정은 헤어스타일에서의 모발 겉표정인 질감을 정확하고 빠르게 표현할 수 있게 한다.

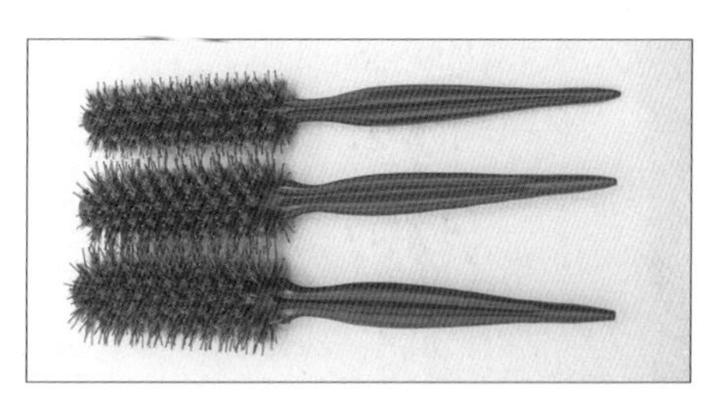
▲ 롤 브러시

(1) 역할

① 모발 길이와 방향에 따라 질감을 만들거나 건조시킬 때 사용된다.
② 컬 또는 방향성이 있는 강한 웨이브 헤어스타일 등에 주로 사용된다.
③ 곱슬 모발을 펴거나 모발에 윤기를 내고 싶을 때 블로 드라이어와 함께 사용한다.
④ 브러시의 대 · 중 · 소는 웨이브나 컬의 크기와 강도를 결정한다.

(2) 종류 및 재질

① 천연모 롤 브러시
- 열에 강하며 빗살이 치밀하게 촘촘하여 정전기를 예방한다.
- 모발을 가지런히 직모로 펼 때 매끈하고 윤기나게 해준다.
- 컬 또는 웨이브가 강하고 선명하여 자연스럽고 부드러운 컬을 형성한다.

② 플라스틱 브러시
빗살 간격이 넓어 베이스 크기에 관계없이 빠른 시간에 시술이 용이하다.

> [TIP] 플라스틱 브러시의 단점은 장시간 동안 모발과 접촉 시 정전기가 발생하여 모표피의 박리가 일어나면서 모질이 손상되는 것이다. 따라서 정교한 헤어스타일을 표현하거나 윤기를 내고 싶을 때는 적합하지 않다.

③ 혼합모 롤 브러시
천연모와 플라스틱 빗살이 혼합된 롤 브러시는 천연모의 성격을 더 많이 가지고 있다. 이는 두 가지 재질의 장점이 혼합된 것으로서 천연모 사이사이에 플라스틱 빗살이 혼재되어 있다.
- 섬세한 윤기를 부여한다.
- 정전기 발생을 억제한다.
- 컬 또는 웨이브 헤어스타일 작업 시 시간을 단축시킨다.

④ 금속성 롤 브러시
브러시의 몸체는 플라스틱 또는 목재로 되어 있으나 빗살이 금속성인 것과 브러시 전체가 금속인 것이 있다.
- 컬이나 웨이브 형성을 용이하게 한다.
- 블로 드라이 헤어스타일 작업 시 시간을 단축시킨다.

> [TIP] 금속성 롤 브러시의 단점은 서툰 시술자의 경우 열 조정 시 금속 부분을 지나치게 달구어 모발을 상하게 하거나 건조시킴으로써 모질을 변성시킬 수 있다는 것이다.

(3) 천연모 재질과 용도

① 돼지 털(돈모) : 부드러운 모발에 사용하며, 정전기를 일으키지 않는다.
② 고래수염 털 : 경도가 높아 모발 브러시로 사용한다.
③ 멧돼지 털 : 털의 경도가 다양하며, 경도가 높을수록 가격이 높다.
④ 족제비 털 : 메이크업용 브러시로 사용한다.
⑤ 말갈기 털 : 모발과 의복용 브러시에 사용된다.
⑥ 염소갈기 털, 오소리 털 : 면도용으로 거품 도포 시 사용된다.

(4) 브러시 선정 및 소독방법

구조상 빗보다 더러워지기 쉬우므로 청결하게 유지되도록 한다.

① 비눗물이나 탄산소다수에 담가 털이 부드러운 것은 손가락 끝으로 가볍게 비벼 빨고, 털이 빳빳한 것은 세정 브러시 등으로 닦아낸다.
② 세정 후 물로 잘 헹궈서 털이 아래를 향하도록 하여 응달에서 말린다.
③ 세정 후 소독을 실시하여 청결하게(감염성 질환에 노출되지 않도록) 보관한다. 소독제는 석탄산수, 크레졸수, 포르말린수, 알코올 등을 사용한다.

> [TIP] 동물의 털 중에서는 돼지나 산돼지의 털, 고래의 수염 등의 재질로 만든 것이 양질의 자연강모이다. 시술목적에 따라 털의 재질을 잘 선정해야 한다. 현대에 와서 나일론이나 비닐계 종류의 제품이 많이 사용되고 있다.

3 가위(Scissors)

가위는 절단용(Cutting)과 결치기용(Thinning)으로 나눠진다.

(1) 가위의 구조

가위는 빗과 함께 헤어 커팅에 필요한 절단도구이다. 가위 몸체의 위(동인)와 아래(정인) 2개의 날이 교차되어 모발을 자르는 작용을 하며, 역학적으로 지레의 원리를 응용한 간단한 구조이다.

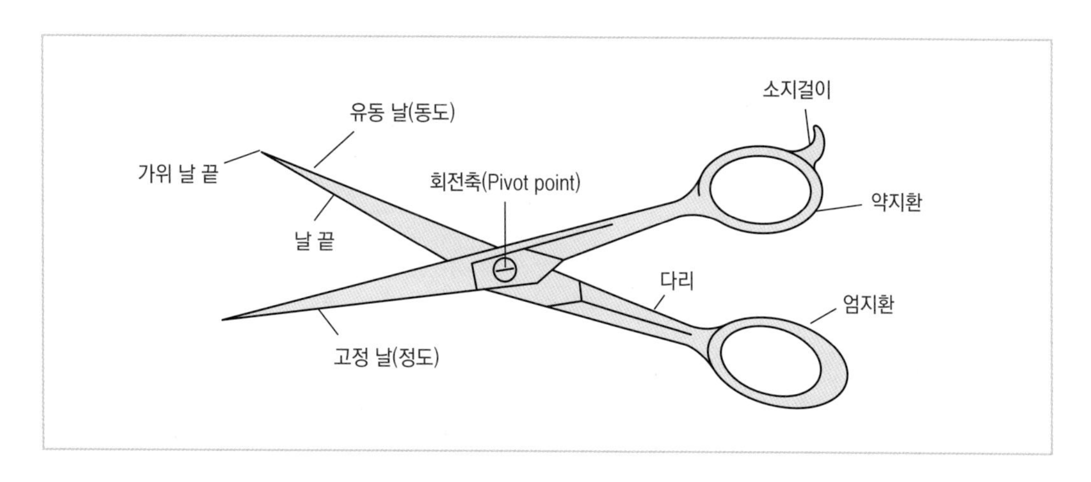

PART 1 미용이론

명칭	특징
가위 끝 (Cutting edges)	• 정도(靜刀)와 동도(動刀)의 뾰족한 끝 부분으로서 피부에 불필요한 털을 자르거나 발제선 부위 제비초리를 자르는 데 또는 양감 조절에 사용된다.
날 끝(Hollow)	• 정도와 동도 안쪽면의 약간 들어가 있는, 실제로 자르는 부분이다.
동도(Moving blade)	• 커팅 시 모(엄)지에 의해 조작되는 가위 날의 몸체이다.
정도(Still blade)	• 약지에 의해서 조작되는 가위 날의 몸체이며, 커팅 시 고정되어 있다.
선회축 (Pivot point, Screw)	• 양쪽 가위 날의 몸체를 하나로 고정시켜주는 나사로서 날이 스치는 긴장력 정도를 느슨하게 하거나 꽉 조여주는 역할을 한다.
다리 (Shank)	• 선회축 나사와 손가락걸이(환) 사이로 커팅 시 엄지와 중지를 위치시킴으로써 정인의 조작에 도움을 준다.
약지환(Ring finger)	• 정인에 연결된 원형의 고리로 약지를 첫 마디까지 끼워 넣는다.
소지걸이 (Pinky finger)	• 정인의 약지환에 이어져 있으며, 소지를 걸기 위한 부분이지만 일부 미니 시저스에는 소지걸이가 없는 경우도 있다.
엄지환 (Thumb finger)	• 동인에 연결된 원형의 고리로 엄지를 끼워 넣을 때 모지 손톱의 조모와 조근(손가락 완충면) 바로 밑에 위치하도록 한다.

(2) 가위의 종류

① 재질(材質)에 따른 분류

- 착강가위(着鋼) : 협신부(선회축 허리가 있는 몸체 부분)와 날(刀) 부분이 서로 다른 재질로 만들어져 커트 시 부분적인 수정 또는 조정이 쉽다.
- 전강가위(全鋼) : 전체가 특수강으로 만들어져 있으며, 그 밖의 구조는 착강가위와 동일하다.

> **[TIP]** 가위의 선택은 개인적인 선호도나 원하는 헤어 커트 스타일 결과에 달려 있다. 현재 사용되고 있는 좋은 품질의 가위 날은 지속력이 높아 날을 갈거나 바꿀 필요가 없다.

② 사용목적에 따른 분류

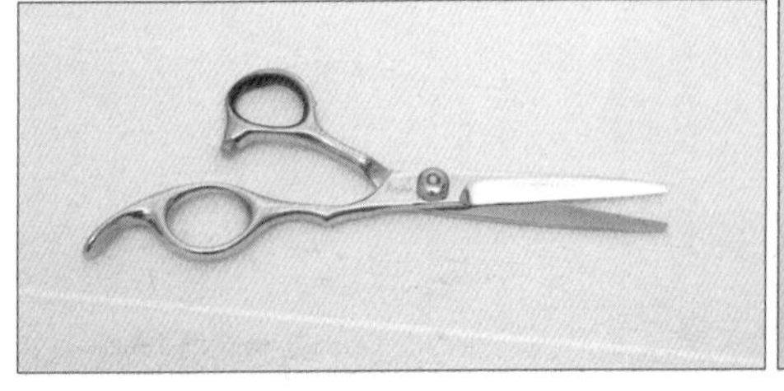

▲ 커팅가위

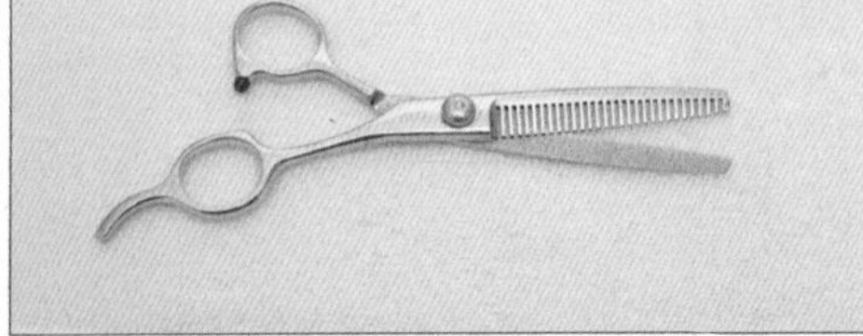

▲ 틴닝가위

- 커팅가위(Cutting scissors) : 모발을 자르거나 모양을 다듬기 위해 사용된다.
- 틴닝가위(Thinning scissors) : 질감처리 가위라고도 한다. 한 면 또는 양 면이 톱니 날로 되어 있으며, 모발의 길이를 자르지 않으면서 모량을 감소시킨다.

③ 가위의 크기와 형태에 따른 분류

- 미니 가위 : 4~5.5inch 범위의 크기로서 정밀한 블런트 커팅 기법에 사용된다. 크기가 작아 조작이 쉽다. 커트되는 모발의 양이 제한되어 있다.
- R 가위 : 협신부가 R자상으로 휘어져 스트로크 기법에 특히 좋으며, 두상의 Front, Nape, Side 등의 세밀한 부분의 수정에 사용된다. 모발 끝의 커트라인을 정돈하는 데 효과적이다.
- 빗 겸용 가위 : 정발과 자르기 두 가지 동작을 동시에 사용할 수 있다. 가위의 날 등에 빗이 부착되어 두발을 빗 부분으로 빗질하고 가위 부분으로 자른다.

(3) 가위의 선택방법

① 협신 : 협신에서 날 끝으로 갈수록 자연스럽게 약간 내곡선상으로 된 것이 좋다.

② 날의 두께 : 가위 날은 얇고 잠금나사 부분이 강한 것이 좋다.

③ 날의 견고성

- 양 날의 견고함이 동일해야 한다.
- 견고함이 다를 경우 부드러운 쪽 날에 상한 자국이 남는다.

[TIP] 가위 날

① 만곡도(彎曲度)가 큰 날은 마멸이 빠르다.
② 날이 얇으면 협신이 가볍고 조작이 쉬워 기술 표현이 용이하다.
③ 날의 견고함이 다를 경우 부드러운 쪽의 날이 쉽게 닳는다.

④ 기타

- 도금된 것은 피한다(강철의 질이 좋지 않다).
- 선회축인 잠금 나사가 느슨하지 않아야 한다.
- 날이나 기타 부분이 손상되지 않은 것을 선택한다.
- 손가락을 넣는 구멍은 쥐고 조작하기 쉬운 것을 선택해야 한다.

(4) 가위의 손질방법

소독(자외선, 석탄산수, 크레졸수, 포르말린수, 알코올 등) 후 청결한 마른 수건으로 수분을 닦아내고 녹이 생기지 않도록 기름칠을 하여 보관한다.

(5) 자를 시 주의사항

① 반드시 한 쪽 협신을 안정시켜 자르도록 한다(가위조작의 기본기).

② 가위의 개폐 속도나 각도는 항상 일정하고 원활하게 조작되도록 해야 한다.

4 레이저(Razor)

레이저의 운행은 모다발을 쥐고 당기는 힘과 레이저를 미는 힘의 조화에 의해 조절된다.

(1) 역할

레이저 사용 시 젖은 모발 상태에서 커트를 해야 한다.

① 힘이 강한 거센 모발(경모)을 부드럽게 한다.

② 헤어 커트를 위해 모발량(모량)을 조절할 수 있다.

③ 가벼운 질감을 통해 모발의 움직임을 자유자재로 표현할 수 있다.

④ 모발을 테이퍼함에 따라 모발 겹침에 변화가 생겨 부드럽고 가벼운 질감을 갖는다.

> **[TIP]** 건조모에 레이저 커트 시 : ① 모발의 당김에 의해 아픔을 준다, ② 원하는 모발 길이로 일정하게 잘리지 않는다, ③ 모발에 손상을 줄 수 있다.

(2) 종류

펌 또는 세트 시술 시 완성된 헤어스타일을 위해 자르는 헤어 커트를 헤어 셰이핑(Hair shaping)이라 한다. 헤어스타일 구성의 기초가 되는 기술로서 시저스뿐 아니라 레이저를 함께 사용한다. 그 밖에 얼굴의 솜털, 눈썹 등을 다듬을 때 사용된다.

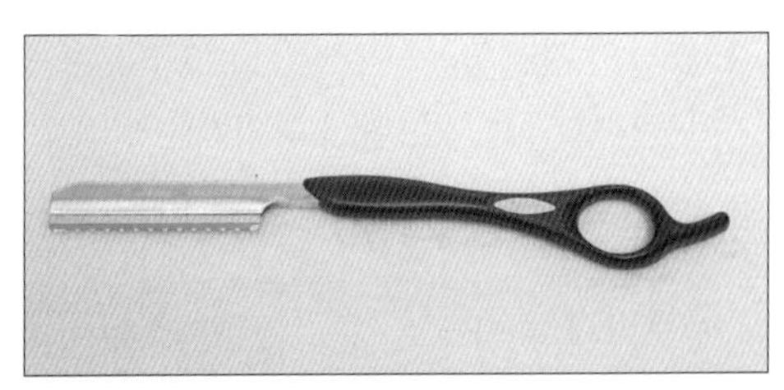

▲ 레이저

① 일상용 면도날(Ordinary razor)

- 시간적으로 능률적이고 세밀한 작업이 용이하다.
- 지나치게 자를 우려가 있어 초보자에게 적당하지 않다.

② 안전 면도날(Shaping razor)

- 두발이 조금씩 잘려 초보자에게 적당하다.
- 날에 닿는 모발이 제한되어 있어 옆으로 미끄러져 나가지 않으므로 안전하다.

> **[TIP]** 면도날이 분리되어 수시로 면도날을 교환하여 사용할 수 있으며, 외부로 드러나는 날은 1mm 정도로서 안전하게 휴대할 수 있다.

(3) 레이저의 날 선과 힘의 배분

레이저는 직선상, 외곡선상, 내곡선상으로 구분되며, 레이저 날의 탄력성은 날의 몸체(Blade)에 의해서 생긴다. 솜털을 제거할 때에는 외곡선상 레이저가 좋고, 모발을 자를 때에는 조작의 저항을 적게 하고 날을 보호하는 작용을 하는 내곡선상이 큰 것일수록 좋다.

(4) 레이저의 구조

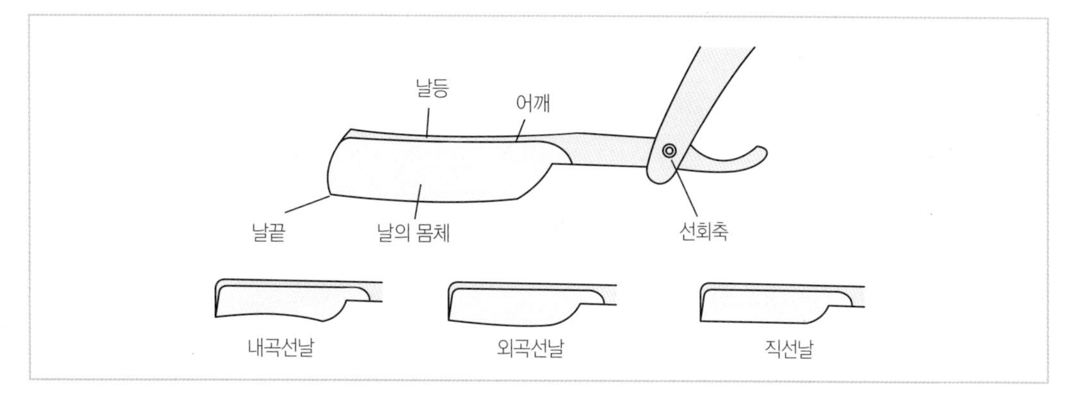

명칭	특징
날등과 날끝	• 레이저의 날등(Back)과 날끝(Edge)은 비틀림 없이 평행하여야 한다.
어깨(Shoulder)	• 일정한 두께의 레이저 어깨는 날선의 균등한 마멸에 영향을 준다.
선회축(Pivot point)	• 레이저의 선회축은 적당하게 견고해야 한다.
날의 몸체(Blade)	• 레이저의 몸체를 홀더 중심으로 넣었을 때 핸들 내로 정확하게 들어가서 닫혀야 한다.
날선	• 내곡선상(Concave)과 외곡선상(Convex), 직선상의 형태가 있다.

(5) 손질방법 및 주의사항

레이저는 금속 재질로 만들어지므로 고객 1인마다 소독한 것을 사용한다.

① 날 끝은 예리하면서도 마멸이 빠르다.

② 레이저 몸체를 향한 힘의 배분이 잘못되었을 때 과도하게 자를 수 있다.

③ 날이 잘 들지 않거나 모발에 대한 날의 각도 조절이 미숙할 시 모발 손상(모표피 박리)을 준다.

④ 사용 후 붙어 있는 모발을 잘 닦아내고 크레졸, 포르말린수, 알코올, 역성비누 등의 소독제를 사용하여 소독 후 청결히 보관한다. 특히 손잡이 안쪽은 손질과 소독을 철저히 해야 한다.

[TIP] 석탄산수는 금속을 부식시키므로 레이저 소독에는 사용할 수 없다.

5 컬리 아이론(Curly iron)

1875년 프랑스인 마셀 그라또우(Marcel Gratean)가 마셀과 컬로 구성된 히트 아이론(Heat iron)을 최초로 창안해 내었다. 이로 인해 결발(땋은머리)의 유행을 가져다주었다.

▲ 마셀 그라또우

(1) 역할

모발 구조를 일시적으로 변형시키는 아이론은 120~140℃의 열을 모발에 가함으로써 볼륨, 텐션, 컬, 웨이브 등을 형성시킨다.

(2) 아이론의 구조

① 마셀(Marcel)

홈이 파인 그루브, 전열선으로 연결된 프롱, 지렛대 역할을 하는 선회축인 이음쇠에 연결된 손잡이, 전선 등으로 이루어져 있다.

- 그루브(Groove) : 모발의 필요한 부분을 나눠 잡거나 모발을 사이에 끼워 고정시키는 홈이 파인 모양이다.

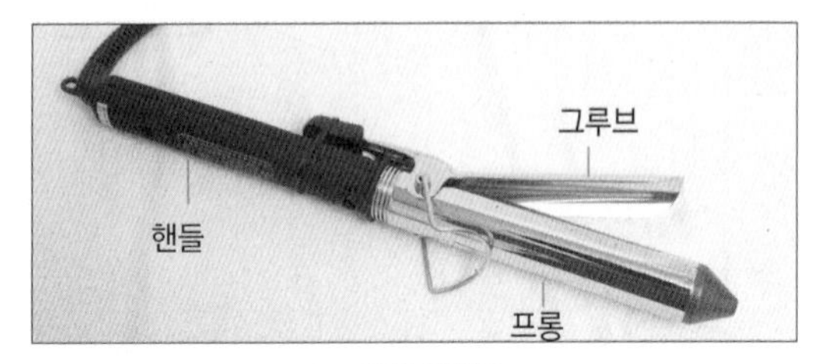

▲ 마셀 아이론

- 프롱(Prong) : 동그랗고 길쭉하며 단단한 철로 이루어져 모발을 누르거나 볼륨을 주는 역할을 한다.
- 손잡이(Handle) : 그루브와 프롱의 몸체인 선회축(Pivot point)에 손잡이가 연결되어 있다.

② 컬(Curl)

컬은 모다발을 작게(잔말음) 또는 크게(굵은 말음) 말은 마셀을 고정시키거나 말음을 곱게 풀면서 모양을 만드는 역할을 한다.

㉠ 선정 방법

- 열 전도율이 좋아야 한다.
- 접합 지점(선회축)이 잘 조여 있어야 한다.
- 모발의 표면을 손상시키지 않는 재질이어야 한다.
- 프롱과 핸들의 길이가 대체로 균등하며, 조작하기 쉬워야 한다.

㉡ 손질 방법

- 정기적으로 아이론 표면을 닦아준다.
- 전기 아이론 손질 시 알코올 램프의 불꽃을 이용하여 아이론에 묻은 헤어스타일링 제품을 제거한다.
- 사용 후에는 전기코드를 빼고 열이 식은 후에 보관한다. 열에 녹기 쉬운 물체를 가까이 두지 않아야 한다.
- 전기가 통하므로 감전 예방을 위해 물이 묻은 손으로 만지거나 물에 닿지 않도록 한다.

6 클리퍼(Clipper)

바리캉이라고도 하며 '잘라 마무리 한다'는 의미를 가진 '퀵 살롱 서비스'를 위한 도구이다.

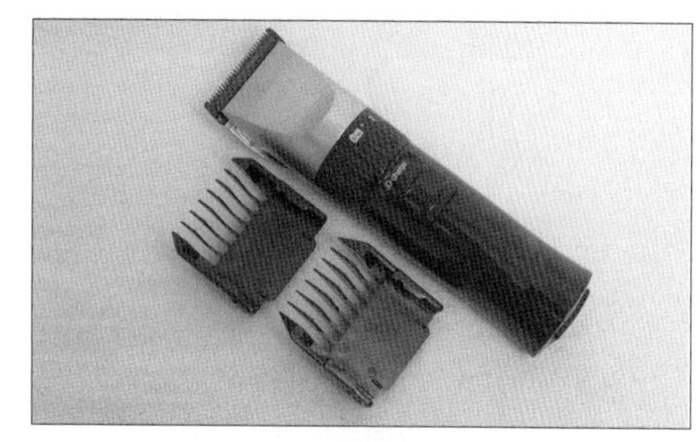

▲ 클리퍼

(1) 역할

① 클리퍼와 빗의 운행에 의해 독특한 질감을 갖는다.

② 모다발의 긴장력이 적어 자연스러운 자르기가 된다.

③ 빗이 모다발을 떠올려 각도를 만들면 클리퍼는 움직여서 자르는 동작을 한다.

(2) 자르는 방법

① 날판의 부피에 따라 5리기, 1분기, 2분기, 3분기 등으로 구분된다.

② 클리퍼는 고정된 밑날과 움직이는 윗날에 의해 모발을 일정하게 절단시키는 기기이다.

③ 기기의 날판은 모토식 클리퍼나 전기식 클리퍼나 모두 형태가 비슷하지만 자루와 손잡이의 모양은 다르다.

> [TIP] 날판의 부피(두께)
>
> ① 5리기 : 클리퍼의 날판의 끝 부분이 가장 얇아 1mm 정도의 모발을 남기고 자른다.
> ② 1분기 : 두개피부에 2mm 정도의 모발을 남기고 자른다.
> ③ 2분~3분기 : 3, 6, 9, 12mm의 모발을 남기고 자른다.

7 헤어 핀 및 클립(Hair pin & Clip)

1) 헤어 핀

세트 시 컬을 고정시키거나 웨이브를 갖추는 등 미용 기술에 사용되는 목적에 따라 크기와 종류가 다양하다.

(1) 재료

열에 강하고 제품이 침투되지 않는 쇠붙이나 스테인레스 스틸(Stainless steel), 알루미늄(Aluminium) 등이 사용된다.

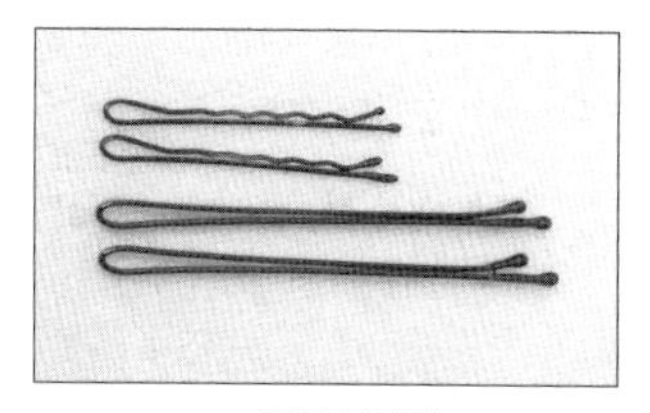

▲ 닫힌 보비핀

(2) 종류 및 용도

① 닫힌 핀(Hair grip)

- 닫힌 핀은 롤러 핀과 보비 핀으로 구분된다.
- 핀닝 시 고정시키기 어려우며, 제거하기 또한 쉽지 않다.

- 두피에 수평으로 흘러가 자리잡은 중심 위치보다 약간 뒤로 고정시킨다.
- 얼굴면에 근접해 있는 모발을 핀닝 시 포워드 방향으로 핀을 고정시킨다.

[TIP] 닫힌 핀
① 롤러 핀(Roller pin) : 검정형 시험에서 원통형 롤 세트 와인딩 시 고정시키는 닫힌 핀이다.
② 보비 핀(Bobby pin) : 실핀보다 약간 두꺼운 닫힌 핀이다.
③ 핀닝(Pinning) : 완성된 컬을 핀이나 클립을 사용하여 적당한 위치에 고정시키는 과정으로서 엔코잉(Anchoring)과 같은 의미를 갖는다.

② 열린 핀(U핀)
일상 업스타일에 사용되는 U자 형태의 열린 핀으로서 모발을 꿰매듯이 고정시킨다.

③ 스틱 핀(Stick pin)
핀의 탄력을 이용하여 두피를 누르듯이 고정시킨다.

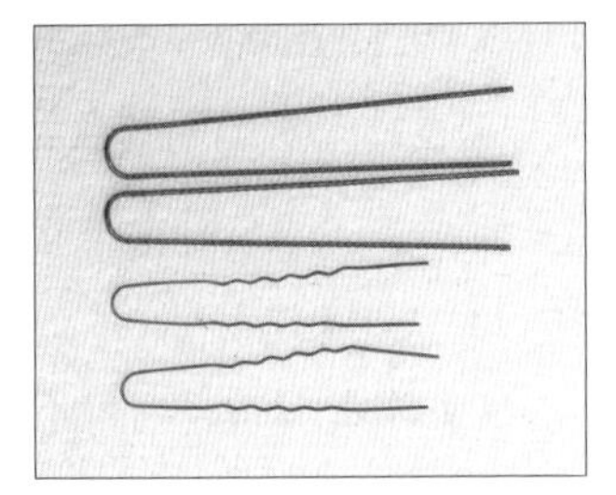
▲ 열린 보비핀

2) 클립(Hair clip)

일명 핀컬 핀이라 하며 싱글 프롱클립과 더블 프롱클립으로 구분된다. 또한, 커트 시 고정시키기 위해 사용되는 핀컬 핀보다 길이가 긴 핀셋을 덕빌 클램프(Duckbill clamp)라 한다.

[TIP] 싱글 프롱클립 응용
싱글 프롱클립에 플라스틱 판을 붙여서 힘을 보강시켜 작품스타일을 임시로 고정시키고자 할 때 사용된다.

(1) 클립의 역할
헤어 핀과 동일한 목적으로 사용되나 기능면에서는 헤어 핀보다 고정력이 강하다.

(2) 클립의 종류
컬 클립과 웨이브 클립으로 구분된다. 컬 클립은 덕빌클립과 더블 · 싱글 프롱클립이 있다.

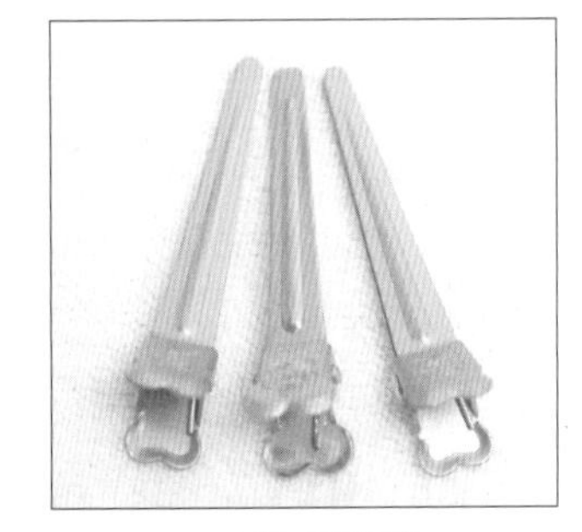
▲ 싱글 프롱클립

[TIP] 핀, 클립 소독법
비눗물로 세정한 후 물기를 닦고 자외선, 석탄산수, 크레졸수, 포르말린수, 알코올, 역성비누 등으로 소독한다.

8 롤러 컬(Roller curls)

세트 롤이라고도 하며 롤러는 원통형으로서 직경과 폭이 다양하다.

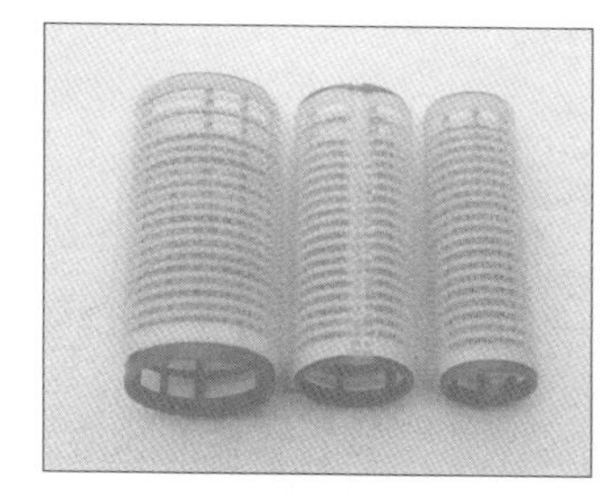
▲ 벨크로 롤

(1) 롤러 컬의 역할

① 컬이 매끄럽다.
② 와인딩이 간편하다.
③ 통풍성이 있어 건조가 쉽다.
④ 스템의 흐름을 의지대로 구사할 수 있다.
⑤ 롤러에 따른 컬의 배열 흐름에 연속성을 준다.
⑥ 다양한 재질의 롤러에 의해 다양한 분위기를 만들 수 있다.
⑦ 와인딩의 방법과 마무리 빗질에 의해 포인트를 줄 수 있다.

(2) 종류 및 사용법

원통형(Cylinder) 롤은 직경의 크기와 길이에 따라 대(6.4cm), 중(4.5cm), 소(3.8cm)로 구분된다.
① 모다발 끝 부분에 희미한 컬이 형성되며 볼륨감이 있다.
② 재질은 합성수지로서 그물 모양 또는 매끄러운 면으로 이루어진 모양을 가진다.
③ 롤러 직경 1 1/2inch(3.75cm)일 때 모발 길이 4 1/2inch(11.25cm) 이상 되어야 한다.
④ 조작의 자유로움에 의해 양감과 입체감이 있는 움직임을 얻을 수 있다.
⑤ 와인딩은 수직, 수평, 사선 등의 스템에 따른 모류의 흐름을 결정할 수 있다.
⑥ 롤러의 장점을 최대한 이용하려면 모발 길이가 롤러 직경의 3배 이상 되는 것이 중요하다.

[TIP] 롤러 컬의 소독법 : 석탄산수, 크레졸수, 포르말린수, 자외선, 알코올, 역성비누 등이 사용된다.

Section 02 미용기구

1 블로 드라이

블로 드라이 스타일링은 젖은 두발을 건조(Air forming)시키거나 일시적인 방향 및 질감의 변화를 만들어내는 것을 말한다. 이는 흐르는 듯한 자연스러운 헤어스타일을 구사하며 헤어 커트와 헤어 펌을 보완하는 이미지 메이킹이다.

(1) 역할

퀵 살롱 서비스(Quick salon service)라 불리는 블로 드라이 스타일링은 한 번의 작업(오리지널 · 리세트)으로 젖은 모발을 건조(Drying)시키고 모양을 내는(Styling) 기술이다. 이 기술은 고정(Setting), 건조(Drying), 빗질(Combing) 시 소비되는 시간을 절약시키며, 헤어스타일의 기본 구조를 창조해 준다.

> **[TIP]** 블로 드라이어를 과도하게 사용 시 : ① 두발의 윤기를 없애며 모발 끝이 갈라진다, ② 두개피부 각질층의 수분을 빼앗아 피지 분비를 방해하여 비듬이 발생한다.

(2) 드라이어의 종류

헤어 드라이어로서 롤 또는 하프 롤 브러시를 이용하여 헤어스타일을 연출한다.

① 블로 드라이어
- 소음이 적고 모발이 날리지 않는 바람이 방산되어 건조 속도가 다소 느리다.
- 살롱용으로서 1kW(1,000W) 이상의 대용량 전기를 이용하며, 노즐의 좁은 부분으로 바람이 집중된다.

② 후드 드라이어
- 모발을 건조시키거나 헤어스타일을 고정시키기도 한다.
- 터비네이트식으로서 바람의 순환과 선회를 이용하는 후드 타입이며, 모발을 건조시키는 속도가 빠르다.

③ 램프 드라이어
- 적외선 램프를 사용하여 헤어스타일을 완성시킨다.
- 마무리(Comb out)를 위해 빗질 시 모발에 윤기를 부여한다.

④ 디퓨저(Diffuser)
- 덕빌클립이라고도 하며 핸드 드라이어의 일종이다.
- 본체에 커다란 원통의 노즐을 끼운다. 이는 조그만 구멍이 넓게 나있어 부드러운 바람에 의해 모발이 헝클어지지 않게 건조 또는 고정시킨다.

(3) 드라이어의 구조 및 작동

블로 드라이어는 노즐과 그립으로 구성되어 있다.

① 구조
- 노즐(Nozzle) : 드라이어 입구인 노즐 속에는 팬과 모터가 들어있다.
- 그립(Grip) : 드라이어의 손잡이인 그립 속에는 바람조절 변환 스위치가 들어있다.

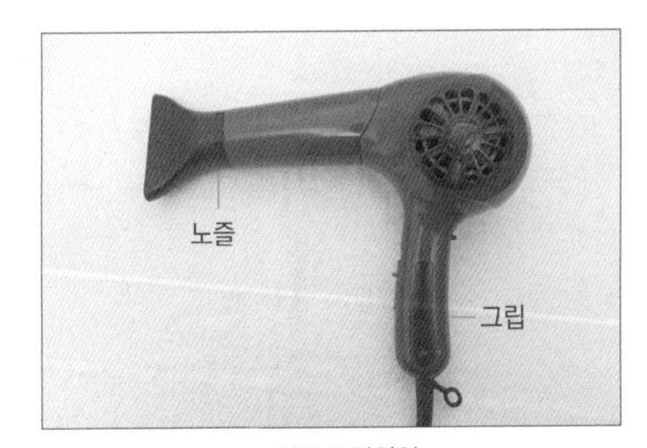

▲ 블로 드라이어

② 작동
- 블로 드라이어는 핵심 부분인 팬과 팬을 작동시키기 위한 모터 그리고 발열기인 니크롬선으로 이루어져 있다.

- 드라이어 내의 팬 회전에 의해 생긴 바람이 니크롬선에 의해 데워지고, 데워진 바람이 다시 팬의 회전력에 의해 출구로 나온다.
- 필요에 따라 적절히 변환 스위치를 조작하면 열풍, 온풍, 냉풍으로 조절된다.

③ 블로 드라이어의 선정
- 모터 소리가 크지 않아야 한다.
- 가볍고 안정성이 있어야 한다.
- 시술이 편리하도록 작동이 간편하여야 한다.
- 기기의 안전성이 뛰어나면서 사용기간이 길어야 한다.
- 전기 사용량이 적으면서 효과적으로 작업할 수 있는 고성능이어야 한다.

(4) 사용 시 주의점

① 드라이어 시술 시 뜨거운 바람이 고객의 두피 · 얼굴 · 목 등을 향하지 않게 한다.
- 바람 조절이 잘못되면 모발이나 피부가 건조해 진다.
- 헤어스타일링 시 원하지 않는 스타일이 연출되거나 모발의 윤기를 잃기 쉽다.

② 드라이어 뒤쪽의 공기 흡입구는 항상 청결해야 한다. 막힐 경우 공기가 자유롭게 들어오지 못하여 드라이어의 전극이 타버릴 수도 있다.

③ 드라이어의 전기선이 고객의 어깨, 얼굴 등에 닿지 않도록 한다. 고객 신체로 감전의 위험과 오염의 우려가 있다.

④ 드라이어에서 방출되는 열을 두피에 바짝 대지 않도록 한다. 모발이나 두피에 화상을 입을 수 있다.

⑤ 드라이어를 두상에 지나치게 가까이 대지 않도록 한다. 모발이 공기 흡입구로 빨려 들어가는 사고를 유발할 수 있다.

⑥ 정기적으로 먼지나 이물질을 제거하여 필터에 먼지가 끼지 않도록 보관에 주의한다.

2 히팅 캡(Heating cap)

후드 드라이어 속에는 열선이 있어 자동온도조절 장치가 조절 스위치를 작동시키면서 저 · 중 · 고의 단계로 고른 열을 공급할 수 있도록 되어 있다.

(1) 기능

① 발열작용으로 체온을 상승시키지는 않는다.

② 스캘프 트리트먼트, 헤어 트리트먼트, 콜드 웨이브 작업 시 히팅 캡에 의해 가해진 열은 모발에 도포된 화학제가 전체적으로 골고루 퍼지게 하고 침투효과를 높여준다.

(2) 주의사항

① 히팅 캡의 안쪽에는 불침투성 비닐, 고무제의 라이닝이 부착되어 있다.
- 금속제 클립류는 캡의 라이닝을 파손시킬 우려가 있다.
- 라이닝이 파손되면 캡이 과열되거나 전기가 새어 나와 감전 사고를 일으킬 수 있다.

② 히팅 캡의 안쪽은 오일이나 크림류 등에 의하여 쉽게 더러워진다.

- 사용 후에는 잘 닦아서 항상 청결하게 하도록 한다.
- 히팅 캡 사용 시 손질을 끝낸 모발에 먼저 얇은 플라스틱 캡이나 파라핀 종이를 씌운 다음 그 위에 다시 그보다 무거운 보호 캡을 씌우도록 한다.

3 헤어 스티머(Hair steamer)

(1) 기능

① 스팀을 발생시키는 기구로서 펌, 염 · 탈색, 스캘프 트리트먼트, 헤어 트리트먼트, 미안술 등에 사용 시 용제의 침투가 촉진되며 피부와 조직을 이완시킨다.

② 두피가 건성이거나 손상된 경우에는 오일이나 크림류 등의 제품을 도포하여 스캘프 매니플레이션을 한 후 10~15분간 사용한다.

> [TIP] 헤어 스티머 사용방법
> ① 간단하며 이용 범위가 넓다.
> ② 증기를 이용하므로 건열보다 모발이 손상되지 않는다.

(2) 역할

① 헤어 트리트먼트 처리 시

손상된 모발에 도포된 제품의 작용을 촉진시킴과 동시에 혈액순환을 좋게 한다.

② 웨이브 펌 시

화학제 처리시간이 단축되고, 균일한 컬 또는 웨이브가 형성된다.

(3) 헤어 스티머의 선택방법

기구의 기능적인 상황은 다음과 같은 기준에 따른다.

① 내부의 분무 증기(스팀) 입자가 고루 퍼질 수 있어야 한다.

② 증기 입자는 조밀해야 한다.

③ 사용 시 증기가 조절되어야 한다.

④ 분무된 증기의 온도는 균일해야 한다.

⑤ 충분한 증기가 나올 때 사용하여야 한다.

⑥ 제조회사 설명서 지시에 따라 온도와 시간에 주의해야 한다.

Section 03 미용기기

기기는 도구나 기구에 비해서 짜임새나 구조가 복잡한, 즉 동력을 이용해서 움직이는 장치를 말한다.

1 고주파 전류

고주파 전류는 라디오나 무선에 사용되는 전파보다 짧은 파장의 교류 전류로서 미안용 시술에 주로 사용되는 테슬라 전류이다. 50~60 사이클로서 보통 교류 전류(방향과 크기가 주기적으로 변함)를 고주파로 바꾸는 축전기에 전극병을 설치하므로 자광선이라고도 한다.

> [TIP] 매초 100만~1억 사이클(Cycle)의 주파수로 인체에 유효한 작용을 하여 여러 가지 치료에 사용되고 있는 고주파 전류는 3종류이다. 오당(Paul Oudim, 프랑스 의사, 1858~1923), 달손발(Arsene d' Arsonval, 프랑스 의사, 테슬라 전기의 최후 실험자), 테슬라(Nikola Tesla, 미국 전기기사, 1857~1943) 등이다.

(1) 역할

고주파 전류(교류)를 두피에 적용시키면

① 신진대사를 활성화시킨다.

② 직접 적용 시 살균작용을 한다.

③ 빠른 진동으로 근육에 자극을 주어 혈액순환을 촉진한다.

(2) 사용방법

① 직접법

- 전극병에 진공관을 끼워서 사용한다.
- 진공관 내에 방전을 일으켜 사용한다.
- 대개 보라색 빛을 내며 이때 다량의 오존이 발생한다.
- 진공관은 직접 고객의 피부에 닿는 것으로 피부 부위에 따라 둥근형, 빗형, T자형이 있다.

② 간접법 : 금속 극을 쥐고 사용한다.

2 갈바닉 전류

전기 생리학에서는 저주파 전류라고도 하며, 반드시 양극에서 음극으로 흐르고 양극과 음극의 작용이 각각 다르다.

> [TIP] 이탈리아 해부학자 갈바니(Galvan : 1737~1798)가 발명하였다.

(1) 역할

산 또는 염이 포함된 용액 속을 통과할 때 일어나는 화학 변화작용이 피부의 건강을 유지하게 한다.

(2) 사용법

양극이나 음극 중 한극은 고객이 쥐고, 다른 한극은 미용사가 쥔 후, 두 사람이 하나의 전기 회로를 이룸으로써 작용을 한다.

① 양극 : 모공을 닫고 피부를 수축시키며 아스트리젠트 로션을 피부에 침투시키는 작용을 한다.

② 음극 : 혈액순환을 왕성하게 하고 피부의 영양 상태를 좋게 할 수 있도록 자극시키는 등의 작용을 한다.

(3) 구조

고객이 쥐는 전극(도자), 미용사가 사용하는 롤러 모양의 전극, 전원 스위치, 주파수, 전압계, 전류계, 진정의 변환 스위치, 전류가 작용하고 있는 것을 알리는 파일럿 램프(Pilot lamp) 등으로 구성된다.

3 패러딕 전류

패러딕 전류는 코일에서 얻는 단속적 감응(유도)전류로서 인체에 전류 자극작용을 한다.

> **[TIP]** 영국의 화학 물리학자 패러디(Farady, 1791~1867)가 발명하였다.

(1) 사용법

① 감응 전류로서 코일은 제1권선과 제2권선으로 나눠져 있다. 이는 끊어졌다가 이어지는 단속적인 1차 전류와 2차 유도전류로 이루어진다.

② 제1권에서는 전류가 흐르기 시작하는 순간과 전류의 흐름이 정지되는 순간에 제2권선 속에 반대방향으로 큰 전류가 흐르도록 만들어져 있다.

(2) 구조

① 기구의 구조는 갈바닉 전류와 같이 종합미안기의 일부로서 설비되어 있다.

② 전극은 고객에게 쥐게 하기 위한 전극과 미용사가 팔에 붙이는 완륜전극으로 구성된다.

(3) 역할

단속적인 전류를 이용하여 인체에 자극을 준다.

① 혈액순환과 신진대사를 왕성하게 한다.

② 신경에 미치는 자극에 의해서 근육의 수축운동을 유도한다.

4 적외선등

전자파의 일종으로 파장은 780nm 이상으로서 열선이라고도 한다. 이는 물체에 닿으면 반사 또는 흡수되며, 흡수된 에너지는 직접 열로 변화되어 물체의 온도를 상승시킨다.

(1) 역할

적외선이 피부에 닿으면 온열자극에 의해 다음과 같은 작용을 한다.

① 혈액순환을 촉진한다.

② 피부에 도포된 팩의 건조를 촉진한다.

(2) 사용법

전원, 전압 조절기와 적외선 전구 또는 백열 텅스텐 전구와 적외선 필터(Filter)로 이루어져 있다.

① 전원부와 소켓(Socket)이 누전 등의 원인이 되지 않도록 정기적으로 검사를 받는다.

② 전구가 끊어졌을 때는 같은 크기의 전구로 바꿔 끼워야 한다.

③ 소켓이 과열되어 누전이나 화재의 원인이 되지 않도록 주의한다.

> **[TIP] 사용거리(전력에 따라 약간씩 차이가 있음)** : ① 평균 80cm 정도 떨어져 사용한다, ② 처음 사용 시 두피 가까이 쬐다가 점점 거리를 멀리한다.

5 자외선등

피부의 노폐물 배설을 촉진하고 비타민 D를 생성하며, 파장 220~320nm의 살균작용이 강한 화학선(도르노선)이라고도 한다.

(1) 사용법

전원, 전압 조절기, 자외선 조사부 등으로 이루어져 있다.

(2) 주의사항

자외선등 조사 시 자외선으로부터 눈을 보호하기 위해 미용사는 자외선 보호안경을 쓰고 고객에게는 아이패드(Eyepad)를 사용한다.

① 사용 후 스위치를 끄지 않으면 발광관이 소멸될 뿐만 아니라 변압기의 과열로 화재의 원인이 된다.

② On, Off를 빈번하게 하면 발광관과 그 부속이 소모되기 쉽다.

6 바이브레이터(Vibrator)

근육과 피부에 진동을 줌으로써 혈액순환을 좋게 하여 신진대사를 높이고, 지각신경을 자극하여 쾌감을 준다. 전기 진동을 전하는 작용을 하는 3개의 진동자(振動子)가 부속 고무제품으로써 피부에 흡입작용을 하여 피부 생리기능을 높여준다.

Chapter 03 미용장비 실전예상문제

★★★★★

01 미용실에서 사용하는 브러시의 소독법으로 가장 적당하지 못한 것은?

① 크레졸 소독 ② 건열소독
③ 석탄산수 소독 ④ 포르말린수 소독

해설
브러시는 열에 약하므로 건열소독할 경우 형태가 비틀리고 충분히 소독되지 않는다.

★★★☆☆

02 빗의 소독 및 보관으로서 옳은 것은?

① 증기소독은 자주해 주는 것이 좋다.
② 소독액은 석탄산수, 크레졸 비누액 등이 좋다.
③ 빗은 사용 후 소독액에 계속 담가 보관한다.
④ 소독액에서 빗을 꺼낸 후 물로 닦지 않고 그대로 사용해야 한다.

해설
빗의 소독에는 석탄산수, 크레졸수, 포르말린수, 역성비누액 등을 사용한다.
① 빗은 열에 약하므로 증기소독은 피한다.
③, ④ 소독액에 오래 담가두면 빗이 휘어지므로 소독 후 물로 헹궈 마른 수건으로 잘 닦은 후 보관한다.

03 아이론 기기를 이용하여 만든 웨이브 스타일은?

① 섀도 웨이브
② 핀컬 웨이브
③ 마셀 웨이브
④ 와이드 웨이브

해설
아이론은 마셀과 컬로 마셀 웨이브를 형성시킨다.

★★☆☆☆

04 브러시의 종류와 사용 목적이 틀린 것은?

① 덴멘 브러시는 열에 강하여 모발에 텐션과 볼륨감을 주는 데 사용한다.
② 롤 브러시는 롤의 크기가 다양하고 웨이브를 만들기에 적합하다.
③ 스켈톤 브러시는 롱 헤어스타일을 정돈하는 데 주로 사용한다.
④ 쿠션 브러시는 모류의 방향성을 요구하는 헤어스타일 정돈에 적합하다.

해설
스켈톤(벤트) 브러시는 빗살이 듬성하여 모발 표면의 흐름을 거칠게 하지만 볼륨감을 원할 때 사용되며 모근에 볼륨 또는 방향성을 갖게 한다.

★★☆☆☆

05 다음 중 브러시 세정법으로 옳은 것은?

① 세정 후 브러시 털을 위로 하여 음지에서 말린다.
② 세정 후 브러시 털을 아래로 하여 음지에서 말린다.
③ 세정 후 브러시 털을 위로 하여 양지에서 말린다.
④ 세정 후 브러시 털을 아래로 하여 양지에서 말린다.

해설
브러시는 털이 위로 가도록하여 햇볕에 말리면 빗살이 뒤틀릴 수 있으므로 소독처리 후 물로 헹구고 털을 아래로 하여 음지에서 말린다.

정답 — 01 ② 02 ② 03 ③ 04 ③ 05 ②

★★★★☆

06 헤어 세트에 사용되는 빗의 취급방법에 대한 설명이 아닌 것은?

① 엉킨 두발을 빗을 때는 얼레살을 사용한다.
② 두발의 흐름을 섬세하게 매만질 때는 고운살로 된 세트 빗을 사용한다.
③ 빗은 사용 후 브러시로 털거나 비눗물에 담가 솔 브러시로 닦은 후 소독한다.
④ 빗은 손님 5인 정도 사용했을 때 1회 소독한다.

해설
손님 1인에 1회 사용해야 한다.

07 히팅 캡의 사용목적으로 틀린 것은?

① 펌 등의 시술시간을 단축시킨다.
② 헤어 세팅 시 컬을 고정시키거나 웨이브를 완성하는 데 용이하다.
③ 콜트 웨이브 시술 시 제 1제의 환원력을 돕는다.
④ 스캘프 트리트먼트, 헤어 트리트먼트 시 두피에 바른 용액의 고른 침투를 돕는다.

해설
컬을 고정시키거나 웨이브를 완성시키는 것은 블로 드라이어이다.

08 적외선등의 사용으로 틀린 것은?

① 팩 재료 건조 시 사용한다.
② 10분 이내로 조사한다.
③ 처음에는 피부 가까이 쬐다가 점점 멀리 사용 한다.
④ 전력에 따라 약간씩 차이가 있지만 평균 약 80cm의 거리를 두고 떨어져 사용한다.

해설
적외선등은 온열자극에 사용되는 열선으로 조사시간은 물체와 대상에 따라 다르다.

★★☆☆☆

09 가위 선택 시 유의사항으로 맞는 것은?

① 잠금 나사는 느슨한 것이 좋다.
② 양날의 견고함이 동일한 것이 좋다.
③ 일반적으로 도금된 것은 강철의 질이 좋다.
④ 일반적으로 협신에서 날 끝으로 갈수록 만곡도가 큰 것이 좋다.

해설
① 선회축(잠금 나사)은 느슨하지 않아야 한다.
② 양날의 견고함이 다를 경우 부드러운 쪽의 날에 상한 자국이 남는다.
③ 도금된 가위는 강철의 질이 좋지 않아 피한다.
④ 날이 얇으면 협신이 가볍고 조작이 쉬워 기술 표현이 용이하다.

10 협신부는 연강으로, 날 부분은 특수강으로 이루어진 가위는?

① 착강가위　　② 전강가위
③ 틴닝가위　　④ 빗겸용 가위

해설
착강가위는 협신부(선회축 허리가 있는 몸체 부분)와 날(Blade) 부분이 서로 다른 재질로, 커트 시 부분적인 수정 또는 조정이 쉽다.

★★★☆☆

11 빗의 선택방법으로 틀린 것은?

① 빗살 사이의 간격은 균등한 것이 좋다.
② 전체적으로 비뚤어지거나 휘어지지 않은 것이 좋다.
③ 빗살 끝이 너무 뾰족하지 않고 되도록 무딘 것이 좋다.
④ 빗살 끝은 가늘고 빗살 전체가 균등하게 똑바로 나열된 것이 좋다.

해설
- 빗은 열과 화학제에 대한 내구성으로서 내열성이 좋아야 한다.
- 빗살 끝은 가늘고 너무 뾰족하거나 무디지 않아야 한다.

정답 06 ④　07 ②　08 ②　09 ②　10 ①　11 ③

★★☆☆☆

12 천연재질의 브러시 손질법으로 틀린 것은?

① 소독방법으로 석탄산수를 사용해도 된다.
② 브러시의 털이 빳빳한 것은 세정 브러시로 닦아낸다.
③ 브러시의 털이 위로 가도록 하여 햇볕에 말린다.
④ 보통 비누물이나 탄산소다수에 담그고 부드러운 브러시의 털은 손으로 가볍게 비벼 빤다.

해설
브러시의 털은 아래로 가도록 하며 음지에서 건조시킨다.

13 빗의 각부 명칭과 특징 중에서 빗등에 대한 설명이 아닌 것은?

① 빗등의 두께는 균일해야 한다.
② 빗등의 재질은 약간 강한 느낌이 나는 것이 좋다.
③ 빗등 전체가 삐뚤어지거나 구부러지지 않는 것이 좋다.
④ 두피에 접해있는 모발을 일으켜 세우는 작용을 한다.

해설
빗살 끝에 대한 설명이다.

14 브러시의 역할에 관한 설명이 아닌 것은?

① 모발에 윤기를 부여한다.
② 엉켜있는 모발을 가지런히 정돈한다.
③ 모질을 부드럽게 유연하게 한다.
④ 라운드(롤) 브러시와 라운더 숄더 브러시로 구분한다.

해설
브러시의 종류에 대한 설명이다.

15 덴맨 브러시의 사용 특징과 관련 없는 것은?

① 모발에서의 부드러움과 윤기를 준다.
② 모발의 텐션과 모근의 볼륨을 강하게 주는 데 사용한다.
③ 열에 강한 가장 기본이 되는 브러시로서 모다발 끝의 컬 연출에 적합하다.
④ 곱슬 모발을 펴거나 모발에 윤기를 내고 싶을 때 블로 드라이어와 함께 사용된다.

해설
라운드(롤) 브러시의 사용 특징이다.

16 혼합 롤 브러시에 관한 내용으로 틀린 것은?

① 섬세한 윤기를 부여한다.
② 정전기 발생을 억제시킨다.
③ 미숙한 시술자는 열 조정이 어렵다.
④ 헤어스타일 시술시간을 단축시킨다.

해설
금속성 롤 브러시에 관련된 내용이다.

17 천연모의 재질과 용도와의 연계가 잘못된 것은?

① 돼지 털(돈모) - 부드러운 모발에 사용하며 정전기를 일으키지 않는다.
② 오소리 털 - 모발과 의복용 브러시에 사용된다.
③ 족제비 털 - 메이크업용 브러시로 사용된다.
④ 산돼지 털 - 털의 경도(세기)가 다양하며, 경도가 높을수록 가격이 높다.

해설
• 말갈기 털 – 모발과 의복용 브러시에 사용된다.
• 오소리 털 – 면도용으로 거품 도포 시 사용된다.

정답 12 ③ 13 ④ 14 ④ 15 ④ 16 ③ 17 ②

18 **브러시 선정 및 소독방법의 내용으로 잘못된 것은?**

① 강모는 세정 브러시 등으로 닦아낸다.
② 석탄산수, 크레졸수, 포르말린수를 소독제로 사용한다.
③ 세정 후 물로 잘 헹구어서 털이 아래로 향하도록 하여 햇볕이 잘 드는 곳에서 말린다.
④ 털이 부드러운 것은 비누물이나 탄산소다수에 담가 손가락 끝으로 가볍게 비벼 세정한다.

해설
응달에서 건조시켜야 한다.

19 **사용목적에 따른 가위 종류에서 질감처리 가위라고도 하는 것은?**

① 전강가위 ② 착강가위
③ 커팅가위 ④ 틴닝가위

해설
④는 모발 길이를 자르지 않으면서 모량을 감소시킨다.

20 **미니 가위에 대한 설명 중 틀린 것은?**

① 크기가 작아 조작이 쉽다.
② 정밀한 블런트 커팅 기법에 사용된다.
③ 한면 또는 양면의 톱니 날로 구분된다.
④ 커트되는 모발의 양이 제한되어 있다.

해설
③은 틴닝가위에 대한 설명이다.

21 **가위의 구조와 관련된 설명으로 틀린 것은?**

① 만곡도과 큰 날은 마멸이 빠르다.
② 날이 얇으면 협신이 가볍고 조작이 쉬워 기술 표현이 용이하다.
③ 날의 견고함이 다를 경우 부드러운 쪽의 날에 상한 자국이 남는다.
④ 손가락 넣는 구멍은 쥐기 쉽고 조작하기 쉬우면서 도금된 것을 선택한다.

해설
도금된 것은 강철의 질이 좋지 않다.

22 **가위의 손질방법 및 보관으로 잘못된 것은?**

① 자외선, 에탄올 등에 소독한다.
② 석탄산수, 크레졸, 포르말린수 등에 소독한다.
③ 소독 후 청결한 마른 수건으로 수분을 닦아 보관한다.
④ 소독 후 세정하여 응달에서 건조시켜 보관한다.

해설
소독 후 청결한 마른 수건으로 수분을 닦아내고 녹이 생기지 않도록 기름칠을 하여 보관한다.

23 **건조모 상태에서 레이저 커트 시 일어날 수 있는 단점과 관련 없는 내용은?**

① 모발에 손상을 줄 수 있다.
② 모발이 당김에 의해 아픔을 준다.
③ 지나치게 자를 우려가 있어 초보자에게 적당하지 않다.
④ 원하는 모발 길이가 일정하게 잘리지 않는다.

해설
일상용 면도날(오디너리 레이저) 사용에 대한 특징이다.

24 **아이론의 선택방법으로서 틀린 것은?**

① 열 전도율이 좋아야 한다.
② 선회축 부분이 잘 조여 있어야 한다.
③ 모발의 표면을 손상시키지 않는 재질이어야 한다.
④ 프롱의 길이보다 핸들의 길이가 3배로 길어야 한다.

정답 18 ③ 19 ④ 20 ③ 21 ④ 22 ④ 23 ③ 24 ④

해설

프롱의 길이와 핸들의 길이가 대체로 균등하면서 조작하기 쉬워야 한다.

25 클리퍼의 역할 또는 자르는 방법과 관련된 내용이 아닌 것은?

① 클리퍼와 빗은 운행에 의해 독특한 질감을 갖는다.
② 날판의 부피(두께)에 따라 5리기, 1분기, 2분기, 3분기 등으로 구분된다.
③ 고정된 밑 날과 움직이는 윗날에 의해 모발을 일정하게 절단시키는 기기이다.
④ 날판의 두께가 가장 얇은 것은 3mm 정도, 가장 두꺼운 것은 12mm 정도의 모발을 남기고 자른다.

해설

날판의 두께(부피)가 가장 얇은 것은 5리기로, 모발을 1mm 정도 남기고 자른다.

26 세트 롤이라고도 하는 롤러 컬의 설명으로 잘못된 것은?

① 롤러는 원통형으로서 직경과 폭이 다양하다.
② 와인딩이 간편하며 롤러에 따른 컬이 매끄럽다.
③ 스템의 흐름을 의지대로 구사하나 롤러 재질의 통풍성이 부족하다.
④ 와인딩 방법과 마무리 빗질에 의해 포인트를 나타낼 수 있다.

해설

롤러 컬은 통풍성이 있어 건조가 쉬우며 모다발의 흐름(스템)은 수직, 수평, 사선 등 의지대로 구사할 수 있다.

27 블로 드라이어 선정 시 주의사항이 아닌 것은?

① 모터 소리가 크지 않아야 한다.
② 드라이어가 가볍고 안정성이 있어야 한다.
③ 전기사용량이 적으면서 고성능이어야 한다.
④ 기기의 안정성에 따른 작동방법과 기기 구조 가 복잡해야 한다.

해설

시술이 편리하도록 작동이 간편하여야 하며, 기기의 안정성이 뛰어나면서 사용시간이 길어야 한다.

28 헤어 스티머와 관련된 기능적 기준으로 설명이 잘못된 것은?

① 분무된 증기의 온도는 균일해야 한다.
② 충분한 증기가 나올 때 사용하여야 한다.
③ 증기입자는 조밀하며 균일하게 고루 퍼져야 한다.
④ 온도와 시간 관계는 제조회사의 설명서 지시보다 사용자의 경험에 의지한다.

해설

제조회사 설명서 지시에 따라 온도와 시간 관계에 주의해야 한다.

29 갈바닉 전류와 관련된 내용이 아닌 것은?

① 전기 생리학에서 저주파 전류라고 한다.
② 양극에서 음극으로 흐르며 각각의 작용이 다르다.
③ 양극은 모공을 이완시켜 아스트리젠트 로션을 피부에 침투시킨다.
④ 음극은 피부의 영양 상태를 좋게 할 수 있도록 자극시키는 작용을 한다.

해설

양극은 모공을 닫고 피부를 수축시키게 하며 아스트리젠트 로션을 피부에 침투시키는 작용을 한다.

정답 – 25 ④ 26 ③ 27 ④ 28 ④ 29 ③

CHAPTER

04 헤어 샴푸 및 컨디셔너

모발 미용술의 근간이 되는 샴푸 및 컨디셔너는 두개피부와 두발의 영역으로서 생리적 분비물이나 외적 이물질을 제거하기 위한 전문가적인 세정 및 처치가 요구되는 분야이다.

Section 01 헤어 샴푸

1 헤어 브러싱

브러싱은 미용술에 있어서 샴푸 시술 전 최초 단계에 해당되는 기술이다. 일상적으로 고객 스스로가 행할 수 있는 작업이기 때문에 전문 미용실에서의 과정은 전문성있고 섬세하게 다루어져야 한다.

(1) 브러싱의 정의

고객을 편안하고 안정되게 하는 준비 과정일 뿐 아니라 샴푸 시술 또는 스케일링 전 첫 단계로써 두발과 두피(이하 두개피라 칭함) 상태를 파악할 수 있다.

(2) 브러싱의 목적

① 두발의 더러움을 제거한다.
② 자극과 쾌감을 주어 미용효과를 높인다.
③ 비듬, 분비물, 외부로부터 먼지 등을 두개피에서 제거한다.
④ 두피 내 혈액순환과 함께 분비선의 기능을 활발하게 한다.

[TIP] 두개피(Scalp)는 두피(Head skin)와 두발(Scalp hair, Capillus)의 합성어이다.

2 헤어 샴푸

샴푸는 고객에게 휴식과 상쾌함을 제공하며, 다양한 헤어스타일을 연출시키기 위한 준비 단계이다. 좋은 첫 인상을 심어줄 수 있는 기술이 요구되는 과정이다.

(1) 샴푸의 목적

샴푸(Shampoo)는 "물로 감는다"라는 의미의 플레인 샴푸와 함께 세정을 의미하는 샴푸로 구분된다. 일반적으로 샴푸는 샴푸제와 매니플레이션을 통하여 두발 내 오염물인 때(垢, Soil)와 이물질을 깨끗이 제거시킴으로써 두피의 적당한 자극에 따른 혈액순환과 두발의 성장을 촉진시킨다.

[TIP] 두발의 오염물

① 생리적, 환경적인 이물질에 의해 생성된다.
② 두피의 생리작용으로 형성된 각질(인설), 대사작용으로 형성된 피지와 땀 등의 분비물과 외부로부터의 오염물질(화장품, 먼지) 등이 혼재되어 있다.

샴푸

① 두발 클렌징(Cleansing)과 동의어로서 세발(洗髮)을 나타낸다.
② 세발은 매니플레이션에 의한 손의 움직임과 샴푸 제품(Shampoo agent)을 포함하는 세정작업을 통칭한다.

(2) 샴푸제

샴푸제는 비누나 세정제 등과 함께 계면활성제에 속한다. 물에 녹았을 때 이온화(해리)되는 상태에 따라 계면활성제의 종류는 다양하며, 사용 용도에 따라 쓰이는 종류가 다르다.

① 계면활성제의 기본 구조

- 계면활성제의 분자 구조 : 계면활성제의 머리(Head)는 극성을 띠는 친수성기, 꼬리(Tail)는 비극성을 띠는 친유성기를 나타내는 양친매성의 기본 구조를 갖고 있다.

[TIP] 계면활성제의 기본 구조

계면활성제 양친매성 분자의 한쪽에는 물과 친화력이 큰 친수기가 있고 다른 한쪽에는 기름과 친화력이 큰 친유기를 가지고 있다(매질이 물이라면 친수성과 친유성이라는 용어를 사용).

계면활성제의 구분

친수성기와 소수성기 대소에 따라 유용성과 수용성 계면활성제로 구분된다.
① 유용성 계면활성제 : 친유성기의 구조를 띠는 부분에 의해 결정된다.
② 수용성 계면활성제 : 친수성기의 이온을 띠는 부분에 의해 결정된다.
㉠ 이온성 계면활성제 : 음이온, 양이온, 양(쪽)성이온 등으로 구분된다.
㉡ 비이온성 계면활성제 : 이온적으로 완전한 중성 상태로서 물에서 이온을 띠지 않으나 계면활성작용을 한다.

- 친수성 – 친유성 : 계면활성제일지라도 양친매성(친수 – 친유)의 균형이 달라지면 세정제, 침투제, 유화제, 유화파괴제 등 용도가 달라진다.

[TIP] 친수-친유 균형(HLB)

친수성이 강한 것은 40, 친수성이 약한 것은 1의 수치로 계면활성제의 특성과 그 적당한 용도를 나타낸다.
① W/O형 – 친유성이 강하면 HLB값이 작다.
② O/W형 – 친수성이 강하면 HLB값이 크다.

② 계면활성제의 종류

수용성 계면활성제의 특징에 따라 종류를 분류할 수 있다.

구조		수용액	용도	특징
음이온 계면활성제	−	음이온	샴푸, 비누, 치약, 클렌징 폼, 바디클렌저	• 세정, 기포작용이 있으며 탈지력이 강하다.
양이온 계면활성제	+	양이온	린스, 컨디셔너, 트리트먼트	• 살균, 소독작용이 크며 유연작용과 함께 정전기 발생을 억제하나 피부에 대한 자극이 있다.
양(쪽)성 계면활성제	+ −	음 또는 양이온	컨디셔닝 샴푸, 베이비 샴푸	• 피부 자극과 독성이 약하며 정전기를 방지한다. • 세정력, 살균력, 유연성이 있어 피부 안정성이 있다.
비이온 계면활성제		이온을 띠지 않음	유화제(크림), 분산제(샴푸, 비누), 세정제(클렌징 크림), 가용화제(화장수)	• 피부 자극이 적고 안정성이 높아 기초화장품에 많이 첨가된다.

③ 계면활성제의 성질

계면활성제 종류에 따라 성질이 다소 다르지만 계면에 흡착하여 계면에너지를 감소시킨다.

구분	과정
미셀	• 계면활성제 분자의 집합체를 미셀이라 한다. 양친매성 물질인 계면활성제는 물에 녹으면 특정 농도에서 친수기(머리)는 밖을, 친유기(꼬리)는 안을 향한다. 이를 취합함으로써 미셀을 형성한다.
에멀전	• 계면활성제 수용액에 기름을 넣었을 때 우유와 같은 균일한 유백색 혼합 액체가 형성되는 것으로서 유화제라고 한다.
서스펜션	• 액체나 기체 속의 부유물(현탁액)로, 고체입자의 부유상태이다.
가용화	• 물에 불용성인 물질이 계면활성제 미셀 형성에 의해 용해된 것과 같이 보여지는 현상이다.
용해성	• 계면활성제는 온도 상승과 함께 용해도가 서서히 증가하다가 특정 온도에 이르면 용해도가 급격히 증가한다.
기포성	• 계면활성제가 물과 공기의 계면에 흡착되어 배열됨으로써 거품(Lathering)이 생긴다.

(3) 샴푸제의 작용

합성 계면활성제는 샴푸 제조원료이다. 세정의 목적으로 사용되는 계면활성제는 습윤, 침투, 유화, 분산, 재부착 방지, 가용화, 기포 등의 합성작용에 의해 오염물질을 제거한다.

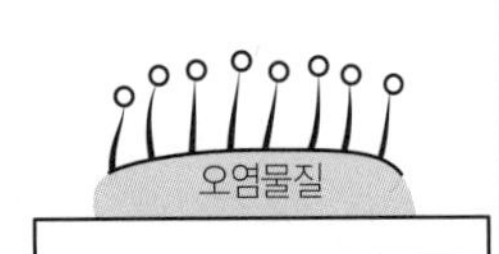

샴푸제가 물에 녹으면서 샴푸제의 구성성분인 계면활성제가 오염물 주변을 둘러싼다.

계면활성제의 밀어내는 힘에 의해 때가 두발에서 떨어지기 시작한다.

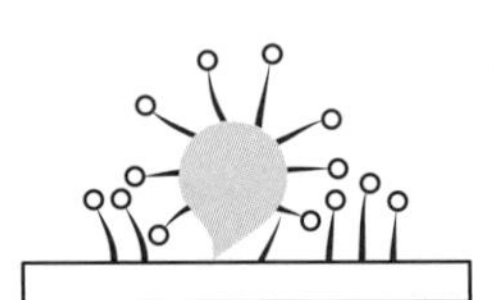

계면활성제에 둘러싸인 때는 Roll-up 공법에 의해 두발에서 분리된다.

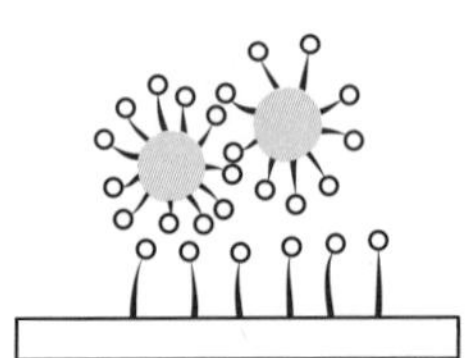

때는 더욱 작은 모양으로 분리되어 계면활성제에 둘러싸인 채 물속에서 분산된다.

구분	작용
습윤·침투	• 두발과 두피의 표면을 적시는 과정을 습윤이라 한다. • 침투 작용에 의해 오염 물질을 부풀리게 한다. • 습윤되고 침투된 두발이 팽윤됨으로써 오염 물질의 부착력을 느슨하게 만든다.
유화	• 물에 녹지 않는 미립 물질이 액체 내에 분산된 모양으로서 기름을 유지하려는 힘과 물을 유지하려는 힘의 균형이 없어지는 현상이다.
분산	• 오염물을 작은 입자로 분해하여 액체 중으로 부유시키는 작용을 한다.
가용화	• 물에 녹지 않는 기름을 미셀(Micelle) 형태로 만들어 녹인 것처럼 작용시킨다.
거품화	• 거품을 형성하여 두발과 두발의 마찰 접촉을 막고 부드럽게 하며 작은 거품 자체가 계면활성제의 액체면을 확대시켜 세정작용을 용이하게 한다.
재부착 방지	• 미셀화된 오염물질이 재부착되지 않도록 오염입자를 안정되게 하는 작용이다.

[TIP] 비누

① 세정제로서 친유기(꼬리)는 장쇄 지방산 나트륨염 또는 칼륨염으로 되어 있다.
② 지방(기름)을 수산화나트륨(NaOH)이나 수산화칼륨(KOH)으로 비누화하여 제조시키며 부산물로서 글리세롤이 얻어진다.
③ 칼륨 비누는 나트륨 비누에 비해 좀 더 부드럽고 물에 용해성이 크다.
④ 불포화 지방산에서 얻은 비누가 포화지방산에서 얻은 것보다 부드럽다.

좋은 세제의 조건 : 좋은 습윤성, 이동능력, 가용화, 분산, 재부착 방지, 기포화 등을 기반으로 한다.

(4) 샴푸제의 종류

샴푸제는 세발 뒤에 오는 모발의 감촉, 윤기, 강도 등의 물리적 성상을 좋게 하기 위하여 여러 가지 첨가제를 배합시킨다. 배합제에 따른 기능별 분류(유형별)를 살펴보고자 한다.

① 클렌징 샴푸

연수와 경수에도 세척이 가능한 pH 5.5의 음이온 계면활성제로서 풍부한 거품이 특징이다.

샴푸제의 종류	작용
허브(식물성)	• 약용, 식용, 향료로 사용되는 허브(Herb)에 비누샴푸와 고급알코올계를 이용한 식물성 샴푸제로서 세정력이 강하다. • 소염, 진염, 탈수, 건조, 살균, 단백질 합성작용을 하며 탈지효과가 높아 지성두피에 주로 사용된다.
프로테인(동물성)	• 누에고치에서 추출하거나 계란의 난황성분이 함유된 단백질(Protein) 샴푸제이다.
오일	• 물리적 손상모, 건조모에 라놀린, 레시틴 등의 유성성분을 사용하여 유분을 보충하는 오일(Oil) 샴푸제이다.

② 컨디셔닝 샴푸

클렌징과 컨디셔닝 효과를 위해 두발에 대한 세척과 보습 및 영양효과를 보완한 샴푸제이다.

샴푸제의 종류	효과	특징	대상
브라이언트 샴푸, 헤나 샴푸	광택	• 붉은색 또는 적갈색의 헤나를 첨가시킴으로써 짙은 모발색조에 광택을 내는 효과가 있다.	짙은 색상의 모발
소프트 터치 샴푸, 리퀴드 크림 샴푸	유연	• 중간 정도의 유분기를 포함한 유상액 상태로서 모발을 부드럽고 윤기나게 하는 오일 합성물이다. • 건성모발에 사용한다.	건성모
드라이 프리벤티브 샴푸, 카스틸&오일 샴푸	건조 방지	• pH 5.5~7의 중성으로서 올리브유와 가성소다를 주 원료로 모발 내 염착된 염료가 고정되게 한다. • 부서지기 쉽고 건조한 손상모에 사용된다.	손상모
산 균형 샴푸	산 균형	• pH 5~6의 약산성으로서 구연산, 인산 등이 첨가되어 있어 모발 팽윤이 억제되는 효과가 있다. • 염색모, 펌모 등에 사용된다.	염색모, 펌모

③ 특수 샴푸

항진균제, 항균제, 활성제 또는 진정제 등의 특수성분에 첨가제로 사용된다.

샴푸제의 종류	효과	대상
안티댄드러프 샴푸, 저미사이드 샴푸	항비듬	• 비듬 제거 및 가려움 방지 목적으로 첨가되는 활성성분은 징크피리티오(ZPT), 셀레늄 황화물, 유황, 살리실산 등 항균제를 사용하여 비듬의 발생을 예방하거나 클렌징 샴푸제로 제거되지 않는 비듬을 제거한다.
아이이치리스 샴푸, 저미사이드 샴푸	약용	• 가려움 제거용 샴푸로서 항균제와 국부마취작용을 하는 활성제 또는 진정제 등이 배합되어 있다.
데오드란트 샴푸	악취 제거	• 살균제 또는 탈취제가 배합되어 있으며 양이온과 양성 활성제를 첨가한 탈취작용이 강한 샴푸제이다.
컬러 샴푸	퇴색 방지 및 염색효과	• 샴푸와 동시에 염모가 된다. • 염모된 모발의 퇴색 방지용으로 주로 사용된다.
블리치 샴푸, 하이라이트닝 샴푸	색상 방지	• 샴푸와 동시에 탈색(지우기)이 된다.

컬러 픽스 샴푸	색상 고정	• 헤나, 카모밀렌 등 식물성 천연염료가 계면활성제에 첨가되어 탈색을 방지해 준다.

④ 드라이 샴푸

웨트 샴푸가 불가능한 환자나 노인들 또는 물을 사용하여 거품 내고 헹궈 말리는 것을 요구하지 않고 빠른 모발의 세척을 원하는 사람들을 위한 제품이다.

샴푸제의 종류	특징
리퀴드 드라이 샴푸	• 계면활성제를 사용하지 않는 특별한 클렌징 제품이다. • 벤젠이나 휘발유를 원료로 하여 휘발되는 성분이므로 통풍이 잘 되는 실내에서 사용해야 한다.
파우더 드라이 샴푸	• 오리스 뿌리의 식물성 분말, 흰 분꽃 뿌리 분말가루는 천연 식물성 성분과 화학제인 산성 백토에 리울린, 붕사, 탄산마그네슘 등이 혼합된 제품이다. • 두발에 도포 20~30분 경과 후 브러싱하여 제거한다. • 분말 제거 후 헤어 토닉을 묻힌 탈지면 등으로 남아 있는 분말가루를 닦아낸다.
화이트 에그 샴푸	• 거품을 낸 계란 흰자를 모발에 도포 후 건조된 계란 흰자는 브러싱하여 제거한다.

⑤ 아기용 샴푸

베이비 샴푸는 순하고 부드러운 저자극성이 특징이다.

[TIP] 샴푸제의 성분 : 계면활성제, 기포증진제, 유화제, 향수성 물질, 완화제, 점증제, 방취제, 금속차단제, pH 조절제, 살균제, 비듬방지제, 토닉제 등을 함유하고 있다.

샴푸 시 사용되는 물의 온도 : 두피나 두발에 자극을 주지 않는 연수로 보통 38℃의 온도에서 3~5분 정도의 짧은 시간 내에 세척한다.

Section 02 헤어 컨디셔너

1 컨디셔너의 정의

주성분의 농도에 따라 린스, 컨디셔너, 트리트먼트로 구분되는 컨디셔닝제는 모발에서의 마찰력을 낮추고, 정전기적인 충격을 방지함으로써 다른 임상 서비스를 받아들일 수 있는 기반 상태를 만든다.

1) 린스제

린스(Rinse)란 "물로 헹군다"는 뜻을 지닌 플레인(Plain) 린스로서 세발 후 모발에 매끄러움을 부여하여 모발 표면을 정돈하는 목적으로 사용되는 화장료이다.

(1) 린스제의 효과

① 양이온 계면활성제가 모발 표면에 일렬로 흡착됨으로써 아주 얇은 유성피막이 형성된다.

② 물에 잘 녹지 않는 난용성인 비누가스의 금속염과 염모용 금속분인 불순물을 제거한다.

(2) 린스제의 종류

① 샴푸 후 린스(After rinse)

㉠ 오일 린스

- 세발 후 모발에 유분을 보충하여 린스의 결합을 개선시킨 제품이다.
- 모발의 유연, 보습, 살균효과 등을 갖춘 약산성(pH 5~6) 린스이다.

㉡ 크림 린스

- 모발에 유연, 광택, 빗질 등을 용이하게 한다.
- 약간의 산성도가 있으며 비누 찌꺼기를 제거하는 효과는 없다.
- 물로만 헹구어서는 씻기지 않는다.

② 화학제 처리 후 린스(pH balance)

산 균형 린스로서 알칼리 기반의 pH balance와 산 기반의 pH balance가 있다.

㉠ 산성 린스(Acid rinse)

- 펌 또는 염 · 탈색 후의 모발 처치방법으로 반드시 산성 린스를 사용한다.
- 알칼리성을 중화시켜 모발 등전대를 유지시킨다.
- pH 3~4로서 금속제거용으로 주로 사용된다.
- 모발이 엉키는 것을 방지하고, 유연하게 하며, 윤기를 부여해 준다.

[TIP] 중화 작용

화학처리(알칼리화)된 모발을 본래 등전가(pH 4.5~5.5) 상태로 되돌린다.

수렴 작용

① 팽윤, 연화된 모발에 수렴하여 탄력을 주거나 광택을 주어 빗질을 좋게 한다.
② 염모 후 색을 고정시켜 퇴색을 방지한다.

(3) 특수 린스(Special rinse)

① 자외선 차단 린스

자외선 흡수제로서 안식향산, 세틸산 벤젠, 살리실산 페닐, 아이소프로필 에터 등이 배합된 크림상이며, 자외선에 민감한 손상모에 일광 방지(선스크린) 효과가 있다.

② 대전 방지 린스

- 정전기 발생을 억제시키기 위해 양이온 계면활성제가 사용된다.
- 모표피 내 마찰을 방지하며 먼지 등의 오염물질을 차단시킨다.

③ 약용 린스

비듬 상태를 조절하기 위해 약효성분을 첨가제로 사용한다.

④ 컬러 린스

색소 고정제(Color fix)로서 부분적으로 모발색상을 강조하거나 색소를 보완하기도 한다.

(4) 린스제의 성분

성분 종류	특징
피지막 생성제	• 라놀린, 스쿠알렌, 에스터류, 유동파라핀, 고급알코올, 지방산과 유도체 등이 적용된다.
유지제	• 빗질 시 마찰로부터 모발을 보호하며 매끄러움과 광택을 준다. • 실리콘류인 알파올레핀, 올리고머 등이 사용된다.
보습제	• 모발의 수분 증발을 막아주어 촉촉한 감을 준다. • 글리콜류가 주로 사용된다. 그 외 글리세린, 올레인 에터, 모노부틸 에터, 폴리프로필렌 글리콜 등이 적용된다.
점증제 또는 유화분산제	• 건조 후 입자 형성, 분리, 침전 등 안정성에 영향력을 준다.
양이온 중합체	• 모발에서의 침전 두께를 형성하며 살균력을 가지고 있다.
자외선 차단제	• 250~320nm 범위에서 자외선 방사능을 흡수함으로써 차단이 이루어진다.
허브추출물	• 세이지, 로즈마리, 카모밀레 등이 사용되며 향, 윤기, 부드러움을 첨가한다.
향	• 린스제의 대부분이 특정한 향을 가지고 있다.
색소	• 미용적 이유로 엷은 색을 첨가하여 사용할 수 있으며, 모발에 하이라이트나 톤으로 작용한다.

2) 컨디셔너제

모발을 전문적으로 손질하기 위한 처치제로서 수분, 비타민, 단백질 등의 화합물로 이루어져 있다.

(1) 컨디셔너제의 역할

① 모발에 대한 보완 기능을 가진다.

② 모발 고유의 건강한 상태로 회복 또는 유지시킨다.

③ 손상된 모발의 외관을 윤기나게 하며, 코팅막을 형성시켜 촉감, 풍부감, 매끄러움을 향상시킨다.

(2) 컨디셔너 종류

크림과 액상 타입이 있으나 효과는 제조사에 따라 다르다. 어떤 제형을 선택할 것인가는 모발의 상태, 모질, 원하는 결과 등에 따라 결정되며, 제품사에서 제시한 사용방법을 숙지해야 한다.

① 사용시간이 정해진 컨디셔너

- 컨디셔너제를 모발에 도포한 다음 1~5분 정도 방치 후 물로 헹구어낸다.
- 주로 산성의 pH로서 모표피 내 천연오일과 수분을 보충해 준다.

② 스타일링 로션에 혼합된 컨디셔너

단백질과 송진이 세팅 로션에 참가된 컨디셔너로서 세팅 중간에 물을 약간씩 분무해 주면 빗질이 잘 될뿐 아니라 모발을 유연하게 할 수 있다.

③ 단백질 침투성 컨디셔너

가수분해된 미립자 단백질이 모피질 내로 침투하여 다공된 모발을 균일하게 메워줌으로써 탄력을 증가시켜 준다.

④ 중화용 컨디셔너

산성 pH로서 모발 내 잔류하는 알칼리 성분을 중화시키며, 자극 받은 두피를 진정시킨다.

(3) 컨디셔너의 배합물

① 양이온 컨디셔닝제

양이온 계면활성제는 알킬아민, 에써옥시레이트 아민, 제4급염, 알킬아미다졸린으로 세분화된다. 그 외 양이온 중합체(자연적이거나 합성 또는 생합성될 수 있는)인 다당류, 단백질, 핵산 등이 있다.

성분 종류	특징
알킬아민	• 강한 양이온성 성질인 암모니아(NH_3)의 유래물질로서 아민을 만드는 데 사용되며 코코넛, 팜, 수지, 콩기름 등 다양한 지방산의 공급원이다.
에써옥시레이트 아민	• 모발에 대한 엉킴 방지와 정전기 조절에 사용되며 거품력이 없다.
제4급염	• C_8~C_{10}의 알킬사슬은 미생물과 균류에 대해 살균성이 있으며, 피부와 눈에 자극이 적다. • 양이온 계면활성제의 사슬 길이 증가는 컨디셔닝 성질을 증가시킴으로써 엉킴 방지, 정전기 방지에 효과적이다.
알킬아미다졸린	• 양성구조로서 등전점 이상에서는 음이온으로 작용하고, 양성구조로서 등전점 이하에서 양이온으로 작용하는 순한 물질로서 보통 샴푸 컨디셔닝제와 목욕제품에 첨가된다.
양이온 중합체	• 풀먹임과 같은 매끄러움, 윤기, 습윤성, 모발 바디감 등과 같은 특성을 나타낸다.

② 저분자량의 컨디셔닝제

- 판테놀 : 모피질에 침투하여 손상모가 회복되도록 도와주며 노화를 늦춘다.
- 글리세린 : 모발 내로 침투하여 수분을 보충시켜 준다.

③ 그 외 컨디셔닝 첨가물

농후제, 유화제, 향, 자외선 차단제, 식물과 허브 추출물, 방부제, 색상 등이 있다.

3) 트리트먼트제

처리, 치유, 처치, 치료 등의 다양한 의미를 가진다.

(1) 트리트먼트의 역할

① 트리트먼트제는 두피의 생리기능을 정상화하고 혈행을 촉진시켜 탈모를 방지하는 역할을 한다.

② 모발 트리트먼트제는 모발 등전대가(pH 4.5~5.5)를 유지시켜 모발을 보호하며, 더 이상 손상되지 않도록 하는 데 그 목적이 있다.

③ 손상을 받은 모표피는 단백질 성분의 흡착성을 이용함으로써 손상을 최대로 방지하여 회복한다.

(2) 트리트먼트제의 종류

① 모발 트리트먼트

손상모로의 진행을 방지하고 일광이나 자외선에 의한 모발 단백질 또는 염색모의 퇴색을 방지하거나 예방하기 위해 사용된다.

- 손상모 트리트먼트 : 컨디셔너 용제에 단백질 분해물과 알칼리 수지 폴리머 등을 흡수, 고착화 시키는 방식으로서 양이온성과 양성합성 고분자의 흡착과 잔존 성질을 이용한다. 이를 스타일링제와 샴푸제에 배합시킴으로써 탄력을 강화시킨다.
- 경모연화 트리트먼트 : 알칼리에 팽윤된 모발 단백질 성분을 흡수시키는 방법을 통해 손상 모발에 처치한다.
- 축모교정 트리트먼트 : 모발 조직 간에 고분자물과 왁스류를 첨가시킴으로써 보완한다.

② 두피 트리트먼트

두피 보호 트리트먼트, 비듬 방지 트리트먼트, 가려움 방지 트리트먼트, 탈모 방지 및 육모 촉진 트리트먼트 등이 있다.

(3) 트리트먼트제의 유형

크림형, 에멀전형, 액체형, 에어로졸형 등의 유형이 있다.

Chapter 04 헤어 샴푸 및 컨디셔너 실전예상문제

★★☆☆☆
01 헤어 리컨디셔닝에 관한 설명으로 잘못된 것은?

① 지성모의 경우에는 핫 오일 트리트먼트가 좋고 열을 가할 때 크림 컨디셔너를 바른다.
② 피지선의 작용을 활발하게 하기 위해 스캘프 매니플레이션과 브러싱을 행한다.
③ 두발의 상태를 처리하여 손상되기 이전의 상태로 환원시키는 것을 의미한다.
④ 두피를 청결히 유지하고 피지선 및 한선의 작용을 활발하게 한다.

해설
①은 트리트먼트(처치)에 관한 내용이다.

★★☆☆☆
02 다공성모에 가장 효과적인 헤어 트리트먼트는?

① 샴푸 ② 신징
③ 헤어 팩 ④ 클리핑

해설
다공성모의 처치는 헤어 팩으로 한다.

★★☆☆☆
03 알칼리성 샴푸제의 pH는?

① 약 7.5~8.5 ② 약 4.5~5.5
③ 약 5.5~6.5 ④ 약 6.5~7.5

해설
약 알칼리성 샴푸제의 pH는 약 7.5~8.5이다.

★★★★★★★★★☆
04 헤어 트리트먼트와 관련 없는 것은?

① 클리핑 ② 슬리더링
③ 헤어 팩 ④ 헤어 리컨디셔닝

해설
슬리더링은 헤어 커트의 기법이다.

★★☆☆☆
05 핫 오일 샴푸에 대한 설명 중 잘못된 것은?

① 플레인 샴푸 전에 실시한다.
② 오일을 따뜻하게 덥혀서 바르고 마사지한다.
③ 핫 오일 샴푸 후 퍼머를 시술한다.
④ 올리브나 춘유 등의 식물성 오일이 좋다.

해설
핫 오일 샴푸는 건조모의 처치방법이다.

★★★★☆
06 산성 린스의 종류 중 거리가 가장 먼 것은?

① 레몬 린스 ② 크림 린스
③ 비니거 린스 ④ 구연산 린스

해설
크림 린스는 영양 또는 광택을 주거나 정전기를 방지하는 목적으로 사용된다.

07 다음 내용은 매니플레이션의 작용 요소가 갖는 효과이다. 관련이 가장 적은 것은?

① 가하는 힘의 세기
② 동작의 방향
③ 기본동작의 지속적인 시간
④ 기본동작의 방법

해설
매니플레이션은 세기, 방향, 시간 등의 작용 요소를 통해 효과를 얻을 수 있다.

정답 01 ① 02 ③ 03 ① 04 ② 05 ③ 06 ② 07 ④

★★☆☆☆

08 논 스트리핑 샴푸제를 주로 사용하는 두발은?

① 지성 두발 ② 정상 두발
③ 건성 두발 ④ 염색된 두발

해설
염색된 모발에는 pH가 낮은 저자극성 샴푸제인 논 스트리핑 샴푸제를 주로 사용한다.

★★☆☆☆

09 다음 중 비듬 제거 시 사용되는 샴푸제는?

① 핫 오일 샴푸 ② 단백질 샴푸
③ 댄드러프 샴푸 ④ 플레인 샴푸

해설
비듬(Dandruff) 제거 시 댄드러프 샴푸제를 사용한다.

★★☆☆☆

10 헤어 린스의 목적과 관계없는 것은?

① 두발의 엉킴 방지
② 두발의 광택 부여
③ 각질 및 이물질 제거
④ 두발에 유분 공급

해설
각질 및 이물질 제거는 샴푸의 목적이다.

★★★☆☆

11 두발이 지나치게 건조하거나 염색에 실패했을 때 가장 적합한 샴푸방법은?

① 플레인 샴푸 ② 에그 샴푸
③ 파이더 샴푸 ④ 토닉 샴푸

해설
에그 샴푸는 단백질 샴푸로, 건조모나 염색모에 주로 사용한다.

12 산성 린스의 효용과 효능으로 잘못된 것은?

① 약간의 표백작용이 있으므로 장시간 사용은 피해야 한다.
② 불용성 알칼리 성분과 금속성 피막을 중화시켜 두발에 광택을 준다.
③ 염색모의 색상이 빠지는 것을 방지해준다.
④ 농도가 지나친 산성 린스제는 두발의 단백질을 응고시켜 두발을 손상시킬 수 있다.

해설
컬러 픽스 샴푸에 대한 설명이다.

13 다음 내용에서 컬러 린스와 사용용도가 일치하는 것은?

① 세발제 ② 양모제
③ 정발제 ④ 착색제

해설
컬러 린스(워터 린스)는 일시적 염모제로서 착색제의 역할을 한다.

★★☆☆☆

14 린스의 일반적 특징이 아닌 것은?

① 두발에 윤기 및 빗질을 보완해준다.
② 두발에 유분을 공급하고, 정전기를 방지한다.
③ 샴푸 후 불용성 알칼리를 제거한다.
④ 영양을 공급하고 손상 모발을 치료한다.

해설
④는 트리트먼트제 또는 컨디셔너제의 역할이다.

15 스캘프 트리트먼트와 두피 상태의 연결이 잘못된 것은?

① 보통 상태의 두피 : 플레인 스캘프 트리트먼트

정답 – 08 ④ 09 ③ 10 ③ 11 ② 12 ③ 13 ④ 14 ④ 15 ③

② 지방이 많은 두피 : 오일리 스캘프 트리트먼트
③ 비듬이 많은 두피 : 푸싱 스캘프 트리트먼트
④ 지방이 부족한 두피 : 드라이 스캘프 트리트먼트

해설
비듬 두피는 댄드러프 스캘프 트리트먼트를 사용한다.

★☆☆☆☆
16 경수(센물)로 샴푸한 모발에 가장 적당한 린스는?

① 산성 린스 ② 크림 린스
③ 중성 린스 ④ 보통 린스

해설
센물로 샴푸한 모발은 뻣뻣하여 금속성 물질이 모발에 침착되어 있으므로 금속제거용으로 사용되는 산성 린스를 사용한다.

17 염색모에 사용되는 샴푸제는?

① 논 스트리핑 샴푸제
② 소플리스 비누 샴푸제
③ 토닉 샴푸제
④ 파우더 드라이 샴푸제

해설
염색된 모발에는 pH가 낮은 저자극성 샴푸제인 논 스트리핑 샴푸제를 주로 사용한다.

★★★★☆
18 다음 중 산성 린스에 속하지 않는 것은?

① 식초 린스 ② 레몬 린스
③ 구연산 린스 ④ 올리브 린스

해설
산성 린스는 식초, 레몬, 구연산을 원료로 한다. 올리브 린스는 오일 린스의 종류로 세발 후 모발에 유분을 보충하여 린스의 결함을 개선시킨 제품이다.

19 염·탈색시킨 건조한 모발에 가장 효과적인 샴푸는?

① 약용 샴푸
② 에그 샴푸
③ 식물성 샴푸
④ 드라이 샴푸

해설
에그 샴푸는 단백질 샴푸로 건조모나 염색모에 주로 사용한다.

20 헤어 린스의 역할에 대한 설명으로 거리가 먼 것은?

① 세정력과 탈지효과를 높인다.
② 엉킴을 방지하여 빗질을 용이하게 한다.
③ 샴푸제의 잔여물을 중화시킨다.
④ 정전기를 방지하는 방수막을 형성한다.

해설
①은 샴푸제의 역할이다.

21 샴푸에 대한 설명 중 틀린 것은?

① 다른 종류의 시술을 용이하게 하며, 스타일을 만들기 위한 기초적인 작업이다.
② 샴푸는 두피 및 모발의 더러움을 씻어 청결하게 한다.
③ 두피를 자극하여 혈액순환을 좋게 하며 모근을 강화시키는 동시에 상쾌감을 준다.
④ 모발을 잡고 비벼줌으로써 사이사이에 있는 때를 씻어내고 모표피를 강하게 해 준다.

해설
샴푸는 모발 내 오염물인 때와 이물질을 깨끗이 제거함과 동시에 두피의 적당한 자극을 주어 혈액순환과 두발 성장을 촉진시킨다.

정답 – 16 ① 17 ① 18 ④ 19 ② 20 ① 21 ④

22 **다양한 기능의 스페셜(특수) 샴푸로서 설명이 잘못된 것은?**

① 컬러 샴푸 – 일시적인 염색효과를 갖는다.
② 유아 샴푸 – 어린이 전용 샴푸제로서 탈지력이 약하며 피부나 눈에 자극이 적다.
③ 식물성 샴푸 – 소염, 진염, 탈취, 살균 및 세정작용 등에 효과가 있다.
④ 논 스트리핑 샴푸 – pH가 낮은 저자극성 샴푸제로 건강모에 주로 사용된다.

해설
논 스트리핑 샴푸는 손상모, 염색모 등에 주로 사용된다.

23 **다음 중 샴푸제와 린스제의 연결이 적절하지 않은 것은?**

① 석유계 샴푸제 – 플레인 린스
② 합성세제 샴푸제 – 오일 린스
③ 비누에 의한 샴푸제 – 산성 린스
④ 중성세제 샴푸제 – 크림 린스

해설
플레인 린스는 물로만 헹구는 것을 말한다.

24 **산성 린스제의 설명 중 틀린 것은?**

① 살균작용이 있으므로 많이 사용하는 것이 좋다.
② 금속성 피막을 제거해 준다.
③ 모발에 잔류된 펌 용액을 중화한다.
④ 비누의 불용성 알칼리 성분을 제거해준다.

해설
살균작용은 샴푸제의 작용이다.

★★☆☆☆
25 **헤어 컨디셔너제의 기능에 해당하지 않는 것은?**

① 두발을 유연하게 해 준다.
② 두발에 윤기와 광택을 준다.
③ 두발의 더러움을 제거한다.
④ 두발의 빗질을 용이하게 해준다.

해설
두발과 두피의 더러움 제거는 샴푸제의 기능이다.

26 **샴푸의 작용으로 설명이 가장 옳은 것은?**

① 두통을 예방할 수 있다.
② 두피를 자극하여 혈액순환을 원활하게 하며 모발을 청결하게 한다.
③ 모발의 수명을 연장시킨다.
④ 모근의 신경을 자극하여 생리기능을 강화한다.

해설
샴푸는 모발 내 오염물인 때와 이물질을 깨끗이 제거하고 두피에 적당한 자극을 주어 혈액순환과 두발성장을 촉진시킨다.

27 **헤어 컨디셔너제의 사용목적이 아닌 것은?**

① 손상된 두발을 완전히 치유해 준다.
② 두발에 윤기를 주는 보습 역할을 한다.
③ 화학제 시술 후 pH를 중화시켜 모발의 산성화를 방지한다.
④ 손상된 모발의 표피층을 부드럽게 보호해 주며 빗질을 용이하게 한다.

해설
헤어 컨디셔너제
- 헤어 컨디셔너제는 모발에 대한 전문적인 손질방법에 대한 처치제로 수분, 비타민, 단백질 등 여러 화합물로 이루어져 있다.
- 컨디셔너제의 역할은 모발에 대한 보완이며 손상된 모발의 외관을 윤기 나게 하고 코팅막을 형성시켜 촉감, 풍부감, 매끄러움을 향상시킨다.
- 모발 고유의 건강한 상태로 회복 또는 유지시킨다.

정답 22 ④ 23 ① 24 ① 25 ③ 26 ② 27 ①

★★☆☆☆

28 손상모나 염색모발에 가장 적합한 샴푸제는?

① 약용 샴푸제 ② 논 스트리핑 샴푸제
③ 댄드러프 샴푸제 ④ 프로테인 샴푸제

해설
논 스트리핑 샴푸제는 저자극성 샴푸제로서 손상모나 염색모에 가장 적합하다.

★★☆☆☆

29 다음 중 샴푸의 목적으로 거리가 가장 먼 것은?

① 두피, 두발의 세정
② 두발 시술의 용이
③ 두발의 건전한 발육 촉진
④ 두피 질환 치료

해설
샴푸는 모발 내 오염물인 때와 이물질을 깨끗이 제거하고 두피에 적당한 자극을 주어 혈액순환과 두발성장을 촉진시킨다.

★☆☆☆☆

30 누에고치에서 추출한 성분 또는 난황성분을 함유한 샴푸제로서 모발에 영양을 공급해 주는 샴푸제는?

① 산성 샴푸 ② 드라이 샴푸
③ 프로테인 샴푸 ④ 컨디셔닝 샴푸

해설
프로테인(단백질) 샴푸는 누에고치와 난황(계란 노른자)에서 추출하며 다공성모(손상모)에 탄력과 강도를 보강한다.

31 염색 시술 시 모표피의 안정과 퇴색을 방지하기 위해 가장 적합한 것은?

① 식물성 샴푸
② 플레인 린스
③ 알칼리 린스
④ 산성 균형 린스

해설
염색 후 알칼리화 된 모발을 등전가(pH 4.5~5.5)로 되돌리기 위해 pH balance(산성 린스)를 사용한다.

정답 28 ② 29 ④ 30 ③ 31 ④

CHAPTER

05 | 헤어 커트

헤어 커트는 머리카락을 '자르다'라는 의미로서 인커트(In cut)와 아웃커트(Out cut)에 따라 '머리형을 만든다(Hair shaping)'라고도 한다. 즉, 헤어 커트의 정의는 In cut과 Out cut의 조합이라고 할 수 있다.

Section 01 헤어 커트의 기초이론

1 커트의 기본형태

헤어 커트의 기본 유형은 3가지이며, 모발 길이의 배열을 분석함으로써 설명 또는 실행할 수 있다.

[TIP] 헤어 커트의 목적
① 모발의 길이를 가지런히 한다. ② 모량을 일정하게 한다. ③ 모발의 형태를 만든다.

(1) 솔리드 형태(Solid form)

일직선상으로 자르는 단발머리 스타일(Onelength style)로서 외측과 내측의 단차(층) 없이 동일한 길이의 덩어리 모양을 갖는다. 이는 모발 끝이 보이지 않는 비활동적인 질감과 함께 모발의 형태(외곽)선 가장자리에 무게감을 형성한다.

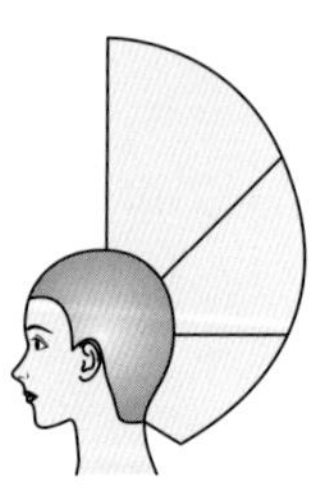

▲ 원랭스 형태

① 커트의 종류

- 평행 보브형(Straight bob) : 커트 형태선의 가이드라인을 목선(Nape line)으로 하였을 때 수평 일직선인 덩어리 모양을 나타내는 스타일이다.
- 앞올림형(Isadora) : 커트 형태선(Out line)의 가이드라인을 목선으로 하였을 때 E.S.C.P를 연결선으로 4~5cm 짧아지는 사선(후대각) 덩어리 모양이다. 컨벡스 라인의 형태선을 나타내는 이사도라스타일이다.

- 앞내림형(Spaniel) : 커트 형태선의 가이드라인을 목선을 기점으로 하였을 때 E.S.C.P를 연결선으로 4~5cm 길어지는 사선(전대각) 덩어리 모양이다. 컨케이브 라인의 형태선을 나타내는 스파니엘스타일이다.
- 버섯형(Mushroom) : 커트 형태선의 가장자리는 얼굴 정면(C.P)에서 목선(N.P)까지 연결되는 일직선 덩어리 모양을 나타내는 머시룸스타일이다.

[TIP] 원랭스(Onelengh)

외측(Exterior)과 내측(Interior)에 단차가 없는 동일선상에서 커트 외곽선이 형성되는 기법이다.

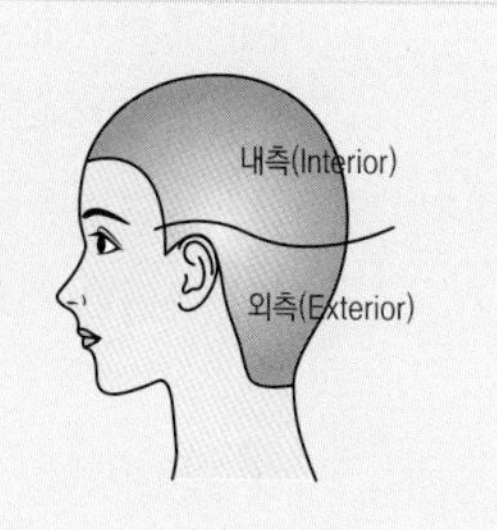

② 커트의 특징

시술 각도는 0°로서 자연스럽게 떨어지는(Natural fall) 방향과 직선으로 자른다.

- 모발의 끝 부분의 손상이 적다.
- 잘린 부분이 명확하다.
- 무게감을 내기 쉽다.
- 모발의 끝에 힘이 있다.
- 기하학적인 윤곽을 연출하기 쉽다.

(2) 그래듀에이션 형태(Graduation form)

그래듀에이션은 두상의 구조가 편구형 같은 삼각형 모양으로서 두상으로부터 외부(Exterior)로 갈수록 활동적인 질감을, 내부(Interior)로 갈수록 비활동적인 질감을 나타낸다. 이들의 질감 경계 부분인 후두융기(B.P) 아래에 부피감 또는 무게감을 가진 두발 길이 구조의 형태선이 형성된다.

① 커트 스타일의 종류

- 로우 그래듀에이션(Low graduation) : 목선의 가이드라인을 기준으로 무게감을 나타내는 형태선은 1~30° 시술각에 의해 낮은 삼각형 두상 구조를 나타내는 스타일이다.
- 미디움 그래듀에이션(Medium graduation) : 목선의 가이드라인을 기준으로 무게감을 나타내는 형태선은 31~60° 시술각에 의해 중간 삼각형 두상 구조를 나타내는 스타일이다.

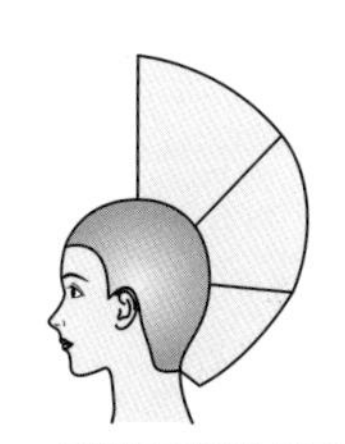

▲ 그래듀에이션 형태

- 하이 그래듀에이션(High graduation) : 목선의 가이드라인을 기준으로 61~89° 시술각에 의해 높은 무게감을 나타내는 형태선의 삼각형 두상 구조를 나타내는 스타일이다.

(3) 레이어드 형태(Layered form)

① 커트 스타일의 특징

- 두상에 대해 90° 이상의 시술각에 의해 자른다.
- 세로 섹션으로 온더 베이스로 자른다.
- 응용 범위가 넓어 두상의 악조건을 커버한다.
- 폭넓은 연령층에 적용되는 신속 정확한 기법이다.
- 두상 곡면을 따라 모발의 겹침이 없어 무게감 없는 거친 질감이 된다.

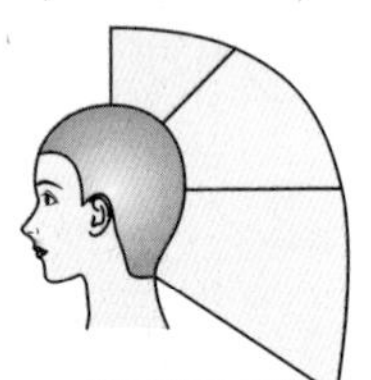

▲ 레이어드 형태

2 커트 형태의 특징

형태 / 구분	솔리드(0°)	그래듀에이션(1~89°)	레이어드(90°이상)
어원	• 원랭스란 하나의 길이, 즉 동일한 길이로 자른다는 뜻이다. • 두발 길이의 구조는 동일선상(내측과 외측)으로 맞추는 커트 기법을 통해 솔리드(덩어리) 형태를 갖는다.	• 그라데이션이란 '미세한 층이 지다'라는 뜻이다. • 후두융기를 기점으로 아래 또는 위에 두발 길이의 구조, 즉 무게감을 갖게 하는 커트 기법을 통해 그래듀에이션 형태를 갖는다.	• 레이어란 '쌓다, 겹쳐지다, 층이 지다'라는 뜻이다. • 두상에 대해 동일한 단차의 커트 기법을 통해 레이어드 형태를 갖는다.
커트 종류	• 수평 보브(수평 라인) • 이사도라(후대각 라인) → 앞올림형 • 스파니엘(전대각 라인) → 앞내림형	• 로우 그래듀에이션(1~30°) • 미디움 그래듀에이션(31~60°) • 하이 그래듀에이션(61~89°)	• 유니폼 레이어드(90°) • 인크리스트 레이어드(90° 이상~180°)
모양	• 머리형태는 수평선, 대각선, 직선에 따라 다양한 길이로 자를 수 있다. • 내측(Interior)과 외측(Exterior)의 두발 길이는 단차가 없는 동일한 길이를 나타낸다.	• 길이 단차(30°, 45°, 60°)를 통해 변화 있는 느낌을 갖는다. • 외부의 형태는 삼각형 모양을 갖고 있다.	• 두상의 형태와 동일한 둥근 형태의 두발 길이로 자를 수 있다. • 또는 두정융기를 중심으로 모다발을 스퀘어형으로 빗질하여 자른다.
구조와 무게감	• 후두부에서 두정부로 갈수록 두발은 점점 길어지며 자연스럽게 떨어진 두발 길이의 형태선은 동일하다. • 형태선 가장자리에 무게감이 형성되어 각진 모양의 형태선이 만들어진다.	• 후두부에서 두정부로 갈수록 두발 길이가 점점 길어지면서 약간의 단차를 이루며, 네이프에서 백 포인트로 갈수록 점점 길어지는 단차를 이룬다. • 무게감은 양쪽 이어 백 포인트를 연결하는 측수평선에 형성된다.	• 두상의 외곽선에서 일정한 길이를 유지하는 구조로서 무게감 없이 가볍다. • 외곽으로 점점 길어지는 두발 길이는 분산되는 듯한 가벼운 무게감을 형성한다.
질감	• 모발 끝이 보이지 않는, 즉 단차가 없는 비활동적인 질감을 나타낸다. • 형태 외곽선에서 무게감을 갖는다.	• 두발 길이의 형태선은 혼합형으로서 비활동적이며 활동적인 질감을 나타낸다.	• 두발 끝이 보이는 활동적이고 거친 질감을 나타낸다.

3 자르는 기법(Cut techniques)

모발 길이를 조절하는 시저스와 모발의 양을 조절하는 틴닝 시저스로 분류된다.

(1) 가위 기법(Scissors cut techniques)

가위를 이용하여 뭉툭하게 자르거나 질감을 처리하는 기법으로 나눌 수 있다.

① 블런트 커트 기법(Blunt cut, Clubbed cut)

가위를 사용하여 일직선으로 뭉툭하게 자르는 기법이다.

[TIP] 블런트 커트

① 일반적으로 가위를 사용하여 자르는 방법을 블런트 커트라 한다.
② 모발 길이를 제거시킴으로써 형태선에 모발의 무게감을 갖는다.

종류	특징
싱글링(Shingling)	• 손으로 각도를 만들 수 없는 짧은 두발에 빗살을 아래에서 위로 이동시키면서 빗살 밖으로 나와 있는 두발을 잘라내는 기법이다.
트리밍(Trimming)	• 이미 형태가 이루어진 두발의 형태선을 최종적으로 정돈하기 위하여 가볍게 자르는 기법이다. • 손상모 등 불필요한 두발 끝을 제거하기 위해서도 사용된다.
그라데이션(Gradation)	• 두상의 외부(크레스트 아랫부분)에서부터 내부(크레스트의 윗부분)로의 두발 길이가 점차적으로 미세한 단차가 생기도록 자른다. • 점점 길어지거나 짧아지는 단차로서 겹겹이 쌓인 것처럼 미세한 층을 이룬다.
레이어(Layer)	• 두상 구조 내 위가 짧고 밑이 긴 두발 길이 구조 상태이다. • 두피에 대해서 90° 이상으로 들어서 자르는 두상이 이루는 각도에 의해 단차를 갖는다.
클리핑(Clipping)	• 'Clip'은 가장자리를 잘라낸다는 뜻으로 두발 끝이 갈라지거나 모표피의 들림에 삐져 나온 모발을 모간에서 모근을 향해 가위로 자르는 기법이다.

② 질감처리 기법

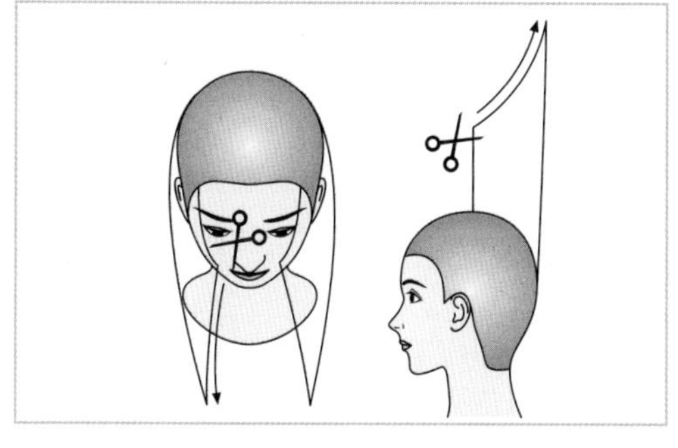
▲ 슬라이드

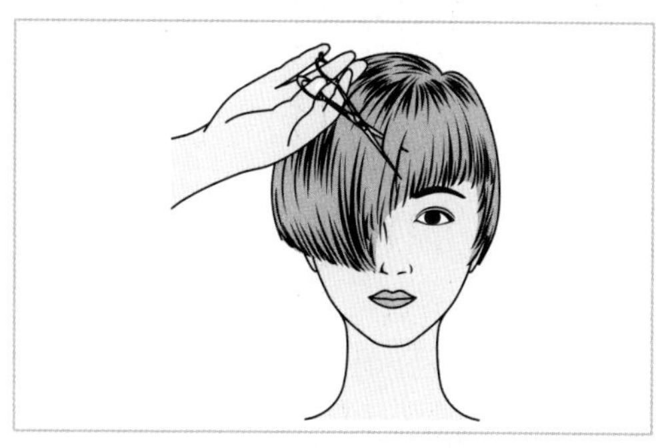
▲ 슬리더링

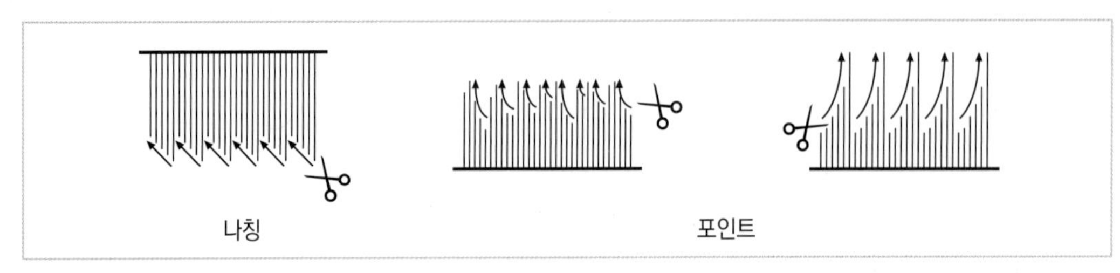

▲ 슬라이싱

질감처리 기법		특징
슬라이드(Slide)		• 모다발을 잡고 가위 날을 벌려 모다발 끝을 향해 미끄러지듯이 훑어 내리면서 자르는 방법으로서 레이저 대신 가위를 이용한다. • 커트 형태선을 따라 모류 흐름대로 모다발 표면으로 가위가 미끄러지듯이 자르는 방법을 말한다.
슬리더링(Slithering)		가위를 이용하여 모다발을 틴닝하는 것으로, 모발 겉표면(질감)의 머리카락을 훑어 내리는 듯한 방법으로 모량을 감소시키는 방법이다.
슬라이싱(Slicing)		빗질된 판넬에 가위 날을 벌려서 스쳐 올리듯이 두발을 자르거나 모양을 제거하는 것을 말한다. 가볍고 불규칙한 층이 만들어지면서 두발 길이는 유지되고 질감이 조절된다.
	나칭(Natching)	• 가위 날 끝을 45°로 세워서 모다발 끝을 45° 정도로 비스듬히 지그재그(Zigzag)로 자르는 방법이다. • 가위 날 끝을 이용하여 지그재그로 이중선을 만드는 질감처리 기법이다.
	포인트(Point)	• 모다발 끝 부분에 대하여 60~90° 정도로 가위 날을 넣어서 훑어 내듯이 자르는 기법이다. • 나칭보다 더 섬세하게 불규칙한 선으로 효과를 낼 수 있는 질감처리 기법이다.
스트로크(Stroke)		모다발을 모간 끝 쪽에서 모근 쪽으로 향해 두발 길이와 양을 동시에 제거하는 커트 기법이다.
	쇼트(Short)	• 모다발에 대해 가위 날은 0~10° 정도로 개폐하면서 자르며, 1/3 정도 적은 모량이 제거된다. • 모다발 끝에만 볼륨이 요구될 때 자르는 기법이다.
	미디엄(Medium)	• 모다발에 대해 가위 날은 10~45° 정도로 개폐하면서 자르는 두발 길이와 모량은 1/2 중간 정도 제거된다. • 중간 정도의 볼륨감과 질감이 요구될 때 자르는 기법이다.
	롱(Long)	• 모다발에 대해 가위 날은 45~90° 정도로 개폐하면서 자르는 두발 길이와 모량은 2/3 정도 제거된다. • 두발의 움직임이 자유로워 가벼운 느낌을 요구할 때 자르는 기법이다.

(2) 틴닝가위 기법

틴닝가위를 사용하여 모발 숱(모량)을 감소시키는 기법으로서 두발의 길이를 짧게 하지 않는다.

[TIP] 틴닝 커트의 특징

① 커트스타일 완성 후 질감처리를 위해 사용한다.
② 어느 한쪽으로 모량이 지나치게 많을 경우 이를 조절할 때 사용한다.
③ 지나치게 많은 모량은 형태선을 만들기 전에 적당하게 조절한다.

(3) 레이저 기법(Razor cut techniques)

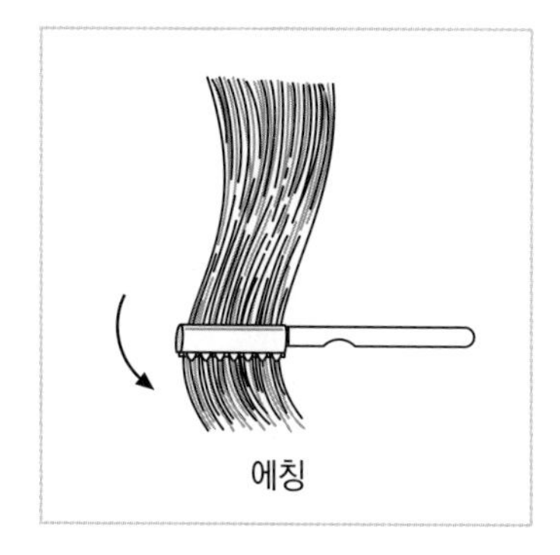

에칭

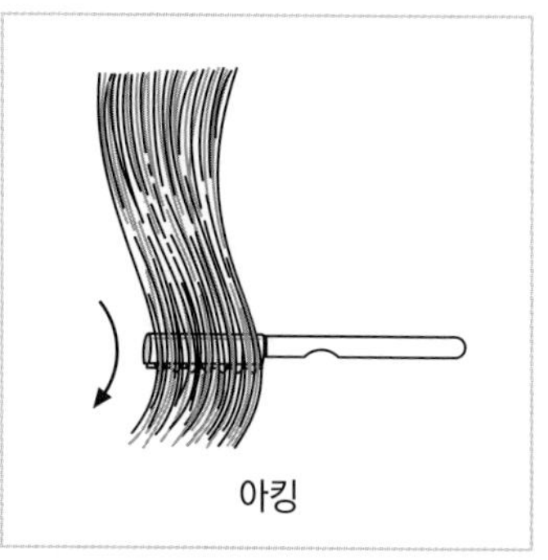

아킹

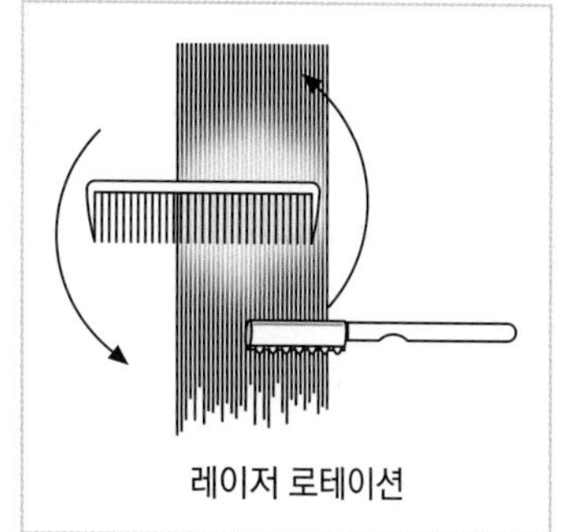

레이저 로테이션

테이퍼링

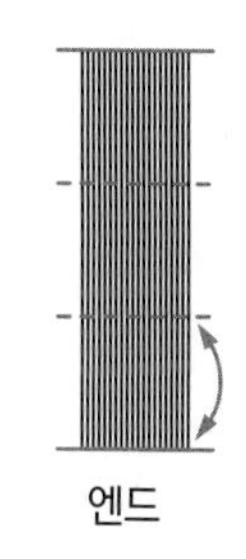

엔드

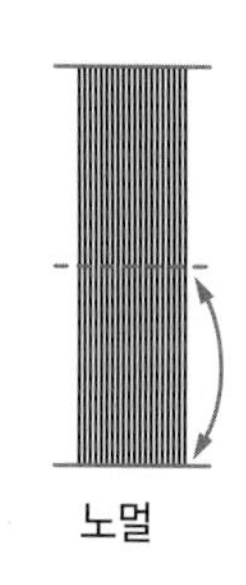

노멀

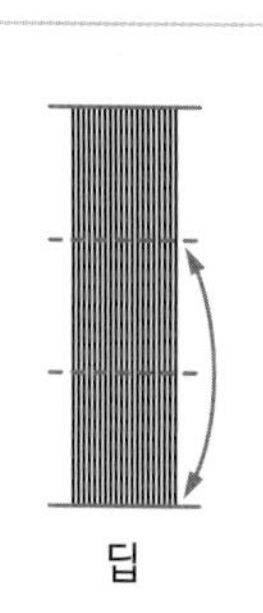

딥

<table>
<tr><th colspan="2">종류</th><th>특징</th></tr>
<tr><td colspan="2">에칭(Etching)</td><td>• 모다발 겉표면에 레이저를 이용하여 모다발은 당기고 면도날은 미는 방식으로 경사지게 자른다. 겉말음 또는 베벨 업(Bevel-up) 기법이라고도 한다.</td></tr>
<tr><td colspan="2">아킹(Acing)</td><td>• 모다발 안쪽으로 레이저 날을 대고 모다발을 위로 치켜들면서 면도날을 위로 미는 방식으로 끊어내듯이 자른다. 안말음 또는 베벨 언더(Bevel-under) 기법이라고도 한다.</td></tr>
<tr><td colspan="2">레이저 로테이션
(Razor rotation)</td><td>• 레이저와 빗을 모다발 겉표면에 대고 회전하듯이 번갈아가면서 시술하는 기법으로, 질감 또는 무게감을 줄이면서 두발 길이를 자른다.</td></tr>
<tr><td rowspan="4">테이퍼링
(Tapering,
Feathering)</td><td colspan="2">레이저를 이용하여 모근에서 모간쪽으로 모다발 끝을 붓 끝처럼 점차적으로 가늘게 제거한다.</td></tr>
<tr><td>엔드
(End)</td><td>• 1/3 지점 이내의 모다발 끝을 에칭(겉말음) 방법으로 테이퍼링한다.
• 모량이 적을 때 두발 끝의 표면(질감)을 정돈한다.</td></tr>
<tr><td>노멀
(Nomal)</td><td>• 모량이 보통일 때 모다발 1/2 지점을 폭넓게 겉말음 테이퍼링한다.
• 두발 끝이 자연스럽게 테이퍼되어 생동감 있는 움직임이 생긴다.</td></tr>
<tr><td>딥
(Deep)</td><td>• 모량이 많을 때 모다발의 2/3 지점에서 겉말음 테이퍼링한다.
• 두발을 많이 솎아내므로 모량이 적어 보이나 볼륨감은 크다.</td></tr>
</table>

(4) 커트 시 작업 자세

커트 디자인에 따른 절차에 의해서 신속 정확하게 작업해야 한다.

① 어깨선은 섹션(라인 드로잉)과 같은 높이가 되어야 한다.

② 눈의 위치는 가위 작업 위치와 같은 높이로 한다.

③ 가위의 가이드는 왼손 인지와 중지에 둔다.

④ 작업 시 안정된 자세는 발을 어깨너비 정도로 벌린 후 배를 몸 앞으로 내민 상태이다.

⑤ 왼발은 몸 앞으로 약간 내밀어 무릎이 쉽게 굽혀질 수 있도록 한다.

(5) 모발 상태

① 웨트 커트

커트 시술 전에는 반드시 세발(Wet shampoo)을 해야 하나 시험(검정형) 시에는 물분무기(Water spray)로 마네킹의 모근 부위에 물을 충분히 분무한 뒤 커트한다. 커트를 끝냈을 때까지 두발이 물기에 젖어 있어야 한다.

> **[TIP]** 웨트 커트의 장점 : ① 두발에 당김을 주지 않는다, ② 정확한 가이드라인이 형성된다, ③ 두발 자체에 손상을 덜 준다.

② 드라이 커트

건조한 모발 상태에서 자르는 커트 방법이다. 트리밍, 신징처리 시에 응용한다.

- 트리밍 : 이미 형태가 이루어진 두발의 형태선을 마무리하기 위해 정리하는 기법이다.
- 신징 : '털 태우기'라는 의미로서 롱 헤어스타일의 손상된 모발 끝 또는 모발 표면을 광범위하게 제거하기 위해 자르는 기법이다.

Section 02 헤어 커트 시술 절차(Procedure of hair cut)

헤어 커트 작업 과정에서의 절차는 자르기의 정확도를 갖기 위해 거쳐야 할 기술적 단계이다.

1 블로킹(Blocking)

디자인이 결정된 커트 형태를 만들기 위해서는 자르기 작업이 용이하도록 4등분 또는 5등분으로 두상의 영역을 결정한다. 블로킹된 영역을 1~1.5cm로 작게 나누는 것을 섹션이라고 한다.

(1) 섹션

커트 단위의 개념을 가진 섹션에도 관점에 따라 베이스 섹션과 서브 섹션이라는 전문용어가 있다.

① 베이스 섹션(Base section) : 두피 관점에서 블로킹된 영역을 다시 구획화한 모다발의 양으로서 베이스 크기나 종류를 의미한다.

② 서브 섹션(Subsection) : 모발 관점에서 블로킹된 영역을 다시 1~1.5cm 정도로 파팅을 작게 나누었을 때 상하, 좌우로 구획한 것을 의미한다.

(2) 베이스 섹션 종류

시술각 조절	형태	특징
온더 베이스 (On the base)		• 모발 길이를 두상에서 동일한 길이로 자를 때 사용한다.
사이드 베이스 (Side base)		• 모발 길이를 점점 길게 또는 점점 짧게(Over–direction) 자를 때 사용한다.
프리 베이스 (Free base)		• 모발 길이가 두상에서 자연스럽게 길어지거나 짧아지게 하여 자를 때 사용한다. • 온더 베이스와 사이드 베이스의 중간 베이스로서 급격한 변화를 원하지 않을 때 사용한다.
오프 더 베이스 (Off the base)		• 급격하게 모발 길이를 자르기를 원할 때 사용한다.
트위스트 베이스 (Twist base)	프리 베이스 상태에서 판넬을 비틀린 모양으로 잡아 자를 때 사용한다.	

2 두상 위치(Head position)

빗질과 자르기에 의해 커트 형태선의 외곽(Out line)이 드러난다. 머리형태의 결과에 가장 직접적인 영향을 주는 요소이다. 두상의 위치는 똑바로, 앞숙임, 옆기울임 등이 있다.

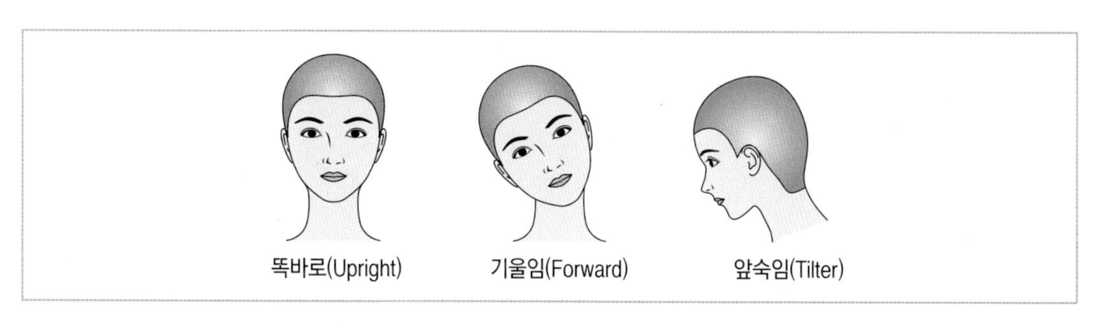

▲ 두상의 위치

3 파팅과 라인 드로잉(Parting & Line drawing)

(1) 파팅

모발 관점에서 원하는 파트 방향을 기점으로 상하, 좌우로 나누는 것을 의미한다.

※ Page 24의 (1) 파팅(Parting) 참조

> **[TIP] 헤어 파팅**
> 헤어 커트의 작업 중 가장 기본 기술이다. 파팅은 커트 절차 중 일부분으로 생각할 수 있으나 머리형태를 만들고 난 뒤의 모습까지도 그려볼 수 있는 기술이다.

(2) 라인 드로잉

두피 관점에서 두상에 그어진 선을 의미하며, 수평, 수직, 사선 등으로 그어진다. 이때 자르기 위한 베이스 크기는 폭 1~1.5cm 정도의 서브 섹션이 된다.

라인 드로잉의 종류	형태	특징
컨케이브 라인 (Concave line)		• 전체 영역에서 드러나는 선(형태선)을 의미한다. 컨케이브는 형태선으로 볼 때 전대각라인보다는 면적이 갖는 이미지가 곡선적이다.
컨벡스 라인 (Convex line)		• 형태선으로 볼 때 후대각라인보다는 면적이 갖는 이미지가 곡선적이다.
전대각 (Forword diagonal)		• 좌대각이라고도 하며, 앞내림형으로서 파트 또는 대각선(라인 드로잉)이 그어진다.
후대각 (Reverse diagonal)		• 우대각이라고도 하며, 앞올림형으로서 파트 또는 라인 드로잉된다.

4 빗질(Combing, Distribution)

분배라고도 하며, 모발을 빗질하는 방향 또는 각도를 포함하여 일컫는다.

빗질(분배)	형태	특징
자연방향 (National direction)		두상의 곡면으로부터 자연스럽게 흘러내린 모발 상태로서 각도가 전혀 없는 0°로 빗질된다.

직각방향 (Perpendicular direction)		• 두상의 곡면으로부터 직각인 모근을 90°의 방향으로 빗질한다.
변이방향 (Shift direction)		• 두상의 곡면으로부터 직각 또는 수직을 제외한 변이(1~89°)방향으로 빗질된다.
방향빗질 (Directional direction)		두상의 곡면으로부터 모발을 위, 옆, 뒤 등의 방향으로 빗질한다. • 두정융기 : T.P를 기준으로 스퀘어라인으로 위로 똑바르게 빗질한다. • 측두융기 : 측두면의 융기점을 기준으로 귀 방향 바깥쪽인 옆으로 똑바르게 빗질한다. • 후두융기 : B.P를 기준으로 스퀘어라인으로 귀 반대 방향인 뒤로 똑바르게 빗질한다.

5 시술각(Projection)

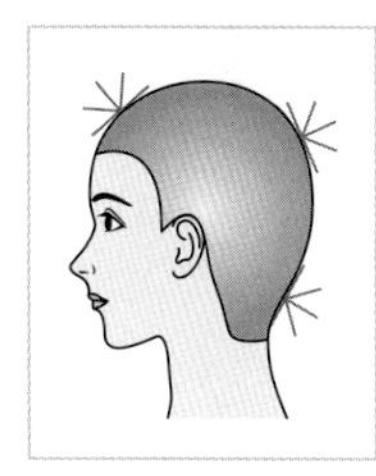

두상으로부터 모발이 빗질되는 시술각은 자연 시술각(0°), 낮은 시술각(1~30°), 중간 시술각(31~60°), 높은 시술각(61~89°), 직각 시술각(90°) 등이 있다.

6 손가락과 도구 위치(Finger & Tool position)

빗질에 의한 섹션과 자르기 전의 손가락 위치에 대해 평행(Parallel) 또는 비평행(Non parallel) 등의 손가락 위치를 말한다.

7 디자인 라인(Design line)

디자인 라인은 빗질에 의한 두상이 갖는 일반 시술각인 비가시적인 면과 중력에 의한 자연 시술 각도로서 가시적인 면을 갖는다.

(1) 천체축

가마(Pivot point, Whorl)의 한 점을 중심으로 나누어지는 파팅(선)으로서 천체축은 어떤 선이든 기준으로 할 수 있다.

(2) 고정(정점)디자인 라인

① 솔리드, 인크리스 레이어드 형태가 갖는 헤어 커트스타일로서 가이드라인을 정점으로 고정된 기준을 갖는 선이다.

② 낮은 형태선을 만들 때 가이드라인이 무게 중심이 된다.

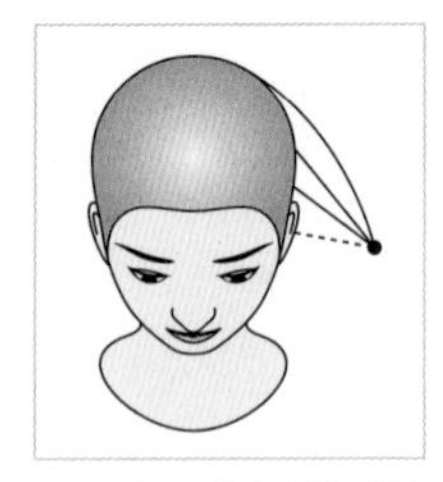

▲ 고정(정점)디자인 라인

(3) 진행(이동)디자인 라인

① 유니폼 레이어드, 그래듀에이션 형태가 갖는 헤어 커트스타일로서 가이드라인이 이동 또는 진행되는 선이다.

② 두상이 갖는 모근에 대하여 90°로서 모발을 자를 때 단차가 일정하게 된다.

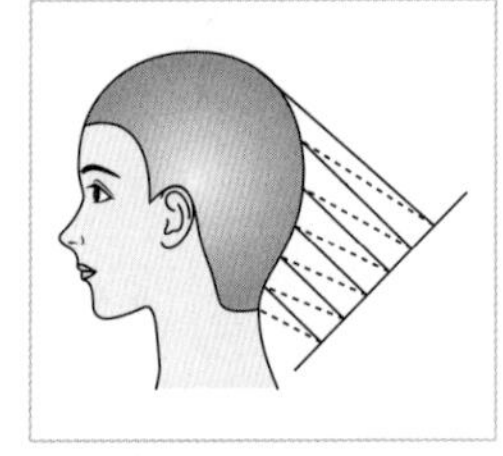

▲ 진행(이동)디자인 라인

(4) 혼합디자인 라인

고정과 이동의 혼합형으로서 자연스러운 단차가 나면서 무게감을 더해 주고자 할 때 그래듀에이션, 인크리스 레이어드 형태가 갖는 헤어스타일에 해당된다.

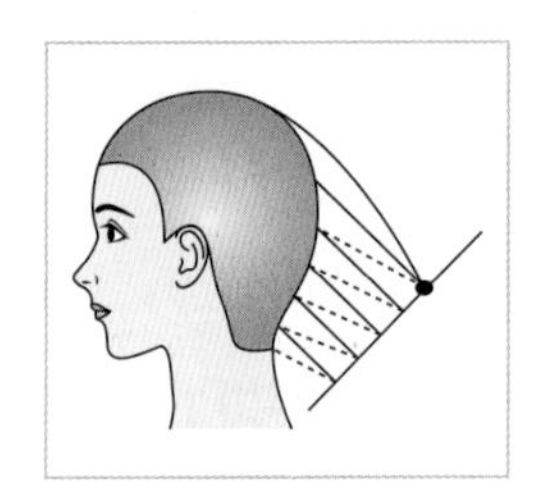

▲ 혼합디자인 라인

Chapter 05 헤어 커트 실전예상문제

01 커트 기법 중 블런트 커트로서 모발의 양과 길이를 줄이는 기법은?

① 원랭스 커트　② 스퀘어 커트
③ 그래듀에이션 커트　④ 스트로크 커트

해설
스트로크 커트(Stroke cut)는 모다발을 모간 끝 쪽에서 모근 쪽으로 향해 모발 길이와 양을 제거하는 커트 기법이다.

★★☆☆☆
02 두발을 윤곽 있게 살리면서 조금씩 층을 주어 볼륨을 내는 입체적인 커트 방법은?

① 그래듀에이션 커트　② 쇼트 커트
③ 원랭스 커트　④ 블런트 커트

해설
그래듀에이션 커트는 두상 외부(Exterior)에서 내부(Interior)로 갈수록 모발 길이에 점차적인 단차가 생기도록 자르는 기법이다. 점점 길어지거나 짧아지는 미세한 단차인 그라데이션은 무게감과 형태감을 갖는다.

03 얼굴형이 작고 두발 숱이 많은 사람의 헤어스타일로 가장 적당한 것은?

① 쇼트 스타일
② 이사도라 스타일
③ 스파니엘 스타일
④ 패러렐 보브 스타일

해설
쇼트 스타일은 얼굴형을 드러낼 수 있으며 두발 숱이 많아 볼륨감을 줌으로써 연장시키는 스타일로 연출할 수 있다.

★★★★☆
04 두발 끝을 붓처럼 가늘게 만드는 커트 기법은?

① 틴닝　② 클리핑
③ 슬리더링　④ 테이퍼링

해설
테이퍼링(Tapering) 또는 페더링(Feathering)이라고도 한다. 테이퍼(Taper)는 '끝을 점점 가늘게 한다'는 의미로 모발 끝을 점차 가늘게 연결시키는 커트 방법이며 두발에 자연스러운 장단을 만들어 낸다.

★★★☆☆
05 블런트 기법과 같은 의미는?

① 틴닝(Thimming)
② 클럽(Clubbed)
③ 딥 테이퍼(Deep taper)
④ 노멀 테이퍼(Nomal taper)

해설
블런트(Blunt)는 '뭉퉁하게 자르다'라는 뜻으로 클럽(Clubbed) 커트와 같은 의미이다.

★★★☆☆
06 원랭스 커트에 속하지 않는 것은?

① 레이어드
② 스파니엘
③ 이사도라
④ 패러렐 보브

해설
원랭스는 내측과 외측의 길이에 단차가 없이(0°) 일자로 자르는 커트이며 레이어드는 두상에 대해 90° 또는 90° 이상의 각도로 커트한다.

정답 01 ④　02 ①　03 ①　04 ④　05 ②　06 ①

07 두상의 내측과 외측 경계면에 무게감을 형성시키며 조금씩 층을 주어 커트하는 것은?

① 쇼트 커트
② 블런트 커트
③ 원랭스 커트
④ 그래듀에이션 커트

해설
그래듀에이션은 후두융기를 기점으로 아래 또는 위에 두발 길이의 형태선 즉, 무게감을 갖게 하는 커트 기법을 말한다.

08 모량이 적은 사람의 커트 기법 중 옳은 것은?

① 레이저로 딥 테이퍼링한다.
② 시저스로 롱 스트로크한다.
③ 틴닝으로 모량을 감소시킨다.
④ 레이저로 엔드 테이퍼링한다.

해설
모량이 적은 사람에게 레이저를 꼭 사용해야 할 경우에는 모발 끝 부분만 테이퍼링한다.

09 가위 날을 45° 정도로 넣어 훑어내듯 자연스럽게 모다발 끝을 자르는 기법은?

① 싱글링 ② 클리핑
③ 트리밍 ④ 나칭

해설
나칭 기법은 가위 날 끝을 45°로 세워서 모다발 끝을 45° 정도로 비스듬히 지그재그로 불규칙하게 자르는 질감처리 기법이다.

10 애프터 커팅(After cutting)과 관련된 설명은?

① 퍼머넌트 웨이빙 시술 후 디자인에 맞춰서 커트하는 경우이다.
② 손상모 등을 간단하게 추려내는 경우이다.
③ 가지런하지 않은 두발의 길이를 정리하여 와인딩하기 쉽게 하는 경우이다.
④ 모량이 많아 로드를 감기 쉽도록 두발 끝을 1~2cm 테이퍼하는 경우이다.

해설
애프터 커팅은 프리 커트 후에 펌 된 모발에 하는 커트이다.

11 레이저 커트 방법으로 가장 적당한 것은?

① 물로 두발을 적신 다음에 테이퍼링한다.
② 드라이 커트 하는 것이 좋다.
③ 틴닝하면서 클럽 커트를 하고 다음에 트리밍을 행한다.
④ 스트로크 커트를 하면서 슬리더링을 행하면 좋다.

해설
레이저 커트는 반드시 두발을 적신 후에 한다.

12 레이저에 대한 설명으로 틀린 것은?

① 일상용 레이저는 시간상 능률적이다.
② 셰이핑 레이저는 안전율이 높다.
③ 일상용 레이저는 지나치게 자를 우려가 있다.
④ 초보자에게는 일상용 레이저가 알맞다.

해설
초보자에게는 셰이핑(안전) 레이저가 알맞다.

★★☆☆☆

13 머리형태가 이루어진 상태에서 튀어나오거나 빠져나온 두발을 가위로 마무리하는 기법은?

① 틴닝 ② 트리밍
③ 클리핑 ④ 테이퍼링

정답 07 ④ 08 ④ 09 ④ 10 ① 11 ① 12 ④ 13 ③

> **해설**
> 클립(Clip)은 언저리 부분에 있는 가장자리를 잘라낸다는 뜻으로 클리핑은 튀어나오거나 빠져나온 불필요한 모발을 잘라내어 마무리하는 기법을 말한다.

★★☆☆☆

14 **다음 내용에서 프리 커트(Pre-cut)에 대한 설명인 것은?**

① 두발의 상태가 커트하기에 용이하게 되어 있는 상태를 말한다.
② 퍼머넌트 웨이브 시술 후 행하는 디자인 커트이다.
③ 손상된 모발 끝을 간단하게 정리하기 위한 커트이다.
④ 퍼머넌트 웨이브 시술 전에 가볍게 할 수 있는 커트이다.

> **해설**
> 프리 커트는 디자인적 커트 전의 사전 커트이다.

15 **헤어 커트 시 사전 유의사항이 아닌 것은?**

① 두상의 골격구조와 모질 상태를 살핀다.
② 두발의 질(質)과 끝이 갈라진 열모의 양을 살핀다.
③ 유행스타일을 멋지게 적용하기 위해 미리 손님에게 물어 볼 필요가 없다.
④ 모발의 흐름을 관장하는 카우릭(Cowlick)과 올(Whorl)의 성장 방향을 살핀다.

> **해설**
> 고객의 의사를 우선시해야 한다.

★★☆☆☆

16 **블런트 커트의 특징이 아닌 것은?**

① 모발의 손상이 적다.
② 잘린 부분이 명확하다.
③ 입체감을 내기 쉽다.
④ 잘린 단면이 모발 끝으로 가면서 가늘다.

> **해설**
> 잘린 단면이 가늘게 연결된 것 같이 끝이 연결되어 있는 것은 레이어드 커트의 특징이다.

17 **움직이는 질감과 움직이지 않는 질감이 혼합된 무게감인 전개도는?**

① 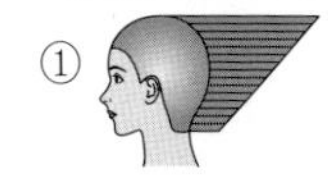
② 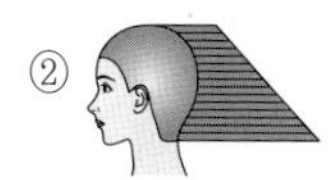
③ 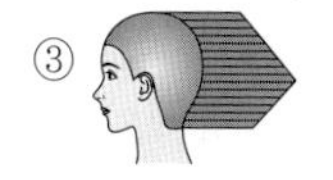
④ 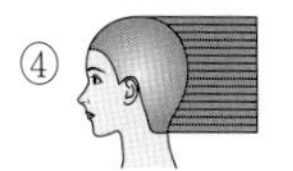

> **해설**
> ③은 모발이 겹쳐지는 후두융기 아래 부분에 무게감이 형성된다.

★★☆☆☆

18 **원랭스 커트의 정의로 가장 적합한 것은?**

① 두발 길이에 단차가 있는 길이 구조로서 가이드라인의 가장자리에 각이 있다.
② 두상의 하부(외측)에서 상부(내측)로 갈수록 점차 길어지며 동일선상의 가이드라인에서 무게감이 형성된다.
③ 두상의 하부(외측)에서 상부(내측)로 갈수록 점진적으로 두발 길이가 길어지는 구조이다.
④ 두상의 상부(내측)에서 하부(외측)로 갈수록 점진적으로 두발 길이가 길어지는 구조이며 활동적인 질감을 만든다.

> **해설**
> 동일선상에서 외곽의 형태선에 무게감이 형성된다.

정답 14 ④ 15 ③ 16 ④ 17 ③ 18 ②

19 두정부에 대해 정사각형 또는 두정융기에 대해 직각의 의미를 가진 기법은?

① 체크 커트 ② 스퀘어 커트
③ 블런트 커트 ④ 롱 스트로크 커트

해설
스퀘어 커트는 두정융기를 향해 방향분배하여 자르는 것으로 전두부와 측두부의 연결선에 볼륨감이 생긴다.

★★☆☆☆
20 다음 내용 중 크레스트 아랫부분에서 윗부분으로 갈수록 두발 길이가 길어지는 커트기법은?

① 원랭스 ② 스퀘어
③ 쇼트 헤어 ④ 그래듀에이션

해설
그래듀에이션 커트는 외측(Exterior)에서 내측(Interior)으로 갈수록 두발 길이가 길어지며 후두융기 아래에 무게선이 생긴다.

21 다음 그림은 3가지 종류의 테이퍼링 기법 중 노멀 테이퍼링은?

해설
노멀 테이퍼링은 모간 1/2 지점에서 폭 넓게 겉말음 테이퍼링 한다. 모발이 자연스럽게 테이퍼되어 생동감 있는 움직임이 생긴다.

22 빗과 가위를 위쪽으로 이동시키면서 빗살 사이에 끼어있는 두발을 자르는 기법은?

① 싱글링(Shingling)
② 틴닝 시저스(Thinning scissors)
③ 레이저 커트(Razor cut)
④ 슬리더링(Slithering)

해설
싱글(Shingle)은 '밑을 짧게 자른다'는 뜻으로 싱글링은 후두부의 모발을 짧게 커트하는 기법이다.

23 파트(Part)에 대한 설명인 것은?

① 모발 관점에서 상하, 좌우로 나누는 것
② 모발을 자르기 위해 두상에서 4~5등분한 것
③ 두피 관점에서 두상에 그어진 수평, 수직, 사선인 것
④ 자르기 위한 베이스 크기는 1~1.5cm 정도의 서브 섹션인 것

해설
파트(Part)는 방향을 가지고 있으며 모발의 관점에서 '가르다 또는 선을 긋다'라는 의미로 상하, 좌우로 구분하는 것이다.

24 빗질(Distribution)에 대한 종류와 설명으로 연결이 잘못된 것은?

① 자연분배 – 0°로 자연스럽게 빗질된다.
② 직각분배 – 두상곡면에서 직각으로 빗질된다.
③ 변이분배 – 두상곡면으로부터 모발을 위로, 옆으로, 뒤로 등의 방향으로 빗질된다.
④ 방향분배 – 두정융기, 측두융기, 후두융기 등의 방향으로 빗질된다.

해설
③은 변이방향 빗질로서 자연분배와 직각분배 이외의 각도 1~89° 방향으로 빗질된다.

정답 19 ② 20 ④ 21 ③ 22 ① 23 ① 24 ③

25 **다음 내용 중 라인 드로잉과 관련된 것들로 묶인 것은?**

ㄱ. 전대각	ㄴ. 후대각
ㄷ. 컨벡스	ㄹ. 컨케이브
ㅁ. 버티컬 라인	ㅂ. 호리존탈 라인
ㅅ. 다이애거널 라인	

① ㄱ, ㄴ, ㄷ　② ㄱ, ㄹ, ㅅ
③ ㄴ, ㄷ, ㅅ　④ 모두 다 관련된다.

해설
라인 드로잉은 두피 관점에서 선을 긋는 것으로서 수직, 수평, 대각 등을 일컬으며 전대각은 컨케이브, 후대각은 컨벡스 라인과 관련된다.

26 **두상으로부터 모발이 빗질되는 그래듀에이션형의 시술각에 대한 설명이 아닌 것은?**

① 직각 시술각 – 90°
② 낮은 시술각 – 1~30°
③ 중간 시술각 – 31~60°
④ 높은 시술각 – 61~89°

해설
①은 레이어드형의 시술각이다.

27 **빗질에 대한 두상이 갖는 각도로서 커트 형태와 디자인 라인 간의 연결이 틀린 것은?**

① 천체축 – 솔리드, 레이어드, 그래듀에이션형이 아닌 다른 커트스타일이다.
② 고정디자인 라인 – 솔리드, 인크리스 레이어드형의 커트스타일이다.
③ 이동디자인 라인 – 유니폼 레이어드, 그래듀에이션형의 커트스타일이다.
④ 혼합디자인 라인 – 그래듀에이션, 인크리스 레이어드형의 커트스타일이다.

해설
가마의 한 점을 중심으로 나누어지는 파팅 또는 라인 드로잉으로서 헤어 커트 형태와 관계없이 고정, 이동, 혼합디자인 라인이 형성된다.

28 **헤어 커트 시술의 절차로 맞는 것은?**

① 블로킹 – 두상 위치 – 파팅과 라인 드로잉 – 빗질 – 시술각 – 손가락과 도구 위치 – 디자인 라인
② 두상 위치 – 블로킹 – 빗질 – 파팅과 라인 드로잉 – 시술각 – 손가락과 도구 위치 – 디자인 라인
③ 파팅과 라인 드로잉 – 블로킹 – 두상 위치 – 시술각 – 빗질 – 손가락과 도구 위치 – 디자인 라인
④ 블로킹 – 파팅과 라인 드로잉 – 빗질 – 시술각 – 두상 위치 – 손가락과 도구 위치 – 디자인 라인

해설
헤어 커트 시술은 블로킹 → 두상 위치 → 파팅과 라인 드로잉 → 빗질 → 시술각 → 손가락과 도구 위치 → 디자인 라인 등의 순서로 이뤄진다.

정답 25 ④ 26 ① 27 ① 28 ①

CHAPTER

06 헤어 퍼머넌트 웨이브

모발 종류는 직모와 파상모로 나눌 수 있다. 직모를 파상모로, 파상모를 직모로 영구히 변화시키는 방법을 케미컬 헤어스타일이라 한다.

Section 01 퍼머넌트 웨이브 기초이론

직모에 반응하는 웨이브 펌은 탄력적이며 지속력이 있는 웨이브(펌)을 형성하며, 파상모에 반응하는 스트레이턴드 펌 또한 유동성있는 모발 형태를 유지시킨다.

1 헤어 웨이브의 역사

기원전 3000년경 고대 이집트 나일강 유역의 알칼리 토양을 모발에 도포 후 이를 나무 봉에 감아(래핑) 햇빛에 말려 웨이브를 만든 것이 퍼머넌트 웨이브의 기원이 되었다.

[TIP] 일시적 웨이브 역사 : 세발하거나 수증기를 쐬면 풀어지는 결점이 있는 일시적 웨이브는 그리스·로마 시대에 불로 데운 철 막대를 이용하여 웨이브를 만들었다. 이후 컬리 아이론을 이용한 컬(Curls)이나 고수 형태인 링렛(Ringlets) 스타일인 마셀 웨이브가 1930년대 후반까지 미용사라는 직업을 의미하는 기술의 대명사가 되었다.

1) 머신 펌(Machine perm)

전기나 수증기의 열을 전열기기로 발생시키는 것과 함께 웨이브 로션이 사용되었다.

(1) 전열 펌(Electron perm)

① 1905년 영국의 찰스 네슬러(Nessler, C.)에 의해 스파이럴식(Spiral wrapping) 전열 펌이 고안되었다.

- 붕사와 같은 알칼리 수용액을 웨이브 로션으로 사용하였다.
- 105~110°의 전열기기로 가열하는 웨이브 펌 방식이다.

▲ 찰스 네슬러

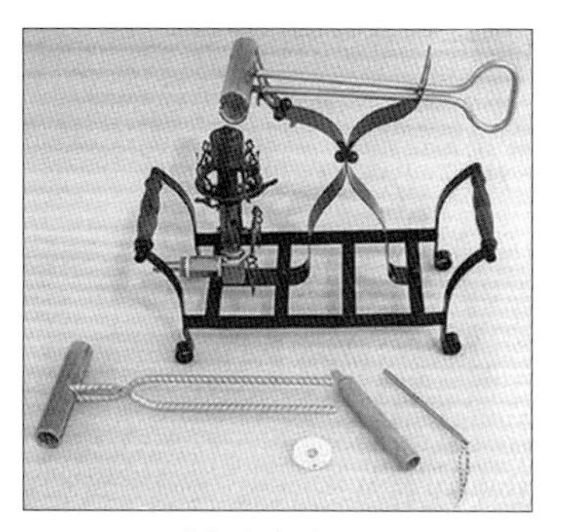

▲ 네슬러의 펌 도구

▲ 네슬러 펌

[TIP] 스파이럴 래핑

상델리아식 기계로서 클립을 이용하여 모다발을 모근에서부터 모선 끝을 향해 나선식으로 감싸는 방식으로, 풀었을 때 웨이브가 일정한 폭으로 형성된다.

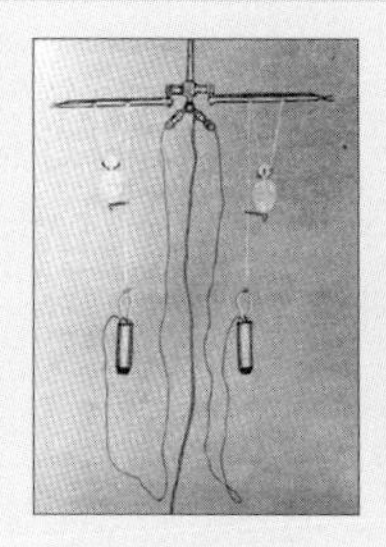

② 1925년 독일의 조셉 메이어(Mayer, J.)에 의해 크로키놀식(Croquignole winding) 전열 펌이 고안되었다.

- 웨이브 펌의 급격한 번성을 가져다 주었다.
- 웨이브 로션으로 붕사 대신 암모니아(NH_3)와 탄산암모늄[$(NH_4)_2CO_3$]을 이용하였다.

[TIP] 크로키놀 와인딩

네슬러의 스파이럴식의 가열 기계가 개량된 것으로, 모다발을 모선 끝에서부터 모근을 향해 감는 와인딩 방식이다. 와인딩을 풀었을 때 모간에서 모근으로 갈수록 웨이브의 폭이 크게 형성된다.

2) 머신리스 펌(Machineless perm)

1932년 사르토리에 의해 특수 금속의 히팅 클립과 특수 용제의 화학작용(석회의 수화열을 이용)에 의해 발열되는 것을 이용한 웨이브 펌이 고안되었다. 이는 웨이브 로션(제1제)의 개발을 촉진하였다.

3) 콜드 펌(Cold perm)

① 1936년 영국의 J.B.스피크먼(Speakman, J.B.)은 상온에서 웨이브 펌을 형성시켰다.

② 콜드 웨이브란 약한 염기성 용액을 모발에 사용함으로써 실온(18±2℃)에서 쉽게 모발 구조를 변화시킨다. 과거 전열기기, 용제 등의 열에 반응하는 열펌에 대응하여 실온 또는 상온이라는 개념으로 사용된다.

- 1욕법(One step) : 제1제(환원제)로 구성되며, 2제(산화제)는 사용하지 않는다. 즉, 공기 중의 산소에 의해 자연산화반응을 유도함으로써 웨이브 펌이 형성된다.
- 2욕법(Two step) : 1제와 2제로 구성되며, 환원되고 산화되는 방식에 의해 웨이브 펌이 형성된다.
- 3욕법(Three step) : 제1제는 와인딩 전용액이며, 2제는 환원제, 3제는 산화제로 구성된다.

> **[TIP] 콜드 웨이브제(Cold wave agent)**
> ① 콜드 웨이브의 원리로서 1욕법, 2욕법, 3욕법이 적용되었다.
> ② 1제는 환원제로서 모발 시스틴을 환원시켜 절단(개열)시킨다.
> ③ 2제는 산화제로서 환원 절단된 시스틴을 산화시켜 재결합시킨다.

③ 1940년경 티오글리콜산 염(Thioglycolic acid salt)을 주성분으로 하는 제품으로 현재까지 주로 사용되고 있다.

④ 2000년대 현재 설펜산(Sulfenic acid)과 시스테아민(Cysteamine), 티오 유산 등의 환원제가 '화장품' 규정에 등록되어 사용되고 있다.

> **[TIP] 펌의 명칭과 종류**
> 펌(Perm)은 영어 표기이며 형용사로는 영구적(Permanent)인 이라는 의미를 갖고 있다. 파마(Perma)는 국어사전에도 명시되어 있지만 펌의 일본식 표기이다. 펌이나 퍼머넌트는 혼용하여도 된다. 그러나 웨이브 펌의 정확한 명칭은 'Permanent hair wave'로서 웨이브 펌이다. 'Straightened perm'은 축모를 교정한다는 의미로서 정확한 명칭은 스트레이턴드 펌이다.

2 축모교정의 역사(History of permanent straightened)

1940년대부터 미국을 중심으로 모발을 교정(Straight)하는 펌제가 사용되어 왔다.

(1) 1960년대 후반

미국 사회에 만연한 인종 특유의 펌 시장이 형성되었다. 아프로 캐리비안 축모를 가진 미국인(Africa-american)의 곱슬 모발에 주로 적용하였다.

(2) 1970년대

스트레이트 제품 시장은 포화상태로서 두발을 곧게 펴는 릴렉스 룩(Relaxed look)이 당시의 대중적인 헤어스타일이었다.

[TIP] 스트레이트 제품(Permanent straightener, Relaxer)
축모교정 시술에 의한 모발의 건조함과 곱슬한 파상 모양을 제거하기 위한 노력이 반영된 일상적인 손질로써 컬 활성제인 글리세린을 기반으로 한 헤어 스프레이와 로션의 사용을 가져다 주었다.

(3) 1980년~1990년대

① 1980년대 중반
다갈색의 점토 상태(밀가루나 갈분가루를 웨이브 로션에 혼합)인 축모교정제를 모발에 바르고 플라스틱 판넬을 이용하여 모다발에 붙여 모발을 폈다.

② 1980년대 후반~1990년대 초반
두발을 곧게 펴는 크림 타입 펌제가 실용화되고, 프레서(Presser)를 이용한 새로운 압착 기기가 사용되었다.

(4) 2000년~현재

파상 모발을 간단히 펼 수 있으며 모다발 끝에 C컬 형성이 가능하도록 발열판이 곡면 형태인 프레서가 개발되었다. 또한 모발 개선제의 거듭된 발전은 손상 모발의 재생과 함께 직모 상태를 더욱 견고하게 만든다.

3 펌용제

펌 형성의 3요소는 모발, 용제, 기술이다. 모발 케라틴은 모발을 구성하는 성분으로서 주쇄결합과 측쇄결합이 갖는 미세구조를 통해 모발 형태를 갖는다. 이 중 웨이브 형성에 관여하는 시스틴결합은 측쇄결합에 존재한다. 화학물인 펌 용제는 모발의 시스틴에 가소성과 탄력을 준다. 특히 웨이브 펌에 관여하는 측쇄결합 내 S－S결합은 펌 제1제(환원제)에 의해 절단(SH · SH)되며, 제2제(산화제)에 의해 재결합(S－S)된다. 이러한 원리는 기술적인 표현도구인 로드나 프레스를 사용함에 따라 열방식인 가열 펌이나 화학방식인 콜드 펌을 형성한다.

[TIP] 펌의 원리 : 모발 미세구조의 성질을 토대로 하는 펌은 도구 또는 기기가 갖는 물리적 방법과 용제의 화학적 작용으로 형성된다.

1) 1제(환원제, Processing solution)

티오글리콜산 염 또는 시스테인을 주성분으로 하며 알칼리 농도와 pH, 온도 등이 포함된다.

[TIP] 티오글리콜산 또는 그 염류

① 의약외품인 펌 용제는 반응성 화장품으로서 일반적으로 콜드 펌을 위주로 1제와 2제로 분류된다.
② 티오글리콜산은 메캅트초산이라 불리며, 그 자체는 산성 물질이나 그 염류는 알칼리로서 티오글리콜산에 첨가됨으로써 환원력이 강한 펌제가 된다. 이러한 펌제의 종류는 티오(Thio)와 시스(Cys)로 크게 대별되나 본서에서는 콜드 용액 위주로 설명하고자 한다.

(1) 주성분

① 환원제(티오글리콜산 또는 시스테인)

티오글리콜산 또는 시스테인은 모발 내 시스틴 결합(14~18%)을 환원 절단(개열)시킬 수 있는 환원제이다. 모발 구조를 화학적으로 변성시킬 수 있는 가소성의 성질을 이용한다.

- 2개의 수소(H)가 모발 내 시스틴 결합(S-S)에 침투되어 환원작용에 관여한다.
- 주성분인 티오글리콜산의 농도는 2~7%이며, 시스테인은 3~7%의 농도를 갖는다.
- 화학구조식은 2HS · CH_2COOH로서 2H가 모발 시스틴에 환원제로 적용된다.
- ├S-S┤ + 2H → ├SH · SH┤ 화학 반응이 형성된다.

② 알칼리제

주성분에 첨가되는 염(Salt)은 알칼리제로서 암모니아 또는 아민계가 사용된다. 알칼리제의 강도에 따라 강하거나 약한 웨이브의 형성을 좌우한다. 즉, 부드러운 웨이브에서 강한 웨이브까지 폭넓게 형성시킨다.

- 모표피를 열어주는(구획 개열) 작용으로서 모발의 모표피를 적당히 팽윤시킨다.
- 환원제의 활성(농도 구배)을 도와주는 pH 조절자로서 환원제 pH를 상승시킨다.
- 알칼리제에 첨가되는 농도 또는 비율에 따라 주성분의 농도 및 pH를 결정한다.

[TIP] 알칼리제 종류

① 아민계 알칼리제
일률적으로 pH를 유지함으로써 모근에서 모간 끝까지 고른 웨이브 효과를 가져다준다.
㉠ 장점
- 불휘발성 유기 알칼리제로서 냄새가 거의 없다.
- pH balance(수소이온농도 균형)를 제공한다.
- 피부 접촉 시 부드럽고 순하여 알레르기 현상 또는 모발 손상이 없다.

㉡ 단점 : 두발이나 손가락에 잔류하기 쉽다.

② 암모니아계 알칼리제
암모니아 양(농도)의 가감에 따라 환원작용의 강약을 자유롭게 조정할 수 있다.
㉠ 장점
- 주로 유기 알칼리제로서 약알칼리성이다.
- 분자가 작아 모발에 대해 침투성이 좋다.
- 휘발성이 강하여 모발 손상이 적다.

㉡ 단점 : 자극적인 냄새가 강하다.

2) 2제(산화제, Oxidizing solution)

과산화수소 또는 브롬산류(브롬산나트륨, 브롬산칼륨)를 주성분으로 하며, 산화제와 첨가제로 대별된다. 이는 제1제에 의해 환원 · 절단된 시스틴결합을 산화시킴으로써 재결합시키는 역할을 한다.

> [TIP] 제2제의 명칭
>
> 명칭이 뜻하는 바와 같이 펌의 효과가 2제에 의해 좌우될 만큼 그 역할이 중요하다. 산화제인 2제를 고정제, 정착제, 중화제라고도 한다.

(1) 주성분

① 과산화수소(H_2O_2)

브롬산염보다 불안정하여 2% 정도 티오글리콜산이 안정제로 배합되어 있다. 또한 햇빛(자외선), 미량 금속, 알칼리성 상태에서 분해되므로 pH 2.5~3.5 정도의 범주에서 사용된다.

㉠ 장점

- 브롬산염보다 산화력이 강하다.
- 빠른 시간 내에 탄력있게 웨이브가 정착된다. 브롬산염보다 2제 처리시간이 짧다.

㉡ 단점

- 오버타임 시 모발의 단백질을 분해하는 작용을 한다.
- 손상모에 사용 시 강력한 산화력에 의해 모발색이 표백, 탈색될 수 있다.

② 브롬산 염류($HBrO_3$)

브롬산(BrO_3)은 '냄새가 난다'는 의미로 취소산이라고도 한다. 브롬산 염류의 종류는 브롬산나트륨($NaBrO_3$)과 브롬산칼륨($KBrO_3$)이 있다.

㉠ 장점

pH 6~7.5로서 과산화수소보다 사용감이 뛰어나며 자연모발색을 표백, 탈색시키지 않는다.

㉡ 단점

- 산화제로 분해될 때 역한 냄새를 내며 모발에 잔류 시 광택과 감촉이 나빠진다.
- 고온(37℃ 이상)에서 환원제와 접촉 시 빠르게 분해되거나 발화할 수 있다.

> [TIP] 산화와 환원(Oxidation – reduction reaction) : 전자가 전달되는 반응, 즉 환원–산화반응이 일어나기 위해서는 산화(1제)시키는 물질과 환원(2제)시키는 물질이 필요하다. 이는 전자가 공여체(Reduction)에서 수용체(Oxidation)로 이동하는 반응이다.
>
> 전자공여체(Reducing Agent) : 산화되어 있는 물질을 환원시키는 용제로서 에너지(전자)를 요구하는(얻는) 환원적 과정이다.
>
> 전자수용체(Oxidizing Agent) : 환원되어 있는 물질을 산화시키는 용제로서 에너지(전자)를 분해(잃는)하는 산화 과정이다.

(2) 첨가제(Addition agent)

펌 용제에서의 첨가제는 침투력과 제품의 안정성, 사용감, 냄새 등을 좋게 하기 위해 사용된다.

> **[TIP]** 금속봉쇄제(Ethylenediaminetetra acetic acid, EDTA)
> 펌1제, 2제 등은 철, 구리, 그 밖의 금속이 약간이라도 들어가면 안정성이 현저히 나빠진다. 미량의 금속을 봉쇄하기 위해서 금속봉쇄제를 안정제로 첨가한다.
>
> 항염증제
> 아줄렌, 감초 추출물인 글리틸리틴, 감광소, 알란톤 등이 사용된다.

Section 02 퍼머넌트 웨이브 작업

1 작업을 위한 기초이론

1) 직경과 베이스 섹션(Direction and basesection)

웨이브 펌의 효과는 로드 선택이 결정한다. 사용되는 로드의 직경(굵기) 또는 폭은 파팅되는 넓이에 의해 베이스 크기를 결정한다.

(1) 블로킹과 베이스 조절

블로킹에 사용되는 로드의 직경, 감는 방법에 따라 베이스의 크기 및 종류가 달라진다. 베이스 종류는 감는 방식(몰딩)인 수평, 수직, 사선 등의 파팅에 따라 삼각, 사각, 직각 등의 베이스 모양을 만든다.

① 베이스 종류

베이스 종류를 통해 두개골이 원형임을 말해 준다.

베이스 모양		특징
직사각형		• C.P~N.P를 연결하는 정중선 영역이다. • 베이스 섹션의 모양은 직사각형이다. • 로드 폭은 모다발의 양(모량)과 길이와 밀접하게 관련된다.
삼각형		• 두상 전체 또는 영역과 영역을 연결지을 때 응용된다. • 베이스 섹션의 모양이 삼각형이다. • 영역과 영역 간의 연결 지점에 구획되는 베이스이다.
부등변 사각형		• 측두면 또는 측정중면의 상단에 적용된다.
장타원형		• 오목과 볼록 베이스가 교차되는 오블롱 영역에 응용된다. • 베이스 섹션 시 사선 45°로 교차되는 장타원형이다.

원형	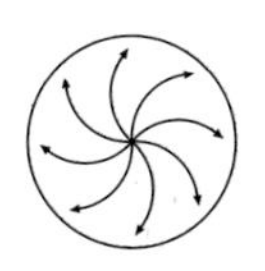	• 피봇 포인트를 중심으로 삼각형 베이스 모양을 확장하면 바깥쪽 영역은 원형으로 나타난다.

[TIP] 직경과 모다발 : 직경은 모다발이 갖는 모발 양의 범위로서 가로(길이)와 세로(폭)를 나타낸다. 이때 베이스 섹션의 폭과 길이는 베이스 크기를 나타낸다. 이는 로드 길이와 폭(직경)보다 약간 좁게 잡는 것이 기본이다.

② 베이스 크기

베이스 크기는 로드 직경(Rod diameter)을 기준으로 로드 폭과 길이에 의해 결정된다.

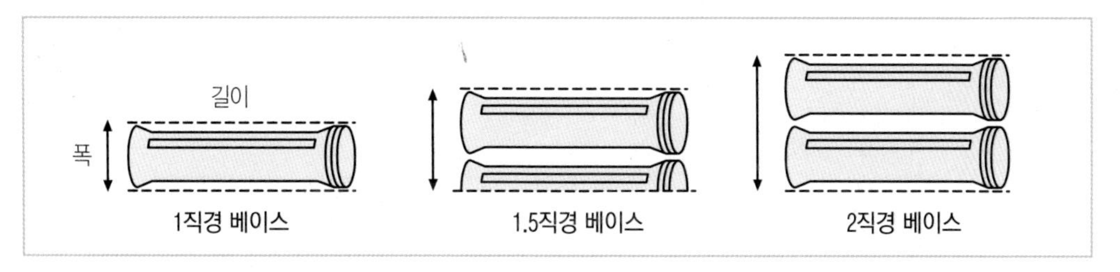

▲ 베이스 크기

- 1직경 베이스 : 로드 폭(1배) + 로드 길이를 포함하는 베이스 크기이다.
- 1.5직경 베이스 : 로드 폭(1 1/2배) + 로드 길이를 포함하는 베이스 크기이다.
- 2직경 베이스 : 로드 폭(2배) + 로드 길이를 포함하는 베이스 크기이다.

[TIP] **직경 :** 헤어 펌에서의 1직경은 '작업하기에 용이하게 두상 내의 모발을 가르다(파팅)'라는 의미로서 직무에 따라 각각의 단위명을 갖는다. 로드 폭만큼을 1직경이라 할 때 헤어 커트에서 섹션(1~1.5cm)과 동일하며, 헤어 컬러링에서의 슬라이스(1~0.6cm)와 동일한 의미를 갖는다.

③ 베이스 크기 조절

로드 폭(직경)을 원칙으로 하며 스케일된 크기(넓이)에 따라 로드 선택이 결정된다.

④ 베이스 위치

모다발의 빗질 각도는 모발이 로드에 감긴(Winding) 후에 고정(Anchor)되는 과정에서 예측되는 베이스 위치이다. 베이스의 위치는 모근에 대한 웨이브의 탄력성, 부피감과 볼륨감에 영향을 준다.

베이스 위치	베이스 형태	시술각 및 웨이브 움직임
온 베이스		• 빗질 각도는 90~135°로서 베이스 위로 모다발이 안착되는 논 스템(Non stem)이다. • 모근의 부피감과 볼륨감이 크며, 강한 웨이브로서 움직임이 큰 효과를 갖는다. • 베이스 섹션 자국이 선명히 남는다는 단점이 있다.

오프 베이스		• 모다발의 빗질 각도는 0°로서 롱 스템(Long stem)이 형성된다. • 모근에서의 부피감과 볼륨감이 요구되지 않는 후두부 또는 발제선 주변의 모발 와인딩에 응용된다. • 베이스 크기를 벗어난 바깥에 모다발이 안착되어 웨이브가 느슨하여 움직임이 적다.
하프 오프 베이스		• 모다발의 빗질 각도는 45~90°로서 하프 스템(Half stem)이 형성된다. • 모근에서의 볼륨감과 부피감은 온 베이스와 오프 베이스의 중간 정도이다.

[TIP] 직경(베이스 크기)

① 웨이브 형성 : 웨이브를 형성시키고자 할 때 스템 방향(Forming), 즉 빗질 시 모근 각도에 의해 웨이브, 볼륨감, 부피감이 동시에 형성된다.

② 모다발의 명명 : 모다발은 판넬(Panel), 스케일(Scale), 헤어 스트랜드(Hair strand) 등과 동일한 의미를 갖는다.

2) 모양 다듬기

모다발의 빗질에 의해 형성되는 모양 다듬기를 셰이핑(Shaping)이라 한다. 셰이핑은 '빗질하여 모양을 만든다'는 컬링에서의 포밍(Forming)과 같은 의미로서 조형을 토대로 웨이브 형성을 위한 기초기술이다.

셰이핑 종류	형태	빗질 방향
업 셰이핑(Up shaping)		• 모근의 각도보다 상향으로 빗질한다.
다운 셰이핑(Down shaping)		• 모근의 각도보다 하향으로 빗질한다.
포워드 셰이핑(Forward shaping		• 귓바퀴를 향한 안말음 방향으로 빗질한다.

리버즈 셰이핑(Reverse shaping)		• 귓바퀴의 반대 방향으로 향한 겉(바깥)말음으로 빗질한다.
스트레이트 셰이핑(Straight shaping)		• 직선 방향으로 빗질한다.
라이트 고잉 셰이핑(Right going shaping)		• 오른쪽으로 약간 돌린 방향으로 모아서 빗질한다.
레프트 고잉 셰이핑(Left going shaping)		• 왼쪽으로 약간 돌린 방향으로 모아서 빗질한다.

3) 스템 각도

모다발이 갖는 모류 흐름인 스템(Stem) 방향은 모근 볼륨의 강약과 움직임을 좌우한다.

스템 종류	스템의 형태	움직임
논 스템		• 로드에 감긴(Curliness) 모다발이 베이스 위에 안착된다. • 고무밴드에 의해 고정된다. • 모근이 남지 않고 감기므로(스템 전체가 감김) 뚜렷한 웨이브가 오래 지속된다. • 스템의 움직임이 가장 작다.
하프 스템		• 로드에 감긴 모다발이 베이스 1/2 지점에 걸쳐진 상태이다. • 논과 롱 스템의 중간 움직임을 갖는다.
롱 스템		• 로드에 감긴 모다발이 베이스에서 벗어난 상태이다. • 웨이브의 움직임이 가장 크게 형성된다.

4) 말거나 감싸기 방법

로드 또는 기구를 이용하여 모발의 모양을 변형시키는 물리적 역할을 한다.

종류	기법	형태	내용
와인딩 (Winding)	크롤키놀식		• 로드에 원형으로 감는 방법으로서 모다발 끝에서 모근을 향해 겹치면서 말린다. • 긴 모발에서 짧은 모발까지 로드를 이용하여 다양하게 감을 수 있다. • 긴 모발보다 짧은 모발일 때 효과적인 웨이브를 얻을 수 있다. • 풀었을 때(Rod out) 모근 쪽으로 갈수록 웨이브 폭이 넓어진다.
감싸기 (Wrapping)	스파이럴식		• 로드에 나선형으로 감싸는 방법으로서 모근에서 시작하여 모다발 끝을 향해 감싼다. • 긴 모발에 나선형 웨이브를 효과적으로 얻을 수 있다. • 풀었을 때 모발 길이에 비해 동일한 웨이브 폭을 얻을 수 있다.
누르기, 찝기, 압착하기 (Compression)	컴프레이션		• 모다발에 누르기, 찝기, 압착 등의 방법을 통해 웨이브를 만들거나 펴주는 방법이다.

2 작업 절차(Produce of wave perm)

펌의 3요소 중 실제 기술로서 표현되는 부분이다. 상담은 시술 절차의 가장 중요한 단계로서 고객의 의사가 우선적으로 존중되어야 한다. 라이프스타일에 따른 미용사의 권유와 판단을 보충할 수 있는 미용 잡지나 카탈로그 등을 참조하여 오리지널 세트(몰딩)를 선정한다.

1) 펌 준비하기

준비하기(절차)	내용
모발 및 두피 처치하기	• 건강모가 아닌 손상모는 반드시 트리트먼트를 한다.
프리 샴푸하기	• 펌 전용 샴푸를 사용하여 모발 위주로 가볍게 세정한다.
타월 건조시키기	• 모발의 물기를 제거하기 위해 타월을 상하, 좌우 방향으로 모표피가 박리되지 않도록 건조시킨다. 이때 모발 내 물기가 제대로 제거되지 않으면 1제 도포 시 농도를 묽게 할 수 있다.
프리 커트하기	• 모발 길이에 확연한 변화를 주기 위해서는 커트 후 펌 시술을 해야 한다.
용제 선정하기	• 건강모 또는 손상모에 따라 티오 타입 또는 시스 타입이 선정된다.

모양 다듬기	• 로드 직경과 재질에 의해 웨이브 형성의 크기와 강약이 반영된다. • 따라서 모질 또는 고객의 기호도에 따른 로드 선정이 요구된다.

2) 펌 작업하기(본처리 과정)

(1) 용제 도포하기

두발 전체 모간에 1제를 도포한다.

(2) 블로킹 및 직경하기

로드 직경에 따른 베이스 크기와 모양을 결정한다.

(3) 로드 와인딩

기본(9등분) 와인딩은 6~10호를 사용하여 와인딩한다. 혼합(가로 4등분) 와인딩은 6~8호를 사용하여 교대 또는 원 – 투 방식으로 자연스럽게 연결하여 와인딩한다.

① 기본 와인딩

두상 전체를 9등분으로 블로킹하여 구획된 부분에 1직경보다 약간 작은 크기의 베이스를 만든 후 모다발을 로드에 감는다.

- 네이프 중심에서 로드 9호 2개, 10호 2개를 이용하여 직각 베이스 모양으로 와인딩한 후, 양 측면(측정두부)도 중심에 맞추어서 마주보는 사선으로 와인딩한다.
- 크라운 중심에서 로드 6호 8개, 7호 3개, 8호 2개를 와인딩한 후 양 측면(측정두부)의 시작은 삼각 베이스 모양으로 와인딩하고 점차 중심에 맞추어서 마주보는 사선으로 와인딩한다.
- 양 사이드(측두부)는 양 측정두부에 맞추어 약간의 부등변 사각형 베이스 모양이 되도록 와인딩한다.
- 전두부 중심에서 로드 6호 6~7개를 와인딩한다.

② 가로혼합 와인딩

두상 중심으로 4개의 영역(1영역 – 15cm, 2영역 – 4.5cm, 3영역 – 4.5cm, 4영역 – 7.5cm)으로 가로 구획한다.

㉠ 1영역(전두부는 센터 파트)

C.P~G.P 센터 파팅 후 왼쪽, 오른쪽으로 양분된다. 왼쪽에서 오른쪽 방향으로 6호 로드 총 14개가 안착된다.

- 각각의 로드 개수는 왼쪽 7개, 오른쪽 7개로서 총 14개가 와인딩된다.
- 오른쪽 8번과 9번은 삼각 베이스로, 바깥쪽은 원형 베이스 모양으로 롱 스템 와인딩된다.
- 10~14번은 사선으로 직사각형 베이스 모양에 논 스템으로 와인딩한다.
- 왼쪽에서 시작되는 베이스 모양은 두상 곡면에 맞추어 사선으로 1~6번째까지는 직사각형 베이스 모양, 5번째까지 논 스템 와인딩된다. 7번째는 삼각형 베이스 모양에 롱 스템으로 와인딩된다.

㉡ 2영역(크라운)

정중선을 중심으로 두정융기 쪽은 4.5cm로 측두부보다 위아래 각각 0.5cm씩 넓게 구획한다.

- 1영역 14번째 로드가 와인딩 된 후, 2영역의 첫 번째 로드는 오른쪽에서 시작하여 왼쪽으로 15개의 7호 로드가 안착된다.
- 로드는 1직경 사선 45° 직사각형 베이스 모양으로 논 스템으로 와인딩한다.

㉢ 3영역

구획, 로드 개수 및 호수, 베이스 모양, 스템 등은 2영역과 동일하게 안착되나 시작점은 왼쪽에서 오른쪽으로 교대(오블롱) 와인딩한다.

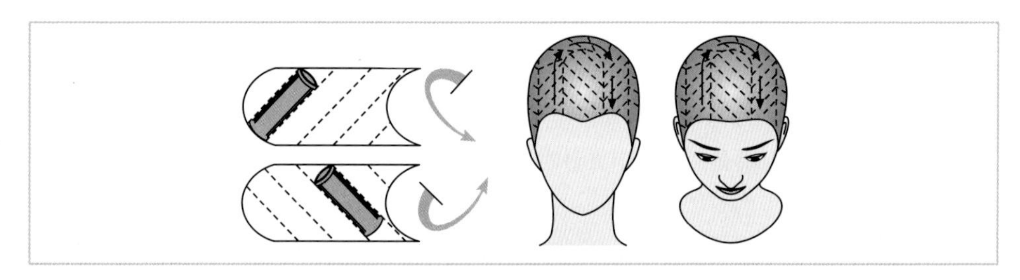

▲ 오블롱 패턴

㉣ 4영역

원 – 투 방식의 벽돌쌓기 몰딩 패턴으로서 가로 혼합 와인딩에서는 원에서 시작하여 원으로 끝낸다.

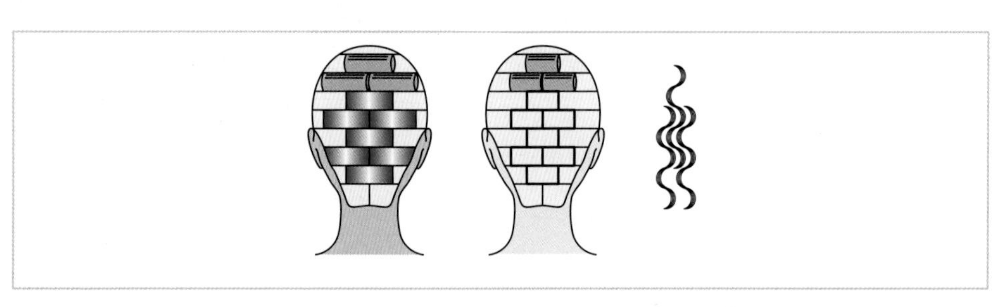

▲ 벽돌 패턴

- 8호 13개 로드가 5단으로 안착된다.
- 원(1단 – 3개) → 투(2단 – 2개) → 원(3단 – 3개) → 투(4단 – 2개) → 원(5단 – 3개)으로 와인딩한다.

> [TIP] 와인딩
> ① 엔드 페이퍼는 단면 사용을 원칙으로 하며, 특히 9호 또는 10호 로드 사용 시 책갈피 기술 기법으로 사용할 수 있다.
> ② 로드는 55개 이상을 구획(블로킹) 부위에 맞게, 로드 호수(6~10호)는 규정된 호수에 맞게 사용한다.
> ③ 모량은 1직경 로드 폭보다 약간 작게 베이스 섹션한 후 모근 90°로 빗질하여 와인딩한다.
> ④ 모다발에 대해 느슨하거나 당김을 주지 않는 적당한 텐션을 준다.

(4) 터번 사용하기

① 얼굴과 두발의 경계선인 발제선에 보호용 타월이나 터번을 감싼다.

② 1제 도포 후 산소와의 접촉에 따른 환원제 휘발을 막기 위해서 사용한다.

③ 일정 온도 유지 또는 흘러내리는 용제의 자극으로부터 얼굴을 보호하기 위해 사용한다.

(5) 1제 도포 및 스틱 꽂기

① 베이스 섹션 자국 또는 컬의 탄력을 위해 스틱을 꽂는다.

② 로드 와인딩된 모발에 가볍게 물 스프레이를 도포한 후(용액의 침투를 원활하게 하기 위해) 환원제를 로드 앞뒤로 두피 또는 얼굴에 묻지 않도록 골고루 도포한다.

(6) 비닐 캡 씌우기

① 공기 중 산소와 접촉되지 않도록 하며, 환원제의 휘발 방지를 위해 사용한다.

② 모표피의 팽윤과 모피질 내 S-S결합을 고르게 절단(Softening)시키기 위해 사용된다.

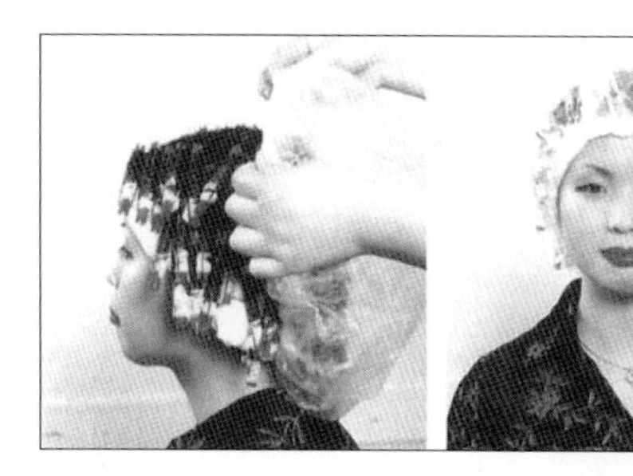

(7) 열처리하기

가온 처리가 요구되는 펌제(Heat perm)일 경우 45~60℃의 열처리 기기를 7~10분간 사용한다.

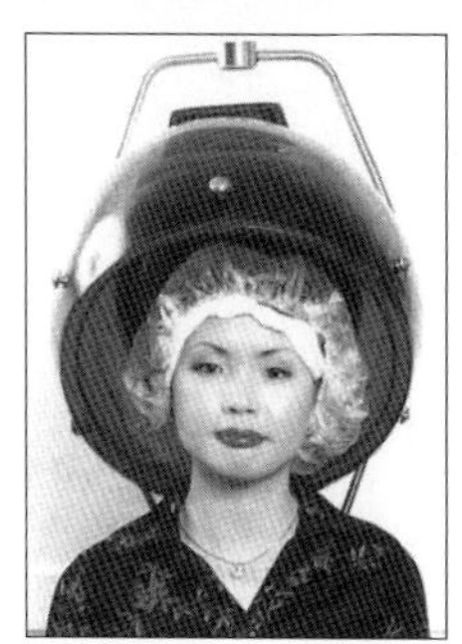

(8) 프로세싱

비닐 캡을 씌우고 1액 도포 후 팽윤시킨다. 이는 S-S결합을 연화(절단)시키기 위한 작업이다.

(9) 테스트 컬

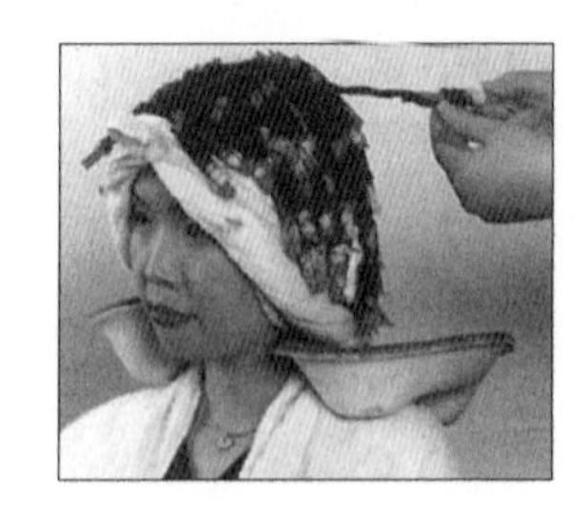

① S-S결합이 연화되었는지를 확인하는 작업으로서 와인딩된 정중면, 측두면, 후두면 등 3부분으로 나누어 테스트 컬을 해본다.

② 테스트 컬은 모다발의 줄기(Stem) 2/3 부분까지 풀어서 형태를 앞뒤로 느슨하게 하거나 당겨보면서 연화 정도를 확인한다.

(10) pH balance 도포하기

산 린스는 1제가 갖는 알칼리도를 중화시키는 역할을 한다. pH 2~4 도포 후 2~3분간 방치한다.

> **[TIP]** 중간 린스 과정
>
> ① pH가 비교적 낮은 1제를 사용하고, 농도가 높은 2제를 작용시키는 경우 중간 린스 과정은 필요치 않다.
>
> ② 물로 중간 세척(플레인 샴푸) 시 1제에 의해 팽윤·연화되어 있던 두발이 극심하게 물을 빨아들이는 삼투 현상을 일으켜 모발 내 분자 결합들이 절단되는 이중 손상이 된다. 따라서 반드시 pH balance를 도포하여 제1제의 알칼리도를 중화시켜야 한다.

(11) 2제(산화제) 도포하기

2제를 도포 후 10분 정도 방치하고, 재도포 후 5분 정도 방치한다.

(12) 로드 제거

① 와인딩과는 반대로 전두부 → 측두부 → 두정부 순서로 로드를 제거한다.

② 로드 와인딩 시 요구되는 모근 각도를 유지하면서 풀어주면 모발 손상을 줄일 수 있다.

(13) 헹구기

펌 전용 산성 린스를 사용하여 미지근한 물로 말끔히 헹군다.

> **[TIP]** ① 펌1제를 말끔히 헹구지 않으면 알칼리는 72시간 지속된다. 잔류 시 광택과 감촉이 나빠지며, 모발을 탈색시키고 손상시킨다.
>
> ② 펌2제를 말끔히 헹구지 않으면 모발을 경화시키고 푸석하게 손상시킨다.
>
> ③ 산성 린스는 알칼리화된 모발을 모발 본래의 등전가(pH 4.5~5.5)로 되돌리며 모표피를 닫아주는 역할을 한다.

3) 펌 마무리하기

(1) 타월건조하기

타월로 산성 린스 처리된 모발의 수분을 적당히 말린다.

(2) 리세트하기

오리지널 몰딩된 헤어스타일을 리세트한다.

① 빗과 손으로 리세트된 머리형태를 5~10분 정도 후드 드라이어에 열처리한다.

② 고객이 원하는 머리형태의 스타일링을 위해 트리트먼트(유 · 수분 처치)한 후 콤 아웃한다.

(3) 고객 마무리 관리하기

고객의 홈 케어를 어드바이스한다.

① 고객상담카드를 마무리 작성한다.

② 펌에 사용된 도구 및 기기, 재료 등을 소독 및 정리정돈한다.

③ 고객 물품을 확인, 전달하여 카운터로 안내한다.

④ 고객을 공손히 배웅한다.

Section 03 퍼머넌트 웨이브의 원리 및 모발 손상 처치

1 펌의 원리

(1) 와인딩(몰딩)과 물리현상

① 직모의 모발 직경(모경지수)은 원형에 가까운 형이다. 로드에 모발을 와인딩하였을 때 모발 구조는 타원형으로 변형된다.

② 로드는 모발 모양을 일시적으로 변형시키는 물리적 수단으로 사용된다.

(2) 로드와 웨이브 형성

① 로드에 와인딩된 모다발은 텐션에 의해 내측이 당기고 외측이 늘어나 타원형으로 변형된다.

② 둥근 로드에 감겨있는 모다발의 바깥쪽은 로드에 접촉되어 있는 안쪽 면보다 늘어져 어긋나면서 비틀려 편평하게 된다.

③ 바깥쪽과 안쪽면의 비틀어짐의 차이는 로드의 종류나 크기에 따라 다르다.

④ 바깥쪽과 안쪽면의 비틀어짐의 차이는 모질 또는 모다발의 양에 따라 베이스 모양 또는 크기에 따라 다르다.

⑤ 웨이브의 강한 질감은 모다발의 비틀어짐과 편평하게 되는 정도가 크다는 것을 나타낸다.

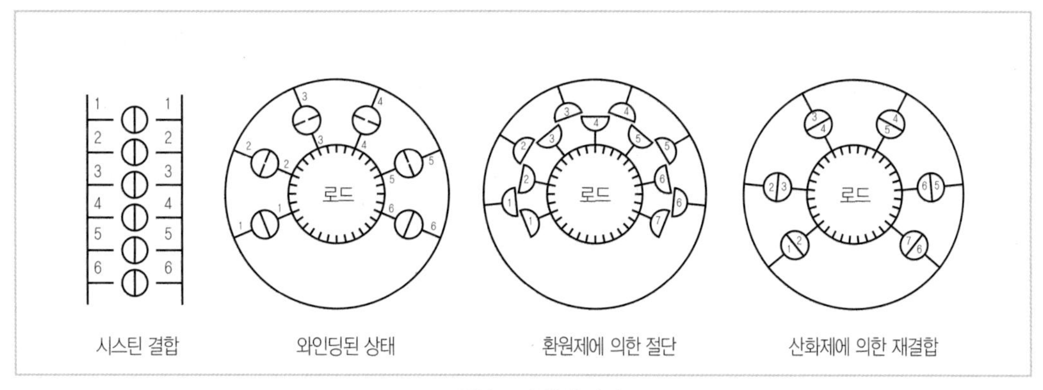

▲ 웨이브 펌 형성 과정

(3) 펌 용제와 로드 선정

① 펌 용제인 1제와 2제는 두발에서의 가소성과 탄력을 화학적으로 영구히 변성시킨다.

② 웨이브의 강약은 로드의 직경이나 베이스 크기에 의해 결정된다.

> [TIP] 펌 용제의 강약
> ① 환원제의 양, 알칼리의 농도, pH 수치에 따라 결정된다.
> ② 펌 용제의 모발에 대한 작용은 시간, 온도, 농도와 함께 진행된다.

(4) 펌 용제와 모발의 화학현상

① 펌 용제의 화학적 성질

- 1제는 티오글리콜산 염($2HSCH_2COOH + NH_3$)으로서 티오글리콜산($2HSCH_2COOH$)은 환원제로서 산성 물질이지만 염(NH_3 또는 NH_2)이 첨가되면 알칼리 성분이 된다.
- 알칼리는 모표피 층을 팽윤(Swelling)시킴으로써 환원제(티오글리콜산)를 모피질 층에 침투시키기 위해 필요하다.
- 2제는 과산화수소(H_2O_2)로서 물(H_2O)과 산소(O)를 생성한다. 생성된 발생기 산소는 1제에 의해 환원되고 로드에 의해 변형된 모발을 영구히 재결합시키는 고정(정착)제의 성질을 갖고 있다.

② 모발 구조의 화학적 변화

- 모발 내 모표피는 비늘층으로서 알칼리에 의해 팽윤(부풀어짐)된다.
- 모피질 내의 시스틴결합(S-S)은 환원제의 수소(H)에 의해 환원되면 시스테인(SH)으로 절단된다.
- 절단된 모발은 산화제의 발생기 산소에 의해 재결합된다.

- $\vdash S - S \dashv$ (시스틴 결합) $+ 2HSCH_2COOH$ (환원제) $\xrightarrow{2H}$ $\vdash SH \cdot HS \dashv$ (환원 또는 절단) $+ \begin{bmatrix} SCH_2COOH \\ \\ SCH_2COOH \end{bmatrix} \rightarrow H_2O_2$ (산화제) $\xrightarrow{O}$ $\vdash S - S \dashv$ (재결합)

2 펌에 의한 모발 손상

펌 용제는 인체에 직접 사용되는 화학제품이다. 미용 역사가 이론적 체계에서 시작되지 않았기 때문에 사용자 선택이라는 오랜 관습을 타파하기가 쉽지 않다.

1) 손상 원인 및 처치

펌 처리 후에도 모발을 구성하는 주성분인 아미노산이나 펩타이드가 유출되며, 펌제 역시 모발 구조 내에 혼합되어 존재한다.

(1) 과도한 펌 시술 과정에 의해 머리결이 거칠어진 경우

① 모질과 용제의 조합 비율이 맞지 않은 경우이다.

- 1제의 진행 시간을 길게(Over processing time) 방치했을 경우 모발 끝이 자지러진다.

• 2제의 진행 시간이 불충분하였을 때 웨이브는 형성되지 않고 모발이 거칠어진다.

② 모질과 로드 선정이 잘못되었을 경우이다.

• 약한 모질에 작은 로드와 크기가 작은 베이스는 강하고 폭이 좁은 웨이브를 형성시킨다.

③ 와인딩 시 모다발에 무리한 빗질을 한 경우의 전자현미경(SEM)상에서 모표피의 용해와 모피질의 다공성을 살펴볼 수 있다.

▲ 펌 시 SEM상 손상도

(2) 펌된 모발 관리 과정에 의해 머리결이 거칠어진 경우

① 알칼리 성분이 강한 샴푸제를 사용하였을 경우이다.

② 빗질과 건조 등의 정발 과정이 지나쳤을 경우이다.

(3) 펌된 모발 처치방법

① 샴푸 후 머리형태(헤어 셰이핑)를 만든 상태에서 건조시킨다.

② 건조된 모발은 자주 빗질하지 않는다.

③ 트리트먼트를 자주하여 웨이브를 탄력 있게 유지시켜 준다.

Chapter 06 헤어 퍼머넌트 웨이브 실전예상문제

★★☆☆☆

01 퍼머넌트 웨이브 시술 중 테스트 컬을 하는 목적으로 가장 적합한 것은?

① 제2액의 작용 여부를 확인하기 위해서이다.
② 모다발과 직경(로드선정)의 화학적 역할을 확인하는 과정이다.
③ 환원제의 작용시간으로서 시스틴결합이 팽윤되어 절단되었는지를 확인하는 과정이다.
④ 프로세싱 시간을 결정하고 웨이브 형성 정도로서 연화(절단)작용을 확인하는 과정이다.

해설

테스트 컬(Test curl)
- 모발 내 비결정영역인 시스틴(S-S)결합이 연화(절단)되었는지에 대한 확인 작업이다.
- 제1제(웨이브 로션)의 프로세싱 타임을 결정한다.
- 와인딩 된 웨이브의 형성 정도를 확인하는 과정이다.

02 기본(9등분) 퍼머넌트 와인딩의 순서를 가장 바르게 나타낸 것은?

① 톱 → 사이드 → 백 → 네이프
② 백 → 네이프 → 톱 → 사이드
③ 사이드 → 톱 → 백 → 네이프
④ 네이프 → 백 → 사이드 → 톱

해설

9등분 기본 펌의 와인딩 순서는 네이프 → 백 → 사이드 → 톱이다.

★★★★☆

03 콜드 웨이브 시 제2액의 작용에 해당되지 않은 것은?

① 고정작용 ② 중화작용
③ 환원작용 ④ 산화작용

해설

제2제(산화제)의 작용(역할)은 고정작용, 정착작용, 중화작용이다. 펌의 효과는 2제에 의해 좌우될 만큼 명칭이 뜻하는 의미가 크다.

★★★★☆

04 웨이브 펌 시술 시 언더 프로세싱이란?

① 두발 끝이 자지러진 상태이다.
② 웨이브의 형성이 잘 이루어진 상태이다.
③ 웨이브가 거의 나오지 않거나 전혀 나오지 않은 상태이다.
④ 젖었을 때 지나치게 꼬불거리고 건조하여 웨이브가 부스러진 상태이다.

해설

펌 웨이브 시술에서의 프로세싱
- 언더 프로세싱 : 펌 용제 1액의 작용으로서 웨이브가 잘 형성되지 않거나 전혀 형성되지 않는 상태이다.
- 오버 프로세싱 : 펌 용제 1액의 작용이 지나치게 형성된 상태이다.

05 다음 내용 중 웨이브의 위치(리지 방향)와 관계가 가장 먼 것은?

① 섀도 웨이브 ② 버티컬 웨이브
③ 내로우 웨이브 ④ 와이드 웨이브

해설

- 웨이브의 위치에 따라 내로우·와이드·섀도 웨이브 등으로 구분된다.
- 웨이브의 형상에 따라 수직(버티컬)·사선(다이애거널)·수평(호리존탈) 웨이브 등으로 구분된다.

정답 – 01 ④ 02 ④ 03 ③ 04 ③ 05 ②

★★☆☆☆
06 **다음 중 웨이브 펌 처리시간이 가장 짧은 모질은?**

① 손상모　② 발수성모
③ 저항성모　④ 경모

해설

모질
- 건강모 : 경모(센털), 발수성모(저항성모)로 구분된다. 경모는 모수질이 있는 0.09mm 이상의 굵기를 가진 털이며, 발수성모는 모표피의 팁 간격이 좁고 모표피의 장수가 많아 물을 가했을 때 밀어내는 모발이다.
- 손상모 : 다공성모로 펌이나 염색 등에 의해 모피질 내 구멍이 많이 생긴 모발이다.

★★★☆☆
07 **다음 중 웨이브 펌이 잘 되지 않은 모질은?**

① 손상모　② 정상모
③ 다공성모　④ 오일이 묻은 모발

해설

모발에 오일이 묻은 경우 펌 용제가 침투할 수 없다.

★★☆☆☆
08 **모발에서 추출한 시스틴을 환원시켜 만들어 연모와 손상모 등에 주로 사용되는 펌제는?**

① 산성 펌제　② 히트 펌제
③ 거품 펌제　④ 시스테인 펌제

해설

시스테인 펌 용제는 두발을 원료로 가수분해하여 정제한 시스틴을 환원시켜 수소(H)를 첨가한 것이다.

★★★★☆
09 **펌 웨이브 시 제1액을 도포한 후 비닐 캡을 씌우는 가장 큰 이유는?**

① 약물이 얼굴에 떨어지는 것을 방지한다.
② 퍼머 와인딩의 흐트러짐을 방지한다.
③ 휘발성이 강한 약액의 발산을 촉진한다.
④ 공기 중으로의 휘발을 방지하며 체온으로 제1액의 환원력을 높여준다.

해설

비닐 캡
- 공기 중 산소와 접촉되지 않도록 한다.
- 환원제의 휘발 방지를 위해 사용한다.
- 모표피의 팽윤(Swelling)과 모피질 내 S-S결합을 연화(Softening)시키기 위해 사용한다.

★★☆☆☆
10 **콜드 웨이브 펌 시 2액의 사용방법으로 설명된 것은?**

① 중화제를 따뜻하게 데워서 고르게 모발 전체에 사용한다.
② 중화제를 차갑게 하여 두발 전체에 사용한다.
③ pH balance를 도포한 후 2액을 사용한다.
④ 샴푸제로 깨끗이 씻어준 후 2액을 사용한다.

해설

2액은 산화제, 고정제, 정착제로서 1액에 의해 환원 절단된 모발 웨이브를 고정시키는 역할을 한다. 이때 pH balance를 도포하면 산화제의 역할을 충분히 할 수 있다.

11 **콜드식 티오글리콜산 염의 pH 범위는?**

① pH 4.0~9.0　② pH 4.5~9.6
③ pH 5.5~9.3　④ pH 6.5~9.6

해설

콜드식의 pH는 4.5~9.6이며 가온식은 pH 4.5~9.3이다.

★★★☆☆
12 **콜드식 웨이브 형성(환원)제의 주성분으로 사용되는 것은?**

① 티오글리콜산염　② 과산화수소
③ 브롬산 칼륨　④ 취소산 나트륨

해설

콜드 펌 웨이브의 주성분은 티오글리콜산염이다.

정답 06 ①　07 ④　08 ④　09 ④　10 ③　11 ②　12 ①

13 **다음 중 웨이브 형태 중에서 크레스트가 뚜렷하고 넓은 웨이브는?**

① 내로우 웨이브 ② 섀도 웨이브
③ 와이드 웨이브 ④ 버티컬 웨이브

해설
버티컬 웨이브는 리지가 수직으로 정상(Crest)과 골(Trough)이 급경사를 이루며, 웨이브폭이 좁다.

★★★☆☆
14 **웨이브 펌제 중 프로세스 솔루션의 화학적 성분은?**

① 과산화수소 ② 산화제
③ 브롬산염 ④ 티오글리콜산염

해설
프로세스 솔루션(Process solution)은 웨이브 로션(펌 1제)이다.

★★★★★★★☆☆☆
15 **웨이브 형성 후 모발 끝이 자지러지는 원인이 아닌 것은?**

① 너무 가는 로드를 사용한 경우
② 사전 커트 시 모발 끝을 심하게 테이퍼링한 경우
③ 느슨하게 와인딩할 경우
④ 오버 프로세싱을 하지 않은 경우

해설
프로세싱은 웨이브 로션을 도포한 후 웨이브가 형성되는 시간으로서 오버 프로세싱을 하는 경우 모발 끝이 자지러진다.

★★★☆☆
16 **모발에 제1액을 도포하지 않고 우선 물을 적셔 와인딩하는 방법은?**

① 데스팅 ② 블로팅
③ 워터래핑 ④ 스플래시

해설
- 모발에 물을 분무하여 로드 와인딩 하는 방법은 간접 와인딩 또는 워터래핑이라고 한다.
- 도포 방법은 직접 와인딩과 간접 와인딩, 혼합 와인딩으로 분류되며 1제를 모발에 도포 후 로드 와인딩 하는 방법을 직접 와인딩이라 한다.

17 **웨이브 펌제인 2액에 관한 설명인 것은?**

① 알칼리성 물질이다.
② 티오글리콜산을 주성분으로 한다.
③ 모발의 구성물질을 환원시키는 작용을 한다.
④ 뉴트럴라이저(Neutralizer)라고도 한다.

해설
펌 2제
- 산화제(Oxidizing solution) 또는 중화제(Neutralizer)라고도 한다.
- 환원된 모발구조를 산화시키는 작용을 한다.
- 과산화수소를 주성분으로 하며 산성(pH 2.5~4.5)이다.

★★☆☆☆
18 **펌 시술 후 웨이브가 잘 나오지 않은 경우가 아닌 것은?**

① 와인딩 시 텐션을 주어 와인딩한 경우
② 프리 샴푸 시 비누와 경수로 세정하여 모발에 금속염이 형성된 경우
③ 저항성모(발수성모)를 적당한 텐션으로 와인딩한 경우
④ 오버 프로세싱타임으로 시스틴이 지나치게 파괴된 경우

해설
와인딩 시 적당한 긴장감(Tension)을 주어서 컬리스(Curliness)해야 한다.

정답 13 ③ 14 ④ 15 ④ 16 ③ 17 ④ 18 ①

19 퍼머넌트 웨이브 펌 시술 시 산화제의 역할이 아닌 것은?

① 1액의 작용을 계속 진행시킨다.
② 1액의 작용을 멈추게 한다.
③ 시스틴결합을 재결합시킨다.
④ 시스틴결합을 고정(정착)시킨다.

해설
산화제는 환원제에 의해 절단된 상태에서 물리적으로 재형성된 S-S(이황화 결합, Disulfide)결합을 고정시킨다.

20 콜드 펌제 주성분인 티오글리콜산의 적정 농도는?

① 1~2% ② 2~7%
③ 8~12% ④ 15~20%

해설
콜드 펌 제 1제의 주성분인 티오글리콜산의 농도는 일반적으로 2~7%이다.

21 시스테인 펌제에 대한 설명으로 틀린 것은?

① 시스틴을 환원시킨 것이다.
② 환원제로 티오글리콜산염이 사용된다.
③ 손가락 사이에 잔류성이 있다.
④ 연모, 손상모의 시술에 적합하다.

해설
시스테인 펌제의 주성분은 시스테인으로서 환원제의 작용을 한다.

22 웨이브 펌 시술 과정에서 트러블을 예방하는 방법이 아닌 것은?

① 두피 보호제를 바른다.
② 두발에 크림이나 오일을 바른다.
③ 컬과 컬 사이에 마른 탈지면을 끼운다.
④ 두피에 1액(환원제)이 침투되지 않도록 한다.

해설
트러블은 대체적으로 피부장애 현상이다. 두발에 크림이나 오일을 도포하는 것은 트러블을 예방하는 방법이 아닌 모발 관리방법이다.

23 모량이 많고 굵은 경우의 베이스 모양과 직경의 관계가 옳은 것은?

① 베이스 모양 작게, 로드의 직경을 크게
② 베이스 모양 크게, 로드의 직경은 작게
③ 베이스 모양 크게, 로드의 직경은 크게
④ 베이스 모양 작게, 로드의 직경은 작게

해설
모량이 많고 모발이 굵은 경우 베이스 크기는 작고 로드의 직경은 큰 것을 사용한다.

24 모발 끝 부분에서 모근쪽으로 갈수록 웨이브 폭이 커지는 것은?

① 더블 와인딩 ② 크로키놀 와인딩
③ 스파이럴 와인딩 ④ 컴프렉스 와인딩

해설
크로키놀식 와인딩은 모다발 내의 모간 끝에서 모근 쪽으로 향해 말아간다.

25 펌 용제를 사용하거나 사용하기 위한 과정에서 발생할 수 있는 장애가 아닌 것은?

① 피부가 예민한 사람은 두피에 라놀린만 바르면 아무런 장애가 없다.
② 와인딩 시 강한 텐션은 모근에 장애가 생길 수 있으며 영구적인 탈모가 될 수도 있다.
③ 불완전한 작용은 모발 탄력을 저하시키며 단모를 만들기도 한다.
④ 모발 와인딩에서 강한 텐션이나 강한 밴딩에 의한 고정은 단모의 원인이 된다.

정답 19 ① 20 ② 21 ② 22 ② 23 ① 24 ② 25 ①

해설
두피가 예민한 사람은 라놀린을 도포한다.

26 펌의 원리가 아닌 것은?

① 1액은 환원제로서 모발 시스틴을 절단시킨다.
② 2액은 산화제로서 발생기 산소에 의해 환원된 시스틴을 재결합시킨다.
③ 펌의 3요소는 모발, 용제, 기술로서 펌의 원리가 형성된다.
④ 펌에서 사용되는 로드는 직경을 나타내는 단위로서 커트에서 섹션, 염색에서 슬라이스와는 다른 의미를 갖는다.

해설
- 미용술에서는 능력 단위마다 각각의 단위명으로 표현된다.
- 펌은 직경(로드 폭 정도)이라 하며 커트는 섹션(1~1.5cm), 염색은 슬라이스(1cm 이하)로 표기된다.

★★★☆☆
27 펌 용액 중 1제의 프로세스에서 테스트 컬의 목적인 것은?

① 2액의 작용 여부를 확인하기 위해서이다.
② 두발에 대한 로드 선정이 제대로 되었나를 확인하기 위해서이다.
③ 산화제의 작용이 미묘하기 때문에 확인한다.
④ 정확한 프로세싱 시간을 결정하고 웨이브 형성 정도를 조사하기 위해서이다.

해설
테스트 컬의 목적은 환원작용의 정확한 프로세싱 타임을 결정하고 웨이브 형성 정도를 결정하기 위함이다.

★★☆☆☆
28 퍼머넌트 웨이브 용액 중 제1액에 속하는 것은?

① 취소산나트륨 ② 취소산칼륨
③ 티오글리콜산염 ④ 과붕산나트륨

해설
웨이브 펌의 제1액은 주로 티오글리콜산염을 주성분으로 한다.

29 펌의 일반적인 과정에서 모발의 상태 혹은 제품에 따라 생략될 수 있는 과정은?

① 중간 린스 ② 열처리
③ 제1액 도포 ④ 제2액 도포

해설
열처리는 가열 펌 용제일 경우에는 반드시 해야 하나 콜드 펌일 경우에는 하지 않는다. 왜냐하면 펌 용제의 농도, pH, 알칼리도가 다르기 때문이다.

30 콜드식 프로세싱 솔루션 사용법으로 틀린 것은?

① pH 4.5~9.6의 알칼리성 환원제이다.
② 티오 타입과 시스 타입이 있다.
③ 한 번 사용하고 남은 용액은 원래의 병에 다시 넣어 보관해도 좋다.
④ 냉암소에 보관하고 금속 도구의 사용은 삼가야 한다.

해설
사용하고 남은 용액과 사용하지 않은 용액을 섞어서 보관할 경우 용액의 효능이 떨어진다.

31 웨이브 펌 시 모발 내 시스틴결합을 절단시키는 화학제는?

① 과산화수소 ② 취소산칼륨
③ 브롬산나트륨 ④ 티오글리콜산염

해설
모발 내 시스틴결합을 절단시키는 화학제는 펌 1제(환원제)이다.

정답 – 26 ④ 27 ④ 28 ③ 29 ② 30 ③ 31 ④

32 웨이브 펌 시술 전에 모발의 진단 항목과 거리가 가장 먼 것은?

① 염색모 여부 ② 발수성모 여부
③ 두발의 성장주기 ④ 경모 혹은 연모 여부

해설
두발의 성장주기는 탈모의 분류에 관련된 진단 항목이다.

★★☆☆☆
33 1액 도포 후 비닐 캡의 사용목적과 가장 거리가 먼 것은?

① 휘발 방지
② 온도 유지
③ 제2액의 고정력 강화
④ 제1액의 작용 활성화

해설
제2액의 고정력은 산화제의 작용으로 비닐 캡의 사용목적과는 거리가 멀다.

34 1액이 웨이브(Wave)의 형성을 위해 주로 작용하는 모발의 부위는?

① 모근(Hair rool) ② 모표피(Cuticle)
③ 모피질(Cortex) ④ 모수질(Medulla)

해설
모피질 내 비결정영역인 시스틴결합을 절단시켜 재결합시키는 과정이 웨이브 펌이다.

35 펌 용제 2액에 관한 설명 중 옳은 것은?

① 용액은 티오글리콜산염 이다.
② 환원된 웨이브를 고정시켜준다.
③ 두발의 구성 물질을 환원시키는 작용을 한다.
④ 시스틴의 구조를 변화시켜 갈라지게 한다.

해설
펌 2제
- 산화제(Oxidizing solution) 또는 중화제(Neutralizer)라고도 한다.
- 환원된 모발구조를 산화시키는 작용을 한다.
- 과산화수소를 주성분으로 하며 산성(pH 2.5~ 4.5)이다.

36 펌 시술 전 사전 준비로 틀린 것은?

① 필요 시 샴푸를 한다.
② 정확한 펌 디자인을 한다.
③ 린스 또는 오일을 바른다.
④ 모발의 상태를 파악한다.

해설
펌 시술 전에 린스 또는 오일 도포 시 모표피의 팽윤과 모피질의 연화작용이 원활하게 이루어지지 않는다.

37 펌 시술과정에서 로드 제거(Rod out) 후 처리 방법은?

① 산성 린스처리 ② 샴푸처리
③ 테스트 컬 ④ 테이퍼링

해설
로드 제거 후 모발에 산성 린스처리 과정을 통해 펌 용제에 의해 열린 모표피를 닫아주며 모발 pH를 등전가(pH 4.5~5.5)로 되돌린다.

38 다음 내용에서 연도와 발명가, 펌 방식의 연결이 잘못된 것은?

① 1905년 – 찰스 네슬러 – 스파이럴식
② 1925년 – 조셉 메이어 – 크로키놀식
③ 1932년 – 사르토리 – 컴프레이션식
④ 1936년 – 스피크먼 – 크로키놀식

해설
1932년 사르토리에 의해 특수 금속의 히팅 클립과 특수용제의 발열을 이용한 웨이브 펌(크로키놀식)이 개발되었다.

정답 32 ③ 33 ③ 34 ③ 35 ② 36 ③ 37 ① 38 ③

CHAPTER

07 | 헤어스타일 연출

- 고객의 얼굴과 신체 특징들을 분석하여 적용하는 과정인 헤어스타일 연출은 개인의 개성을 파악하는 능력을 갖추고, 개개인의 심리를 표현할 수 있는 미용 전문가의 자질을 갖추는 것이 중요하다.
- 헤어 세팅은 '머리형을 만들어 마무리하다'라는 의미로서 오리지널 세트와 리세트 과정의 절차가 있다.

Section 01 헤어디자인 및 세팅 시술

1 헤어디자인 원리의 3요소(Factor of hair design)

헤어디자인의 효과적인 표현인 모발 조형은 요소와 원리를 내포하고 있다. 헤어디자인의 원리를 실행하고 있는 모발 조형 원리는 형태, 질감, 색상으로 대별된다.

(1) 형태(Form)

형태는 점, 선, 면을 포함한다.

① 점(1차원)

- 하나의 점이 이동함으로써 방향을 나타내는 선을 표현한다.
- 1차원적 점과 선은 수평, 수직, 사선 등을 통해 선의 방향을 형성한다.

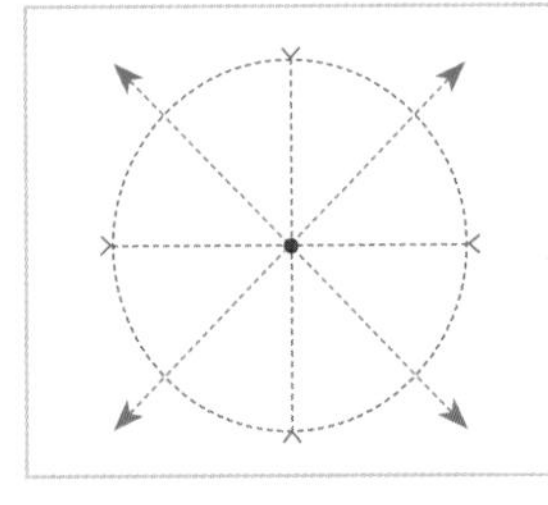

▲ 점, 1차원

② 선(2차원, 2D-shape)

- 평면 공간은 가로인 너비(Width)와 세로인 길이를 유지한다.
- 선의 방향이 각도를 형성하여 원래 시작점으로 돌아올 때 2차원적인 면이 만들어진다.

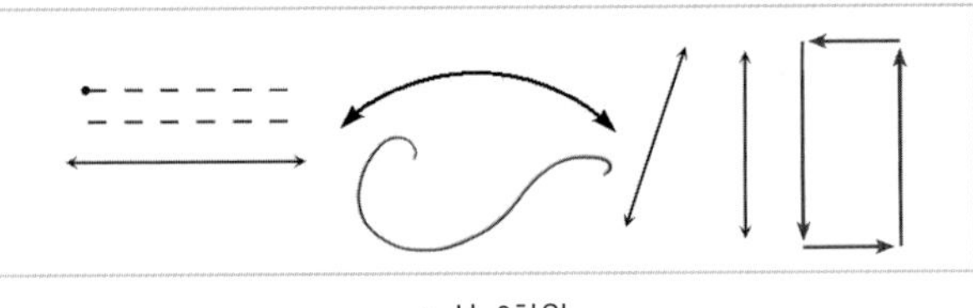

▲ 선, 2차원

③ 면(3차원, 3D-shape, Form)

- 가로와 세로, 높이가 더해지면 차원이라는 입체적 형태가 만들어진다.
- 평면적인 공간은 다시 선의 면이 무게(깊이, 부피)를 유지시키므로 3차원의 형태를 만든다.

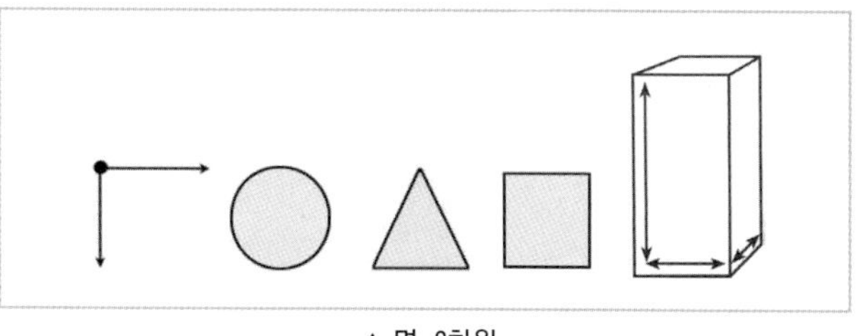

▲ 면, 3차원

[TIP] 머리형태(Hair-do, 3D-shape, Form)

머리모양(Head shape, 2D)에 디자인적 요소와 원리를 가미하여 조형화시킨 결과물이 머리형태이다.

헤어디자인 모형(이상적인 머리형태)

타고난 생태적 머리모양을 이미지 메이크업화시킨 이상적인 머리형태는 3가지 유형으로 분류된다.

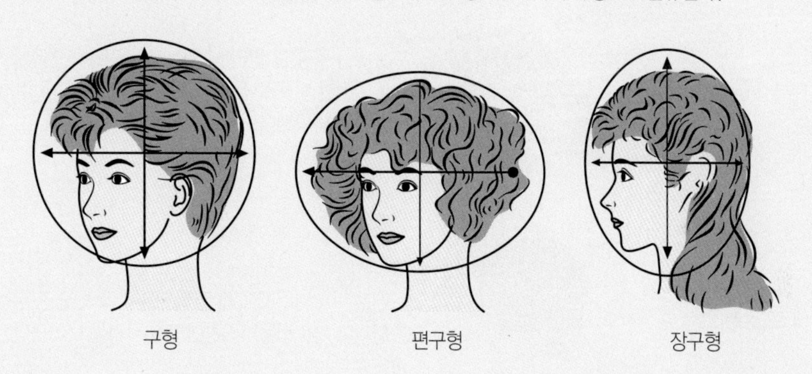

① 구형(Spheroid) : 길이와 너비가 거의 같은 머리형태로서 두상 곡면을 따라 동일한 볼륨을 만들어 낸다.
② 편구형(Oblate) : 길이보다 너비가 더 넓은 머리형태로서 측두부에 부가적인 볼륨을 만들어 낸다.
③ 장구형(Prolate) : 너비보다 길이가 더 긴 머리형태로서 두상의 탑 부분이나 아래 부분에 볼륨감을 만들어 낸다.

(2) 질감(Texture)

모발의 겉표정인 질감은 눈으로 보이는 것(시각)과 동시에 촉각이 갖는 감촉에 의해 인식할 수 있다.

(3) 컬러(Color)

① 형태뿐 아니라 질감의 착시현상에 영향을 준다.
② 전체적인 형태가 동일할 때 색상을 더해주면 깊이와 입체감이 더 잘 표현된다.
③ 모발색이 갖는 컬러는 깊이, 색조, 강도를 포함함으로써 감성적인 반응을 나타낸다.

2 헤어디자인의 원리

아름답다고 느끼는 것에는 어떠한 원리가 있다. 디자인적 원리는 머리형태를 드러내는 중요한 척도가 된다.

원리	형태	특징
반복(Repetition)		• 일정한 간격을 두고 되풀이 되는 것이다. • 동일한 모양이 반복되면 부분과 전체가 정돈되면서 통일되어 보인다.
교대(Alternation)		둘 또는 그 이상의 요소들이 같은 패턴으로 반복될 때 나타내는 변화이다.
리듬(Rhythm)		• 리듬(율동)의 원리는 점증 또는 강조의 원리로 나뉜다. • 일정한 비율로 점진적으로 변화시켜 최종 결과를 향해 증가 또는 감소됨을 나타낸다.
대조(Contrast)		서로 반대되는 요소의 인접으로서 강약, 중경(무겁거나 가벼움), 경연(딱딱하거나 부드러움) 등 반대의 분위기를 나타낸다.
조화(Harmony)		• 인접된 요소들 간에 서로 잘 어울리는 것을 유사조화와 대비조화로 분류한다. • 유사조화는 둘 이상의 요소가 서로 같거나 아주 비슷할 때 그 공통된 성격으로부터 일어나며, 대비조화는 서로 다른 성격을 띨 때 일어나는 현상이다.
균형(Balance)		• 대조적으로 반대가 되는 또는 상호작용하는 요소들 사이의 평형 상태를 말한다. • 대칭적, 비대칭적, 방사형 등의 균형을 이루며 조형의 역동성을 만들어 내는 데 필수적인 역할을 한다.

비례(Proportion)		• 황금 비례는 1 : 1.618로서 비율, 분할, 균형 등과 같이 전체와 부분과의 관계를 뜻한다. • 전체 속에서 부분이 어떤 비율을 가짐으로써 합당하게 적절하거나 안정될 때 비례가 이루어졌다고 한다.

3 세팅 시술

헤어스타일의 대상, 즉 소재는 머리(Head)이다. 머리는 두상(뇌두개), 얼굴(안두개), 목(경추)으로 구성되어 있다.

(1) 두상(머리모양)

두상의 구조는 공간체로서 두정융기, 측두융기, 후두융기를 통해 깊이감을 가진 머리모양을 갖춘다.

> [TIP] 머리모양의 구성요소
> 이는 3가지 구성요소로서 ① 두개골이 갖는 공간, ② 두발이 갖는 선, ③ 두개피부가 갖는 면 등의 크기와 형태가 자체적인 표현 특성을 나타낸다.

(2) 얼굴형

얼굴모양을 분석해 보면 대표적으로 8가지 형태로 나누어진다. 8가지 얼굴형의 특징과 이로부터 오는 이미지는 다음과 같다.

얼굴형 종류	형태	특징
장원형 (계란형, 타원형)		• 얼굴의 윤곽과 비율은 1 : 1.5로서 기본(표준)적인 얼굴형이다. • 다른 얼굴형을 수정(교정)하기 위한 이상적인 얼굴형으로서 어떤 헤어스타일도 모두 소화할 수 있다.
원형		• 둥근 이마의 헤어라인(발제선)과 둥근 턱선을 형성하는 넓은 얼굴형이다. • 헤어스타일은 착시현상으로 인해 얼굴 길이가 길어 보일 수 있도록 연출한다.
정방형 (정사각형)		• 직선 이마의 헤어라인과 직사각형의 턱선을 가진 넓은 얼굴형이다. • 얼굴선이 부드럽고 가늘게 보이도록 비대칭의 헤어스타일을 연출한다.
삼각형		• 이마가 좁고 턱선과 볼이 넓은 얼굴형이다. • 헤어스타일은 얼굴이 길고 이마선과 T.P가 넓어 보이며, 보브 또는 뱅 스타일로 한다.

장방형 (직사각형)		• 볼이 좁아 꺼져 있고 얼굴의 길이가 긴 얼굴형이다. • 헤어스타일은 얼굴이 짧고 넓어 보이도록 하기 위해 T.P를 낮추고 보브 또는 뱅 스타일로 하며, 외곽 형태선은 입술선이나 귀 뒤를 풍성하게 보이도록 연출한다.
육각형 (다이아몬드형)		• 이마가 좁고 광대뼈가 과도하게 넓으며 턱선은 가는 얼굴형이다. • 헤어스타일은 이마와 턱은 넓고 풍성하게 넓히며 광대뼈 쪽에서 머리카락을 얼굴면에 접착하듯이 연출하여 계란형으로 보이도록 한다.
역삼각형		• 이마가 넓고 턱선이 좁은 얼굴형으로서 턱선이 부드럽고 넓게 보이도록 연출한다. • 헤어스타일은 이마 넓이를 줄이는 비대칭 뱅 스타일로 한다.

[TIP] 얼굴형

앞면(전면), 옆면(측면), 뒷면으로 관찰할 수 있는 얼굴형은 얼굴뼈(안두개)의 위치와 튀어나온 상태에 따라 8가지 형으로 결정된다.

(3) 옆얼굴(Profiles)

이상적인 계란형은 얼굴면 2/3 위쪽에서 상상으로 수직선을 그렸을 때 10° 정도의 기울기를 유지한다.

옆얼굴의 종류	형태	특징
직선 옆얼굴		• 가장 이상적인 얼굴형으로 오목하거나 볼록하지 않은 일반적인 형태이다.
오목한 옆얼굴 (돌출된 턱)		• 넓고 둥근 모양의 이마와 돌출된 턱을 가진 얼굴형이다. • 앞이마 뱅을 둥글게 주어 이마를 돌출시킨다. 목덜미의 두발을 부드러운 컬 또는 웨이브를 주어서 유동성 있게 안말음형으로 연출한다.
볼록한 옆얼굴 (돌출된 코, 이마·턱은 함몰)		• 경사진 이마와 턱으로 인하여 목과 일정한 경계가 있다. • 컬 또는 뱅으로 이마를 가린다. 목덜미 두발이 얼굴면에 가깝도록 헤어스타일을 풍부하게 안말음형으로 연출한다.
들어간 이마 (튀어나온 턱)		• 낮은 이마가 높게 보이도록 앞 이마쪽으로 컬을 업 시켜준다. • 관자놀이 부분의 두발은 뒤로 쓸어 올리듯이 빗질하고 목덜미의 두발은 턱선보다 낮거나 더 높게 겉말음형의 컬을 한다.

코 끝이 위로 치켜진 코		• 위로 치켜진 코는 대체로 작은 코로서 어린아이처럼 보이며 직선의 옆 얼굴형에서 주로 볼 수 있는 유형의 코이다. • 헤어스타일은 어른스럽게 표현하기 위해 얼굴형이 드러나도록 두발이 이마 위 또는 귀 뒤를 향하게 빗질로 연출한다.
두드러진 코		• 코에 시선이 가지 않도록 이마 앞쪽으로 뱅을 만든다. • 얼굴면을 향해 컬이나 웨이브를 사용하며 부드럽게 연출한다.
삐뚤어진 코		• 구부러진 코는 시선이 쏠리지 않도록 비대칭적인 헤어스타일을 연출한다.
넓고 평평한 코		• 얼굴 중앙에 자리 잡은 넓고 평평한 코는 얼굴면이 넓어 보이게 한다. • 이마를 드러내며 얼굴면과 멀어지게 빗질하여 헤어스타일을 연출하면 중앙 부분이 가늘어 보일 수 있다.
눈과 눈 사이가 먼(벌어진) 눈		• 둥근 또는 사각 얼굴형에 주로 볼 수 있는 유형이다. • 헤어스타일은 사이드 파트하여 이마에서 T.P를 향해 볼륨있는 뱅으로 한 쪽 이마를 가린다. • 귀 뒤의 두발은 안말음형으로 얼굴면 쪽을 향하게 연출한다.
눈과 눈 사이가 좁은 눈		• 볼이 좁고 긴 얼굴에서 주로 볼 수 있는 유형이다. • 헤어스타일은 얼굴면 밖으로 움직이는 컬을 연출한다. • 커트의 형태선은 어깨선에서 겉말음형으로 연출한다.
짧고 통통한 목		• 목이 길어 보이도록 두발을 얼굴면 위(두정부를 향해)로 쓸어올리고 T.P에 볼륨을 갖도록 연출한다. • 목 뒷부분(Occiput)이 풍부한 스타일은 피한다.
길고 가는 목		• 긴 목을 최소화하기 위해서는 목선이 들어나는 업 스타일은 피한다. • 부드러운 웨이브로 목을 두껍게 덮는 풍성한 헤어스타일을 연출한다.

[TIP] 옆얼굴

옆얼굴을 세 부분으로 나눴을 때 각 부위가 1/3씩이어야 이상적이다.
① 헤어라인(이마 발제선)에서 눈썹까지
② 눈썹에서 코 끝까지
③ 코 끝에서 턱 끝까지

Section 02 헤어 세팅의 기초이론

1 오리지널 세트(Original set)

세트(Set)는 '고정하다'라는 의미로서 몰딩(Molding)에 따른 기초적 시술작업을 포함하는 오리지널 세트를 일컫는다. 이는 헤어 파팅, 헤어 셰이핑, 헤어 컬링, 헤어 롤링, 헤어 웨이빙 등이다.

1) 헤어 파팅(Hair parting)

헤어 파팅은 두발의 관점에서 머리카락을 상하, 좌우로 나눔으로써 경계를 구획하는 인위적인 가르마를 만드는 과정이다. 이는 얼굴형, 머리모양, 모류 등에 따라 원하는 형태를 결정한다.

파팅 종류	형태	특징
센터 파트 (Center part)		• C.P에서 T.P를 지나 G.P까지의 전두부 정중선으로서 5 : 5가르마이다.
센터 백 파트 (Center back part)		• G.P에서 B.P를 지나 N.P까지의 후두부를 가르는 정중선이다.
사이드 파트 (Side part)		• 왼쪽, 오른쪽 사이드 파트로서 측두선으로 구분되며 S.P에서 시작하여 T.P를 향하는 3 : 7 가르마이다.

노 파트 (No part)		• 가르마 없는 올백 상태이다.
라운드 사이드 파트 (Round side part)		• 왼쪽·오른쪽 사이드 파트로서 S.P에서 G.P를 향하여 둥글게 3 : 7로 나누었다.
올 파트(방사상) (Whorl part, Pivot point)		• 두정부 내의 가마를 중심으로 하여 중력 방향 방사상으로 분산된 파트이다.
카우릭 파트 (Cowlick part)		• 중력의 역방향으로 치켜올라간, 소의 혀로 핥은 듯한 모류로, 이마나 목선 주변에 주로 형성되는 분산된 파트이다.
업 다이애고널 파트 (Up diagonal part)		• C.P에서 G.P를 이어주는 둥근 사선이 측두선을 향해 위로 파트된다.
다운 다이애고널 파트 (Down diagonal part)		• C.P에서 G.P를 이어주는 둥근 사선이 측두선을 향해 아래로 파트된다.
이어 투 이어 파트 (Ear to ear part)		• 오른쪽 E.P에서 왼쪽 E.P로 이어지는 선으로서 중간 경로로 T.P 또는 G.P 또는 B.P를 연결하기도 한다.

트라이앵글 파트 (Triangle part)		• T.P를 중심으로 양 측두선의 시작인 F.S.P를 축으로 하는 삼각형 파트이다.
스퀘어 파트 (Square part)		• 전두부의 오른쪽, 왼쪽 양 측두선(F.S.P)을 축으로 하여 T.P를 중심으로 하는 사각형 파트이다.

[TIP] 헤어 파트(Hair Part)

헤어 파트는 헤어스타일에 있어서 중요한 요소이다. 시선이 가르마 쪽으로 이동하기 때문에 얼굴형을 넓거나 좁아 보이도록 착시현상을 유도하기도 한다.

2) 헤어 셰이핑(Hair shaping, Combing)

헤어 셰이핑은 포밍(Forming)이라고도 한다. 모발 또는 모다발의 흐름(毛流, Direction of stem)을 갖추기 위해 '모양을 만들다, 다듬는다, 빗질하다'라는 작업적 의미를 내포한다. 이는 컬 또는 웨이브를 만들기 위한 기초 작업이다.

빗질 종류	특징
업 셰이핑(Up shaping)	• 두피를 기준으로 0°보다 위로, 모발 또는 모다발을 빗질(포밍)한다.
다운 셰이핑(Down shaping)	• 두피를 기준으로 90°보다 아래로, 모발 또는 모다발을 빗질한다.
포워드 셰이핑(Forward shaping)	• 빗질 시 귓바퀴 방향(안말음)으로 포밍한다.
리버즈 셰이핑(Reverse shaping)	• 빗질 시 귓바퀴 반대 방향(겉말음)으로 포밍한다.
스트레이트 셰이핑(Straight shaping)	• 빗질 시 직선으로 똑바로 포밍한다.
라이트 고잉 셰이핑(Right going shaping)	• 빗질 시 오른쪽으로 향하듯이 포밍한다.
레프트 고잉 셰이핑(Left going shaping)	• 빗질 시 왼쪽으로 향하듯이 포밍한다.

3) 헤어 컬링(Hair curling)

헤어 컬링은 모발에 볼륨과 컬, 웨이브, 뱅(모발 끝에 변화와 움직임이 있는 애교머리) 등을 만들기 위한 기초 작업이다.

(1) 컬의 목적

① 볼륨을 얻을 수 있다.

② 웨이브를 만들 수 있다.

③ 모발 끝에 변화와 움직임을 얻을 수 있다.

> **[TIP]** 컬의 구성요소
>
> ① 베이스(Base) : 모다발의 가장 근원인 베이스 섹션된 모양이다.
> ② 스케일(Scale) : 베이스 섹션된 한 개의 모다발 또는 판넬이다.
> ③ 포밍(Forming) : 스케일된 모다발을 원하는 방향으로 빗질하는 것을 말한다.
> ④ 리본닝(Ribboning) : 포밍(말기 위해 원하는 방향으로 빗질)된 모다발을 말기(Curliness) 위해 원호, 즉 루프의 크기가 결정된다.
> ⑤ 컬리스(Curliness) : 원호인 루프가 되기 위해 리본닝 후 말아가는 동작을 말한다.
> ⑥ 엔코잉(Anchoring) : 베이스 크기 또는 모양에 따라 컬리스된 컬이 자리 잡는(안착) 위치이다.
> ⑦ 핀닝(Pinning) : 자리 잡은(엔코잉) 컬에 핀으로 고정시킨 상태이다.

(2) 컬의 각부 명칭

명칭	특징
루프(Loop, Circle)	• 모다발이 원형(C컬)으로 말린 상태이다.
베이스 섹션(Base section)	• 모발의 근원(뿌리 부분)으로서 두피에 구획된 베이스 모양과 크기를 포함한다.
피봇 포인트(Pivot point)	• 선회축으로서 컬이 말리기 시작하는 크기로서 리본닝이라고도 한다.
스템(Stem)	• 베이스에서 피봇 포인트까지의 모간(줄기) 부분으로서 모발의 방향(모류)을 일컫는다.
엔드 오브 컬(End of curl)	• 스케일된 모다발 끝 지점으로서 플러프(Fluff)라고도 한다.

(3) 컬의 각도 상태

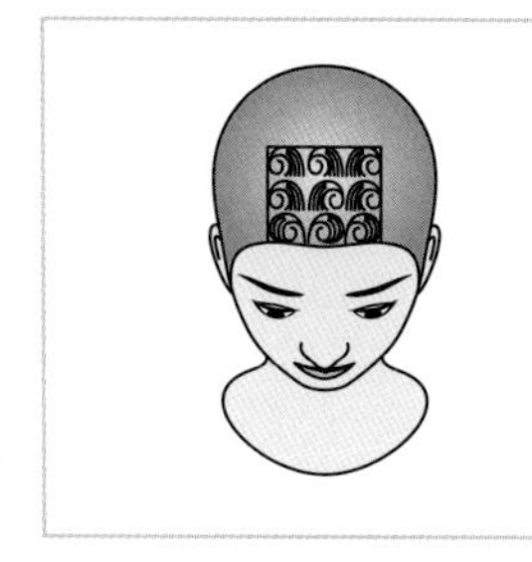

▲ 스탠드 업 컬

▲ 리프트 컬

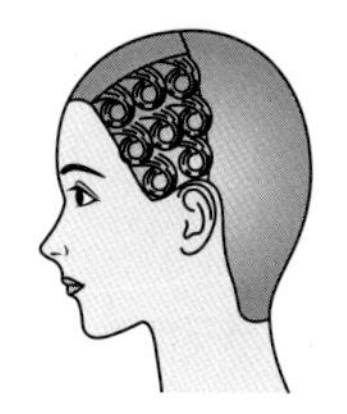
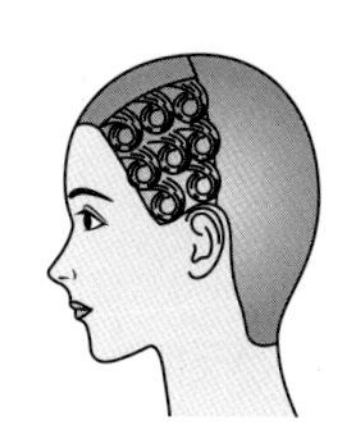

▲ 플래트 컬

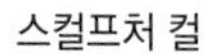

스컬프처 컬

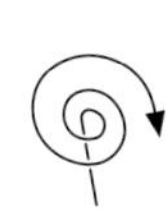

핀컬

컬의 구분		특징	비고
스탠드 업 컬 (Stand up curl)	포워드 스탠드 업 컬	• 루프가 두피에 대하여 귓바퀴 방향의 안말음형(90~135°)으로 컬리스된다.	• 루프 모양의 고리가 두상의 전두 부위에 컬리스되는 포워드 또는 리버스 스탠드 업 컬로 구분된다. • 탄력이 강한 볼륨과 웨이브를 나타낸다. 이는 귀 중심 또는 귓바퀴 반대 방향의 모류를 나타내며 90° 이상의 각도로 말아놓은 컬이다.
	리버스 스탠드 업 컬	• 루프가 귓바퀴 반대 방향의 90° 겉말음형으로 컬리스된다.	
리프트 컬 (Lift curl)		• 루프가 두피에 대해서 45°로 컬리스되며, 중간 각도에서 중간 정도의 볼륨을 얻을 수 있다. • 이는 스탠드 업 컬과 플래트 컬을 연결하는 지점에서 컬리스된다.	
플래트 컬 (Flat curl)	스컬프처 컬	• 스케일된 모다발 끝을 중심으로 리본닝 후 모근을 향해 컬리스된다. • 탄력은 있으나 볼륨감이 없어 스킵 웨이브 또는 플러프 컬에 이용된다.	• 루프가 두피에 대하여 0°로 컬리스되며 낮은 각도에서 형성되는 평평하고 납작한 모양의 컬이다.
	핀컬 (크로키놀 컬)	• 스케일된 모다발의 모근을 중심으로 리본닝 후 모간 끝을 향해 나선형으로 컬리스한다. • 롱 헤어 또는 힘이 있는 웨이브를 만들 수 있다.	

(4) 컬리스 기법

① 바렐 컬(Barrel curl)

- 원통형 핀컬로서 후두부 내 가운데 중앙 부위에 볼륨을 주고자 할 때 사용된다.
- 모간 끝에서 모근 쪽으로 컬리스되며 모간 끝으로 갈수록 탄력도가 크다.

② 스파이럴 컬(Spiral curl)

- 나선형 핀컬로서 롱 헤어에 깊이 있는 웨이브를 주고자 할 때 사용된다.
- 모근 쪽에서 모간 끝 쪽으로 수직 컬리스되며, 탄력도와 루프 직경은 동일하다.

(5) 컬리스 방향

두상 양쪽 면의 귀 방향에 따라 포밍과 컬리스 방향이 달라진다. 이는 플래트 컬(0°)로서 컬리스되며 시계를 중심으로 해석된다.

① 클락 와이즈 와인드 컬(Clock wise wind curl) : C컬로서 시계 방향인 오른쪽으로 컬리스되며 안말음형이다.

② 카운터 클락 와이즈 와인드 컬(Count clock wise wind curl) : CC컬로서 시계 반대 방향인 왼쪽으로 컬리스되며 겉말음형이다.

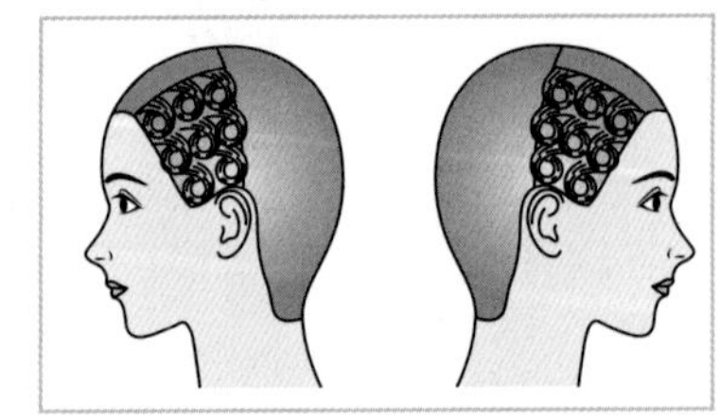

▲ 크로키놀 컬

(6) 핀컬 웨이브의 연속성

① 익스텐디드 컬(웨이브)

- 루프가 연장된 선상으로서 컬리스의 탄력성은 다소 떨어지나 유연성은 우수하다.
- 핑거 웨이브 방식으로 C컬과 CC컬을 연결함으로써 웨이브가 연결된다.
- 방향성이 다른 C커브로서 반원에 가까운 빗질에 의해 리지를 형성함으로써 웨이브가 유지된다.

▲ 익스텐디드 컬

[TIP] 핑거 웨이브의 종류

컬은 루프 모양으로서 개별적인 C컬이거나 CC컬 모양을 갖춘다. 웨이브는 컬이 C컬과 CC컬이 교차되는 연결선인 리지(Ridge)를 형성하며 이를 통해 웨이브의 모양을 갖춘다.

① 올 웨이브(All wave) : 가르마 없이 두상 전체에 리지의 흐름을 형성한다.
② 덜 웨이브(Dull wave) : 리지가 뚜렷하지 않아 느슨한 웨이브를 형성한다.
③ 로우 웨이브(Low wave) : 낮은 리지의 웨이브를 형성한다.
④ 하이 웨이브(High wave) : 높은 리지의 웨이브를 형성한다.
⑤ 스윙 웨이브(Swing wave) : 큰 움직임을 가진 웨이브를 형성한다.
⑥ 스웰 웨이브(Swell wave) : 물결이 소용돌이 치는 듯한 웨이브를 형성한다.

② 스킵 컬(웨이브)

- C컬 또는 CC컬 1단과 핀컬 1단으로 교대 컬리스되거나 핀컬은 핀컬끼리, 웨이브는 웨이브끼리 동일한 방향을 유지한다.
- 핀컬과 웨이브가 한 단씩 교차 시술되었을 때 리세트 시 폭이 넓고 부드러운 웨이브가 형성된다.

▲ 스킵 컬

③ 리지 컬(웨이브)

리지(4단)에 연이어 핀컬(2단)을 연결하여 시술하였을 때 리세트 시 핑거 웨이브에 깊이와 부드러움을 한층 더해 주는 효과가 있다.

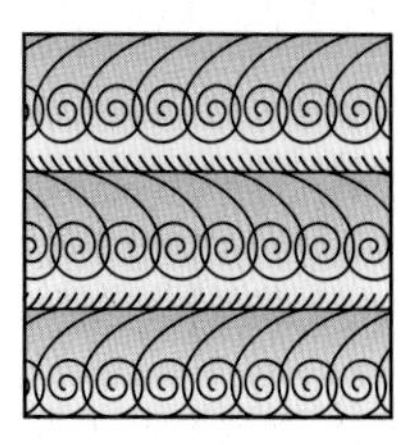
▲ 리지 컬

(7) 컬의 고정

베이스에 안착된 루프를 고정시키기 위하여 핀이나 클립으로 꽂아 컬을 고정시킨다. 컬의 각도와 컬리스 방법에 따라 핀의 고정 위치 또는 방법이 달라진다.

[TIP] 컬 형성의 절차

스케일(Scale) → 포밍(Foaming) → 리본닝(Ribboning) → 컬리스(Curliness) → 엔코우(Anchor) → 핀닝(Pinning) 등의 절차에 의해 컬이 완성된다.

(8) 핀을 이용한 핀닝

핀으로 고정 시 스템과 루프에 자국이 남지 않으면서 안정되도록 핀을 충분히 벌려서 상하, 좌우 조작에 방해되지 않도록 고정시킨다.

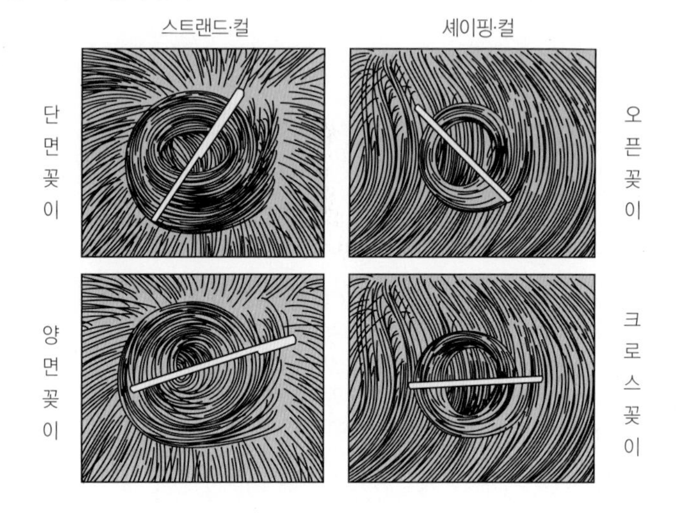

▲ 핀을 이용한 핀닝

① 수평 고정 : 루프에 수평으로 핀을 고정한다.
② 대각 고정 : 루프에 대각으로 핀을 고정한다.
③ 교차 고정 : U핀을 사용하여 X형으로 교차 고정한다.
④ 오픈 고정 : 루프가 열린 쪽에서 닫힌 쪽을 향해 핀을 고정한다.
⑤ 크로스 고정 : 루프가 닫힌 쪽에서 열린 쪽으로 핀을 고정한다.
⑥ 단면 꽂이 : 루프의 1/2선에서 고정한다.
⑦ 양면 꽂이 : 루프의 대각 또는 수평 전체를 고정한다.

4) 헤어 롤링(Hair rolling)

원통형의 롤러 직경(폭)은 다양하나 롤러의 장점을 최대한 이용하려면 모발 길이가 롤러 직경의 3배 이상이 되어야 한다.

(1) 롤러 컬의 와인딩 방향

① 포워드 롤러 컬 : 안말음형으로서 귓바퀴 방향으로 와인딩된 컬이다.
② 리버스 롤러 컬 : 바깥(겉) 말음형으로서 귓바퀴 반대 방향으로 와인딩된 컬이다.

[TIP] 롤러 컬의 와인딩

① 모다발 끝을 모아서 롤러에 와인딩하면 볼륨 또는 방향을 갖고자 할 때 유용하다.
② 모다발 끝을 롤러 너비만큼 넓혀서 와인딩하면 리세트 시 모다발의 갈라짐을 방지한다.

(2) 롤러 컬의 와인딩 각도

스템의 종류	특징
논 스템	• 모다발의 모근까지 롤러에 완전히 와인딩되어 볼륨감이 가장 크며, 움직임은 가장 작다. • 모다발을 전방 45°(후방 135°)로 빗질하며 모다발 끝에서 와인딩하면 롤러는 베이스 크기의 중앙에 안착된다.
하프 스템	• 논과 롱 스템의 중간의 움직임과 볼륨감을 갖는다. • 모다발은 두상에서 90°로 빗질하여 모다발 끝에서 와인딩하면 롤러는 베이스 크기의 1/2 지점 밑에 안착된다.
롱 스템	• 볼륨감이 가장 적어 웨이브의 방향만 제시되며, 움직임이 가장 크게 형성된다. • 모다발은 두상에서 45° 사선으로 빗질(포밍)하여 모다발 끝에서 와인딩하면 롤러는 베이스 크기를 벗어난 지점에 안착된다.

5) **헤어 웨이빙(Hair waving)**

웨이브는 S형의 파상으로서 물결 모양을 나타낸다. 웨이브를 만드는 도구에 따라 핑거 웨이브, 컬리 아이론(마셀) 웨이브, 핀컬 웨이브 등으로 분류된다.

(1) 웨이브의 각부명칭

① 시작점(Beginning poing)
② 끝점(End poing)
③ S 웨이브(Full wave)
④ C 웨이브(Half wave)
⑤ 골(Trough)
⑥ 정상(Crest)
⑦ 리지(Ridge)
⑧ 열린 끝(Open end, Convex)
⑨ 닫힌 끝(Closed end, Concave)

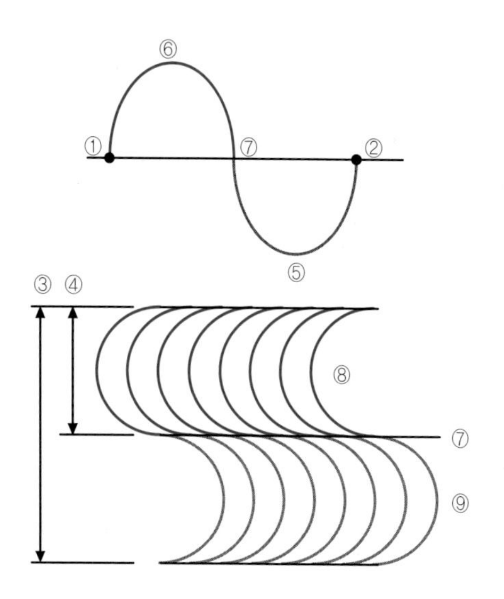

(2) 리지 방향에 의한 웨이브 위치

웨이브 형상	웨이브 위치(리지 방향)	형태
[수직 웨이브] • 리지가 수직선이다. • 정상과 골이 급경사를 이루며 웨이브 폭이 매우 좁다.	[내로우 웨이브] 웨이브 폭이 좁아 급경사의 웨이브 형상을 나타낸다.	

[사선 웨이브] • 리지가 사선이다. • 정상과 골이 경사졌으며, 웨이브 간 폭이 또렷하게 형성된다.	[와이드 웨이브] 정상과 골의 고저가 뚜렷하여 넓은 웨이브 형상을 나타낸다.	
[수평 웨이브] • 리지가 수평을 이룬다. • 정상과 골이 희미하게 형성되며, 웨이브 간 폭이 느슨하다.	[섀도 웨이브] 정상과 골이 고저가 뚜렷하지 못하여 희미한 웨이브 형상을 나타낸다.	
	[프리즈 웨이브] 모다발 내 모근은 느슨하고 모간 끝은 강한 웨이브를 형성한다.	

2 리세트(Reset)

오리지널 세트를 마무리하기 위한 최종 단계인 빗질과 브러싱으로서, 콤 아웃과 백 코밍(Back combing), 브러싱 아웃(Brushing out) 등이 있다.

(1) 리세트의 절차(Procedure of reset)

계획된 과정을 통해 원하는 헤어스타일(Hair-do)을 완성할 수 있다.

① 오리지널 세팅된 컬이나 웨이브를 브러싱한다.

② 브러싱 후 원하는 방향으로 빗질하여 전체적으로 웨이브 윤곽을 배치한다.

③ 최종 윤곽이 만들어진 다음 선과 모양을 만들기 위해 부분적으로 매끄럽게 빗질한다.

④ 빗질된 윤곽을 헤어 왁스 또는 스프레이로 고정하여 마무리한다.

(2) 뱅과 플러프(Bang and Fluff)

① 뱅

이마에 장식으로 드리우기 위해 두발에 모양을 낸, 일명 애교머리(Love locks)이다.

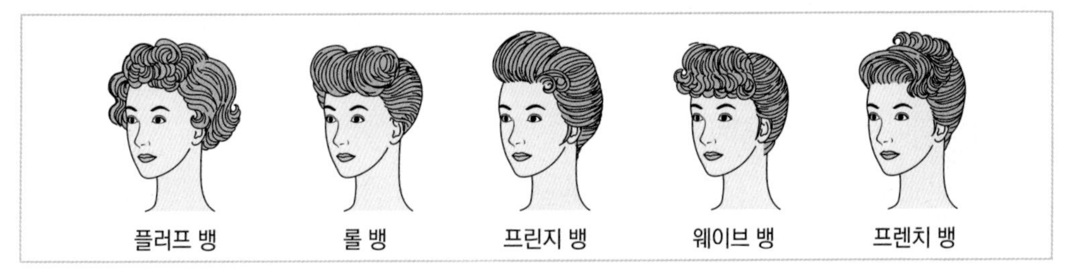

- 플러프 뱅(Fluff bang) : 일정 모양 없이 부풀려서 볼륨을 준다.
- 롤 뱅(Roll bang) : 롤 모양으로 말아 볼륨을 준 뱅이다.
- 프린지 뱅(Fringe bang) : 가르마 가까이에 작게 낸 뱅이다.
- 웨이브 뱅(Wave bang) : 풀 또는 하프 웨이브로서 라운드 플러프 모양이 된다.
- 프렌치 뱅(French bang) : 두발을 올려 빗질하여 부풀려 만든 뱅이다.

② 플러프

- 라운드 플러프(Round fluff) : 모다발 끝을 원형 또는 반원형으로 업라운드하거나 다운라운드 형으로 오리 꼬리 모양(Duck tail)으로 플러프 처리한다.
- 페이지 보이 플러프(Page boy fluff) : 모다발 끝을 날림 삼자(3字)형으로 플러프 처리한다.

▲ 플러프

Section 03 헤어 세팅 작업

1 컬리 아이론 스타일링(Curly Iron Styling)

1875년 프랑스의 마셀 그라또우(Marcel Grateau)가 마셀과 컬로 구성된 히트 아이론(Heat iron)을 최초로 창안해 냈다.

(1) 컬리 아이론 기법의 정의

모다발에 120~140℃로 가열된 아이론을 사용함으로써 볼륨, 텐션, 컬, 웨이브 등을 만든다.

① 마셀(Marcel)

마셀은 홈이 파진 그루브, 전열선으로 연결된 프롱, 지렛대 역할을 하는 회전축인 이음쇠에 연결된 손잡이, 전선 등으로 구성된다.

② 컬(Curl)

모다발을 마셀에 감싸서 회전시킴으로써 컬링하거나 마셀에 컬링된 컬을 말아 푸는 역할을 한다.

(2) 컬리 아이론의 종류

아이론 종류	내용
웨이브·클립 아이론 (Wave iron·Clip iron)	• 기구 자체에 홈이 있으며 기구 속에 모발을 맞물리게 함으로써 물결 형상을 나타낸다. • 특별한 조작이 필요치 않은 감각적 기술이다.
열 아이론 (Thermal iron)	• 불에 달구어서 사용하는 원형 아이론이다. • 마셀과 컬로 구성되어 있다.
전열 아이론 (Electric iron)	• 직경 10~25mm 정도로 굵기가 다양하다. • 전열이 기구 자체에 부속해 있다.
축열식 아이론 (Cordless iron)	• 전기 코드가 없어 조작이 간편하다. • 아이론에 씌우는 클립이 딸린 것도 있다.

2 블로 드라이(Blow dry)

블로 드라이 헤어스타일에서 블로란 '바람이 불다'라는 뜻으로, 열과 바람을 이용하여 젖은 모발에 헤어스타일을 만드는 '퀵 살롱 서비스'이다.

(1) 블로 드라이 기법의 정의

적당한 습기가 있는 모발에 드라이어의 열과 롤(라운드) 브러시를 이용하여 모발을 원하는 방향으로 펴거나(Straight) 꺾거나(Power point) 말아(Winding) 고정시키고(Setting), 건조시키고(Drying), 빗질(Combing)하는 데 소요되는 시간을 절약하며 부드럽고 자연스러운 헤어스타일을 연출하는 오리지널 세트이다.

① 모발을 원하는 방향으로 펼(Straight) 수 있다.
② 짧은 모발의 헤어라인을 업시키거나 다운시켜 모발을 정리하거나 연출할 수 있다.
③ 모발을 원하는 방향으로 강하게 또는 약하게 와인딩하여 굵거나 가는 컬 또는 웨이브를 만들 수 있다.
④ 모발을 원하는 방향으로 안말음(In curve), 겉말음(Out curve)하여 꺾을 수 있다.
⑤ 모류 형성에 따른 섬세한 질감처리로서 윤기나는 모발을 연출할 수 있다.

(2) 블로 드라이어

① 블로 드라이어 구조
- 한 번의 기술로 건조와 스타일링을 할 수 있는 전열기구이다.
- 손잡이(Handle grip), 노즐(Slotted nozzle), 팬(Small fan), 모터(Heating element), 바람조절기(Electronic controller), 몸체(Body) 등으로 이루어져 있다.

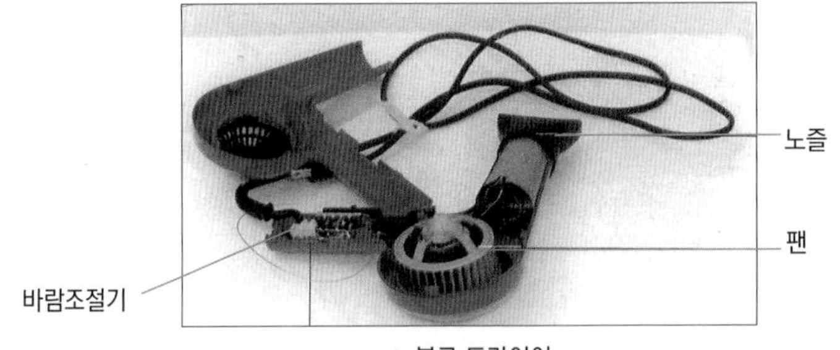

▲ 블로 드라이어

② 블로 드라이어 작동 원리

드라이어는 핵심 부분인 팬과 팬을 작동시키기 위한 모터 그리고 발열기인 니크롬선으로 이루어져 있다.
- 드라이어의 변환 스위치를 조작하면 열풍, 온풍, 냉풍으로 조절된다.
- 드라이어 내의 팬 회전에 의해 생긴 바람이 니크롬선에 의해 데워진다.
- 데워진 바람이 다시 팬의 회전력에 의해 출구(Nozzle)로 보내진다.

[TIP] 블로 드라이어 전기 용량 및 조건

① 미용실은 1kW 이상의 대용량 전열기기이다.
② 작동이 간편하고 모터 소리가 부드러우며, 가볍고 안전성이 있어야 한다.
③ 고성능 기기로서 안전성이 뛰어나며 사용기간이 길어야 한다.
④ 공기 흡입구가 잘 막히지 않아야 한다.

(3) 블로 드라이어의 운행 각도

운행 각도	기법
0~90°	스트레이트 스타일 시 안정된 각도로서, 라운드(롤) 브러시 아웃 시 모다발과 평행하게 바람 출구(드라이어 노즐)를 대어 모발이 흐트러지는 것을 피한다.
90~180°	모다발 끝을 안정시키고자 할 때 요구되는 각도이다.
180~270°	모다발 끝을 안쪽으로 말아 줄 때 요구되는 각도로서 하프 웨이브(C컬) 또는 풀 웨이브 구사 시의 운행 각도이다.

(4) 빗과 브러시의 종류

[TIP] 빗질의 목적

빗살 간격이 넓은 빗은 모발에 자연스러운 선을 만들고, 빗살 간격이 좁은 빗은 빗질을 세밀하게 하여 정밀한 선을 형성한다. 본래 빗은 빗질을 통해 모발을 분배, 조정시키며 모속(모다발)을 떠올리거나 각도와 볼륨을 준다.

① 빗의 종류

- 굵은 빗살의 빗(Coarse teeth comb) : 빗살 간격이 넓은 빗으로서 거친 빗(얼레 빗)이라고도 한다.
- 가는 빗살의 빗(Fine teeth comb) : 빗살 간격이 좁은 빗으로서 고운 빗이라고도 한다.
- 꼬리 빗(Rat tail comb) : 링콤이라고도 하며 꼬리가 달려있어 베이스 섹션 시 파트를 나눌 때 용이하다.
- 세트 빗(Half coarse and Half fine teeth comb) : 거친 빗살과 고운 빗살이 반반 들어있는 빗으로서 작업 시 돌려가면서 사용한다.

② 브러시의 종류

브러시는 내연성의 재질이어야 한다.

- 라운드(롤) 브러시
  천연모 라운드 브러시(Animal hair round brush), 플라스틱 라운드 브러시(Plastic round brush), 금속 라운드 브러시(Metal round brush) 등이 있다.
- 하프 라운드 브러시
  우드 브러시(Wood round shoulder brush), 쿠션 브러시, 덴맨 브러시, 스켈톤(벤트) 브러시 등이 있다.

(5) 블로 드라이 헤어스타일의 기초 기술

① 블로 드라이 헤어스타일 연출 시 규칙

- 고객의 연령, 경우, 직업 등에 어울리면서 고객의 의사가 반영되어야 한다.
- 드라잉 전후에 스타일링 제품을 사용하여 모질의 건강을 증진시킨다.
- 블로 드라이 스타일이 구상되면 신속 정확하게 헤어스타일을 작업한다.
- 두발 길이에 맞는 빗이나 브러시를 선정함으로써 당김에 의한 자극과 자국이 생기지 않도록 한다.
- 모류, 모질, 모량 등에 맞추어 열 조절을 잘 하는 숙달된 기술을 통해 고객이 원하는 헤어스타일을 완성해야 한다.

> [TIP] 블로 드라이 헤어스타일링의 절차
>
> ① 커트 스타일에 따라 드라이 스타일을 구상한다.
> ② 샴푸와 컨디셔너를 한다.
> ③ 타월 드라이 후 수분 함량의 적정 유무를 확인한다.
> ④ 모질에 따른 브러시 및 제품 사용을 결정한다.
> ⑤ 전처치 과정으로서 셰이핑 → 파팅 → 프리 드라이(건조 및 스타일링)한다.
> ⑥ 블로 드라이 헤어스타일 본처리 작업한다.
> ⑦ 리세트 마무리한다.
>
> 파워포인트(Power point) : 포인트(Point)라고도 하며, 모발을 꺾거나 펴기 위하여 열을 주는 지점을 일컫는다.

② 블로 드라이 시 주의사항

- 양 발을 어깨너비만큼 벌리고 한쪽 발은 몸 밖으로 약간 내밀어 균형을 맞춘다. 팔은 어깨보다 높이 올라가지 않도록 하며, 허리를 굽히지 않고 팔 동작만으로 작업을 한다.
- 고객과는 큰 풍선을 껴안은 만큼의 적당한 거리(25~30cm)를 유지한다.
- 드라이어를 겨드랑이 사이 또는 바닥에 놓고 사용하는 것은 외관상 좋지 않으며, 작업시간이 오래 걸릴 수 있다. 브러시를 쥔 손에 핀셋(또는 클립)을 함께 쥐고 사용한다.
- 드라이어의 전선줄은 무게가 있으므로 보조 미용사가 적당히 잡아 주거나 고객 의자의 팔걸이 사이에 끼워 무게 부담을 더는 것도 좋다.
- 블로 드라이어의 출구인 노즐이 고객의 두피, 얼굴, 목 등을 향하지 않게 한다.
- 드라이어 흡입구의 필터에 먼지나 머리카락이 끼이지 않도록 사용하고 보관 시 주의한다.

Chapter 07 헤어스타일 연출 실전예상문제

★★★☆☆

01 헤어 세팅에 있어 크레스트(Crest)가 가장 자연스러운 웨이브는?

① 와이드 웨이브
② 내로우 웨이브
③ 섀도 웨이브
④ 버티컬 웨이브

해설
와이드(Wide) 웨이브는 정상(Crest)과 골(Trough)의 고저가 뚜렷하여 넓은 웨이브 형상을 나타낸다.

02 다음 내용 중 리세트(Reset)가 아닌 것은?

① 롤러 컬링 ② 콤 아웃
③ 백 코밍 ④ 브러시 아웃

해설
리세트(Reset)란 오리지널 세트를 마무리하기 위한 최종 단계로서 빗질과 브러싱으로서 콤 아웃과 백 코밍, 브러시 아웃 등으로 구분된다.
① 롤러 컬링은 오리지널 세트이다.

03 컬의 각도 상태로서 루프가 두피에서 45°로 유지하여 말린 컬은?

① 플래트 컬 ② 메이폴 컬
③ 리프트 컬 ④ 스컬프처 컬

해설
리프트 컬은 루프(Loop)가 두상에 대하여 45°로 말린다. 스탠드 업 컬과 플래트 컬을 연결하는 중간 각도에서 중간 정도의 볼륨을 얻을 수 있는 지점에서 컬리스된다.

04 아이론과 빗을 이용해서 형성하는 웨이브는?

① 컬 웨이브 ② 핑거 웨이브
③ 마셀 웨이브 ④ 콜드 웨이브

해설
마셀 웨이브는 히트 아이론으로 일시적 웨이브를 형성시킨다.

05 모근 쪽은 느슨하고 모간 끝 쪽은 강한 웨이브를 형성하는 것은?

① 와이드 웨이브 ② 내로우 웨이브
③ 섀도 웨이브 ④ 프리즈 웨이브

해설
프리즈(Frizz) 웨이브는 모다발 내 모근 쪽은 느슨하고 모간 끝 쪽으로 갈수록 강한 웨이브를 형성한다.

06 스컬프처 컬(Sculpture curl)과 반대되는 컬은?

① 리프트 컬 ② 메이폴 컬
③ 플래트 컬 ④ 스탠드 업 컬

해설
메이폴 컬(Maypole curl)은 핀컬(Pin curl)과 동의어이다. 크로키놀식 컬리스 방법으로서 스케일된 모다발의 모근을 중심으로 리본닝 후 모간 끝을 향해 나선형으로 컬리스한다.

★★☆☆☆

07 마셀 웨이브의 일반적인 기술로서 잘못된 설명은?

① 아이론의 온도는 120~140℃를 유지시킨다.
② 프롱은 아래쪽, 그루브는 위쪽을 향하도록 한다.
③ 아이론의 온도가 균일할 때 웨이브가 일률적으로 나온다.

정답 01 ① 02 ① 03 ③ 04 ③ 05 ④ 06 ② 07 ②

④ 아이론을 회전시키기 위해서는 먼저 아이론을 정확하게 쥐고 반대쪽에 45°로 위치시킨다.

> 해설
> 마셀 웨이브 시 가장 일반적인 기술은 프롱이 위로, 그루브가 아래로 향하도록 하는 것이다.

08 일반적으로 원형 얼굴에 가장 잘 어울리는 헤어 파트는?

① 노 파트　② 센터 파트
③ 라운드 파트　④ 사이드 파트

> 해설
> 원형 얼굴은 둥근 이마의 헤어라인(발제선)과 둥근 턱선을 형성하는 넓은 얼굴형으로, 얼굴 길이가 길어 보이는 사이드 파트가 가장 잘 어울린다.

09 컬의 말린 방향 중 C컬에 대한 설명이 아닌 것은?

① 귀 방향에 따라 스템 방향이 다르다.
② 플래트 컬로서 시계를 중심으로 해석된다.
③ 클락 와이즈 와인드 컬이라고 한다.
④ 카운터 클락 와이즈 와인드 컬이라고 한다.

> 해설
> C컬은 클락 와이즈 와인드 컬(Clock wise wind curl)이라 한다. 시계 방향인 오른쪽으로 컬리스되는 안말음형 컬이다.

10 컬의 각도 상태로서 루프가 귓바퀴 반대 방향으로 세워서 말린 컬은?

① 플래트 컬　② 리버스 스탠드 업 컬
③ 스컬프처 컬　④ 포워드 스탠드 업 컬

> 해설
> 리버스 스탠드 업 컬(Reverse stand up curl)은 루프가 귓바퀴 반대 방향(겉말음형)으로 세워서 컬리스된다.

11 모근을 중심으로 컬(Curl)이 모간 끝을 향해 말리는 것은?

① 핀컬
② 스컬프처 컬
③ 포워드 스탠드 업 컬
④ 리버스 스탠드 업 컬

> 해설
> 핀컬은 크로키놀 컬로서 모근에서 모간 끝을 향해 컬리스된다.

12 컬의 기본적인 스템(Stem)이 아닌 것은?

① 논 스템　② 풀 스템
③ 롱 스템　④ 하프 스템

> 해설
> ① 논 스템 – 온 베이스
> ② 풀 스템 – 오프 베이스
> ④ 하프 스템 – 하프 오프 베이스

★★★☆☆
13 플래트 컬(Flat curl)의 특징을 가장 잘 표현한 것은?

① 두발의 끝에서부터 말아온 컬을 말한다.
② 컬의 루프가 두피에 대하여 평평하게 형성된 컬을 말한다.
③ 컬이 두피에 세워져 있는 것을 말한다.
④ 일반적인 컬 전체를 말한다.

> 해설
> 플래트 컬은 평평하고 납작한 모양의 컬로서 컬의 각도는 두상에 대해 0°이다.

14 모다발(Hair strand)의 근원(모근)에 해당되는 컬의 명칭은?

① 베이스　② 피봇 포인트
③ 스템　④ 엔드 오브 컬

정답 – 08 ④　09 ④　10 ②　11 ①　12 ③　13 ②　14 ①

해설
베이스(Base)는 모다발의 가장 근원인 베이스 섹션된 모양이다.

15 헤어스타일 연출에 있어 전두부를 낮게 하고 귀 뒤로 볼륨을 주는 얼굴형은?

① 마름모 얼굴 ② 원형 얼굴
③ 장방형 얼굴 ④ 사각형 얼굴

해설
장방형(정사각형) 얼굴은 직선의 헤어라인과 직사각형 턱선을 가진 넓은 얼굴형이다. 얼굴선이 부드럽고 가늘게 보이도록 비대칭의 헤어스타일을 연출하는 것이 좋다.

★★★☆☆
16 컬의 방향이나 웨이브의 흐름을 좌우하는 것은?

① 스템 ② 루프
③ 베이스 ④ 엔드 오프 컬

해설
스템(Stem)은 베이스에서 피봇 포인트(리본닝)까지의 모간 부분으로 모발의 방향(모류)을 결정한다.

17 아이론을 가장 바르게 쥔 상태는?

① 그루브는 위쪽, 프롱은 아래쪽의 사선 상태
② 그루브는 아래쪽, 프롱은 위쪽의 일직선 상태
③ 그루브는 위쪽, 프롱은 아래쪽의 일직선 상태
④ 그루브는 아래쪽, 프롱은 위쪽의 사선 상태

해설
마셀 웨이브 시 가장 일반적인 기술은 프롱이 위로, 그루브가 아래로 향하도록 하는 것이다.

★★☆☆☆
18 다음 중 컬(Curl)의 구성요소가 아닌 것은?

① 스템 ② 서클(Circle)
③ 베이스 ④ 플러프(Fluff)

해설
플러프(Fluff)는 리세트 시 두발 모양을 처리하는 방법이다.

19 아이론의 구조 중 쇠막대 모양의 명칭은 무엇인가?

① 클립(Clip) ② 프롱(Prong)
③ 로드(Rod) ④ 그루브(Groove)

해설
막대 모양의 프롱과 홈이 파진 모양의 그루브로 구성된다.

20 원통형으로서 직경과 폭이 다양한 롤러 컬을 이용하는 기술은?

① 헤어 파팅 ② 헤어 롤링
③ 헤어 컬링 ④ 헤어 웨이빙

해설
다양한 원통형의 롤러를 이용하여 와인딩 시 롤러 직경의 3배 이상의 모발 길이가 요구된다.

21 베이스(Base)는 컬 스트랜드의 근원에 해당된다. 다음 중 오블롱은 어떤 베이스 종류인가?

① 오형 베이스 ② 정방형 베이스
③ 장방형 베이스 ④ 아크 베이스

해설
장방형 베이스가 교대로 형성되면 오블롱 패턴이 형성된다.

정답 – 15 ③ 16 ① 17 ② 18 ④ 19 ② 20 ② 21 ③

22 **헤어 파팅 중 후두부를 정중선으로 나눈 파트는?**

① 센터 파트 ② 스퀘어 파트
③ 카우릭 파트 ④ 센터 백 파트

해설
정중선은 프론트 센터 파트(C.P~G.P)와 센터 백 파트(G.P~N.P)로 구분한다.

23 **헤어디자인의 원리인 것은?**

① 반복 ② 질감
③ 형태 ④ 컬러

해설
디자인의 원리는 반복, 교대, 리듬, 대조, 조화, 균형, 비례 등이다.

24 **컬의 목적이 아닌 것은?**

① 플러프를 만들기 위해서
② 웨이브를 만들기 위해서
③ 볼륨을 만들기 위해서
④ 컬러의 표현을 원활하게 하기 위해서

해설
컬의 목적은 볼륨, 웨이브, 플러프를 만들기 위함이다.

25 **업 스타일을 시술할 때 백 코밍의 효과를 크게 하고자 삼각형으로 베이스하는 것은?**

① 스퀘어 ② 카우릭
③ 렉탱귤러 ④ 트라이앵글

해설
트라이앵글은 백 코밍 시 지지대 효과를 하기 때문에 두정부에 많이 적용된다.

26 **웨이브의 각부 명칭이 아닌 것은?**

① 리지 ② 트로프
③ 크레스트 ④ 루프의 크기

해설
루프(Loop)의 크기는 헤어 컬의 각부 명칭이다.

27 **뱅(Bang)은 무엇을 말하는가?**

① 웨이브의 일종이다.
② 오리지널 세팅 과정이다.
③ 이마에 장식으로 드리우기 위한 애교머리이다.
④ 뱅은 앞머리 표현인 반면 플러프는 핀컬이다.

뱅(Bang)은 리세트 시 이마에 드리우는 애교머리이다.

★★☆☆☆
28 **루프가 두상의 프론트 부위에 세운 컬로서 탄력성이 강한 볼륨과 웨이브를 만드는 컬은?**

① 스웰 컬 ② 스킵 핀컬
③ 실크터치 컬 ④ 스탠드 업 컬

해설
스탠드 업 컬은 두상에 대해 90° 이상 세운 루프로서 탄력성이 강한 볼륨을 만드는 컬이다.

29 **오리지널 세트에 속하지 않는 것은?**

① 롤러 컬 ② 헤어 파팅
③ 브러시 아웃 ④ 헤어 셰이핑

해설
브러시 아웃은 리세트이다.

정답 22 ④ 23 ① 24 ④ 25 ④ 26 ④ 27 ③ 28 ④ 29 ③

30 **헤어 셰이핑의 주 목적은?**

① 백 콤한다.
② 헤어스타일 구성의 기초 작업이다.
③ 모발을 잘라 길이를 맞춘다.
④ 숱을 쳐서 모발을 균형 있게 갖춘다.

해설

헤어 셰이핑
- 포밍(Forming)이라고도 한다.
- 모다발의 흐름(모류)을 갖추기 위해 '모양을 만든다, 다듬는다, 빗질하다'라는 실행적 의미를 포함한다.
- 컬 또는 웨이브를 만들기 위한 기초 작업으로 볼 수 있다.

정답 — 30 ②

CHAPTER

08 | 두피 및 모발 관리

스캘프 트리트먼트는 두피와 모발에 대한 진단(분석)과 그에 따른 관리 과정으로 구분된다. 두피 관리를 위해서는 먼저 두피에 대한 정확한 분석, 즉 진단이 우선되어야 한다. 두피 진단의 목적은 두피 상태를 파악하여 유형별로 분류하고 적절한 관리방법을 선택하는 데 있다.

Section 01 두피·모발 관리의 이해

[TIP] 두개피의 어원

미용사의 전문용어인 스캘프(Scalp)는 두개피부와 두발의 합성어로서 정확한 명명어는 두개피(頭蓋皮)이다. 트리트먼트(Treatment)는 처치, 처리라는 뜻으로 스캘프를 진단하여 기술과 용제를 이용하여 처치한다는 의미이며, 컨디셔너제로서의 트리트먼트제를 의미하기도 한다.

두개피(Scalp)

미용 용어로서 두개피는 두개피부(Bone skin, 머리가죽)에 달려있는 머리카락(두발)을 일컫는다.

두피(Head skin)

두피는 탈모 관련 의사들의 전문용어로서 머리털이 없는 머리가죽(Scalpless)을 의미한다. 즉, 대머리(禿頭, Baldness)와 같은 의미이기 때문에 미용사에게는 두개피부가 정확한 용어이다.

1 두피 진단

두피 진단은 문진(상담을 통해), 시진(시각을 통해), 촉진(감촉을 통해), 검진(진단기기를 통해) 등의 방법으로 정확하게 이루어져야 한다.

(1) 두피의 유형

두피의 유형은 클렌징 후 토너 사용 전에 측정하여 판별한다.

[TIP] 두피유형의 결정요인

① 선천(유전)적 요인 : 두피 조직의 상태, 모공의 크기, 유·수분 함유량, 탄력도(긴장도), 혈색의 정도, 각질화 정도 등이다.
② 후천적 요인 : 연령, 성별, 계절, 식생활, 화장품, 심리적 상태, 신체적 상태 등이다.

두피 유형	형태	특징
정상두피		• 두피 표면은 옅은 청백색을 띠며 투명하고 각질이 없는 상태이다. • 적절한 피지막이 형성되어 있으며 각화 주기가 정상적인 상태이다.
건성두피		• 두피 표면에 노화된 각질이 두껍게 쌓여 있으며, 심할 경우 가려움증 및 건조화 현상이 나타난다. • 두피 톤은 불투명하여 탁해 보이며 유·수분 공급이 원활하지 않은 상태이다. • 두피가 건조하여 윤기가 없고 각질이 하�게 쌓여 불규칙하게 갈라져 보인다.
지성두피		• 두피 표면은 피지선과 한선의 이상현상으로 나타난다. • 두피 톤은 황색으로 노화각질과 피지 산화물이 누적되어 있다. • 과도한 피지 분비로 인해 세정이 잘 이루어지지 않을 수도 있다. • 심하게 진행될 시 비듬과 각질이 피지와 엉겨 모공 막힘현상이 일어날 수 있다.

(2) 문제성 두피의 유형

두피 유형		특징
민감성 두피		• 약한 자극에도 민감하여 심한 경우 염증성으로 발전되기도 한다. • 두피 표면에 각종 세균이 기생하거나 화학제품에 의한 자극이 원인이 된다. • 두피 표면이 전체적으로 붉으며, 부분적으로 모세혈관 확장에 따라 열을 동반한다.
비듬성 두피	비듬은 두피 표면에 붙어 있는 각질세포(인설)로서 각화현상의 이상과 호르몬 이상, 영양 불균형, 스트레스, 피지 과다 분비, 피지 산화, 불청결 등 내·외적 원인에 의해 발생된다. 이는 건성·지성·혼합성 비듬으로 분류할 수 있다.	
	건성	• 두피 표면은 백색톤을 띤다. • 부분적 염증이나 가려움을 동반한다. • 피지 부족으로 모공 주변 각질이 쌓여 들떠있다.
	지성	• 두피 표면은 불투명한 황색톤이다. • 예민하고, 부분적으로 피부에 염증이 나타나며, 가려움을 동반한다. • 모공 주변은 두꺼운 각질과 산화 피지가 눅눅한 상태로 존재한다.
	혼합성	• 두피 표면은 붉은 톤으로 얼룩져 있다. • 두피가 매우 예민하여 염증, 홍반현상을 동반한다. • 표피층이 얇게 구성되어 있으며 전체적으로 피지량 분포가 달리 나타난다.
지루성 두피		• 외관상 민감성과 지성두피의 혼합형이다. • 모낭 주위는 과도한 피지 분비에 의해 노화각질이 두껍게 형성된다. • 두피 표면은 황색이나 적색을 띠고, 염증으로 인해 붉어지며 가려움증을 동반한다.

두부백선	• 두피 표면에 사상균(곰팡이)이 침입하여 가려움, 진물, 염증현상과 50원 동전 크기의 원형 버짐이 경계를 나타낸다. • 두부백선의 원인은 무좀균 또는 개, 고양이와의 신체 접촉 등에 의해 감염될 수 있다.
두부건선	• 두피 표면에 무좀과 비슷한 만성질환 중 하나이다. • 두피세포의 과각화 과정에 따른 세포분열 등이 촉진된다. • 은백색의 인설과 염증, 통증을 동반한다. • 두부건선의 원인은 불분명하나 유전적 요인이나 면역체계이상의 영향을 받는다.

2 두피 관리

피부의 일부분인 두피는 세포분열 과정을 통한 일정한 각화 주기가 존재한다. 하지만 내 · 외적 요인으로 인해 각화 주기의 이상변화가 초래된다. 또한 두피의 불청결은 모공을 막아 트러블을 야기하며 모발의 정상적인 성장을 저해함으로써 탈모현상을 초래한다.

1) 두피 관리의 목적

두피 내에 발생하는 다양한 문제점을 올바르게 진단하는 것은 효과적인 관리를 위함이다. 두피 관리 시 노화된 각질이나 피지 산화물 등을 스케일링을 이용해 제거하는 것은 각화 주기를 정상화시키고 모공 내 제품 침투력을 높여 신진대사 기능이 향상되는 효과를 가져온다. 또한 두피 관리 시 행하는 마사지는 혈액순환을 촉진시켜 최종적으로 문제성 두피와 탈모를 예방한다.

[TIP] 스캘프 트리트먼트의 종류

두피 상태에 따라 다음과 같이 분류된다.
① 플레인(Plain) 스캘프 트리트먼트 : 정상두피로서 생리활성이 정상 상태일 때 사용한다.
② 드라이(Dry) 스캘프 트리트먼트 : 건성두피로서 피지가 부족하고 건조한 상태일 때 사용한다.
③ 오일리(Oily) 스캘프 트리트먼트 : 지성두피로서 피지가 과잉 분비되어 지방이 많을 때 사용한다.
④ 댄드러프(Dandruff) 스캘프 트리트먼트 : 비듬성 두피로서 비듬을 제거하기 위해 사용한다.

2) 두피 관리 프로그램

(1) 일반적 매뉴얼

구분	절차	내용
1	상담	• 고객과의 첫 만남으로 고객관리카드를 작성하는 과정이다. • 10~15분 정도의 상담시간이 적합하다.
2	진단	• 문진, 시진, 촉진, 검진(진단기기) 등을 이용해 정확한 진단을 하며, 고객에게 진단결과를 설명해 준다.
3	관리 프로그램 선택	• 두피의 유형에 맞게 적절한 관리방법(매뉴얼)을 선택한다.
4	두피 매니플레이션	• 관리 시작 전의 긴장 완화 단계로서 아로마 등을 이용하여 10~20분 정도 마사지함으로써 혈액순환을 촉진시킨다.

5	스케일링	• 손이나 면봉 등을 이용하여 두피에 골고루 스케일링해 준다. • 모공을 열어주기 위한 세정 단계로서 세균 번식, 염증을 없애고 예방함으로써 두피 정상화 과정을 유도한다.
6	샴푸	• 두피에 적당한 자극을 주고 두피의 유형에 맞는 샴푸제로 세정한다.
7	영양 공급	• 두피에 영양을 공급함으로써 모낭 내 조직세포의 활성화를 유도한다.
8	마무리	• 두피는 토닉으로 진정시키고 두발은 에센스로 영양을 준다.

(2) 유형별 관리 프로그램 선택

구분	절차	정상두피	건성두피	지성두피	민감성 두피	비듬성 두피
1	상담	○	○	○	○	○
2	두피 진단 (시진, 촉진, 문진, 검진)	○	○	○	○	○
3	브러싱 및 매니플레이션	○	○	강한 지압은 피한다.	○	○
4	1차 헤어 스티머	○	○	열이나 헤어 스티머 사용(40℃)	적외선 조사 시 50cm 이상 이적거리를 둠	부드럽고 약하게 해야 함
5	스케일링제 도포(필링제)	○	○	피지 균형 제품	혈액순환 촉진성분을 사용 유·수분 균형 제품을 사용	피지 조절 성분 함유
6	자연 방치	X	X	X	○	○
7	2차 헤어 스티머	10분	5~10분	적외선 조사 시 이적거리 50cm 이상(10분)	X	45℃, 10~15분
8	세정제	정상두피용 세정제	건성두피용 세정제	지성두피용 세정제	두피 유형에 맞는 세정제	항균 비듬 두피용 세정제
9	타월 드라이/ 두피 건조	○	○	냉풍 / 두피 건조	냉풍 / 두피 건조	냉풍 / 두피 건조
10	영양 공급 (앰플)	○	○	과다피지 제거 및 조절	피지 조절를 위한 영양 공급	○
11	적외선 및 광선요법(갈바닉)	적외선 조사	적외선 조사	○	○	○
12	두피 이완 및 매니플레이션	X	X	X	○	○
13	마무리	○	○	○	○	○

비고	• 현재의 건강 상태를 유지한다. • 유·수분을 균형 있게 관리한다.	유수분을 보충하여 촉촉하고 윤기 있게 관리한다.	• 과다 피지를 정리하여 피부를 맑고 깨끗하게 유지한다. • 스케일링 단계가 가장 중요하다.	• 자극을 최소화한다. • 두피의 안정감을 유지한다.	• 비듬균의 전이를 막아야 한다. • 세균 감염 및 염증, 두피 질환이 있을 시 전문의와 상의한다.

[TIP] 매니플레이션 시
어깨, 목(경추)을 풀어주고 아로마, 유칼립투스 오일을 이용하여 마사지 시 긴장 완화, 상처 치유 등의 효과를 준다.

스케일링제와 도포방법
① 멘톨, 페퍼민트 등의 천연 아로마 성분과 계면활성제가 사용된다.
② 스케일링 시 정확한 파팅(1~1.5cm 섹션)을 나누어 제품을 도포하고, 도포 시 두발 엉킴에 주의한다.

3) 두피 관리기기

관리기기를 이용하면 제품을 효과적으로 흡수시킬 수 있으며, 제품에 의한 두피 트러블을 예방할 수 있다.

분류	기기종류	작용
진단기기	유·수분 측정기, 확대경, 현미경, 아쿠아 체크, 헤어 게이지	• 눈으로 판별하기 어려운 두피의 상태를 확인하여 이에 맞는 관리를 할 수 있게 한다.
세정기기	제트 필(= 에어 브러시), 디스인크러스테이션, 자외선 램프	• 딥 클렌징을 하여 노폐물을 제거하고 두피 세포층의 재생을 자극하는 데 사용된다.
이완기기	고주파, 저주파, 진동 패턴 헤드 마사지	• 림프와 혈액순환을 촉진하고 두피의 신진대사를 활성화시킨다.
침투기기	적외선 램프(열선), 이온토포레시스, 스티머, 오존기(미스트기)	• 혈액순환을 촉진하고 두피에 영양물질이 쉽게 침투되도록 도와준다.

(1) 진단기기 사용 시 주의사항

① 일정 거리를 유지해야 하며, 두피에 과다하게 압력을 주지 않는다.
② 고객의 세정 시간대를 체크한다.
③ 렌즈와 두피와의 거리를 정확하게 조정함으로써 측정 부위가 화면의 중앙에 위치하도록 한다.
④ 스파출라를 이용한 육안 검사 및 각질량을 체크하여 정상 또는 이상 부분을 비교 · 분석한 후 검사자료를 보관한다.
⑤ 문제 부위에서 우선 시작하나 일반적으로는 전두부(전발) → 두정부(곡) → 후두부(포) → 측두부(양빈) 순서로 측정한다.

(2) 진단기기(Microscope) 배율과 정도 파악

① 1배율 : 두상 전체의 탈모 진행 정도를 파악한다.

② 40 · 80 · 100배율 : 배율에 따라 일정 공간 안에 존재하는 두피 상태를 측정한다.

③ 200 · 300 · 400배율 : 두피 및 모공의 상태, 탄력도, 예민도 등의 정도를 파악한다.

④ 600 · 800배율 : 두발 표면의 손상 정도를 파악한다.

(3) 수분량의 판정

① 모발 수분 흡수량은 모발의 중량 증가 정도를 통해 파악하며 일정 온도, 습도에서 모발을 일정시간 침전시킨 후 측정한다.

② 건강모는 15% 전후로 중량이 증가되며 손상모는 손상된 만큼 중량 증가가 크다.

(4) 손상모의 판정

① 인장 강도에 의한 판단

모발에 힘을 가하면 모피질의 구조가 늘어난다. 손상도가 클수록 늘어나는(인장) 비율이 크다.

② 신도에 의한 판단

모발에 힘을 가해 늘어나는 시점에서 원래의 길이와 비교하여 어느 정도 비율로 늘어났는가를 %로 표시한다.

③ 광학현미경에 의한 모표피 진단

건강모는 모표피의 비늘층(Scale)이 가지런하고 깨끗하다.

④ 광물 현미경에 의한 모피질 진단

모피질 내의 단백질 유무의 관찰은 광물현미경에 의해 진단된다.

- 건강모는 모피질 내에 단백질이 존재하며 녹색을 띤다.
- 손상모는 단백질 성분이 유실되어 오렌지색과 노란색을 띤다.

3 모발 관리

모발은 자기 회복력이 없기 때문에 모발 화장품을 사용하여 손상된 모발을 회복 또는 관리해야 한다.

(1) 모발 관리 방법

① 모표피의 유막형성

모표피의 마찰 저항이 약해져 광택과 감촉을 잃게 되면, 유막제를 성분으로 하는 트리트먼트제로 처치 시 모발의 물리적 손상을 방지해 준다.

② 모표피의 수지막 형성

피막제인 수지를 이용한 모발처치는 열과 마찰로부터 모발을 보호하고, 부드러움과 광택을 준다.

③ 모피질 내 간충물질의 보급

80~85%를 차지하는 모발의 주성분인 단백질을 보충시킴으로써 모피질에 유연성 있는 모발로 회복시킨다.

(2) 모발 관리제(Hair treatment agent)

모발 상태를 pH 4~6 정도로 유지시켜 더 이상 손상되지 않도록 한다.

① 손상모 트리트먼트제

샴푸 후 건조시킨 상태에서 손상모 트리트먼트제를 도포하면 케라틴과 콜라겐 성분이 모질 개선과 함께 지모 예방을 도와준다.

② 연모 강화 트리트먼트제

모발이 가늘어졌을 때 모표피 층의 접착력을 증진시키고 간충물질을 채워준다.

③ 축모 교정 트리트먼트제

축모는 모표피의 비늘층이 고르지 못하여 절단되기 쉽다. 이에 고분자 화합물과 왁스류 성분이 함유된 트리트먼트제를 사용하여 고르지 못한 모표피에 유막을 형성시킨다.

> [TIP] 헤어 트리트먼트제의 유형
>
> ① 크림형
> - 가장 많이 사용되며 사용 후에 두발에 유·수분을 공급하여 모발 건조를 막고, 광택과 유연성을 준다.
> - 유성성분과 양이온 계면활성제, 습윤제 등이 유화된 상태이다.
>
> ② 액체형
>
> 앰플 용기에 1인 사용량이 들어 있어 사용하기에 간편하며 청량감이 있다.
>
> ③ 스프레이형
> - 유성성분에 의해 모표피에 유막을 형성하여 광택을 주고, 갈라짐을 방지한다.
> - 실리콘, 라돌린 유도체, 폴리펩타이드 등이 배합되어 모표피를 코팅(Coating)한다.
>
> ④ 에멀전형
>
> 모발 도포 시 균일하게 적용된다.

Section 02 두피 관리(Scalp treatment)

1 스캘프 매니플레이션의 기초

(1) 두부 마사지의 목적

① 지각신경을 자극하여 혈액순환을 잘 되게 한다.

② 피로감을 해소함으로써 상쾌한 기분을 주고 정신을 안정시킨다.

③ 근육과 분비선의 기능을 왕성하게 하여 두개피에 탄력을 주고 탄성섬유의 퇴화를 방지함으로써 두개피의 건강상태를 양호하게 유지시켜 준다.

2 스캘프 매니플레이션의 방법

일반적으로 두피는 경혈을 이용한 경락관리가 효과적이다. 두부에서의 얼굴 경락은 두피관리의 연결선상으로 전신관리 효과를 높여줄 뿐 아니라 모발 건강까지도 증진시킨다.

1) 두피 매니플레이션

(1) 두피 매니플레이션 준비하기

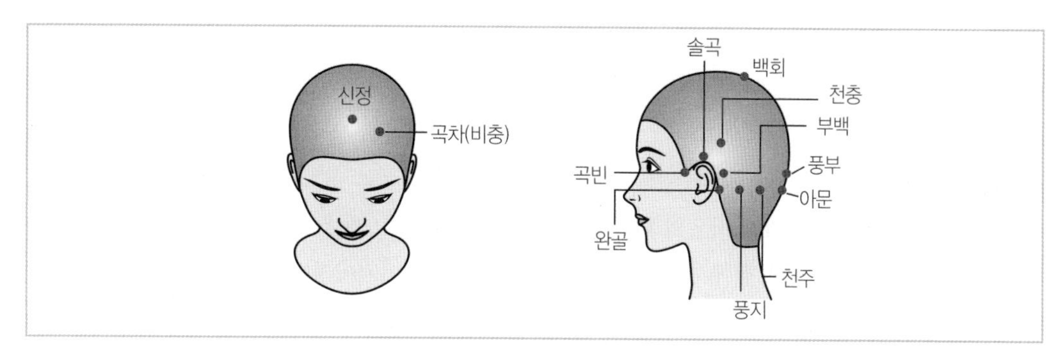

▲ 두개피 정중선과 관자놀이 근처의 경혈점

① 측두부(천측동맥, 정맥, 측두근) : 곡빈을 강하게 지압한다.

② 귀상부(측두혈관, 신경, 근육) : 솔곡 → 천충 → 부백을 강하게 지압한다.

③ 후두부(후두동맥, 소후두신경, 후두근) : 아문 → 천주 → 풍지를 강하게 지압한다.

④ 전액부(안와상동맥, 신경, 전두근) : 신정 → 비충을 강하게 지압한다.

⑤ 두정부 : 백회는 양쪽 엄지를 겹쳐서 10회 정도 강하게 지압하며, 천주 → 풍지는 엄지와 검지로 강하게 잘 주무른다.

⑥ 어깨 : 견정 → 견외유는 엄지로 양쪽 어깨를 동시에 15회 정도 강하게 잘 주무른다.

[TIP] 운동신경 침입점

- 뇌호 : 경추와 두개골이 맞부딪치는 부분에 생긴 패인 곳이다.
- 시구 : 뇌호 옆으로 1cm 비스듬히 아래로 움푹한 곳이다.
- 견정 : 목과 어깻죽지 부분이다.
- 견료 : 쇄골 및 어깨와 팔죽지의 패인 곳이다.
- 폐유 : 견갑골과 등골 사이이다.
- 견외유 : 어깨의 정중보다 외측에 가까운 혈이다.

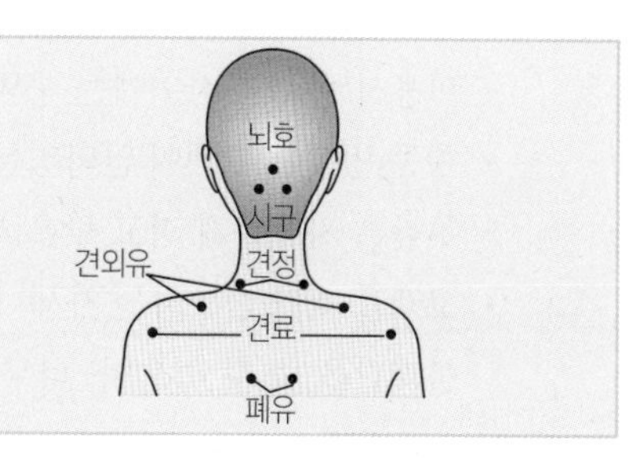

(2) 기본 동작

근육, 신경, 피부 경혈선 등 인체의 생리를 이해한 다음 아래의 기술을 행한다.

① 경찰법(Stroking) : 손바닥, 네 손가락, 엄지 등을 이용하여 가볍게 문지른다.

② 강찰법(Friction) : 피부를 누르면서 강하게 문지른다.

③ 유연법(Kneading) : 약지와 엄지를 이용하여 근육을 놓았다 집었다 하며 주물러서 근육을 풀어준다.

④ 진동법(Vibration) : 피부와 하부 조직에 진동을 전달한다.

⑤ 고타법(Percussion)

- 태핑(Tapping) : 손가락의 지두를 이용하여 두드린다.
- 슬래핑(Slapping) : 손바닥으로 두드린다.

- 커핑(Cupping) : 손바닥으로 컵 모양으로 만들어 옴폭하게 한 후 두드린다.
- 해킹(Hacking) : 손바닥을 세워서 새끼손가락 측면으로 가볍게 두드린다.
- 비팅(Beating) : 주먹을 살짝 쥔 후 두드린다.

2) 스케일링

노폐물과 피지, 각질을 세정하는 것으로서 두피의 모공을 열어 주는 준비 단계이다.

(1) 헤어 브러싱

미용술에 있어서 두부기술 최초의 단계에 해당되는 기술이다. 일상적으로 고객 스스로가 행할 수 있는 작업이므로 전문 미용실에서의 과정은 더 섬세하게 다루어져야 한다.

> [TIP] 브러싱의 정의
>
> ① 샴푸 시술 또는 스케일링 전 첫 단계로서 두발과 두피 상태를 파악할 수 있다.
> ② 고객을 편안하고 안정되게 하는 준비 과정이다.
> ③ 엉킨 두발을 가지런히 정리해 줌으로써 샴푸 시술을 용이하게 한다.
>
> 브러싱의 목적
>
> ① 두개피의 혈액순환과 함께 분비선의 기능을 활발하게 한다.
> ② 두발에 윤기를 주며, 가벼운 자극과 쾌감을 주어 미용효과를 높여준다.
> ③ 두피와 모발의 비듬, 분비물, 외부로부터의 먼지 등을 제거시킨다.

① 브러싱의 자세

- 발을 벌려 체중의 중심을 잡고 똑바로 서서 행한다.
- 미용사와 고객 사이에는 주먹하나 정도의 거리를 두고 바로 뒤에 선다.
- 행동 범위는 고객이 앉아있는 위치보다 앞으로 나가지 않도록 한다.
- 무릎은 자유롭게 펴고 팔은 두피에 대하여 평행하게 함으로써 팔의 위치를 안정시킨다.
- 고객을 껴안듯이 하는 자세나 위에서 덮어씌우는 듯한 자세는 피한다. 이러한 자세는 고객에게 불쾌감을 줄 수 있으며, 너무 가까이 다가서면 몸 전체의 움직임이 원활하지 못하다.

② 브러싱 방법

쿠션(스켈톤) 브러시를 둥글게 회전시키면서 두피 전체에 행한다.

- 얼굴의 발제선에 따라 브러시를 넣는다. 귀 있는 곳까지 확실하게 이어서 반대쪽의 귀까지 중앙 → 오른쪽 → 왼쪽의 순서로 행한다.
- 좌우의 귀를 잇는 선상으로 옮겨간다. 이때 브러시를 멈추지 않고 동작을 이어서 하며 양쪽 눈의 연결 부위까지 확실하게 브러시를 넣는다.
- 브러시를 귀 뒤쪽에 대고 목선(Nape line)에서 백회(G.P)를 향해 긁어 올리는 식으로 오른쪽 측면에서 목 쪽으로, 왼쪽 측면에서 목 쪽으로 브러싱한다.

(2) 두피 유형별 스케일링제

보통 멘톨이나 페퍼민트 같은 화한 박하성분이 들어 있어 두피를 시원하게 한다.

① 민감성 두피 : 두피를 안정화시킬 수 있는 활성성분이 함유되어 있으며, 모발에 유 · 수분 균형을 고려한 제품을 사용한다.

② 비듬성 두피 : 비듬과 각질이 많은 두피로서 각질 또는 미생물, 곰팡이가 증식하지 못하도록 피지 조절 성분이 함유된 제품을 사용한다.

③ 지성 두피 : 기름기가 많은 두피로서 과다한 피지 형성을 방지하기 위해 피지 분비 균형 성분이 함유된 제품을 사용한다.

> [TIP] 스케일링제 종류 : 성상에 따라 3가지 종류로 구분된다.
> ① 액상 타입 : 가벼운 각질 및 피지를 제거할 때 사용되며, 스케일링 시 두피로 흘러내릴 수 있으므로 주의한다.
> ② 겔 타입 : 일반적인 각질 및 피지를 제거할 때 사용한다.
> ③ 크림 타입 : 심한 각질 및 과잉 피지를 제거할 때 사용하며 스케일링 시 모발에 묻지 않도록 주의한다.
>
> 스케일링 시 사용되는 도구
> ① 압축 솜(7×10cm), 스틱 면봉(14cm), 스포이드, 브러시 등 여러 가지를 이용할 수 있다.
> ② 시술 전 관리사 및 시술도구의 소독을 통해 고객에게 세균이 전이되는 것을 예방해야 한다.

(3) 스케일링 시술방법

① 두상을 4등분하여 순서대로 1~1.5cm 파팅으로 스케일링 작업을 한다.

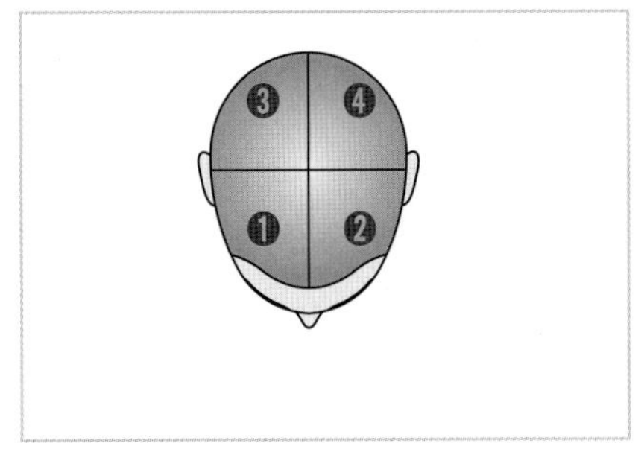

▲ 블로킹 순서

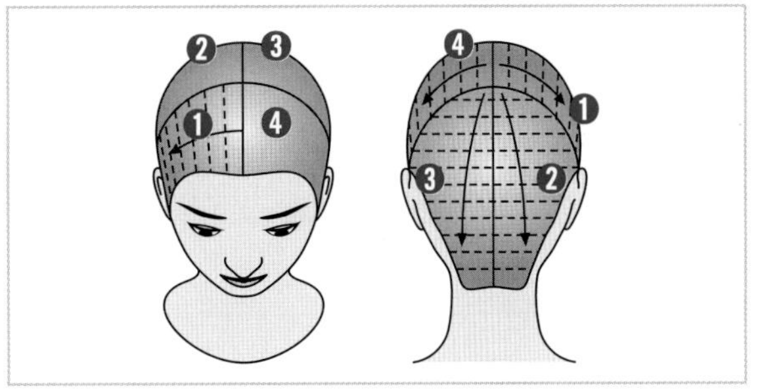

▲ 시술 순서

❶ 오른쪽 전두부(상단)에서 시작하여 측두부(하단)로 이동한다.
❷ 오른쪽 두정부(상단)에서 시작하여 후두부(하단)로 이동한다.
❸ 왼쪽 두정부(상단)에서 시작하여 후두부(하단)로 이동한다.
❹ 왼쪽 전두부(상단)에서 시작하여 측두부(하단)로 이동한다.

- 마무리 작업으로 앞이마의 헤어라인인 발제선을 따라 후두부의 네이프 라인까지 마무리한다.

② 두발을 정리한다.

(4) 주의사항

① 면봉처리된 오렌지우드스틱의 뒷면 또는 꼬리빗을 이용하여 정확한 섹션(1~1.5cm)으로 파팅한다.
② 도포 시 두발 엉킴에 주의하고 긴 두발일 경우 고객의 얼굴면에 두발이 닿지 않게 한다.
③ 스케일링제가 크림 타입일 경우 충분히 문지른 후 두피에 남아있지 않도록 헹군다.
④ 시술 전후에 사용한 도구는 소독한 후 정리한다.

(5) 홈 케어

두피 관리는 라이프스타일(생활습관, 식습관)로서 지속적으로 관리가 이루어져야 한다. 우선 집에서 사용하는 샴푸제가 본인에게 적합한 제품(유형별 두피 상태)으로서 자극이 없어야 하며 두피 환경, 스트레스 등을 스스로 조절해야 한다.

두피 유형	방법
정상두피	• 유·수분 균형을 유지하도록 관리한다.
건성두피	• 유·수분 균형 샴푸제를 사용한다. 적당한 두피 마사지로 피지 분비를 촉진시키는 것이 중요하다.
지성두피	• 세정력이 좋은 지성두피 샴푸제를 사용한다. • 아침보다 저녁에 세정하며, 일주일에 한 번 정도 샴푸 전에 스케일링을 해야 한다.
비듬성 두피	• 자극적인 음식 섭취를 피하며, 살균·소독효과가 있는 기능성 샴푸제를 사용한다.
민감성 두피	• 저자극성 식물성 샴푸제로 세정하고, 매니플레이션을 충분히 하여 혈액순환이 원활하게 이루어지게 한다.

Section 03 모발 관리(Hair treatment)

1 모발의 진단

모발의 형상, 특성, 손상의 유무를 시진과 촉진으로 관찰하거나 기구를 사용하여 진단하는 방법이다.

1) 감각에 의한 진단

모발의 개인차는 '광택이 없다, 기름기가 없다, 빗질이 잘 되지 않는다, 잘 끊어진다.' 등의 정도 또는 느낌에 따라 건강모, 손상모로 진단할 수 있다.

2) 기구에 의한 진단

모발색의 짙기에 따라 가늘거나 굵게 보이는 감각적 판단은 정확을 기할 수가 없다.

(1) 모경의 판정

산모의 자궁 내(4~5개월)에서 전신 발모된 취모(Lanugo hair, 毳毛)는 두발, 눈썹, 속눈썹 등에 있는 것을 제외하고는 모든 모낭에서 연모로 대체된다.

① 모발의 직경

- 일반적으로 센털(경모)의 모발 직경은 0.1~0.12mm이며, 솜털(연모)은 0.05~0.06mm의 굵기를 갖는다. 따라서 평균적 굵기는 0.08~0.09mm이다.
- 여성의 모발 직경은 대략 0.05~0.12mm(50~120μm)이다.

② 모경지수

- 모발 횡단면의 최소 직경을 최대 직경으로 나누어 100배 되는 수치를 모경지수라고 한다.

[TIP] 모경지수

$$\frac{\text{모발의 장경}}{\text{모발의 단경}} \times 100$$

- 동양인의 모경지수는 75~85로서 원형에 가깝다.
- 흑인의 모경지수는 50~60으로서 편평한 타원형에 가깝다.
- 백인의 모경지수는 62~72로서 동양인과 흑인의 중간형이다.

[TIP] 모발의 형상(Shape of hair)

모발은 직모와 축모로 분류할 수 있다. 이들 간에 명확한 구분은 없지만 인종적 또는 발생 부위에 따라 차이가 있다.

① 직모(Straight hair) : 검고 곧은 이미지를 가지며, 현미경으로 관찰 시 단면이 원형을 이루고 있다.

② 축모(Curly·Wavy·Kinky hair)

- 타원형의 단면 형태를 하고 있으며, 모표피의 비늘층이 고르지 못하다.
- 축모는 파상모로서 버릇모라고도 하며, 현미경으로 관찰 시 만곡되어 있고 굵기가 일정하지 않다.

(2) 모발구조의 이상

두피 유형	방법
연주모	• 모발 형태의 이상 현상으로서 모간의 두께가 고르지 않고 결절을 보이며 잘 부러진다.
결절성 열모증	• 모발이 부분적으로 손상되어 매듭처럼 얽혀있으며 부서져 있다. • 건조하여 쉽게 부스러지는 상태로서 브러시처럼 펼쳐져 보인다.
양털 모양의 모발	• 양털 모양의 두발은 한 타래로 뭉쳐지는 경향이 있어 빗질이 힘들고 보통 12cm 이상 자라지 못한다.
다모증	• 비정상적으로 모발이 많이 나는 경우이다.
모발종렬증	• 모발이 찢어져 깃털 모양으로 된 상태이다.
백모증	• 카니티스라고 하며 선천성과 후천성으로 구분된다. • 선천성은 출생 전 또는 출생 시에 일어나는 알비노증이다. • 후천성은 노화(Aging)에 의해 발생되는 증상이다.

2 탈모(Hair loss)

탈모에는 생리적으로 발생하는 자연탈모(Shedding)와 병적으로 발생하는 이상탈모(Alopecia)가 있다.

> [TIP] 탈모의 사전 증상으로는 모발이 가늘어지는 것이 가장 명확한 증거이며, 두피가 자주 가렵거나 기름기가 증가하고, 건조하여 당기는 느낌과 함께 비듬이 평상시보다 많이 보이기도 한다.

1) 탈모의 원인

탈모는 몇 가지 원인이 중복되어 일어나며, 그 원인을 밝히는 것은 쉽지 않다.

① 두피의 혈액순환 장애가 원인이 될 수 있다.
② 다이어트와 불규칙한 식사 등으로 인한 영양 부족이 원인이 된다.
③ 스트레스, 과로나 고열, 냉증, 빈혈 등이 원인이 된다.
④ 과각화 현상에 의해 모공이 막히거나 좁혀 있는 경우에는 원인이 된다.
⑤ 지나친 자극이나 압력으로 인한 모낭 손상이 원인이 될 수 있다.
⑥ 세발을 자주 하지 않거나 자극적인 샴푸나 비누를 사용할 경우에도 원인이 된다.
⑦ 임신에 따른 호르몬 변화에 의해서도 원인이 된다.
⑧ 폐경기 이후 에스트로겐 호르몬이 감소하고 테스토스테론 호르몬의 증가에 의해 원인이 될 수 있다.

2) 탈모의 유형

(1) 원형 탈모증

남성, 여성, 소아 누구에게나 발생 확률이 비교적 높은 탈모증으로서 검은 모발만 공격하는 자가 면역질환의 일종이다. 자각증상 없이 동전 크기의 원형을 이루며 탈모된다. 장기간 계속되거나 침범 부위가 광범위한 경우 손 · 발톱에 곰보 모양의 병변이 나타날 수 있다.

① 단발성 원형 탈모증 : 아무 이유 없이 모발이 동전 크기로 빠져있다. 대부분 1~2개월 사이에 짧은 모발이 자라나며 60%의 자연 치유력을 가진다.
② 확산성(미만성) 원형 탈모증 : 두부 전체에 많은 양의 모발이 균등하게 탈모된다. 난치성 탈모증의 일종으로 1~2년 과정의 치료로 완치되는 경우가 있다.
③ 범발성 원형 탈모증 : 병리적으로 난치성, 악성 탈모증이라고도 하며, 전두 또는 전신 탈모증과 같은 심한 형태의 탈모증이다.

> [TIP] 특수한 형태의 원형 탈모증
> ① 전두 탈모증 : 두부 전체의 머리털이 빠진다.
> ② 전신 탈모증 : 눈썹, 속눈썹, 수염, 겨드랑이 털, 음모 등 전신의 털이 빠진다.
> ③ 사행성 두부 탈모증 : 뱀이 기어가는 느낌을 준다하여 사행성이라 하며, 월계관을 쓰면 닿는(Crown) 두정부 전체의 탈모반을 일컫는다.
> ④ 망상 원형 탈모증 : 작은 크기에 뚜렷한 모양의 탈모반이 두부 곳곳에 흩어져 그물망 형태를 보인다.

(2) 생장기 탈모

발모벽, X선 조사, 두부의 외상 및 압박, 내분비 질환 등에 의해 생장기 탈모가 나타난다.

① 남성형 탈모증

전체 탈모의 95%를 차지하며, 탈모의 원인은 확실하지 않으나 유전적인 요인과 남성호르몬이 중요한 인자로 작용한다.

> [TIP] 탈모된 유형(M, O, C형)에 따라 모양의 차이를 갖는 것은 고농도 테스토스테롤(DHT)과 유전인자(5α-환원효소)의 수용체가 결합하는 곳이 다르기 때문이다.

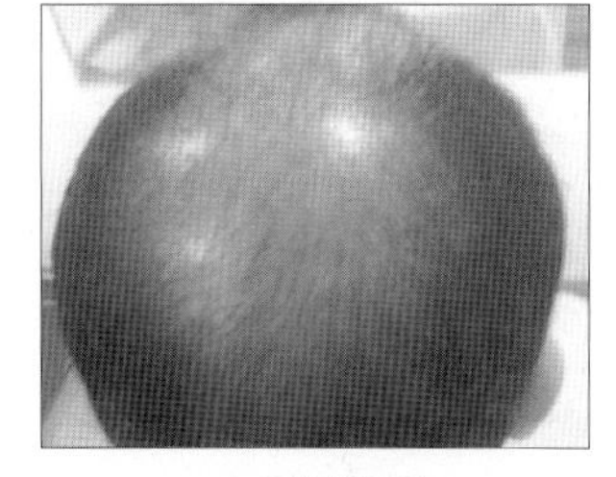
▲ O형 탈모증

㉠ 휴지기 모발의 비율이 높아지면서 모발이 가늘어진다.
- 성인 남성의 탈모증상으로서 모주기 과정이 빨리 진행됨으로써 모발 수명이 짧아진다.
- 주로 전두부 · 두정부에 보이는 모발 퇴행 현상으로 생리적 탈모증이라고 할 수 있다.

㉡ 두피는 긴장되어 탄력이 없는 딱딱한 형태이다. 모낭 내에 지방이 많고 모발이 갖는 고착력이 약해서 탈모되는 경우이다.

㉢ 가마에서 전두부, 이마 발제선에서 가마를 향해 탈모가 진행된다.

② 여성미만(확산)성 탈모

㉠ 일반적으로 두상 전체에서 고루 탈모되는 현상으로서 특히 가르마 선의 폭이 넓어지거나 정수리의 가마 부분의 모발이 가늘어진다.

㉡ 남성과 달리 여성은 점진적으로 두발이 가늘어지고 짧아지며, 임신과 폐경기 때 더욱 가속화된다.

(3) 휴지기 탈모

생장기 모발은 여성호르몬의 영향을 받았을 때 보통보다 빠른 속도로 휴지기로 이행한다. 이로 인해 휴지기모가 갑자기 늘어나는 것이 휴지기 탈모의 원인이 된다.

① 결발성 휴지기 탈모

㉠ 정신적인 요인이나 머리핀 등으로 모발을 지속적으로 잡아당기는 경우에 영구적인 탈모를 일으킬 수 있다.

㉡ 견인성 탈모로서 견고하게 머리털을 묶거나 끌어올려 땋거나 감아올릴 때 또는 기계적인 자극을 반복했을 때 일어나는 현상이다.

㉢ 두발에 만성적 압박, 마찰, 견인 등 물리적인 힘이 가해졌을 때 나타나는 결발성 탈모, 유아기성 탈모, 발모벽 등이 대표적 현상이다.

② 산후 휴지기 탈모

산후 2~5개월에 나타나기 시작하여 전두부의 1/3에서 탈모가 일어나지만 두부 전체에 나타나기도 한다. 휴지기 모발 비율은 24~64%이며, 탈모는 약 2~6개월 또는 그 이상 지속된 후 정상적인 상태로 회복된다.

③ 열병 후 휴지기 탈모

증후성 탈모라고 하며 장티푸스와 같이 고열이 나는 질병을 앓고 난 후 2~4개월부터 탈모 현상이 나타나기 시작하며, 후에 정상적인 모발이 재생된다.

> **[TIP]** 탈모 증상이 있는 두발의 특징 : 탈모가 있는 대부분의 사람들은 지루성 피부염, 모낭염, 두개피부 가려움이 동반된다.
>
> ① 모발 숱이 적어진다, ② 모발이 가늘어지고 힘이 없다, ③ 정상인에 비해 모발이 자라는 속도가 느리다.

Chapter 08 두피 및 모발 관리 실전예상문제

01 두피에 지방분이 너무 많은 경우에 사용하는 트리트먼트는?

① 플레인 스캘프 트리트먼트
② 오일리 스캘프 트리트먼트
③ 드라이 스캘프 트리트먼트
④ 댄드러프 스캘프 트리트먼트

> 해설
> 지성두피로서 피지가 과잉 분비될 때 오일리(Oily) 스캘프 트리트먼트를 사용한다.

★★☆☆☆
02 병적 원인에 의한 탈모증에 해당하지 않는 것은?

① 지루성 탈모증　② 약물 중독 탈모증
③ 산후 탈모증　④ 열병 후 탈모증

> 해설
> 산후 탈모증
> • 휴지기성 탈모로서 산후 2~5개월에 나타나기 시작하여 전두부의 1/3에서 탈모가 일어나지만 두부 전체에 나타나기도 한다.
> • 휴지기 모발 비율은 24~64%이다.
> • 탈모는 약 2~6개월 또는 그 이상 지속된 후 정상적인 상태로 회복된다.

★☆☆☆☆
03 두발 상태가 건조하며 끝이 여러 갈래로 갈라지고 부서지는 증세는?

① 결절 열모증　② 비강성 탈모증
③ 원형 탈모증　④ 결발성 탈모증

> 해설
> 두발의 끝이 여러 갈래로 갈라지는 현상을 결절 열모증이라 한다. 이는 모발이 부분적으로 손상되어 매듭처럼 얽혀 있으며 부서져 있다. 즉, 건조하여 쉽게 부스러지는 상태로서 브러시처럼 펼쳐져 보인다.

★★★☆☆
04 비듬을 제거하기 위한 두피 손질법은?

① 드라이 스캘프 트리트먼트
② 댄드러프 스캘프 트리트먼트
③ 플레인 스캘프 트리트먼트
④ 오일리 스캘프 트리트먼트

> 해설
> 댄드러프 스캘프 트리트먼트는 비듬 제거 손질법이다.

05 다음 중 탈모의 원인이 아닌 것은?

① 남성 호르몬이 부족한 경우
② 두피의 피지 분비가 과다한 경우
③ 정신적 과다와 긴장감이 연속된 경우
④ 모유두의 조직이 화상이나 외상으로 손상된 경우

> 해설
> ④는 탈모 증상으로 반흔성 탈모라 한다.

★☆☆☆☆
06 건성두피의 트리트먼트는?

① 플레인 스캘프 트리트먼트
② 오일리 스캘프 트리트먼트
③ 드라이 스캘프 트리트먼트
④ 댄드러프 스캘프 트리트먼트

> 해설
> 피지가 부족하고 건조한 상태인 건성두피일 때에는 드라이 스캘프 트리트먼트를 한다.

정답 01 ② 02 ③ 03 ① 04 ② 05 ④ 06 ③

07 두발의 측쇄결합으로 볼 수 없는 것은?

① 염결합 ② 수소결합
③ 시스틴결합 ④ 폴리펩타이드결합

해설
측쇄결합은 염결합, 수소결합, 펩타이드결합, 시스틴결합, 소수성결합의 5가지가 있다. ④ 폴리펩타이드결합은 주쇄결합이다.

08 젖은 두발에 일시적인 절단과 재결합을 주관하는 결합은?

① S-S결합 ② 염결합
③ 수소결합 ④ 펩타이드결합

해설
두발에서 가소성을 나타내는 영구결합은 S-S결합이며, 절단과 재결합은 수소결합이 일시적으로 주관한다.

★★☆☆☆
09 다음 중 건강한 모발의 등전가(pH)는?

① pH 3~4 ② pH 4.5~5.5
③ pH 6.5~7.5 ④ pH 8.5~9.5

해설
모발의 pH는 4.5~5.5(약산성)이다.

10 건강한 성인 두발에 대한 설명 중 틀린 것은?

① 모든 두발은 똑같은 생장주기를 가진다.
② 두발은 성장기, 퇴화기, 휴지기를 갖고 있다.
③ 임신 또는 정신적 기분 등으로 심한 탈모가 발생될 수 있다.
④ 세발이나 브러싱을 할 때 쉽게 탈모되는 것은 주로 휴지기에 들어간 두발이다.

해설
두발은 모낭에 따라 각각의 생장주기를 갖고 있다.

11 두피 관리 프로그램의 일반적 매뉴얼의 절차인 진단의 종류가 아닌 것은?

① 문진
② 시진
③ 촉진
④ 진찰

해설
문진, 시진, 촉진, 검진(진단기기) 등을 이용해 정확한 진단을 하며 고객에게 진단 결과를 설명해 준다. ④ 진찰은 의사들의 용어이다.

12 두피 마사지할 때의 손으로 하는 동작을 무엇이라 하는가?

① 헤어 마사지
② 페이셜 마사지
③ 스캘프 트리트먼트
④ 스캘프 매니플레이션

해설
손으로 하는 마사지 동작을 매니플레이션이라고 한다.

13 다음 중 주로 검은 모발의 색을 나타나게 하는 멜라닌은?

① 유멜라닌 ② 타이로신
③ 페오멜라닌 ④ 멜라노사이트

해설
① 유멜라닌(Eumelanin)은 적갈색을 나타내는 어두운 색소로 입자형(과립형) 색소이다.
② 페오멜라닌(Pheomelanin)은 황적색을 나타내는 밝은 색소로 분사형 색소이다.
③ 타이로신(Tyrosine)은 멜라닌색소를 만들 수 있는 아미노산으로 전구체이다.
④ 멜라노사이트는 멜라닌색소를 산화시키는 효소제이다.

정답 07 ④ 08 ③ 09 ② 10 ① 11 ④ 12 ④ 13 ①

14 두피 처리의 설명이 아닌 것은?

① 두피에 유분 및 영양분을 보급한다.
② 찬 타월로 두피에 수분을 공급한다.
③ 두피에 묻은 비듬, 먼지 등을 제거한다.
④ 두피를 자극하여 혈액순환을 원활하게 한다.

해설
따뜻한 타월을 두피에 사용하여 혈액순환을 돕는다.

15 다음 중 스캘프 트리트먼트에 가장 적합한 경우는?

① 샴푸 시술 시
② 염식, 탈색 시술 직전
③ 두피에 상처가 있는 경우
④ 퍼머넌트 웨이브 시술 직전

해설
두피의 불청결은 모공을 막아 트러블을 야기시킴으로써 모발의 정상적인 성장을 저해시키므로 스캘프 트리트먼트는 샴푸 시술 시에 하는 것이 적합하다.

16 스캘프 트리트먼트의 목적이 아닌 것은?

① 먼지나 비듬을 제거해 준다.
② 혈액순환을 왕성하게 하여 두피의 생리기능을 높인다.
③ 두피의 지방막을 제거해서 두발을 깨끗하게 해 준다.
④ 두피나 두발에 유분 및 수분을 보급하고 두발에 윤택함을 준다.

해설
스캘프 트리트먼트(두피 관리)의 목적
- 두피에 발생하는 다양한 문제점을 올바르게 파악하여 효과적인 관리를 위함이다.
- 노화된 각질이나 피지 산화물 등을 제거해 준다.
- 각화주기를 정상화시켜 모공 내 제품 침투력을 높여 준다.
- 마사지를 통하여 혈액순환을 촉진시킨다.

17 두피의 안정감과 자극을 최소화해야 하는 두피 타입은?

① 건성두피 ② 지성두피
③ 민감성 두피 ④ 비듬성 두피

해설
민감성 두피는 저자극성 식물성 샴푸제로 세정하고 매니플레이션을 충분히 하여 혈액순환이 원활하게 이루어지게 한다.

18 비듬성 두피에 대한 내용과 가장 거리가 먼 것은?

① 유 · 수분 균형과 적외선 및 광선 요법으로 관리한다.
② 과다 피지를 정리하고 자극을 최소화해야 한다.
③ 비듬균의 전이를 막기 위해 항균 비듬 세정제를 사용한다.
④ 세균 감염 및 염증 등의 두피 질환이 있을 시 전문의와 상의한다.

해설
②는 민감성 두피에 대한 관리 방법이다.

정답 14 ② 15 ① 16 ③ 17 ③ 18 ②

CHAPTER

09 | 헤어 컬러링

염색은 산화작용을 이용하여 모발의 자연 멜라닌색소를 먼저 표백시킨 후 인공색소를 넣어주는 방법으로서 탈색과 염색(발색)을 동시에 형성한다. 영구염모제인 주성분(제1제)은 파라페닐렌다이아민(PPDA)으로서 색소제와 알칼리제로 구성된다. 제2제인 과산화수소의 1/2은 모발색을 탈색시키고 1/2은 색소를 발현시킨다. 이러할 때 헤어 컬러링의 3요소인 모발, 용제, 기술에 대한 설명이 요구된다.

Section 01 색채이론

1 색채이론

색(Color)은 빛의 현상으로서 빛에 의해 형태, 질감, 색상을 볼 수 있다. 색이 지각되기 위해서는 빛(태양)이 반드시 필요하다.

1) 색과 색채

(1) 빛의 색(광원색)

빛은 볼 수는 있지만 공간과 무게가 없는 비물질이다. 비교적 파장이 짧은 전자기파로서 본래는 파장이 0.4~0.75μm인 가시광선을 말하나 넓은 뜻으로 자외선과 적외선을 포함하는 경우도 많다.

[TIP] 빛의 파장에 따른 분류

태양광선에는 가시광선의 각종 파장인 빛이 거의 같은 양으로 모여 무색으로 감지된다. 다시 말하면 태양광선 속에는 여러 가지 색광이 포함되어 있다.

① 가시광선(380~780nm) : 일반적으로 빨강, 주황, 노랑, 초록, 파랑, 남색, 보라까지의 스펙트럼에 나타나는 광선이다.

② 자외선(380nm 이하) : 보라색 바깥쪽에 위치하는 짧은 파장이다.

③ 적외선(780nm 이상) : 빨간색 바깥쪽에 위치하는 긴 파장이다.

(2) 색채의 분류

색은 크게 무채색과 유채색으로 나누어진다.

① 무채색 : 흰색, 회색, 검정색으로서 색상, 채도는 없으며 명도(밝고 어두움)의 차이로 구분된다.

② 유채색 : 무채색 이외의 모든 색으로서 빨강, 노랑, 파랑, 녹색, 보라 등을 기본으로 그 사이의 모든 색과 색감을 포함한다.

③ 색의 3속성 : 색은 색상, 명도, 채도의 차이로 구별되며 이를 색의 3속성이라 한다.

[TIP] 색의 3속성
① 색상(Hue, H) : 색상은 색의 종류를 말한다.
② 명도(Value, V) : 명도는 색의 밝고 어두움, 즉 밝기의 정도를 말한다. 흰색에 가까울수록 명도가 높다는 것은 그만큼 색이 밝다는 의미이다. 일반적으로 탈색 등급에서 가장 밝은 색상은 명도 10이다.
③ 채도(Chrome, C) : 채도는 색의 연하고 진함, 즉 선명도를 말하며 채도가 가장 높은 색을 순색이라고 한다.

2) 모발에서의 색 법칙

(1) 색의 법칙

모발 내 자연색소(빨, 노, 파)의 농축 정도에 따라 흑색 → 갈색 → 적색 → 황색의 순서로 나누어지며 흰 모발(Gray hair)인 경우 색소는 거의 없다.

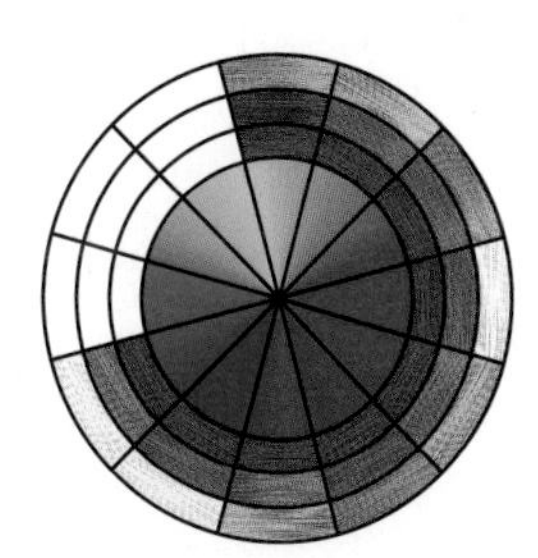
▲ 모발색 법칙

① 원색(일차색)

다른 색으로 분해할 수 없고 다른 색상을 혼합하여 만들 수 없는 빨강, 노랑, 파랑색이다.

[TIP] 원색은 색소 발현체(Chromophor)로서 빨강, 노랑, 파랑색이라 일컫는 3가지 기본색이다.

② 이차색(등화색)

각각의 원색 두 가지를 같은 양으로 혼합하여 얻어지는 색이다.

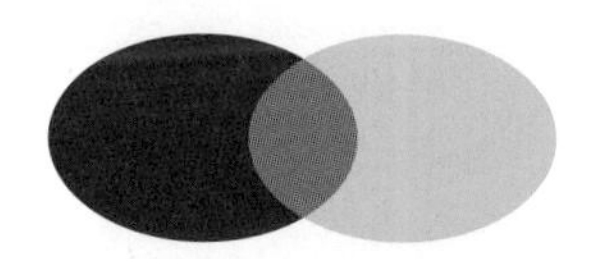
빨강 + 노랑 = 주황색

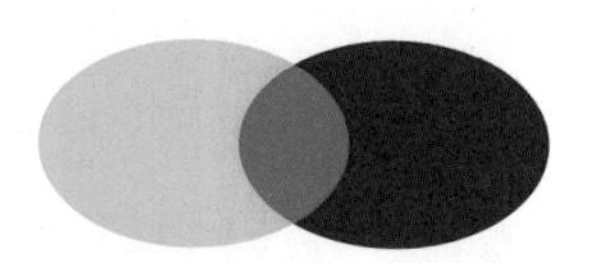
노랑 + 파랑 = 녹색

파랑 + 빨강 = 보라색

③ 3차색

원색 1개와 근접한 이차색(등화색) 1개를 같은 양으로 혼합하여 얻어지는 색이다.

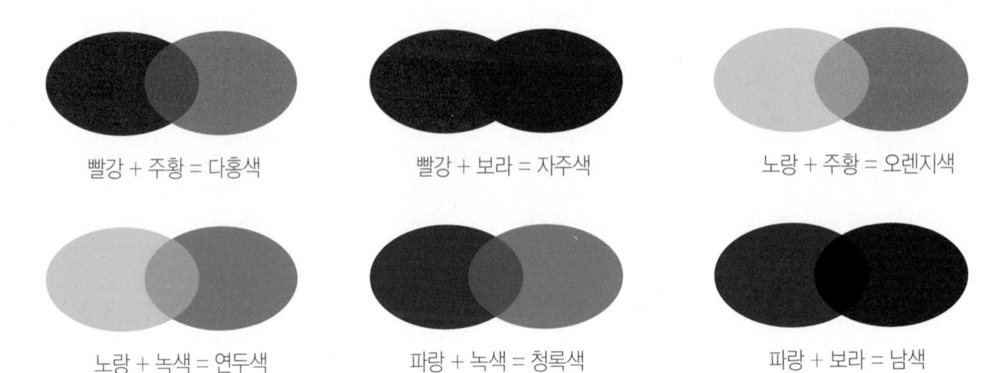

④ 4차색

1차색, 2차색, 3차색을 제외한 3원색을 섞어서 만든 모든 색을 의미하며, 시각적 색의 느낌인 난색과 한색의 범주로 분별된다.

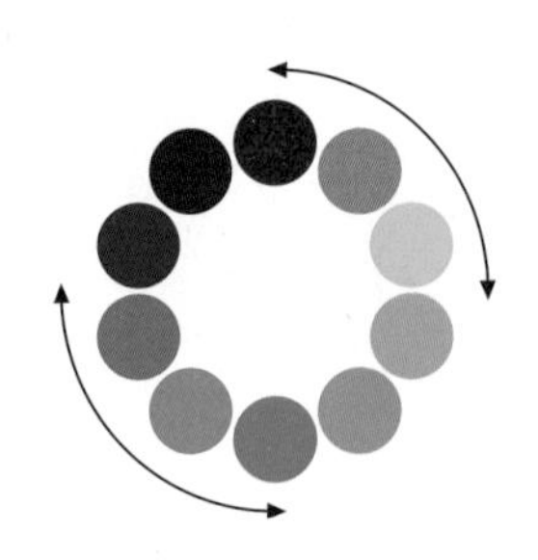

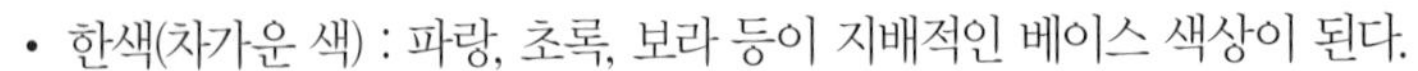

- 한색(차가운 색) : 파랑, 초록, 보라 등이 지배적인 베이스 색상이 된다.

- 난색(따뜻한 색) : 노랑, 주황, 빨강 등이 지배적인 베이스 색상이 된다.

3) 보색(중화색)

색상환에서 원색의 반대편에 놓인 2차색을 혼합하면 색이 중화되어 갈색이 된다. 보색 관계는 3가지 원색 중 하나가 반드시 포함된다.

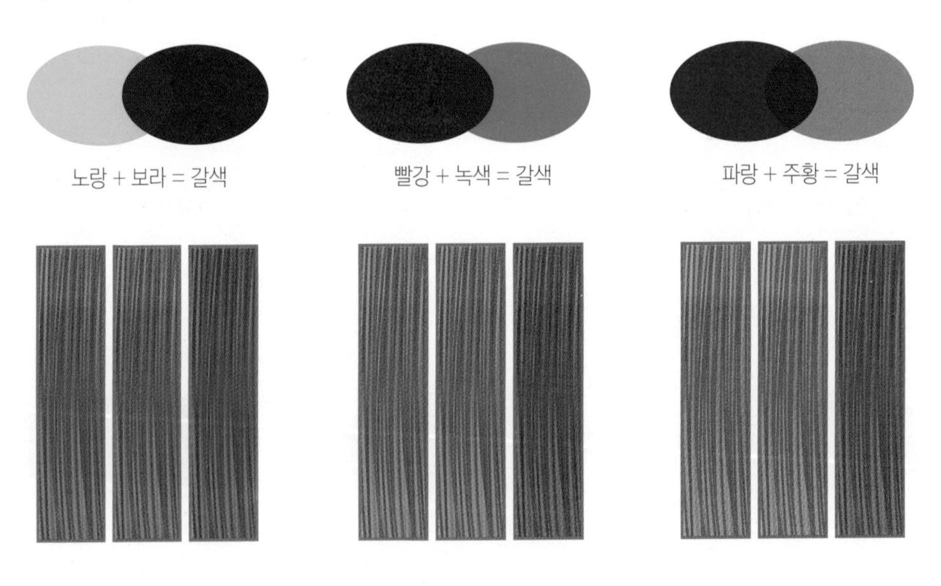

2 모발색상 이론

모발색을 다른 색으로 바꾸기를 원한다면 탈색을 해야 할지(한 번의 탈색 처리로서 기존의 색상을 바꿀 수 있는지), 염색을 해야 할지(한 가지 염모제를 사용함으로써 기존의 색상을 바꿀 수 있는지), 아니면 탈 · 염색을 동시에 해야 할지를 생각해야 한다.

(1) 모발색상의 범주

현재의 모발에서 어떤 색상을 억제, 중화, 강화해야 하는지를 파악하기 위해서는 모발 내부에 실제 구성된 자연색소인 기여(바탕)색소를 알아야 한다.

명도 (Level)	명도의 기준 척도 (Gray Scale)	모발색상	기여색상 (탈색색상)	색상범주 (모발 내 지배색소)	채도	비교
10	Very light blonde(White)	매우 밝은 금발	흐린 노란색	밝은 색조 (자연색소 노랑)	아주 높음	따뜻한 반사 빛 – 밝게 차가운 반사 빛 – 어둡게
9	Light blonde	밝은 금발	노란색		높음	노랑(금빛)
8	Medium blonde	중간 금발	진한 노란색		중간	노랑 + 약간의 오렌지 = 따뜻한 금빛
7	Dark blonde	어두운 금발	금색 (황금색)	중간 색조 (빨강+노랑)	낮음	노랑 + 노란 기운의 오렌지 = 밝은 구리 빛
6	Light brown or Red	밝은 갈색 또는 적색	주황빛 금색 (황금빛 오렌지)		높음	노랑 + 강한 오렌지 = 어두운 구리빛
5	Medium brown or Red	중간 갈색 또는 적색	주황색 (오렌지)		중간	오렌지 + 약간의 빨강 = 빨강
4	Dark brown or Red(Dark brown)	어두운 갈색	빨간빛 주황색 (붉은빛 오렌지)	어두운 색조 (빨강)	낮음	빨강 + 강한 오렌지 = 밝은 마호가니
3	Light black (Darkest brown)	검정 (밝은 검정)	빨간색 (적색)		높음	빨강 + 빨간 기운의 오렌지 = 어두운 마호가니
2	Medium black (Brownish black)	어두운 검정 (중간 검정)	적갈색 (적 보라)		중간	빨강 + 보라 = 보라(연보라)
1	Dark black	아주 어두운 검정 (진한 검정)	어두운 적갈색 (검정)	아주 어두운 색조(파랑)	낮음	빨강 + 강한 기운의 보라 = 어두운 보라

(2) 바탕(기여)색소의 균형

모발색은 멜라닌색소에 의해 결정되며, 자연색조모(Pigmented hair)라고 하며 어떤 색을 띠든 빨강(20%), 노랑(30%), 파랑(10%)의 기본색이 혼합된 색균형을 유지한다. 기본적으로 모발색상은 3원색을 2 : 3 : 1로서 균형 있게 함유한다.

구분	자연 모발 등급(1차 기여색소)	기여색소	모발색
10	매우 밝은 금발(Very light blonde)		
9	밝은 금발(Light blonde)		
8	중간 금발(Medium blonde)		
7	어두운 금발(Dark blonde)		
6	밝은 갈색(Light brown)		
5	중간 갈색(Medium brown)		
4	어두운 갈색(Dark brown)		
3	아주 어두운 갈색(Darkest brown)		
2	갈색을 띤 검정색(Brownish black)		
1	검정색(Black)		

▲ 1차 기여색소에 따른 2차 기여색소

[TIP] 모발색의 등급(Level of natural hair's color) : 모발색은 자연모발이든 탈색처리(인공모)를 한 탈색모발이든 밝은 모발에서 어두운 모발까지 1에서 10등급의 척도를 보편적으로 부여한다. 그러나 집필자 또는 제조사에 따라 7등급, 15등급, 20등급 등으로 분류될 수도 있다.

Section 02 탈색이론 및 방법

1 탈색이론

탈색은 모발 자체의 색상을 좀 더 밝게하거나 염색 전 준비 과정으로서 원하는 색상의 명도인 바탕(기여)색소를 만들고자 함에 있다. 1제와 2제를 비율에 맞게 혼합하여 모발에 도포한다.

[TIP] 탈색제 1제는 2제의 산화촉진제로서 과산화황산염(NH_3SO_4)을 사용한다.

1) 탈색제의 유형

장·단점 \ 유형	호상 탈색제	액상 탈색제
장점	• 블리치제를 두 번 도포할 필요가 없다. • 시술 과정에서 과산화수소가 건조될 염려가 없다.	• 모발에서의 탈색 작용이 빠르다. • 탈색 정도를 살필 수 있다. • 경제적인 효과가 있다.
단점	• 모발에서의 탈색 정도를 살피기 어렵다. • 샴푸를 한번에 끝내기 어렵다.	• 탈색이 지나치게 되는 경우가 있다. • 탈색제가 고르게 도포되지 않을 수 있다.

2) 탈색제의 성분

제1제 알칼리제(Booster)와 제2제 과산화수소로 구성된 탈색제는 이를 혼합하여 사용한다. 과산화수소 농도(세기)와 방치시간에 따라 모발 내의 색소 짙기가 변화한다.

(1) 제1제

pH 9.5~10 알칼리제로서 암모니아(인산염 또는 탄산염) 성분이 포함된 파란색 분말로서 방수팩에 포장되어 있다.

① 알칼리제 특성

- 알칼리제(암모니아)는 보력제 또는 촉진제(가속제), 활성제라고도 한다.
- 알칼리제는 촉진제(가속제)로서 과산화수소가 분해할 수 있도록 pH를 조절한다.
- 알칼리제는 모발을 팽윤시켜 모표피를 열어줌으로써 용제의 침투를 도와준다.
- 알칼리제는 탈색 등급을 더욱 크게 할 수는 없으나 결과색상을 확인할 수 있는 시간을 단축한다.

[TIP] 알칼리제

탈색제 성분 중 알칼리제는 H_2O_2 용액의 산화를 위한 촉진물질로서 산화촉매제 또는 보력제(Activator)이다. 알칼리제의 농도가 높을수록 2제의 분해를 더욱 촉진시켜 탈색 속도를 높인다. 즉, H_2O_2 자체로도 모발을 밝게 할 수는 있으나 방치시간이 오래 걸린다.

알칼리제 종류

① 암모니아 프리(Ammonia free) : 암모니아가 어떠한 형태로도 함유되어 있지 않다.
② 노 암모니아(No ammonia) : 암모니아라는 자체 고유화학 성분만 함유되어 있지 않다.
③ 프리 암모니아(Free ammonia) : 암모니아인 것은 변함없지만 암모니아의 또 다른 화학적 상태이다.

(2) 제2제

산소를 필요로 하는 모든 화학 과정(펌, 염색 등)에 사용되는 가장 일반적인 화학제품인 H_2O_2는 pH 2.8~4.5의 산성 범위에서 자유산소, 즉 활성산소($H_2O_2 \rightarrow H_2O + O\uparrow$)를 제공한다.

① 과산화수소의 특성

- 화장품학에서 산화제, 발생기제, 촉매제 등이라고 한다.
- H_2O_2는 빛 또는 열, 오염균 물질 등에 약하다.

- 금속성분이나 유기체(세균) 등에 의해 쉽게 분해되거나 휘발된다.
- 알칼리제와 혼합된 과산화수소의 pH를 증가시켜 모발에서의 탈색과 발색을 관장한다.

> **[TIP]** 과산화수소의 유형은 분말상(파우더), 크림상, 액상 등이 있다.

② 과산화수소의 단위

일반적으로 사용되는 H_2O_2는 물 가운데 H_2O_2의 농도를 중량(%) 또는 볼륨(Volume)으로 표기한다. 이는 하나의 H_2O_2 분자가 방출하는 활성산소의 수를 의미한다.

㉠ 볼륨의 세기

1Volume은 1분자의 H_2O_2가 방출하는 산소의 양을 나타낸다.

- 1분자의 H_2O_2 10vol은 10개의 산소원자를 방출하며 3% H_2O_2를 포함한다.
- 1분자의 H_2O_2 20vol은 20개의 산소원자를 방출하며 6% H_2O_2를 포함한다.
- 1분자의 H_2O_2 30vol은 30개의 산소원자를 방출하며 9% H_2O_2를 포함한다.
- 1분자의 H_2O_2 40vol은 40개의 산소원자를 방출하며 12% H_2O_2를 포함한다.

㉡ 퍼센트의 세기

볼륨보다 더 화학적인 개념을 나타낸다. 용액 단위(물 100%) 내에 포함되어 있는 용질(H_2O_2의 양)을 의미한다.

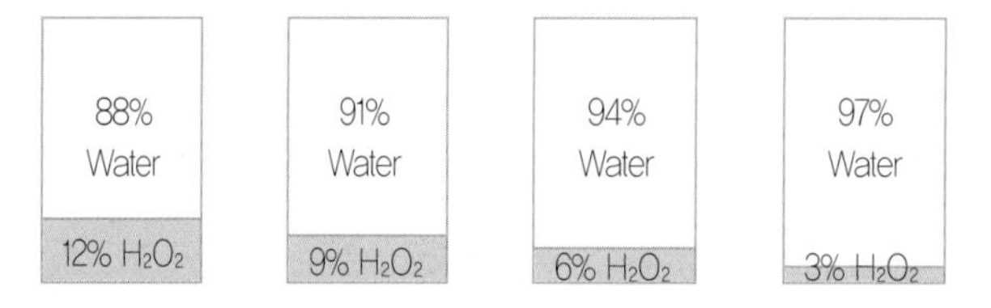

같은 양의 10, 20, 40볼륨인 H_2O_2 과산화물과 물의 농도를 백분율로 나타낸다.

- 3% H_2O_2는 물 97g에 H_2O_2 3g이 녹아있음을 포함한다.
- 6% H_2O_2는 물 94g에 H_2O_2 6g이 녹아있음을 포함한다.
- 9% H_2O_2는 물 91g에 H_2O_2 9g이 녹아있음을 포함한다.
- 12% H_2O_2는 물 88g에 H_2O_2 12g이 녹아있음을 포함한다.

③ 과산화수소의 사용범주

㉠ 밝게 하기(Lightening)

산화 염료의 제2제인 H_2O_2 6%는 모발 명도를 2단계까지 밝게 할 수 있으며, 12%는 4단계까지 밝게 한다.

㉡ 탈색(Bleach)

- 모발에 따라 4~7단계까지 밝게 탈색시킬 수 있다.
- 모발색인 멜라닌을 산화시키는 과정은 파랑색이 먼저 빠지고 그 다음 빨강, 노랑 순서로 같은 비율의 색균형을 이루며 점진적으로 색조를 감소시킨다.

ⓒ 탈염(Cleansing)

탈염은 색소 지우기로서 클렌징, 딥 클렌징으로 나눌 수 있다. 이는 인공색조를 지우거나 어두운 색상을 밝게 하고 싶을 때, 금속염으로 염착된 염모제를 없앨 때 등에 사용한다.

[TIP] 클렌징(Cleansing, Bleach bath)

① 탈색제 10g+온수 10㎖+샴푸제 10㎖+산화제 10㎖ = 1 : 1 : 1 : 1로 혼합하여 모발 도포 5~30분 정도 색조가 제거될 때까지 부드럽게 마사지 후 세척한다.
② 클렌징 방법에 의해 지우기(탈염)를 할 때 4~5level을 밝게 할 수 있다.

딥 클렌징(Deep cleansing)

딥 클렌징은 닦아내기로서 탈색제 10g + 산화제 30㎖를 모발에 도포하고 50분간 마사지 후 세척한다.

3) 탈색제

알칼리제 (NH_3) 농도	과산화수소 농도		작용 (알칼리제+과산화수소)	비고 (NH_3 함유량)
	볼륨	퍼센트		
2% 미만	10vol	3%(물 97g)	• 탈색, 발색 작용을 한다. • 명도가 1/2 Tone 정도 상승한다.	2% 미만, pH가 낮음
5~15%	20vol	6%(물 94g)	• 백모염색 시 안정성이 높다. • 명도가 1~2단계 상승한다.	5% – 1단계 명도 상승 10% – 2단계 명도 상승
	30vol	9%(물 91g)	• 탈색과 착색작용을 한다. • 명도가 2~3단계 상승한다. • 염색가능 마지막 볼륨 또는 %이다.	
24%	40vol	12%(물 88g)	• 착색보다 탈색작용이 더 크다. • 명도가 4단계 상승한다. • 높은 볼륨에 의한 두피 화상에 주의해야 한다. • 하이라이트에 사용한다.	24% – 4단계 명도 상승

2 탈색방법

(1) 탈색제의 작용

탈색제는 모발 내의 멜라닌색소를 점차적으로 엷게 함으로써 새로운 모발색상을 위한 각 등급의 기여색소를 만든다.

① 모발색의 범주

자연모발의 탈색 과정은 인종마다 일정하지 않은 단계에서 시작된다. 1단계의 검정 모발에서 10단계의 엷은 금발까지 모발색의 범주(Gray scale, A chromatic color)를 갖는다.

② 탈색 단계(과정)

자연 모발색의 기본 단계(명도)를 바탕으로 밝게 하는 과정이다.

- 탈색제 도포 처음 6분간 강한 탈색 작용을 하며, 파란 색상이 가장 먼저 빠지는 것을 느낄 수 있다.
- 탈색제는 한 번 도포 시 원하는 밝기에 따라 50분 정도 방치할 수 있다.
- 더 밝아지기를 원한다면 도포 후 1시간 이상이 지난 후에 닦아내고 탈색제를 다시 혼합하여 모발에 도포한다.
- 어떤 등급 이상에서의 탈색은 다른 등급에서보다 더 많은 시간을 요구한다.

[TIP] ① 탈색제는 모근에서 1~1.5cm 정도 띄운 후 모간에 먼저 도포하고, 모근은 가장 마지막에 도포한다. 체온에 의해 탈색이 빠르게 진행되기 때문이다.
② 모발에 도포된 탈색제는 최대 1시간 정도의 탈색 과정으로 화학제품이 갖는 역할을 다한다.
③ 7등급인 황금색에서 노란색까지는 다른 등급보다 1~3시간이 더 필요하며, 한 번의 탈색으로는 불가능하다.

③ 바탕(기여)색소 10등급

자연모 레벨과 같이 탈색모의 레벨 또한 등급에 따라 바탕색소를 동일하게 포함한다. 이는 검정색(1등급) → 적보라색(2등급) → 적색(3등급) → 붉은 빛 주황색(4등급) → 주황색(5등급) → 황금빛 주황색(6등급) → 황금색(7등급) → 진한 노란색(8등급) → 노란색(9등급) → 흐린 노란색(10등급)으로 구분된다.

구분	색상	시간	모발색상
1	검정	시료(버진헤어)	
2	갈색을 띤 검정	2분 50초	
3	아주 어두운 갈색	4분 55초	
4	어두운 갈색	7분 00초	
5	중간 갈색	10분 11초	
6	밝은 갈색	14분 20초	
7	어두운 금발	19분 05초	
8	중간 금발	23분 20초(15분 후 재도포)	
9	밝은 금발	30분(20분 후 재도포)	
10	매우 밝은 금발	45분 40초(20분 후 재도포)	

▲ 자연방치(탈색제 도포 후 시간경과도)

④ 탈색 과정에 영향을 주는 요인

- 모질에 따른 모발의 두께에 따라 다르다.
- 모발의 길이에 따라 탈색방법, 소요시간이 다르다.
- 모발 및 두피(두개피) 상태, 환경적 조건 등에 따라 영향을 받는다.

• 자연모발색을 결정하는 과립인 유멜라닌과 페오멜라닌 유형에 따라 다르다.

[TIP] 미용실에서의 과산화수소 사용 범위
① 탈색 ② 산화염색 ③ 애벌염색 ④ 지우기 ⑤ 닦아내기 ⑥ 펌 용액 제2제(산화제, 정착제)
⑦ 소독(3% - 옥시풀, 6% - 지혈효과) 등에 사용된다.

(2) 탈색 순서

① 고객을 준비시킨다. 타월과 염색용 케이프를 두른다.
② 고객기록카드에 기록한다. 두피와 모발을 분석하여 손상 또는 염증이 있을 경우 시술을 금한다.
③ 패치 테스트를 한다. 음성 반응일 경우 시술한다.
④ 두상을 블로킹한다.
⑤ 보호용 크림을 헤어라인과 귀 뒤에 도포한다.
⑥ 시술자는 보호용 장갑을 착용한다.
⑦ 탈색제를 배합한다. 배합 즉시 사용한다.
⑧ 탈색제를 도포한다.
  • 후두부에서 시작한다. 두피에 탈색제가 묻지 않도록 한다.
  • 0.6~1cm 정도 슬라이스 단위로 시술한다.
  • 모근으로부터 1~1.5cm 띄우고 모발 끝까지 도포한다.
  • 도포 시 빗질하지 않으며 습도를 유지하기 위해 도포하는 동안 물로 스프레이한다.
⑨ 탈색(원하는 명도) 확인 시 모다발 색상(컬러 테스트)를 한다.
  • 지정된 시간보다 15분 전에 먼저 젖은 타월로 닦아낸다.
  • 탈색이 충분할 때까지 자주 체크한다.
⑩ 탈색제를 제거한다.
  • 산성 샴푸를 사용하여 찬물로 전체적으로 헹구어 낸다.
  • 산성 린스를 사용하여 마무리한다.
⑪ 타월로 모발을 건조시킨다.
⑫ 차가운 바람으로 모발을 건조시킨다.

[TIP] 탈색제는 두피에서 최고 1시간까지는 안전하다. 반드시 차가운 물과 부드러운 산성 샴푸로 탈색제를 제거한다. 고객기록카드에 빠짐없이 기록하고, 사용한 모든 도구와 기기를 청결히 소독하여 주의해서 보관한다.

Section 03 염색이론 및 방법

1 자연모의 색 결정 및 종류

모발의 색은 색소형성세포(Melanocyte)에서 생성되는 생화학적 천연색소에 의해 결정된다. 이는 타이로신을 전구체로 하는 효소(Tyrosinase)의 작용에 의해 유멜라닌 또는 페오멜라닌을 만들어 자연모발색(Natural hair's color)을 구성한다.

(1) 멜라닌의 유형

유멜라닌 또는 페오멜라닌 과립의 비율 및 양(농도)에 따라 자연모의 색이 결정된다.

① 유멜라닌(흑멜라닌)

- 적색과 갈색의 범주로서 어두운 모발색을 결정한다.
- 비교적 크기가 크고 화학적으로 쉽게 파괴될 수 있는 입자형 색소로서 길쭉한 타원형이다.

 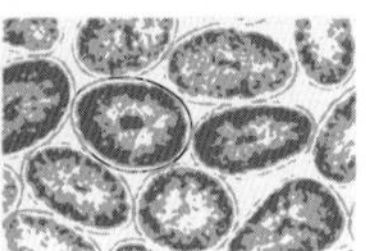

② 페오멜라닌(적멜라닌)

- 붉은색과 노란색의 범주로서 밝은 모발색을 결정하며 시스테인 함량이 높은 모발에 많이 존재한다.
- 비교적 크기가 작고 화학적으로 안정된 구조를 하고 있는 분사형 색소로서 난(계란)형 또는 구형을 나타낸다.

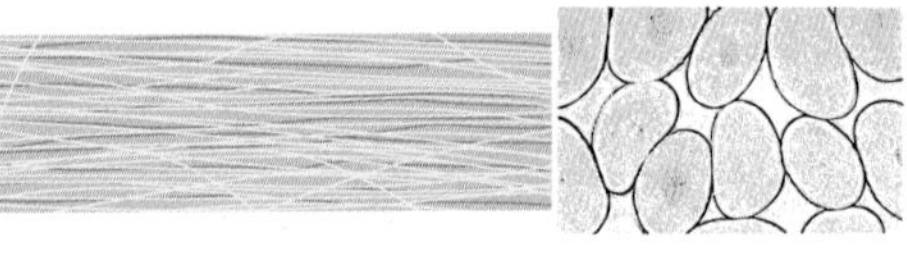

[TIP] 혼합멜라닌

유멜라닌과 페오멜라닌의 두 가지 유형이 하나의 미립자 안에 들어 있는 경우이다.

 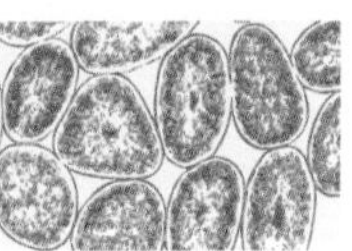

(2) 자연모의 종류

① 색조모(Pigment hair)

모발의 자연색상으로서 밝고 어두운 정도에 따라 1~10레벨(명도)로 구분된다.

> **[TIP]** 모발색의 결정
> 유전, 나이, 모발의 두께, 색소과립의 크기와 양, 색소형성세포(Melanocyte)의 활성 등에 의해서 결정된다. 13~20세에는 색소형성세포가 수적으로 증가하여 모발색이 짙어(Darkening) 보이나 28~42세에서 색소형성세포의 수적 감소는 모발색을 갈색모로 변화시킨다.

② 백모(Gray hair)

모피질 내 멜라닌의 분포량이 줄어들거나(나이, 유전적 요인) 선천적으로 색소를 만들어 내지 못하여 색소가 없는 상태의 흰 머리카락으로서 어떤 유형의 멜라닌도 함유하지 않는다. 또한 백모는 정상적인 노화(Aging) 과정에서 나타나는 필연적인 결과이다.

2 염모제의 기간별 분류

> **[TIP]** 염모제는 자연모의 모발색을 모방하여 제조한다. 모발 내의 인공색 침착 정도와 견뢰도에 따라 기간별로 분류하거나 산화제의 사용 유무에 따라 화학적으로 분류하기도 한다.

모발 내에 침투한 염료가 얼마의 기간 동안 유지되는가 또는 모발 구조 내로 어느 정도 침투되는가에 따라 일시적, 반영구적, 영구적 염모제로 분류한다.

1) 일시적 염모제

샴푸 시 본래의 모발색으로 돌아오므로 안전하고 쉽게 사용할 수 있으며, 진정한 의미에서는 화장품이라 할 수 있다.

(1) 종류

모표피 표면에 염료가 착색되나 일회의 샴푸에 의해 제거된다.

① 컬러 린스(워터 린스) : 린스제 속에 염료 입자가 첨가됨으로써 모발을 밝게(Highlight) 해 준다.
② 컬러 크림 : 비누나 합성왁스를 혼합한 컬러 크레용과 같은 성분의 크림형 착색제이다.
③ 컬러 파우더 : 소맥분, 전분, 초크 등을 원료로 한 분말착색제로서 가루 상태로 바르거나 물에 개어 붓으로 도포한다.
④ 컬러 크레용 : 연필 모양으로서 다양한 색상이 있으며, 부분 또는 리터치 시 수정용으로 사용한다.
⑤ 컬러 스프레이 : 건조한 모발에 여러 번 분사할수록 컬러는 선명해지나 인화성이 있다.
⑥ 아이펜슬(마스카라) : 모발의 전체 또는 부분에 색을 덧칠한다.

(2) 장·단점

① 장점

- 물리적으로 모표피에 강하게 흡착되는 일시적 착색제로서 모발을 밝게 할 수 있다.
- 일시적으로 퇴색된 모발을 원래의 색으로 되돌리거나 원하지 않는 반사빛 등을 가라앉힐 수 있다.
- 반영구적 또는 영구적 염모제 시술 전에 사전 색소 침투제로도 사용된다.

② 단점

- 샴푸 후에 매번 다시 적용해야 한다.
- 땀이나 다른 물기에 의해서 베개나 옷 등에 염료가 묻어날 수 있다.
- 착색이 모발 표면에 고르게 되지 않을 수도 있다.
- 모발의 색을 어둡게는 할 수 있어도 밝게는 하지 못한다.
- 심한 다공성모 또는 아주 밝은 모발에 어두운 색을 사용할 경우 착색될 수 있다.

2) 반영구적 염모제

모발 케라틴에 대한 친화력이 일시적 염모제와 비슷하다. 모표피와 모피질 내의 일부까지 침투되어 염(이온)결합에 의해 흡착됨으로써 염색모가 된다.

> **[TIP]** 비산화 염모제인 반영구적 염모제는 직접 염모제, 산성 염모제, 헤어 코팅제, 헤어 매니큐어, 왁싱이라고도 한다.

(1) 종류

산화제를 사용하지 않으며 색소제(염료)만으로도 4~6주 염착력을 유지한다.

① 컬러 린스 : 린스제에 염료가 첨가되어 있어 모발을 헹구는 것만으로도 착색이 된다.

② 컬러 샴푸(프로그래시브 샴푸) : 점효성 염색제로서 샴푸 후 일정 시간 방치함으로써 착색이 된다.

(2) 특성

① 염모제는 색소제(1제) 하나로만 구성되며 염료가 자체적으로 모발 내로 침투한다.

② 염색제는 매번 같은 방법으로 사용하므로 손질할 필요가 없다.

③ 베개나 옷에 묻어나지 않으며 두피 가려움증이나 알레르기를 일으키지 않는다.

④ 탈색모에 다양한 색을 선명하게 표현할 수 있다.

⑤ 샴푸 횟수와 관련되며 4~6주 후면 색소가 점차적으로 퇴색된다.

⑥ 모발 케라틴에는 변성이 없으나 약간의 명도 변화를 갖는다.

⑦ 퇴색된 후에는 기염부(신생부)와의 색상 차이가 없다.

(3) 시술방법

① 제조 회사의 지시서를 따라야 한다. 아닐린 유도체를 함유한 반영구적 염모제는 반드시 알레르기 반응검사를 해야 한다.

② 샴푸 후 타월건조시킨 젖은 모발에 염료를 도포한다. 샴푸는 모표피를 팽윤되게 하며 모발의 피지나 이물질을 제거하여 염색제가 잘 흡착되도록 한다.

③ 심한 다공성모일 경우 염색제 도포 전에 컨디셔너제를 바른다. 모표피에 막을 형성시키는 컨디셔너제는 염색소가 모발 내로 침투하는 것을 방해한다.

3) 영구적 염모제

산화 염모제, 알칼리 염모제, 유기합성 염모제라고도 하며, 한 번의 염색 과정으로 탈색과 동시에 색을 착(발)색시킬 수 있다. 인공적인 색으로 결합된 분자들은 모피질 내부에 영구적으로 결합한다.

> [TIP] 모발색을 영구히 바꾼다는 것은 탈색을 통해 밝게 하고, 인공적으로 색을 첨가시키는 작업이다. 멜라닌색소를 산화시켜 모발의 자연색상을 밝게 해주는 동시에 화학적인 색소제가 자연모발색상 자리에 동화 침착된다. 이때 남아 있는 자연모의 색상(바탕색소)과 화학적인 염료(Hair dye)가 더해져 모발 내에 최종결과 색상인 모발색을 만든다.

(1) 식물성 염료

① 헤나

녹색을 띠는 말린 헤나의 잎을 말려 파우더 상태로 만들어 따뜻한 물을 첨가하여 사용한다. 다른 염모제와는 달리 영구적 염료이지만 사용 시 패치 테스트는 하지 않는다.

- 고대 이집트인들에 의해 모발, 손톱, 손바닥 등의 염색에 사용되었다.
- 공기 속의 산소와 만나면 점진적으로 산화되는 점진적 염모제이다.
- 갈색 모발에 헤나를 도포하면 오렌지색을 띠는 갈색을 나타낸다.
- 백모에 도포하면 주황색을 나타낸다.
- 도포된 헤나는 모피질 내에 색을 침착시키고 모표피를 코팅하므로 30분~1시간 또는 2시간 이상 방치하기도 한다.
- 헤나 자체가 모발에 윤기를 주기 때문에 컨디셔너의 도포는 필요치 않으나 이를 오래 유지하기 위해서는 헤나가 혼합된 샴푸를 사용하는 것이 좋다.
- 사전 준비와 도포가 복잡하며, 모발의 색을 칙칙하게 하고, 헤나 염료의 혼합물이 색상의 질을 떨어뜨린다는 단점이 있다.

② 카모밀레

꽃을 분말로 하는 카모밀레는 고령토와 섞어 풀 상태로 사용하며, 천연 식물성 염료제로서 패치 테스트는 하지 않는다.

- 헤나와 같이 도포시간이 길수록 노란색이 더 짙게 나타난다.
- 자연적 금발의 재생을 원할 때 샴푸제에 혼합한다.
- 입자가 커서 여러 번 반복적인 시술을 해야 하며 백모에는 커버력이 없다는 단점이 있다.

(2) 금속성(광물성) 염료

점진적 염모제 또는 모발색 저장제로서 납, 구리, 철, 수은, 코발트 등의 금속염이 염료제로 첨가되어 백모염색 시 점진적으로 모발색을 드러낸다.

- 모발에 염료의 막을 만들어 침투하므로 어둡고 둔탁하며 부자연스러운 색을 형성한다.
- 오늘날 제한된 색상과 독성 문제가 있어 거의 사용되지 않으나 가정용 소매 염료시장에는 아직도 존재한다.
- 모발을 건조시켜 뻣뻣하게 하며 뿌연 초록빛을 유발하는 색조로 변하는 단점이 있다.

(3) 혼합성 염료

금속성 또는 무기질 염료를 헤나 염료와 혼합시킨 복합 염료이다.

- 금속성 염료는 다른 염료에 첨가되면 착색력을 강화시켜 준다.
- 염색 시 건조하고 윤기없는 거칠고 부스러지기 쉬운 모발이 된다는 단점이 있다.

(4) 유기합성 염료(알칼리 염모제)

대표적 산화 염료로서 산화제를 사용하는 영구 염모제이다.

- 색상의 강약을 이용하여 색상 등급을 밝게 한다.
- 반사빛과 색상의 보색 또는 백모 커버 등을 도와준다.
- 유기합성 염료인 제1제와 제2제의 혼합은 새로운 화학성분을 형성시킨다.
- 제1제의 색소제는 알칼리성이 강하나 2제 산화제가 혼합됨으로써 탈색과 발색을 관장한다.

3 염모제의 화학적 분류

1) 영구 염모제

유기합성 염모제 또는 산화 염모제라고도 한다. 이는 알칼리 성분이 함유된 1제와 2제가 혼합하여 모발에 도포 시 고분자 화합물의 구조로서 색조를 이루어(Dye or Tint) 염색이 된다.

(1) 염모제 조성

영구 염모제는 색소제뿐 아니라 산화제를 혼합하여 사용한다.

> [TIP] 염모제의 화학적 분류 : 염모제 사용 시 첨가되는 산화제의 사용 유무에 따라 일시적·반영구적 염모제(비산화 염모제), 영구 염모제(산화염모제) 등으로 분류된다.

① 제1제(색소제+알칼리제)

- 색소제는 전구체(베이스 염색제로서 명도를 나타냄)와 커플러(반사빛을 나타냄)로 구성된다.
- 암모니아는 알칼리제가 사용된다.

② 제2제(산화제)

- 화장품학에서 과산화수소는 산화제, 발생기제, 촉매제 등으로 불리고 있다.
- 과산화수소(H_2O_2)의 농도(세기)에 따라 볼륨 또는 %로 표기된다.

> [TIP] 과산화수소는 화학구조상 불안정하여 pH 3~4를 유지시키기 위해 1~2% 티오글리콜산을 안정제로 첨가시킨다.

(2) 역할

① 알칼리(NH_3)의 역할

- 색소 형성에 필요한 pH를 조절한다.
- 색소제가 모피질층 내로 침투할 수 있도록 도와준다.

- 모표피를 팽윤시켜 열어주며 모발의 케라틴 사슬을 연화시킨다.
- 과산화수소와 혼합되어 산소 방출을 가속화시킴으로써 산화제의 분해를 돕는다.
- 제2제 과산화수소와 혼합되어 탈색 또는 염색(발색)이 되도록 도와주는(촉매) 역할을 한다.

② 산화제(H_2O_2)의 역할

- 천연색소 멜라닌을 2~3레벨까지 탈색(산화)시킨다.
- 1제의 색소제를 피질층에 가두는 역할과 함께 1제의 산화를 도와 발색이 되도록 한다.

[TIP] 산화제

① 모발을 밝게 하지 못하는 색완화제 또는 색조역제이다.
- 10볼륨인 3% H_2O_2는 10개의 산소원자를 방출한다. 즉, 100% 용액에 물 97g에 H_2O_2 3g을 포함한다.

② 20~30볼륨인(6~9%) 과산화수소는 모발색을 2~3레벨 정도 밝게 한다.
- 20볼륨인 6% H_2O_2는 20개의 산소원자를 방출한다. 즉, 100% 용액에 물 94g에 H_2O_2 6g을 포함한다.
- 30볼륨인 9% H_2O_2는 30개의 산소원자를 방출한다. 즉, 100% 용액에 물 91g에 H_2O_2 9g을 포함한다.

(3) 염색조건

① 사용 직전에 혼합하여 작업한다.
② 염모제의 반응은 pH 8~10의 알칼리 영역에서 일어난다.
③ 혼합 시 염료는 즉시 사용해야 하며 남은 염료를 재사용해서는 안 된다.
④ 영구 염모제는 화학적 반응을 활성화시키는 과산화수소와 혼합하여 사용되어야 한다.
⑤ 패치 테스트(알레르기 반응검사)와 스트랜드 테스트(모발가닥 색조검사)를 반드시 하여야 한다.
⑥ 전구체, 커플러(1제) 및 산화제(2제)의 비를 조정함에 따라 모발을 한 단계 밝게 또는 어둡게 하는 것이 가능하다.

[TIP] 패치 테스트(Patch test)

- 염색 시술 시 매번 실시한다.
- 염모제 사용 48시간 전에 피부 첨포실험인 알레르기 반응검사를 해야 한다.
- 패치 테스트에 사용될 염모제는 염색 시 사용될 것과 같은 제조법으로 만든 것을 사용한다.
- 시험 부위는 한쪽 귀 뒤의 발제선이 있는 곳이나 팔의 안쪽에 도포한다.
- 반응은 노출 후 12~14시간 정도 지났을 때 시작되며 48시간 동안 방치한다. 해당 증상 및 반응으로는 화상, 물집, 숙폐, 부스럼 등이 있다.
- 시험 부위를 살핀 후 가려움 등의 증상 발생 즉시 염색제를 제거하고 피부를 안정시키는 로션을 도포한다.
- 패치 테스트 양성 반응 시 염색할 수 없다.
- 결과를 고객관리카드에 기록한다.

스트랜드 테스트(Strand test)

- 색의 진행과 결과를 관찰하기 위해 두정부의 모발을 절단하여 시험시료로 사용한다.
- 새로 자라 나온(버진 헤어) 모발에 염모제를 도포한다.
- 35~45분 후 젖은 타월로 염모제를 닦아 내고 모근과 모간 끝의 색상을 비교한다.

(4) 작용시간

모발에 염모제를 도포한 후 최종 결과색상(Target color)을 위해 25~35분간 방치한다. 모발에 멜라닌 색소의 탈색이 이루어지고 그 자리에 인공색소가 착색되므로 염색에 요구되는 방치시간을 충분히 갖도록 한다.

(5) 주의사항

① 모발과 두개피부의 상태를 반드시 분석해야 한다.
② 염색 시 패치 테스트를 반드시 해야 한다.
③ 염 · 탈색에 필요한 제품의 선택과 적용이 적절해야 한다.
④ 염색제 도포 시 자연광(일광)을 이용해야 한다. 인공조명을 사용할 때에는 일광과 비슷한 흰 형광튜브를 사용한다.
⑤ 염모 시술 하루 전에 모발을 샴푸한다. 샴푸 과정에 의해 천연 피지막을 지나치게 제거하면 가려움을 야기한다.
⑥ 피부 보호용 크림은 헤어라인(발제선)이나 귀 주변에 바른다. 모발에 크림이 묻으면 염료의 침투를 저해하여 염착이 되지 않는다.
⑦ 염모제 혼합 시 제조사에서 요구하는 제1제와 제2제의 용량을 정확히 지켜야 한다. 염모제 혼합 용량을 지키지 않을 시 또는 백모염색 시 색이 발색되지 않는다. 염색력과 반사빛의 색상이 약하다. 색상 보유력이 낮아 쉽게 퇴색된다. 원하는 색상보다 밝거나 어두울 수 있다.
⑧ 염모제 도포 후 가렵거나 두피가 붉게 일어나고 부풀면 즉시 세척해야 한다.

[TIP] 염모제 비율

① 1제가 많은 경우 발색이 잘 되지 않아 결과 색상보다 어둡게 착색된다. 2제인 산화제의 방출 산소량이 부족하여 반사빛이 약화되거나 뿌연 색상으로 표현된다.
② 2제가 많은 경우 과다하게 산화된다. 많은 양의 방출 산소로 인해 착색이 완벽하지 못하다.

Chapter 09 헤어 컬러링 실전예상문제

01 다음 중 일시적 염모제로서 수정할 때 주로 사용하는 것은?

① 컬러 린스　② 컬러 파우더
③ 컬러 크레용　④ 컬러 샴푸

해설
컬러 크레용은 연필 모양의 일시적 염모제로 다양한 색상이 있으며 부분 또는 리터치 시 수정용으로 주로 사용한다.

02 패치 테스트에 대한 설명 중 틀린 것은?

① 테스트는 귀 뒤나 팔꿈치 안쪽에 실시한다.
② 테스트에 쓸 염모제는 실제로 사용할 염모제와 동일하게 조합한다.
③ 반응의 증상이 심할 경우에는 피부전문의에게 진료하도록 하여야 한다.
④ 처음 염색할 때 실시하여 반응의 증상이 없을 때는 그 후 계속해서 패치 테스트를 생략해도 된다.

해설
유기합성 염모제를 사용할 때마다 패치 테스트를 해야 한다.

03 새로 자란 두발을 앞서 염색한 색깔과 똑같이 염색하는 것을 무엇이라 하는가?

① 블리치　② 다이 터치 업
③ 블리치 터치 업　④ 헤어 컬러링

해설
염색은 Dye 또는 Tint라 하며, 탈색은 Bleach라 한다. 기염부와 신생모가 있을 시 신생모를 기염부의 색깔과 동일하게 하는 것은 Touch up이라 한다.

04 두발 염색 시 과산화수소의 작용에 해당되지 않는 것은?

① 산화염료를 발색시킨다.
② 암모니아를 분해한다.
③ 두발에 침투 작용을 한다.
④ 멜라닌색소를 파괴한다.

해설
암모니아(NH_3)는 과산화수소와 혼합 시 산소 방출을 가속화시키는 촉진제이다.

05 저항성 두발을 염색하기 전에 행하는 기술로 잘못된 것은?

① 사전 연화 기술로서 프리-소프트닝이라고 한다.
② 산화제 20볼륨(6%)을 모발에 도포한 후 가볍게 샴푸한다.
③ 염모제 침투를 돕기 위해 사전에 두발의 모표피를 팽윤(열다)함으로써 연화시킨다.
④ 40~50분 방치 후 드라이로 건조시킨다.

해설
10~15분 방치 후 헤어 드라이어로 건조시킨다.

06 감색법의 3원색에 해당하는 것은?

① 빨강, 파랑, 주황
② 녹색, 보라, 오렌지
③ 파랑, 빨강, 노랑
④ 빨강, 노랑, 녹색

해설
빨강, 노랑, 파랑은 색원물질로 원색이라 한다.

정답 01 ④　02 ②　03 ②　04 ④　01 ④　02 ②

★☆☆☆☆
07 산화염모제의 제1액 중 알칼리의 주 역할은?

① 제2제의 환원제를 분해하여 수소를 발생시킨다.
② 멜라닌색소를 분해하여 탈색시킨다.
③ 산화 염료를 직접 발색시킨다.
④ 모발의 모표피를 팽창시켜 산화 염료가 잘 침투되도록 한다.

해설
알칼리는 모발 내 모표피와 모표피 사이에 있는 틈새를 팽윤시킨다.

08 헤어 블리치 시술상의 주의사항이 아닌 것은?

① 미용사의 손을 보호하기 위하여 장갑을 반드시 낀다.
② 시술 전 샴푸를 할 경우 브러싱을 하지 않는다.
③ 두피에 질환이 있는 경우 시술하지 않는다.
④ 시술 후 손질로써 헤어 컨디셔닝을 가급적 피하도록 한다.

해설
탈색 시술 시 모발의 단백질인 케라틴의 손상에 의해 수분과 윤기를 잃게 된다. 따라서 반드시 컨디셔닝이 필요하다.

★☆☆☆☆
09 염모제로서 헤나(Henna)를 처음으로 사용했던 나라는?

① 그리스 ② 이집트
③ 로마 ④ 중국

해설
고대 이집트인들은 의해 모발, 손톱, 손바닥 등의 염색에 헤나(식물성 염료)를 사용하였다.

10 다음 중 염색 시술 시 모표피의 안정과 염색의 퇴색을 방지하기 위해 가장 적합한 것은?

① 샴푸 ② 플레인 린스
③ 알칼리 린스 ④ 산성 균형 린스

해설
pH balance(산성 린스)는 pH 2~3으로서 알칼리화된 모발을 중화시켜 모발 등전대(pH 4.5~5.5)로 돌려준다.

11 두발의 탈색(Bleach)에 관한 내용으로 틀린 것은?

① 피부의 색과 조화를 이루기 위한 탈색도 있다.
② 액상 염색제를 사용 시에는 모근 부위 약 2.5cm 정도는 제일 나중에 바른다.
③ 탈색 직후 퍼머넌트 웨이브를 하면 탈색의 효과가 없어진다.
④ 손님의 두피에 상처나 피부 질환이 있을 때는 탈색을 시행하여서는 안 된다.

해설
탈색 직후 펌 시 모발 손상이 극대화된다.

12 헤어 틴트 기술상의 주의사항으로 맞는 것은?

① 염모제의 보관은 냉암소에 두고 관리한다.
② 패치 테스트는 염색을 시술한 후 48시간이 지나서 실시한다.
③ 퍼머넌트 웨이브와 헤어 틴트를 할 경우에는 헤어 틴트를 먼저 한다.
④ 두피나 두발이 없는 곳에 염모제가 묻었을 경우 탈지면에 비눗물을 묻혀서 지워질 때까지 닦는다.

해설
①은 염모제 보관방법에 관한 내용이다.

정답 07 ④ 08 ④ 09 ② 10 ④ 11 ③ 12 ①

★☆☆☆☆
13 **헤어 블리치에 관한 설명 중 옳은 것은?**

① 두피에 상처가 있을 때에는 중지하여야 한다.
② 헤어 블리치의 조합은 미리 정확하게 만들고 사용 후에는 보관한다.
③ 헤어 블리치의 주 제인 과산화수소는 광선이 있는 밝은 장소에 보관한다.
④ 헤어 블리치한 두발은 적어도 3주가 지나야 퍼머넌트 웨이브를 할 수 있다.

해설
- 두피의 따끔거림을 호소하는 경우나 눈이 시리거나 아픔을 호소하는 경우, 이마, 목 주변의 피부가 붉게 되는 경우, 몸이 아픈 경우 등에는 주저없이 시술 액을 닦아 내고 중화(씻어 내야)한다.
- 알칼리 성분과 과산화수소는 피부의 습진을 초래하며, 눈의 부종을 유발한다.
- 나트륨(Na) 성분은 고객의 피부를 선홍색으로 변화시키고 고통을 유발할 수 있으며, 천식의 반응이 나타나고 심할 경우 기절도 할 수 있다.

★★☆☆☆
14 **두발 염색 시 주의사항에 해당되지 않는 것은?**

① 시술자는 반드시 고무장갑을 낀다.
② 두피에 상해나 질환이 있을 땐 시술을 하지 않는다.
③ 유기합성 염모제를 사용할 때는 패치 테스트를 한다.
④ 퍼머넌트 웨이브와 두발 염색을 하여야 할 경우엔 염색부터 실시한다.

해설
펌과 염색 둘 다 할 경우 펌을 먼저 한다.

15 **두발 염색 시 일반적으로 사용하는 과산화수소와 알칼리(암모니아)의 적정 농도는?**

① 6%, 18% ② 6%, 28%
③ 12%, 18% ④ 12%, 28%

해설
과산화수소는 6%, 알칼리제는 28%를 적정 농도(세기)로 한다.

16 **알칼리 산화 염모제의 pH로서 가장 적절한 것은?**

① pH 6~7
② pH 7~8
③ pH 8~9
④ pH 9~10

해설
산화염모제의 pH는 9~10 정도이다.

17 **두발 염색 시 염색제와 과산화수소(2액)를 혼합하였을 때 발생하는 주 화학적 반응은?**

① 중화작용 ② 산화작용
③ 환원작용 ④ 탈수작용

해설
발생기 산소의 산화작용은 표백작용과 동일한 의미를 갖는다.

18 **일반적으로 모발 길이 30cm 이상인 신생모 염색 시 가장 마지막에 도포하는 곳은?**

① 모근 쪽
② 모간 중간 쪽
③ 모간 끝 쪽
④ 모근에서 모간 끝까지

해설
모간 끝 쪽부터 먼저 도포(10~15분간 방치) → 모간 중간 쪽 도포(10~15분간 방치) → 모근 쪽 도포(20~30분간 방치) ⇒ 총 40~60분간 방치

정답 13 ① 14 ④ 15 ② 16 ④ 17 ② 18 ①

19 멋내기 염색 방법에 속하지 않는 것은?

① 헤어 티핑 ② 헤어 스트리킹
③ 헤어 스탬핑 ④ 헤어 스트레이트

해설
헤어 스트레이트는 헤어 펌과 관련된다.

20 헤어 컬러링의 용어 중 다이 터치 업(Dye touch up)이란?

① 신생모에 대한 염색
② 자연적인 색채의 염색
③ 탈색된 두발에 대한 염색
④ 염색 후 새로 자라난 두발에만 하는 염색

해설
다이 터치 업은 염색 후 새로 자라난 두발에만 염색하는 재염색방법이다.

21 염모제를 바르기 전에 스트랜드 테스트를 하는 목적이 아닌 것은?

① 색상 선정이 올바르게 이루어졌는지 알기 위해서
② 원하는 색상을 시술할 수 있는 정확한 염모제의 작용시간을 추정하기 위해서
③ 염모제에 의한 알레르기성 피부염이나 접촉성 피부염 등의 유무를 알아보기 위해서
④ 퍼머넌트 웨이브나 염색, 탈색 등으로 모발이 단모나 변색될 우려가 있는지 여부를 알기 위해서

해설
스트랜드 테스트의 목적은 적절한 색의 선택여부와 원하는 결과를 얻기 위한 시간 확인 등이다.

★☆☆☆☆
22 헤어 블리치제의 산화제로써 오일 베이스제는 무엇에 유황유가 혼합되는 것인가?

① 과붕산나트륨
② 탄산마그네슘
③ 라놀린
④ 과산화수소수

해설
헤어 블리치제의 산화제는 H_2O_2이다.

23 영구 염모제 중 제1제에 대한 설명이 아닌 것은?

① 색소제와 알칼리제로 조성되어 있다.
② 색소제는 전구체와 커플러로 구성된다.
③ 암모니아는 알칼리제와 산화제가 사용된다.
④ 전구체는 베이스 염색제로서 명도를 나타내며, 커플러는 반사빛을 나타낸다.

해설
암모니아는 알칼리제가 사용된다.

24 볼륨 또는 %로 표기되는 H_2O_2에 대한 설명으로 맞는 것은?

① H_2O_2 한 분자에서 방출될 수 있는 자유산소의 수이다.
② H_2O_2와 혼합된 암모니아가 방출하는 산소의 수이다.
③ H_2O_2와 혼합된 암모니아가 모표피를 열기 위해 방출되는 산소의 수이다.
④ H_2O_2 한 분자가 모피질 층 내로 침투할 수 있도록 방출되는 산소의 수이다.

해설
볼륨 또는 %로 표기되는 H_2O_2는 발생기 산소인 자유산소 수에 의해 농도(세기)가 결정된다.

정답 — 19 ④ 20 ④ 21 ③ 22 ④ 23 ③ 24 ①

25 금속성(광물성) 염료에 대한 설명으로 맞는 것은?

① 금속성 또는 무기질 염료를 헤나와 혼합시킨 복합 염료이다.
② 납, 은, 구리, 철, 수은, 코발트 등의 금속염이 모발 염료제로 사용된다.
③ 단점은 염색 시 건조하고 윤기 없는 거칠고 부스러지기 쉬운 모발이 된다.
④ 점진적 염모제 또는 모발색 저장제로서 백모 염색 시 급속하게 모발색을 드러낸다.

해설
①, ③은 혼합성 염료이다.
④ 백모염색 시 금속성 염료는 점진적으로 모발색을 드러낸다.

26 유기 합성 염모제 중 암모니아의 역할이 아닌 것은?

① 색소 형성에 필요한 pH를 조절한다.
② 색소제가 모피질층 내로 침투할 수 있도록 도와준다.
③ 모표피를 팽윤시켜 열어주며 모발 케라틴 사슬을 연화시킨다.
④ 과산화수소와 혼합되어 산소 방출을 가속화시킴으로써 알칼리제의 분해를 돕는다.

해설
암모니아는 과산화수소와 혼합되어 산소 방출을 가속화시키는 촉매제의 역할을 한다.

27 일시적 염모제에 대한 설명인 것은?

① 베개나 옷에 묻어나지 않는다.
② 샴푸 후에 매번 다시 적용해야 한다.
③ 색소제로서 자체적으로 모발 내로 침투한다.
④ 탈색모에 다양한 색을 선명하게 표현할 수 있다.

해설
①, ③, ④는 반영구적 염모제에 대한 설명이다.

28 염모제의 기간별 분류가 아닌 것은?

① 일시적 염모제 ② 영구적 염모제
③ 반영구적 염모제 ④ 비산화 염모제

해설
④는 산화제 사용 유무에 따른 화학적 분류에 속한다. 비산화 염모제는 산화제(H_2O_2)를 사용하지 않는 일시적, 반영구적 염모제를 일컫는다.

29 멜라닌에 대한 설명이 아닌 것은?

① 유멜라닌과 페오멜라닌의 유형이 있다.
② 유멜라닌은 흑멜라닌이라고 하며 페오멜라닌은 적멜라닌이라고 한다.
③ 유멜라닌은 밝은 모발색을 결정하며 분사형색소이다.
④ 페오멜라닌은 비교적 크기가 작고 화학적으로 안정된 구조를 하고 있다.

해설
유멜라닌은 적색과 갈색의 범주로서 어두운 모발색을 결정하는 입자형 색소이며 타원형이다.

30 모발색에 대한 설명으로 틀린 것은?

① 유전, 나이, 모발의 두께 등이 모발색을 결정한다.
② 색소과립의 크기와 양, 색소형성세포의 활성에 의해 모발색은 결정된다.
③ 자연모의 종류는 색조모와 백모로 구분된다.
④ 13~20세에는 색소형성세포가 수적으로 증가되어 모발이 열어 보인다.

해설
13~20세 색소형성세포의 수적 증가는 어두운 모발색을 나타내나 28~42세에서 색소형성세포의 수적 감소는 밝은 갈색모로 변화시킨다.

정답 – 25 ② 26 ④ 27 ② 28 ④ 29 ③ 30 ④

31 **유기 합성 염료제의 염색조건이 아닌 것은?**

① 시용 직전에 혼합하여 시술한다.
② 염모제의 반응은 pH 8~10 알칼리 영역이다.
③ 혼합 시 염료는 즉시 사용해야 하며 남은 염료는 잘 봉해서 보관한다.
④ 패치 테스트와 스트랜드 테스트를 반드시 해야 한다.

해설
혼합 시(1제+2제) 즉시 사용해야 하며 남은 염료는 재사용이 안 된다.

정답 31 ③

CHAPTER

10 | 뷰티 코디네이션

'왜 우리는 모발을 자르고 유행에 따라 헤어를 디자인하는가'라는 물음은 인문학적 연구 주제가 되고 있다. 우리의 몸을 문화로 가져가는 것은 마치 우리가 날(Raw) 것을 익히는(Cooked) 것과 같다. 이는 미용사인 우리 자신이 의식적이고 창조적인 행동에 관여하고 있음을 나타낸다.

Section 01 토탈 뷰티코디네이션

1 헤어 디자인에 따른 미학

고객은 자신에게 가장 자연스럽고 개성적인 모습으로 변하고 있다. 헤어스타일도 유행을 단순히 쫓던 시대에서 그 유행 속에 존재하는 자신에게 어울리는 그 무엇을 찾아내어 자기 것으로 만드는 시대로 변해가고 있다.

(1) 미용사의 모발미학

① 고객에게 신뢰를 줄 수 있는 전문가적 자질을 갖추어야 한다.
② 고객 개개인의 개성을 논리적으로 파악하는 능력이 있어야 한다.
③ 고객 개개인의 심리를 반영한 철학적 개념의 헤어스타일을 연출할 수 있어야 한다.
④ 고객의 생활스타일(Life style)에 어울리는 헤어 디자인을 실제적이며 생활적으로 구사해 줄 수 있어야 한다.

(2) 미용사의 조건

① 헤어스타일을 표현하는 전문적 기술이 뛰어나야 한다.
② 디자인의 기초지식을 갖추어야 한다.
③ 다양한 헤어스타일을 창조할 수 있는 책무성이 있어야 한다.
④ 빠른 시간 내에 고객의 개성을 파악할 수 있는 심미안을 가져야 한다.
⑤ 고객의 욕구를 충족시킬 수 있는 윤리적 역량을 갖추어야 한다.

(3) 고객의 개성파악을 위한 조건

① 신체 간의 비례로서 형태나 외관에 따른 두개골과 목, 얼굴 모양을 파악한다.

② 패션이나 라이프 스타일과 관련된 환경을 파악한다.

③ 이미지 표출에 따른 고객의 심리 상황을 파악한다.

2 하이 헤어 패션 디자인

미용 문화의 주체적 의미는 개개인의 헤어스타일에 있으며 개개인이 모여 사회적 분위기를 창출하기도 한다. 아울러 헤어스타일의 다양한 변화는 필요에 따른 도구의 발달과 두발 화장품의 산업 발전에 기여한다.

1) 헤어 디자인

한정된 소재인 모질, 모류, 모량, 두상의 조건 등이 갖는 특수성에 의해 평면적인 길이의 장단에서 입체적인 웨이브의 높낮이로 다양한 변화를 갖게 된다.

(1) 헤어 월드대회

기술적인 표현을 80%, 전반적인 메이크업, 의상 등을 20%로 하는 헤어 드레싱의 기술을 전시한다.

① 오리지날 세트

모양, 균형, 움직임을 통해 두상에서 창조적으로 몰딩 세트를 구성한다.

② 리세트

- 형태가 완벽하게 될 때까지 구상한 몰딩을 빗질하고 꾸미는 등 모발을 손질한다.
- 모발 흐름은 움직임을 우아하게 특징화시키며 그 짜임은 부드러우면서 조화로운 형태로서 짜임새는 완전할 수도, 대조적일 수도 있다.
- 컬러를 강조하고, 장식적인 직감력으로 판단자의 시선을 끈다. 가벼운 색을 기본바탕에 매치시키는 컬러의 그라데이션은 모발의 흐름을 깊게 또는 부드럽게 하여 시선을 이끈다.
- 패션 무대는 헤어드레서 이상으로 아름다운 상태를 만드는 예술가의 기회로서 장식은 예술 그 자체이다. 이러할 때 헤어 피스는 액세서리의 역할을 재정의한다.

(2) 헤어 월드 작품

① 컨슈머 스타일

- 살롱에서 일반적으로 행해지는 소비자 스타일로서 조화, 유동성, 세부적 묘사 등이 요구된다.
- 일상 활동에 필요한 의상(일반적 정장, 원피스, 투피스 등)과 액세서리를 착용한다.
- 낮 화장 스타일로서 컬러와 형태는 너무 지나치지 않도록 상업적 컬러의 범위에서 택한다.

② 프로그래시브 스타일

전문적인 의상, 액세서리, 메이크업 역시 진취적이고 창작적으로 강하게 표현된다.

③ 헤어 바이 나이트

- 이브닝 스타일의 표현으로 연속성과 균형 등을 위해 5개 이하의 헤어 피스를 사용한다.
- 웨이브와 질감의 변화로 유동성 있는 디자인을 요구한다.
- 주름 · 짜임의 변화는 모발 조각처럼 장식품은 의상과 메이크업 디자인 사이에서 연결된다.

2) 대회를 위한 작품을 만드는 법

① 개성 표현과 연출 과정에 있어서 일반적 패션에서는 흐름의 일치성, 비율, 밀도 · 대조 · 대비 등을 작품화시킬 수 있다.

② 하이 헤어패션에서는 우아미(Elegance), 세련미(Refined), 연극적 분위기(Dramatic), 고전성(Classic), 강렬한 분위기(Raging), 충동성 · 선정성 · 균형성 · 영구성 등의 특정적 주제를 각각 작품화시킬 수 있다.

3) 디자인의 분석

작품의 콘셉트에 따라 디자인을 구상해야 한다.

① 기본 헤어 세트를 작성함에 있어서 대회를 위한 의상과 일치시켜야 한다.

② 목선의 노출을 우선으로 얼굴 형태에 접근하여 길이(Guide)가 선정된다.

③ 헤어 세트(몰딩)에 들어갈 때 모질을 정확히 파악한 후 질감처리에 대한 모량을 정리한다.

④ 헤어 커트 길이에 따른 C컬과 S컬이 어우러지는 작품이 형성되어야 한다.

⑤ 헤어 디자인은 원리와 요소를 기본으로 한 예술적 통찰이 필요하다.

Section 02 가발

위그(Wig)의 종류로는 멋내기뿐 아니라 패션에 따른 작품 유형으로서 가발과 부분 가발이 있다. 가발(Wig)은 두상 전체를 감싸는 형태이며, 부분 가발(Hair pieces)은 두상의 일부를 덮는 형태이다.

1 Hair wigs

위그란 두상의 95~100%를 감싸는 형태의 전체 가발을 의미한다. 위그는 두발의 대체물(Replacements)로서 유용할 뿐 아니라 장식으로서 헤어스타일을 보완한다.

1) 위그 사용목적

(1) 모량 유무(Sparse)

유전적 신경 계통의 충격 또는 항생제에 의한 탈모, 모발 숱이 적거나 상처가 있는 두상 부위를 가려주고자 할 때 개인적 선택에 따라 사용된다.

(2) 패션

헤어스타일을 연출하고자 할 때 장식 또는 변화를 위해 종류, 길이, 볼륨 등 특별한 목적에 따라 사용한다.

(3) 실용

헤어 펌과 컬러에 따른 형태(Form)를 일시적으로 변화시킬 수 있는 편리함에 의해 착용된다.

2) 위그의 유형

사람의 모발(인모), 인조모(털) 또는 동물의 털로 만들거나 두 가지 이상 섞어 만든다.

> **[TIP]** 가발사(Hair stylist)의 업무
>
> 미용 산업의 주요 관심 분야로서 가발의 판매, 스타일링, 수선 등은 미용실의 주요 수입원이 될 수 있다.
> ① 가발로 고객의 외모를 돋보이게 하는 방법을 연구한다.
> ② 가발 제조, 조립 방법을 숙지하며 처치한다.
> ③ 고객에게 최대의 미용효과를 줄 수 있도록 가발을 선택하고 모양을 내는 방법 등을 익혀 제공한다.

3) 위그의 재질

위그는 인모, 인조모, 동물의 모, 조모, 합성모 등의 5가지 유형으로 나눌 수 있다.

(1) 인모가발(Human hair wigs)

사람의 모발(人毛)을 소재로 만들어 착용 시 자연스러운 느낌을 갖는다.

① 펌, 염 · 탈색 등과 같은 화학제품의 시술과 세트, 드라이어, 샴푸 등이 가능하다.
② 인모를 소재로 한 가발은 시간이 지날수록 거칠고 윤기가 없어지므로 모표피에 인위적인 약품처리 시 윤기를 보완하여 형태뿐 아니라 빗질 시 유연하게 해 준다.

(2) 인조가발(Synthetic wigs)과 부분 가발

인모의 성질과 거의 비슷하게 만들어진 인조가발은 아크릴 섬유(Modacrylic fibers)를 소재로 한 화학섬유(털 모양)이다.

① 컬이 잘 유지되며 햇볕에 변색되거나 산화되지 않는다.
② 짜임새, 다공성, 유연성, 지속성, 광택, 느낌 등 모든 면에서 인모와 유사하다.
③ 가격이 저렴하며 천연재질이 아니므로 공급에 제한을 받지 않는다.
④ 인조가발 패션산업의 시장이 매우 넓어 누구나 사용하기가 쉽다.

(3) 조모, 합성섬유(Composition Synthetic)

나일론, 아크릴 섬유 등 주 재료의 화학합성(혼성)물로 만들어진다.

① 모발색상이 다양하고 가격이 저렴하다.
② 샴푸 후에도 잘 엉키지 않고 원래의 스타일이 유지될 수 있다.
③ 헤어스타일을 변화시키기가 힘들다.
④ 시각적으로 인모보다는 자연스러움이 덜하며 약품처리가 불가능하다.

(4) 동물의 털(Animal hair)

앙고라, 산양, 야크 털 등은 길이나 모질의 분류에 따라 가발 또는 부분 가발의 소재로 활용된다.

(5) 합성모(Composition hair)

인모, 인조모, 동물의 털 등 세 종류의 털을 합성하여 특별한 경우에 한해 신중히 제작된다.

> **[TIP]** 가발재료 선별의 물리적 방법
>
> 가발 또는 모발을 몇 가닥 성냥불로 태웠을 때 나타나는 현상으로 구분할 수 있다.
> ① 인모 : 천천히 타면서 황(S) 타는 냄새가 강렬하다.
> ② 인조모 : 냄새가 거의 안 나고 빨리 타며 타고난 후에는 딱딱하고 조그마한 구슬이 만져진다.

4) 파운데이션(Foundation)

두상에 맞는 인조두피로서 조이는 듯한 느낌이 없어야 한다. 재료는 면 또는 혼합인조(인조+면)로서 신축성이 강화된 파운데이션이어야 한다.

(1) 네팅(Netting)

그물 만드는(그물치기) 작업인 네팅은 손으로 심은 손뜨기, 기계를 이용한 기계뜨기로 구분된다.

① 손뜨기(Hand knotted)

파운데이션 네트 위에 실제 피부(Bone skin)처럼 미세한 그물 형태의 짜임으로 모류에 따라 심는 방법을 자유롭게 바꿀 수 있어 질이 뛰어나지만 가격이 비싸다.

- 발제선(Hair line) 주위를 정교하게 작업할 수 있다.
- 기본적 네트 외에도 두상의 크기에 따라 조절이 가능하여 신축성 있게 심을 수 있다.

② 기계뜨기(Machine knotted)

가모가 심긴 가늘고 긴 조각을 네트에 박거나 기계가 네트에 직접 가모를 박는 방법이다.

- 모발의 흐름(모류)이 정해져 있어서 파팅스타일을 바꾸기가 힘들다.
- 정교함이 부족하여 인위적인 느낌이 나는 반면 가격이 저렴하다.
- 다양한 색상과 스타일을 만들 수 있으므로 과감한 변신이나 치장에 유용하다.

5) 가발 제작 및 완성

(1) 가발 치수재기(Taking wig measurements)

가능한 한 두발이 두피에 매끈하게 붙도록 빗질하고 핀닝(핀으로 고정)한 다음 줄자를 이용하여 크기를 잰다.

① 두상 둘레를 측정한다.

줄자를 발제선(Face line)에 정확히 고정시킨다. C.P → 오른쪽 E.P → 후두부 N.S.P → 왼쪽 E.P → 왼쪽 C.P로 두상 측면을 따라 둥글게 측정한다.

② 두상 길이(정중선)를 측정한다.

C.P → T.P → G.P → B.P → N.P로 두상 길이를 측정한다.

③ 이마의 폭을 측정한다.
얼굴선의 발제선(Front face line)으로서 C.P를 중심으로 양쪽 E.P인 이마의 선(Across fore head)을 측정한다.

④ 귀에서 귀까지의 거리를 측정한다.
오른쪽은 E.P에서 T.P를 지나 왼쪽 E.P까지의 거리를 측정한다.

⑤ 우측 관자놀이(S.P)에서 좌측 관자놀이를 측정한다.
크라운을 가로질러 줄자를 위치시키고 오른쪽 귀 윗부분에서 B.P를 지나 왼쪽 귀 윗부분의 관자놀이까지 가로로 측정한다.

⑥ 목선을 측정한다.
N.P를 기준으로 0.6cm 내려진 양쪽 N.S.C.P까지 줄자를 대고 길이를 측정한다.

(2) 가발 주문하기

고객의 두상 치수를 정확히 측정했는지 확인한 후 기록물과 함께 가발 제조사에 주문한다.

① 고객의 모발 샘플을 첨부한다. 모발 샘플은 샴푸나 린스로 깨끗이 처리된 것이어야 한다.
② 모발의 질감 상태를 제시한다.
③ 원하는 모발 길이와 모량, 모발색 등을 제시한다.
④ 가르마의 유형 및 모류와 헤어스타일을 제시한다.

(3) 가발 착용 방법

① 고객의 두발을 업 셰이핑하여 정수리(Top) 부분에 모아 빗질한다. 긴 두발일 경우 간격이 좁은 망을 사용하여 모다발이 뭉치지 않게 골고루 정돈해 두어야만 가발의 형태가 제대로 갖춰진다.
② 전두부에 가발을 놓은 다음 두정부에 고정시킴과 동시에 네이프 쪽을 씌운다. 양 측두부(귀 쪽)의 귀와 그 뒤쪽이 편안하고 자연스러운 느낌이 들도록 꼭 맞게 잘 조정한다.
③ 고객의 얼굴형에 맞도록 빗질과 백 콤 기법을 이용하여 마무리 빗질(Reset)한다.

(4) 가발 커트

주문된 가발은 고객의 일상생활(Life style)이나 얼굴에 맞게 커트해야 한다.

① 가발은 젖은 상태로 준비한다.
② 레이저를 사용하여 미세하게 커트한다.
③ 젖은 상태에서는 원하는 가모 길이보다 0.2mm 길게 커트해야 건조된 상태에서 원하는 길이가 된다.
④ 파팅은 1cm 이하의 슬라이스로 한다.
⑤ 가르마 또는 본발(本髮)과의 경계가 드러나지 않도록 정확하면서 자연스럽게 연결시킨다.

(5) 가발 샴푸 및 컨디셔닝

① 가발 샴푸
㉠ 인모의 경우
대개 2~4주마다 가발 클렌저를 사용하여 세척해 주어야 한다.

- 세척 전에 무리하게 브러싱 또는 빗질해서는 안 된다. 심은 가모가 빠질 수 있다.
- 만약 가모가 엉켰을 경우 슬라이스하여 모발 끝에서 모근쪽으로 부드럽고 천천히 빗질한다.

㉡ 인조모의 경우

인조모나 헤어 피스의 경우는 먼지나 더러움이 덜 묻기 때문에 3개월에 한 번 정도 세척한다.

② 가발 컨디셔닝

위그걸이(Wig block)에 고정시킨 다음에 샴푸 또는 컨디셔닝을 시술한다.

- 컨디셔너는 가모에만 도포한다.
- 스프레이 타입의 컨디셔너를 적당한 거리에서 분무하고 넓은 빗살로 부드럽게 빗질한다.
- 가모가 빠지지 않도록 후두부의 모발 끝에서 모근 쪽으로 조금씩 부드럽게 빗질한다.
- 빗질이 끝난 후 수분이 남아있으면 타월로 감싸 눌러 수분을 최대한 제거시켜야 냄새나 곰팡이로부터 보호할 수 있다.
- 미지근한 바람으로 가모의 결(모류 방향)을 따라 원하는 헤어스타일로 건조시킨다.

[TIP] 가발세제는 대체적으로 가모를 지나치게 건조하게 하므로 샴푸 후에는 컨디셔닝 처리를 해야 한다. 이는 가발이 마르거나 윤기가 없는 것을 방지하며 항상 좋은 상태를 유지할 수 있도록 한다.

2 Hair Pieces

(1) 헤어 피스의 종류

① 폴(Fall) : 짧은 길이의 헤어스타일을 일시적으로 미디움 또는 롱 헤어스타일로 변화시키고 싶을 때 사용된다.

② 스위치(Switch) : 모발의 길이는 대게 20cm 이상으로서 1~3가닥으로 땋거나 스타일링을 하기 쉽도록 이루어져 있다. 땋거나 늘어뜨리는 부분 가발로서 여성스러움을 강조할 수 있다. 가장 실용적이고 시술이 용이한 것은 3가닥으로 구성되어 있다.

③ 위글렛(Wiglet) : 두상의 어느 한 부위(탑 부분)에 높이와 볼륨을 주기 위하여 컬이 있는 상태를 그대로 사용한다.

④ 캐스케이드(Cascade) : 폭포수처럼 풍성하고 긴 머리형태를 원할 때 사용된다.

⑤ 시뇽(Chignon) : 한 가닥으로 길게 땋은머리 스타일이다.

⑥ 브레이드(Braids) : 모발을 여러 가닥으로 땋은머리 스타일이다.

3 가모술(Hair extensions)

익스텐션 또는 연장술이라고도 하며 헤어 커트 스타일에 인모 또는 인조를 붙여 줌으로써 모량과 볼륨감, 길이 등을 다양하게 변화시키기 위해 섞어 짜는(Interwoven) 기술이다.

Chapter 10

뷰티 코디네이션 실전예상문제

01 두상의 특정한 부분에 볼륨을 주기 원할 때 사용하는 헤어 피스(Hair piece)는?

① 위글렛(Wiglet) ② 스위치(Switch)
③ 폴(Fall) ④ 위그(Wig)

위글렛(Wiglet)은 두상의 한 부위(탑 부분)에 높이와 볼륨을 주기 위하여 사용하는 헤어 피스로, 컬이 있는 상태 그대로를 사용한다.

02 가발 샴푸 방법으로 옳은 것은?

① 샴푸제를 도포하여 빗질하고 헹군다.
② 미지근한 물에 6시간 정도 담가 두었다가 헹군다.
③ 벤젠, 알코올 등의 용제에 12시간 정도 담가 두었다가 응달에서 말린다.
④ 알칼리성이 강한 세제에 12시간 정도 담가 두었다가 햇빛에서 말린다.

해설

가발 클렌저를 사용하여 대개 2~4주에 한 번씩 샴푸한다.

03 쇼트 헤어를 일시적으로 롱 헤어의 모습으로 변화시키고자 할 때 사용되는 헤어 피스는?

① 폴 ② 레프트
③ 스위치 ④ 위글렛

해설

폴(Fall)은 헤어 피스의 종류 중 하나로, 일시적으로 전체 모습을 변화시키고자 할 때 사용한다.

04 가발 네팅 과정 중 손뜨기의 장점인 것은?

① 발제선 주위를 정교하게 작업할 수 있다.
② 모류가 정해져 있어 질이 뛰어나고 가격이 비싸다.
③ 인위적인 느낌은 강한 반면 가격이 저렴하다.
④ 다양한 색상과 스타일을 만들 수 있어 변신이나 치장에 유용하다.

해설

손뜨기는 파운데이션 네트 위에 실제 피부처럼 미세한 그물 형태로, 모류에 따라 심는 방법을 자유롭게 바꿀 수 있어 질이 뛰어나고 가격이 비싸다.

05 네팅(Netting) 중에서 손뜨기에 대한 설명이 아닌 것은?

① 모류에 따라 모발을 심을 수 있다.
② 두상의 크기에 따라 조절이 가능하여 신축성 있게 심을 수 있다.
③ 발제선과 가르마에 정교하고 자연스럽게 모발을 심어 질이 뛰어나다.
④ 다양한 색상과 스타일을 만들 수 있어 과감한 변신이나 치장에 유용하다.

해설

④는 기계뜨기에 관한 설명이다.

06 가발 선별을 위해 태워보았을 때 결과가 아닌 것은?

① 인모 – 천천히 탄다.
② 인모 – 황타는 냄새가 강렬하다.
③ 인조 – 냄새가 안 나며 빨리 탄다.
④ 인조 – 타고난 후 가루가 남는다.

정답 – 01 ① 02 ③ 03 ① 04 ① 05 ④ 06 ④

해설

인조모는 타고난 후에 딱딱하고 조그마한 구슬이 만져진다.

07 가발 커트 시 주의점이 아닌 것은?

① 젖은 상태의 가발을 커트한다.
② 레이저를 사용하여 정확하고 섬세하게 커트한다.
③ 원하는 모발 길이보다 2cm 길게 커트한다.
④ 1cm 이하의 섹션과 가르마 또는 본발과의 연결선이 자연스럽게 보이도록 해야 한다.

해설

원하는 모발 길이보다 0.2mm 길게 커트해야 건조된 상태에서 원하는 모발 길이가 될 수 있다.

08 가발 컨디셔닝 방법으로 설명이 잘못된 것은?

① 반드시 위그걸이에 고정시켜 시술한다.
② 컨디셔너는 파운데이션과 모발에 도포한다.
③ 빗질이 끝난 후 수분이 남아있으면 타월로 감싸 수분을 제거한다.
④ 모발의 결(모류) 방향으로 원하는 머리형태로 건조시킨다.

해설

컨디셔너는 모발에만 도포하여 헹군다.

09 위그 사용목적이 아닌 것은?

① 가발을 선택하고 모양을 낸다.
② 개인적 선택에 의해서 모량의 유무와 관련된다.
③ 패션에 의한 모발 길이, 종류, 볼륨 등에 따라 장식과 변화에 대한 연출과 관련된다.
④ 헤어 펌과 염색된 모발을 일시적으로 변화시킬 수 있는 실용적 편리와 관련된다.

해설

①은 가발사의 역할로서 가발사는 고객의 외모를 돋보이도록 가발 제조·조립을 하고, 미용효과 등에 따른 가발을 선택하고 모양을 낸다.

10 쇼트 헤어를 일시적으로 롱 헤어의 모습으로 변화시키고자 할 때 사용하는 헤어 피스는?

① 폴(Fall) ② 스위치(Switch)
③ 위글렛(Wiglet) ④ 웨프트(Weft)

해설

폴은 헤어 피스(Hair pieces)의 종류로, 짧은 길이의 두발을 긴 두발로 변화시킬 때 사용한다.

정답 07 ③ 08 ② 09 ① 10 ①

PART 2 피부학

CHAPTER

01 피부와 피부부속기관

인체를 감싸고 있는 피부 조직은 각 부위에 따라 다양한 명칭으로 구분된다. 특히 미용사(일반)에서 다루는 피부는 미용사의 전문용어인 두개피(Scalp)이며, 두개피는 두개피부(Head skin)와 두발(Scalp hair, Capillus)을 의미한다.

Section 01 피부 구조 및 기능

1 피부의 정의

피부는 3개의 층으로서 표피, 진피, 피하조직 등으로 구성되어 있으며, 부속기관은 각질부속기관(모발)과 분비부속기관으로 대별된다.

① 피부는 pH 4.5~5.5의 피부 보호막을 형성하는 약산성이다. 일시적으로 피부 pH가 파괴되더라도 약 2시간 정도 후에는 재생된다.

② 피부 총면적은 1.6~1.8㎡, 성인의 경우, 체중의 15~17%를 차지한다.

③ 피부 면적 1cm²에 통각 200개, 촉각 25개, 냉각 12개, 온각 2개 등의 감각점이 분포한다.

④ 피부는 수분 65~75%, 단백질 25~27%, 지질 1%, 무기질 0.5%, 기타 1% 등의 성분으로 구성되어 있다.

⑤ 표피는 0.03~1mm, 진피는 약 2~3mm의 두께이다. 눈꺼풀과 고막의 두께는 0.5mm로서 얇은 피부이며 손 · 발바닥의 두께는 6mm 정도로 두꺼운 피부이다.

[TIP] 얇은 피부와 두꺼운 피부

① 얇은 피부 : 두께 0.1~0.2mm로서 각질층, 과립층, 유극층, 기저층 등으로 구성된다.

② 두꺼운 피부 : 두께 0.8~1.4mm로서 각질층, 투명층, 과립층, 유극층, 기저층 등으로 구성된다.

2 피부의 구조

피부는 외부환경과 접촉하는 경계면으로서 일생 동안 끊임없이 세포분열과 분화를 한다.

1) 표피(Epidermis)

표피는 혈관이 분포되어 있지 않으며 상피조직으로서 여러 세포층(중층편평상피)으로 구성되어 있다. 진피 유두 속에 있는 혈관의 확산작용에 의해 영양과 물질의 교환($O_2 \rightleftarrows CO_2$), 산소 공급이 이루어진다.

(1) 표피의 특징

① 무핵층과 유핵층으로 구분되며 각화현상에 의해 표피 탈락이 이루어진다.

② 혈관, 신경이 분포되어 있지 않으며 영양과 산소의 공급은 확산 과정을 통해 이루어진다.

③ 기저층은 줄기세포(Stem cell)로서 각질형성세포와 색소형성세포, 랑게르한스세포가 존재한다.

(2) 표피의 부속기관

부속기관	내용
각질형성세포 (Keratinocyte)	• 기저층의 기저세포가 유사분열에 의해 딸세포(Hair cell)를 생산한다. • 딸(모)세포는 점차 밀려나면서 섬유성 단백질인 각질을 생산하여 각질층을 이루고 노후된 각질세포는 떨어져(피탈) 나간다.
색소형성세포 (Melanocyte)	• 색소형성세포는 전체 피부의 5%를 차지한다. • 자외선으로부터 세포 내 핵의 파괴를 방지하며 인체를 보호한다. • 멜라닌색소를 생성시켜 피부색을 결정하는 중요한 인자가 된다. • 볼, 이마, 바깥 생식기에 특히 많으며 이웃세포와 결합하지 않고 각질화도 되지 않는다. • 표피의 유극층 내 메캅탄기(–SH)는 비타민 C를 전구체로 하여 피부의 멜라닌색소를 희석시킨다.
랑게르한스세포 (Langerhan's Cell)	• 알레르기 감각세포인 항원전달세포는 면역작용에 관여하며 항원을 탐지한다. • 림프가 흐르는 곳인 기저층과 유극층 내에 항원전달(랑게르한스)세포가 존재한다.
머켈세포(Markel Cell)	• 인지(촉각)세포라 하며 피부 감각인 온각·냉각·통각·압각·촉각의 오감을 인지한다.

(3) 표피의 세포층

세포층	내용
각질층	• 각질의 수분 함량은 15~20%로서 천연보습인자를 갖고 있다. • 표피의 가장 바깥층으로서 각질층과 각질세포로 구성된다. • 10~20개 층의 치밀한 라멜라층으로서 비늘같이 얇고 핵이 없는 편평세포 구조를 갖는다.
투명층	• 무색, 무핵의 납작하고 투명한 3~4개 층의 상피세포로 구성된다. • 손·발바닥에 다수 존재하며 엘라이딘이라는 반유동성 물질로서 체내에 필요한 물질이 체외로 나가는 것을 막는 역할을 한다.
과립층	• 각질화 과정이 실제로 시작되는 과립층의 세포질에는 각질유리과립이 축적되어 있다. • 3~5개의 편평세포로 이루어져 있고, 세포질은 유리과립질의 반고형세포로서 점진적으로 세포 고형화 과정을 갖는다. • 피부 트러블 원인층인 레인 방어막(Barrier zone)이 과립층 하부로부터 오는 수분 유실을 방지해 준다. • 피부염 또는 피부 건조를 방지해주는 막으로서 과도한 밤샘 작업 시 손상되어 거친 피부가 형성된다.

유극층	• 기저층을 포함하여 말피기층이라고 하며 세포분열이 일어나는 유핵층이다. • 표피세포층 중에서 가장 두꺼운 층으로서 가시돌기 형태의 유극세포가 존재한다. • 여러 층의 불규칙한 다각형 세포들로서 당김원섬유, 장원섬유 등으로 구성된다.
기저층	• 각질형성세포에 비해 색소형성세포가 10 : 1로 분포되어 있다. • 표피세포를 생산하는 줄기세포(Stem cell)로서 딸세포를 생성한다. • 표피의 가장 깊은 곳(기저)에 존재하는 하나의 세포로 나열된 원주세포로서 기저대를 이룬다.

[TIP] 세포층

① 각질층(Keratin) : 각질화 과정에 의해 형성되는 섬유성 각질세포의 덩어리 층이다.
② 각질세포(Keratinizing cell) : 노화된 섬유성 단백질세포로서 피탈되는(Shedding) 부분이다.

천연보습인자(Natural moisture factor, NMF)

① 케라틴을 분해하고 공기 중의 산소와 결합함으로써 보습작용을 유지시킨다.
② 성분 : 아미노산(40%), 젖산염(12%), 피롤리돈카본산염(PCA, 12%), 그 외(36%)로 구성된다.

① 표피의 각화현상(Keratinization)

• 기저층 → 유극층 → 과립층까지 14일이 소모되며, 각질세포로서 14일간 머물다가 각질로 탈락, 즉 피탈됨으로써 비듬(인설)이 된다. 약 28일(4주) 주기로 새로운 상피세포가 생성된다.

[TIP] 각화가 진행되는 소요기간은 피부 부위, 나이, 영양 상태 등 여러 가지 요인에 따라 다르다.

▲ 각질세포의 각화현상

② 피부색 결정 요인

• 카로틴색소 : 피부 및 지방층의 카로틴 양이 노란색을 나타낸다.
• 헤모글로빈색소 : 모세혈관의 혈류량과 혈색소의 산화 정도가 빨간색을 나타낸다.
• 멜라닌색소 : 멜라닌색소의 양과 분포가 갈색을 나타낸다.

[TIP] 피부색

피부색은 카로틴, 헤모글로빈, 멜라닌색소 등 3가지가 혼재되어 결정된다.
① 인종 피부색의 결정인자 : 인종의 피부색은 노란색과 붉은색인 페오멜라닌과 적갈색인 유멜라닌의 혼합 정도에서 결정된다.
② 색소형성세포의 활성도 요인 : 자외선, 호르몬 등 기타 인자에 의해 영향을 받는다.

2) 진피(Dermins)

진피는 표피와 피부의 부속기관들의 성장과 분열을 조절하고 안내한다.

(1) 진피조직의 특징

① 피부의 90% 이상을 차지하며 표피층 두께의 20~40배 정도로서 피부의 탄력과 주름이 여기에서 형성된다.

② 세포간 물질은 교원(콜라겐) · 탄력(엘라스틴) · 세망섬유(세포간 물질) 등 3종류의 섬유로서 72%가 교원섬유로 구성되어 있다.

(2) 진피 세포층

세포층	내용
유두층	• 표피 기저층과 인접하여 영양 공급 및 체온을 조절하며 혈관이 집중되어 있어 상처의 빠른 회복과 피부결을 만드는 기능을 한다. • 진피유두가 있는 얇은 겉층으로서 유두층 가장 위쪽은 이랑과 유두 모양의 돌기 형태를 이루며 피부 탄력 및 유연에 관여한다.
망상층	• 피부 구조와 평행구조를 이루는 랑거 당김선을 갖고 피부 탄력성과 피부 반사작용에 관여한다. • 치밀한 구조인 탄력섬유와 두꺼운 속층인 망상그물층이 교원(아교)섬유 다발을 이룬다.

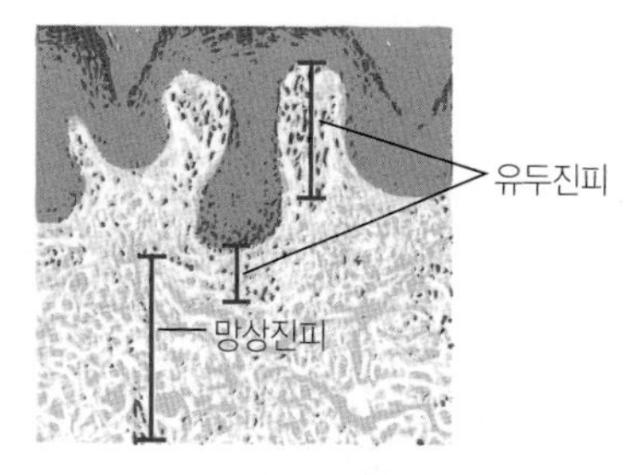

▲ 유두진피와 망상진피

(3) 진피조직의 세포

대부분의 진피 내 결합조직은 1가지 이상의 조직이 결합된 것이다.

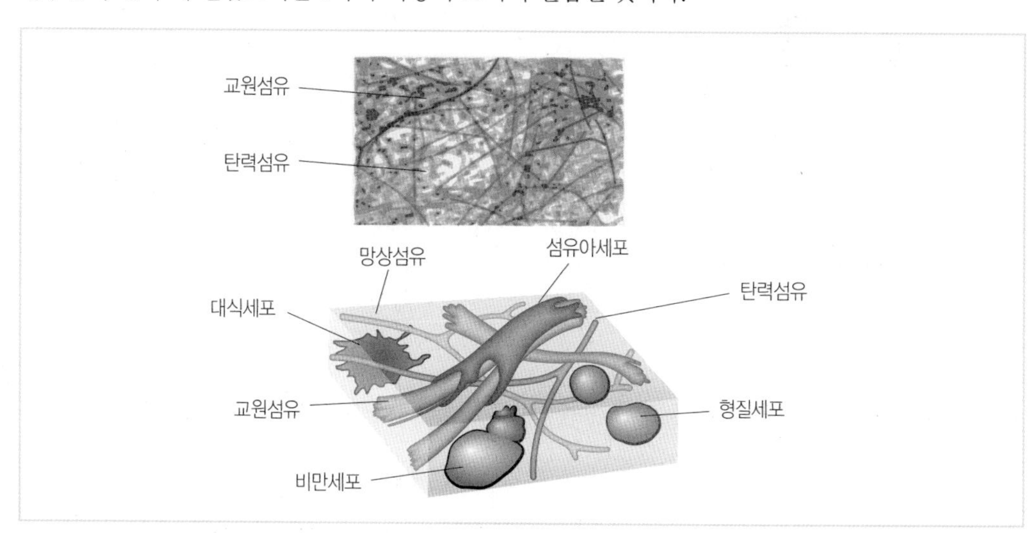

▲ 진피 구성섬유

① 교원섬유

- 아교섬유 또는 백색섬유(White fibers)로서 섬유아세포로부터 분비되는 접착물질에 의해 다발을 형성한다.
- 교원섬유(콜라겐)는 강력한 견인력과 함께 피부 주름을 예방하는 수분 보유원의 역할을 한다.

② 탄력섬유(엘라스틴)

- 교원섬유의 빽빽한 다발들 사이에 무질서하게 분포된 매우 조잡한 황색섬유이다.

- 탄력성이 필요한 피부, 큰 혈관 또는 호흡기계, 탄력물렁뼈 및 탄력인대 등에서 그물막 또는 다발 형태로 배열되어 있다.

③ 세망조직

- 진피 내 세포와 섬유 사이를 채우고 있는 반액체의 무형물질(기질)이다.
- 진피 내 0.1~0.2%를 차지하며 주위의 다른 조직을 지지하고 결체조직 대사와 염분, 수분의 균형에 관여한다.
- 섬세한 아교섬유로서 탄력섬유와 그물섬유들이 혼합되어 있으며 세포간 물질 성분은 무코다당류, 특히 히아루론산, 당질, 혈액단백질, 효소 등의 복합체로 구성되어 있다.

(4) 진피의 부속기관

모낭, 피지선, 한선, 모유두, 입모근, 혈관, 신경, 림프관 등으로 분포되어 있다.

3) 피하지방(Hypodermis)

① 피부 구조의 최하층으로서 영양소의 저장소이다. 체온의 방출을 막아주고 유지시켜 신체 충격을 완화시킴과 동시에 지방층 아래의 뼈와 근육을 보호해 준다.

② 피하지방의 양은 성별, 나이, 신체 부위 등에 따라 다르나 일반적으로 남성보다 여성의 지방조직이 두껍다. 눈꺼풀, 고환, 음경, 경골에는 존재하지 않으며 손등이나 발등에는 거의 없다.

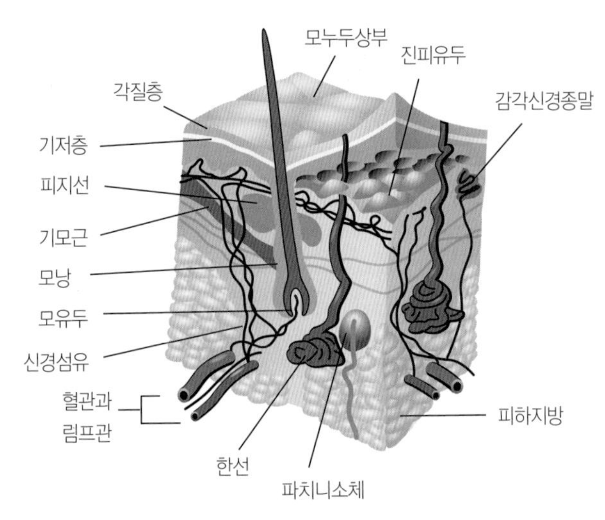

▲ 피부의 부속기관

3 피부의 기능

피부 표피의 약산성막은 정화작용 능력과 세균 발육억제 기능을 갖고 있다.

피부 기능	역할
보호	• 수분 유지, 외부의 압력, 충격, 마찰에서의 보호, 세균, 미생물로부터 방어, 광선 차단 등의 기능을 한다.
경피흡수	• 피지막과 각질세포가 체내로의 흡수기전을 방해한다. • 피부부속기관(한선, 피지선, 모낭)을 통해 체외로부터 흡수된다.
호흡	• 인체의 약 99%는 폐와 혈액(외호흡)으로, 낮 시간대에 약 97%가 폐포에서 가스교환으로 호흡한다. • 피부로도 약 1%가 혈액과 조직세포(내호흡)로, 밤 시간대에 약 1~3%가 피부조직세포의 가스교환으로 호흡한다.
분비·배설	• 피부는 흡수보다 배설기능이 더 강하다. • 한선이나 피지선을 통해 수분이나 피지 외에도 대사산물의 일부를 몸 밖으로 배출한다.

체온조절	• 우리 몸은 36.5℃를 유지하려는 항상성에 의해 혈관과 한선, 입모근, 피하지방조직 등이 피부의 체온을 조절한다. • 체온이 높으면 혈관을 확장시켜 열을 발산시키고, 체온이 떨어지면 혈관과 입모근을 수축시켜 체표면적을 줄여서 열손실을 막는다.
감각수용	• 촉각, 압각, 통각, 온각, 한냉, 소양감 등을 받아들이는 장치가 있어 감각수용기로서의 역할을 수행한다.
비타민 D 합성	• 칼슘의 흡수를 촉진시켜 뼈와 치아의 형성에 도움을 주는 자외선을 받아 항구루병 인자의 비타민 D로 바꾸어 체내에 흡수시킨다.
영양분 저장	• 피하조직 내 지방은 우리 몸의 저장기관으로 각종 영양분과 수분을 보유하고 있다.
도구	• 피부 변성물인 손(발)톱은 손·발가락 끝을 보호한다. • 손가락 또는 발끝을 세울 때 반응과 함께 도구의 역할을 한다.
광선차단	• 피부가 자외선에 노출되면 홍반, 색소침착 등이 발생한다. • 멜라닌 세포는 자외선을 흡수하며 표피의 투명층은 광선과 열의 침투로부터 피부를 보호한다.

[TIP] 화상(괴사성 화상)

전신에 3도 이상 화상을 입으면 내부 장기는 이상이 없으나 피부 구멍이 막히기 때문에 독소가 쌓이면서 피부 호흡을 못하여 사망한다.

Section 02 피부부속기관의 구조 및 기능

1 각질부속기관(모발)

각질부속기관인 모발은 종류와 형태에 따라 분류된다. 모발은 역동적이고 지속적으로 변화하며 어떤 나이에도 결코 균일하게 나타나지 않는다.

[TIP] 모발의 종류

① 취모(毳毛), 연모(軟毛, Lanugo hair), 경모(硬毛, Terminal hair), 세모(細毛, Vellus hair) 등으로 구분된다.
② 모발의 형태는 직모(Straight hair), 축모(Wavy, Curly, Kinky hair)로 구분된다.

1) 모근부(Hair root)

모근부는 모유두와 모낭 기저부의 모기질 상피세포(Hair bulb)를 포함하는 기관으로서 혈관이 풍부하며 모세포 분열을 조절한다.

(1) 모낭(모발의 생태)

손 · 발바닥을 제외한 전신에 분포되어 있는 모발은 태생 9주~12주에 생성되며, 모낭 내에서만 생존한다. 모발섬유를 생성하고 보호하며 이동시키는 모낭은 모근에 존재한다. 모낭은 상피근초와 진피근초로 구분된다.

① 상피근초 : 표피 가장 바깥층인 각질층, 과립층, 유극층의 세포와 연결된다.

㉠ 내모근초

- 표피세포층인 각질, 과립, 유극층과 연결되어 있다.
- 초표피(각질층의 세포), 헉슬리층(과립층의 세포), 헨레층(유극층의 세포) 등과 연결됨으로써 모낭의 두께에 따른 모발 굵기 등과 연관된다.

㉡ 외모근초

모낭의 기저인 각질형성세포(모모세포)를 따라 표피 기저층의 세포와 연결되며 멜라닌형성세포가 부속되어 있다.

② 진피근초

유리막이 내돌림층, 외세로층으로 구성됨으로써 모주기 시 모낭의 본래 각도(25~50°)를 유지시키며 모발에서의 양감을 갖게 한다.

③ 모유두

모유두(Hair papilla)는 세포들이 풍부하며 유두의 크기 변화는 모낭의 크기와 이곳을 지나가는 모세혈관의 숫자와 크기, 세포 내부 물질에서의 변화 등에 따라 달라진다.

㉠ 모주기에 따라 위치가 변하며 모세혈관과 자율신경이 풍부하다.

㉡ 모발의 성장물질을 분비하며 성장(유전적으로 내재된 시간)을 조절하고 모질 및 모발의 굵기를 결정한다.

④ 모모세포(각질형성세포)

모발의 기원이 되는 세포로서 모유두로부터 영양분을 공급받아 세포를 분열(모세포 또는 딸세포)하여 모낭을 따라 위로 밀어 올린다.

⑤ 입모근(기모근)

㉠ 교감신경에 의해 조절되는 입모근은 스트레스(추위나 두려움 등)를 받으면 수축하여 모발을 수직으로 끌어당김으로써 소름 또는 면포를 형성시킨다.

㉡ 모낭외측 하부의 1/3 지점에 위치하며 자율신경의 지배를 받는 불수의근으로서 모세포가 각질화되는 경계 지점(Top of the bulb)이며, 모세포의 줄기세포(Stem cell)가 존재한다.

> **[TIP]** ① 자율신경계 : 사람의 의지대로 조절되지 않는 신경이다.
> ② 불수의근 : 심장근과 같이 자율신경의 지배를 받아 마음대로 조절할 수 없다.

(2) 모낭의 구분

모낭은 크게 세 부위로 나뉜다.

① 제1의 영역(모구하부)

- 모유두에서 영양을 받아 모세포(Hair cell)로 분열된다.
- 세포분열이 왕성하여 끊임없이 분열, 증식이 되풀이된다.

② 제2의 영역(협부)

모세포가 축 · 중합작용을 함으로써 펩타이드를 기단위(Subunit)로 하는 폴리펩타이드 사슬들이 섬유화된 성숙모(Mature hair)를 형성한다.

③ 제3의 영역(모누두상부)

성숙모가 모근 밖으로 밀려나가면서 영구모(Permament hair, Virgin hair)가 된다.

> **[TIP]** 모주기(Hair cycle)
> ① 모자이크 타입(독립적 모주기) : 사람처럼 각기 다른 모주기를 갖고 있다.
> ② 싱크로니스틱 타입 : 동물(앙고라, 토끼, 양 등)처럼 전체 모발의 모주기가 일치한다.

2) 모간부(Hair shaft)

(1) 모발(모발의 형태)

전신을 덮고 있는 솜털은 130~140만 개 정도이며, 두발은 8~12만 개 중 하루에 50~100개 정도가 생리적 현상에 의해 피탈된다. 모낭 내 모발은 피부 표면에 대해 25~50° 정도의 각도를 유지하며 영구모 상태로 피부 밖으로 나와 있다.

> **[TIP]** 모발의 구성성분
> 경단백질(Hard keratin)인 모발은 단백질 80~90%, 수분 10~15%, 멜라닌 과립색소 3%, 지질 1~8%, 미량원소 0.6~1% 등으로 구성되어 있다.

① 모표피(Cuticle)

전체 모발 형태에서 모표피는 10~15%를 구성하며, 수분 함량은 약 15% 정도로서 모발 손상의 척도로 이용된다. 모발의 최외층에 존재하는 비늘층(5~15층)은 화학적 저항성이 강한 층으로서 문리(紋理)를 나타내는 상표피와 세포간 물질로 구성되어 있다.

> **[TIP]** ① 상표피 : 에피큐티클, 엑소큐티클, 엔도큐티클로 구성되어 있다.
> ② 세포간 물질 : 상표피를 접착시키는 시멘트 역할을 한다.

② 모피질(Cortex)

모발의 80~85%를 차지하며 모질을 나타내는 모발의 강도(세기), 탄성, 유연성, 성장의 방향, 굵기, 질, 색소 등을 나타내는 섬유다발이다.

㉠ 결정영역(주쇄결합) : 폴리펩타이드를 기단위(Subunit)로 거대분자를 구성한다.

- 폴리펩타이드 → ∝ - 헬릭스 → 프로토필라멘트(원섬유) → 마이크로필라멘트(미세섬유) → 매크로필라멘트(거대섬유) 등으로 구성되어 있다.

> **[TIP]** 모발색
> 모발색을 결정하는 멜라닌색소과립이 모피질 세포와 세포 사이의 결합물질로 구성되며, 색소과립과 핵잔존물을 포함한다.

ⓛ 비결정영역(측쇄결합) : 모발 아미노산 특유의 성질을 나타내며, 수소결합(H…OH), 펩타이드 결합(CO－NH), 시스틴결합(S－S), 염결합($COO^-NH_3^+$), 소수성결합 등이 있다.

③ 모수질(Medulla)

0.07mm 이상에 존재하는 모수(공포)는 모발에 따라 완전히 없거나 또는 섬유축에 계속적으로 존재하거나 존재하지 않을 수도 있다.

> **[TIP]** 공동(Void)
> 빈 공동으로서 공기를 함유하는 역할을 한다.
>
> 모발의 주기(Hair cycle)
> ① 성장기(Anagen stage)
> 활발한 세포분열, 증식을 통해 계속 성장하는 단계로서 평균적으로 남성은 3~5년, 여성은 4~6년 정도의 기간을 갖는다. 전체 두발의 80~85%를 차지하며, 한 달 평균 1~1.5cm 정도 자란다.
> - 1일 성장속도 : 0.2~0.4mm 기준
>   - 1일 전체 두발의 성장 길이 0.4×10만본 = 40m
>   - 5년 기준 두발의 성장 길이 0.4×(365×5) = 73cm
>
> ② 퇴화기 단계(Catagen stage)
> - 서서히 성장하지만 더 이상 모발 케라틴을 합성하지 않는 단계이다.
> - 퇴행기는 전체 두발의 1% 정도이며, 약 30~45일 정도 기간을 갖는다.
>
> ③ 휴지기 단계(Telogen stage)
> - 모유두의 활동이 일시정지됨으로써 모구부의 수축과 동시에 곤봉모(Clubbed hair)가 위쪽으로 밀려 올라가 자연탈모(Shedding), 즉 피탈된다.
> - 휴지기는 전체 두발의 4~14% 정도로서, 약 4~5개월 정도 기간을 갖는다.
> - 1일 탈모(Shedding)량 10만본 기준
>   - 전체 두발 ÷ 성장기간 × 365일 = 10만 ÷ (5년 × 365) = 55개

2 분비부속기관

한선과 피지선은 피부의 피지막과 산성막을 형성하는 외분비선이다. 특히 한선은 체온 조절 역할을 하며 평균 1.2ℓ/day 정도의 땀을 분비하고, 격한 운동 시 10ℓ 정도의 땀을 분비한다.

1) 한선(Sweat gland)

땀이 분비되는 곳으로 소한선(에크린선)과 대한선(아포크린선)으로 구분된다. 콜린성 교감신경에 의해 자극을 받아 한선의 활동이 증가된다.

(1) 소한선(Eccrine glands)

① 모공과 분리된 독립분비선으로서 표피쪽으로 직접 열려 땀을 분비한다.

② 신체 전신에 분포되어 있으며 손 · 발바닥, 이마 부위에 특히 많다.

③ 99% 수분과 Na, Cl, K, I, Ca, P, Fe 등으로 구성되어 있다.

④ pH 3.8~5.6으로서 혈액과 더불어 신체 체온 조절작용을 한다.

⑤ 소한선은 매운 음식 섭취 또는 운동, 긴장, 온도 등에 민감하다.

(2) 대한선(Apocrine glands)

① 사춘기 이후에 성호르몬의 영향을 받아 분비선이 발달된다.

② 모낭에 부착된 땀 분비선으로서 모공 쪽으로 열려 있어 감정의 변화 또는 스트레스에 의해 촉진된 냄새를 생산한다.

③ 겨드랑이, 생식기 주위, 유두, 배꼽 주위 등에 분포하며, 체외로 분비되면 공기에 산화되어 유색을 띠고 냄새를 낸다.

> **[TIP]** 한선은 인종적으로 흑인 〉 백인 〉 황색인의 순으로 많이 생성되고, 월경 전과 월경 중의 여성에게 많이 분비된다.

(3) 땀의 이상분비

종류	분비 내용
액취증(취한증)	• 암내 또는 액취증은 겨드랑이에서 생성되는 땀이 세균으로 인해 부패된 악취를 발생시키는 것을 말한다.
땀띠(한진)	• 분비되는 땀이 땀샘의 입구나 땀샘 중간에서 배출되지 못하여 쌓일 때 발생한다.
무한증	• 피부의 질환으로 인하여 땀이 분비되지 않는 증상이다.
소한증	• 신경계의 질환 또는 금속성 중독, 갑상선 기능저하 등에 의해 땀의 분비가 감소된다.
다한증	• 정신적 공포 또는 불안과 정서적 흥분이 고조될 때 땀의 분비가 증가된다.

2) 피지선(Sebaceous gland)

모낭에 부착되어 있어 모피지선 단위를 이루며 코 주위, 이마, 가슴, 두개피부 등에 주로 분포한다.

- 독립 피지선은 입술, 유두, 귀두, 손 · 발바닥에 존재한다.
- 피지는 살균, 소독, 보습, 중화, 윤기, 비타민 D 형성과 함께 유독물질 등의 배출작용을 한다.
- 신경계통의 통제는 받지 않고 자율신경계와 성호르몬의 영향을 받는다.

> **[TIP]** 피지 분비량(1~2g/day)
> ① 남성호르몬, 황체호르몬, 식생활, 계절, 연령, 환경, 온도 등에 따라 분비량이 달라진다.
> ② 세정 시 1시간 후에 20%, 2시간 후는 40%, 3시간 후 50% 정도 피지가 분비된다.

(1) 피지막

피지선에서 분비되는 피지와 한선에서 분비되는 땀이 혼합되어 피지막을 생성한다.

(2) 산성막

피부 표면의 피지막은 pH 4.5~5.5(약산성)로서 세균으로부터 피부를 보호한다.

CHAPTER

02 피부 유형 분석

Section 01 피부 유형 분석

1 피부 유형을 결정하는 요인

피부 유형은 피부에 분포하는 수분과 유분의 분비량과 표피의 각화 정도, 혈액순환의 정도, 건강 상태, 기후 등에 의해 결정된다.

분석 요인	특징
경피수분손실(TEWL)	• 각질층 내에서 수분이 공기 중으로 증발하는 상태로서 각질층의 보습이나 수분상태와 관련된다.
천연보습인자(NMF)	• 피지의 친수성 부분인 천연보습인자는 피부의 수분보유량을 조절하여 건조를 방지하는 인자이다. • 과립층 내 케라토하이알렌이 감소하면 NMF의 생산이 저하되어 보습능력이 낮아진다. • NMF가 결핍되면 피부가 건조해져서 각질층이 두꺼워지며 피부 노화의 원인이 된다.
지질(Lipids)	• 피지선에서 분비되는 피지는 NMF가 존재하는 각질세포 내에 막을 형성함으로써 수분을 조절한다. • 피지는 pH를 유지시켜 미생물로부터 피부를 보호하고 수분 증발을 억제시켜 피부 보습 상태를 유지한다.
각질층 수분 함유량	• 정상피부의 각질층은 약 15~20%의 수분을 함유하며 12% 이하가 되면 건성피부로 분류한다.

[TIP] 피지의 성분

지방산(Fatty Acid), 스쿠알렌(Squalene), 트리글리세라이드(Triglyceride), 왁스(Wax), 콜레스테롤(Cholesterol), 콜레스테롤 에스테르(Cholesterol Ester) 등이다.

2 피부 유형의 성상 및 특징

피부 유형	특징	관리방법
정상피부	• 보통(중성)피부라 하며 피부 조직 상태 또는 생리기능이 정상적이다. • 유·수분 균형에 의해 피부가 윤기와 촉촉함을 유지하며 피부결이 섬세하여 주름이 없고 탄력이 있다. • 피부 이상색소, 여드름, 잡티 등이 없고 모공 상태가 고르며 피지 분비가 적절하다. • 피부색은 선홍색으로서 표피는 두껍지 않으며 정상적인 각화현상을 갖는다. • 계절, 건강 상태, 생활환경 등에 의해 피부 상태가 변화될 수 있다.	
건성피부	• 모공이 좁고 피부결이 얇으며 탄력 저하와 주름 발생이 쉬워 노화가 빨리 진행된다. • 유·수분의 분비기능이 저하된 건성화로 이마, 볼 부위 피부에 당김 현상이 있다. • 작은 각질과 가려움을 동반하며 기온 또는 일광, 자극성 화장품에 의해 피부가 얼룩져 붉게 보인다.	• 부드러운 밀크 타입이나 유분기가 있는 크림 타입의 클렌징 제품을 사용한다. • 알코올 함량이 적은 화장수와 보습력이 높은 콜라겐, 엘라스틴, 히알루론산염, 솔비톨, 아미노산, 세라마이드, 해초, 레시틴, 알로에 등을 사용한다. [TIP] ① 모공이 작아 땀과 피지가 원활하지 못하여 자극을 받기 쉬우므로 뜨거운 물이나 알칼리가 강한 제품의 사용을 금한다. ② 각질층의 수분이 10% 이하일 때 피부 손상과 주름 발생이 쉽다.
지성피부	• 정상피부보다 각질층이 두껍고, 모공이 넓기 때문에 쉽게 피부가 오염되어 뾰루지와 면포가 생기기 쉽다. • 피부 혈액순환이 잘 되지 않으며 색소침착이 잘 된다. • 온도 등 외부환경에 강하나 분비된 피지가 모공 입구를 막아 여드름을 유발한다. • 피지가 과다하게 분비되어 피부가 번들거리며 불투명하고 칙칙해 보인다.	• 알코올 함량이 높은 수렴화장수(토너)로서 살리실산, 클레이, 유황, 캄퍼 등이 함유된 화장품을 사용한다. • 로션이나 젤 타입의 유분이 적은 클렌저 제품 또는 피지 조절제가 함유된 화장품을 사용한다. • 알코올이 함유된 유분기가 적은 제품(살리실산, 비타민 A, AHA, 클레이, 유황, 캄퍼 등)을 사용한다. [TIP] ① 알칼리성 비누는 여드름 균의 번식을 악화시킬 수 있으므로 지루성 피부 상태의 개선을 위해 전문적인 세정제를 사용한다. ② 지방 섭취를 제한하여 피지량을 조절하고 항균, 소독, 소염 등에 따라 피지를 제거하거나 피지 분비를 조절한다.
민감성 피부	• 예민(민감)성 피부라고도 하며, 피부 조직이 섬세하고 얇아 외부 환경에 민감하다. • 피부가 민감하여 잘 달아오르고 가벼운 자극이나 화장품에 의해서도 피부 병변을 일으킨다. • 모공이 작고 모세혈관이 피부 표면에 드러나며, 표피 각화과정이 정상보다 빠르다. • 피지 분비가 약해져 외부환경(온도)에 대해 홍반현상을 갖는다. • 피부 건조화에 의한 당김 현상과 함께 표정주름이 나타난다. • 색소침착이 잘 나타난다.	• 향, 색소, 방부제를 함유하지 않거나 적게 함유된 진정 위주의 팩, 마스크, 필링(크림 타입) 제품을 사용한다. • 민감성을 진정시켜주는 부드럽고 청결한 클렌징, 피부 긴장 완화, 보호, 진정, 안정 및 냉효과를 목적으로 하는 수렴화장품을 사용한다. • 아줄렌, 위치하젤, 비타민 P·K, 판테놀, 클로로필 등의 성분이 첨가된 화장품을 사용한다.

복합성 피부	• 거의 모든 사람의 피부 유형으로서 지성과 건성이 피부 부위에 따라 다르게 나타난다. • 얼굴 부위인 뺨, 광대뼈, T-zone, 눈 가장자리 등의 부위는 번질거리나 그 외 주변 피부는 건성화가 생기는 복합적인 피부 유형으로 나타난다. • 눈가에 잔주름이 많고, 광대뼈 부위에 기미가 있으며 중년 이후에 나타나는 유형으로서 후천적 요인이 크다.	
여드름 피부	• 피지 분비가 과다하며 약간 두껍고 거친 피부이다. 따라서 화장을 했을 경우 오래가지 못하며 시간이 지나면서 칙칙하게 보인다. • 여드름의 80% 이상은 유전적인 원인으로 발생하며 스트레스, 위장장애, 음주, 수면부족 등과 같은 후천적 원인도 있다. • 여드름은 모낭 내의 피지가 각질세포와 함께 모낭벽에 축적되어 형성된 덩어리 형태이다. 면포성 여드름에는 폐쇄 면포(화이트헤드, 비립종)와 개방 면포(블랙헤드)가 있다. • 그 외 세균에 의한 구진(피지가 세균감염에 의해 발진), 농포(붉은 구진성 여드름), 결절(피부 내 딱딱한 응어리), 낭종(진피까지 파괴되는 영구적 여드름 흉터) 등이 있다.	• 피부를 깨끗이 하고 피지 분비를 정상화시키며 유·수분의 균형을 유지시킨다. • 복합성 피부용 클렌징을 이용하여 이마 부위는 주 1~2회 딥 클렌징, 볼 부위는 2주에 1회 관리한다. [TIP] 여드름 피부는 색조화장품 사용 시 피부 발림이 좋지 않아 기초화장품 선택이 중요하다. 피부에 맞지 않는 화장품 사용 시 면포가 잘 형성된다.
노화 피부	• 피지선과 한선의 기능 저하, 혈액순환 저하와 함께 노폐물 축적으로 표피가 두껍고, 모공이 넓어진다. 표피와 진피의 구조변화로 피부가 얇아진다. • 혈액순환 불균형과 피부세포의 영양 섭취 저하 등으로 결체조직이 위축된다. [TIP] 생리적 노화와 광노화에 의해 피부 결합조직이 느슨하며 주름, 반점 등이 생기고 면역기능이 떨어진다. 건조하거나 차갑게 하는 기후는 노화를 자극시킨다.	• 유·수분을 보충할 수 있고 자외선 차단 크림이나 로션 등의 화장품을 사용한다. • 비타민 E, 레티놀, 프로폴리스, 은행추출물, SOD, AHA 등을 성분으로 하는 화장품을 사용한다. [TIP] ① SOD(Super oxide dismutase : 노화억제 효과가 탁월한 활성화 억제 효소이다. ② AHA(α-hydroxy acid) : pH 3.5 이상에서 10% 이하의 농도로 사용되는 AHA는 사탕수수, 우유(젖산), 구연산(오렌지, 레몬), 사과산(사과), 주석산(포도) 등 5가지 과일산으로서 수용성이다. 각질 제거, 피부 재생효과가 있다.

CHAPTER

03 피부와 영양

영양분의 공급은 인체 내 신진대사작용과 생명유지에 관련된 것으로서 질병을 예방하거나 치료를 겸할 수 있다.

Section 01 3대 영양소, 비타민, 무기질

1 영양소

영양소는 우리가 먹는 식품의 구성 물질로서 체내에서 다양한 경로를 거쳐 생명을 유지시키며, 건강은 물론 성장을 촉진시켜주는 역할을 한다.

(1) 영양소의 기능

① 신체를 구성하는 물질을 공급한다.

② 신체 내 에너지를 공급한다.

- 유기물질이 연소하여 에너지를 발생시킨다.
- 몸의 생리적 기능을 조절한다.
- 활동에너지와 체온 유지를 위한 열에너지로 사용된다.
- 당질, 단백질, 지질은 몸 안에서 서서히 연소됨으로써 열량소를 발생시킨다.

(2) 바람직한 영양 섭취

① 국물을 많이 먹지 않는다.

② 아침식사는 반드시 한다.

③ 식사량은 일정하게 해야 하나 식품은 다양하게 섭취한다.

④ 설탕 대신 향신료를 사용하여 음식의 풍미를 높여 섭취한다.

⑤ 자연식품을 섭취한다. 섬유소가 많은 식품을 선택한다.

⑥ 고기류는 지방을 제거하고, 닭고기류는 껍질을 벗긴 후 조리하여 섭취한다.

⑦ 신선한 식품을 확인하여 섭취하며, 식품 구입 시 제조일, 식품 내용, 성분 등을 확인한다.

> [TIP] ① 열량 영양소 : 단백질, 탄수화물, 지방 등 3대 영양소를 말하며 에너지 공급원이다.
> ② 구성 영양소 : 단백질, 무기질, 물 등은 신체 구성 영양소로서 신체조직을 구성한다.
> ③ 조절 영양소 : 비타민, 무기질, 물 등은 신체 조절 영양소로서 생리기능과 대사조절 작용을 한다.

2 영양과 영양소

인체 전반의 생활현상을 유지하는 데 필요한 물질을 '영양소'라 하며, 이러한 물질을 섭취하여 생명을 유지함으로써 건강을 증진하고 질병을 예방하는 것을 '영양'이라 한다.

1) 영양소의 작용

(1) 신체 열량 공급작용

섭취된 영양소는 세포 내에서 에너지(kcal)를 발생시킨다.

(2) 신체의 조직 구성작용

① 유기물로서 단백질, 탄수화물, 지방으로 구성된다.
② 비타민은 체외로부터 섭취해야 하는 생물학적 활성이 있는 유기화합물이다.

(3) 신체의 생리기능 조절작용

① 무기질, 비타민 등은 신체기능을 원활하게 한다.
② 무기질은 화학적 에너지는 없으나 신체의 기능조절에 중요한 역할을 하며 생존상 필수 불가결의 영양소이다.

> [TIP] 항산화 비타민은 비타민 A, C, E와 가장 관계가 깊다.

2) 열량 영양소

열량 영양소	특징	종류
단백질	• 생명체 단위인 세포를 만드는 에너지(4kcal/g)로서 모발, 피부, 근육 등 신체조직을 형성한다. • 단백질의 마지막 분해산물인 아미노산을 공급하며 pH 평행 유지, 피부 세포의 재생작용, 효소 및 호르몬 합성, 면역세포와 항체 형성 등의 작용을 한다.	• 필수 아미노산 : 체내에서 합성이 되지 않아 반드시 식품을 통해 흡수해야 한다. 발린, 루신, 아이소루신, 메티오닌, 트레오닌, 라이신, 페닐알라닌, 트립토판, 히스티딘의 9가지 아미노산이다. • 비필수 아미노산 : 필수 아미노산을 제외한 체내에서 합성이 가능한 아미노산이다.
탄수화물	• 신체 중요 에너지 공급원(4kcal/g)으로서 혈당을 유지하며 탄수화물 과잉섭취 시 글리코겐 형태로 간에 저장된다. • 피부 산도를 높여 피부 저항력을 감소시킴으로써 피부염이나 부종을 유발한다.	• 단당류 : 포도당, 과당, 갈락토오스 등이 있다. • 이당류 : 맥아당(포도당+포도당), 서당(포도당+과당), 유당(포도당+갈락토오스) 등이 있다. • 다당류 : 전분, 글리코겐, 덱스트린, 섬유소 등이 있다.

지방	• 에너지 공급원(9kcal/g)으로서 신체 장기를 보호하고 피부의 건강 유지 및 재생을 도와준다. • 지용성 비타민의 흡수를 하고 촉진 혈액 내 콜레스테롤 축적을 방해하며 체온조절에 관여한다.	• 단순 지방질 – 중성지방 : 동물성과 식물성 지방으로 구성된다. – 밀납 : 벌꿀의 벌집으로서 공기 중에서도 변질되지 않는다. • 복합 지방질 – 인지질, 당지질, 지단백 등이 있다. • 유도 지방질 – 지방산 : 포화 지방산, 불포화 지방산(리놀린, 리놀렌산, 리놀레인산) 등이 있다. – 스테롤, 콜레스테롤 등이 있다.

> **[TIP]** 칼로리(Kcal) : 운동과 생명의 에너지 단위로서 1kcal란 1ℓ의 물을 1℃ 높이는 데 필요한 열량으로 1g당 단백질 4kcal, 탄수화물 4kcal, 지방 9kcal의 열량(에너지)을 생성한다.
>
> 기초대사량 및 기초칼로리 : 체온 유지, 호흡, 혈액순환 등 생명 유지에 필요한 최저(기초) 칼로리를 최소열량이라 하며, 1,600kcal/day 정도이다.

3) 조절 영양소

(1) 비타민

비타민군에서 비타민 D를 제외하고는 체내 합성이 되지 않으므로 음식으로 섭취해야 한다. 비타민은 소량으로도 생명 유지에 주요 성분이 된다. 이는 체내 생리작용을 조절하는 지용성(기름에 용해되는)과 수용성(물에 용해되는) 비타민으로 분류된다.

> **[TIP]** ① 해조류에는 요오드, 칼슘 등의 무기질이 다량 함유되어 있으며 그밖에 비타민 A·B_1·B_2 또한 풍부하다.
> ② 버섯류에는 인, 비타민 B_2 등이 풍부하며, 에르고스테롤이 많아 자외선을 받으면 비타민 D가 합성된다.

① 특징

- 생리작용 조절과 체내 대사의 조효소로 작용한다.
- 체내에서 합성되지 않아 음식으로 섭취해야 하며 빛, 열, 공기 중에 노출 시 쉽게 파괴된다.

② 종류

- 지용성 비타민 : 기름에 녹으며 과잉섭취 시 체내에 축적되므로 중독증상이 나타날 수 있다.

종류	내용
비타민 A (상피보호 비타민)	• 피부를 건강하게 유지시키고 시각세포 형성에 관여하며 각질 생성을 예방한다. • 〈결핍 시〉 야맹증, 안구건조증, 피부 점막의 각질화 등이 생기며, 간, 계란, 해조류, 녹황색 채소 등에 풍부하다.
비타민 E (칼시페롤, 항그루병 비타민)	• 자외선을 통해 피부 내의 프로비타민 D를 비타민 D로 활성화한다. • 〈결핍 시〉 구루병, 골연화증을 유발한다.

비타민 E (토코페롤, 항산화 비타민)	• 인체에 매우 중요한 항산화제로서 호르몬 생성, 임신 등 생식기능에 관여하며 노화 방지나 세포재생을 돕는다. • 〈결핍 시〉 불임증, 피부 노화 등을 유발하며 두부, 곡물의 배아, 버터, 푸른 잎 채소, 식물성 식물 등에 풍부하게 함유되어 있다.
비타민 F	• 피부의 저항력을 증강시켜 건조하고 생기 잃은 피부에 영양을 준다. • 〈결핍 시〉 손·발톱이 약해지고 습진, 피부염 등이 잘 생기며 호두, 땅콩, 해바라기씨 등 견과류에 풍부하게 함유되어 있다.
비타민 K (응혈성 비타민)	• 혈액응고에 관여하고, 모세혈관벽을 튼튼하게 하며, 피부염과 습진에 효과적이다. • 〈결핍 시〉 출혈성 질병 등의 외상이 생기며 버섯, 달걀, 유제품에 많이 함유되어 있다.

- 수용성 비타민 : 물에 녹으며 체내 대사를 조절하지만 체내에 축적되지 않는다.

종류	내용
비타민 B_1 (티아민, 항신경성 비타민)	• 신경을 정상으로 유지시키며 탄수화물대사에 도움을 주고 상처 치유(입술, 점막, 피부 등)나 민감성 피부(지루성, 여드름, 알레르기 등)에 면역성을 길러준다. • 〈결핍 시〉 각기병, 부종, 사지마비 등을 유발하며 배아, 효모, 두부, 돼지고기, 녹황색 채소 등에 풍부하게 함유되어 있다.
비타민 B_2 (리보플라빈, 성장촉진 비타민)	• 피지 분비 조절, 보습력, 피부 탄력을 증가시킨다. 일광에 민감한 피부, 모세혈관성 피부(붉은 코, 주사)에 효과적이다. • 〈결핍 시〉 성장 지연, 구각염 및 각막(결막)염을 유발하며 치즈, 아몬드, 정어리, 소의 간에 풍부하게 함유되어 있다.
비타민 B_5 (판토텐산)	• 감염, 스트레스에 대한 저항력을 증진시킨다.
비타민 B_6 (피리독신)	• 피지 조절(진정)효과가 있으며 세포 재생에 관여하여 여드름, 모세혈관확장 피부에 효과적이다. • 〈결핍 시〉 피부염, 습진 등이 생기며 간, 콩, 난황, 육류, 효모, 곡류 등에 풍부하게 함유되어 있다.
비타민 B_9 (엽산)	• 아미노산 대사 촉진 비타민으로서 세포의 증식과 재생(DNA, RNA 합성, 적혈구 생성에 필수)에 관여한다.
비타민 B_{12}	• 세포조직 및 재생의 모든 과정을 촉진시키며 또한 조혈작용을 한다. • 〈결핍 시〉 악성빈혈을 유발하며 생선, 달걀, 우유, 살코기, 간 등에 풍부하게 함유되어 있다.
비타민 C (아스코빈산, 항산화 비타민)	• 모세혈관을 간접적으로 강화시키며 콜라겐 형성 및 멜라닌색소 형성을 억제하여 유해산소의 생성을 방해한다. • 〈결핍 시〉 괴혈병, 빈혈 등을 야기하며 야채나 과일에 풍부하게 함유되어 있다.
비타민 H(비오틴)	• 탈모 방지, 염증 치유를 한다. • 〈결핍 시〉 피부염이 생기거나 창백한 피부가 된다.
비타민 P	• 모세혈관을 강화시키며 피부병 치료에 도움을 준다.

(2) 무기질(미네랄)

① 특징 : 효소, 호르몬의 구성성분으로서 체액의 산 · 알칼리의 평형 조절에 관여하며, 신경자극을 전달하고 신체의 골격 및 치아 등을 형성한다.

② 종류 : 체중의 0.01% 이상 또는 이하에 따라 다량원소 또는 미량원소로 구분된다.

구분	종류	특징
다량원소	인(P)	• 세포의 확산에 관여하고 세포막을 구성하며 체액의 pH를 조절하는 뼈, 치아의 주성분이다. • 〈결핍 시〉 뼈 및 영양장애를 초래한다.
	칼륨(K) 나트륨(Na)	• 체액의 평형(산, 알칼리) 유지, 체내 노폐물 배설 촉진, 항알레르기 작용, 혈압 저하 역할을 한다. • 〈결핍 시〉 염증을 발생시킨다.
	칼슘(Ca)	• 신경흥분에 필수적인 신경전달에 관여하고, 근육의 이완과 수축을 조절한다. • 〈결핍 시〉 골격과 치아의 쇠퇴, 발육 불량, 형태 이상을 초래한다.
	마그네슘 (Mg)	• 삼투압, 근육 활성 및 모발이 가늘어지는 것을 조절한다. • 〈결핍 시〉 모발 내 모모세포의 결합력을 약화시킨다.
	철분(Fe)	• 혈액성분의 구성요소로서 음식물을 통해 보충되나 체내에 저장은 되지 않는다. • 〈결핍 시〉 빈혈증상을 일으키며 소의 간, 계란 노른자, 고기 등에 주로 함유되어 있다.
미량원소	황(S)	• 인슐린 구성성분으로서 케라틴 합성에 관여하며 해독효과를 주거나 비타민을 구성시킨다. • 〈결핍 시〉 모발, 손·발톱에 윤기가 없고 거칠어지며 면역성 감소와 해독능력이 저하된다.
	아연(Zn)	• 염증 억제작용과 성장, 생식 식욕촉진 인슐린 합성에 필요한 성분이다. • 〈결핍 시〉 성장 장애, 성 기능의 부전, 정서적 불안정, 미각의 감퇴, 피부염, 탈모증, 철결핍, 빈혈 등을 야기한다.
	요오드(I)	• 갑상선호르몬 구성성분으로서 과잉지방 연소를 촉진하며 체내의 에너지 대사에 관여하고 단백질을 생성시킨다. • 〈결핍 시〉 갑상선 기능장애를 유발한다.

Section 02 체형과 영양

1 체형과 건강

건강한 삶의 영위는 적정 체중의 유지가 필수조건이다. 적정 체중의 정확한 판정을 위해 체질량지수 측정(Body Mass Index, BMI)과 체지방 평가의 지표로 사용되고 있다. 체질량지수는 과체중 및 비만을 평가함에 있어서 세계적으로 통용된다. 적정체중을 벗어난 상태로는 과체중이나 비만, 저체중 등을 들 수 있다.

(1) 표준체중

성인은 브로카(Broca)법에 의한 표준 체중 계산법을 사용한다. 표준 체중을 계산하는 방법으로서 비만의 여부를 알 수 있다. 자신의 신장에 따라 체중을 계산하여 판단한다.

① 신장 160 이상일 때(단위 cm) : (신장 – 100) × 0.9

② 신장 150~159 : (신장 – 150) × 0.5 + 50

③ 신장 150 이하 : 신장 – 100

2 비만 및 체형의 종류

1) 비만의 정의 및 원인

섭취한 열량 중에서 소비된 칼로리보다 성취된 칼로리가 많은 경우 남은 부분이 체내에 지방으로 축적되는 형상을 말한다. 성인의 경우 체질량지수 25kg/m² 이상일 때 비만과 관련하여 질환위험도를 나타낸다.

> [TIP] 체질량지수(BMI) : 비만측정법으로 키와 몸무게를 이용하여 지방의 양을 측정한다.

(1) 체지방

지방 1kg당 약 7,300cal의 에너지를 갖고 있으며 인체 내에 축적되는 지방은 연령, 성별, 체중의 차이에 따라서 달라진다.

① 연령이 증가하면 피하지방이 줄면서 축적된 지방이 팔, 다리로부터 몸통으로 이동한다.

② 인체 총지방열량의 80%를 차지하는 열량저장원인 지방조직은 외부에 대한 방어 및 신체 단열재의 역할을 하지만 필요량 이상으로 축적 시 체내 대사에 장애를 나타낸다.

③ 체내에 저장지방이 과잉으로 축적된 상태인 비만은 체중보다 체지방의 양이 중요시된다. 그러므로 질병으로 분류하여 국가적 차원에서 반드시 치료(WHO, 1996)해야 한다고 경고하고 있다.

(2) 비만의 원인

① 조절성 비만

- 갑상선 또는 뇌하수체 내 시상하부의 조절중추장애로서 섭취량이 에너지 소비량보다 많을 때 생기는 내분비 기능장애의 조절성 비만을 말한다.
- 경구피임약, 신경안정제, 천식 · 알레르기 치료제를 복용할 때 부작용으로 식욕이 왕성해지는 것을 약물 부작용 비만이라 한다.

② 대사성 비만

지방조직 자체의 선천적(유전적 체질), 후천적(잘못된 식습관으로 인한 과식, 폭식, 야식, 운동 부족 등) 대사 이상에 의해 생기는 비만을 말한다.

2) 비만체형

비만은 지방조직이 정상보다 과다하게 축적된 상태이다. 일반적으로 표준체중(체질량지수 18.5~22.9kg/m²)에 비해 10~20%일 때 과체중(Overweight), 20% 이상일 때 비만(Obesity), 30%일 때 비만증이라고 한다. 반대로 -10% 이하일 경우 매우 마른(저체중) 상태로 볼 수 있다.

(1) 비만의 종류

① 단순성 비만 : 과식과 운동부족이 원인으로서 비만의 99%를 차지한다.

② 증후성 비만 : 질환에 의해 생기는 비만이다.

(2) 비만체형의 유형

신체의 어느 부위에 지방이 축적되어 있느냐에 따라 분류된다.

① 상체 비만형(사과형 비만) : 복부의 내장 주위, 즉 허리 둘레에 지방이 과다축적된 내장지방형으로서 성인병의 위험이 높다.

② 하체 비만형(서양 배형 비만) : 엉덩이, 허벅지 둘레에 지방이 쌓이는 여성형 비만 타입이다.

3) 영양관리

체중은 건강과 밀접한 관계를 갖는다. 섭취한 열량과 소비열량의 균형을 이루기 위해 다양한 식품을 하루 3번, 일정 시간에 골고루 섭취하는 것이 좋은 체형을 유지하는 데 도움을 준다.

(1) 비만의 문제점

비만은 에너지 균형의 실패로서 반드시 치료해야 할 질병이며, 치료는 행동 교정을 기본으로 한다.

(2) 비만의 원인

① 유전적 요인

부모가 비만일 때 자녀의 70~80%가 가족력으로서 비만을 나타낸다.

② 식습관과 호르몬

- 식생활 습관이 중요한 역할로서 과식, 고지방 식이, 패스트푸드, 야식증후군, 수면 부족, 과로, 음주, 좌식생활 등을 피한다.
- 과다 코티솔 분비에 따라 췌장에서의 인슐린 분비가 억제된다.
- 중성지방이 유리지방산으로 바뀌고 지질단백 지질분해효소를 활성화하여 내장비만을 일으킨다.

③ 의학적 신체적 원인

갑상선 기능저하증, 쿠싱증후군, 다낭성 난소증후군, 뇌하수체 시상하부 등이 원인이 된다.

④ 문화적 습관

좌식생활, 스트레스 등 급격한 생활양식의 변화가 원인이 된다.

(3) 비만의 치료

① 생활방식

과식하기 좋은 환경을 제거한다.

② 운동

- 일상에서 운동과 체중 감소와의 관계를 이해함으로써 활동도를 높인다.
- 규칙적인 활동을 위한 계획 아래 운동을 방해하는 감정적인 장애물을 이겨낸다.

③ 영양

- 자신에게 맞는 식이계획 아래 섬유질을 적당히 섭취한다.
- 먹지 말 것에 집중하지 말고 일시적으로 유행하는 식이요법의 유혹에서 탈피하여 건강을 위해 섭취한다.

④ 비만관리

고열량 식품의 섭취를 자제하고 균형 잡힌 식생활로서 평소 식사량의 80% 정도만 섭취한다.

CHAPTER

04 피부 장애와 질환

Section 01 원발진과 속발진

인체의 내 · 외적 원인인 외상, 손상, 질병에 의해 유발된 피부 발진은 원발진과 속발진으로 구분된다.

1 원발진(Primary lesions)

원발진은 1차적 피부 장애로서 직접적인 피부 질환의 초기병변을 일컫는다.

종류	특징
반점	• 피부색이 변하고 원형 또는 타원형의 경계선이 뚜렷한 반점을 나타낸다. • 〈특징〉 주근깨, 기미, 자반, 노화반점 등으로 나타낸다.
소수포	• 직경 1cm 미만의 체액 또는 혈청을 가진 화상물집, 포진, 접촉성 피부염으로서 수 시간 내에 소실된다. • 〈특징〉 물집을 인위적으로 터뜨리지 않으면 흉터가 남지 않는다.
대수포	• 외부의 충격이나 온도 변화에 의해 혈액성 내용물을 담은 직경 1cm 이상의 물집이다.
홍반	• 모세혈관의 울혈에 의해 피부가 발적된다. • 〈특징〉 강한 자외선에 노출될 때 형성된다.
구진	• 여드름 초기 증상이다. • 직경 1cm 미만의 피부 융기물로서 만지면 통증이 느껴지며 염증으로 인해 붉은색을 띤다. • 〈특징〉 사마귀, 뾰루지 등으로서 표피에 형성되어 흔적 없이 치유된다.
결절	• 여드름 4단계로서 경계가 명확하다. • 기저층 아래에 형성되는 구진보다 크고 종양보다 작은 형태이다. • 〈특징〉 통증이 수반되고 치유 후 흉터가 생긴다.
낭종	• 생성 초기부터 심한 통증을 수반하며 진피층으로부터 생성된 반고체성 종양이다. • 〈특징〉 제4기 여드름으로 진피에 자리잡아 통증을 유발하며 흉터가 남는다.
팽진	• 표재성의 일시적인 부종을 나타낸다. • 붉거나 창백하며 다양한 크기로 부어올랐다가 사라지며 가려움증을 동반한다. • 〈특징〉 두드러기 또는 담(심)마진이라 한다.
농포	• 여드름의 3단계로서 피부 표면에 농을 포함한 작은 융기로서 농포성 여드름이다. • 〈특징〉 모낭 또는 한선 내에 화농성 여드름이 형성된다.

종양	• 모양과 색깔이 다양한 비정상적인 세포집단이다. • 직경 2cm 이상인 피부 증식물로서 연하거나 단단한 내용물을 가진 종양이다. • 〈특징〉 양성과 악성 종양으로 구분된다.
면포	• 면포는 화이트헤드와 블랙헤드로서 여드름 1~2단계이다. • 〈특징〉 피지, 각질세포 등에 세균이 작용하여 여드름, 코 주위 검은 여드름이 발현된다.
비립종	• 면포와 달리 피부 내에 표재성으로 존재한다. • 작은 구형의 백색 상피낭종으로서 좁쌀만한 흰 알갱이 형태이다.
포진 (헤르페스)	• 입술 주위의 군집 습포로 발진된다. • 〈특징〉 습진성 수포를 형성한다.

2 속발진(Secondery lesions)

원발진으로 인해 2차적 피부 장애를 갖는 것을 속발진이라 한다.

종류	특징
비듬	• 표피의 생리적 또는 병적 원인으로 인해 각질 파편이 생긴다. • 〈특징〉 건성 비듬, 지성 비듬의 형태이다.
가피	• 혈청이나 농이 섞인 삼출액이 말라있는 딱지 상태이다. • 〈특징〉 상처 위에 생기는 딱지를 일컫는다.
미란	• 습윤한 선홍색으로서 표피가 떨어져 나간 상태이다.
찰상	• 기계적 자극(손톱으로 긁거나 마찰)에 의해 표피가 벗겨진 상태이다. • 〈특징〉 흉터없이 치유된다.
반흔	• 진피의 손상으로 새로운 결체 조직이 생긴 상흔 상태이다. • 〈특징〉 흉터로서 켈로이드 상태이다.
위축	• 피부의 생리기능 저하에 의해 얇아진 피부 상태로서 혈관이 투시되어 보인다.
색소침착	• 피부의 색소 증가, 출혈, 이물질, 염증 후에 이차적으로 멜라닌색소가 과다하게 병적으로 발현된다.
궤양	• 진피, 피하지방조직의 괴사로 치료 후 불규칙한 흉터가 생긴 상태이다. • 〈특징〉 치유 후 반흔(흉터)이 된다.
태선화	• 피부가 가죽처럼 두꺼워지며 딱딱해지는 현상으로 만성 소양성 질환에서 볼 수 있다.

[TIP] ① 소양감 : 피부를 긁거나 문지르고 싶은 충동에 의한 가려움증이다.
② 주사 : 모세혈관 파손과 구진 및 농도성 질환이 코를 중심으로 양 볼에 나비 모양을 이루는 증상이다.

Section 02 **피부 질환**

1 질환의 징후와 증상

인체의 외상이나 질병 등이 원인이 되어 피부 조직에 구조적 변화를 야기시킴으로써 피부 질환이 나타난다.

구분	특징
징후(Sign)	• 질환을 의심할 수 있는 객관적인 지표로서 점의 크기, 피부 색깔의 변화 등으로 나타낸다.
증상(Symptom)	• 증상은 주관적인 관심이 강하여 측정이 개인의 내성과 인지력에 따라 달라진다.
증후군(Syndrome)	• 질환을 진단하는 데 있어 징후와 증상이 한꺼번에 나타난다.

2 피부 색소침착

(1) 저색소침착

① 백색증(알비노증) : 선천적으로 피부의 전신 또는 일부 모발, 눈 등에서 색소형성세포 수는 정상이나 색소가 없는 멜라닌 과립을 생성한다.

② 백반증 : 후천적 현상으로서 다양한 모양과 크기의 백색반들이 피부에 발생한다.

(2) 과색소침착

① 기미 : 흑피증으로서 1~수cm에 이르는 갈색반이 얼굴에 나타나는 상태이다.

② 주근깨 : 멜라닌 과립이 산재성으로 축적됨으로써 생기는 피부의 갈색 색소반이다.

③ 흑색점(흑자) : 검정사마귀라 하며, 피부에서 볼 수 있는 원형 또는 난원형인 평탄한 갈색의 색소반으로 멜라닌의 침착 증가에 의하여 생긴다.

④ 노인성 반점 : 오랫동안 만성적으로 햇볕에 노출된 피부로서 손등이나 팔에 생기는 국한성의 과다색소침착으로서 양성 반점이다.

⑤ 청색증(자색증) : 청색 반점으로서 피부 및 점막의 변색을 말한다.

⑥ 몽고반 : 출생 시 청회색반이 엉덩이 부위에 나타나며 멜라닌 세포가 진피 내에 존재하다가 수년이 지나면 일반적으로 소실된다.

⑦ 오타모반 : 청갈색 또는 청회색의 얼룩진 색소반이 이마, 눈 주위, 광대뼈 부분에 나타난다.

⑧ 악성 흑색종 : 멜라닌색소가 악성으로 변형되어 갑자기 커지고 불규칙해지거나 진물이 나며 궤양이 형성된다.

3 피부 장애

(1) 알레르기 질환

특이적인 알레르겐에 접촉함으로써 일어나는 과민증 상태이다.

알레르기 종류	징후 또는 반응
세균성	• 특수한 세균성 항원(결핵균)에 대한 특이적 미생물에 의한 이전의 감염으로 인해 생긴다.
접촉성	• 알레르겐 접촉에 의한 표재성 염증에 의해 발생되는 습진은 발적, 가려움, 삼출, 가피, 소구진 등의 증상 후 낙설하여 태선화되고 색소침착이 생긴다.
약물성	• 어떤 약물에 대하여 비정상적으로 과민한 반응을 나타낸다.
유전성	• 아토피(Atopy)라고도 하며, 유전적 소인을 가진 임상적 과민성 상태이다.
즉시형	• 알레르겐의 투여 또는 흡입 후 단시간 내에(수분에서~1시간) 출현된다.
지연성	• 알레르겐의 투여 또는 흡입 후 며칠이 경과한 뒤에 나타난다.
잠재(잠복)성	• 징후로는 분명하지 않으나 검사에 의하여 발견된다.

(2) 안검주위의 질환

① 비립종

- 눈꺼풀, 뺨, 이마에 표재성으로 존재하는 작은 구형의 백색상피낭종으로서 층상 각질을 함유한다.
- 화이트헤드라고도 하며 직경 1~2mm의 둥근 백색 구진으로 안면(특히 눈하부)에 호발한다.

② 한관종

에크린선에서 유래한 작은 구진으로서 다발성의 병변을 나타낸다.

(3) 바이러스성 질환

① 대상포진

- 대상허피스(포진), 수두 바이러스 감염 후에 지각 신경질에 잠복해 있다가 재발생된 상태이다.
- 뇌신경절, 척수후근의 신경절 및 말초신경의 급성 염증성 질환으로 소수포를 볼 수 있다.
- 지각 신경분포를 따라 띠 모양으로 피부 발진이 발생하며, 심한 통증(신경통)이 선행되므로 휴식과 안정을 취해야 한다.

② 단순포진

- 급성 바이러스 감염증의 하나로서 직경 3~6mm의 소수포가 집단으로 입술이나 콧구멍의 주위에 나타나는 것이 특징이다.
- 발열과 함께 감기, 피부 박탈, 감정적 불안 등을 수반하기도 한다.

③ 사마귀(우종)

유두종 파필로마 바이러스에 의해 일어나는 표피성 종양(편평 사마귀)으로 감염성이 강하며 얼굴, 턱, 입 주위와 손 등에도 다발적으로 옮길 수 있다.

(4) 기계적 손상에 의한 질환

① 굳은살

압력에 의해 발생되는 국소적인 과각화증으로서 압력이 제거되면 소실된다.

② 티눈

마찰이나 압박에 의하여 생기는 피부 각질층의 비후와 각화성 경화로서 진피까지 도달하는 원추상 핵의 뭉치를 형성하며 통증을 일으킨다.

(5) 진균성 피부 질환

① 조갑백선

조체(손톱 · 발톱)의 무좀으로서 곰팡이균(피부 사상균)에 의해 발생된다.

② 족부백선

발, 특히 발가락 사이와 발바닥의 만성표재성 진균(곰팡이)증으로서 피부의 침연, 균열 및 낙설과 심한 소양감을 특징으로 한다.

③ 두부백선

- 두부에 피부 사상균이 감염되어 발생하는 백선증으로 눈썹, 속눈썹에도 병변이 나타나며 가끔 유행성을 보인다.
- 원인균에 따라 인설성, 비염증성, 불현성 감염 형태와 심한 인설과 홍반성, 구진성 염증의 형태를 나타낸다.

④ 칸디다증

피부, 점막, 손 · 발톱에 발생하는 표재성 진균증으로서 가렵고 붉은 반점과 염증을 나타낸다.

CHAPTER

05 피부와 광선

태양광선은 파장의 범위에 따라 3개의 선으로 구분한다. 400~800nm의 가시광선(51.8%)과 빨강보다 파장이 긴 빛인 적외선(42.1%), 보라보다 파장이 짧은 빛인 자외선(6.1%)으로 구분한다.

Section 01 자외선이 미치는 영향

자외선은 피부에 화학반응을 자극적으로 일으키는 화학선으로서 살균력이 강하다.

1 피부와 자외선

소독 및 살균효과가 있으며, 홍반반응과 일광화상, 색소침착 및 광노화를 발생시킨다.

(1) 장단점

① 장점

- 살균 및 소독작용을 하며 비타민 D(구루병 예방, 면역력 강화)를 생성시킨다.
- 자율신경 활동에 영향을 주고 호르몬 생성을 증가시켜 피부를 건강하게 하며 혈액순환을 촉진시킨다.

② 단점

- 과다 노출 시 콜라겐과 엘라스틴의 변성으로서 피부 탄력성을 저하시킨다.
- 수분 함량 저하는 피부를 칙칙하고 까칠하게 하며 피부 노화를 촉진시킨다.
- 멜라닌색소를 증가시켜 기미, 주근깨를 생성하며 심하면 피부 염증 및 피부암을 유발시킨다.

[TIP] 자외선에 의한 나쁜 영향
홍반, 일광화상, 색소침착 및 광노화, 광과민 반응 등을 야기한다.

2 자외선의 종류

자외선은 200~400nm의 파장으로서 살균력이 강하며, 화학반응을 일으켜 화학선이라고도 한다. 이는 3개의 파장으로 분류되며 파장이 짧을수록 에너지가 강하다.

종류	특징
장파장(UV A) 320~400nm	• 진피층까지 깊게 침투하여 피부 탄력 저하 및 노화를 촉진시킨다. • 실내 유리를 통과하므로 날씨와 관계없이 자외선에 노출된다. • 자외선 총량의 90% 이상을 차지하며 멜라닌색소의 침착과 선탠반응을 일으킨다.
중파장(UV B) 290~320nm	• 표피의 기저층에서 진피 상부까지 파장이 도달한다. • 각질세포를 변형시켜 각질층을 두껍게 한다. • 가장 유해한 광선으로서 실내 유리에 의해 차단될 수 있다. • 색소침착, 홍반, 심한 통증, 부종, 물집 등 일광화상을 일으킨다.
단파장(UV C) 200~290nm	• 표피의 각질층까지 도달하며, 피부암의 원인이 되는 파장으로서 살균·소독작용을 한다. • 대기의 오존층에서 차단될 수 있으나 오존층이 파괴됨으로써 지표에 도달하는 에너지가 가장 강한 자외선이다.

[TIP] UV A와 UV C는 인체 유전자 DNA에 손상을 준다.

(1) 자외선 노출

자외선량은 3~10월에 가장 많으며, 5~6월에 최고이나 6월이 가장 강하고, 하루 중에는 9시부터 강해져서 오후 2시에 최고에 이른다. 해발 1km 상승 시 자외선량은 20%씩 증가한다.

(2) 자외선에 의한 피부 반응

① 홍반현상

- 자외선 조사 1시간 후 최초 발적(붉어지는)현상이다.
- 강한 홍반 시 열, 통증, 부종, 물집 등이 동반되나 약한 홍반은 혈액을 순환시키며, 피지 감소 효과도 있다.

② 색소침착

홍반의 강도에 따라 피부색이 검어지는 색소침착의 정도가 달리 나타난다.

③ 일광화상

- UV B(중파장)에 의해 발생되며 피부가 검어지고 칙칙해지며 표피는 두꺼워진다.
- 심한 경우 피부가 벗겨지며 염증, 오한, 발열, 물집 등이 발생한다.

④ 광노화

자외선 노출 시 피부가 거칠어지고 건조하다.

(3) 자외선차단지수

① 자외선 A(UV A, PA) 차단지수

- UV A 차단지수로 PFA(Protection Factor of UV A)로 표시된다. 이는 UV A를 조사했을 때 색소침착이 언제 나타나느냐로 구분하게 된다.
- UV A^{+}, UV A^{++}, UV A^{+++} 또는 PA^{+}, PA^{++}, PA^{+++}로 표시한다. + 숫자가 많을수록 차단효과가 우수하다.
- UV A는 장파장으로서 피부에 가장 깊게 침투하는 자외선이다.
- 자외선 A(UV A)는 B보다(UV B) 홍반 발생력이 1,000배 낮다.

② 자외선 B(SPF) 차단지수

SPF(Sun Protection Factor)는 실험실 내에서 측정되는 자외선 차단효과를 지수로 표시하는 단위이다. 자외선 B(UV B) 방어효과를 나타내는 지수로서 자외선차단지수라 불린다.

[TIP]

$$SPF = \frac{\text{자외선 차단 제품 도포 후 최소 홍반량}}{\text{자외선 차단 제품 미도포 상태의 최소 홍반량}}$$

① SPF 1은 10분 내에 홍반이 나타남을 수치화한 것이다.
② SPF 18×10 = 180분(3시간)으로서 SPF 30 정도면 적당하다.
③ 화학지수가 높을수록 피부에 자극적이다.
④ 외출 30분 전 정도에 도포해야만 흡수가 되어 차단효과가 있다.

(4) 자외선으로부터 피부를 보호하는 보호제

① 자외선 흡수제

화학적 방법에 의해 피부를 보호하는 자외선 흡수물질로서 파라아미노벤조산유도체, 벤조페논유도체, 갈릭산유도체, 메탄유도체, 캄파유도체 등이 첨가된다.

[TIP] 화학적인 흡수작용을 이용한 투명한 제품으로서 접촉성 피부염을 유발할 가능성이 있다.

② 자외선 산란제

물리적 방법에 의해 피부 속으로 침투하는 자외선을 산란시키는 물질로서 산화아연, 규산염, 탈크, 이산화티탄 등이 첨가된다.

[TIP] 피부의 각질층에 물리적인 산란(반사)작용을 이용한 불투명한 제품으로서 차단효과가 우수하며, 피부 자극이 없어 예민성 피부에도 사용이 가능하다. 단점은 메이크업 시 밀릴 수 있다는 것이다.

③ 경구투여제

섭취함으로써 자외선을 방어하는 물질로서 베타카로틴(비타민 A 전구체)이 있다.

Section 02 적외선이 미치는 영향

1 적외선(Infrared rays)

태양광선 중 적외선은 온열작용을 하므로 열선 또는 건강선(도르노선)이라 한다. 적외선의 적색 빛(770~2,200nm)은 세포를 자극시켜 활성시킴으로써 화장품의 흡수를 돕는다.

(1) 근적외선

진피층까지 침투되는 근적외선은 자극에 효과가 있다.

(2) 원적외선

표피 전층에 걸쳐 침투되는 원적외선은 진정효과가 있다.

① 장점

- 피부 내 영양 침투 및 흡수를 도와준다.
- 피부 온도 상승으로 혈관 이완에 따른 홍반현상이 나타나며, 통증 완화 및 진정효과가 있다.
- 혈액순환 개선과 근육이완 작용을 통해 피부 내 독소 및 노폐물을 체외로 배출한다.

> **[TIP]** 적외선이 인체에 미치는 영향
> 피부 온도의 상승, 혈관 확장, 피부 홍반 등

② 사용 시 주의사항

- 조사 시간은 10분을 넘기지 않는다.
- 피부로부터 30cm 거리를 유지하여 조사한다.
- 영양제품일 경우 도포 전에 조사하며, 조사 시 물기를 제거한다.

Section 03 가시광선

가시광선의 파장은 400~800nm로서 시신경인 망막을 자극하여 명암과 색채를 구별한다.

CHAPTER

06 피부 면역

Section 01 면역의 종류와 작용

면역계의 주요 구성기관들인 피부, 점막, 골수, 림프계, 흉선 등은 외부 침입자로부터 인체를 보호하기 위해 가동되는 그물과 같이 생체방어 기능을 한다.

1 면역의 종류와 작용

1) 자연면역(인체의 첫 번째 방어기관)

비특이적 1차 방어장치로서 외부침입자인 질병과 병원균 등을 구분치 않고 맞서 싸운다.

(1) 신체적 방어벽

① 피부

- 인체 첫 번째 방어장벽인 피부는 인체 내부를 보호하는 기능을 한다.
- 인체 중 가장 큰 무게와 넓이를 차지하며 건강할 때는 거의 모든 병원균의 침입을 차단한다.

② 미세한 털이나 점막

호흡기관에 있는 미세한 털은 공기 중의 무수한 병원균의 침입을 막고 재채기나 기침을 통해 세균을 분사시킨다.

(2) 화학적 방어벽

소수 병원균이 통과할 때 호흡기관의 산성점액조직(입, 코, 목구멍, 위 등)이 병원균의 이동을 막는다.

(3) 식균 및 염증에 의한 방어벽

혈액 내 백혈구(1차), 림프절(2차)을 거치면서 90% 이상의 외부 침입 물질 또는 미생물이 제거된다.

2) 획득면역(두 번째 방어기관)

비특이적 저항을 나타내는 2차 방어장치인 표피 내 랑게르한스세포는 탐식계열 세포로서 항원의 특성을 인식하는 기억장치를 통해 면역계에 중요 정보를 전달한다.

(1) 탐식세포(호중구, 마이크로파지)

식세포로 구성된 면역계로서 역할은 다음과 같다.

① 침입세포를 공격하여 파괴한다.
② 세포조직과 피를 깨끗이 청소한다.
③ 새로운 세포조직을 생산하여 원기를 회복시킨다.
④ 죽은 침입세포들과 자신의 상처난 세포들을 깨끗이 치운다.
⑤ 인체가 정상적이고 건강한 상태를 유지할 수 있게 해 준다.

3) 림프구(세 번째 방어기관)

특이적 저항 또는 특이성 면역인 림프구로 구성된 면역계이다. 이는 골수에서 생산되는 백혈구 내 면역세포인 B-세포와 T-세포로 구분된다.

(1) B 림프구(B-세포)

체액성 면역으로 면역글로블린이라는 항체를 생산한다.
① 특정 항원과 접촉할 때 탐식을 하면서 즉각적인 공격을 한다.
② 전체 림프구의 20~30%로서 표면에 특정 항원 코드를 인식할 수 있는 수용체가 있다.

(2) T 림프구(T-세포)

세포성 면역으로 탐식세포처럼 인체 세포면역의 일부로서 골수에서 만들어지나 흉선으로 들어가 기능이 부여된 상태로 혈류로 나와 독특한 기능을 하게 된다.
① T 림프구는 혈액 내에서 9%를 차지하며 대부분 정상피부에 존재한다.
② 가슴샘(흉선)은 림프구의 70~80%를 훈련시켜 T-세포를 만들어 도움세포, 억제세포, 살해세포, 세포독성세포, 기억세포 등으로 발전한다.

[TIP] 면역반응

① 식세포 면역 : 외부 이물질에 대한 혈액 내 백혈구의 식균작용을 말한다.
② 체액성 면역 : B-cell(B 림프구)이 특이 항체(면역 글로블린)를 생산하여 항원을 제거한다.
③ 세포성 면역 : T-cell(T 림프구)의 항원에 대한 정보를 림프절로 전달하여 림포카인 단백질 전달물질이 방출됨으로써 항원을 제거한다.

2 피부의 면역작용

피부 표면은 건조하여 미생물이 서식하기에 용이하다.
① 피부 내의 층간 구조에 대한 면역작용을 한다.
② 표피 각질층 내의 각질세포 피탈과 피부의 산성막은 피부 면역작용의 일환이다.
③ 표피 내 랑게르한스세포는 항원에 대한 기억을 하는 림프와 대식세포로서 세포의 면역을 형성한다.

CHAPTER

07 | 피부 노화

Section 01 피부 노화의 원인

1 노화 피부의 임상적 특징

피부의 건조, 주름, 늘어짐, 지루각화증, 색소침착, 수분 저하, 스트레스, 랑게르한스세포와 진피세포 감소 등의 외적 변화를 갖는다.

(1) 내인성(생물학적) 노화

① 멜라닌형성세포 수의 감소에 따라 자외선 방어기능이 저하되어 피부가 칙칙해진다.

② 랑게르한스세포 수의 감소에 따라 피부 면역기능이 감소되어 피부 흡수 감소로 상처 회복이 더디다.

③ 피지선, 한선의 수가 감소되어 피지 분비량이 적어 피부가 건조해진다.

④ 피부 온도 및 감각기능, 혈류량, 저항력 등이 약해진다.

⑤ 피부 건조에 따라 소양감, 유연성뿐 아니라 잔주름, 피부 당김에 의한 늘어짐이 진행되어 외관상 탄력이 없다.

⑥ 표피 또는 진피의 두께가 얇아지면서 혈관분포도와 혈관반응이 감소된다.

(2) 광노화

① 진피 내 탄력섬유의 이상적 증식 및 모세혈관 확장이 유발되며 색소가 침착된다.

② 각질층이 두꺼워지고 탄력성이 소실되어 피부가 건조해지고 거칠어지며 주름이 발생한다.

③ 외부환경인 태양광선에 노출된 노화로서 주로 자외선 B가 광노화의 주범이나 장기간 폭로 시 자외선 A도 영향을 준다.

Section 02 피부 노화 현상

1 표피의 변화

표피 내 보습도와 표피의 상태를 통해 나타난다. 노화 피부는 각질층의 보습도가 과립층의 약 20% 수준밖에 되지 않는다.

(1) 생물학적 노화

① 보습도는 각질층이 가장 낮고 기저층으로 갈수록 증가되나 진피층에 비해 매우 낮아 건조하다.

② 주름살, 피부 처짐은 물론 부드러움, 유연성 등에서 윤기 없는 질감을 나타낸다.

(2) 광노화

각화현상에 따른 얇고 위축된 피부로서 모세혈관 확장 또는 모공이 넓어지면서 딱딱한 피부의 질감을 갖는다.

2 진피의 변화

수분 부족, 태양광, 과도한 안면운동 등의 노화현상을 심화시키는 요인에 의해 진피층의 교원섬유, 탄력섬유, 기질 등이 감소하여 주름살을 생성한다.

(1) 생물학적 노화

세포 증식력 저하와 진피층 세포 손실로서 근육조직 약화에 따른 피부 탄력과 신축성이 상실된다.

(2) 광노화

자외선으로부터 피부 방어기능이 약화되면서 멜라닌형성세포 수의 감소는 색소침착에 따른 노인성 반점을 형성하며, 기질세포 변형을 통해 피부 탄력과 팽창력을 감소시킨다.

> **[TIP] 피부 노화 현상**
> 내인성 노화의 경우 표피와 진피가 모두 얇아지며, 광노화의 경우 노폐물이 축적됨으로써 표피가 두꺼워진다. 또한 랑게르한스세포 수가 감소되어 면역기능이 퇴화된다.

PART 02

피부학 실전예상문제

01 모공과 거친 피부결에 의해 화장이 쉽게 지워지는 피부타입은?

① 지성 ② 건성
③ 중성 ④ 민감성

해설
지성피부는 정상피부보다 피부가 두껍고, 모공이 넓으며, 뾰루지와 면포가 생기기 쉽다.

02 자외선 차단지수의 단위는?

① UV C ② SPF
③ WHO ④ FDA

해설
SPF는 실험실 내에서 측정되는 자외선 B 차단효과를 지수로 표시하는 단위이다.

03 강한 자외선 노출 시 현상이 아닌 것은?

① 홍반 ② 광노화
③ 일광화상 ④ 만성 피부염

해설
강한 자외선에 피부가 노출되었을 때 홍반반응과 일광화상, 색소침착 및 광노화가 발생한다.

★★☆☆☆
04 표피 내 기저층의 가장 중요한 역할은?

① 팽윤 ② 면역
③ 수분 방어 ④ 딸세포 생성

해설
기저층의 각질형성세포(Keratinocyte)는 유사분열에 의해 딸세포를 형성한다.

05 자외선 차단제에 관한 설명이 아닌 것은?

① 자외선 차단제는 SPF(Sun Protect Factor)의 지수가 매겨져 있다.
② SPF(Sun Protect Factor)의 지수가 낮을수록 차단지수가 높다.
③ 자외선 B(UV B) 방어효과를 나타내는 지수로서 자외선 차단지수라 한다.
④ 자외선 차단지수는 자외선 차단제품 미도포 상태의 최초 홍반량을 도포 후 최초 홍반량으로 나눈 값이다.

해설
지수가 높을수록 피부에 자극적이며 SPF 30 정도면 적당하다.

06 급성 바이러스 감염증으로 수포가 입술 주위에 잘 생기고 흉터 없이 치유되나 재발이 잘 되는 것은?

① 습진
② 비립종
③ 단순포진
④ 대상포진

해설
단순포진
• 급성 바이러스 감염증의 하나인 단순포진은 직경 3~6mm의 소수포가 집단(입술, 콧구멍)으로 나타난다.
• 발열과 함께 감기, 피부 박탈, 감정적 불안 등을 수반한다.

정답 01 ① 02 ② 03 ④ 04 ④ 05 ② 06 ③

★☆☆☆☆

07 표피 세포층 중에서 가장 바깥에 존재하는 것은?

① 유두층 ② 각질층
③ 과립층 ④ 기저층

해설

각질층
- 표피의 가장 바깥층으로서 각질층과 각질세포로 구성된다.
- 수분량은 15~20%로서 천연보습인자(NMF)를 갖고 있다.
- 10~20개의 치밀한 세포(라멜라)층으로서 비늘같이 얇고 핵이 없는 편평세포 구조를 갖는다.

08 진균에 의한 피부 질환이 아닌 것은?

① 조갑백선 ② 족부백선
③ 무좀 ④ 대상포진

해설

대상포진은 바이러스 감염에 의한 급성 염증성 질환으로, 소수포를 나타내며 신경통을 수반한다.

★☆☆☆☆

09 피부 질환의 증상으로 옳은 것은?

① 무좀 : 홍반에서부터 시작되며 수 시간 후에는 구진이 발생된다.
② 지루 피부염 : 기름기가 있는 인설(비듬)이 특징이며 호전과 악화를 되풀이하고 약간의 가려움증을 동반한다.
③ 여드름 : 구강 내 병변으로 동그란 홍반에 둘러 싸여 작은 수포가 나타난다.
④ 수족구염 : 홍반성 결절이 하지부 부분에 여러 개 나타나며 손으로 누르면 통증을 느낀다.

해설

지루성 피부염은 피지의 과다한 분비에 의한 피부염으로, 홍반을 동반하는 인설성 질환이다. 발병 기전은 명확하지 않다.

★☆☆☆☆

10 피부를 긁거나 문지르고 싶은 자각증상으로서의 가려움증 현상을 무엇이라 하는가?

① 소양감 ② 작열감
③ 촉감 ④ 의주감

해설

소양감은 가려움증을 느끼는 자각증상으로서 피부를 긁거나 문지르고 싶은 충동을 말한다.

★☆☆☆☆

11 모세혈관 파손과 구진 및 농도성으로 코를 중심으로 양 볼에 나비 모양을 이루는 질환은?

① 건선 ② 주사
③ 농가진 ④ 접촉성 피부염

해설

혈액의 흐름이 원만하지 않아 충혈되어 있으며 피부조직이 확장되고 모세혈관이 파손된 상태이다.

12 제모 후에는 어떤 제품을 바르는 것이 가장 좋은가?

① 알코올 ② 진정 젤
③ 파우더 ④ 영양크림

해설

제모 후에는 진정 로션 또는 진정 젤로 마무리한다.

★★☆☆☆

13 사춘기 이후에 주로 분비가 되며, 모공과 연결된 분비선으로서 독특한 체취를 내는 것은?

① 소한선 ② 대한선
③ 피지선 ④ 에크린 선

해설

대한선
- 사춘기 이후에 분비부가 발달하며, 독특한 냄새를 풍긴다.
- 분비부는 모낭 끝에 존재한다.

정답 07 ② 08 ④ 09 ② 10 ① 11 ② 12 ② 13 ②

14 바이러스성 감염증인 피부 질환이 아닌 것은?

① 사마귀　② 대상포진
③ 단순포진　④ 켈로이드

해설
켈로이드(Keloid)
- 진피층의 교원질 과다생성으로 인해 뚜렷한 경계가 생기는 융기이다.
- 불규칙한 형으로 확대되어 가는 반흔이다.

★★☆☆☆

15 두꺼운 피부상태로서 무색, 무핵의 손·발바닥에 있는 층은?

① 각질층　② 유극층
③ 투명층　④ 기저층

해설
무색, 무핵의 납작하고 투명한 3~4개 층의 상피세포로 구성된다.

16 단파장(200~290nm) 자외선으로서 피부암의 원인이 되는 가장 에너지가 강한 파장은?

① UV A　② UV B
③ UV C　④ UV D

해설
UV C
- 단파장으로서 표피의 각질층까지 파장이 도달한다.
- 피부암의 원인이 되며 살균·소독작용을 한다.
- 오존층이 파괴됨으로써 지표에 도달한 가장 에너지가 강한 자외선이다.

17 비타민 C가 인체에 미치는 효과로서 틀린 것은?

① 호르몬의 분비를 억제시킨다.
② 혈색을 좋게 하여 피부에 광택을 준다.
③ 피부의 멜라닌색소의 생성을 억제시킨다.
④ 피부 내 교원질 형성과 콜라겐의 합성을 촉진시킨다.

해설
비타민 C
- 항산화 비타민으로서 멜라닌색소 형성을 억제시킨다.
- 모세혈관을 간접적으로 튼튼하게 한다.
- 콜라겐 형성에 관여한다.
- 유해산소의 생성을 봉쇄한다.

18 피부에 땀띠가 생기는 원인으로 가장 옳은 것은?

① 일시적으로 땀구멍이 막혀 생기는 발한기능의 장애 때문에 땀띠가 발생한다.
② 여름철 잦은 세안 때문에 땀띠가 발생한다.
③ 여름철 과다한 자외선으로 인하여 발생되므로 자외선을 차단시키면 땀띠가 발생하지 않는다.
④ 미생물에 감염되어 생긴 피부 질환이 땀띠이다.

해설
땀띠는 땀이 피부의 표면으로 분비되는 도중 땀샘의 입구나 땀샘 중간 중 한 곳에서 배출되지 못한 땀이 쌓여 발생한다.

★★★☆☆

19 멜라닌을 생성하는 색소형성세포가 위치하는 표피 내 세포층은?

① 과립층　② 유극층
③ 각질층　④ 기저층

해설
표피 내의 기저부에 있는 기저층은 유행세포로서 각질형성세포와 랑게르한스세포(항원 세포), 색소형성세포가 분포되어 있다.

20 건성피부의 관리방법이 아닌 것은?

① 충분한 일광욕을 한다.
② 알코올 함량이 낮은 화장수를 사용한다.
③ 보습효과가 높은 화장수를 사용한다.
④ 콜라겐, 히알루론산, 세라마이드 등의 성분이 포함된 팩제를 사용한다.

정답 — 14 ④　15 ③　16 ③　17 ①　18 ①　19 ④　20 ①

해설
일광욕은 건성피부를 더 악화시키므로 주의한다.

★★☆☆☆
21 자외선 차단제의 효과에 관한 설명으로 잘못된 것은?

① 자외선 차단제의 효과지수는 SPF로 표시한다.
② SPF의 지수가 낮을수록 차단지수가 높다.
③ 자외선 차단제의 효과는 멜라닌색소의 양과 자외선에 대한 민감도에 따라 달라질 수 있다.
④ 자외선차단지수는 자외선차단제품 미도포 상태의 홍반량을 도포 후 최초 홍반량으로 나눈 값이다.

해설
SPF의 지수가 높을수록 차단지수가 높다.

22 다음 중 지성피부의 손질로서 가장 적합한 것은?

① 마사지와 팩은 하지 않는다.
② 피부를 항상 건조한 상태로 만든다.
③ 유분이 많이 함유된 화장품을 사용한다.
④ 스팀타월을 사용하여 불순물 제거와 수분을 공급한다.

해설
지성피부 손질법
- 주 1~2회 보습 및 피지 흡착효과가 있는 클레이 팩을 한다.
- 피지 분비를 조절해주는 수렴화장수를 사용한다(알코올이 다량 함유된 것은 피한다).
- 유분이 많이 함유된 화장품은 피한다.

★☆☆☆☆
23 피부의 구조 중 콜라겐과 엘라스틴이 결합된 조직층인 것은?

① 표피 ② 진피
③ 피하조직 ④ 기저층

해설
콜라겐과 엘라스틴은 진피의 구성물질이다.

24 자외선을 피부에 과다하게 조사했을 경우 일반적인 현상은?

① 세포의 탈피현상이 감소된다.
② 피부가 윤기가 나고 부드러워진다.
③ 피부에 탄력이 생기고 각질층이 얇아진다.
④ 멜라닌색소가 증가해 기미, 주근깨 등이 발생한다.

해설
기미, 주근깨, 홍반, 일광화상, 광노화 등이 발생한다.

25 피부에 조사된 자외선의 생리적 영향으로 틀린 설명은?

① 신진대사에 영향을 미친다.
② 혈관을 확장시켜 순환에 영향을 미친다.
③ 적외선의 적색 빛은 세포를 자극시킨다.
④ 세포배열을 파괴시켜 피부노화를 촉진시킨다.

해설
④는 자외선의 장파장(320~400nm)의 특징 중 하나이다.

26 일반적으로 화장수에 사용되는 알코올 함유량은?

① 5% 전후 ② 10% 전후
③ 15%전후 ④ 30% 전후

해설
일반적으로 화장수에 사용되는 알코올 함유량은 10% 전후이다.

정답 – 21 ② 22 ④ 23 ② 24 ④ 25 ④ 26 ②

27 자외선 중 장파장(UV A) 파장범위인 것은?

① 200 ~ 290nm ② 290 ~ 320nm
③ 320 ~ 400nm ④ 400 ~ 700nm

해설
①은 UV C에, ②는 UV B에 해당된다.

28 내인성 노화가 진행될 때 감소현상과 관련 없는 것은?

① 피부 탄력 감소
② 면역기능 퇴화
③ 표피가 얇아짐
④ 랑게르한스세포 수 감소

해설
표피가 얇아지는 것은 외인성 노화에 해당된다.

29 화장품으로 인한 알레르기가 생겼을 때의 피부 관리방법으로 맞는 것은?

① 민감한 반응을 보인 화장품의 사용을 중지한다.
② 뜨거운 타월로 피부 알레르기를 진정시킨다.
③ 비누를 사용하여 피부를 소독하듯이 자주 닦아 낸다.
④ 알레르기가 정상으로 회복될 때까지 두꺼운 화장을 한다.

해설
② 차가운 타월로 알레르기를 진정시킨다.
③ 알레르기를 더 악화시킬 수 있기 때문에 비누의 사용은 자제한다.
④ 두꺼운 화장은 피하도록 한다.

30 정상적인 피부의 피지막 pH는?

① pH 1.5~2.0 ② pH 2.5~3.5
③ pH 4.5~5.5 ④ pH 6.5~7.5

해설
정상적인 피부의 pH는 4.5~5.5의 약산성이다.

31 과일, 야채에 많이 들어있으면서 멜라닌색소 형성을 억제하는 비타민은?

① 비타민 K
② 비타민 C
③ 비타민 E
④ 비타민 B

해설
비타민 C는 항산화제로, 모세혈관은 튼튼하게 하고 멜라닌색소 형성을 억제한다. 부족 시 괴혈병이 발생한다.

32 자외선 중 중파장(290~320nm)으로서 홍반을 주로 유발시키는 것은?

① UV A ② UV B
③ UV C ④ UV D

해설
UV B는 피부홍반, 일광화상, 색소침착 현상을 일으킨다.

33 여드름 관리방법으로 잘못된 것은?

① 클렌징을 철저히 한다.
② 요오드가 많이 든 음식을 섭취한다.
③ 적당한 운동과 비타민류를 섭취한다.
④ 유분이 많은 화장품을 사용하지 않는다.

해설
요오드가 많이 든 음식은 여드름을 악화시킬 수 있어 피하도록 한다.

정답 27 ③ 28 ③ 29 ① 30 ③ 31 ② 32 ② 33 ②

★★☆☆☆

34 **일반적으로 아포크린선(대한선)의 분포가 없는 곳은?**

① 유두　② 액와부
③ 서혜부　④ 입술

해설
아포크린선(대한선)은 귀 주변, 겨드랑이, 유두 주변, 배꼽 주변 등 특정 부위에만 존재한다.

35 **민감성(예민) 피부에 대한 설명인 것은?**

① 피지의 분비가 적어서 거친 피부이다.
② 외부 환경적 요인에 민감하다.
③ 눈 가장자리 주위에 잔주름이 형성되어 있다.
④ 거의 모든 사람의 피부유형이다.

해설
①, ③은 건성피부에 대한 설명이다.

36 **피지(Sebum)에 대한 설명이 틀린 것은?**

① 피지는 피부나 털을 보호하는 작용을 한다.
② 피지가 외부로 분출이 안 되면 여드름 요소인 면포로 발전한다.
③ 남자가 여자보다 피지의 분비량이 많다.
④ 피지는 아포크린선에서 분비된다.

해설
피지는 모공을 통해 체외로 배출된다.

37 **기미, 주근깨의 손질로서 잘못된 것은?**

① 외출 시 기초화장품으로 손질한다.
② 자외선 차단제가 함유되어 있는 일소방지용 화장품을 사용한다.
③ 비타민 C가 함유된 식품을 다량 섭취한다.
④ 미백효과가 있는 팩을 자주한다.

해설
외출 시 자외선 차단제를 바르도록 한다.

38 **천연보습인자(NMF)의 구성요소에 속하지 않는 것은?**

① 젖산염　② 암모니아
③ 아미노산　④ 글리세린

해설
① 젖산염, ② 암모니아, ③ 아미노산이 천연보습인자에 속하며, 그 외에도 카르복시산, 나트륨, 칼슘, 칼륨, 마그네슘 등의 성분이 천연보습인자에 속한다.

39 **각질세포가 기저층에서 생성되어 각질층까지 떨어져 나가기까지의 기간은 얼마인가?**

① 7일　② 15일
③ 28일　④ 45일

해설
각질세포는 28일 주기로 박리현상이 일어난다.

40 **일상생활에서 여드름 관리 시 주의하여야 할 사항에 해당하지 않는 것은?**

① 과로를 피한다.
② 배변이 잘 이루어지도록 한다.
③ 버터, 치즈 등 유지류를 많이 먹도록 한다.
④ 적당한 일광을 쪼일 수 없는 경우 자외선을 가볍게 조사받도록 한다.

해설
여드름 관리 시 버터, 치즈 등 유제품은 피하도록 한다.

정답 34 ④　35 ②　36 ④　37 ①　38 ④　39 ③　40 ③

41 노화피부에 대한 임상적인 특징인 것은?

① 표피 두께가 두꺼워진다.
② 진피 두께가 두꺼워진다.
③ 수분이 80% 이상이다.
④ 유분과 수분이 부족하여 잔주름이 많다.

해설
표피와 진피의 두께가 얇아지는 것은 노화피부의 조직학적 특징이다.

42 여름철 피서 후의 피부에 나타날 수 있는 증상으로 잘못된 것은?

① 멜라닌색소가 자극을 받아 색소 병변이 나타날 수 있다.
② 화상의 증상으로 붉게 달아올라 따끔따끔한 증상이 나타날 수 있다.
③ 많은 땀의 배출로 각질층의 수분이 부족해져 거칠어지고 푸석푸석한 느낌을 가지기도 한다.
④ 강한 햇살과 바닷바람 등에 의하여 각질층이 얇아져 피부 자체 방어반응이 어려워지기도 한다.

해설
여름철 피서 후에는 표피의 두께가 두꺼워진다.

43 기계적 손상에 의한 피부 질환인 티눈과 관련된 설명은?

① 압력에 의해 발생되는 각질층의 증식현상이다.
② 주로 발바닥에 생기며 아프지 않다.
③ 중심핵은 각질 윗부분에 있어 자연스럽게 제거가 된다.
④ 발뒤꿈치에만 생긴다.

해설
티눈은 중심핵을 가지고 있으며 통증을 유발한다.

44 다음 중 건성피부 손질로서 가장 적당하지 않는 것은?

① 적절한 수분과 유분 공급
② 부드러운 밀크타입 또는 크림타입의 클렌징 제품을 사용
③ 보습이 높은 제품과 호호바오일, 아보카도 오일 등 화장품 사용
④ 카페인 섭취, 일광욕 등과 함께 알코올 함량이 높은 화장수를 사용

해설
건성피부 관리 시에는 카페인의 섭취를 줄이고 일광욕은 피하도록 한다. 알코올 함량이 낮은 화장수를 사용하도록 한다.

45 일반적인 피부의 각화주기는?

① 1주 ② 2주
③ 3주 ④ 4주

해설
기저층에서 각질층까지의 각화주기는 28일이다.

46 유리 과립질은 피부 표피 내의 어떤 세포층인가?

① 과립층 ② 유극층
③ 기저층 ④ 투명층

해설
케라토히알린(각화 유리질과립)이 작용하며, 수분 증발을 막아 주고 물의 침투에 대한 방어막을 형성한다.

47 표피 내 가장 두꺼운 층으로 가시 모양의 돌기가 있는 세포층은?

① 유극층 ② 과립층
③ 각질층 ④ 기저층

해설
유극층에는 랑게르한스세포가 존재한다.

정답 – 41 ④ 42 ④ 43 ① 44 ④ 45 ④ 46 ① 47 ①

48 다음 중 바이러스성 피부 질환이 아닌 것은?

① 수두 ② 홍역
③ 사마귀 ④ 굳은살

해설
굳은살은 반복되는 자극으로 인해 피부 표면의 각질층이 두꺼워진 상태이다.

49 다음 중 피부의 면역기능에 관계하는 것은?

① 각질형성세포
② 랑게르한스세포
③ 색소형성세포
④ 머켈(인지)세포

해설
알레르기 감각세포인 항원전달(랑게르한스)세포는 면역작용에 관여하며 항원을 탐지한다.

50 갑상선의 기능과 관계있으며 모세혈관 기능을 정상화시키는 것은?

① 철 ② 마그네슘
③ 칼륨 ④ 요오드

해설
요오드는 갑상선호르몬의 구성성분으로서 과잉지방 연소를 촉진하며 체내의 에너지 대사에 관여하고 단백질을 생성시킨다.

51 자외선의 영향으로 인한 긍정적 효과가 아닌 것은?

① 홍반반응 ② 비타민 D 형성
③ 살균효과 ④ 자율신경활동

해설
홍반반응은 자외선의 단점에 해당된다.

52 노화 피부의 특징이 아닌 것은?

① 노화 피부는 탄력과 수분이 없다.
② 피지 분비가 원활하지 못하다.
③ 주름이 형성되어 있다.
④ 색소침착에 따른 반점이 나타난다.

해설
노화 피부는 탄력과 수분이 감소된다.

53 피부 진균에 의하여 발생하며 습한 곳에서 발생빈도가 가장 높은 것은?

① 모낭염 ② 족부백선
③ 봉소염 ④ 대상포진

해설
피부사상균(곰팡이균)은 무좀으로 발가락 사이, 발바닥에 나타난다.

54 기미를 악화시키는 주요한 원인이 아닌 것은?

① 경구피임약의 복용 ② 임신
③ 자외선 차단 ④ 내분비 이상

해설
자외선 차단제는 피부를 보호하고 색소침착을 방지한다.

55 다음 중 피지선과 가장 관련이 깊은 질환은?

① 사마귀 ② 주사(Rosacea)
③ 한관종 ④ 백반증

해설
딸기코라고도 불리며 심한 경우 피지선의 증식을 유발한다. 40~50대에 혈액순환이 나빠지면서 모세혈관이 파괴되어 나타나는 현상이다.

정답 48 ④ 49 ② 50 ④ 51 ① 52 ① 53 ② 54 ③ 55 ②

56 **다음 중 필수 아미노산에 속하지 않는 것은?**

① 트립토판 ② 트레오닌
③ 발린 ④ 알라닌

트립토판, 트레오닌, 발린, 로이신, 이소로이신, 메티오닌, 리신, 페닐알리닌 등이 필수 아미노산에 해당된다.

57 **상피조직의 신진대사에 관여하며 각화 정상화 및 피부 재생을 돕고 노화 방지에 효과가 있는 비타민은?**

① 비타민 C ② 비타민 E
③ 비타민 A ④ 비타민 K

①, ②는 항산화제에 해당된다. ④ 비타민 K는 혈액응고에 관여한다.

58 **다음 중 멜라닌색소를 함유하고 있는 부분은?**

① 모표피 ② 모피질
③ 모수질 ④ 모유두

모피질은 모발의 색상을 결정짓는 멜라닌색소를 함유하고 있다.

59 **피지선의 활성을 높여주는 호르몬은?**

① 안드로겐 ② 에스트로겐
③ 인슐린 ④ 멜라닌

해설

피지의 분비는 남성호르몬인 안드로겐의 영향을 받는다.

정답 56 ④ 57 ③ 58 ② 59 ①

PART 3 공중보건학

CHAPTER

01 공중보건학 총론

위생학은 공중위생학 또는 공중보건학이라는 넓은 의미로 해석된다. 실험위생학의 이념에 입각하여 개인과 환경과의 관계를 규명하며, 이를 기초로 환경을 개선함으로써 예방학적으로 건강을 유지, 증진시키는 과학이다.

Section 01 공중보건학의 개념

공중보건학은 인구집단을 대상으로 건강과 관련된 사회적 요인을 규명하고 사회적 변천과정에서 요구된 질병 예방과 건강증진을 위한 지역사회의 노력을 이룩하고 체계화시킨 학문이다.

1 공중보건학 정의(C.E.A Winslow, 1920년)

공중보건학이란 조직적인 지역사회의 노력을 통해서 질병을 예방하고 수명을 연장시키며 신체적, 정신적 효율을 증진시키는 기술이며 과학이다.

2 공중보건학의 목적

인간은 태어나면서부터 건강과 장수의 생득권을 위해 질병 예방, 수명 연장, 신체적 · 정신적 건강 및 효율의 증진 등을 목적으로 실현한다.

3 공중보건학의 범위

지역사회를 단위로 하는 공중보건학은 질병을 예방하고 건강을 유지 · 증진시키는 3가지 분야로서 연구되고 있다.

공중보건학 범위	분야
환경보건	• 환경위생, 식품위생, 환경오염(환경보전과 공해), 산업보건 등을 범위로 한다.
질병 관리	• 역학, 감염병 관리, 기생충 질병 관리, 비감염성 질병 관리, 성인병 관리 등을 범위로 한다.
보건 관리	• 보건교육, 보건행정, 보건통계, 보건영양, 영유아보건, 모자보건, 성인보건, 학교보건, 정신보건, 가족계획, 인구보건, 사고 관리 등을 범위로 한다.

> [TIP] 지역사회의 보건 관리
> 환경 위생사업, 감염병 관리, 질병 예방 및 진료, 보건의료 보장제도, 개인 보건교육 등이 이에 속한다.

4 공중보건의 3대 사업

① 보건교육 ② 보건행정(보건의료 서비스) ③ 보건관계법(보건의료 법규)으로서 3대 사업 중 가장 중요한 사업은 보건교육이다.

> [TIP] 보건교육(WHO, 1965년)
> 건강에 관한 신념, 태도, 행동에 영향을 주는 개인 집단과 지역사회에서의 모든 경험, 노력, 과정을 말한다.
> ① 보건교육에는 감염병 예방학, 환경위생학, 식품위생학, 모자보건학, 정신보건학, 산업보건학, 학교보건학, 보건통계학 등이 있다.
> ② 보건행정은 지역사회를 단위로 건강을 유지, 증진시키며 정신적 안녕과 사회적 효율을 증진시키기 위한 행정 활동을 말한다.

5 공중보건의 수준 평가지표

공중보건의 수준 평가지표는 ① 영아사망률(0세의 사망), ② 평균수명(생명표상의 출생 시 평균여명), ③ 비례사망지수(전체 사망자 수에 대한 50세 이상의 사망자 수의 구성 비율), ④ 조사망률(인구 1,000명 당 1년간의 발생 사망지수로 표시하는 비율), ⑤ 사인별 사망률, ⑥ 질병이환율 등이다. 이 중 대표적인 보건수준 평가지표는 영아사망률로서 한 국가의 건강수준을 나타내는 데 사용된다.

> [TIP] 영아사망률 : 영아(생후 12개월 미만)는 성인에 비해 환경 악화나 비위생적 생활환경에 예민하게 영향을 받기 때문에 가장 대표적인 보건수준 평가지표로 사용된다.

Section 02 건강과 질병

1 건강의 정의 및 개념

(1) 건강의 정의[세계보건기구(WHO, 1948년) 헌장 전문]

내적, 외적 요인에 의해 영향을 받는 건강이란 단순히 질병이 없거나 허약하지 않을 뿐 아니라 신체적, 정신적, 사회적으로 완전히 안녕한 상태라고 정의하였다.

(2) 건강의 개념

개인이 갖는 생존능력의 건강, 삶의 질이 갖는 건강, 사회생활 적응능력의 건강, 신체적 · 정신적 개념의 건강, 신체적 · 정신적 · 사회적 안녕 상태의 건강 등을 나타낸다.

(3) 건강지표

개인이나 인구집단의 건강수준이나 특성을 설명할 수 있는 협의적 수량 개념으로서 세계보건기구의 국가 · 사회 간 건강수준 비교 지표는 4가지로 볼 수 있다.

지표	비교 내용
조사망률	• 인구 1,000명 당 1년간 사망자 발생 수의 비율로 표시한다.
평균수명	• 출생과 사망 간의 평균수명을 나타낸다.
영아사망률	• 생후 12개월 미만의 일정 연령군으로서 일반 사망률에 비해 통계적 유의성이 크다.
비례사망지수	• 전체 사망자 수에 대한 50세 이상의 사망자 수의 구성 비율을 나타낸다.

[TIP] 보건지표
인구집단의 건강 상태뿐 아니라 이와 관련된 보건정책, 의료제도, 의료자원 등 수준이나 구조 또는 특성을 설명할 수 있는 광의의 수량적 개념을 일컫는다.

2 질병의 정의

신체의 구조적 · 기능적 장애인 질병은 질병 발생의 삼원론(F.S. Clark)에 의하면 항상성이 파괴된 상태이다.

(1) 질병 발생 결정요인

질병 생성 과정(6개 항목)은 ① 병원체 → ② 병원소(병원체의 생존, 증식, 저장되는 장소) → ③ 병원체의 탈출 → ④ 전파 → ⑤ 새로운 숙주에의 침입 → ⑥ 숙주 감염 등으로 나타낼 수 있다.

① 병인(Agent)

질병의 직접적인 병인적 인자는 병원체와 병원소이다.

병인 인자	인자 특성
생물학적	• 질병(감염병)의 병원체는 박테리아, 바이러스, 리케차, 기생충, 곰팡이, 원충 등의 미생물이다.
물리적	• 외상, 화상, 동상, 고산병, 잠함병, 암, 백혈병, 소음, 진동, 전기광선 등에 의한 질환이다.
화학적	• 신체적 질병의 원인과 관련된다. 직접 피부나 점막을 상하게 하는 강산, 강알칼리, 일산화탄소가 있으며 유독가스는 뇌, 혈액, 폐에 자극을 주어 장애를 유발한다.
정신적	• 신경성 두통, 기능성, 소화불량, 정신 질환, 고혈압 등과 관련된다.

② 숙주(Host)

같은 조건의 병인과 환경이라 하더라도 숙주의 감수성 상태에 따라 발생 양상이 다르다. 질병에 대한 감수성은 개인차가 크다. 정신적으로는 숙주가 가지고 있는 스트레스로 인해 질병이 발생한다.

③ 환경(Environment)

주위의 환경으로서 질병 발생에 간접적으로 영향을 미치는 병원소로부터 병원체 탈출 → 전파 → 새로운 숙주로의 침입 등을 일컫는다.

(2) 질병의 예방

① 1차 예방 : 질병 발생 전 단계로서 환경개선, 건강 관리, 예방접종 등을 통해 질병 자체를 억제한다.
② 2차 예방 : 1차 예방 실패 시 증상에 대해 대책을 강구하고 질병을 조기에 발견하여 즉각적으로 치료한다.
③ 3차 예방 : 질병의 회복기 이후에 적용한다.

Section 03 인구보건 및 보건지표

1 보건통계

보건통계는 질병 및 사망과 같은 보건 관련 자료를 수집, 정리, 분석 및 추출하는 방법을 말한다.

보건통계지표	지표 특성
종합건강지표	• 국가 간 또는 지역사회 간의 보건수준을 비교하는 데 사용되는 대표적 지표이다. • 비례사망지수, 평균수명, 영아사망률, 조사사망률 등이다.
특수건강지표	• 영아사망률, 감염병 사망률, 의료봉사자 수 및 병실 수 등을 지표로 한다.
모자보건지표	• 영아사망률은 한 국가나 지역사회의 보건수준을 제시하는 대표적 지표로 사용된다.

[TIP] ① 조사망률(보통사망률)
인구 1,000명 당 1년간 발생한 총 사망자 수의 비율이다[연간 총사망자 수 / 연간 인구 ×1,000].
② 영아사망률
영아란 생후 1년 미만의 아이로서 환경악화나 비위생적 생활환경에 가장 예민하게 영향받는 시기로서 영아사망률은 가장 많이 사용되는 지표이다[연간 영아사망자 수 / 연간 출생아 수 ×1,000].
③ 출생사망비
인구증가율이라고 하며 보통출생률에서 보통사망률을 뺀 값이다[조출생률 – 조사망률].

2 인구

(1) 인구(토마스 R. 말터스의 인구론)

특정 기간 동안 일정 지역에 거주하고 있는 사람의 집단을 인구라 정의한다. 인구의 기하급수적 증가는 식량소비를 산술급수적으로 증가시키기 때문에 인구억제론을 주장하였다. 또한 만혼장려나 성적 순결 강조, 도덕적 억제를 규제방법으로 제시하면서 사회범죄와 사회악 발생 등을 문제점으로 지적했다.

① 성별 구성 : 1차(태아), 2차(출생 시), 3차(현재 인구)의 성비로서 남녀의 비라 한다.

② 연령별 구성 : 연령별 인구 구성은 수 개의 집단으로 구성 · 분류할 수 있다.

> **[TIP]** 연령별 인구 구성
> ① 영아[1세(12개월) 미만], 유아(1~4세) : 6세 미만의 취학 전 아동을 영유아라고 함
> ② 소년(5~14세) : 학령기 전
> ③ 학령기, 생산 연령(15~64세) : 청소년, 중년, 장년
> ④ 노년(65세 이후)

(2) 인구 모형

인구의 구성 형태에서 65세 이상 인구는 50세 이상 또는 60세 이상의 인구를 뜻하기도 한다. 남녀별 및 연령별 인구 구성을 결합한 모형은 다음과 같다.

모형	명칭	특징	구성
	피라미드형 (인구증가형)	출생률이 높고 사망률이 낮다.	• 14세 이하 인구가 65세 이상 인구의 2배 정도 초과한다.
	종형 (인구정지형)	출생률, 사망률 모두 낮다.	• 14세 이하 인구가 65세 이상의 인구보다 2배 정도이다.
	항아리형 (인구감퇴형)	출생률이 사망률보다 낮다.	• 14세 이하 인구가 65세 이상 인구의 2배 정도 이하이다.
	별형 (인구유입형– 도시형)	도시지역의 인구 구성으로 생산층 인구증가형이다.	• 생산층 인구가 전체 인구의 약 1/2 이상이다.
	표주박형 (인구감소형– 농촌형)	농촌지역의 인구 구성으로 생산층 인구가 유출되는 형이다.	• 생산층 인구가 전체 인구의 약 1/2 미만이다.

> **[TIP]** 보건지표
> ① 3P : 인구, 빈곤, 환경오염, ② 3M : 질병, 죽음, 영양실조, ③ 자연증가 = 출생률 − 사망률,
> ④ 사회증가 = 전입인구 − 전출인구, ⑤ 인구증가 = 자연증가 + 사회증가

(3) 인구 조사

인구 조사는 1925년 이후 5년마다 7월 1일 자정을 기하여 조사하여 사용한다.

① 인구 동태 : 일정 기간 내 출생, 사망, 전입, 전출 등 인구변동 사항을 조사했을 때의 비율을 뜻한다.

② 인구 정체 : 일정 시점의 성별, 연령별, 학력별, 직업별, 산업별, 국적별 인구 상태를 조사했을 때의 비율을 나타낸다.

> [TIP] 인구 조사는 1749년 스웨덴에서 최초로 실시하였다.

PART 3

공중보건학

CHAPTER

02 | 질병 관리

Section 01 역학

1 질병의 발생 요인

모든 질병이 생성되는 과정은 매우 다양하며, 일반적으로 유행양식을 가진 연쇄적 현상에 의해 이루어진다.

(1) 역학의 정의

역학은 인구 또는 질병에 관한 학문으로서 인간사회 집단을 대상으로 질병의 발생, 분포 및 경향과 양상에 대한 원인을 탐구한다.

(2) 역학의 목적

질병 발생의 원인을 제거함으로써 예방에 기여함을 목적으로 한다.

① 건강 문제의 원인을 규명한다.
② 인구집단의 건강 상태를 기술한다.
③ 질병이 발생하지 않도록 통제한다.
④ 인구집단에서의 질병 발생을 예견한다.
⑤ 계절에 따른 질병 발생 시 환경위생과 예방접종 등으로 통제한다.

> [TIP] 역학의 세부적 목적은 가설 수립 → 가설 검증 → 가설 여부 확인 등의 절차를 갖는다.

(3) 역학의 범위

감염병에 의한 질병인 질환은 감염성과 비감염성으로 대별되며 이러한 질환을 연구한다.

(4) 역학의 역할

역학은 질병 발생 원인 규명, 질병 유행의 감시, 질병 자연사 연구, 보건의료서비스 연구, 임상 분야에 활용된다.

(5) 역학의 3대 기본 요인

병인적 인자(세균, 바이러스, 기생충 등), 숙주적 인자(성별, 인종별, 연령별), 환경적 인자(생물학적, 물리적, 사회적)로 구분된다.

Section 02 감염병 관리

1 감염병 유행의 3대 요인

감염원(병인), 감염경로(환경), 감수성(숙주) 등으로 구분된다.

2 질병 발생 요인

(1) 병인(감염원)

병원체, 병원소를 포함하는 모든 감염원은 병원체나 병독을 직접 인간에게 가져오는 원인이 된다.

① 병원체

세균, 바이러스, 리케차, 진균(사상균), 원충류, 후생동물, 스피로헤타 등의 병원체로부터 감염병이 발생된다.

② 병원소(사람, 동물, 곤충, 토양)

병원체가 생활, 증식, 전파될 수 있는 저장 장소이다.

보균자	보균자별 증상
건강보균자	• 증상 없이(불현성 감염) 균을 보유하고, 균을 배출하고 있는 자로서 보건 관리가 가장 어렵다.
잠복기 보균자	• 증상이 나타나기 전에 균을 보유하고 있는 사람이다.
만성 보균자	• 균을 오랫동안 지속적으로 보유하고 있는 사람이다.

③ 전파

종류	전파 방법
직접전파	• 신체직접접촉감염, 비말(포말)감염 등이 해당된다.
간접전파	• 물·식품, 토양, 개달, 경구·경피감염 등이 해당된다.
활성전파	• 숙주로부터 병원체가 탈출, 운반되어 새로운 숙주에 침입한다.
비활성전파	• 무생물로서 병원체를 전파하는 물, 우유, 공기, 의복, 침구, 책, 완구 등이 해당된다.

④ 면역

종류	면역 방법
능동면역	• 병원체나 독소에 대해서 생체 내에 항체가 만들어지는 면역으로 효력의 지속기간이 길다. • 자연능동면역(질병 이환 후 획득면역)과 인공능동면역(예방접종 후 면역)으로 구분된다.
수동면역	• 가축(말, 소 등)에게 병균을 주사하여 생긴 항체(면역혈청)를 사람에게 주사하는 피동적 방법이다. • 자연수동면역(모체면역, 태반면역), 인공수동면역(항독소 접종 후 면역)으로 구분된다.

(2) 환경(감염경로)

감염경로, 즉 병원체의 전파 조건이 되는 모든 환경 요인이다. 이는 인간이 살아가는 시공간으로서 병인과 숙주 사이에서 지렛대 역할을 하며 건강과 질병에 많은 영향을 준다.

① 직접감염 : 피부 접촉감염에 의해 성병, 공수병, 서교증 등의 증상을 나타내거나 공기감염(비말)에 의해 눈, 호흡기 등에 증상이 나타난다.

② 간접감염

- 비말(포말)을 통해 디프테리아, 성홍열, 인플루엔자, 결핵, 백일해 등의 질환이 나타난다.
- 물, 우유, 식품, 공기, 토양, 의복, 침구, 서적, 완구 등 개달물(비활성 전파매개체)에 의해 증상이 나타난다.
- 수인성 감염경로에 의해 이질, 콜레라, 장티푸스, 파라티푸스 등의 질환이 나타난다.
- 절족동물인 벼룩, 이, 진드기, 파리, 모기 등의 매개체로 인하여 질환이 나타난다.
- 토양을 매개로 하며 파상풍, 보툴리누스, 구충 등의 질환이 나타난다.
- 진애(먼지, 분진, 매연)를 매개로 하여 디프테리아, 결핵, 두창, 발진티푸스 등의 증상이 나타난다.

(3) 숙주(감수성)

병원체를 받아들이는 숙주(인간)를 말하며, 유병률은 사람에 따라 다르고 면역성과 감수성은 동일한 환경에서도 다르게 나타난다.

> **[TIP]** ① 감수성 : 침입한 병원체에게 대항하거나 병원체를 저지할 수 있는 능력이다.
> ② 면역 : 특정 감염균에 대한 자기방어능력을 말한다.

① 병인(감염원)

- 병원체는 세균, 바이러스, 리케차, 기생충, 곰팡이 등이 감염원이 된다.
- 병원소는 환자, 감염자, 보균자(건강 · 병후), 토양, 가축(소, 돼지, 개, 쥐) 등이 감염원이 된다.

② 환경(감염경로)

- 병원소로부터 병원체 이탈의 경로는 호흡기, 소화기, 비뇨기의 기계적 이탈 등이다.
- 전파 · 숙주 잠입에 따른 직 · 간접적 전파는 공기, 물, 식품, 절지동물에 따른 모든 환경 요인이 경로가 된다.

③ 숙주(감수성)

병원체에 대한 저항력 또는 면역이 있거나 없는 상태에 따라 다르게 나타난다.

3 병원체 관련 질병

(1) 병인

① 병인(병원체)의 종류

질병을 일으키는 병원체는 세균, 바이러스, 진균(곰팡이균), 리케차, 스피로헤타, 원충성, 후생동물 등으로 구분된다.

병원체 종류		질환 또는 감염
세균	간균	• 콜레라, 이질(세균, 아메바성), 장티푸스, 파라티푸스, 파상풍, 웰슨병, 페스트, 결핵, 나병, 디프테리아 등의 질병을 일으킨다.
	구균	• 성홍열, 수막구균성 수막염, 백일해, 폐렴, 매독, 임질, 연성하감 등 둥근 모양의 세균이다.
	나선균	• 매독균, 렙토스피라증, 재귀열 등 긴 나선형의 세균이다.
바이러스 (여과성 병원체)	• 폴리오, 감염성 간염, 트라코마, 일본뇌염, 두창, 홍역, 유행성이하선염, AIDS 등으로서 병원체 중 가장 작으며 살아있는 조직세포 내에서만 증식한다.	
리케차	• 세균과 바이러스의 중간형으로서 발진열, 발진티푸스, 쯔쯔가무시증(양충병), 로키산홍반열 등은 이, 벼룩 등에 의해 전파된다.	
스피로헤타	• 매독, 재귀열, 와일씨병, 서교증 등을 일으킨다.	
원충성	• 아메바성 이질, 말라리아, 질 트리코모나스 등 단세포 동물이다.	
후생동물	• 회충, 요충, 십이지장충 등 크기와 형태가 다양하다.	
진균	• 곰팡이, 무좀(백선), 칸디다증(아포형성균) 등의 피부병을 야기한다.	

② 병인(병원소)의 종류

병원체가 생활하고 증식하면서 계속해서 다른 숙주에게 전파될 수 있는 상태로 저장되는 장소이다.

숙주	병원소(감염원)	감염경로(환경)
사람	현성 감염자 (건강 보균자)	• 임상증상이 있는 환자를 일컫는다. • 디프테리아, 폴리오, 일본뇌염, 세균성이질, 콜레라, 성홍열 등의 질환자이다.
	불현성 감염자 (잠복기 보균자)	• 임상증상이 없으면서 균을 보유하고 있는 자로서 보건 관리가 가장 어렵다. • 디프테리아, 홍역, 백일해 등의 질환자이다.
	병후 보균자	• 이질, 장티푸스, 디프테리아 등의 질환자이다.
동물	척추동물이 병원소의 역할을 한다. 이는 사람과 동물(인축) 공통 감염병에 해당한다.	
	소	• 파상풍, 결핵, 탄저병, 살모넬라, 보툴리즘 등의 질병을 야기한다.
	개	• 광견병(공수병), 톡소플라스마증 등의 질병을 야기한다.
	돼지	• 살모넬라, 탄저병, 일본뇌염, 렙토스피라증 등의 질병을 야기한다.
	말	• 탄저병, 살모넬라, 유행성 뇌염 등의 질병을 야기한다.
	쥐	• 페스트, 살모넬라, 발진열, 렙토스파라증, 쯔쯔가무시병, 유행성 출혈열 등의 질병을 야기한다.
	고양이	• 살모넬라, 톡소플라마스증 등의 질병을 야기한다.
	토끼	• 야토증을 야기한다.

	흡열, 피부, 외상을 통해서 감염시킨다.	
곤충 (절지동물)	파리	• 콜레라, 이질, 장티푸스, 결핵, 파라티푸스, 트라코마 등의 질병을 야기한다.
	모기	• 일본뇌염, 말라리아, 뎅기열, 황열 등의 질병을 야기한다.
	이	• 발진티푸스, 재귀열 등의 질병을 야기한다.
	벼룩	• 페스트, 발진열 등의 질병을 야기한다.
	바퀴벌레	• 콜레라, 이질, 장티푸스 등의 질병을 야기한다.
	빈대	• 재귀열을 일으킨다.
	진드기	• 야토병, 발진열, 재귀열, 로키산 홍반열 등의 질병을 야기한다.
토양	토양이 병원소의 역할을 한다. 흙, 먼지, 토양으로부터 파상풍을 유발한다.	

(2) 환경

병원소로부터 병원체 이탈, 전파, 숙주 잠입 등의 감염경로는 다음과 같다.

① 병원소로부터 병원체 이탈

감염경로	질환
호흡기계	• 결핵, 나병, 두창(천연두), 디프테리아, 성홍열, 수막구균성수막염, 백일해, 홍역, 유행성 이하선염, 폐렴 등은 비말 또는 비말핵 흡입으로서 기침, 재채기, 담화 등을 통해 접촉된다.
소화기계	• 콜레라, 세균성이질, 장티푸스, 파라티푸스, 폴리오, 감염성 간염, 파상열 등은 경구 침입, 소화기계 질병으로서 주로 분변을 통해 접촉된다.
피부 직접 접촉 (성기 점막피부)	• 매독, 임질, 연성하감 등은 성 전파 질환이며 주로 소변이나 분비물을 통해 접촉된다.
피부기계 (점막피부)	• 트라코마, 파상풍, 웰슨병, 페스트, 발진티푸스, 일본뇌염 등은 흡혈 시 접촉되어 발열, 발진, 근육통을 일으킨다.
기계적 탈출	• 발진열, 발진티푸스, 말라리아는 이, 벼룩, 모기 등 흡혈성 곤충 또는 주사기 등에서 접촉된다.
개방병소	• 나병(한센병)은 농양, 피부병 등의 병변 부위에서 직접 접촉된다.

② 전파

전파 종류	전파 경로	질환
비말(포말)감염	• 콧물, 침(타액), 가래 등은 대화, 기침, 재채기를 통해 전파되고 포말은 눈, 호흡기 등을 통해 접촉된다.	• 결핵, 디프테리아, 백일해, 성홍열, 인플루엔자 등이다.
진애감염	• 먼지 또는 공기를 통해 전파된다.	• 결핵, 두창, 디프테리아, 발진티푸스 등이다.
수질감염	• 물, 식품을 통해 전파된다.	• 이질, 콜레라, 장티푸스, 파라티푸스 등이다.
토양감염	• 토양을 통해 접촉된다.	• 파상풍균, 탄저균 등이다.
경구감염	• 환자, 보균자의 분뇨를 통해 배출된 병원체가 식품에 오염 경구적으로 침입된다.	• 세균성이질, 아메바성이질 등이다.

경피감염	• 토양이나 퇴비 접촉과 교상에서 전파된다.	• 파상풍, 양충병, 광견병 등이다.
개달감염	• 수건, 의류, 서적, 인쇄물 등의 개달물에 의해 감염된다.	• 결핵, 트라코마, 두창, 탄저, 디프테리아 등이다.
식품에 의한 감염	• 내인성 식품에 부착 또는 기생하는 외인성 요인에 의해 생성된다.	• 세균성이질, 장티푸스, 파라티푸스, 유행성 간염, 콜레라 등이다.

(3) 숙주(면역성과 감수성)

병원체가 숙주인 인체 내에 침입하여 발생되는 것으로 감염균에 대한 자기방어능력과 저지할 수 있는 환경에 의해 다르게 나타난다.

① 감수성

숙주 체내에 병원체가 침입하였을 때 감수성이 있으면 감염 또는 발병한다.

> **[TIP]** 감수성지수(접촉감염지수)
>
> 두창(95%), 홍역(95%), 백일해(60~80%), 성홍열(40%), 디프테리아(10%), 폴리오(0.1% 이하) 등 급성 호흡기계 감염병으로서 감수성 보유자가 감염되어 발병하는 확률이다.

② 면역성

숙주 체내에 침입하는 병원체에 대한 방어(저항력)로서 선천면역과 후천면역으로 분류된다.

- 선천면역 : 개인의 차이에 따라 자기방어능력인 종속저항력, 인종저항력 등의 면역 형태를 갖춘다.
- 후천면역 : 능동과 수동으로 구분되는 후천면역은 자연능동/수동, 인공능동/수동으로 구분된다.

구분	면역의 종류		
능동면역	자연능동	질병 이환 후 영구면역 형성이 잘 되는 질환	• 두창, 홍역, 수두, 콜레라, 백일해, 성홍열, 페스트, 장티푸스, 발진티푸스, 유행성이하선염 등이다.
		불현성 감염 후 영구면역 형성이 잘 되는 질환	• 일본뇌염, 소아마비 등 질병 이환 후 약한 면역 형성이 된다. • 폐렴, 디프테리아, 인플루엔자, 세균성이질, 수막구균성수막염 등 감염면역만 형성된다. • 매독, 임질, 말라리아 등이다.
	수동(인공)능동	생균백신	• 두창, 탄저, 결핵, 홍역, 황열, 광견병, 폴리오 등이다.
		사균백신	• 백일해, 콜레라, 폴리오, 일본뇌염, 장티푸스, 파라티푸스 등이다.
		순화독소	• 파상풍, 디프테리아 등이다.
수동면역	자연수동	모체로부터 태반이나 수유를 통해서 항체를 받는 면역이다.	
	인공수동	회복기 혈청, 면역 혈청, 감마글로불린(γ-globulin) 등을 주사하여 항체를 받는 면역이다.	

4 질병 관리방법

병원소를 제거는 질병 전파의 예방이 목적이다. 사람과 동물이 병원소로서 인수 공통 감염병의 감염원이 되는 환축을 제거한다.

(1) 병원소의 관리(환자 격리)

① 병원체를 운반하는 사람(환자)을 격리하거나 동물을 제거하는 것을 말한다.
② 감염병 환자는 완치 시까지 격리시킨다.
③ 병원체 감염 의심자는 병원체를 배출하지 않을 때까지 격리시킨다.

> **[TIP]** 외래감염병 관리
> ① 외래 감염병의 국내 침입 방지 수단으로서 질병 유행지역에서 감염이 의심되는 사람이 입국한 경우 강제 격리한다.
> ② 격리를 시킴으로써 전파를 예방할 수 있는 감염병은 결핵, 나병, 페스트, 콜레라, 디프테리아, 장티푸스, 세균성 이질 등이다.
> ③ 검역 감염병 및 감시기간은 콜레라 120시간, 페스트 144시간, 황열 144시간 등으로 정해진다.

(2) 전파과정 단절

환경위생 관리를 철저히 하여 근본적으로 병원소를 제거한다. 그러나 홍역, 인플루엔자(호흡기계 감염병)는 환경개선으로도 효과를 볼 수 없다.

(3) 감염병 집중 관리

법정감염병을 지정하여 지역 단위로 관리한다.

(4) 숙주의 면역 증강

예방접종을 통한 인공능동면역을 사용하며 영양, 운동, 휴식 등 관리를 증강시킨다.

(5) 환자의 관리

조기진단과 조기치료를 우선으로 하여 2차로 전파되는 것을 예방하며 관리한다.

5 법정 감염과 검역 질병

(1) 개요

① 법정 · 지정 감염병 : 보건복지부장관이 지정하는 감염병으로서 유행 여부의 조사를 위하여 감시활동의 대책이 요구된다.
② 급성 또는 만성에 따라 정해지는 법정감염병 : 5군 62종으로 규정하고 있다.

(2) 법정감염병

법정감염병 환자의 신고는 보건복지부장관 또는 관할 보건소장에게 해야 한다.

군(종)	관련 질병	비고	신고주기
제1군감염병 (6종)	콜레라, 장티푸스, 파라티푸스, 세균성이질, 장출혈성 대장균 감염증, A형간염	• 마시는 물 또는 식품을 매개로 발생하고 집단 발생의 우려가 커서 발생 또는 유행 즉시 방역대책을 수립하여야 한다.	즉시

제2군감염병 (12종)	디프테리아, 백일해, 파상풍, 홍역, 유행성이하선염, 풍진, 폴리오, B형간염, 일본뇌염, 수두, b형헤모필루스인플루엔자, 폐렴구균	• 예방접종을 통하여 예방 및 관리가 가능하여 국가예방접종사업의 대상이 된다.	즉시
제3군감염병 (19종)	말라리아, 결핵, 한센병, 성홍열, 수막구균성수막염, 레지오넬라증, 비브리오패혈증, 발진티푸스, 발진열, 쯔쯔가무시증, 렙토스피라증, 브루셀라증, 탄저, 공수병, 신증후군출혈열, 인플루엔자, 후천성면역결핍증(AIDS), 매독, 크로이츠펠트-야콥병(CJD) 및 변종크로이츠펠트-야콥병(vCJD)	• 간헐적으로 유행할 가능성이 있어 계속 그 발생을 감시하고 방역대책의 수립이 필요하다.	즉시
제4군감염병 (19종)	페스트, 황열, 뎅기열, 바이러스성출혈열, 두창, 보툴리눔독소증, 중증급성호흡기증후군(SARS), 동물인플루엔자인체감염증, 신종인플루엔자, 야토병, 큐열(Q熱), 웨스트나일열, 신종감염병증후군, 라임병, 진드기매개뇌염, 유비저, 치쿤구니야열, 중증열성혈소판감소증후군(SFTS), 중동호흡기증후군(MERS)	• 국내에서 새롭게 발생하였거나 발생할 우려가 있는 감염병 또는 국내 유입이 우려되는 해외 유행 감염병이다.	즉시
제5군감염병 (6종)	회충증, 편충증, 요충증, 간흡충증, 폐흡충증, 장흡충증	• 기생충에 감염되어 발생하는 감염병이다.	7일 이내 신고

(3) 지정 감염병

군(종)	정의	비고	신고주기
지정 감염병	• 제1군감염병부터 제5군감염병까지의 감염병 외에 유행 여부를 조사하기 위하여 감시 활동이 필요하여 보건복지부 장관이 지정하는 감염병이다.	–	7일 이내 신고

6 침입경로에 따른 질병

1) 급성 감염성 질환

발생률이 높고 유병률이 낮다.

(1) 소화기계(7종, 수인성 감염병)

① 장티푸스

- 살모넬라균에 의해 경구침입으로 전파된다.
- 우리나라의 대표적인 여름철 수인성 질환으로서 고열, 식욕 감퇴, 피부발진 등의 증상을 갖는다.

② 콜레라

- 환자나 보균자의 배변, 토사물을 통해 들어온다.
- 검역 감염병으로 열과 복통이 없으며 심한 설사와 구토, 탈수 현상이 나타난다.

③ 세균성이질

- 이질균이 경구(파리, 위생 불량의 분변)로 침입하는 소장, 대장 내 급성 세균성 감염병이다.

- 세균성, 아메바성, 바이러스성 이질로서 발열, 구토, 경련, 점액이나 혈변을 동반한 설사 대장 장막이 심한 궤양을 형성한다.

④ 폴리오(소아마비)
- 소아에게 발병되며 중추신경계의 손상으로 영구적인 마비를 일으키는 급성 감염병이다.
- 직접접촉 및 비말산포(기침, 재채기, 콧물 등)로 감염되며 발열, 구토, 두통, 설사 등의 증상이 있다.

⑤ 파라티푸스
- 장티푸스와 유사한 증세로서 살모넬라균에 의해 전파된다.
- 고열, 위장염, 식중독과 혼동되며, 질병 이환 후 수년간은 재감염이 되지 않는 면역항체를 갖는다.

⑥ 장출혈성 대장균 감염증
- 제대로 익히지 않거나 오염된 소고기 또는 오염된 물, 생우유 등에서 발생된다.
- 오심, 구토, 복통, 미열 등의 증상이 있다.

⑦ 유행성 간염
- 주로 어린 연령층에서 발생하며 환자 및 보균자의 분변에서 전파된다.
- A · B · C · D형의 4종류로 구분되며, A형이 급성 감염병(바이러스성)으로 유행성 감염이 이루어지고 발열, 구토, 복통을 일으킨다.

(2) 호흡기계(7종)

① 디프테리아
- 겨울과 봄에 주로 10세 이하 어린이에게 발생되며 환자, 보균자 배설물이 병원소가 되어 전파된다.
- 그람양성간상균을 병원체로 하여 인후 · 코 등의 상피조직에 국소적 염증을 유발하며 발열 증상을 나타낸다.

> **[TIP]** DPT 접종 : 디프테리아, 백일해, 파상풍의 감염병 백신(혼합)을 예방접종하는 것이 효과적이다.
> ※ 백일해는 소아 감염병 중 가장 사망률이 높은 질병 중 하나이다.

② 백일해
- 1~5세 유아에게 주로 발생되나 1세 이하는 치명률이 높으며 그람음성균을 병원체로 하여 체외로 독소를 분비한다.
- 직접접촉 비말, 환자 배설물 등에 의해 전파되며 발작성 기침, 구토 등을 나타낸다.

③ 홍역
- 소아성 감염병 중 발생률이 가장 높은 질환이다. 호흡기 분비물로 인한 간접접촉인 공기감염 또는 환자와의 직접접촉으로 전파된다.
- 열, 전신발진 등의 증상이 있으나 완쾌 후에는 영구면역이 된다.

④ 인플루엔자
- 감염력이 매우 강한 유행성 감기인 급성호흡기 감염병은 인플루엔자 바이러스를 병원체로 하여 비말, 포말감염에 의해 전파된다.

- 발열, 오환, 근육통, 사지통 등의 증상과 함께 얼굴을 제외한 전신발진이 나타난다.

⑤ 풍진

- 임산부일 경우 예방접종을 금하는 풍진은 바이러스를 병원체로 하여 비말 또는 환자와의 접촉에 의해 전파된다.
- 얼굴, 목 등에 발진, 발열의 증세가 나타난다.

⑥ 수두

- 환자 또는 비말이나 공기를 통해 전파된다.
- 피부발진, 미열 등의 증상이 나타난다.

⑦ 성홍열

- 피부발진을 유발하는 용혈성구균질환으로서 화농연쇄상구균을 병원체로 하여 환자나 보호자 손을 통해 간접전파된다.
- 발열, 인후염, 편도선염, 경부임파선염과 함께 목, 겨드랑이, 사타구니 등에서 시작하여 전신으로 발진하는 증상이 나타난다.

(3) 절족동물 매개 감염병(7종)

① 페스트(흑사병)

- 병원체(페스트 간균)는 쥐, 벼룩(매개)이 전파함으로써 경피(흡혈, 상처)감염된다.
- 고열, 서맥, 패혈증, 임파선, 폐렴 등의 증상이 있다.

② 발진티푸스

- 이(Lice)의 리케차 프로와제키(Rickettsis prowazeki)를 병원체로 하여 전파된다.
- 발열, 근육통, 정신 · 신경 증상, 발진 등의 증상을 야기한다.

③ 말라리아

- 급성 감염병으로서 중국 얼룩날개모기에 의해 전파되며 경피(흡혈, 상처)로 침입한다.
- 두통, 식욕감퇴, 근육통, 전신신경통 증상 등이 나타난다.

④ 유행성 일본뇌염

- 4세 이하 어린이에게 치명률이 높은 감염병으로서 일본뇌염 바이러스를 병원체로 하여 경피를 통해 침입한다.
- 뇌에 염증을 유발하고 고열, 구토, 결막충혈 증상을 일으킨다.

⑤ 유행성출혈열

- 한탄바이러스가 병원체이며 들쥐 배설물과 좀진드기 오염물 등을 전파물로 한다.
- 심한 각혈, 위장출혈, 혈뇨, 단백뇨 등의 증상이 발현된다.

⑥ 발진열

- 쥐에 기생하는 쥐벼룩의 대소변 및 분진이 상처로 접촉되거나 흡입하였을 때 감염된다.
- 발열, 발진 등의 증상이 나타난다.

⑦ 쯔쯔가무시병(양충병)
- 가을철 감염병으로서 들쥐에 기생하는 좀진드기 유충이 노출된 피부(물린 상처)를 통해 감염된다.
- 고열, 오한, 전신발진 증상이 나타난다.

(4) 동물 매개 감염병(4종)

① 공수병(광견병)
- 공수병 바이러스를 병원체로 하여 공수병에 감염된 개의 침으로 전파된다.
- 물소리 등에 발작 증세를 보이며 근육경련, 마비, 혼수상태 등을 일으킨다.

② 탄저병(인수 공통 감염병)
- 탄저균(병원체)에 오염된 사료를 먹인 소, 말, 양 등에 의해 경피감염으로 전파된다.
- 급성 패혈 증상이 나타난다.

③ 브루셀라
- 소, 돼지, 말, 양, 개, 환자 배설물(직접접촉) 등을 매개로 감염된다.
- 발열, 오한, 발한, 권태, 쇠약 등의 증상이 나타난다.

④ 렙토스피라증
- 렙토스피라 속 나선균을 병원체로 들쥐의 배설물(경피감염) 또는 물, 토양에 의한 경구감염으로 전파된다.
- 고열, 오한, 두통, 구토, 폐출혈 등 급성 발열성 증상이 나타난다.

(5) 만성 감염병(5종)

① 결핵(폐결핵)
- 감염병 중 가장 많이 감염되는 질병으로 결핵균을 병원체로 하여 호흡기(환자 기침) 객담에 의해 전파된다.
- 피로감, 발열, 각혈, 기침, 흉통, 체중 감소 등의 증상이 나타난다.

[TIP] 결핵

① 예방접종 : 생후 4주 이내에 BCG를 접종한다.
② 결핵 검사방법으로 투베르쿨린 반응검사를 한다.
③ 양성반응 시 X-선 간접촬영, X-선 직접촬영, 객담검사 실시 후 등록관리한다.

② 한센병(나병)
- 항산성 간균을 병원체로 환자의 분비물, 배설물, 오염된 물건, 직접접촉 등을 통해 전파된다.
- 피부병변의 증상을 나타낸다.

[TIP] 나병 검사

① 레프로민 반응검사로 감염 여부를 판정한다.
② 부모가 나병 환자지만 증상이 나타나지 않는 미감아일 경우 정상적인 사회활동을 하더라도 5년 주기로 정기검사를 실시해야 한다.

③ 성병

㉠ 임질

- 그람음성쌍구균 병원체로서 환자와의 성 접촉에 의해 전파된다.
- 남성은 배뇨 곤란, 요도에서 고름이 나며, 여성은 요도염, 자궁경관염의 증상과 함께 출산 시 신생아 결막염을 유발한다.

㉡ 매독

- 나선균을 병원체로 하여 환자와의 성 접촉 또는 수혈에 의해 전파된다.
- 성기의 구진, 무통하감, 피부발진 등의 증상과 함께 임산부가 감염되면 유산 및 사산되거나 출산 시 신생아 선청성 매독을 유발한다.

④ B형간염

- B형간염 바이러스를 병원체로 하여 환자 혈액, 타액, 성 접촉, 정액, 면도날 등에 의해 전파된다.
- 오심, 구토, 피곤감, 황달 등의 증상을 나타낸다.

⑤ 후천성면역결핍증(AIDS)

- 접촉성 감염병으로서 인간면역결핍 바이러스를 병원체로 하여 성교, 수혈, 혈액(감염), 타액, 눈물, 주사기, 환자의 모유, 소변 등에 의해 전파된다.
- 식욕부진, 체중 감소, 발열, 만성 설사, 부스럼, 림프절 비대, 폐렴, 카포시육종 등의 증상을 갖는다.

2) 비감염성 질환

(1) 유발 요인

① 유전적 요인(혈우병, 당뇨병, 본태성 고혈압), 습관적 요인(식습관, 비만, 뜨거운 음식, 흡연, 술 등의 기호음식), 지역 또는 국가적 요인(폐암, 위암, 간암 - 우리나라 / 폐암, 유방암, 자궁암, 대장암 - 미국), 영양상태(비만, 당뇨, 뇌졸중, 신장염) 등이 있다.

(2) 예방법

① 1차 예방 : 질병의 근원을 제거하는 등 적극적으로 예방한다.

② 2차 예방 : 정기적인 검진을 통해 질병의 조기발견, 질병의 중증화 및 사망의 최소화를 통한 예방 방법이다.

③ 정기적 검진, 식생활습관(저지방, 저염식사), 규칙적 운동, 음주 · 흡연금지 등의 예방방법을 유지한다.

(3) 비감염성 질환의 종류

① 고혈압

만성 또는 퇴행성 질환으로 순환기계통이 원인이 된다.

- 1차성(본태성) 고혈압 : 다른 병과 관계없이 발병된 질환으로 질병원인의 80~90%가 불확실하다.
- 2차성(속발성) 고혈압 : 호르몬계 이상 등 합병증이 10~20%를 차지하며, 치료 시 정상 회복된다.

- 두통, 이명, 불안, 현기증, 피로감, 호흡곤란, 흉부통증, 언어장애, 반신마비 등의 증상이 있다.

[TIP] 세계보건기구 혈압상태 규정(단위 : mm/Hg)

혈압의 정상 범위는 최고 혈압 140mm/Hg, 최저 혈압 90mm/Hg 미만이다.

구분	저혈압	고혈압	경계혈압	정상혈압
최고혈압 (수축기)	100 이하	160 이상	140~159	140 미만
최저혈압 (이완기)	60 이하	100 이상	90~99	90 미만

② 뇌졸중

- 뇌출혈 : 뇌혈관의 파열로 뇌조직을 압박하여 발생한다.
- 뇌경색 : 혈전이나 전색으로 혈관이 막혀서 발생한다.
- 고혈압 : 동맥경화증이 원인으로서 기능장애, 운동마비, 기억력 상실, 사망 등의 증상이 있다.

[TIP] 동맥경화증

동맥의 혈관 내벽에 콜레스테롤이나 중성지방, 유리지방산 같은 지질이 축적되어 동맥이 좁아지거나 막혀서 혈액 순환이 원활히 이루어지지 않은 증상이다.

③ 당뇨병

- 유전적, 비만, 식생활 등에 의해 인슐린(췌장호르몬) 분비에 따른 포도당 대사조절기능이 저하되어 혈당량이 정상인보다 늦게 떨어지며, 소변에서 당이 배출되는 현상이다.
- 소년기(제1형, 인슐린 의존형) 당뇨병 : 유아기, 청소년기에 발생하며 췌장에서 인슐린을 생산하지 못한다.
- 성숙기(제2형, 인슐린 비의존형) 당뇨병 : 췌장에서 인슐린을 공급하지 못하여 생기는 질환으로 40대 이후 성인에게 주로 발생한다. 환자의 80%를 차지한다.
- 갈증, 다뇨, 다식, 신경통, 피로감, 시력장애, 체중감소, 피부소양증 등의 증상이 있다.

[TIP] 당뇨병 진단방법

요당 및 혈당검사 방법이 보편적인 진단방법이다.

① 요당검사 시 : 시험지가 붙어있는 스틱을 소변에 담갔다가 바로 꺼낸 후 지정 시간이 경과되어 결과를 판독한다. 혈당치 180mg/dℓ 이상인 경우에만 발견된다.
② 혈당검사 시 : 혈당측정기계로 자가측정하는 것이 일반화되었다.
③ 아침 공복 시에 정맥 혈당치가 140mg/dℓ 이상일 때 당뇨병이라 할 수 있다.
④ 포도당 75g을 300cc의 물에 타서 마신 후 2시간 뒤에 200mg/dℓ를 넘었을 때도 당뇨병이라 할 수 있다.

④ 암

정상세포 이외에 죽지 않는 비정상세포가 증식하여 인접한 조직을 파괴하거나 장애를 유발하며 증식, 전이하는 질환이다.

⑤ 심장 질환

- 관상동맥의 혈관이 좁아지거나 막혀서 심장으로 혈액이 공급되지 않아 흉통 증상이 나타난다.
- 협심증은 비만 · 유전 · 고혈압 · 당뇨병 등의 증상이 있다.

Section 03 기생충 질환 관리

1 기생충 질환

(1) 기생충의 분류

① 생물 형태에 따른 분류

- 원충류 : 근족충류, 편모충류, 섬모충류, 포자충류 등으로 구분된다.
- 윤충류 : 선충류(회충, 요충, 구충, 편충, 동양모양선충, 말레이사상충 등), 흡충류(폐흡충, 간흡충, 요코가와흡충 등), 조충류(유구조충, 무구조충, 광절열두조충 등)로 구분된다.

② 전파 방식에 따른 분류

토양 매개성(회충, 편충, 구충, 동양모양선충 등), 물 · 채소 매개성(회충, 편충, 분선충, 이질아메바, 십이지장충, 동양모양선충 등), 어패류 매개성(간흡충, 폐흡충, 요코가와흡충 등), 수육류 매개성(유구조충, 무구조충 등), 모기 매개성(말라리아, 사상충 등), 접촉 매개성(요충, 질 트리코모나스 등)으로 구분된다.

(2) 기생충의 종류

① 선충류 : 회충, 편충, 구충, 요충, 아나사키스, 말레이사상충증(열대성 풍토병) 등으로 구분된다.
② 조충류 : 유구조충(갈고리촌충), 무구조충(민촌충), 광절열두조충(긴촌충) 등으로 구분된다.
③ 흡충류 : 간흡충, 폐흡충, 요코가와흡충 등으로 구분된다.
④ 원충류 : 이질아메바, 질 트리코모나스 등으로 구분된다.

(3) 위생 해충

일상생활에 불편함과 혐오감을 주는 동물을 말한다.

① 구충구서의 원칙

발생원 및 서식처 제거, 발생 초기에 실시, 생태습성에 따른 제거, 광범위한 구제 등을 통해 동시에 제거한다.

② 구제방법

물리적(발생원 및 서식처 제거, 트랙 이용), 화학적(살충제, 발육억제제, 불임제, 기피제 등으로 해충구제), 생물학적(천적 이용), 통합적(2가지 이상의 방법을 동시에 사용) 등의 방법으로 구제한다.

③ 해충과 질병

- 모기 : 작은빨간집모기(일본뇌염), 중국얼룩날개모기(말라리아), 사상충(토고숲모기) 등의 질병을 야기한다.
- 파리 : 장티푸스, 콜레라, 결핵, 파라티푸스, 세균성이질 등의 질병을 일으킨다.
- 바퀴 : 결핵, 콜레라, 장티푸스, 세균성이질 등의 질병을 일으킨다.
- 쥐 : 페스트, 서교열, 발진열, 살모넬라증, 쯔쯔가무시병, 렙토스피라증, 유행성 출혈열 등의 질병을 일으킨다.

Section 04 성인병 관리

성인병 관리는 보건학의 중요한 당면 과제이다.

(1) 성인병의 개념

병적 후유증으로 무능력 또는 불구 상태가 될 경우 재활을 위한 훈련이 요구된다.

① 병적으로 불가역적인 변화를 하는 질병으로서 질병 자체가 영구적인 기간을 가진다.

② 장기간에 걸쳐 기능장애에 따른 전문적인 관리가 요구되는 질환이다.

(2) 성인병 예방 대책

식생활 개선과 규칙적인 운동을 한다.

① 음주와 흡연을 삼가고 충분한 수면과 휴식을 취한다.

② 긍정적인 생산활동에 참여하며 여가활동을 적절히 보강한다.

CHAPTER

03 가족보건 및 노인보건

Section 01 가족보건

모자보건과 성인보건으로 구성되는 가족보건은 모성보건과 영 · 유아보건으로 분류된다.

1 모자보건

모체와 영 · 유아에게 보건의료 서비스를 제공하는 모자보건 사업은 모성 및 영 · 유아의 사망률을 저하시키고 나아가 대상자의 건강증진에 기여한다.

(1) 모자보건의 중요성과 지표

모자보건은 한 국가나 지역사회의 보건수준을 제시하는 지표로서 모성사망률, 영아사망률, 성비, 시설분만율 등으로 나눌 수 있다.

2 영 · 유아보건

태아 및 신생아, 영 · 유아기의 보건 관리를 영 · 유아보건 관리라 한다. 특히 영아사망률은 지역사회의 보건수준을 표시하는 대표적 지표이다.

(1) 영·유아의 보건 관리

영 · 유아	보건 관리 특징	개월	비고
미숙아	• 미숙아는 임신기간 37주 미만에 체중 2.5kg 이하로 태어난 초생아이다. • 미숙아는 반드시 입원시켜 체온 보호, 호흡 관리, 영양 보급을 하고, 질병 감염 등을 방지해야 한다.	출생 1주 이내	• 생리적 발육을 위해 영양 공급, 예방접종 및 사고 예방, 정서 지도 등의 관심이 요구된다. • 영아(출생 1년 이내), 유아(만 4세 이하)로서 구분된다.
신생아	• 미숙아, 호흡 장애, 출생 시 손상 및 선천성 기형 등 발생 원인을 규명하지 못하는 것으로 신생아 사망의 대부분은 여기에 속한다.	출생 1개월(4주) 이내	

Section 02 노인보건

노인보건에서는 고령화 사회에서 예측되는 노인 질병 구조단계인 생리적, 신체적, 기질적 변화에 대해 모색하고자 하였다.

[TIP] 노년기에는 뇌의 위축과 성인병의 만성화로 인해 만성퇴행성 병변을 일으키는데 여러 가지 요건을 연구하여 가능한 한 그 영향을 적게 받도록 함으로써 인간을 형태적, 기능적으로 젊게 유지하는 데 의미가 있다.

① 노화현상은 유전적 요인보다 환경적 요인이 크게 작용하여 개인차가 크다. 즉, 과로, 음식물, 영양, 음주, 생활양식, 질병 감염, 운동량, 활동량 등에 따라 영향을 받게 된다.

② 노화현상 중 가장 뚜렷한 것은 전신 위축, 색소침착, 혈관의 탄력성 감퇴 등으로 나타난다.

CHAPTER

04 환경보건

Section 01 환경보건의 개념

1 환경위생의 개념

(1) 세계보건기구의 정의

인간의 신체발육과 건강 및 생존에 유해한 영향을 미치거나 미칠 가능성이 있는 모든 환경 요소를 관리한다.

(2) 우리나라 환경보전법의 정의

인간의 일상생활과 밀접한 관계가 있는 생활환경 또는 자연환경을 말한다.

Section 02 환경위생의 분류

인간을 둘러싸고 있는 환경을 물리 · 화학적, 인위적 환경 등으로 분류하여 대기 · 수질 · 토양오염과 소음, 진동, 악취 등에 대해 살펴보고자 한다.

1 대기오염

(1) 공기의 구성

공기는 대기의 하부층으로 구성된 기체로서 주로 해발 10km 내의 공간에서 측정한다. 공기는 희석, 산화, 교환, 세정작용을 통해 자정작용을 한다.

> [TIP] 공기를 구성하는 요소의 99%가 질소(78%)와 산소(21%)이며, 나머지 1%는 아르곤(0.93%), 이산화탄소(0.03%), 기타(0.04%)의 화학성분이다.

① 질소(N_2)

공기 중의 약 78%를 차지하며 산소를 부드럽게 하는 작용을 한다. 고기압 환경이나 감압 시에는 감압병(잠함병)을 나타낸다.

[TIP] 질소 부족 시 중추신경 증상으로서 전신의 동통과 신경마비, 보행 곤란 등을 나타낸다.

② 산소(O_2)

- 공기 구성성분 중 가장 중요한 성분으로서 성인 1일 산소 소비량은 0.52kℓ/day이다.
- 대기 중 산소 농도 또는 분압보다 높은 산소를 장시간 호흡 시 폐부종, 출혈, 이통, 흉통 등의 산소중독 증상이 나타난다.

[TIP] 산소 부족 증상
- 산소량 10% 이하 시 호흡곤란
- 7% 이하 시 질식사

③ 이산화탄소(CO_2)

- CO_2는 실내공기의 오염이나 환기 유무를 결정하는 척도가 된다.
- 한 사람이 1시간에 약 20ℓ의 CO_2를 배출하며, 최대 허용량(서한량)은 8시간 기준으로 700~1,000ppm(0.07~0.1%)이다.
- 성인은 호기 중에서 약 4%의 CO_2를 배출하며 무색, 무취, 비독성으로서 중독은 거의 없다.

[TIP] 이산화탄소(CO_2) 농도에 따른 증상
- 3% 이상 – 불쾌감
- 6% 이상 – 호흡횟수 증가
- 8% 이상 – 호흡 곤란
- 10% 이상 – 의식상실 또는 사망

④ 일산화탄소(CO)

- 일산화탄소가 호흡을 통해 흡입되면 혈액 내 헤모글로빈과 결합(Hb-CO)한다.
- 헤모글로빈과의 친화성이 산소에 비해 250~300배 강하며, 최대 허용량(서한량)은 8시간 기준으로 100ppm(0.01%)이다.
- 무색, 무취, 무자극성 기체이며 독성이 크고, 비중 0.976으로 공기보다 가벼우며 불완전 연소 시 다량 발생한다(불에 타기 시작할 때 또는 꺼질 무렵 다량 발생).
- 일산화탄소 중독(산소결핍증) : 헤모글로빈(Hb)의 산소결합 능력을 빼앗아 혈중 산소(O_2) 농도를 저하시킨다.

[TIP] 일산화탄소(CO) 농도에 따른 증상
- 10%(Hb-CO) – 공기 중에 10% 미만으로 존재해야 한다.
- 30~40%(Hb-CO) – 심한 두통, 구토현상
- 50~60%(Hb-CO) – 혼수, 경련, 가사상태
- 80% 이상(Hb-CO) – 즉사

⑤ 아황산가스(SO_3)

- 대기오염의 지표로서 산성비의 원인이 된다.
- 최대 허용량(서한량)은 연간 기준으로 0.05ppm이다.
- 피부, 점막, 기관지 등을 자극하는 무색 기체로서 공기보다 무거우며, 자극성의 취기가 강하다.
- 도시공해의 요인이 되며 자동차 배기가스, 공장 매연에서 다량 배출된다.

⑥ 오존(O_3)

- 지상 25~30km(성층권)에 있는 오존층은 자외선의 대부분을 흡수하며 살균작용($O_3 \rightarrow O_2 + O\uparrow$)을 한다.
- 일상생활에서 사용하는 프레온가스(냉장고, 에어컨, 스프레이 등)가 오존층을 파괴하는 주범이다.

(2) 기후와 온열 요소

어떤 장소에서 반복되며 대기 중에 발생하는 종합된 물리적 현상을 기후라 한다.

① 기후의 3대 요소

기후 요소	내용
기온	• 쾌적온도 18±2℃는 수은온도계를 이용하여 지상 1.5m 높이의 백엽상 내에서 측정한다. • 기후를 구성하는 요소로서는 기온, 기습, 기류, 기압, 풍향, 풍속, 강우, 강설, 복사량, 일조량 등이 있다. • 위도, 해발, 고도, 수륙분포, 해륙 등은 기후변화를 일으키는 인자이다.
기습(습도)	• 기온에 따라 달라지는 습도는 대기 중에 포함된 수분량으로서 쾌적습도는 40~70%이고, 인체에 적당하게 작용되면서 쾌적감각을 가진다. • 실내습도가 너무 건조하면 호흡기계 질병에 노출되기 쉬우며, 너무 습하면 피부계 질환에 노출되기 쉽다.
기류(바람)	• 실외의 기압과 실내의 기온 차이에서 기류(바람)가 발생한다. 실내의 기류이지만 불감기류 상태일 때 자연환기가 이루어지며 신체방열작용을 한다.

TIP ① 쾌적기류는 실내 0.2~0.3m/sec, 실외 1m/sec이다.
② 불감기류는 항상 존재하나 느끼지 못하는 기류로서 0.5m/sec이다.

② 온열 요소

실제 지구 표면에 도달하는 태양광선은 가시광선(약 45%), 자외선(약 10%), 적외선(약 45%), 복사선(2,900~5,000) 등이다.

③ 체온 조절

- 정상체온(36.1~37.2℃)보다 10℃ 이하에서는 난방, 26℃ 이상에서는 냉방이 요구된다.
- 평상 시 체온은 36.5℃로서 머리와 다리의 온도 차이는 2~3℃ 이상이어야 한다.
- 계절 상 여름 21~22℃, 겨울 18~21℃ 정도가 적절한 최적온도이다.
- 의복착용 시 쾌감을 느낄 수 있는 적당한 온도는 17~18℃이며, 습도는 60~65%이다.

- 냉방 시 실내 · 외의 온도차는 5~7℃ 정도가 적당하며, 10℃ 이상의 차이는 건강상 해롭다.

④ 불쾌지수(Discomfort index, DI)

1910년 Thom(미국인)이 기후상태로 느끼는 불쾌감을 수치로 표시하였으며, 온습도지수라고도 한다.

[TIP] 불쾌지수의 수치
- 70DI 이상 : 다소 불쾌
- 75DI 이상 : 50% 사람이 불쾌
- 80DI 이상 : 거의 모든 사람이 불쾌
- 85DI 이상 : 매우 불쾌

(3) 대기오염 물질

물질의 상	종류	특징
입자상	분진	• 대기 중에 떠다니는 미세 분진으로, 액상 또는 고체상의 알갱이이며, 강하분진(10㎛ 이상)과 부유분진(10㎛ 이하)으로 분산되어 있다.
	매연	• 연소 시 미세하게 발생되는 입자상 물질(1㎛ 이하)을 말하며, 석탄을 원료 또는 연료 난방용으로 사용하는 도시에서 잘 발생된다.
	황사	• 호흡기 질환을 유발하는 새로운 대기오염물질로서 가장 위험한 발암물질이다.
가스상	황산화물	• 아황산가스(SO_2)가 주 오염물질로서 자동차, 난방시설, 정유공장, 화력발전소 등이 배출원이 된다.
	질소산화물	• 연료의 연소과정에서 발생되는 주 오염물질은 일산화질소(NO)와 이산화질소(NO_2)이다.

[TIP] 대기오염의 요인

기온, 풍력, 주민의 관심도가 낮을수록, 연료소모가 많을수록, 인구의 증가와 집중현상이 클수록, 산업장의 집결과 시설이 확충될수록 대기오염도는 커진다.

(4) 대기오염의 유형

풍력 또는 기온, 주민의 관심이 낮을수록, 인구의 증가에 따른 연료 소모와 집중현상(산업장의 집결과 시설 확충)이 클수록 대기오염은 증가된다.

유형	특징
온난화 현상	• 지구 전체의 온도가 과도하게 상승하여 온실효과가 지나치게 작용하는 현상이다.
오존층 파괴	• 지상의 자외선 증가는 대류권의 오존량을 증가시켜 스모그를 발생시킨다. • 성층권(지상 25~30km)의 오존층을 파괴시키는 프레온 가스는 냉매, 발포제, 분사제, 세정제 등 염소와 불소를 포함한 염화불화탄소를 주성분으로 한다.
산성비	• 공장에서 배출하는 매연, 분진 등의 황산화물이나 질소산화물 등이 원인이 되어 강한 산성을 띤 산성비가 내린다.

기온역전(역전층)	• 상부기온이 하부기온보다 높아지면서 공기의 수직 확산이 일어나지 않으면 대기는 안정화되지만 대기오염도는 심해진다.

2 수질오염

성인 1일 기준 수분섭취량은 약 2~2.5ℓ/day로서 인체의 60~70%를 차지하며, 이 가운데 세포 내에 40%, 조직 내에 20%, 혈액 내에 5%에 존재한다.

[TIP] 인체 내 수분의 10%를 상실하면 생리적 이상현상이 나타나며, 20% 이상 수분 상실 시에는 생명이 위험하다.

(1) 음용수의 수질검사

① 맛, 냄새, 탁도, 색도, 수소이온농도, 잔류염소 검사는 매일(1회 이상) 해야 한다.

② 대장균, 일반 세균, 질산성 질소, 과망간산칼륨, 증발잔류물, 총 대장균군, 암모니아성 질소 등은 매주(1회 이상) 해야 한다.

③ 전 항목의 수질기준은 매월(1회 이상) 검사해야 한다.

[TIP] 음용 기준

- 색도 5도(무색투명, 무미, 무취), 탁도 2도 이하여야 한다.
- 수온이온농도 pH 5.5~8.5, 불소 2.0mg/ℓ, 염소이온 250mg/ℓ, 수은(Hg) 0.001mg/ℓ이어야 한다.
- 일반 세균 : 1cc 중 100CFU(Colony Forming Unit) 이하 검출되어야 한다.
- 대장균 : 100mℓ에서 미검출되어야 한다. 대장균군 검출은 수질오염지표로서 미생물이나 분변에 의해 오염된 것으로 추측할 수 있으며 검출방법이 간단하다.
- 과망간산칼륨 검출은 수중 유기물을 간접적으로 추정할 수 있다.
- 암모니아성 질소 검출은 유기물질에 오염된 상태가 오래되지 않음을 추정할 수 있다.

(2) 물과 보건

① 물을 매개로 발생하는 수인성 감염병에는 콜레라, 장티푸스, 세균성이질, 파라티푸스, 유행성 감염 등의 종류가 있다.

② 기생충 질환의 감염원인 회충, 구충, 간디스토마, 폐디스토마, 광두열두조충, 주혈흡충증 등은 물과 관련된다.

③ 불소(F) 과잉 함량 시 반상치의 원인이 되며 저함량일 때 충치의 원인이 된다.

[TIP] 경도(물의 단위)

물속에 녹아있는 Ca^{2+}, Mg^{2+}의 총량을 탄산칼슘($CaCO_3$)의 양으로 환산하여 경도 1도는 물 1mℓ에 탄산칼슘이 1g 함유되어 있음을 나타낸다.

① 경수(센물) : 경도 10 이상의 물로서 Ca, Mg이 많이 포함되어 있다. 우물물, 지하수가 대표적인 경수이며 세탁, 세발 등에는 부적합하다.

② 연수(단물) : 경도 10 이하의 물로서 수돗물이 대표적이다. 세발, 세탁, 음용 등이 가능하다.

(3) 물의 소독

물의 소독 종류	특징
염소소독	• 상수 소독제는 액화염소 또는 이산화염소를 주로 사용한다. • 독성과 강한 취기가 있다. 바이러스는 사멸시키지 못하나 잔류효과가 크고 조작이 간편하며 적은 비용으로 우수한 살균효과를 볼 수 있어 가장 많이 이용된다.
오존소독	• 강한 표백작용을 하며 세균, 바이러스를 사멸시킨다. • 무미, 무취, 무색의 기체로서 산화력이 강하다. • 1.5~5g/m³, 15분 접촉 시 유해 잔류물을 남기지 않으나 잔류효과는 약하다. • 복잡한 오존발생 장치를 요구하기 때문에 비용이 많이 든다.
자비소독 (습윤멸균법)	• 100℃ 끓는 물에서 10~30분 이상 가열한다. • 열 저항성 아포, B형간염 바이러스, 원충의 포낭형 등은 사멸시키지 못한다.
자외선소독	• 자외선(2,650~3,000Å)은 살균효과가 매우 강하나 투과력이 약하여 수심 120mm까지 살균한다.

(4) 물의 정수법

물의 정수법에는 자정정수작용, 인공정수, 침전(보통 · 약물)법, 여과(완속 · 습사)법 등이 있다.

① 물의 자정작용 : 희석작용, 침전작용, 일광 내 자외선에 의한 살균작용, 산화작용, 생물의 식균작용 등이 있다.

② 인공정수방법 : 침전 → 여과[완속(침전), 급속(약물침전)] → 소독으로 정수된다.

[TIP] 급속 여과 시 침전제

급속 여과 시 황산알루미늄, 암모늄 명반, 황산제일철, 황산제이철, 염화제일철 등을 침전제로 사용한다.

③ 상수도 공급과정 : 수원지 → 정수장 → 배수지 → 가정으로 공급된다.

(5) 수질오염 및 오탁

생활하수, 산업폐수, 축산폐수 등에 의해 발생되는 수질오염 사례이다.

수질	증상
미나마타병(Hg)	• 공장폐수(1952년 일본 구마모토현에서 발생)로부터 오염되어 메틸수은을 포함하는 어패류 섭취 시 신경장애, 언어 및 청력장애, 선천적 신경장애 등이 발병된다.
이타이이타이병(Cd)	• 광업소(1945년 일본 도야마현)로부터 논의 용수에 카드뮴이 유입되어 생산된 쌀 섭취 시 카드뮴 중독, 골연화증, 보행장애 신경기능장애 등이 발병된다.
비소(As)	• 밀가루와 같은 형태의 금속성분으로서 농약이나 첨가물을 통해 섭취 시 구토, 경련, 마비 등의 증상이 있다.
납(Pb)	• 중독 시 빈혈, 구토, 설사와 같은 증상이 30분 이상 지속된다.
그 외	• 시안(CN), 크롬(Cr^{6+}), 음이온 계면활성제(ABS) 등에 의해 증상을 갖는다.

(6) 수질오염 지표

하천 생활규제의 항목으로 수소이온농도, 생물 · 화학적 산소요구량, 부유물질량, 용존산소량, 대장균 수 등을 수질환경기준으로 삼는다.

수질오염지료	특징
생물학적 산소요구량 (BOD)	• 물의 오염도(물속의 유기물을 무기물로 산화시킬 때 필요로 하는 산소요구량)를 생물학적으로 측정하는 방법이다. • BOD가 높을수록 오염이 되었음을 나타낸다. • BOD 5ppm 이상이 되면 하천은 자정능력을 잃는다.
화학적 산소요구량 (COD)	• BOD와 같은 의미로서 화학적 방법으로 물을 정화하는 데 소비되는 산소량을 말한다.
용존산소량(DO)	• 물에 녹아있는 산소, 즉 용존산소를 말한다. • 용존산소가 높다는 것은 물속에 녹아있는 산소농도가 높음을 의미한다. • DO는 높을수록 좋으며, BOD가 높을 때 DO가 낮아진다. • 온도가 낮아질수록 DO는 증가된다. • 물 가운데 생물이 생존하기 위한 DO는 5ppm 이상이다.
부유물질(SS)	• 오염물 또는 쓰레기들이 떠있지 않아야 한다.
수소이온농도(pH)	• pH 7 이하는 산성, pH 7 이상은 알칼리성을 띤다. • 산성, 중성, 알칼리성을 나타내는 척도이다.

[TIP] 수질(하천)환경 기준

카드뮴(0.01mg/ℓ) 이하, 비소(0.05mg/ℓ) 이하, 6가 크롬(0.05mg/ℓ) 이하, 시안, 수은, PCB 등이 검출되어서는 안된다.

3 인위적 환경

(1) 주택

주택은 남향 또는 동남향으로서 언덕의 중간에 위치하며 지하수가 있는 경우 1.5~3m 위에 짓고 매립지의 경우 10년 이상 경과 후 건축해야 한다.

① 주택이 갖추어야 할 4대 조건

- 건강성 : 한적하여 교통이 편리하고, 공해를 발생시키는 공장이 없는 환경이어야 한다.
- 안정성 : 남향 또는 동남향, 서남향의 지형이 채광에 적절하다.
- 기능성 : 지질은 건조하고 침투성이 있는 곳이어야 하며, 오물의 매립지가 아니어야 한다.
- 쾌적성 : 지하 수위가 1.5~3m 정도로 배수가 잘 되는 곳이어야 한다.

(2) 채광(조명)

태양광선에 의하여 실내 밝기를 유지하는 채광은 직사광선과 천공광(창을 통하여 실내에 이용되는 자연조명)으로 나눈다. 주택의 자연채광은 남향으로 하루 4시간 이상의 일조량이 요구된다.

채광종류	조건	특징
자연채광	창의 면적	• 방바닥 면적의 1/5~1/7이 적당하며 벽 높이의 1/3 이상이어야 한다.
	창의 방향	• 균등한 조명빛이 요구되며, 동북향 또는 북향이어야 한다.
	환기 면적	• 방바닥 면적의 1/20 이상이 좋다.
	개각 및 입사각	• 개각 4~5°, 입사각 28° 이상이어야 한다.
	주광률	• 눈의 피로를 없애주는 주광률은 1% 이상이어야 한다.
인공채광(조명)	• 조명의 색은 작업에 충분하며 균등한 조도를 가진 주광색에 가까운 것이 좋다. • 광원은 작업상 간접조명이 좋으며 좌상방(왼쪽머리 위)에서 비치는 것이 좋다. • 취급이 간편하고 저렴하며 폭발·발화의 위험이 없으며 유해가스가 발생되지 않아야 한다.	

[TIP] 룩스(Lux)

조도의 측정 단위로서 빛의 밝기 정도이다. 1Lux는 1 촉광의 빛으로부터 1m 떨어진 거리에서 평면으로 비춰지는 빛으로 미용실의 경우에는 100Lux 정도가 이상적이다.

① 조명의 종류

조명 종류	특징
직접조명	• 설비가 간단하여 경제적이며 조명의 효율이 높으나 강한 음영과 현휘를 일으키며 조도가 균일하지 않다.
간접조명	• 균일한 조도에 의해 시력이 보호되는 가장 좋은 조명이지만 조명 효율이 낮아 유지비가 많이 든다.
반간접조명	• 절충식(직접광 1/2, 간접광 1/2)으로서 빛이 부드럽고 광선을 분산한다.
전체 조명	• 실내 전체가 밝은 광원으로서 일반 가정에 주로 밝게 사용한다.
부분 조명	• 특정 부분에 집중적으로 조명되므로 시력이 나빠질 수 있으나 정밀 작업에 용이하다.

[TIP] 조명의 조건

① 조도가 균일하여 작업능률의 향상에 적당해야 한다.
② 정상시력 유지를 위해 그림자가 생기지 않아야 한다.
③ 위험요소를 없앰으로써 사고를 예방해야 하며 수명이 길고 효율이 높아야 한다.

(3) 상·하수도

① 상수도

수원의 종류는 천수, 지표수, 지하수, 복류수, 해수 등이 있다.

- 천수 : 비 또는 눈 등은 가장 순수한 연수이나 대기가 오염된 지역에는 매연, 분진, 세균량이 많다.
- 지표수 : 하수 또는 호수물로서 오염된 물이 많다.
- 지하수 : 수심이 깊은 물일수록 탁도가 낮고 경도가 높다.
- 복류수 : 하천의 아래 또는 주변에서 얻는 방법으로 소도시의 수원으로 이용된다.
- 해수 : 음용수로 사용할 시 화학처리를 하여 정화시킨 후 사용한다.

[TIP] 수원이 먼 도수(물길)는 온수로를 이용하여 정수장까지 운송하여 사용한다.

수원 —(도수로)→ 정수장 —(송수로)→ 배수지 —(배수관)→ 가정

- 정수 : 인공적으로 정수장에서 물을 정화시키는 과정으로서 침사 → 침전 → 여과 → 소독 → 급수 등의 절차가 있다.
- 송수와 배수 : 송수는 정수장에서 배수지까지, 배수는 배수지에서 각 가정, 학교, 산업장까지 물을 끌어가는 과정이다.

② 하수도

생활에 의해 생기는 가정하수, 산업폐수, 지하수, 천수(빗물) 중 천수를 제외한 나머지 물을 '오수', 즉 '하수'라 한다.

- 하수도의 분류
  합류식(오수와 천수를 모두 운반), 분류식(하수 중 천수를 별도 운반), 혼합식(천수와 오수 일부 운반) 등으로 분류된다.
- 하수처리
  희석법, 침전법, 관개법, 부패조법, 임호프탱크법, 접촉여상법, 안정지법, 살수여상법, 활성오니법 등이 있으나 가장 진보된 방법은 활성오니법이다.

[TIP] 하수처리 과정

예비처리, 본처리, 오니처리의 단계를 거친다.

① 예비처리(1차 처리)
- 제진망(스크린) 설치 : 하수 유입구에서부터 부유물질이나 고형물을 걸러낸다.
- 침사조 : 토사같이 비중이 큰 물질을 천천히 유속시켜 침전시킨다.
- 침전지 : 제진망, 침사조에서 제거되지 않은 부유물을 제거하기 위해 부유물을 침전시킨다.

② 본처리(2차 처리)
- 혐기성처리 : 무산소 상태에서 유기물을 분해시키기 위해 부패조처리법, 임호프탱크 등을 이용(혐기성균에 의한 부패촉진 방법으로 오니는 액화되고 가스를 발생시킴)한다.
- 호기성처리 : 산소를 공급시켜 호기성 세균을 증식시키기 위해 살수여상법, 활성오니법, 접촉여상법, 산하지법 등을 이용한다.

③ 오니처리(3차 처리)

최종 하수처리 후 남은 찌꺼기를 처리하기 위해 투기법(육상·해상), 소각법, 소화법, 퇴비화, 사상건조법 등을 이용한다.

(4) 쓰레기 처리

우리나라 쓰레기의 90% 이상이 매립에 의존하고 있다. 쓰레기 처리방법에는 투기, 소각, 매립 등이 있다.

① 생활쓰레기의 품목별 분류

분류	내용
제1류 (주개)	• 동물성 및 식물성 주개로서 양돈사료로도 사용이 가능하며 일부는 유기성 진개로 퇴비 사용이 가능하다.
제2류 (가연성 진개)	• 종이, 나무, 풀, 고무, 피혁류 등은 가연물로 소각에서 발생하는 열에너지를 이용할 수 있는 진개이다.
제3류 (불연성 진개)	• 금속, 도기, 석기, 초자, 토사류 등의 환원가능물질을 제외하고는 토지매립을 해야 하는 진개이다.
제4류 (재활용성 진개)	• 병류, 초자류, 종이류, 플라스틱류 등은 분리처리할 수 있는 진개의 종류이다.

CHAPTER

05 산업보건

1 산업보건(WHO, 1950년)

(1) 산업보건의 정의(WHO, ILO)

모든 산업장의 근로자들이 정신적, 육체적, 사회적으로 안녕한 상태를 유지 · 증진할 수 있도록 작업조건으로부터 근로자를 보호(산업피로 및 유해조건 배제)함으로써 생산성 및 품질을 향상시키기 위함이다.

(2) 산업보건사업

① 방향 : 직능별 다양성과 특징 등을 인식하고 보건사업을 전개한다.

② 근로자의 자주적 참여를 유도한다.

③ 작업조건으로 인한 건강장애 문제들을 예방사업 위주로 추진한다.

(3) 근로기준과 작업동작

① 근로자의 작업시간과 작업동작은 건강과 생산성에 영향을 주는 요소로서 작업자세가 갖는 안정성, 안전성, 경제성, 능률성 등이 고려된다.

② 우리나라 근로기준법(제50조)에 근로시간은 휴식시간을 제외하고 8시간/1day, 40시간/1week 등이 넘지 않도록 규정하고 있다.

③ 15세 미만자와 임신 중이거나 산후 1년이 지나지 않은 여성은 근로자로 채용할 수 없다.

2 건강장애(직업병)

구분	종류	원인 및 증상
이상고온	열 경련	• 고온 상태에서 육체적 노동 시 체내 수분 및 염분 손실에 따른 두통, 구토, 이명, 현기증, 근육 경련, 맥박 상승 등이 열경련 증상이다.
	열사병 (일사병)	• 체온 이상상승에 따른 체온 조절 저하에 의한 중추신경(뇌) 장애로서 두통, 이명, 구토, 혈압 상승, 동공 확대 등이 열사병 증상이다.
	열 쇠약	• 고온 환경에서 비타민 B_1 결핍에 의한 만성적 체열 소모에 따른 빈혈 및 불면, 식욕 부진, 전신권태, 위장 장애 등이 열 쇠약 증상이다.

이상저온	참호(수)족	• 저온 상태에서 장시간 노출 또는 물속에 있을 시 부종, 작열통, 피부 괴사 등이 참호족 증상이다.
	동상	• 신체 세포조직 동결에 의한 발적, 종창(1도), 수포 형성, 삼출성 염증(2도), 조직 괴사(3도) 등이 동상의 증상이다.
이상기압	잠함(감압)병	• 급격하게 기압이 내려감에 따라 혈액과 조직 내의 질소가 기포를 형성하여 순환장애 또는 조직손상을 유발하며 잠수부, 비행사 등의 직업군에서 발생한다. • 내이장애, 척수마비, 반신불수, 피부 소양감, 사지 관절통 등이 감압병 증상이다.
소음	소음성 난청	• 영구적으로 청력이 손실(4,000Hz)되어 회복과 치료 불가능 • 혈압, 발한, 맥박증가, 호흡 및 전신 근육 긴장 등이 소음성 난청 증상이다.
분진	진폐증	• 석면, 유리규산 등 7㎛ 이하(평균 0.5~5㎛)의 분진 흡입 시 폐포(허파꽈리)에 축적되어 섬유증식증 유발이 진폐증 증상이다.
	규폐증	• 모래, 석영, 부싯돌 등의 미세분진을 지속해서 흡입 시 폐 질환을 유발한다.
	석면폐증	• 석면(2~5㎛)을 지속해서 흡입 시 만성 폐 질환을 유발한다.

CHAPTER

06 | 식품위생과 영양

Section 01 식품위생의 개념

1 식품위생

(1) 식품위생의 정의

① 세계보건기구의 정의(WHO, 1995)

식품위생이란 식품의 생육, 생산 또는 제조에서부터 최종적으로 사람이 섭취할 때까지의 모든 단계에서 식품의 안전성, 건강성 및 건전성을 확보하기 위한 모든 수단이라고 정의하고 있다.

② 우리나라 식품위생법

식품, 첨가물, 기구 또는 용기, 포장을 대상으로 하는 음식물에 관한 위생으로 정의하고 있다.

(2) 식성 병해

음식물을 통해 야기되는 건강장애를 식인성 질병이라 하며, 그 증상이나 특성의 발현시기에 따라 급성 또는 만성 장애로 구분된다.

① 원인물질

생물적 인자(세균, 곰팡이, 기생충), 식품생산 인자(농약, 항생물질, 식품첨가물), 환경오염 유기 인자(유기수은, 카드뮴) 등으로 구분할 수 있다.

② 생성 요인

식품 고유성분인 내인성 요인(식물성 자연독)과 식품에 부착 또는 기생되는 외인성 요인은 식중독균, 기생충, 경구감염병 등이며, 물리 · 화학적 생성물인 유기성 요인은 변질, 조리 과정 등에 의해 생성된다.

(3) 식품의 보존법

보존법의 구분		방법
물리적	건조법	• 세균 증식을 억제시켜 보관하기 위해 15% 수분을 남김으로써 미생물 번식을 막는다.
	냉동·냉장법	• 냉장은 0~4℃에서 미생물의 활동을 정지시킨다. • 냉동은 -0℃에서 급속 냉동시켜 보관한다.
	가열법	• 영양소의 파괴가 비교적 적고 맛과 풍미를 유지시킨다. • 저온살균법으로 약 65℃에서 30분간 가열 시 살모넬라균은 사멸된다. • 고온 100~120℃에서 약 60분간 가열 살균시킨다. • 초고온살균법은 약 135℃ 온도에서 1~2초간 멸균 후 냉각시킨다.
	통조림법	• 산저장법(초산을 이용한 피클 저장), 염장법(소금을 이용한 저장), 당장법(설탕을 이용한 저장) 등이 있다.
	자외선 살균법	• 자외선(2,500~2,700 Å)의 유효파장을 이용한 살균방법으로서 기구, 식품의 표면, 청량음료 및 분말식품에 적용한다.
	기타	• 조림이나 진공포장을 통한 밀봉법 등이 있다.
화학적		• 보존료 첨가법, 염장법, 당장법, 산저장법, 복합처리(훈증, 훈연)법 등이 있다.
생물학적		• 세균, 곰팡이 및 효모의 작용으로 치즈, 발효유 식품을 저장한다.

(4) 식중독

음식물 섭취로 인하여 발생하는 급성 위장염의 증상으로서 내 · 외적 환경의 영향 등으로 변질된 식품을 섭취하였을 때 일어난다.

① 세균성 식중독

세균이 음식물을 통해 체내로 침입한 후 증식된 원인균 자체가 식중독의 원인이 되는 감염형, 세균이 음식물에서 증식하여 산출해내는 독소가 원인이 되는 독소형, 사람의 분변과 육류, 어류 등 제품이 원인이 되는 생체독소형 등으로 분류된다.

식중독 유형	원인균	특징	예방법
감염형	살모넬라균	• 보균자, 소, 말, 닭, 돼지, 쥐 등이 감염원으로 달걀, 두부, 유제품, 어패류, 어육제품 등의 균에 감염된 식품을 섭취하였을 때 고열, 설사, 구토 등을 동반한다.	• 환자가 취급한 식품을 제한한다. • 위생관리행정 철저히 한다. • 어패류 생식을 금지한다. • 방충, 방서 시설을 한다. • 도축장 위생 관리를 한다. • 저온저장을 한다.
	장염 비브리오균	• 여름철에 많이 발생(7~8월 집중적)한다. • 세균성 식중독은 어패류(60~70%), 생선류가 대부분 차지한다. • 복통, 설사, 구토, 권태감, 두통, 고열, 수양성 혈변 등을 동반한다.	
	병원성 대장균	• 보균자를 감염원으로 하여 분변에 오염된 식품 섭취 시 급성 위장염, 두통, 발열, 구토, 설사, 복통 등의 증상이 어린아이에게 많이 나타난다.	

독소형	포도상구균	• 식품취급자의 화농성(엔트로톡신) 질환에 오염된 우유 및 유제품을 섭취하였을 경우 나타나는 전형적 독소형 식중독으로서 침 분비, 구토, 설사(점액성 혈변), 복통 등의 증상이 나타난다.	• 식품의 오염방지, 저온처리 및 냉장, 가열조리 후 즉시 섭취하거나 급랭한다. • 화농소가 있는 사람의 식품 취급을 제한한다. • 통조림, 소시지 등 위생적 가공 처리 및 보관한다.
	보툴리누스균	• 식품의 혐기성 상태에서 발생되는 신경독소(뉴로톡신)인 원인균에 오염된 통조림, 소시지 등을 섭취하였을 경우 나타나는 신경계 증상(호흡곤란, 복통, 구토, 언어장애 등)으로서 치명률이 가장 높다.	
	부패산물형	• 히스타민 중독형(단백질 부패산물)으로서 꽁치, 정어리, 고등어의 붉은 살 생선 등 부패된 식품을 섭취하였을 때 히스타민 중독증을 동반한다.	
생체독소형	웰치균	• 감염형과 독소형의 중간으로서 사람의 분변, 수육제품이 원인으로 육류, 어류 또는 가공 식품 등 단백질 식품 섭취 시 설사, 복통, 탈수현상 등을 동반한다.	

[TIP] 세균성 식중독의 특징

• 잠복기가 짧고 2차 감염이 없으며 면역이 획득되지 않는다.
• 원인식품의 섭취로 발병되나 다량의 독소 또는 세균이 있어야 발병된다.

② 화학물질 식중독

분류	종류	증상
유독 금속류	납	납이 유출된 조악한 식기, 농약의 오용 등에 의해 빈혈, 구토, 복통, 설사 증상이 30분 이상 지속된다.
	구리	구리가 유출된 식기, 냄비, 주전자 등에 의해 몸의 기능이 마비되거나 신경장애를 일으킨다.
	수은	수은에 감염된 어류 섭취 시 미나마타병의 원인이 되며 구토, 복통, 설사, 경련, 신경장애 등을 동반한다.
	비소	농약 첨가물(비소)의 인체 유입에 의한 마비증상으로 심하면 사망한다.
	카드뮴	카드뮴에 노출된 식기, 용기를 사용 시 이타이이타이병의 원인물질이 되며 구토, 경련, 설사 등을 동반한다.
유기화합물	• 메틸알코올, 식품첨가물(합성조미료, 표백제), 용기·포장 용출물(합성수지제 식기), 채소, 과일, 육류에 살포된 유기살충제(유기염소체, 유기제재) 등에 노출된다. • 식중독, 만성 장애, 심한 복통, 두통, 설사, 실명 등을 일으킨다.	

[TIP] ① 납(연) 중독 : 위장 장애, 중추신경 장애, 신경 및 근육계통 장애를 일으킨다.
② 납 중독의 4대 징후 : 연연(Soft lead), 적혈구 수 증가, 혈관 수축 및 연빈혈, 코프로포르피린이 소변에서 검출된다.
③ 수은 중독 : 구내염, 근육경련(진전), 불면증, 홍독성 흥분 등의 정신 증상을 나타낸다.
④ 카드뮴 중독(3개 증상) : 폐기종, 단백뇨, 신장 기능 장애 등이 있다.

③ 자연독 식중독

식중독 분류	종류	물질/증상
식물성 자연독	감자(솔라닌)	• 감자의 싹과 녹색 부분 섭취 시 수 시간 이내에 발병된다. • 구토, 복통, 설사, 발열, 언어장애, 환각작용 등을 야기한다.
	독버섯(무스카린)	• 독성이 있는 버섯을 섭취 시 2시간 후에 발병되며 위장형 중독, 콜레라형 중독, 신경장애형 중독 등이 나타난다.
	맥류(맥각균)	• 보리, 밀의 맥각균에 기생하는 곰팡이를 통해 위 궤양 증상과 신경계 증상을 유발한다.
	독미나리(시큐톡신)	• 미나리 뿌리 부분에 있는 독성 섭취 시 구토, 현기증, 경련을 일으키고 심하면 의식불명, 신경중추마비, 심장박동 증가, 호흡곤란 등을 일으킨다.
	청매(아미그달린)	• 설 익은 매실 섭취 시 소화불량, 식중독 마비증상을 일으킨다.
	독맥(테물린)	• 밀, 보리, 이삭 등의 독소식품 섭취 시 교감신경 차단작용이 나타난다.
	면실유(고시폴)	• 면화, 목화씨의 유독성분에 의해 중독을 일으킨다.
동물성 자연독	조개류(삭시톡신, 베네루핀)	• 섭조개, 대합조개, 검은조개 등의 자연독은 신체마비, 호흡곤란 등을 야기한다. • 섭취 후 30분~3시간 후에 발병된다. • 모시조개, 굴, 바지락 등 잘못 섭취 시 출혈반점, 혈변, 혼수상태가 나타난다.
	복어(테트로도톡신)	• 복어 내장 또는 복어 피 섭취 시 2~48시간 후 구토, 근육마비, 호흡곤란, 의식불명 등이 나타난다.

2 식품위생과 기생충

기생충은 스스로 자생력이 없고 다른 생물체에 의존하여 생명을 유지하는 생물이다. 기생충학은 기생충과 숙주와의 관계를 연구하는 학문이다.

기생충학	충류	충류 종류	내용
원생동물	원충류	이질아메바	• 영양형(급성기 또는 아급성기의 아메바증)과 포낭형(만성이나 아급성기 아메바증)으로 토양, 하수도 오염을 관리한다. • 감염에서 증상이 나타나기까지 수일~수개월 또는 수년이 될 수 있어 환자와 보충자(Cyst carrier)는 격리 치료한다. • 음식물, 물은 끓여서 음용해야 하며 급성 이질 시 점혈변을 배설한다.
		말라리아 원충(학질)	• 열 발작(3일 열형 말라리아) 또는 48시간 정도의 열을 수반하는 오한이 발생하며 감염과 사망률이 높은 질병이나 근래는 감소 추세이다. • 모기(종숙주)에서 유성 생식 후 인체(중간숙주) 내로 유입되어 무성 생식한다. • 모기유충 및 성충을 박멸하거나 모기에게 물리지 않도록 한다.
후생동물	선충류	회충증	• 다양한 침입경로에 의해 증상 또한 다르게 나타나고 경구감염 시 소장에서 유충으로 부화하며 1년의 수명을 가진다. • 감염 시 무증상이나 감염 후 권태, 복통, 빈혈, 식욕감퇴 등을 나타내고 감염 후 2개월~2개월 반이 지나면 성충이 된다.

후생동물	선충류	요충증	• 도시 소아의 항문 주위에 산란함으로써 침구, 침실 등에서 충란으로 오염되며 집단 감염과 자가감염(수지)을 일으킨다. • 인체 맹장, 충수돌기, 결장 부위에 기생한다. • 배출된 충란이 경구로 침입하면 소장에서 부화하여 맹장, 결장 등에 이르러 성충으로 성장·기생한다. • 2차 세균감염을 일으키며 항문소양증이 있다. 의류는 열처리 세탁, 침구는 일광소독을 해야 하며 가족들은 집단적으로 구충제를 복용한다.
		편충증	• 인체 감염 시 소장에서 부화한 후 맹장, 충수돌기, 결장에 정착한다. • 인체 감염 시 무증상이나 충체 감염(다량)에 의해 복통, 구토, 복부 팽창, 미열, 두통 등이 생긴다.
		구충증 (십이지장충)	• 우리나라에서는 십이지장충(두비니구충)과 아메리카구충 모두를 일컫는다. • 경구와 경피를 통해 감염되며 인체 감염 시 소장 상부에 기생한다. • 경피감염 시 채독으로서 피부염증과 소양감을 나타내며 소화장애, 출혈성 혹은 중독성 빈혈을 야기한다.
		동양 모양 선충증	• 경구감염 시 소장에서 기생하며 소화장애 혹은 빈혈을 야기한다.
		선모충증	• 돼지고기로부터 감염되고 세계적으로 분포하나 우리나라에는 보고된 바가 없다.
	흡충류	간흡충증 (간디스토마증)	• 담수에서 충란은 제1중간숙주(왜우렁이)와 제2중간숙주인 민물고기(참붕어, 잉어 등)를 거쳐 사람이 섭취함으로써 감염된다. • 인체의 간의 담관에 기생하며 간 및 비장 비대, 복수, 소화기 장애, 황달, 빈혈 등이 나타난다. • 민물고기, 왜우렁이의 생식을 금지하며 인분을 위생적으로 처리하고 생수, 양어장 등이 오염되지 않도록 한다.
		폐흡충증 (폐디스토마증)	• 폐흡충류는 인체의 폐에서 기생하며 산란된 충란은 객담과 함께 기관지와 기도를 통해 외부로 배출된다. • 담수에서 충란은 제1중간숙주(다슬기)와 제2중간숙주(게, 가재)를 거쳐 사람이 섭취함으로써 감염된다. • 일종의 풍토병으로서 주로 폐에 기생하여 기침 및 혈담의 징후가 있다. • 가재 등의 생식을 금지한다. • 물은 끓여서 마시고 환자의 객담은 위생적으로 처리한다.
		요꼬가와 흡충증	• 담수에서 충란은 제1중간숙주(다슬기)에 침입하여 제2중간숙주(은어)를 거쳐 사람이 섭취함으로써 인체 내 소장에서 기생한다. • 감염 시 내장조직이 때때로 파괴되어 장염, 복부 불안 등과 함께 출혈성 설사, 복통 등의 증상이 있다. • 다슬기, 민물고기(은어, 숭어)를 생식하지 않는다.
	조충류	무구조충 (민촌충)	• 인체 소장 점막에서 무구낭미충이 성충으로 발육한다. • 소화기계 증상으로서 상복부 통증, 배꼽 부위의 선통발작, 식욕부진, 구토, 소화불량 등을 야기한다. • 분변을 관리하고 쇠고기를 익혀서 먹는다.
		유구조충 (갈고리촌충)	• 인체 내 소장에서 유구낭미충이 성충으로 발육하므로 돼지고기를 익혀서 먹는다. • 소화기계 증상으로서 소화불량, 식욕부진, 두통, 변비, 설사 등을 야기한다.
후생동물	조충류	광절열두조충 (긴촌충)	• 충란이 수중에서 제1중간숙주(물벼룩)와 제2중간숙주(연어, 송어, 농어)를 거쳐 사람이 섭취함으로써 감염된다. • 인체 감염 시 무증상으로 인체 소장 상부에서 기생한다. • 식욕감퇴, 복통, 설사, 신경증세, 영양불량, 빈혈(악성 빈혈) 등을 야기한다. • 민물고기(송어, 연어)를 생식하지 않는다.

CHAPTER

07 | 보건행정

Section 01 보건행정의 정의 및 체계

1 보건행정

보건행정은 보건 분야에서의 행정일반 원리를 지역사회에 적용하고 있다. 이는 일반보건행정(보건복지부), 근로보건행정(노동부), 학교보건행정(교육부)으로 나누어 관장하고 있다.

(1) 보건행정의 목적

공중보건의 목적을 달성하기 위해 질병의 예방, 건강 증진, 건강수명의 연장 등에 공중보건의 원리 및 공적, 사적 조직을 포함한 일련의 보건행정 활동이다.

(2) 보건행정의 특성

① 봉사성 : 국민의 건강 향상과 증진을 위하여 적극적으로 서비스한다.
② 공공성과 사회성 : 사회경제적 특성상 공공재적 성격의 서비스를 가진다.
③ 조장성과 교육성 : 지역사회 주민의 교육 또는 참여를 조장함으로써 달성한다.
④ 과학성과 기술성 : 안전한 지식과 기술을 바탕으로 한다.
⑤ 양면성 : 소비자 보건에 따른 규제와 보건의료산업을 위한 행정대상을 유지한다.
⑥ 형평성 : 건강에 관한 개인적 가치와 사회적 가치의 상충을 유지한다.

(3) 보건행정(WHO)의 범위

보건자료(보건 관련 모든 기록의 보존), 대중에 대한 보건교육, 환경위생, 감염병 관리, 모자보건, 의료, 보건간호 등의 범위로 규정된다.

2 보건행정조직

우리나라 보건사업은 중앙과 지방으로 나눌 수 있다. 지역사회가 보건사업의 기본 단위이지만 중앙정부의 책임하 또는 중앙정부와 지방자치단체 간에 균형 있는 사업수행이 필요하며, 내용에 따라 체제를 나누기도 한다.

(1) 중앙 보건행정조직

① 보건복지부에서의 업무부서는 위생국(위생제도과, 공중위생과, 위생감시과, 식품과), 보건국(보건교육과, 방역과, 만성병과), 가정복지과(가정복지과, 아동복지과, 부녀복지과) 등이다.

② 보건복지부의 부서 중 위생국은 이 · 미용 업무를 관장한다.

- 위생제도과 : 식품 공중위생행정에 관한 종합계획을 총괄 조정한다.
- 공중위생과 : 공중위생행정의 종합계획수립, 환경위생업소, 이 · 미용사 위생 및 위생시험의 관리를 한다.
- 위생감시과 : 공중위생 접객업소의 위생 및 시설에 관한 지도 및 감독을 한다.

> **[TIP]** 보건사업 진행과정
> 지역보건의료계획 수립(시장, 군수, 구청장) → 의회 의결 → 시·도지사에게 제출 → 보건복지부장관에게 제출

(2) 지방 보건행정조직

① 행정자치부 산하에 소속되어 있다. 보건에 관한 사항만 보건복지부가 지휘하고 있다.

② 지방조직은 지역 특성에 따른 설치기준과 인구 규모에 따라 보건소, 보건지소, 보건진료소 등으로 구분된다.

규정	구분	역할	비고(인력현황)
지역보건법	보건소	• 지역사회 주민들의 건강을 증진시킨다.	시, 군, 구별 1개소
	보건지소	• 보건교육·예방접종의 역할을 한다. • 모자보건 및 가족계획사업에 대한 역할을 한다. • 결핵, 나병, 성병, 감염병의 예방과 진료·보건통계자료 수집, 일반 진료, 기타 보건행정에 필요한 사항을 증진시킨다.	읍·면별 1개소
농어촌 등 보건의료를 위한 특별조치법	보건진료소	• 가족계획 및 모자보건사업을 증진시킨다. • 보건교육 및 예방접종 등 보건예방활동의 역할을 한다. • 경미한 질환에 대한 진료 및 응급처치를 주도한다.	인구 500인 이상(도서 지역 300인 이상), 5,000명 미만의 리(理) 단위의 오·벽지

Section 02 국제보건기구

1 국제보건

① 전 인류가 건강한 생활을 할 수 있도록 질병 관리의 협력, 보건진료의 지식 및 기술의 교환 등을 통하여 공중보건에 관한 정보 수집, 감염병 발생 시 방역조치의 기록을 수집 · 통보할 수 있는 공중

보건사무국(1907)을 프랑스에 설치하였다.

② 1948년 4월 7일 국제보건조직인 세계보건기구(WHO : World Health Organization)가 전 인류의 건강 달성에 설립 목적을 두고 UN 산하에 보건전문기관으로 발족하였다.

③ 한국은 1949년에 WHO에 65번째 회원국으로 가입하였다. WHO는 서태평양(필리핀 마닐라), 동지중해(이집트 알렉산드리아), 유럽(덴마크 코펜하겐), 미주(미국 워싱턴), 아프리카(콩고 브라자빌), 동남아시아(인도 뉴델리) 등 6개의 지역사무소를 두고 있다.

- 주요 기능은 국제적 보건사업의 지휘 및 조정, 회원국에 대한 기술자원 및 자료 공급, 전문가 파견에 의한 기술자문 활동 등이다.
- 자문사업, 기술훈련사업, 연구사업지원, 세미나 및 회의 등의 협력사업 형태를 갖추고 있다.
- 결핵 관리, 성병 관리, 말라리아 박멸, 모자보건사업, 환경위생 및 영양개선 등의 과제를 선정하여 추진한다.

[TIP] 산업피로의 대표적인 증상

① 체온 변화 : 체온 조절기능에 장애가 온다.
② 호흡기 변화 : 체온이 상승하며 호흡 중추를 흥분시킨다.
③ 순환기계 변화 : 맥박이 빨라지고 혈압은 초기에 높아지나 피로가 진행되면 낮아진다.

PART 03

공중보건학 실전예상문제

01 분진의 지속적인 흡입에 의하여 폐에서 일어나는 질병은?

① 진폐증　② 결핵
③ 폐렴　④ 기관지염

해설

분진에 의한 장애
• 진폐증 : 0.5~5mm의 분진이 유리규산, 석면 등이 폐포에 축적된다.
• 규폐증 : 이산화규소, 석면 등의 미세먼지를 지속적으로 흡입 시 폐 질환이 발생한다.
• 석면폐증 : 석면 분진 2~5mm 정도의 크기를 지속적으로 흡입 시 만성 폐 질환의 장애를 갖는다.

02 다음 중 제3군감염병에 속하는 것은?

① B형간염　② 후천성면역결핍증
③ 세균성이질　④ 디프테리아

해설

①, ④는 제2군, ③은 제1군감염병이다.

★☆☆☆☆

03 건강보균자를 설명한 것으로 가장 적절한 것은?

① 감염병에 걸렸지만 자각증상이 없는 보균자이다.
② 병원체를 보유하고 있으나 증상이 없으며 체외로 이를 배설하고 있는 보균자이다.
③ 감염병에 이환되어 발생하기까지의 기간에 있는 보균자이다.
④ 감염병에 걸렸다가 완전히 치유된 보균자이다.

해설

• 건강보균자(Healthy carrier)는 불현성으로 임상증상이 전혀 없는 병원체를 보유한 감염자이다.
• 폴리오, 일본뇌염, 디프테리아, B형간염 바이러스 등에 해당된다.

04 소화기계(수인성) 감염병으로 엮인 것은?

① 장티푸스 – 파라티푸스 – 콜레라 – 간흡충증
② 콜레라 – 파라티푸스 – 세균성이질 – 폐흡충증
③ 장티푸스 – 파라티푸스 – 콜레라 – 세균성이질
④ 장티푸스 – 파라티푸스 – 간흡충증 – 세균성이질

해설

소화기계(수인성) 감염병
• 환자나 보균자의 분뇨를 통해 병원체가 음식물 또는 식수를 오염시키거나 개달물을 매개로 경구감염된다.
• 콜레라, 폴리오, 장티푸스, 파라티푸스, 유행성간염, 세균성이질, 아메바성이질 등이 있다.

05 외래감염병 관리에서 예방대책으로 가장 효과적인 방법은?

① 격리　② 검역
③ 환경 개선　④ 예방접종

해설

외래감염병 관리
• 국가와 국가 간의 감염병 관리는 검역이 가장 큰 예방 대책이다.
• 외래감염병의 국내 침입 방지 수단으로서 질병 유행 지역의 감염 의심 사람이 있는 경우 강제 격리한다.

01 ①　02 ②　03 ②　04 ③　05 ②

06 대기오염 방지 목표와 연관성이 가장 적은 것은?

① 식물 생태계 파괴 방지
② 경제적 손실 방지
③ 자연환경의 악화 방지
④ 직업병의 발생 방지

해설
대기오염(Air pollution)
- 인간이나 식물, 동물의 생활에 해를 주어 시민의 생활이나 재산을 향유할 권리를 방해하는 상태이다.
- 인체에 주는 영향, 동식물에 주는 영향, 재산에 대한 영향, 기상에 미치는 영향 등을 방지하는 데 목표를 두고 있다.

07 소아의 항문 주위에서 산란하는 기생충은?

① 구충 ② 편충
③ 요충 ④ 회충

해설
요충
- 집단감염과 소아감염이 잘 된다. 항문 주위에 산란과 동시에 감염되며, 인구밀집지역에 많이 분포한다.
- 불결한 손이나 음식물을 통해 경구로 감염된다.

08 논이나 들에서 들쥐의 똥, 오줌 등에 의해 경피감염되는 감염병은?

① 유행성출혈열 ② 이질
③ 렙토스피라증 ④ 파상풍

해설
절지동물 매개 감염병인 유행성출혈열(진드기)은 한탄바이러스를 병원체로 하여 들쥐 배설물과 좀진드기 오염물 등을 전파물로 한다.

★★☆☆☆

09 지구 온난화 현상의 원인이 되는 주된 가스는?

① NO
② CO_2
③ Ne
④ CO

해설
CO_2는 실내공기오염의 기준이 되며 일반적으로 허용량은 8시간 기준으로 0.1%이다.

10 보건행정의 목적에 포함되는 내용이 아닌 것은?

① 국민의 수명연장
② 질병예방
③ 수질 및 대기보전
④ 공적인 행정활동

해설
보건행정은 질병의 예방, 건강증진, 건강수명의 연장 등에 따른 공중보건의 원리 및 공적, 사적 조직을 포함한 일련의 행정활동이다.

11 법정감염병 중 제1군감염병이 아닌 것은?

① 페스트
② 콜레라
③ 세균성이질
④ 폴리오

해설
④는 제2군감염병이다. 제2군감염병은 D(디프테리아), P(백일해), T(파상풍), 홍역, 유행성이하선염, 풍진, 폴리오, B형간염, 일본뇌염, 수두, b형헤모필루스인플루엔자, 폐렴구균(12종)이다.

정답 06 ④ 07 ③ 08 ① 09 ② 10 ③ 11 ④

★☆☆☆☆

12 국가 간이나 지역사회 간의 보건수준을 비교하는 데 사용되는 대표적인 3대 지표는?

① 평균수명, 모성사망률, 비례사망지수
② 영아사망률, 비례사망지수, 평균수명
③ 유아사망률, 사인별 사망률, 영아사망률
④ 영아사망률, 사인별 사망률, 평균수명

해설

지역사회와 국가 간의 건강수준을 수량으로 표현한다는 것은 어려운 일이다. 인간집단의 공중보건 수준을 평가하기 위해서는 반대 개념인 사망률을 이용한다.
WHO는 건강지표(Health indicator)
- 비례사망자수 : 일년동안 전체 사망자 중에서 50세 이상의 사망자를 표시한 것으로 수치가 높을수록 고령자의 비율이 높음을 의미한다.
- 평균수명 : 0세의 평균 여명을 평균수명이라 한다. 앞으로 몇 년을 더 살 수 있는지에 대한 평균적 기대치를 의미한다.
- 보통사망률 : 특정 연도의 인구 중에서 같은 해의 총 사망자수를 의미한다.
- 영아사망률 : 출생 1,000명에 대한 생후 1년 미만의 사망영아 수로 나타낸다.

13 지용성 비타민 E를 많이 함유한 식품은?

① 당근　② 맥아
③ 복숭아　④ 유제품

해설

비타민 E는 항산화제로서 토코페롤이라고도 한다.
- 호르몬 생성, 임신 등 생식기능에 관여하며 노화방지나 세포재생을 돕는다.
- 결핍 시 불임증, 피부노화 등을 유발하며 두부, 곡물의 배아, 버터, 푸른잎 채소, 식물성 유지 등에 풍부하게 함유되어 있다.

14 다음 중 예방접종으로 얻어지는 면역(인공능동면역)의 특성을 가장 잘 설명한 것은?

① 각종 감염병 감염 후 형성되는 면역
② 생균백신, 사균백신 및 순화독소(Toxoid)의 접종으로 형성되는 면역
③ 모체로부터 태반이나 수유를 통해 형성되는 면역
④ 항독소(Antitoxin) 등 인공제제를 접종하여 형성되는 면역

해설

인공능력면역은 생균, 사균 및 순화독소 등을 사용한 예방접종을 통해 인위적으로 얻어지는 면역을 말한다.

15 인공능동면역 방법 및 질병과의 연결이 잘못된 것은?

① 생균 - 두창, 탄저, 광견병
② 생균 - 결핵, 황열, 홍열
③ 사균 - 콜레라, 백일해, 일본뇌염
④ 사균 - 파상풍, 장티푸스, 디프테리아

해설

디프테리아, 파상풍은 순화독소이다.

16 다음 중 파리가 옮기지 않는 병은?

① 이질　② 콜레라
③ 장티푸스　④ 유행성출혈열

해설

유행성출혈열은 쥐에 기생하는 좀진드기에 의해 발생된다.

★☆☆☆☆

17 식사 전 손 씻기, 인체 항문 주위의 청결유지 등을 필요로 하며 어린 연령층이 집단으로 감염되기 쉬운 기생충은?

① 회충　② 촌충
③ 요충　④ 십이지장충

해설

요충은 도시 소아의 항문 주위에 산란함으로써 침구, 침실 등에서 충란으로 오염되며, 집단감염과 자가감염(손가락)을 일으킨다.

정답 12 ② 13 ② 14 ② 15 ④ 16 ④ 17 ③

★☆☆☆☆
18 산업재해 방지를 위한 산업장 안전관리대책으로 짝지은 것은?

ㄱ. 정기적인 예방접종
ㄴ. 작업환경 개선
ㄷ. 보호구 착용 금지
ㄹ. 재해방지 목표설정

① ㄱ, ㄴ, ㄷ　② ㄱ, ㄷ
③ ㄴ, ㄹ　④ ㄱ, ㄴ, ㄷ, ㄹ

해설
작업자와 유해인자 사이에 방호벽 설치, 작업환경 개선(유해증기로부터 쾌적한 상태유지), 보호구 사용 및 보관 등은 산업재해를 방지할 수 있다.

19 다음 중 상수(음용수)의 일반적인 오염지표로 삼는 것은?

① 탁도　② 일반 세균수
③ 대장균수　④ 수소이온농도

해설
대장균군 검출은 미생물이나 분변에 오염된 것을 추측할 수 있으며 검출방법이 간단하여 수질오염지표가 된다.

20 대기오염물질이 아닌 것은?

① 황산화물(SO_3)　② 일산화탄소(CO)
③ 오존(O_3)　④ 질소산화물(NO_2)

해설
O_3는 대류의 성층권(지상25~30km)에 있으며 표백, 살균작용을 한다.

★★☆☆☆
21 다음 중 감염병 관리상 가장 중요하게 취급되어야 할 대상자는?

① 건강보균자　② 잠복기환자
③ 현성환자　④ 회복기보균자

해설
건강보균자는 증상 없이(불현성 감염) 균을 보유하고 균을 배출하는 자로서 보건관리가 가장 어렵다.

22 다음 기생충 중 중간숙주와의 연결이 바르지 않은 것은?

① 회충 - 채소　② 흡충류 - 돼지
③ 무구조충 - 소　④ 사상충 - 모기

해설
- 유구조충(갈고리촌충)의 숙주는 돼지이다.
- 흡충류는 간흡충, 폐흡충, 요코가와흡충 등으로 구분된다.

★★☆☆☆
23 다수인이 실내에 밀집한 상태에서 실내공기의 변화는?

① 기온 하강 - 습도 감소 - 이산화탄소 감소
② 기온 하강 - 습도 증가 - 이산화탄소 감소
③ 기온 상승 - 습도 증가 - 이산화탄소 증가
④ 기온 상승 - 습도 감소 - 이산화탄소 증가

해설
- 이산화탄소(CO_2)는 실내공기의 오염의 기준이 된다.
- 실내에 다수인들이 모여 있을 때 군집독이 생기는 이유는 기온이 상승하며 습도가 증가하고 이산화탄소량이 증가하기 때문이다.

24 산업재해 발생의 3대 인적 요인이 아닌 것은?

① 예산 부족　② 관리 결함
③ 생리적 결함　④ 작업상의 결함

해설
산업재해 발생 중 인적 요인은 심리적·생리적·관리상 요인으로 나타난다.

정답 18 ③　19 ③　20 ③　21 ①　22 ②　23 ③　24 ①

★☆☆☆☆
25 민물고기와 기생충 간의 제2중간숙주와의 연결이 잘못된 것은?

① 송어, 연어 - 광절열두조충증
② 참붕어, 쇠잉어 - 간디스토마증
③ 잉어, 피래미 - 폐디스토마증
④ 은어, 숭어 - 요꼬가와흡충증

해설
게, 가재 : 폐디스토마증(폐흡충증)

26 다음 중 매개 곤충이 전파하는 감염병과 연결이 잘못된 것은?

① 벼룩 - 흑사병
② 모기 - 황열
③ 파리 - 사상충
④ 진드기 - 유행성출혈열

해설
파리는 참호열, 쯔쯔가무시병을 전파하며, 사상충증은 모기가 옮기는 질병이다.

★☆☆☆☆
27 미용업소의 실내 쾌적 습도 범위로 가장 알맞은 것은?

① 10 ~ 30 % ② 30 ~ 50 %
③ 40 ~ 70 % ④ 70 ~ 90 %

해설
쾌적 습도는 40~70%이다. 기온에 따라 달라지는 습도는 대기 중에 포함된 수분량으로, 인체에 적당하게 작용되면서 쾌적 감각을 가진다.

28 세균성 식중독의 특성이 아닌 것은?

① 2차 감염률이 낮다.
② 잠복기가 길며 면역이 획득된다.
③ 다량의 세균이나 독소에 의해 발병된다.
④ 원인식품의 섭취로 발병되나 수인성 전파는 드물다.

해설
- 세균성 식중독은 감염형과 독소형으로 구분된다.
- 세균성 식중독은 세균에 의한 오염 방지, 세균증식 억제, 세균사멸의 3대원칙을 지키면 예방이 가능하다.
- 잠복기는 일반적으로 12~24시간 정도이다.
- 병후면역은 생기지 않는다.

29 만성 감염병인 결핵 관리에 대한 방법 중 가장 거리가 먼 것은?

① 환자의 조기발견 ② 집회장소의 소독
③ 환자의 등록치료 ④ 예방접종의 철저

해설
결핵
- 만성소모성 질환으로서 조기발견과 조기치료가 강조되는 질환이다.
- 밀집거주를 막아서 감염 기회를 감소시키고 격리 및 치료와 예방접종 사업이 매우 중요하다.

★☆☆☆☆
30 절지동물인 파리에 의해서 전파될 수 있는 질병이 아닌 것은?

① 장티푸스 ② 발진열
③ 콜레라 ④ 세균성이질

해설
벼룩(진드기)이 옮기는 질병은 발진열, 재귀열, 야토병, 로키산홍반열 등이다.

31 미용업소에서 비말에 의한 공기전파로 감염될 수 있는 것은?

① 뇌염 ② 대장균
③ 장티푸스 ④ 인플루엔자

해설
신체의 직접접촉에 의한 비말(침, 가래, 콧물)감염으로는 파상풍, 탄저, 홍역, 구충증, 급성회백수염, 인플루엔자 등이 있다.

정답 25 ③ 26 ③ 27 ③ 28 ② 29 ② 30 ② 31 ④

32 3대 영양소의 작용이 아닌 것은?

① 신체의 열량공급작용
② 신체의 조직구성작용
③ 신체의 사회적응작용
④ 신체의 생리기능조절작용

해설
3대 영양소는 에너지 공급원, 신체조직의 구성성분, 신체의 생리기능을 조절하는 작용을 한다.

★☆☆☆☆
33 자연독 식중독에서 솔라닌과 관련 있는 식품은?

① 버섯 ② 복어
③ 감자 ④ 맥류

해설
감자의 싹이나 녹색 부분에 독소인 솔라닌이 포함되어 있다.

34 산업피로의 대표적인 증상은?

① 체온 변화 - 호흡기 변화 - 순환기계 변화
② 체온 변화 - 호흡기 변화 - 근수축력 변화
③ 체온 변화 - 호흡기 변화 - 기억력 변화
④ 체온 변화 - 호흡기 변화 - 사회적 행동 변화

해설
산업피로의 증상은 체온 변화, 신경 이상, 순환기능의 변화, 혈액 또는 소변의 이상소견을 갖는다.

35 다음 중 기생충과 중간숙주와의 연결이 잘못된 것은?

① 무구조충 - 소 ② 폐흡충 - 가재
③ 간흡충 - 붕어 ④ 유구조충 - 잉어

해설
유구조충은 돼지와 관련된다.

36 현재 우리나라 근로기준법상 보건상 유해하거나 위험한 사업에 종사하지 못하도록 규정한 대상은?

① 18세 미만인 자
② 13세 미만의 어린이
③ 임신부와 18세 미만인 자
④ 여자와 13세 미만인 자

해설
우리나라 근로기준
- 1일 근로시간은 휴게시간을 제외하고 8시간을 초과할 수 없다.
- 15세 미만자는 근로자로 이용하지 못하고 임신 중이거나 산후 1년이 지나지 않은 여성은 근로를 금지하고 있다.
- 사업자는 18세 미만인 자에 대해서 연령을 증명할 수 있는 가족관계 기록사항에 관한 친권자 또는 후견인의 동의서를 사업장에 갖추어야 한다.

37 다음 내용 중 호흡기계 감염병에 속하지 않는 것은?

① 수두 ② 홍역
③ 폴리오 ④ 백일해

해설
③은 소화기계 감염병이다.

38 식품을 통한 세균성 식중독 중 독소형인 것은?

① 포도상구균
② 살모넬라균
③ 장염비브리오
④ 병원성 대장균

해설
독소형은 포도상구균, 보툴리누스균, 부패산물형이 있다. ②, ③, ④는 감염형 세균성 식중독이다.

정답 – 32 ③ 33 ③ 34 ① 35 ④ 36 ③ 37 ③ 38 ①

39 가족계획 사업의 효과로서 가장 적절한 지표는?

① 인구증가율 ② 조출생률
③ 남녀출생비 ④ 평균여명 수

모성보건을 위한 가족계획에서 초산연령(조출생률)은 20~30세로, 임신간격(약 3년) 등의 내용을 담고 있다.

★☆☆☆☆
40 다음 중 콜레라에 관한 설명으로 잘못된 것은?

① 검역질병으로 검역기간은 120시간을 초과할 수 없다.
② 소화기계 수인성 감염병으로 경구감염된다.
③ 발병 즉시 신고하는 제1군 법정감염병이다.
④ 생균백신(Vaccine)으로 예방접종함으로써 면역을 갖게 한다.

해설

예방접종으로 얻는 면역으로서 사균백신으로 예방한다.

★☆☆☆☆
41 군집독(群集毒)의 원인으로 가장 적절하게 설명된 것은?

① O_2의 부족
② CO_2의 증가
③ 고온다습한 환경
④ 공기의 물리 화학적 제조성의 악화

해설

실내에 다수인이 밀집해 있을 때 공기의 물리·화학적 조건이 문제가 되어 불쾌감, 두통, 권태, 현기증 등 생리적 현상을 일으킨다.

★☆☆☆☆
42 다음 중 가족계획에 포함되는 내용으로 묶인 것은?

ㄱ. 결혼 연령 제한	ㄴ. 초산 연령 조절
ㄷ. 인공 임신 중절	ㄹ. 출산 횟수 조절

① ㄱ, ㄷ ② ㄴ, ㄹ
③ ㄱ, ㄴ, ㄷ ④ ㄱ, ㄴ, ㄷ, ㄹ

출산 횟수 조절, 초산 연령 조절은 가족계획 내용에 포함된다.

43 공기 조성물로서 이산화탄소는 약 몇 %를 차지하고 있는가?

① 0.03% ② 0.3%
③ 3% ④ 13%

해설

공기는 N_2(78.1%), O_2(20.1%), Ar(0.93%), CO_2(0.03%), 기타(0.04%) 등으로 구성되어 있다.

44 모기가 매개하는 감염병이 아닌 것은?

① 황열 ② 뇌염
③ 사상충 ④ 발진열

해설

모기는 일본뇌염, 말라리아, 뎅기열, 황열 등의 질병을 야기한다.

45 다음 중 독소형 세균성 식중독이 아닌 것은?

① 보툴리누스균
② 살모넬라균
③ 웰치균
④ 포도상구균

해설

② 세균성 식중독 중에서 감염형 식중독이다.

정답 — 39 ② 40 ④ 41 ④ 42 ② 43 ① 44 ④ 45 ②

46 다음 중 일반적으로 활동하기 가장 적합한 실내의 적정 온도는?

① 15 ±2℃ ② 18 ±2℃
③ 22 ±2℃ ④ 24 ±2℃

해설
지상 1.5m 높이의 백엽상 내에서 측정되는 쾌적 온도는 18±2℃이다.

47 주로 여름철에 발병하며 어패류가 원인물질로서 급성 장염 등의 증상을 나타내는 식중독은?

① 포도상구균 ② 병원성대장균
③ 장염비브리오 ④ 보툴리누스균

해설
장염비브리오균은 여름철에 많이 발생(7~8월 집중적)하며 급성 장염을 발생시키는 세균성 식중독은 어패류(60~70%), 생선류가 대부분 차지한다.

48 다음 중 감염성 질환이 아닌 것은?

① 폴리오 ② 풍진
③ 성병 ④ 당뇨병

해설
④는 비감염성 질환이다.

49 조도불량, 현휘가 과도한 장소에서 장시간 작업 시 기인하는 직업병은?

① 안정피로 ② 정신적 분열
③ 열중증 ④ 안구진탕증

해설
눈의 피로, 안구진탕증, 전망성안염, 백내장, 작업능률 저하 등의 직업병이 생긴다.

50 직업병과 직업종사자와의 관계를 바르게 연결시킨 것은?

① 잠수병 – 수영선수
② 열사병 – 비만자
③ 고산병 – 항공기조종사
④ 백내장 – 인쇄공

해설
고산병은 순화과정 없이 고도가 낮은 곳에서 해발 2,000~3,000m 이상 되는 고지대로 올라갔을 때 산소가 부족하여 나타나는 반응이다.

51 다음 중 인구증가에 대한 사항으로 맞는 것은?

① 자연증가 = 유입인구 – 유출인구
② 사회증가 = 출생인구 – 사망인구
③ 인구증가 = 자연증가 + 사회증가
④ 초자연증가 = 유입인구 – 유출인구

해설
자연증가(출생률–사망률) + 사회증가(전입인구 – 전출인구) = 인구증가이다.

★★☆☆☆
52 체감온도(감각온도)의 3요소가 아닌 것은?

① 기온
② 기습
③ 기류
④ 기압

해설
기후의 3대 요소인 체감(감각)온도는 기온, 기습(습도), 기류(바람)이다.

정답 46 ② 47 ③ 48 ④ 49 ④ 50 ③ 51 ③ 52 ④

53 일산화탄소(CO)의 8시간 기준 허용 농도는?

① 0.01ppm ② 1ppm
③ 0.03ppm ④ 25ppm

해설
일산화탄소(CO)
- 연탄이 불에 타기 시작할 때와 꺼질 무렵 다량 발생한다.
- 헤모글로빈과의 친화성이 산소에 비해 250~300배 강하다. 최대 허용량(서한량)은 8시간 기준 100ppm(0.01%)이다.

54 예방접종(Vaccine)으로 획득시키는 방법인 것은?

① 인공능동면역 ② 인공수동면역
③ 자연능동면역 ④ 자연수동면역

해설
인공능동면역은 생균(Vaccine), 사균(Vaccine) 및 순화독소(Toxoid) 등을 사용한 예방접종을 통해 인위적으로 얻어지는 면역이다.

55 간흡충(간디스토마)에 관한 설명이 아닌 것은?

① 경피감염한다.
② 인체 감염형은 피낭유충이다.
③ 제1중간숙주는 왜우렁이다.
④ 인체에 주요 기생 부위는 간의 담도이다.

해설
제1중간숙주(왜우렁이)를 거쳐 제2중간숙주(참붕어, 잉어)인 민물고기를 섭취(경구)함으로써 감염된다.

56 다음 내용 중 불쾌지수를 산출하는 데 고려되는 요소는?

① 기류와 복사열 ② 기온과 기습
③ 기압과 복사열 ④ 기온과 기압

해설
- 불쾌지수(DI)는 기후상태로 느끼는 불쾌감을 수치로 표시한 것이다.
- 불쾌지수 산출 요소는 기온, 기습, 기류이다.

57 일반적으로 식품의 부패란 어떤 영양소의 변질인가?

① 지방 ② 비타민
③ 단백질 ④ 탄수화물

해설
단백질은 부패에 의해 변질된다.

58 비타민이 결핍 시 발생하는 질병과 관련 없는 것은?

① 비타민 B_1 – 각기증
② 비타민 D – 괴혈병
③ 비타민 A – 야맹증
④ 비타민 E – 불임증

해설
② 비타민 D : 구루병

59 다음 내용에서 세균성 식중독 중 감염형에 속하는 것은?

① 살모넬라균 ② 보툴리누스균
③ 포도상구균 ④ 웰치균

해설
- 세균성 식중독 중 감염형은 살모넬라균, 장염비브리오균, 병원성 대장균이 원인균이다.
- 독소형은 포도상구균, 보툴리누스균, 부패산물형이 원인균이다.
- 생체 독소형은 웰치균이 원인균이다.

정답 53 ① 54 ① 55 ① 56 ② 57 ③ 58 ② 59 ①

60 **감염병 발생 시 일반인이 취하여야 할 행동으로 적절하지 않은 것은?**

① 예방접종을 받도록 한다.
② 환자를 문병하고 위로한다.
③ 필요한 경우 환자를 격리한다.
④ 주위 환경을 청결히 하고 개인위생에 힘쓴다.

해설
감염병 발생 시 환자를 문병하는 것은 감염을 초래하는 방법이 된다.

61 **공중보건학에 대한 설명이 아닌 것은?**

① 지역사회 전체 주민을 대상으로 한다.
② 목적은 질병 예방, 수명 연장, 신체적 · 정신적 건강 증진이다.
③ 공중보건학의 목적은 개인이나 일부 전문가의 노력에 의해 달성될 수 있다.
④ 방법에는 환경위생, 감염병 관리, 개인위생 등이 있다.

해설
- 지역사회를 단위로 하는 공중보건학은 예방, 건강의 유지 및 증진의 3가지 분야로 연구되고 있다.
- 공중보건의 궁극적 대상은 지역사회 주민 전체 또는 인간집단의 국민 전체이다.

62 **출생률이 높고 사망률이 낮으며 14세 이하 인구가 65세 이상 인구의 2배를 초과하는 인구유형은?**

① 별형　　② 종형
③ 항아리형　　④ 피라미드형

해설
피라미드형의 인구유형은 출생률이 높고 사망률이 낮은 인구증가형이다.

63 **다음 중 환경위생과 오염물의 상호 관계가 잘못 연결된 것은?**

① 하수 오염의 지표 - 탁도
② 대기오염의 지표 - SO_2
③ 실내공기 오염의 지표 - CO_2
④ 상수 오염의 생물학적 지표 - 대장균

해설
하수오염의 지표는 BOD, COD, DO등이다.

64 **식중독에 대한 설명으로 옳은 것은?**

① 음식 섭취 후 장시간 뒤에 증상이 나타난다.
② 근육통 호소가 가장 빈번하다.
③ 병원성 미생물에 오염된 식품 섭취 후 발병한다.
④ 독성을 나타내는 화학물질과는 무관하다.

해설
식중독은 변질된 식품을 섭취했을 때 발병한다.

65 **가족계획과 가장 가까운 의미를 갖는 것은?**

① 불임시술　　② 수태제한
③ 계획출산　　④ 임신중절

해설
가족계획의 본질적 의미는 계획출산이다.

66 **감염병 예방법상 제2군에 해당되는 질병은?**

① 황열　　② 풍진
③ 세균성이질　　④ 장티푸스

해설
제2군감염병은 12종으로서 DPT, 홍역, 풍진, 폴리오, 수두, 폐렴구균, 유행성이하선염, B형간염, 일본뇌염, b형헤모필루스인플루엔자이다.

정답 60 ② 61 ③ 62 ④ 63 ① 64 ③ 65 ③ 66 ②

67 **페디스토마의 제2중간숙주에 해당되는 것은?**

① 잉어　　② 다슬기
③ 모래무지　　④ 게, 가재

페디스토마 – 제1중간숙주(다슬기), 제2중간숙주(게, 가재)

68 **일명 도시형이라고 하며 생산층 인구가 전체 인구의 50% 이상이 되는 인구 유형은?**

① 별형　　② 종형
③ 농촌형　　④ 항아리형

해설
별형(인구유입형 – 도시형)은 도시지역의 인구구성형으로 생산층 인구가 전체 인구의 50% 이상으로 구성된다.

69 **법정감염병상 제2군인 것은?**

① 성병
② 말라리아
③ 유행성이하선염
④ 유행성출혈열

해설
유행성이하선염(볼거리)은 바이러스성 질환으로 주로 어린아이에게 발생된다. 산모(임신 4개월 이내)가 감염되면 기형아를 출산한다.

70 **진동이 심한 작업장 근무자에게 다발하는 질환으로 청색증과 동통, 저림 증세를 보이는 질병은?**

① 잠함병　　② 레이노드씨병
③ 진폐증　　④ 열경련

해설
레이노드병은 국소진동으로서 손가락의 감각마비 및 창백 등의 증상이 있다.

71 **다음 중 파리가 옮기지 않는 병은?**

① 이질　　② 콜레라
③ 장티푸스　　④ 유행성출혈열

해설
④는 쥐의 진드기를 매개로 하는 감염병이다.

72 **다음 영양소 중 인체의 생리적 조절작용에 관여하는 조절소는?**

① 단백질　　② 비타민
③ 지방질　　④ 탄수화물

해설
비타민은 인체 생리조절 작용을 한다.

73 **다음 중 무엇을 날것으로 먹었을 때 무구조충에 감염되는가?**

① 게　　② 잉어
③ 돼지고기　　④ 쇠고기

해설
무구조충(민촌충)은 소화기계 증상으로서 소에 의해 감염된다.

74 **잠함병의 직접적인 원인은?**

① 혈중 CO 농도 증가
② 혈중 O_2 농도 증가
③ 혈중 CO_2 농도 증가
④ 체액 및 혈액 속의 질소 기포 증가

해설
잠함병(감압병)
- 호흡 시 체내로 유입된 질소가 급격한 감압에 체외로 배출되지 않고 기포를 형성하여 순환장애와 조직 손상을 유발시키는 것이다.
- 피부 소양감, 척수마비, 사지관절통, 호흡기장애 등의 증상이 나타난다.

정답 – 67 ④　68 ①　69 ③　70 ②　71 ④　72 ②　73 ④　74 ④

75 감염병 유행지에서 입국하는 사람, 동물, 식품 등의 국내 예방을 위한 수단으로 쓰이는 것은?

① 격리 ② 검역
③ 박멸 ④ 병원소 제거

해설
외래감염병의 국내 침입방지 수단으로서 질병 유행지역 입국자 중 감염의심자가 있는 경우 강제 격리를 취한다.

76 산업피로의 대책으로 가장 거리가 먼 것은?

① 작업과정 중 적절한 휴식시간을 배분한다.
② 에너지 소모를 효율적으로 한다.
③ 개인차를 고려하여 작업량을 할당한다.
④ 휴직과 부서 이동을 권고한다.

해설
산업피로의 대책으로 작업량, 작업밀도와 시간, 휴식시간을 적정하게 배분하는 등의 조절을 한다.

77 출생 4주 이내에 기본접종을 실시하는 감염병은?

① 결핵 ② 홍역
③ 볼거리 ④ 일본뇌염

해설
결핵은 신생아 시(생후 4주 이내) BCG 예방접종을 한다.

78 우리나라에서 의료보험이 전 국민에게 적용하게 된 최초의 시기는 언제부터인가?

① 1964년 ② 1977년
③ 1988년 ④ 1989년

해설
1989년에 우리나라 최초로 전 국민에게 의료보험이 적용되었다.

79 한 나라의 건강수준과 국가 간 보건수준을 비교할 수 있는 지표는?

① 국민소득 ② 인구증가율
③ 질병이환율 ④ 비례사망지수

해설
비례사망지수는 전체 사망자 수에 대한 50세 이상 사망자 수의 구성비율이다.

80 토양을 매개로 하는 감염병은?

① 간염 ② 파상풍
③ 콜레라간염 ④ 디프테리아

해설
토양이 병원소의 역할을 하는 감염병은 파상풍이다.

81 오염된 주사기, 면도날 등으로 인해 전파되는 만성 감염병은?

① B형간염 ② 트라코마
③ 렙토스피라증 ④ 파라티푸스

해설
B형간염 바이러스를 병원체로 하여 환자 혈액, 타액, 성접촉, 면도날 등에 의해 전파된다.

82 다음 감염병 중 세균성 감염병은?

① 결핵 ② 말라리아
③ 일본뇌염 ④ 유행성간염

해설
세균으로 인한 감염병은 결핵, 나병, 웰슨병, 페스트, 콜레라, 이질(세균·아메바성), 파상풍, 장티푸스, 파라티푸스, 디프테리아 등이 있다.

정답 75 ② 76 ④ 77 ① 78 ④ 79 ④ 80 ② 81 ① 82 ①

83 인수 공통 감염병이 아닌 것은?

① 페스트　　② 야토병
③ 나병　　④ 우형 결핵

해설
나병은 개방병소로서 사람의 농양, 피부병 등의 병변 부위에서 직접 접촉된다.

84 공기의 자정작용에 대한 설명으로 관련이 없는 것은?

① 기온역전작용
② 자외선의 살균작용
③ 강우, 강설에 의한 세정작용
④ 이산화탄소와 일산화탄소의 교환작용

해설
기온역전(역전층)은 상부기온이 하부기온보다 높아지면서 공기의 수직 확산이 일어나지 않아 대기가 안정화되는 것을 말한다. 이러할 때 대기오염도는 심해진다.

85 환경오염 방지대책에 대한 설명으로 거리가 가장 먼 것은?

① 경제개발 억제정책
② 환경오염의 실태파악
③ 환경오염의 원인규명
④ 행정대책과 법적규제

해설
환경오염의 실태를 파악하고 원인을 규명하며 환경물질의 법적규제와 대책 등을 계획하고 교육 및 계몽을 방지대책으로 삼는다.

86 질병 발생의 세 가지 요인으로 연결된 것은?

① 숙주 – 병인 – 환경
② 숙주 – 병인 – 유전
③ 숙주 – 병인 – 병소
④ 숙주 – 병인 – 저항력

해설
질병관리의 3대 요소는 숙주(감수성), 병인(감염원), 환경(감염경로)이다.

87 하수오염이 심할수록 BOD의 수치는?

① 수치가 낮아진다.
② 수치가 높아진다.
③ 아무런 영향이 없다.
④ 높아졌다 낮아졌다 반복한다.

해설
- 생물학적 산소요구량(BOD)은 물의 오염도를 생물학적으로 측정하는 방법으로서 BOD가 높을수록 오염이 되었음을 나타낸다.
- BOD의 산소요구량은 5ppm 이상이다.

88 분뇨의 비위생적 처리로 감염될 수 있는 기생충 질환이 아닌 것은?

① 회충　　② 사상충
③ 편충　　④ 십이지장충

해설
사상충은 모기를 매개로 감염된다.

89 대기오염에 영향을 미치는 기상조건은?

① 강우, 강설　　② 저기압
③ 고온, 고습　　④ 기온역전

해설
기온역전(역전층)은 상부기온이 하부기온보다 높아지면서 공기의 수직 확산이 일어나지 않아 대기가 안정화되는 것을 말한다. 이러할 때 대기오염도는 심해진다.

정답 – 83 ③　84 ①　85 ①　86 ①　87 ②　88 ②　89 ④

90 어류인 송어, 연어 등을 날로 섭취 시 감염될 수 있는 기생충 질환은?

① 갈고리촌충 ② 긴촌충
③ 페디스토마 ④ 선모충

해설
광절열두조충(긴촌충)은 충란이 수중에서 제1중간숙주(물벼룩)를 거치고, 제2중간숙주(연어, 송어, 농어)를 거쳐 사람이 섭취함으로써 감염된다.

91 소음이 인체에 미치는 영향으로 가장 거리가 먼 것은?

① 중이염 ② 청력장애
③ 불안증 및 노이로제 ④ 작업능률 저하

해설
중이염은 질환에 의해 야기되는 질병이다.

92 산업피로의 본질과 가장 관계가 먼 것은?

① 피로감각 ② 작업량 변화
③ 산업구조의 변화 ④ 생체의 생리적 변화

해설
산업구조의 변화는 환경대책에서 요구되는 사항이다.

93 합병증으로 고환염, 뇌수막염 등이 초래되어 불임이 될 수도 있는 질환은?

① 홍역 ② 뇌염
③ 풍진 ④ 유행성이하선염

해설
유행성이하선염(볼거리)
- 바이러스를 병원체로 하며 고환염, 뇌수막염 등을 초래하여 생식선 감염에 의해 불임이 될 수도 있는 질환이다.
- 주로 어린아이에게 발생되며, 임신 초기(4개월 이내)에 감염 시 기형아를 출산한다.

94 이상저온에 노출되었을 때 나타나는 건강장애인 것은?

① 참호족
② 열경련
③ 울열증
④ 열쇠약증

해설
이상저온 노출에 의한 건강장애는 신체의 조절기능에 영향을 미친다. 이는 자각적, 임상적으로 전신 체온 강화, 참호족(침수족) 동상 등의 증상이 나타난다.

95 단위 체적 안에 포함된 수분의 절대량을 중량이나 압력으로 표시한 것으로 현재 공기 1m³ 중에 함유된 수증기량 또는 수증기 장력을 나타낸 것은?

① 포차
② 포화습도
③ 비교습도
④ 절대습도

해설
공기 1m³ 중에 함류된 수증기량(수증기 장력)을 절대습도라고 한다.

96 보균자(Carrier)가 감염병 관리상 어려운 대상인 이유와 거리가 먼 것은?

① 색출이 어려우므로
② 활동영역이 넓기 때문에
③ 격리가 어려우므로
④ 치료가 되지 않으므로

해설
보균자(Carrier)란 자각 또는 타각적으로 임상증상이 없는 병원체 보유자로서 항상 또는 때때로 감염원으로 작용하여 감염을 야기한다.

정답 90 ② 91 ① 92 ③ 93 ④ 94 ① 95 ④ 96 ④

97 다음 중 기생충과 전파 매개체와의 연결이 바르게 된 것은?

① 무구조충 - 돼지고기
② 간디스토마 - 바다 회
③ 폐디스토마 - 가재
④ 광절열두조충 - 쇠고기

해설
① 무구조충 : 소고기
② 간디스토마 : 참붕어, 피라미, 잉어
④ 광절열두조충 : 송어, 연어, 농어

98 다음 중 공중보건사업의 대상으로 가장 적절한 것은?

② 성인병 환자 ② 입원 환자
③ 암투병 환자 ④ 지역사회 주민

해설
공중보건사업은 지역사회 주민을 대상으로 한다.

99 대기오염을 일으키는 원인으로 거리가 가장 먼 것은?

① 도시의 인구감소 ② 교통량의 증가
③ 기계문명의 발달 ④ 중화학공업의 난립

해설
도시의 인구가 감소될 시 대기오염을 일으킬 수 있는 원인이 줄어든다.

100 수인성 감염병이 아닌 것은?

① 일본뇌염 ② 이질
③ 콜레라 ④ 장티푸스

해설
일본뇌염은 피부기계(점막피부) 감염병이다.

101 법정감염병 중 제3군에 속하지 않는 것은?

① B형간염 ② 공수병
③ 렙토스피라증 ④ 쯔쯔가무시증

B형간염은 제2군감염병이다.

102 질병 발생의 역학적 삼각형 모형에 속하는 요인이 아닌 것은?

① 병인적 요인 ② 숙주적 요인
③ 감염적 요인 ④ 환경적 요인

해설
환경, 숙주, 병인이 질병의 3대요소이다.

103 다음 중 특별한 장치를 설치하지 아니한 일반적인 경우에 실내의 자연적인 환기에 가장 큰 비중을 차지하는 요소는?

① 실내외 공기 중 CO_2의 함량의 차이
② 실내외 공기의 습도 차이
③ 실내외 공기의 기온차이 및 기류
④ 실내외 공기의 불쾌지수 차이

해설
자연환기는 실내·외 공기의 기온 차이 및 기류이다.

104 환경오염의 발생요인인 산성비의 가장 주요한 원인과 산도는?

① 이산화탄소 pH 5.6 이하
② 아황산가스 pH 5.6 이하
③ 염화불화탄소 pH 6.6 이하
④ 탄화수소 pH 6.6 이하

해설
산성비는 pH 5.6 미만의 비를 말한다. 자동차나 공장의 매연에서 비롯되는 황산화물, 질소화합물, 탄소화합물 등이 비에 함유되어 내리는 것이다.

정답 97 ③ 98 ④ 99 ① 100 ① 101 ① 102 ③ 103 ③ 104 ②

105 **세계보건기구에서 규정된 건강의 정의인 것은?**

① 육체적으로 완전히 양호한 상태
② 정신적으로 완전히 양호한 상태
③ 질병이 없고 허약하지 않은 상태
④ 육체적, 정신적, 사회적 안녕이 완전한 상태

해설
- 윈슬로우의 공중보건학 정의 : 조직적인 지역사회의 노력을 통해서 질병을 예방하고 수명을 연장시키며 육체적·정신적 효율을 증진시키는 기술이며 과학이다.
- WHO 정의 : 신체적·정신적·사회적으로 완전히 안녕한 상태이다.

106 **돼지와 관련된 질환이 아닌 것은?**

① 유구조충 ② 살모넬라증
③ 일본뇌염 ④ 발진티푸스

해설
발진티푸스는 절지동물인 이(Lice)에 의해 감염된다.

107 **위생해충의 구제방법으로 가장 효과적이고 근본적인 구제방법은?**

① 성충 구제 ② 살충제 사용
③ 유충 구제 ④ 발생원 제거

해설
해충 구제방법은 물리적, 화학적, 생물학적 방법이 있으며, 2가지 이상의 통합적 방법을 동시에 사용하여 구제한다.
- 물리적 구제방법 – 발생원인과 서식처를 제거한다.
- 화학적 구제방법 – 살충제, 불임제, 기피제, 발육 억제제 등으로 구제한다.
- 생물학적 구제방법 – 천적을 이용하여 구제한다.

108 **파리를 매개체로 하여 전파될 수 있는 감염병은?**

① 페스트 ② 장티푸스
③ 사상충증 ④ 황열

해설
파리에 의해 감염되는 장티푸스는 소화기계로서 수인성 감염병이다.

109 **기온측정에 관한 설명이 아닌 것은?**

① 실내에서는 통풍이 잘 되고 직사광선을 받지 않는 곳에 매달아 놓고 측정하는 것이 좋다.
② 평균기온은 높이에 비례하여 하강하는데 고도 11,000m 이하에서는 보통 100m당 0.5~0.7℃ 정도이다.
③ 측정할 때 수은주 높이와 측정자의 눈의 높이가 같아야 한다.
④ 정상적인 날의 하루 중 기온이 가장 낮을 때는 밤 12시 경이고 가장 높을 때는 오후 2시 경이다.

해설
- 기온은 대기의 온도로서 실내에서는 1.5m, 실외에서는 1.2~1.5m 높이의 건구온도를 측정한다.
- 측정횟수는 1일 3회(오전 6시, 오후 2시, 오후 10시) 또는 2회(오전 8시, 오후 8시)에 측정하여 평균으로 표시한다.
- 일교차는 하루 중 최고기온(오후 2시)과 최저기온(일출 30분 전) 차이를 말한다.

110 **납 중독과 가장 거리가 먼 증상은?**

① 빈혈
② 신경마비
③ 뇌중독 증상
④ 과다행동장애

해설
위장장애, 중추신경장애, 신경 및 근육계통 장애로서 연연, 적혈구 수 증가, 혈관 수축이나 연빈혈 등의 증상을 나타낸다.

정답 – 105 ④ 106 ④ 107 ④ 108 ② 109 ④ 110 ④

111 **간헐적으로 유행할 가능성이 있어 지속적으로 그 발생을 감시하고 방역대책이 요구되는 감염병은?**

① 말라리아 ② 콜레라
③ 장염비브리오 ④ 유행성이하선염

해설
전 세계적으로 가장 많이 이환되는 급성 감염병이다. 양성 3일열 원충이 병원체로서 중국 얼룩날개모기가 전파한다.

112 **지역사회에서 노인층 인구에 가장 적절한 보건교육 방법은?**

① 신문 ② 집단교육
③ 개별접촉 ④ 강연회

해설
노인층 인구의 보건교육은 개별접촉방법이 가장 적절하다.

113 **면역을 얻기 위해 생균제제를 사용하는 예방접종 방법은?**

① 장티푸스 ② 파상풍
③ 결핵 ④ 디프테리아

해설
생균 백신은 두창, 탄저, 결핵, 홍역, 황열, 광견병, 폴리오 등의 예방접종방법이다.

114 **이상저온 노출에 의한 건강장애는?**

① 동상 – 무좀 – 전신 체온 상승
② 참호족 – 동상 – 전신 체온 하강
③ 참호족 – 동상 – 전신 체온 상승
④ 동상 – 기억력 저하 – 참호족

해설
이상저온 노출 시 신체조절 기능에 영향을 준다. 전신 체온 강화, 참호족(참수족), 동상 등이 발생한다.

115 **다음 중 파리가 전파할 수 있는 소화기계 감염병은?**

① 페스트 ② 일본뇌염
③ 장티푸스 ④ 황열

해설
파리에 의해 감염되는 장티푸스는 소화기계로서 수인성 감염병이다.

116 **수질오염을 측정하는 지표로서 물에 녹아있는 유리 산소를 의미하는 것은?**

① 용존산소(DO)
② 수소이온농도(pH)
③ 화학적산소요구량 (COD)
④ 생물화학적산소요구량(BOD)

해설
- 용존산소량(DO)은 물에 녹아 있는 산소, 즉 용존산소를 말한다.
- DO는 높을수록 좋다.
- BOD가 높을 때 DO은 낮아진다.
- 온도가 낮아질수록 DO은 증가된다.
- 생물이 생존할 수 있는 DO은 5ppm 이상이다.

117 **인체 내 기생충의 기생 부위 연결이 잘못된 것은?**

① 구충증 – 폐
② 간흡충증 – 간의 담도
③ 요충증 – 직장
④ 폐흡충 – 폐

해설
구충증(십이지장충)으로서 경구·경피감염되며 인체 감염 시 소장 상부에 기생한다.

정답 – 111 ① 112 ③ 113 ③ 114 ② 115 ③ 116 ① 117 ①

118 다음 중 비타민과 그 결핍증과의 연결이 틀린 것은?

① 비타민 B_2 - 구각, 각막염
② 비타민 C - 각기병
③ 비타민 D - 구루병
④ 비타민 E - 불임증

해설
비타민 C 결핍 시 괴혈병이 나타나며, 각기병은 비타민 B_1 결핍 시 발생한다.

119 일반적으로 돼지고기로부터 감염되지 않는 것은?

① 유구조충 ② 무구조충
③ 선모충증 ④ 살모넬라

해설
무구조충은 민촌충으로서 소고기에 의해 감염된다.

120 고기압 상태에서 발생할 수 있는 인체 장애는?

① 안구진탕증 ② 잠함병
③ 레이노이드병 ④ 섬유증식증

해설
고기압 상태에서 중추신경에 마취작용을 하며 정상기압으로 갑자기 복귀 시 공기성분인 질소가 혈관에 기포를 형성하여 혈전현상을 일으킨다. 잠수, 잠함 작업 시 주로 발생한다.

121 직접 접촉자의 색출 및 치료가 가장 중요한 질병은?

① 성병 ② 암
③ 당뇨병 ④ 일본뇌염

해설
성병은 임질과 매독으로 분류되며, 환자와의 성 접촉 또는 수혈에 의해 전파된다.

122 산란과 동시에 감염능력이 있고 건조에 저항성이 있으며 집단감염이 가장 잘 되는 기생충은?

① 회충 ② 요충
③ 광절열두조충 ④ 십이지장충

해설
도시 소아의 항문 주위에 산란함으로써 침구, 침실 등에서 충란으로 오염되며, 집단감염과 자가감염(손가락)을 일으킨다.

123 물의 오염을 나타내는 생물학적 산소요구량(BOD)과 용존산소량(DO)의 상관관계로서 설명된 것은?

① BOD와 DO는 무관하다.
② BOD가 낮으면 DO는 낮다.
③ BOD가 높으면 DO는 낮다.
④ BOD가 높으면 DO도 높다.

해설
- 용존산소량(DO)은 물에 녹아 있는 산소, 즉 용존산소를 말한다.
- DO는 높을수록 좋다.
- BOD가 높을 때 DO은 낮아진다.
- 온도가 낮아질수록 DO은 증가된다.
- 생물이 생존할 수 있는 DO은 5ppm 이상이다.

124 장티푸스, 결핵, 파상풍 등의 예방접종 시 얻어지는 면역은?

① 인공능동면역
② 인공수동면역
③ 자연능동면역
④ 자연수동면역

해설
인공능동면역은 생균·사균 백신과 순화독소가 있다.

정답 118 ② 119 ② 120 ② 121 ① 122 ② 123 ③ 124 ①

125 야간작업으로 인한 장애라 볼 수 없는 것은?

① 주야가 바뀐 부자연스런 생활
② 수면 부족과 불면증
③ 피로회복 능력 강화와 영양 저하
④ 식사시간, 습관의 파괴로 소화불량

피로회복 능력이 저하된다.

126 다음 중 환경보전에 영향을 미치는 공해 발생 원인이 아닌 것은?

① 실내의 흡연
② 산업장 폐수 방류
③ 공사장의 분진 발생
④ 공사장의 굴착작업

실내의 흡연은 실내공기 오염도에 영향을 준다.

정답 125 ③ 126 ①

PART 4

소독학

CHAPTER

01 | 소독의 정의 및 분류

Section 01 소독 관련 용어 정의

1 소독의 정의

소독의 협의적 의미는 병원 미생물의 생활력을 파괴하여 감염력을 없애는 것이다. 광의적 의미는 병원 또는 비병원성 미생물을 죽이거나 그의 감염력이나 증식력을 없애는 조작으로서 살균과 방부, 멸균을 포함한다.

(1) 소독 관련 용어 정리

① 소독 : 병원성 미생물을 파괴하여 감염의 위험성을 제거하는 약한 살균작용을 의미한다.

② 방부 : 미생물의 발육과 생활작용을 억제 또는 정지시키는 조작을 의미한다.

③ 살균 : 생활력을 가지고 있는 미생물을 이학적, 화학적 소독법에 의해 급속하게 죽이는 것을 의미한다.

④ 멸균 : 병원 또는 비병원성 미생물 모두를 사멸하거나 그 포자까지도 사멸하는 것을 의미한다.

[TIP] 아포 : 세균이 불리한 환경에서는 포자를 형성한다. 멸균 소독에 의해 제거된다.

(2) 소독의 원리

소독제를 이용하여 병원성 미생물을 사멸하거나 발육과 증식을 저지한다. 소독제의 효과에 영향을 미치는 요인은 다음과 같다.

① 소독제의 농도

소독인자는 온도, 빛, 물, 농도, 시간 등이 미생물의 농도가 낮으면 짧은 시간 내에 효과적으로 소독할 수 있다.

- 소독작용을 위해 필요한 시간은 소독제 농도가 증가할수록 짧아진다.
- 수용액에서 소독제의 활성은 물의 양에 따라 다르다.
- 소금, 금속, 산 또는 알칼리 같은 무기 성분들은 소독제와 결합하면 소독활성을 방해할 수 있다.
- 대부분의 소독제는 실온에서 효과가 있기 때문에 온도 자체가 중요한 요소는 아니다.

[TIP] 소독제의 농도

① 수용액(100ml, 퍼센트 %) : 용액 100ml 중에 소독제 용질의 양이 얼마만큼 포함되었는지를 나타내는 수치

$\frac{용질}{용액} \times 100 = \%$

예 석탄산 3ml, 물 97ml 일 때 $\frac{3}{3+97} \times 100 = 3\%$

② 수용액(1,000ml, 퍼밀리 ‰) : 수용액 1,000ml 중에 소독제 용질의 양이 얼마만큼 포함되었는지를 나타내는 수치

$\frac{용질}{용액} \times 1,000 = ‰$

③ ppm(피피엠) : 수용액 100만ml 중에 소독제(용질)의 양이 얼마만큼 포함되어 있는지를 나타내는 수치

$\frac{용질}{용액} \times 1,000,000 = ppm$

④ 희석액의 배수

용질량×희석배수 = 용액량 , $\frac{용질}{용액}$ = (배)

② 소독에 영향을 미치는 다른 요인들

단백질 오염 물질들은 소독제를 불활성화시켜 미생물을 보호하기도 한다. 이는 소독하려는 물체를 깨끗하게 세척해야 하는 중요한 이유 중 하나이다. 상처로부터 감염된 외과도구들을 세제성 살균제로 끓이거나 세척한 후 멸균하는 게 하나의 예이다.

Section 02 소독기전

1 소독제의 살균기전

소독제는 아래의 살균기전 중 두 가지 이상의 복합작용에 의해 소독이 이루어진다.

① 석탄산, 알코올, 크레졸, 포르말린, 승홍수 등은 균단백질 응고와 변성작용을 한다.

② 알코올, 석탄산, 역성비누, 중금속염 등은 효소계 침투작용에 의해 세포막과 세포벽을 파괴하는 균체의 효소 불활성화작용을 한다.

③ 계면활성제는 세포벽을 파괴하고 세포막 투과성을 저해시켜 다른 물질과의 접촉을 방해한다.

④ 승홍, 질산은, 머큐로크롬 등은 특이적 화학 반응으로서 화학물질이 미생물의 조효소 등 특정 활성 분자들의 활성을 저해하거나 활동을 정지시키는 중금속염의 형성작용을 한다.

⑤ 과산화수소, 오존, 염소유도체, 과망간산칼륨 등은 균체에 산화작용을 한다.

⑥ 강산, 강알칼리, 열탕수 등은 균체에 가수분해작용을 한다.

⑦ 식염, 설탕, 알코올, 포르말린 등은 균체에 탈수작용을 한다.

Section 03 소독법의 분류

1 물리적 소독법

(1) 가열처리법

분류	종류	특징
건열멸균	화염멸균	• 가장 확실한 멸균법으로서 알코올 램프 또는 가스버너의 화염불꽃 속에 20초 이상 접촉시킴으로써 미생물을 멸균하는 방법이다. • 금속류, 유리기구, 이·미용 도구, 도자기류, 바늘 등에 사용한다.
	건열멸균	• 고온에 견딜 수 있는 물품을 건열멸균기에서 160~170℃로 1~2시간 처리한다. • 유리기구, 주사침, 분말, 금속류, 자기류, 유지 등에 사용한다. • 종이나 의류 등의 소독에는 부적합하다.
	소각법	• 재생가치가 없는 오물 등을 불에 태워 멸균하는 가장 쉽고 안전한 화염멸균 방법이다. • 오염된 가운, 수건, 휴지, 쓰레기 등을 처리한다.
습열멸균	자비소독	• 100℃ 끓는 물에 15~20분간 처리한다. • 내열성이 강한 미생물은 완전 멸균할 수 없다. • 식기류, 도자기류, 주사기, 의류 소독 등에 사용한다. • 소독효과를 높이기 위하여 석탄산(5%) 또는 크레졸(3%), 탄산나트륨, 붕산 등을 첨가한다.
	고압증기 멸균	• 고온, 고압하의 포화증기로 멸균하는 방법으로서 포자형성균의 멸균에 가장 효과가 있다. • 초자기구, 고무제품, 자기류, 거즈 및 약액 등의 멸균에 사용한다. • 고압증기멸균기(Autoclave) 사용 시 – 10Lbs(115.5℃) – 30분 – 15Lbs(121.5℃) – 20분 – 20Lbs(126.5℃) – 15분간 실시한다.
	유통증기 멸균법 (간헐멸균법)	• 고압증기멸균법으로 처리할 수 없는 경우 간헐멸균을 사용한다. • 코흐 멸균기를 사용하여 100℃의 유통증기에 30~60분간 가열하는 방법이다. • 100℃ 증기로 30분간 3회 실시(1일 1회씩)하면 포자가 완전히 멸균된다.
습열멸균	저온살균법	• 포자를 형성하지 않은 결핵균, 살모넬라균, 소유산균 등의 멸균에 효과가 있다. • 우유(63℃에서 30분간), 아이스크림 원료(80℃에서 30분간), 건조과실(72℃에서 30분간), 포도주(55℃에서 10분간) 등에 적용된다.
	초고온 순간멸균법	• 우유를 135℃에서 2초간 접촉시키거나 70~72℃에서 15초간 처리하는 순간적 열처리 방법으로 미생물만 선택적으로 멸살시키는 방법이다.

(2) 무가열 멸균법

무가열 자연소독법은 희석(균수를 감소)과 한랭(세균발육을 저지)으로 구분된다.

① 자외선멸균법

- 자외선 살균기의 파장을 이용하여 균을 사멸하거나 균의 활동을 억제한다.
- 2,400~2,800Å에서 살균력이 가장 강하며 공기, 물, 식품, 기구, 식기류 등의 소독에 사용된다.

[TIP] 자외선 살균등은 265nm(2,650Å)로서 무균실, 수술실, 제약실에서 공기, 물, 식품, 기구용기 등의 소독에 이용된다. 결핵균, 디프테리아균은 2~3시간 처리 시 살균효과가 있다.

② 일광소독

- 태양광선 내 자외선으로서 최단 파장인 2,600~2,800Å에서 약간의 살균작용이 있다.
- 한낮의 태양열에 건조시킴으로써 의류, 침구류, 거실 등을 소독한다.

③ 초음파

- 8,800c/s의 음파를 이용한 교반작용으로 미생물을 파괴함으로써 살균력을 가진다.
- 20,000c/s 이상의 초음파는 강력한 살균력이 있다.

④ 세균여과법

- 화학약품이나 열을 이용할 수 없는 소독물의 미생물을 제거하는 방법이다.
- 미생물을 통과시킬 수 없는 세공을 가진 필터를 이용한 세균여과지를 이용하여 특수한 약품과 혈청, 열을 가할 수 없는 물건 등에 서식하는 미생물을 제거한다.

[TIP] 세균여과지
Chamberland(여과공 0.2~0.4u), Berkefeld(여과공 2.8~4.1u) 등이 사용된다.

2 화학적 소독법

(1) 석탄산(페놀)

소독제 또는 방부제로서 석탄산은 3~5% 수용액으로 무아포균은 1분 이내에 사멸되며, 소독제의 살균 지표인 계수를 가진다. 유기물 소독에도 살균력은 안정되며 고온일수록 살균효과는 크다.

[TIP] 염산이나 소금을 석탄산에 혼합하면 살균력이 강해진다.

① 단점

세균 포자와 바이러스에 작용력이 거의 없으며 취기와 독성이 강하고, 피부점막에 자극성과 마비성이 있으며 금속을 부식시킨다.

② 석탄산의 살균작용기전

세포 용해작용, 균체 단백의 응고작용, 균체 효소계 침투 등의 작용을 한다.

③ 석탄산 계수

성상이 안정되고 순수한 석탄산을 표준으로 다른 소독제의 살균력을 비교하기 위하여 사용한다.

[TIP] 어떤 균주를 10분 내에 살균할 수 있는 석탄산의 희석배수와 시험하려는 소독약의 희석배율을 비교하는 방법이다.

$$* \text{ 석탄산 계수} = \frac{\text{소독약의 희석배수}}{\text{석탄산의 희석배수}}$$

④ 소독대상

의류, 실험대, 용기, 오물, 토사물, 배설물 등에 사용된다. 가구류의 소독에는 1~3% 수용액을 사용한다.

(2) 크레졸

크레졸 3% 수용액은 크레졸 비누액 3에 물 97의 비율로 구성된 페놀화합물로서 석탄산에 비해 3배의 소독력을 지닌다.

> **[TIP]** 크레졸은 물에 잘 녹지 않으므로 같은 양의 비누와 혼합한 크레졸 비누액(유제)을 사용하며, 사용 시 잘 흔들어 사용한다.

① 장점

- 바이러스에는 소독효과가 적으나 세균소독에는 효과가 있다.
- 석탄산보다 3배의 소독력과 피부 자극성이 없으며 유기물에서도 소독력이 있다.

② 소독대상 : 손, 오물, 객담 등에 사용된다.

(3) 승홍

살균력이 강하며 맹독성이 있어 피부소독에는 0.1~0.5% 수용액을 사용한다(특히, 온도가 높을수록 살균 효과는 더욱 강해짐).

> **[TIP]** 승홍수의 조제방법
> 승홍(0.1%)+식염(0.1%)+물(99.8%)의 혼합액이며, 무색이므로 푸크신액으로 염색하여 사용한다.

① 단점

- 금속을 부식시키며 단백질과 결합 시 침전이 생긴다.
- 식기류, 장난감 등의 소독에 사용할 수 없다.

(4) 생석회(CaO)

생석회에 물을 가했을 때(소석회) 발생기 산소에 의해 소독작용을 한다. 생석회 분말(2) + 물(8) = 혼합액을 만들어서 사용한다.

① 장점 : 무아포균에 효과가 있으며 값이 싸고 탈취력이 있어 분변, 하수, 오수, 토사물 등의 소독에 좋다.

② 단점 : 공기 중에 장기간 방치 시 CO_2와 결합하여 탄산칼슘이 되므로 살균력이 떨어진다.

(5) 과산화수소

과산화수소 3% 수용액은 미생물을 살균·소독하기 때문에 상처 소독에 2.5~3.5% 수용액을 사용한다.

① 장점 : 무아포균을 살균하며 자극이 적다.

② 소독대상 : 실내 공간 살균, 식품의 살균이나 보존과 구내염, 인두염, 상처, 입 안 소독 등에 이용된다.

(6) 알코올

에탄올 70~80% 수용액은 피부, 기구(20분 이상 담궈 두었다 사용) 소독 또는 주사 부위 소독에 널리 이용되며, 이소프로판올은 30~70% 수용액을 사용한다. 살균력은 에탄올보다 이소프로판올이 강하다. 가구 및 도구류 소독에는 70% 알코올을 사용한다.

① 장점 : 피부 및 기구 소독에 살균력이 강하다.

② 단점 : 아포균 또는 소독대상에 유기물이 있으면 소독효과가 떨어진다.

> **TIP** 눈, 비강, 구강, 음부 등의 점막에는 알코올을 사용하면 안된다.

(7) 머큐로크롬

2% 수용액으로서 살균력이 약하나 지속성이 있어 점막 및 피부 상처에 이용한다.

(8) 역성비누(양성 비누, 양이온 계면활성제)

- 0.01~0.1% 수용액으로서 무미, 무해하고 독성 또는 사용 시 불쾌감이 없으며 침투력, 살균력이 강하다.
- 소화기계 감염병의 병원체에 효력이 있어 조리기구, 식기류 등 소독에 사용된다.

(9) 약용비누(음이온 계면활성제)

손, 피부 소독에 사용되는 약용비누는 비누원료에 각종 살균제를 첨가하여 제조함으로써 세정, 살균작용이 동시에 이루어진다.

(10) 포르말린

포르말린은 지용성으로서 단백질 응고 작용을 하며, 강한 살균력으로 0.02~0.1% 수용액을 사용한다. 메틸알코올(메탄올)을 산화시켜 얻은 가스로서 훈증소독에 사용한다.

① 단점 : 20℃ 이하에서는 살균력이 떨어지므로 빛을 차단할 수 있는 용기에 넣어 상온(15~25℃)에 보존한다.

② 소독대상 : 피부 소독에는 부적합하며 의류, 도자기, 목제품, 고무제품, 셀룰로이드 등에 사용한다.

(11) 포름알데하이드(HCHO)

메탄올을 산화시켜 얻은 가스로서 강한 자극과 악취, 환원력이 있고 물에 잘 녹으며 낮은 온도에서 살균작용을 한다.

(12) 할로겐 및 그 화합물

염소 > 브롬 > 요오드 > 불소 순으로 살균력이 강하다.

① 염소(Cl)

- 상수도(음용수) 소독 시에는 액체 염소 주입 10분 후에 잔류염소농도가 0.2~1.0ppm이 되어야 한다.
- 취기가 있다.

② 표백제(차아염소산나트륨)

- 살균작용(0.5%)으로 세균, 진균, 아포균, B형간염 바이러스, 원충 등에 효과가 있으며 수술실, 병실, 가구, 도구, 오염물, 배설물 등의 소독에 이용된다.
- 손·피부 소독(0.2~0.5%)에 사용된다.
- 자극성이 강하여 금속을 부식시킨다.

③ 표백제(염화산칼슘)

- 물속에서 발생기 산소에 의해 살균작용을 한다.
- 값이 싸서 우물물, 저장탱크, 수영장 등의 소독에 사용된다.
- 음료수 소독(0.2~0.4ppm) 시 잔류염소농도가 유지된다.
- 자극성이 강하여 의료용으로는 사용하지 않는다.

④ 옥도정기

- 요오드(6%) + 요오드 칼륨(4%) + 에탄올(100ml)을 혼합·용해하여 사용한다.
- 강한 살균력에 의해 외과수술 시 피부 소독, 혈관 부위 소독 등에 사용한다.
- 강한 자극성이 있어 피부염을 일으킨다.

(13) 아세틸화제

① 포르말린

- 포르말린은 포름알데하이드를 함유하는 소독제로서 35~38% 포름알데하이드의 수용액은 세균, 아포, 바이러스에 강한 살균력이 있다.
- 병실 등과 같은 곳은 밀폐하여 증기소독하며, 1~1.5% 포르말린수는 실내, 의류, 기구 소독에 사용한다.
- 냄새(취기)가 강하여 눈이나 코에 대한 자극이 강하며, 발암의 위험성이 있다.

② 글루타르알데하이드

- 알칼리성(pH 7.5~8.5)의 2% 수용액을 사용한다.
- 일반 세균, 아포, 바이러스 등에 효과가 있으며 에이즈 바이러스(AIDS), B형간염 바이러스, 오염물 등의 소독에 사용된다.

(14) 산화제

① 과산화수소(H_2O_2)

2.5~3.5% 과산화수소를 사용하며 피부침상, 궤양 부위, 구강, 이비인후 등의 살균소독 작용은 완만하나 지속성이 없다.

② 과망간산칼륨($KMnO_4$)

- 유기물과 접촉 시 살균작용을 한다.
- 요도 및 질, 진균 등의 소독에 0.1~0.5% 수용액을 사용한다.
- 구내염에는 0.02~0.05% 과망간산칼륨 수용액으로 양치한다.

③ 아크리놀(Acrinol)

피부, 점막 등에 자극이 없으며 국소의 외용 살균제로 사용되고 있다.

④ 붕산(H_3BO_3)

구강 및 안결막의 세척 및 소독에 1~5% 붕산수를 사용하나 살균력이 약하다.

(15) 계면활성제

① 음성 비누

일반 세숫비누로서 세정에 의한 균 제거에 사용되나 살균작용이 낮다.

② 양성 비누(역성 비누)

- 저자극성, 저독성이며 강한 살균력이 있어 일반 세균, 진균, 바이러스 등에 유효하다.
- 10% 원액으로서 100~150배로 희석하여 식기, 금속기구, 손, 피부점막 등의 소독에 사용한다.
- 0.01~0.1% 수용액으로 무독, 무취, 무해하고 물에 잘 용해되며 침투력과 살균력이 강하다.
- 아포, 결핵균에는 효과가 없으며 무기물, 음성 비누와 함께 사용하면 작용이 감소된다.

[TIP] **소독약의 농도(%) =** $\frac{\text{용질(소독약)}}{\text{용액(희석량)}} \times 100$

예 순도 100% 소독약 원액 5ml에 증류수 95ml를 혼합하여 100ml의 소독약을 만들었다. 이 소독약의 농도는?

$\frac{5}{100} \times 100 = 5\%$

PART 4

소독학

CHAPTER

02 미생물 총론

Section 01 미생물의 정의

육안 관찰이 가능한 가장 작은 미생물의 크기는 약 100㎛ 정도이다. 따라서 미생물이나 생물의 세포학적 특성은 현미경을 이용하여 관찰할 수 있다. 사람과 질병에 관련된 감염증의 진단, 예방, 치료를 다루는 병원 미생물학은 의학적 영역이다.

1 미생물

(1) 미생물의 정의

너무 작아서 육안으로 관찰하기 어려운 0.1mm 이하의 미세한 생명체를 미생물로 총칭한다. 미생물은 광학현미경, 전자현미경으로 확대함으로써 관찰되는 미세하고 단순한 생물군이다.

(2) 미생물의 구조

미생물은 단 한 개의 세포로 구성되어 있으며 근본적으로 생명현상의 차이를 갖는다. 모든 생물의 세포 형태는 크게 원핵세포와 진핵세포로 구분된다.

세포 형태	특징
원핵세포	• 핵에는 핵막이 없어 유사분열이나 감수분열을 하지 않는다. • 세균, 남조류 및 고세균 등이 있다. • 단순한 구조로서 막으로 둘러싸여 소기관이 없다. • 모든 세균은 원핵생물로서 세균염색체가 1개인 세포군이다.
진핵세포	• 유사분열을 하고 원핵세포보다 크며, 세포 내에는 세포 소기관이 존재한다. • 유전적 정보를 가진 핵이 있으며 핵막에 둘러싸여 복잡한 내막수송체계(핵, 엽록체, 미토콘드리아 등의 세포 소기관)를 갖고 있다. • 동물, 식물, 원생동물, 조류 및 진균류 등이 있다.

(3) 미생물의 크기

곰팡이 > 효모 > 세균 > 리케차 > 바이러스 순으로 크기가 크다.

(4) 미생물의 증식곡선

미생물의 성장과 사멸은 영양원, 온도, 산소농도, 물의 활성, 빛의 세기, pH, 삼투압 등의 요소에 의해 영향을 받는다.

① 잠복기 : 환경 적응 기간으로 미생물의 생장이 관찰되지 않는다.
② 대수기 : 세포 분열은 지수적 방식으로 증식하며 분열 양식에 따라 각기 균종은 특징적인 배열을 갖는다.
③ 정지기 : 일정한 세균 수로서 최대치를 갖는다.
④ 사멸기 : 생장 세포수가 점차 감소한다.

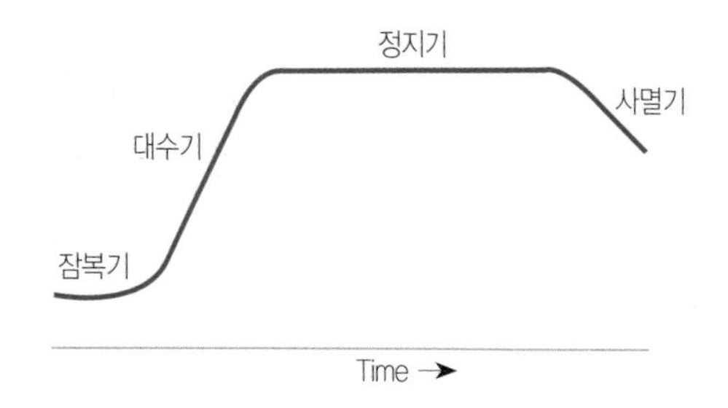

2 미생물의 병원성

(1) 병원성의 정의

병원체가 질병원을 유발하거나 감염증을 나타낼 수 있는 능력이다. 이는 독력(발병력), 감염성, 침습성, 증식성 및 독소 생산성 등을 의미한다.

(2) 병원성의 결정 인자

병원체가 감염증을 일으킬 수 있는 능력의 정도이다.

① 정착성 : 병원체를 거부하는 생체에 부착하고 숙주에 정착하기 위한 인자는 섬모, 균체표층의 다당류와 단백질, 세포의 운동성 등에 의한다.
② 침습성 : 생체 내에 침입한 병원체가 숙주의 방어기능과 싸우고 증식하는 능력이다.
③ 증식성 : 숙주의 저항력 또는 살균력에 대하여 증식할 수 있는 병원체의 능력으로서 결핵균(폐 조직에서 증식), 바이러스(세포 안에서 증식), 세균(세포 밖에서 증식), 장티푸스균(비장, 간장, 담낭에서 증식) 등으로 살펴볼 수 있다.
④ 독소 생산성 : 독성물질을 생산할 수 있는 능력으로서 독소는 병원체에 의해 생산되고 숙주 안에서 항체를 생산할 수 있다. 세균의 독소는 균체 외로 분비하는 외독소와 균체 내에 포함되어 세포 자체의 분해로 방출되는 내독소가 있다.

> **[TIP]**
> • 내독소 : 그람음성 세균의 세포벽이 주요 성분이다.
> • 외독소를 생산하는 세균 : 디프테리아균, 파상풍균, 보툴리늄균, 콜레라, 대장균 등이 있다.

CHAPTER

03 병원성 미생물

Section 01 병원성 미생물의 분류 및 특성

1 병원 미생물의 종류

(1) 세균

세포벽, 세포막, 세포질, 핵으로 구성된 세균의 직경은 약 1㎛로서 간균은 긴 것과 짧은 것이 있고, 크기와 형태에 따라 차이가 있다.

① 균의 형태

구균(둥근 모양), 간균(막대 모양), 나선형(가늘고 길게 만곡된 모양) 등이 있다.

균의 형태		특징
구균	단구균	• 직경 약 1.0㎛ 내외의 크기로서 1개씩 떨어져 있다.
	쌍구균	• 2개씩 짝을 이루고 있다.
	사련구균	• 4개씩 짝을 이루고 있다.
	연쇄구균	• 염주알 모양의 연쇄구조로서 단독 화농증을 일으킨다.
	팔련구균	• 4개가 상하로 겹쳐 정입방체로 8개씩 짝을 이루고 있다.
	포도상구균	• 포도송이 모양의 배열을 하며 습진, 부스럼 등과 같은 화농증을 일으킨다.
간균		• 간균의 형태는 대나무 마디 모양, 각이 진 것, 바늘같이 뾰족한 모양, 곤봉 모양, 콤마 모양 등 종에 따라 다양하다. • 간균은 작은 간균(0.5㎛), 긴 간균(1.5×8㎛) 등 크기에 따라 차이가 있다.
나선균		• 나선의 크기와 나선 수에 따라 나누어진다.

② 세균에 의한 질병

콜레라, 장티푸스, 디프테리아, 결핵, 나병, 백일해, 탄저, 보툴리즘, 페스트 등이 있다.

③ 세균의 현미경적 관찰

- 편모 : 세균 균체 표면에 털로 이루어진 세포의 운동기관이다. 편모의 길이는 2~3㎛로서 항원성을 갖고 운동성을 가진다.

• 섬모 : 섬모는 편모보다 작은 미세한 털로서 전자현미경으로 관찰한다. 섬모는 단백질로 구성되어 있고 항원성을 가지고 있다.
• 축사 : 나선균은 나선형으로 세포를 감싸고 있으며 축사에 의해 운동을 한다.
• 아포 : 균은 외부환경 조건에 대한 강한 저항으로서 균체 세포질에 아포를 형성함으로써 세균을 휴지기 상태로 만든다.

[TIP] 아포형성조건

• 건조, 열, 소독제, 화학약품 등에 저항성을 나타내며 발육 환경이 나쁠 때 아포를 만든다.
• 아포를 형성하면 모든 대사가 정지되며, 아포는 100℃ 끓는 물에 10분 정도 가열하여 사멸되지 않으며 아포 형태로 수년간 생존하기도 한다.
• 아포에 적합한 영양, 습도, 온도 등이 유지되면 아포에서 영양형으로 되돌아가 균체를 형성하면서 증식을 한다.

④ 세균의 구조와 기능

• 세포벽 : 세균의 표면을 덮고 있는 세포벽은 단단한 구조로서 구형, 간상형, 나선형 등의 고유형태를 유지시킨다.
• 세포질막 : 세포질막은 인지질과 단백질로 구성되어 있으며, 세포질을 감싸고 균체 내외의 물질 투과를 조절하는 삼투압 장벽의 역할을 한다.
※ 물질의 투과는 삼투 외에 효소반응에 의해서도 이루어진다.
• 세포질 : 여러 가지 효소, 조효소, 대사산물, 광물질 등이 포함되며, 단백합성에 관여하는 리보솜이 있다.
• 핵 : 세포질 내에는 DNA 섬유의 집합으로서 핵막이 없는 핵이 존재한다.

⑤ 세균의 영양

• 세균은 발육, 증식하기 위하여 외부로부터 영양소를 취하고 이를 분해함으로써 에너지를 취한다.
• 세균의 영양소는 무기염류, 탄소원, 질소원, 발육 인자, 물 등을 필요로 한다.

[TIP] 세균의 증식에 관여하는 환경인자는 온도, pH, 산소, 이산화탄소, 삼투압 등의 물리적 환경조건이다.

• 발육 최적온도 : 병원균의 대부분은 28~38℃에서 발육, 증식에 가장 왕성하며 세균에 따라 적합한 온도는 다음과 같다.

세균류	발육온도	최적온도	적응 세균
저온 세균류	0~25℃	15~20℃	• 저온 저장 식품류의 세균이 해당된다.
중온 세균류	15~55℃	30~37℃	• 대부분의 모든 세균에 해당된다.
고온 세균류	40~47℃	50~80℃	• 온천수의 세균이 해당된다.

• 수소이온농도(pH) : 미생물의 적정 pH는 5.0~8.5로서 생활환경의 수소이온농도가 미생물의 발육이나 증식에 커다란 영향을 미친다.

pH	적응균
약산성(pH 5.0~6.0)	• 유산간균, 진균(효모, 곰팡이), 결핵균 등이 해당된다.
중성(pH 7.0~7.6)	• 병원성 세균으로서 적응균으로 한다.
약알칼리성(pH 7.6~8.2)	• 콜레라균, 장염 비브리오균 등이 해당된다.

• 산소 : 유리산소의 유무에 따라 세균의 증식이 영향을 받는다.

균 종류	특성
편성 호기성균	• 산소를 좋아하는 호기성균인 바실루스균, 결핵균 등은 호흡으로 에너지를 얻는다.
통성 혐기성균	• 산소와 관계없이 발육되는 균으로서 산소가 있는 경우는 호흡에 의해, 산소가 없는 경우는 발효(혐기적 산화)에 의해 에너지를 얻는다.
편성 혐기성균	• 산소가 있으면 발육이 안되는 혐기성균이다.
미 호기성균	• 5% 전후 미량 산소가 있는 상태에서 발육하는 균군이다.

• 이산화탄소 : 임균, 수막염균, 디프테리아균, 인플루엔자균 등 혐기성균의 대부분이 5~10%의 이산화탄소 존재하에 발육된다.
• 습도 : 세균의 발육에는 적당한 습도가 필요하다.
• 삼투압 : 세균의 세포질은 일정한 삼투압을 갖고 있다.
• 수분 : 보통 40% 이상의 수분이 발육에 적당하며, 건조한 상태에서는 휴지기를 갖는다.

(2) 바이러스

DNA 바이러스 및 RNA 바이러스가 있으며 살아 있는 세포 속에서만 증식·생존한다. 병원체 중 가장 작아 여과기를 통과하므로 여과성 병원체라 한다.

① 증상

• 간염 바이러스를 제외하고 56℃에서 30분 가열하면 불활성을 초래하는 열에 불안정한 미생물이다.
• 소아마비, 홍역, 유행성 이하선염, 광견병, AIDS, 간염, 천연두, 황열 등을 야기한다.

(3) 진균

진핵 세포로서 핵막이 있으며 광합성이나 운동성이 없는 동물성 기생충이다.

① 진균 형태

• 효모 : 식품 변질에 관여하며 발효식품으로서 주류 제조, 제빵에 이용된다.
• 곰팡이(균사형진균) : 비병원성 미생물로서 누룩과 메주를 발효시키며 의료적인 항생물질 생산 등에 유용한 미생물이다.

② 증상

무좀, 피부 질환을 야기한다.

(4) 원충

① 원충형태

진핵 세포로서 핵막이 있으며 근족충류, 편모충류, 섬모충류, 포자충류 등이 있다.

② 증상

말라리아 원충(포자충류), 아메바성 이질(근족충류), 아프리카 수면병, 트리코모나스(편모충류), 바란타지움(섬모충류) 등을 일으킨다.

(5) 리케차

세균과 바이러스의 중간 미생물로서 살아있는 세포 내에서 기생한다. 절지동물(이, 벼룩, 진드기 등)을 매개로 전파하는 발진성, 열성 질환으로 발진티푸스, 발진열 등의 증상을 일으킨다.

CHAPTER

04 소독방법

Section 01 소독 도구 및 기기

1 소독 도구를 이용한 방법

(1) 분젠 램프(알코올 램프)

① 불꽃에 20초 이상 가열한다.

② 핀셋과 같은 금속제, 도자기, 유리제품 등처럼 태워도 손상되지 않는 물품의 멸균에 사용한다.

(2) 세균여과기

열에 불안정한 혈청, 음료수, 액체 식품 등을 세균여과기에 걸러서 균을 제거하는 방법이다.

(3) 자외선 살균법(저전압 수은 램프)

① 살균력이 강한 전자파(260~280nm)를 방사시켜 피조사 물질에 거의 변화를 주지 않고 표면 살균이 가능하다.

② 공기나 물의 살균, 수술실, 식품 저장창고 등에 널리 사용된다.

(4) 가스 멸균법

가스를 공기 중에 분무시켜 미생물을 멸균시키거나 해충을 사멸하는 훈증법은 화학적 살균의 특수한 형태이다.

① 에틸렌옥사이드(Ethylene oxide, E.O)

- 상대습도 25~50%, 온도 38~60℃에서 살균력이 높다. 포자, 결핵균, 간염 바이러스 등 살균 시 농도, 온도, 습도, 시간에 유의하여 살균한다.
- 감염성 환자가 사용하였던 침구류, 매트리스, 플라스틱, 고무제품, 기계류 등을 대상으로 소독한다.
- 멸균 소독 후 공기 순환에 유의해야 하며 가격이 비싸고 조작의 난이도가 높아 숙련이 요구된다.

② 포름알데하이드

- 가스 살균제로서 세균 포자를 포함하여 광범위한 미생물의 살균에 적용된다.
- 눈의 점막에 손상을 주고 장기 노출 시 피부경화증을 초래하며 생명에 유해하다.

③ 오존

주로 프랑스에서 물의 살균에 사용되었으며 눈, 코, 목 등의 점막에 자극성이 있다.

(5) 여과멸균법(세균여과기)

열에 불안전한 혈액, 음료수, 액체식품 등을 여과기로 걸러서 균을 제거하나 바이러스는 여과기에 걸러지지 않는다.

2 소독기기를 이용한 방법

(1) 전기 건열멸균기(Dry oven)

① 건열 140℃에서 4시간, 160~180℃에서 1~2시간 소독대상물을 넣어둠으로써 대상물이 산화(탄화) 과정을 거치면서 미생물이 멸균된다.

② 분말제품, 광물유, 파라핀, 바셀린, 도자기·유리·금속제품 등이 소독대상물이 된다.

(2) 간헐(유통)증기멸균기

① 아놀드(Arnold) 멸균기, Koch 솥을 이용하여 하루에 1회 정도, 3일간 3회 정도 100℃의 유통증기 속에서 30~60분간 가열한 후 20℃ 실온에 방치한다.

② 물, 액체약품, 여과지, 도자기, 금속제품 등이 소독대상물이며 되며, 물이 직접 스며들지 않도록 소독한다.

(3) 고압증기멸균기

① 고압증기멸균기(Autoclaving Sterilizer)를 이용하여 수술기구 등의 금속제품, 액체약품, 린넨류, 고무 재료, 면포나 종이에 싼 고무장갑 등을 대상으로 멸균한다.

② 고온·고압의 수증기를 미생물과 아포 등에 접촉시키는 방법으로서 현재 가장 많이 사용되는 멸균법이다.

Section 02 소독 시 유의사항

1 소독 시 요구사항

멸균과 살균 시 소독 대상물에 따른 유기체의 특성과 유기체 수, 소독 대상기구의 유형이나 소독기의 사용의도, 시간, 온도, 농도, 습도 등을 준수해야 한다.

2 소독 시 주의사항

① 소독대상물의 특성에 따라 소독제나 소독방법 등을 선택하여 사용한다.
② 소독제는 사용할 때마다 필요량을 즉석에서 만들어 사용한다.
③ 멸균, 살균, 방부 등 소독의 목적과 방법, 시간, 농도, 온도 등에 따라 사용한다.
④ 소독제는 밀폐하여 냉암소에 보관한다.
⑤ 사용 시 용액이 흘러내리거나 묻어서 라벨이 지워지거나 가려지지 않도록 한다.

Section 03 대상별 살균력 평가

1 대상별 살균제

(1) 미용실 내 소독

석탄산 용액(2%)을 분무하거나 포름알데하이드 가스, E.O가스 등을 이용하여 훈증소독을 한다.

(2) 감염병동의 소독

① 침대는 포르말린수, 수술용 기계, 매트리스, 시트, 담요, 커텐 등은 포름알데하이드, 에틸렌 가스(E.O), 고압증기멸균법 등을 사용한다.
② 소독제는 30~50% 이소프로필 알코올, 70~80% 에틸 알코올, 포르말린수(35배 수용액), 역성비누 등이 사용된다.

(3) 손 소독

역성비누(3~4㎖)를 사용하여 3분씩, 2회 흐르는 물에 세척한다.

(4) 분비물(배설물) 소독

① 소각은 가장 확실한 소독법이다.
② 소독제는 크레졸 비누액(3%), 석탄산수(3%), 역성비누 등이 사용된다.

(5) 금속기구, 도자기, 유리기구, 나무, 플라스틱 소독

① 자비소독, 고압증기멸균을 하기 위해 대상물을 깨끗이 씻어서 사용한다.
② 소독제는 크레졸 비누액(3%), 석탄산수(3%), 포르말린수(3%), 글루타르 알데하이드(2%), 역성비누(0.25~05%) 등이 사용된다.

(6) 우유 소독

① 저온 살균법(61.1℃, 30분)을 주로 사용한다.
② 고온 살균법(71.1℃, 급속 15초, 60℃ 이하에서 급냉각)은 대량의 소독에 사용한다.

③ 초고온 살균법(130~150℃에서 순간적 가열)으로서 모든 미생물을 멸균시킨다.

(7) 물의 소독

소독제를 이용한 살균법에는 염소(주입량 0.2~1.0ppm, 잔류염소량 0.2~0.4ppm)소독법이 가장 확실하고 경제적이다.

2 대상별 살균력 평가

미생물의 생(生), 사(死)의 판정으로서 살균 후 생존 미생물의 유무 및 그 수에 따라 측정하는 방법이다.

(1) 일반적인 균 수를 측정하는 방법

현미경에 의한 총균 수 측정법, 생균 수 측정법, 비색계 또는 비탁계에 의한 균 수 측정법, 균체 성분 정량법 등으로 측정할 수 있다.

(2) 소독제의 살균력

① 석탄산 계수

상대적 살균력 표시법으로서 표준 석탄산 용액에 대하여 석탄산의 최대 희석비로 나타낸다.

② 최소발육저지농도(MIC)

세균에 대하여 항상 물질의 저항력을 나타내며, 소독제 사용 시 미생물에 대하여 발육 억제력을 비교하고자 할 때 사용된다.

③ 살균농도지수 및 최소살균농도

최소발육저지농도 측정 시 발육저지가 확인된 검체를 채취한 다음 재배양하여 균의 발육 유무를 관찰했을 때 균발육이 되지 않은 최소농도를 최소살균농도라고 한다.

(3) 구충구서의 살균원칙

① 환경적 구제방법으로 발생원 및 서식처를 제거한다.

② 발생 초기에 실시한다.

③ 대상 동물의 생태습성에 따라 구제한다.

- 물리적 구제방법 : 파리통, 끈끈이 줄 등을 사용한다.
- 화학적 구제방법 : 살충제, 기피제, 유인제 등을 사용한다.
- 생물학적 구제방법 : 천적을 이용한다.

④ 동시에 광범위하게 실시한다.

CHAPTER

05 분야별 위생 소독

Section 01 실내 환경 위생·소독

소독물	소독제 종류
의복, 모직물, 침구류	• 일광소독, 증기 또는 자비소독하거나 석탄산수, 크레졸수, 포르말린수 등에 2시간 정도 담근다.
대소변, 토사물, 배설물	• 소각법, 자비소독, 석탄산수, 크레졸수, 생석회 등으로 소독한다.
초자기구, 도자기, 목제품	• 석탄산수, 크레졸수, 승홍수, 포르말린수 등에 담그거나 분사한다. • 내열성이 강한 제품은 증기 또는 자비소독 등을 한다.
가죽, 고무, 종이류, 철기	• 석탄산수, 크레졸수, 포르말린수 등에 소독한다.
환자 손 또는 손	• 석탄산수, 승홍수, 역성비누, 약용비누 등에 소독한다.
숍 또는 병실 내	• 석탄산수, 크레졸수, 포르말린수 등으로 분사하거나 닦아낸다.
화장실의 분변	• 생석회를 분사 소독한다.
쓰레기통, 하수구	• 석탄산수, 크레졸수, 승홍수, 포르말린수 등을 분사 소독한다.

Section 02 도구 및 기기 위생·소독

1 공중위생관리법으로 규정된 소독방법

소독 종류	소독방법
자외선소독	• 1cm²당 85℃ 이상의 자외선을 20분 이상 쬐어준다.
자비소독	• 100℃ 이상의 물속에서 10분 이상 끓여준다.
증기(유통증기)소독	• 100℃ 이상의 습한 열을 20분 이상 쬐어준다.
건열멸균소독	• 100℃ 이상 건조한 열을 20분 이상 쬐어준다.
석탄산(3%), 크레졸(3%)소독	• 10분 이상 담가둔다.

에탄올소독	• 70% 수용액에 10분 이상 담가두거나 면이나 거즈에 충분히 적셔서 기구 및 도구를 닦는다.

[TIP] 미용업무와 관련된 질환

① 트라코마 : 눈병으로서 잘 씻지 않은 손, 더러운 의복, 타월과 파리 등에 의해 바이러스를 통해 전파된다.
② 결막염 : 화농된 고름 등이 타월, 베개 등을 매개로 전달된다.

2 소독제의 구비조건

① 인체 무해·무독하며 환경오염을 발생시키지 않아야 한다.
② 용해성과 안정성에 의해 부식성과 표백성이 없어야 한다.
③ 소독 범위가 넓고 냄새가 없어야 하며 탈취력이 있어야 하며, 살균력이 강해야 한다.
④ 경제적이고 사용이 간편하며 높은 석탄산 계수를 가져야 한다.

PART 04 소독학 실전예상문제

01 기구의 멸균에 가장 적합한 소독방법은?

① 소각소독법 ② 자비소독법
③ 자외선소독법 ④ 고압증기멸균법

해설
고압증기멸균법은 현재 가장 널리 이용되는 멸균법으로 고온·고압의 수증기를 미생물이나 포자 등과 접촉시켜 사멸하는 방법이다. 대상물은 수술기구 등의 금속제품, 린넨류, 실험용 기자재, 액체약병, 면포나 종이에 싼 고무장갑, 주사기, 봉합사, 고무재료 등이며, 소독방법은 120~135℃의 온도에 15~20분간 방치한다.

02 95%의 에틸알코올 200cc가 있다. 이것을 70% 정도의 에틸알코올로 만들어 소독용으로 사용하고자 할 때 얼마의 물을 더 첨가하면 되는가?

① 약 70cc ② 약 140cc
③ 약 25cc ④ 약 50cc

해설
$$\text{소독약의 농도(\%)} = \frac{\text{용질(소독약)}}{\text{용액(희석량)}} \times 100$$

03 내열성이 강해서 자비소독으로는 멸균이 되지 않는 것은?

① 결핵균 ② 장티푸스균
③ 이질 아메바 ④ 포자형성균

해설
- 균은 외부환경 조건에 강한 저항성으로서 균체 세포질에 아포를 형성하여 세균의 휴지기 상태(대사정지)로 들어가서 100℃ 끓는 물에 10분 정도 가열해도 사멸되지 않는다.
- 아포(포자)형성균은 건조, 열, 소독제, 화학약품 등에 저항성을 나타낸다.

04 다음 중 결핵 환자의 객담 소독 시 가장 적당한 것은?

① 매몰법 ② 소각법
③ 알콜소독 ④ 크레졸소독

해설
소각법은 불에 태워 멸균시키는 방법으로 오염된 가운, 수건, 휴지, 쓰레기 등을 처리한다.
② 객담은 토사 또는 배설물로 소각처리한다.

05 미용 용품이나 기구 등을 일차적으로 청결하게 세척하는 소독방법은?

① 여과 ② 침투
③ 희석 ④ 침습

해설
단백질 오염물질들은 소독제를 불활성화시키므로 소독하려는 물체를 깨끗하게 세척한 후 멸균한다.
③ 희석은 무가열 자연소독법으로서 살균효과는 없으나 균수를 감소시킨다.

★★☆☆☆
06 다음 중 미용실 실내 소독에 가장 적당한 소독제는?

① 승홍수 ② 크레졸
③ 자비소독 ④ 생석회

해설
크레졸
- 석탄산에 비해 3배의 소독력을 지닌다.
- 피부 자극성이 없으며 유기물에서도 소독력이 있다.
- 바이러스에는 소독효과가 적으나 세균 소독에 효과가 있다.

정답 01 ④ 02 ① 03 ④ 04 ② 05 ③ 06 ②

07 화학적 소독제인 승홍수의 장점인 것은?

① 냄새가 없다.
② 금속의 부식성이 강하다.
③ 피부 점막에 자극성이 강하다.
④ 유기물에 대한 완전한 소독이 어렵다.

해설
승홍
• 수은 화합물이며 0.1%수용액으로 사용된다.
• 맹독성이 있고 금속부식성이 강하여 식기류나 피부 소독에 부적합하다.
• 배설물과 같은 유기물질을 소독 시 침전이 생길 수 있다.

08 건조한 상태에서 가장 강한 병원성 세균은?

① 결핵균 ② 콜레라균
③ 페스트균 ④ 장티푸스균

해설
호흡기계인 결핵균은 건조한 상태에서 내성을 가지는 세균이다.

09 다음 중 소독대상물 중에서 자비소독에 적당한 것은?

① 유리제품 ② 셀룰로이드제품
③ 가죽제품 ④ 고무제품

해설
자비소독이란 대상물을 끓는 물에 넣어 미생물을 사멸하는 방법이다. 영양형 세포는 수초~수분 이내에 사멸하며 식기류, 도자기류, 주사기, 의류 등의 소독에 사용한다.

10 음용수(상수) 소독제 염소의 유리잔류농도는?

① 0.2ppm ② 0.5ppm
③ 2.0ppm ④ 5.0ppm

해설
염소 살균제
• pH의 저하에 따라 살균력이 증가한다.
• 상수도의 수돗물 소독에는 액상의 차아염소산염이 이용된다.
• 소량의 우물물이나 수영장물 소독에는 표백분(클로르칼크)이 사용된다.
• 염소 주입량은 수질에 따라 다르지만 보통 0.2~1.0ppm이다.
• 경제적이고 간편한 조작에 비해 소독력이 강하다.
• 잔류염소량으로 인해 소독의 효과가 오래 지속된다.
• 염소 자체의 독성 및 냄새 등은 단점이 되기도 한다.
• 우물물 소독 시의 잔류염소량은 0.2~0.4ppm 정도이다.

11 소독제인 석탄산에 대한 설명으로 틀린 것은?

① 살균력이 안정하다.
② 취기와 독성이 강하다.
③ 유기물에 약화되지 않는다.
④ 저온일수록 소독효과가 크다.

해설
석탄산
• 3% 수용액을 사용한다.
• 저온에서는 살균력이 떨어지며 고온일수록 효과가 크다.
• 안정된 살균력이 있어 소독약의 살균을 비교하는 석탄산 계수, 즉 살균력의 상대적 표시법으로 사용된다.
• 토사물이나 배설물 등의 유기물에 살균력이 있다.
• 금속부식성과 취기, 독성이 강하며 피부, 점막 등에 자극성이 있다.

12 살균력을 비교하기 위한 지표로 사용되는 소독제는?

① 승홍 ② 알코올
③ 석탄산 ④ 크레졸

해설
석탄산은 안정된 살균력이 있어 소독약의 살균을 비교하는 석탄산 계수, 즉 살균력의 상대적 표시법으로 사용된다.

정답 07 ① 08 ① 09 ① 10 ① 11 ④ 12 ③

13 **소독제의 사용 적정농도와의 연결이 잘못된 것은?**

① 승홍수 – 1%　② 알코올 – 70%
③ 석탄산 – 3%　④ 크레졸 – 3%

해설
승홍수는 0.1% 용액으로 사용되며 맹독성과 금속부식성이 있다.

14 **휴지, 객담, 옷가지, 환자의 토사물 등의 소독방법은?**

① 소각법　② 자외선소독법
③ 자비소독법　④ 저온살균법

해설
소각법은 재생가치가 없는 오물 등을 불에 태워 멸균하는 가장 쉽고 안전한 화염멸균방법으로 오염된 가운, 수건, 휴지, 쓰레기 등을 소각법으로 처리한다.

15 **피부 화상 시 치료제로 사용되는 것은?**

① 암모니아수　② 바셀린
③ 과산화수소　④ 머큐로크롬

해설
피부 화상 시에는 바셀린을 도포한다.

16 **3% 크레졸 비누액 1,000㎖를 만들 수 있는 용질과 용액량은 몇 ㎖인가?**

① 크레졸 원액 3㎖에 물 997㎖를 가한다.
② 크레졸 원액 30㎖에 물 970㎖를 가한다.
③ 크레졸 원액 3㎖에 물 1,000㎖를 가한다.
④ 크레졸 원액 300㎖에 물 700㎖를 가한다.

해설
$$\text{소독약의 농도(\%)} = \frac{\text{용질(소독약)}}{\text{용액(희석량)}} \times 100$$

17 **결핵 환자의 객담 소독방법으로 효과적인 것은?**

① 소각법　② 자비소독
③ 크레졸소독　④ 포르말린수

해설
결핵 환자의 객담은 불에 태워 멸균시키는 소각법으로 처리한다.

18 **다음 중 물리적 소독법이 아닌 것은?**

① 알코올　② 초음파
③ 일광소독　④ 자외선

해설
알코올은 화학적 소독방법이다.

19 **다음 중 여드름 짜는 주사기를 소독하지 않고 사용했을 때 감염 위험이 가장 큰 질환은?**

① 결핵
② 이질
③ 장티푸스
④ 후천성면역결핍증

해설
후천성면역결핍증은 수혈, 약물주사 등에 의해 감염된다.

20 **미생물의 종류에 해당하지 않는 것은?**

① 벼룩　② 효모
③ 곰팡이　④ 바이러스

해설
벼룩은 절지동물이다.

정답　13 ①　14 ①　15 ②　16 ②　17 ①　18 ①　19 ④　20 ①

21 **다음 중 아포를 포함한 모든 미생물을 멸균시킬 수 있는 것은?**

① 자외선멸균법　② 고압증기멸균법
③ 자비멸균법　④ 유통증기멸균법

해설
고압증기멸균법은 병원성, 비병원성 가릴 것 없이 모든 미생물을 사멸시킨다.

★★★☆☆
22 **소독제의 사용과 보존 시 주의사항으로 틀린 것은?**

① 소독약액은 사전에 많이 제조해둔 뒤에 필요량만큼씩 사용한다.
② 약품을 냉암소에 보관함과 동시에 라벨이 오염되지 않도록 다른 것과 구분해 둔다.
③ 소독대상물에 적당한 소독제나 소독방법을 선정한다.
④ 병원미생물의 종류, 목적에 따라 그 방법, 시간 등을 고려한다.

해설
① 소독제는 사용 시 필요한 양만큼 조금씩 새로 만들어서 사용한다.

23 **일광소독법의 가장 큰 장점인 것은?**

① 아포도 죽는다.　② 산화되지 않는다.
③ 소독효과가 크다.　④ 비용이 적게 든다.

해설
일광소독법은 태양광선을 이용한 물리적 소독법이다.

24 **감염병 환자가 병원퇴원 시 실시하는 소독방법은?**

① 반복소독　② 수시소독
③ 지속소독　④ 종말소독

해설
감염병 환자가 사용하였던 침구류, 매트리스는 종말 소독인 에틸렌가스멸균법을 사용하여 소독한다.

25 **살균제와 그 소독기전 간의 연결이 잘못된 것은?**

① 과산화수소 – 가수분해
② 생석회 – 균체 단백질 변성
③ 알코올 – 대사 저해작용
④ 페놀 – 단백질 응고

해설
과산화수소는 산화작용에 의해 소독된다.

26 **다음 중 상처나 피부 소독에 가장 적당한 것은?**

① 크레졸
② 포르말린수
③ 과산화수소수
④ 차아염소산나트륨

해설
2.5~3.5%의 과산화수소수는 상처나 피부 소독에 가장 적당하다.

★★☆☆☆
27 **살균력과 침투성은 약하지만 자극이 없어 구강이나 상처 소독에 사용되는 소독제는?**

① 석탄산
② 승홍수
③ 과산화수소수
④ 포름알데하이드

해설
과산화수소(2.5~3.5%)는 상처 소독에 많이 사용되며 구강세척 시 4~5배로 희석하여 사용한다.

정답 – 21 ② 22 ① 23 ④ 24 ④ 25 ① 26 ③ 27 ③

★☆☆☆☆
28 **소독약 10㎖를 용액(물) 40㎖에 혼합시키면 몇 %의 수용액이 되는가?**

① 2% ② 10%
③ 20% ④ 50%

해설

$$소독약의 농도(\%) = \frac{용질(소독약)}{용액(희석량)} \times 100$$

29 **염소 소독제의 장점이 아닌 것은?**

① 소독력이 강하다.
② 조작이 간편하다.
③ 냄새가 없다.
④ 잔류효과가 크다.

해설

염소 소독제는 독성이 있고, 자극적인 냄새가 난다는 단점이 있다.

★★☆☆☆
30 **다음 중 소독의 정의로서 설명이 맞는 것은?**

① 모든 미생물을 열이나 약품으로 사멸하는 것이다.
② 병원성 미생물에 의한 부패를 방지하는 것이다.
③ 병원성 미생물에 의한 발효를 방지하는 것이다.
④ 병원성 미생물을 사멸하거나 또는 제거하여 감염력을 잃게 하는 것이다.

해설

소독은 병원성 미생물을 파괴해 감염의 위험성을 제거시키는 약한 살균작용이다.

★★☆☆☆
31 **소독제의 구비조건에 해당되지 않는 것은?**

① 인축에 해가 없어야 한다.
② 높은 살균력을 가져야 한다.
③ 기름, 알코올 등에 용해되지 않아야 한다.
④ 저렴하고 구입과 사용이 간편해야 한다.

해설

소독제의 구비조건
- 살균력이 강해야 하며, 용해성이 높고 부식성과 표백성이 없어야 한다.
- 소독대상물에 침투력과 안정성이 있어야 한다.
- 취기가 없고 독성이 약하여 인축에 해가 없어야 한다.
- 가격이 저렴하며 경제적이고 사용방법이 간편해야 한다.

32 **어떤 소독약의 석탄산 계수가 2.0일 때 이 소독약에 대해 옳은 것은?**

① 석탄산의 살균력이 2이다.
② 살균력이 석탄산의 2배이다.
③ 살균력이 석탄산의 2%이다.
④ 살균력이 석탄산의 120%이다.

해설

소독제의 살균력을 비교하기 위해 사용되는 석탄산 계수는 '소독약의 희석배수/석탄산의 희석배수'이다.

33 **세균이 불리한 환경 속에서는 저항력을 키우기 위해 스스로 무엇을 형성하는가?**

① 섬모
② 편모
③ 아포
④ 세포막

해설

세균은 불리한 환경 속에서 아포(포자)를 형성한다. 아포를 형성한 세균은 건조, 열, 소독제, 화학약품 등에 저항성을 나타낸다.

정답 28 ③ 29 ③ 30 ④ 31 ③ 32 ② 33 ③

34 미용실에서 레이저 사용 시 주의해야 할 점으로 틀린 것은?

① 면도날을 1인 1기로 사용한다.
② 면도날은 70% 알코올을 적신 솜으로 반드시 소독 후 사용한다.
③ 면도날을 고객마다 새로 사용하기보다는 하루에 한 번 정도 새것으로 사용한다.
④ 면도날은 소독한 기구와 소독하지 않은 기구로서 따로 보관한다.

해설
B형간염은 수혈이나 오염된 주사기, 면도기 등을 통해 감염된다. 마른 혈액이나 상온에서도 1달 이상 활성이 가능하여 보균자가 사용한 모든 매개체는 사용하지 않도록 1인 1기로 사용한다.

35 다음 내용 중 소독제로 에탄올을 사용할 수 없는 것은?

① 빗(Comb) ② 가위
③ 면도날 ④ 클립

해설
빗은 석탄산 또는 크레졸로 소독한다.

36 미용업소에서 1인 1기구 소독을 하지 않을 시 간염 원인물질을 가진 도구는?

① 타월 ② 브러시
③ 레이저 ④ 가위

해설
레이저는 피부에 직접 접촉되는 도구로 피를 통해 감염될 수 있다.

37 고압증기멸균법에 대한 설명으로 틀린 것은?

① 멸균방법이 쉽다.
② 멸균시간이 길다.
③ 소독비용이 비교적 저렴하다.
④ 높은 습도에 견딜 수 있는 물품이 주 소독대상이다.

해설
고압증기멸균법은 고온에서 파괴되는 물품과 물에 용해되는 대상물, 부식되기 쉬운 재질, 예리한 칼날, 바셀린이나 기름과 같이 수증기를 통과하지 못하는 물질, 분말, 모래 등은 멸균할 수 없다.
② 고온과 고압에서 15분~30분 정도의 시간이 요구된다.

38 다음 중 병원성 세균의 최적 생육 pH는?

① 중성(pH 7)
② 약산성(pH 5)
③ 강산성(pH 2)
④ 강알칼리성(pH 9)

해설
병원성 세균의 생육 pH
- 약산성(pH 5.0~6.0) – 유산간균, 진균(효모, 곰팡이), 결핵균 등이 가장 증식이 잘 된다.
- 중성(pH 7.0~7.6) – 병원성 세균이 가장 증식이 잘 된다.
- 약알칼리성(pH 7.5~8.2) – 콜레라, 장염 비브리오균의 증식이 가장 잘 된다.
- 일반적으로 세균은 pH 6.0~8.0 중성에서 최고의 발육을 갖는다.
- 대부분의 병원성 세균들은 pH 5 이하의 산성과 pH 8.5 이상의 알칼리성에서 파괴된다.

★☆☆☆☆
39 다음 중 소독방법과 소독대상이 바르게 연결된 것은?

① 화염멸균법 – 의류
② 자비소독법 – 기름
③ 고압증기멸균법 – 면도날
④ 건열멸균법 – 파우더

해설
건열멸균법은 초자용품, 금속제품, 도자기, 유리제품, 광물유, 파라핀, 바셀린이나 분말(파우더)제품 등의 소독에 사용된다. 140℃에서 4시간 또는 160~180℃에서 1~2시간 실시한다.

정답 34 ③ 35 ① 36 ③ 37 ② 38 ① 39 ④

40 루이스 파스퇴르가 개발한 살균방법은?

① 저온살균법 ② 증기살균법
③ 여과살균법 ④ 자외선살균법

해설
파스퇴르는 저온살균법, 건열멸균법, 유통증기멸균법, 고압증기멸균법 등을 개발하였다.

★☆☆☆☆
41 자비소독 시 살균력을 강하게 하고 금속의 녹을 방지하기 위해 첨가시키는 것은?

① 1~2% 염화칼슘 ② 1~2% 승홍수
③ 1~2% 알코올 ④ 1~2% 탄산나트륨

해설
자비소독 시 소독효과를 높이고 금속기구의 녹스는 것을 방지하기 위하여 끓는 물에 석탄산(95%), 크레졸(3%), 탄산나트륨(1~2%), 붕산(1~2%) 등을 첨가한다.

42 다음 중 산소가 없는(혐기성) 곳에서만 발육을 하는 균은?

① 결핵균 ② 백일해균
③ 파상균 ④ 디프테리아균

해설
- 편성 호기성균 : 산소를 좋아하는 균으로 바실루스균, 결핵균, 진균, 백일해균, 디프테이라균 등이 해당되며 호흡으로 에너지를 얻는다.
- 편성 혐기성균 : 산소를 싫어하는 균으로 파상풍균, 보툴리누스균 등이다.

43 다음 중 100℃의 자비소독으로 살균되지 않는 균은?

① 대장균 ② 결핵균
③ 파상풍균 ④ 장티푸스균

해설
파상풍균은 100℃ 자비소독에 살균되지 않는다.

44 소독 또는 살균에 대한 설명 중 틀린 것은?

① 역성비누는 손 기구 등의 소독에 적합하다.
② 크레졸수는 세균에는 효과가 강하나 바이러스 등에는 약하다.
③ 승홍은 객담이 묻은 도구나 식기, 기구류 소독에는 부적합하다.
④ 표백분은 매우 불안정하여 산소와 물에 쉽게 분해되어 살균작용을 한다.

해설
표백분(클로르칼크)은 소석회에 염소를 흡수시켜 백색분말로 만들어 사용된다.

45 E.O가스멸균법이 고압증기멸균법에 비해 장점이라 할 수 있는 것은?

① 멸균시간이 짧다.
② 멸균 조작이 쉽고 간단하다.
③ 멸균 시 소요되는 비용이 저렴하다.
④ 멸균 후 장기간 보존이 가능하다.

해설
에틸렌옥사이드 가스멸균법
- 고압증기멸균법에 비해 가격이 고가이다.
- 조작의 난이도가 높아 숙련이 필요하다.
- 멸균 후 잔류가스가 남아 있어 피부 손상 및 점막자극이 있다.

★☆☆☆☆
46 소독약에 대한 설명 중 적합하지 않은 것은?

① 소독시간이 적당해야 한다.
② 인체에 무해하며 취급이 간편해야 한다.
③ 소독제는 항상 청결하고 밝은 장소에 보관해야 한다.
④ 소독대상물을 손상시키지 않는 소독제를 선택해야 한다.

정답 — 40 ① 41 ④ 42 ③ 43 ③ 44 ④ 45 ④ 46 ③

해설

소독제 사용 주의사항
- 소독제에 따라 밀폐해서 냉암소에 보관한다.
- 라벨은 더러워지지 않도록 한다.
- 사용 시 필요량만큼 새로 만들어 사용한다.
- 소독대상물에 따라 알맞은 소독제와 소독방법(농도, 시간, 온도 등)을 취해야 하며 소독대상물을 손상시키지 않아야 한다.

47 미생물을 대상으로 한 작용이 강한 것부터 나열된 것은?

① 멸균 > 소독 > 살균 > 청결 > 방부
② 멸균 > 살균 > 소독 > 방부 > 청결
③ 살균 > 멸균 > 소독 > 방부 > 청결
④ 소독 > 살균 > 멸균 > 청결 > 방부

해설

멸균 〉 살균 〉 소독 〉 방부 〉 위생 순으로 미생물을 대상으로 하는 소독작용이 강하다.

48 세균의 형태가 S자형 혹은 가늘고 길게 만곡되어 있는 것은?

① 구균 ② 간균
③ 쌍구균 ④ 나선균

해설

나선(S)의 크기와 나선 수에 따라 나누어지는 나선균은 세포의 형태가 가늘고 길게 구부러져 있으며 매독균, 콜레라균, 장염비브리오균 등이 있다.

49 석탄산 계수가 2인 소독약 A를 석탄산 계수 4인 소독약 B와 같은 효과를 내려면 그 농도를 어떻게 조정하면 되는가?(단, A, B의 용도는 같다)

① A를 B보다 2배 낮게 조정한다.
② A를 B보다 4배 낮게 조정한다.
③ A를 B보다 2배 높게 조정한다.
④ A를 B보다 4배 높게 조정한다.

해설

$$\frac{\text{소독약 B의 석탄산 계수}}{\text{소독약 A의 석탄산 계수}} = \frac{4}{2} = 2$$

소독약 B가 A보다 2배 더 큰 효과를 갖고 있으므로 A가 B와 같은 효과를 갖기 위해서는 그 농도를 B보다 2배 높게 조정한다.

50 감염병 예방법 중 제1군감염병 환자의 배설물에 가장 적합한 소독방법은?

① 건조법 ② 건열법
③ 매몰법 ④ 소각법

해설

소각법은 재생가치가 없는 오물 등을 불에 태워 멸균시키는 가장 쉽고 안전한 화염멸균방법으로 오염된 가운, 수건, 휴지, 쓰레기 등을 소각법으로 처리한다.

★☆☆☆☆

51 다음 중 소독용 알코올의 적정농도는?

① 30% ② 50%
③ 70% ④ 90%

해설

에틸알코올은 70% 수용액을 사용한다.

★☆☆☆☆

52 태양광선 중 가장 강한 살균작용을 하는 것은?

① 적외선 ② 복사열
③ X-선 ④ 자외선

해설

태양광선은 자외선(6%)과 적외선(42%), 가시광선(52%)을 포함하고 있다. 이 중 자외선은 인체 내에서 비타민 D를 합성시키며 살균작용을 한다.

정답 47 ② 48 ④ 49 ③ 50 ④ 51 ③ 52 ④

53 다음 중 B형간염 바이러스에 가장 유효한 소독제는?

① 포르말린수 ② 포름알데하이드
③ 초고온순간멸균법 ④ 양이온 계면활성제

해설

포름알데하이드
- 감염병 환자의 미생물 살균에서 아포 멸균에 이르기까지 광범위한 살균력을 갖고 있다.
- 살균력을 높이기 위해 고도의 조작이 요구된다.
- 눈의 점막에 손상을 초래하며, 장시간 노출 시 피부경화증을 유발하고 생명에 위해를 가한다.

54 다음 중 세균의 포자를 멸균시킬 수 있는 화학제는?

① 포르말린수 ② 알코올
③ 음이온 계면활성제 ④ 치아염소산소다

해설

35~38% 포름알데하이드 수용액의 형태로 시판되고 있는 포르말린수(Formalin)는 그램음성, 양성, 결핵균, 세균 포자, 바이러스 및 사상균에 이르기까지 광범위한 미생물에 대해 강한 살균작용을 한다.

55 양이온 계면활성제의 장점이 아닌 것은?

① 물에 잘 녹는다.
② 색과 냄새가 거의 없다.
③ 결핵균에 효력이 있다.
④ 인체에 독성이 적다.

해설

역성비누(제4급 암모늄염)
- 양이온 계면활성제 중에서 가장 널리 사용되고 있다.
- 중성비누와는 달리 역성비누 또는 양성비누라고 한다.
- 살균 및 소독작용이 있지만 환자의 배설물 소독에는 효과가 없다.
- 다른 소독제와 같이 사용하면 살균력은 저하된다.
- 피부에 독성이 거의 없어 의료 분야, 환경위생, 식품위생 분야에 널리 이용되고 있다.
- 특히 미용실의 손 소독에 주로 많이 사용된다.

56 다음 중 포르말린수 소독에 가장 적합하지 않은 것은?

① 배설물 ② 고무제품
③ 금속제품 ④ 플라스틱

해설

포르말린수는 의류, 도자기, 목제품, 고무제품, 셀룰로이드 등의 소독에 사용되며 피부 소독에 부적합하며, 지용성으로 단백응고작용이 있어 배설물 소독 시 표면에서만 강한 살균력을 나타내고 침전되므로 배설물 소독제로서는 부적합하다.

57 미생물의 발육과 그 작용을 제거하거나 정지시켜 음식물의 부패나 발효를 방지하는 것은?

① 방부 ② 소독
③ 살균 ④ 멸균

해설

방부는 미생물의 발육과 생활작용을 억제 또는 정지시킴으로써 부패나 발효를 억제시키는 조작을 의미한다.

58 승홍수의 설명으로 틀린 것은?

① 금속을 부식시키는 성질이 있다.
② 피부 소독에는 0.1%의 수용액을 사용한다.
③ 염화칼륨을 첨가하면 자극성이 완화된다.
④ 살균력이 약하고 무미, 무색, 무취이다.

해설

유기수은화합물을 원료로 하는 승홍은 살균력이 강하고 맹독성이 있다.

59 다음 중 살균보다 세정의 효과가 더 큰 계면활성제는?

① 양성 계면활성제 ② 비이온 계면활성제
③ 양이온 계면활성제 ④ 음이온 계면활성제

해설

음이온 계면활성제인 중성비누(세제)는 세정작용을 통해 균을 씻어낸다.

정답 53 ② 54 ① 55 ③ 56 ① 57 ① 58 ④ 59 ④

60 **화학적 소독제의 이상적인 구비조건으로 잘못된 것은?**

① 가격이 저렴해야 한다.
② 소독효과가 서서히 증대되어야 한다.
③ 독성이 적고 사용자에게 자극이 없어야 한다.
④ 희석된 상태에서 화학적으로 안정되어야 한다.

해설
살균력이 강해야 하며 단시간 내에 효과가 있어야 한다.

61 **파장 중 자외선 소독기의 응용기기 범위는?**

① 260~290nm ② 320~400nm
③ 290~320nm ④ 360~380nm

해설
자외선 소독기
- 저전압 수은램프를 이용하여 살균력이 강한 260~280nm의 전자파를 방사시켜 멸균하는 방법이다.
- 공기나 물의 살균에 사용되며 무균작업대 또는 조직세포 배양실 등에 살균법으로 사용된다.
- 피조사 물질에 거의 변화를 주지 않고 살균이 가능하다.
- 내부 침투력이 약하여 주로 표면에 살균작용이 이루어진다.

62 **물리적 소독법의 내용이 아닌 것은?**

① 열을 가한다.
② 건조시킨다.
③ 물을 끓인다.
④ 포르말린수를 사용한다.

해설
포르말린수를 사용하는 것은 화학적 소독법이다.

63 **석탄산 계수가 3일 때의 살균력은?**

① 석탄산보다 3배 높다.
② 석탄산보다 3배 낮다.
③ 석탄산보다 30배 높다.
④ 석탄산보다 30배 낮다.

해설
석탄산 계수의 배수에 따라 살균력은 배수만큼 높아진다.

64 **아포는 외부환경에 저항하기 위해 형성하는 데 반해 아포를 형성하지 않는 세균은?**

① 탄저균 ② 젖산균
③ 파상풍균 ④ 보툴리누스균

해설
젖산균은 유산균의 일종으로 미생물의 발효작용에 의해 생성된다.

65 **미생물의 물리적 환경조건과 거리가 먼 것은?**

① 빛 ② 온도
③ 산소 ④ 호르몬

해설
미생물은 적당한 환경과 충분한 영양이 주어지면 증식한다. 미생물의 성장과 사멸에 영향을 주는 요소로는 영양원, 수분, 온도, 산소, pH, 삼투압, 빛 등이 있다.

★☆☆☆☆
66 **다음 중 일회용 면도기를 사용함으로써 예방이 가능한 감염병은?**

① 임질 ② 일본뇌염
③ B형간염 ④ 후천성면역결핍증

해설
B형간염은 수혈이나 오염된 주사기, 면도기 등을 통해 감염된다. 마른 혈액이나 상온에서도 1달 이상 활성이 가능하여 보균자가 사용한 모든 매개체는 사용하지 않도록 1인 1기로서 사용한다.

정답 60 ② 61 ① 62 ④ 63 ① 64 ② 65 ④ 66 ③

67 결핵균, 바실루스균 등 산소를 좋아하는 균은?

① 호기성균 ② 혐기성균
③ 통성혐기성균 ④ 편성혐기성균

해설
호기성균은 산소가 있어야 생육할 수 있다.

68 다음 중 세균의 단백질 변성과 응고작용에 사용되는 소독기전은?

① 가열 ② 희석
③ 냉각 ④ 여과

해설
가열하면 세균의 단백질이 응고되어 변성된다.

69 소독제의 수용액을 표시할 때 100을 기준으로 사용하는 단위는?

① 그램 ② 퍼센트
③ 퍼밀리 ④ 피피엠

해설
%는 용액을 기준으로 사용되는 단위이다.

70 AIDS나 B형간염 등을 예방하기 위한 미용기구의 소독방법은?

① 소각법
② 자외선 소독법
③ 음이온계면활성제
④ 고압증기멸균법

해설
후천성면역결핍증이나 B형간염을 예방하기 위해 미용기구 등은 고압증기멸균법에 의해 소독한다.

★☆☆☆☆
71 다음 중 미용사의 손 소독 시 사용되는 소독제는?

① 역성비누액 ② 석탄산수
③ 포르말린수 ④ 과산화수소수

해설
역성비누(제4급 암모늄염)
- 양이온 계면활성제 중에서 가장 널리 사용되고 있다.
- 중성비누와는 달리 역성비누 또는 양성비누라고 한다.
- 살균 및 소독작용이 있지만 환자의 배설물 소독에는 효과가 없다.
- 다른 소독제와 같이 사용하면 살균력은 저하된다.
- 피부에 독성이 거의 없어 의료 분야, 환경위생, 식품위생 분야에 널리 이용되고 있다.
- 특히 미용실의 손 소독에 주로 많이 사용된다.

★☆☆☆☆
72 다음 중 음용수 소독에 사용되는 소독제는?

① 석탄산 ② 액체 염소
③ 크레졸 ④ 알코올

해설
할로겐 화합물
- 염소와 요오드 등의 할로겐 화합물은 물 또는 식품 분야에 널리 사용되는 제1급 살균제이다.
- 살균력이 우수하여 세균, 곰팡이, 원충류와 조류, 바이러스, 세균 포자 등 광범위하게 사용된다.
- 세포 내 단백질의 활성을 강력한 산화작용으로 파괴시킨다.

73 광견병의 병원체는 어디에 속하는가?

① 세균 ② 바이러스
③ 리케차 ④ 스피로헤타

해설
광견병은 바이러스를 병원체로 하여 침이 감염원이 된다. 교상에 의해 인간에게 감염된다.

정답 67 ① 68 ① 69 ② 70 ④ 71 ① 72 ② 73 ②

74 **소독과 멸균에 관련된 정의로서 틀린 것은?**

① 살균 : 생활력을 가지고 있는 미생물을 여러 가지 물리·화학적 작용에 의해 급속히 죽이는 것을 말한다.

② 방부 : 병원성 미생물의 발육과 그 작용을 제거하거나 정지시켜서 음식물의 부패나 발효를 방지하는 것을 말한다.

③ 소독 : 사람에게 유해한 미생물을 파괴시켜 감염의 위험성을 제거하는 비교적 강한 살균작용으로 세균의 포자까지 사멸하는 것을 말한다.

④ 멸균 : 병원성 또는 비병원성 미생물 및 포자를 가진 것을 전부 사멸 또는 제거하는 것을 말한다.

해설

소독은 병원성 미생물을 파괴하여 감염의 위험성을 제거시키는 약한 살균작용이다.

75 **이상적인 소독제의 구비조건과 거리가 먼 것은?**

① 생물학적 작용을 충분히 발휘할 수 있어야 한다.

② 빨리 효과를 내고 살균 소요시간이 짧을수록 좋다.

③ 독성이 적으면서 사용자에게도 자극성이 없어야 한다.

④ 원액 혹은 희석된 상태에서는 화학적으로 불안정된 것이어야 한다.

해설

소독제의 구비조건

- 살균력이 강해야 하며, 용해성이 높고 부식성과 표백성이 없어야 한다.
- 소독 대상물에 침투력과 안정성이 있어야 한다.
- 취기가 없고 독성이 약하여 인축에 해가 없어야 한다.
- 가격이 저렴하며 경제적이고 사용방법이 간편해야 한다.

정답 74 ③ 75 ④

PART 5 공중위생관리법규

CHAPTER

01 공중위생관리법의 목적 및 정의

Section 01 목적 및 정의

1 공중위생관리법의 목적(제1조)

공중이 이용하는 영업의 위생관리 등에 관한 사항을 규정함으로써 위생수준을 향상시켜 국민의 건강증진에 기여함을 목적으로 한다.

2 용어의 정의(제2조)

정의	내용
공중위생영업	• 다수인을 대상으로 위생관리 서비스를 제공하는 미용업, 이용업, 숙박업, 세탁업, 목욕장업, 건물위생관리업을 말한다.
이용업	• 손님의 머리카락, 수염을 깎거나 다듬는 등의 방법으로 손님의 용모를 단정하게 하는 영업을 말한다.
미용업	• 손님의 얼굴, 머리, 피부 등을 손질하여 손님의 외모를 아름답게 꾸미는 영업을 말한다.
건물위생관리업	• 공중이 이용하는 건축물, 시설물 등의 청결 유지와 실내공기 정화를 위한 청소 등을 대행하는 영업을 말한다.

[TIP] 미용업(일반, 손톱 · 발톱, 화장 · 분장)의 시설 및 설비기준

① 미용기구는 소독을 한 기구와 소독을 하지 아니한 기구를 구분하여 보관할 수 있는 용기를 비치하여야 한다.
② 소독기, 자외선 살균기 등 미용기구를 소독하는 장비를 갖추어야 한다.
③ 작업장소, 응접장소, 상담실 등을 분리하기 위해 칸막이를 설치할 수 있으나 설치된 칸막이에 출입문이 있는 경우 출입문의 3분의 1 이상을 투명하게 하여야 한다. 다만 탈의실의 경우에는 출입문을 투명하게 하여서는 안 된다.

CHAPTER

02 영업의 신고 및 폐업

Section 01 영업의 신고 및 폐업신고(제3조)

1 공중위생영업자의 영업신고

공중위생영업을 하고자 하는 자(이하 공중위생영업자라 함)는 시설 및 설비(보건복지부령)를 갖춘 후 시장, 군수, 구청장에게 신고한다.

영업신고 시	첨부서류	신고 관청
시설 및 설비 갖춘 후	• 영업시설 및 설비 개요서 • 교육 필증(미리 교육을 받은 경우)	• 시장, 군수, 구청장에게 신고(보건복지부령에 의함)한다.

2 공중위생영업자의 변경신고

공중위생영업자는 보건복지부령이 정하는 중요사항을 변경하고자 하는 때에도 시장, 군수, 구청장에게 신고한다.

변경신고의 경우(시행규칙 제3조의2)	제출서류(시행규칙 제3조의2)	신고 관청
• 영업소의 명칭 또는 상호 변경 시 • 영업소의 소재지 변경 시 • 신고한 영업장 면적의 3분의 1 이상 증감 시 • 대표자의 성명 또는 생년월일 변경 시 • 업종 간 변경 시	• 영업신고증 • 변경사항을 증명하는 서류	• 시장, 군수, 구청장에게 신고(보건복지부령에 의함)한다.

3 공중위생영업자의 폐업신고

폐업신고의 경우	제출서류	신고 관청
영업을 폐업한 날로부터 20일 이내	폐업신고서	• 시장, 군수, 구청장에게 신고한다.

Section 02 영업의 승계(제3조의2)

(1) 공중위생영업자가 영업을 양도하거나 사망한 때 또는 법인이 합병한 때에는 그 영업자의 지위를 승계한다. 양수인, 상속인 또는 합병 후 존속하는 법인이나 합병으로 설립되는 법인이 해당한다.

(2) 「민사집행법」에 의한 경매, 「채무자 희생 및 파산에 관한 법률」에 의한 환가나 「국제징수법」, 「관세법」 또는 「지방세징수법」에 의한 압류재산의 매각, 그 밖에 이에 준하는 절차에 따라 영업 관련 시설 및 설비 전부를 인수한 자는 이 법에 의한 그 영업자의 지위를 승계한다.

(3) 미용업의 경우에는 제6조의 규정에 의한 면허를 소지한 자에 한하여 영업자의 지위를 승계할 수 있다.

(4) 공중위생영업자의 지위를 승계하는 자는 1월 이내에 보건복지부령이 정하는 바에 따라 시장, 군수, 구청장에게 신고하여야 한다.

CHAPTER

03 영업자 준수사항

Section 01 위생관리

1 위생관리 의무 등(제4조)

(1) 공중위생영업자는 그 이용자에게 건강상 위해 요인이 발생되지 않도록 영업 관련 시설 및 설비를 위생적이고 안전하게 관리하여야 한다.

(2) 미용업을 하는 자는 다음의 사항을 지켜야 한다(제4조 제4항).

① 의료기구나 의약품을 사용하지 않는 순수한 화장 또는 피부미용을 할 것

② 미용기구는 소독을 한 기구와 소독을 하지 아니한 기구를 분리하여 보관하고, 면도기는 1회용 면도날만을 손님 1인에 한하여 사용할 것

> [TIP] 미용기구의 소독기준 및 방법은 보건복지부령으로 정한다.

③ 미용사 면허증을 영업소 안에 게시할 것

(3) 미용업자 위생관리기준

① 점 빼기, 귓볼 뚫기, 쌍꺼풀 수술, 문신, 박피술 그 밖에 이와 유사한 의료행위를 하여서는 안된다.

② 피부미용을 위하여 「약사법」에 따른 의약품 또는 「의료기기법」에 따른 의료기기를 사용하여서는 안된다.

③ 미용기구 중 소독을 한 기구와 하지 아니한 기구는 각각 다른 용기에 넣어 보관하여야 한다.

④ 1회용 면도날은 손님 1인에 한하여 사용하여야 한다.

⑤ 영업장 안의 조명도는 75Lux 이상이 되도록 유지하여야 한다.

⑥ 영업소 내부에 미용업 신고증 및 개설자의 면허증 원본, 최종지불요금표를 게시하여야 한다.

⑦ 신고한 영업장 면적이 66제곱미터 이상인 영업소의 경우 영업소 외부에도 손님이 보기 쉬운 곳에 「옥외광고물 등 관리법」에 적합하게 최종지불요금표를 게시 또는 부착하여야 한다. 이 경우 최종지불요금표에는 일부항목(5개 이상)만을 표시할 수 있다.

⑧ 3가지 이상의 미용서비스를 제공하는 경우에는 개별 미용서비스의 최종 지불가격 및 전체 미용서비스의 총액에 관한 내역서를 이용자에게 미리 제공하여야 한다. 이 경우 미용업자는 해당 내역서 사본을 1개월간 보관하여야 한다.

(4) 공중이용시설의 위생관리기준

① 미용기구의 소독기준 및 방법

<table>
<tr><th>소독기준</th><th colspan="2">구분</th><th>소독방법</th></tr>
<tr><td rowspan="7">일반 기준</td><td rowspan="4">물리적 소독</td><td>자외선소독</td><td>• 1㎠당 85㎼ 이상의 자외선을 20분 이상 쬐어준다.</td></tr>
<tr><td>열탕소독</td><td>• 100℃ 이상의 물속에 10분 이상 끓여준다.</td></tr>
<tr><td>증기소독</td><td>• 100℃ 이상의 습한 열에 20분 이상 쐬어준다.</td></tr>
<tr><td>건열멸균소독</td><td>• 100℃ 이상의 건조한 열에 20분 이상 쐬어준다.</td></tr>
<tr><td rowspan="3">화학적 소독</td><td>석탄산수소독</td><td>• 석탄산 3%, 물 97%의 수용액에 10분 이상 담가둔다.</td></tr>
<tr><td>크레졸수소독</td><td>• 크레졸 3%, 물 97%의 수용액에 10분 이상 담가둔다.</td></tr>
<tr><td>에탄올소독</td><td>• 70% 에탄올 수용액에 10분 이상 담가두거나 에탄올 수용액을 머금은 면, 거즈로 기구의 표면을 닦아준다.</td></tr>
<tr><td>개별 기준</td><td colspan="3">미용기구의 종류, 재질 및 용도에 따른 구체적인 소독기준과 방법은 보건복지부장관이 정하여 고지한다.</td></tr>
</table>

CHAPTER

04 이·미용사의 면허

Section 01 면허발급 및 취소

1 미용사의 면허(제6조 제1항)

미용사가 되고자 하는 자는 보건복지부령이 정하는 바에 의하여 시장, 군수, 구청장이 발부하는 면허를 받아야 한다.

① 전문대학 또는 이와 같은 수준 이상의 학력이 있다고 교육부장관이 인정하는 학교에서 이용 또는 미용에 관한 학과를 졸업한 자

②「학점인정 등에 관한 법률」 제8조에 따라 대학 또는 전문대학을 졸업한 자와 같은 수준 이상의 학력이 있는 것으로 인정되어 같은 법 제9조에 따라 미용에 관한 학위를 취득한 자

③ 고등학교 또는 이와 같은 수준의 학력이 있다고 교육부장관이 인정하는 학교에서 미용에 관한 학과를 졸업한 자

④ 교육부장관이 인정하는 고등기술학교에서 1년 이상 미용에 관한 소정의 과정을 이수한 자

⑤ 국가기술자격법에 의한 미용사 자격을 취득한 자

2 면허 결격 사유(제6조 제2항)

면허 결격자	사유
미용사의 면허를 받을 수 없는 자	• 피성년후견인 • 「정신건강증진 및 정신질환자 복지서비스 지원에 관한 법률」에 따른 정신질환자(다만, 전문의가 미용사로서 적합하다고 인정하는 사람은 예외) • 공중의 위생에 영향을 미칠 수 있는 감염병 환자로서 보건복지부령이 정하는 자 • 마약 기타 대통령령으로 정하는 약물 중독자 • 면허가 취소된 후 1년이 경과되지 아니한 자

3 미용사의 면허증 대여 금지(제6조 제3항)

제1항에 따라 면허증을 발급받은 사람은 다른 사람에게 그 면허증을 빌려주어서는 아니 되고, 누구든지 그 면허증을 빌려서는 아니 된다.

4 미용사의 면허증 대여 알선 금지(제6조 제4항)

누구든지 제3항에 따라 금지된 행위를 알선하여서는 아니 된다.

5 면허의 취소(제7조)

미용사 면허	내용	비고
면허취소 또는 정지 (6개월 이내의 기간을 정하여)	• 면허결격사유(피성년후견인, 정신질환자, 감염병환자, 마약 기타 대통령령으로 정하는 약물 중독자)에 해당하게 된 때 • 면허증을 다른 사람에게 대여한 때 • 「국가기술자격법」에 따라 자격이 취소된 때 • 「국가기술자격법」에 따라 자격정지 처분을 받은 때 • 이중으로 면허를 취득한 때 • 면허정지 처분을 받고도 그 정지 기간 중에 업무를 한 때 • 「성매매 알선 등 행위의 처벌에 관한 법률」이나 「풍속영업의 규제에 관한 법률」을 위반하여 관계 행정기관의 장으로부터 그 사실을 통보받은 때	〈면허취소권자〉 시장, 군수, 구청장
면허의 반납	• 면허 취소 또는 정지를 받은 자는 지체 없이 시장, 군수, 구청장에게 면허증을 반납한다. • 면허정지에 의해 반납된 면허증은 그 면허정지 기간 동안 관할 시장, 군수, 구청장이 보관한다.	〈반납 및 보관자〉 시장, 군수, 구청장
면허증의 재발급	• 면허증의 기재사항에 변경이 있을 때 • 면허증을 잃어버린 때 • 면허증이 헐어 못쓰게 된 때	〈면허증 재발급에 따른 신청첨부 서류〉 • 면허증 원본(기재 사항이 변경되거나 헐어 못쓰게 된 때) • 최근 6개월 이내에 찍은 탈모 정면 상반신 사진 2매(3.5×4.5cm)

Section 02 면허수수료

1 면허수수료(제19조의 2)

(1) 미용사 면허를 받고자 하는 자는 대통령령이 정하는 바에 따라 수수료를 납부하여야 한다.

(2) 수수료는 지방자치단체의 수입증지 또는 정보통신망을 이용한 전자화폐, 전자결제 등의 방법으로 시장, 군수, 구청장에게 납부하여야 한다.

> TIP ① 미용사 면허를 신규로 신청하는 경우 : 5,500원
> ② 미용사 면허증을 재발급 받고자 하는 경우 : 3,000원

CHAPTER

05 이·미용사의 업무

Section 01 이·미용사의 업무

1 미용사의 업무 범위 등(제8조 제1항)

미용사의 면허를 받은 자가 아니면 미용업을 개설하거나 그 업무에 종사할 수 없다. 다만 미용사의 감독을 받아서 미용 업무의 보조를 행하는 경우에는 종사할 수 있다.

2 미용사의 영업

미용의 업무는 영업소 외의 장소에서는 행할 수 없다(제8조 제2항). 다만 보건복지부령이 정하는 특별한 사유가 있는 경우에는 행할 수 있다.

(1) 보건복지부령에 의한 특별한 사유(시행규칙 제13조)

① 질병 기타의 사유로 인하여 영업소에 나올 수 없는 자에 대하여 미용을 하는 경우
② 혼례, 기타 의식에 참여하는 자에 대하여 그 의식 직전에 미용을 하는 경우
③ 사회복지시설에서 봉사활동으로 미용을 하는 경우
④ 방송 등의 촬영에 참여하는 사람에 대하여 그 촬영 직전에 미용을 하는 경우
⑤ 위의 네 가지 사정 외에 특별한 사정이 있다고 시장, 군수, 구청장이 인정하는 경우

국가기술자격법에 따른 미용사(일반) 자격 · 면허취득	업무범위
2007년 12월 31일 이전	• 파마, 머리카락 자르기, 머리카락 모양내기, 머리피부 손질, 머리카락 염색, 머리 감기, 의료기기나 의약품을 사용하지 아니하는 눈썹 손질, 의료기기나 의약품을 사용하지 아니하는 피부상태 분석, 피부관리, 제모, 손톱과 발톱의 손질 및 화장, 얼굴 등 신체의 화장, 분장 등
2008년 1월 1일부터 2015년 4월 16일	• 파마, 머리카락 자르기, 머리카락 모양내기, 머리피부 손질, 머리카락 염색, 머리 감기, 의료기구나 의약품을 사용하지 아니하는 눈썹 손질, 얼굴의 손질 및 화장, 손톱과 발톱의 손질 및 화장 등
2015년 4월 17일부터 2016년 5월 31일	• 파마, 머리카락 자르기, 머리카락 모양내기, 머리피부 손질, 머리카락 염색, 머리 감기, 의료기기나 의약품을 사용하지 아니하는 눈썹 손질, 얼굴의 손질 및 화장
2016년 6월 1일 이후	• 파마, 머리카락 자르기, 머리카락 모양내기, 머리피부 손질, 머리카락 염색, 머리 감기, 의료기기나 의약품을 사용하지 아니하는 눈썹 손질

CHAPTER

06 행정지도감독

Section 01 영업소 출입검사

1 보고 및 출입 · 검사(제9조)

(1) 특별시장, 광역시장, 도지사(이하 시·도지사라 함) 또는 시장, 군수, 구청장은 공중위생관리상 필요하다고 인정하는 때에는 영업자에 대하여 필요한 보고를 하게 할 수 있다.

(2) 소속공무원으로 하여금 영업소, 사무소 등에 출입하여 공중위생영업자의 위생관리의무이행 등에 대하여 검사하게 한다.

[TIP] 필요에 따라 공중위생영업장부나 서류를 열람하게 할 수 있다.

(3) 위의 경우 관계 공무원은 그 권한을 표시하는 증표를 지녀야 하며, 관계인에게 이를 내보여야 한다.

Section 02 영업제한

1 영업의 제한(제9조의 2)

시 · 도지사는 공익상 또는 선량한 풍속을 유지하기 위하여 필요하다고 인정하는 때에는 공중위생영업자 및 종사원에 대하여 영업시간 및 영업행위에 관한 필요한 제한을 할 수 있다.

2 위생지도 및 개선명령(제10조)

(1) 시·도지사 또는 시장, 군수, 구청장은 영업자에게 보건복지부령으로 정하는 바에 따라 기간을 정하여 그 개선을 명할 수 있다.

① 공중위생영업의 종류별 시설 및 설비기준을 위반한 공중위생영업자

② 위생관리의무 등을 위반한 공중위생영업자

(2) 개선기간

① 시 · 도지사 또는 시장, 군수, 구청장은 즉시 개선을 명하거나 6개월의 범위 내에서 기간을 정하여 개선을 명하여야 한다.

② 부득이한 사유로 인하여 개선기간 이내에 개선을 완료할 수 없는 경우

- 그 기간이 종료되기 전에 개선기간 연장을 신청할 수 있다.
- 시 · 도지사 또는 시장, 군수, 구청장은 6월의 범위 내에서 개선기간을 연장할 수 있다.

Section 03 영업소 폐쇄

1 영업소의 폐쇄(제11조)

(1) 시장, 군수, 구청장은 공중위생영업자가 다음에 해당되면 6월 이내의 기간을 정하여 영업의 정지 또는 일부 시설의 사용중지를 명하거나 영업소 폐쇄 등을 명할 수 있다.

① 영업신고를 하지 아니하거나 시설과 설비기준을 위반한 경우

② 변경신고를 하지 아니한 경우

③ 지위승계신고를 하지 아니한 경우

④ 공중위생영업자의 위생관리의무 등을 지키지 아니한 경우

⑤ 영업소 외의 장소에서 미용 업무를 한 경우

⑥ 보고를 하지 아니하거나 거짓으로 보고한 경우 또는 관계 공무원의 출입, 검사 또는 공중위생영업 장부 또는 서류의 열람을 거부 · 방해하거나 기피한 경우

⑦ 개선명령을 이행하지 아니한 경우

⑧ 「성매매 알선 등 행위의 처벌에 관한 법률」, 「풍속영업의 규제에 관한 법률」, 「청소년 보호법」 또는 「의료법」을 위반하여 관계 행정기관의 장으로부터 그 사실을 통보받은 경우

(2) 시장, 군수, 구청장은 영업정지 처분을 받고도 그 영업정지 기간에 영업을 한 경우에는 영업소 폐쇄를 명할 수 있다.

(3) 시장, 군수, 구청장은 다음에 해당하는 경우에는 영업소 폐쇄를 명할 수 있다.

> [TIP] 영업소 폐쇄명령(시장, 군수, 구청장 영)
> ① 공중위생영업자가 정당한 사유 없이 6개월 이상 계속 휴업하는 경우
> ② 공중위생영업자가 관할 세무서장에게 폐업신고를 하거나 관할 세무서장이 사업자 등록을 말소한 경우

(4) 행정처분의 세부기준은 그 위반행위의 유형과 위반 정도 등을 고려하여 보건복지부령으로 정한다.

(5) 시장, 군수, 구청장은 공중위생영업자가 영업소 폐쇄명령을 받고도 계속하여 영업을 할 때 관계공무원으로 하여금 해당 영업소를 폐쇄하기 위하여 다음의 조치를 할 수 있다.

① 해당 영업소의 간판 기타 영업표지물의 제거

② 해당 영업소가 위법한 영업소임을 알리는 게시물 등의 부착

③ 영업을 위하여 필수불가결한 기구 또는 시설물을 사용할 수 없게 하는 봉인

(6) 봉인을 해제할 수 있는 조건

① 시장, 군수, 구청장은 영업을 위하여 필수 불가결한 기구 또는 시설물에 대하여 봉인한 후 봉인을 계속할 필요가 없다고 인정되는 때

② 영업자 또는 그 대리인이 해당 영업소를 폐쇄할 것을 약속한 때

③ 정당한 사유를 들어 봉인의 해제를 요청할 때

2 과징금 처분(제11조의 2)

(1) 영업정지 처분에 갈음하여 1억 원 이하의 과징금을 부과할 수 있다.

① 영업정지가 이용자에게 심한 불편을 줄 때

② 그 밖에 공익을 해할 우려가 있는 경우

(2) 과징금을 부과하는 위반행위의 종별, 정도 등에 따른 과징금의 금액 등에 관하여 필요한 사항은 대통령령으로 정한다.

(3) 시장, 군수, 구청장은 과징금을 납부하여야 할 자가 납부기한까지 이를 납부하지 아니한 경우 대통령령으로 정하는 바에 따라 과징금 부과 처분을 취소하고, 영업정지 처분을 하거나 「지방행정제재 · 부과금의 징수 등에 관한 법률」에 따라 이를 징수한다.

(4) 시장, 군수, 구청장이 부과·징수한 과징금은 해당 시, 군, 구에 귀속된다.

(5) 시장·군수·구청장은 과징금의 징수를 위하여 필요한 경우에는 다음 각 호의 사항을 기재한 문서로 관할 세무관서의 장에게 과세정보의 제공을 요청할 수 있다.

① 납세자의 인적사항

② 사용목적

③ 과징금 부과 기준이 되는 매출금액

3 행정제재처분 효과의 승계(제11조의 3)

(1) 공중위생영업자가 그 영업을 양도하거나 사망한 때 또는 법인의 합병이 있는 때에는 종전의 영업자에 대하여 제11조 제1항의 위반을 사유로 행한 행정제재처분의 효과는 그 처분기간이 만료된 날부터 1년간 양수인, 상속인 또는 합병 후 존속하는 법인에 승계된다.

(2) 공중위생영업자가 그 영업을 양도하거나 사망한 때 또는 법인의 합병이 있는 때에는 제11조 제1항의 위반을 사유로 하여 종전의 영업자에 대하여 진행 중인 행정제재처분 절차를 양수인, 상속인 또는 합병 후 존속하는 법인에 대하여 속행할 수 있다.

(3) 제1항 및 제2항에도 불구하고 양수인이나 합병 후 존속하는 법인이 양수하거나 합병할 때에 그 처분 또는 위반 사실을 알지 못한 경우에는 그러하지 아니하다.

4 같은 종류의 영업금지(제11조의 4)

(1) 「성매매 알선 등 행위의 처벌에 관한 법률」, 「풍속영업의 규제에 관한 법률」 또는 「청소년보호법」을 위반하여 폐쇄명령을 받은 자(법인인 경우에는 그 대표자를 포함한다)

① 폐쇄명령을 받은 후 2년이 경과하지 아니한 때에는 같은 종류의 영업을 할 수 없다.

② 폐쇄명령을 받은 후 1년이 경과하지 아니한 때에는 누구든지 그 폐쇄명령이 이루어진 영업장소에서 같은 종류의 영업을 할 수 없다.

(2) 「성매매 알선 등 행위의 처벌에 관한 법률」 등 이외의 법률을 위반하여 폐쇄명령을 받은 자

① 폐쇄명령을 받은 후 1년이 경과하지 아니한 때에는 같은 종류의 영업을 할 수 없다.

② 폐쇄명령을 받은 후 6개월이 경과하지 아니한 때에는 누구든지 그 폐쇄명령이 이루어진 영업장소에서 같은 종류의 영업을 할 수 없다.

5 청문(제12조)

보건복지부장관 또는 시장, 군수, 구청장은 다음 처분을 하려면 청문을 해야 한다.

행정처분	처분 내용	처분권자
청문	• 신고사항의 직권 말소 • 미용사의 면허취소 또는 면허정지 • 영업정지 명령, 일부 시설의 사용중지 명령 또는 영업소 폐쇄명령	보건복지부장관, 시장, 군수, 구청장

Section 04 공중위생감시원

1 공중위생감시원(제15조)

(1) 관계 공무원의 업무를 행하기 위하여 특별시, 광역시·도 및 시, 군, 구(자치구에 한한다)에 공중위생감시원을 둔다.

(2) 공중위생감시원의 자격, 임명, 업무범위 기타 필요한 사항은 대통령령으로 정한다.

① 공중위생감시원의 자격 및 임명

㉠ 특별시장, 광역시장, 도지사, 시장, 군수, 구청장은 다음에 해당하는 소속 공무원 중에서 공중위생감시원을 임명한다.

• 위생사 또는 환경기사 2급 이상의 자격증이 있는 사람

- 「고등교육법」에 의한 대학에서 화학, 화공학, 환경공학 또는 위생학 분야를 전공하고 졸업한 사람 또는 이와 같은 수준 이상의 자격이 있는 사람
- 외국에서 위생사 또는 환경기사의 면허를 받은 사람
- 1년 이상 공중위생 행정에 종사한 경력이 있는 사람

㉡ 시 · 도지사 또는 시장 · 군수 · 구청장은 공중위생감시원의 인력확보가 곤란하다고 인정되는 때에는 공중위생 행정에 종사하는 사람 중 공중위생 감시에 관한 교육훈련을 2주 이상 받은 사람을 공중위생 행정에 종사하는 기간 동안 공중위생감시원으로 임명할 수 있다.

② 공중위생감시원의 업무 범위

- 공중위생영업소 시설 및 설비의 확인
- 공중위생영업 관련 시설 및 설비의 위생상태 확인 · 검사, 공중위생영업자의 위생관리의무 및 영업자준수사항 이행여부의 확인
- 위생지도 및 개선명령 이행여부의 확인
- 공중위생영업소의 영업의 정지, 일부 시설의 사용중지 또는 영업소 폐쇄명령 이행여부의 확인
- 위생교육 이행여부의 확인

2 명예 공중위생감시원(제15조의 2)

시 · 도지사는 공중위생의 관리를 위한 지도, 계몽 등을 행하게 하기 위하여 명예 공중위생감시원(이하 명예감시원이라 함)을 둘 수 있다.

3 공중위생영업자 단체의 설립(제16조)

영업자는 공중위생과 국민보건의 향상을 기하고 그 영업의 건전한 발전을 도모하기 위하여 영업의 종류별로 전국적인 조직을 가지는 영업자 단체를 설립할 수 있다.

CHAPTER

07 업소 위생등급

Section 01 위생평가

1 위생서비스 수준의 평가(제13조)

(1) 시, 도지사는 영업소의 위생관리수준을 향상시키기 위하여 위생서비스 평가계획을 수립하여 시장, 군수, 구청장에게 통보한다.

(2) 시장, 군수, 구청장은 평가계획에 따라 관할 지역별 세부평가계획을 수립한 후 영업소의 위생서비스수준을 평가하여야 하며, 평가는 2년마다 실시함을 원칙으로 한다.

(3) 위생서비스 평가의 전문성을 높이기 위하여 필요하다고 인정하는 경우에는 관련 전문기관 및 단체로 하여금 위생서비스 평가를 실시하게 할 수 있다.

(4) 위생서비스 평가의 주기, 방법, 위생관리 등급의 기준 기타 평가에 관하여 필요한 사항은 보건복지부령으로 정한다.

TIP ① 위생서비스 평가 계획권자 : 시·도지사
② 위생서비스 평가 계획 통보를 받는 관청 : 시장, 군수, 구청장

Section 02 위생등급

1 위생관리등급 공표 등(제14조)

(1) 시장, 군수, 구청장은 보건복지부령이 정하는 바에 의하여 위생서비스 평가의 결과에 따른 위생관리등급을 해당 공중위생영업자에게 통보하고 이를 공표하여야 한다.

(2) 공중위생영업자는 통보받은 위생관리등급의 표지를 영업소의 명칭과 함께 영업소의 출입구에 부착할 수 있다.

(3) 위생서비스평가의 결과 위생서비스의 수준이 우수하다고 인정되는 영업소에 대하여 포상을 실시할 수 있다.

(4) 시·도지사 또는 시장, 군수, 구청장은 위생서비스평가의 결과에 따른 위생관리 등급별로 영업소에 대한 위생감시를 실시해야 한다. 영업소에 대한 출입, 검사와 위생감시의 실시 주기 및 횟수 등 위생관리 등급별 위생감시 기준은 보건복지부령으로 정한다.

위생관리업소	등급 구분	비고
최우수업소	녹색등급	• 위생서비스 평가는 2년마다 실시한다.
우수업소	황색등급	
일반관리대상업소	백색등급	

[TIP] 법 제13조제4항에 따른 공중위생영업소의 위생서비스수준 평가(이하 "위생서비스평가"라 한다. 이하 같다)는 2년마다 실시하되, 공중위생영업소의 보건 · 위생관리를 위하여 특히 필요한 경우에는 보건복지부장관이 정하여 고시하는 바에 따라 공중위생영업의 종류 또는 제21조에 따른 위생관리등급별로 평가주기를 달리할 수 있다. 다만, 공중위생영업자가 「부가가치세법」 제8조제7항에 따른 휴업신고를 한 경우 해당 공중위생영업소에 대해서는 위생서비스평가를 실시하지 않을 수 있다.

CHAPTER

08 | 보수교육

Section 01 영업자 위생교육

1 영업자 위생교육(제17조)

(1) 공중위생영업자는 매년 위생교육을 받아야 한다.

(2) 영업하고자 시설 및 설비를 갖추고 신고하고자 하는 자는 미리 위생교육을 받아야 한다. 다만, 보건복지부령으로 정하는 부득이한 사유로 미리 교육을 받을 수 없는 경우에는 영업개시 후 6개월 이내에 위생교육을 받을 수 있다.

(3) 위생교육을 받아야 하는 자 중 영업에 직접 종사하지 아니하거나 2개 이상의 장소에서 영업을 하는 자는 종업원 중 영업장별로 공중위생에 관한 책임자를 지정하고, 그 책임자로 하여금 위생교육을 받게 하여야 한다.

(4) 위생교육은 보건복지부장관이 허가한 단체 또는 공중위생 영업자단체의 설립(제16조)에 따른 단체가 실시할 수 있다.

(5) 위생교육의 방법, 절차 등에 관한 필요사항은 보건복지부령으로 정한다.

2 위생교육(시행규칙 제23조)

① 위생교육은 3시간으로 한다.

② 위생교육의 내용은 「공중위생관리법」 및 관련 법규, 소양교육(친절 및 청결에 관한 사항을 포함한다), 기술교육, 그 밖에 공중위생에 관하여 필요한 내용으로 한다.

③ 동일한 공중위생영업자가 둘 이상의 미용업을 같은 장소에서 하는 경우에는 그중 하나의 미용업에 대한 위생교육을 받으면 나머지 미용업에 대한 위생교육도 받은 것으로 본다.

④ 위생교육 대상자 중 보건복지부장관이 고시하는 섬 · 벽지 지역에서 영업을 하고 있거나 하려는 자에 대하여는 제7항에 따른 교육 교재를 배부하여 이를 익히고 활용하도록 함으로써 교육에 갈음할 수 있다.

⑤ 위생교육 대상자 중 휴업신고를 한 자에 대해서는 휴업신고를 한 다음 해부터 영업을 재개하기 전까지 위생교육을 유예할 수 있다.

⑥ 영업신고 전에 위생교육을 받아야 하는 자 중 다음 각 호의 어느 하나에 해당하는 자는 영업신고를 한 후 6개월 이내에 위생교육을 받을 수 있다.

- 천재지변, 본인의 질병 · 사고, 업무상 국외 출장 등의 사유로 교육을 받을 수 없는 경우
- 교육을 실시하는 단체의 사정 등으로 미리 교육을 받기 불가능한 경우

⑦ 위생교육을 받은 자가 위생교육을 받은 날부터 2년 이내에 위생교육을 받은 업종과 같은 업종의 영업을 하려는 경우에는 해당 영업에 대한 위생교육을 받은 것으로 본다.

⑧ 위생교육을 실시하는 단체는 보건복지부장관이 고시한다.

Section 02 위생교육기관

1 위생교육기관

(1) 위생교육 실시 단체는 교육교재를 편찬하여 교육대상자에게 제공하여야 한다.

(2) 위생교육 실시 단체의 장은 다음 사항을 실시하여야 한다.

① 위생교육을 수료한 자에게 수료증을 교부하여야 한다.

② 교육 실시 결과를 교육 후 1개월 이내에 시장, 군수, 구청장에게 통보하여야 한다.

③ 수료증 교부대장 등 교육에 관한 기록을 2년 이상 보관 · 관리하여야 한다.

(3) 위생교육에 관하여 필요한 세부사항은 보건복지부장관이 정한다.

2 위임 및 위탁(제18조)

(1) 보건복지부장관은 이 법에 의한 권한 일부를 대통령령이 정하는 바에 의하여 시·도지사(또는 시장, 군수, 구청장)에게 위임할 수 있다.

(2) 보건복지부장관은 대통령령이 정하는 바에 의하여 관계 전문기관 등에 그 업무의 일부를 위탁할 수 있다.

3 국고보조(제19조)

국가 또는 지방자치단체는 위생서비스 평가의 전문성을 높이기 위하여 관련 전문기관 및 단체로 하여금 위생서비스 평가를 실시(제13조 제3항)하는 자에 대하여 예산의 범위 안에서 위생서비스 평가에 소요되는 경비의 전부 또는 일부를 보조할 수 있다.

CHAPTER

09 | 벌칙

Section 01 위반자에 대한 벌칙, 과징금

1 벌칙(제20조)

벌칙 및 벌금	내용
1년 이하의 징역 (또는 1천만 원 이하의 벌금)	• 영업의 신고(제3조 제1항) 규정에 의한 신고를 하지 아니한 자 • 영업정지 명령 또는 일부 시설 사용중지 명령을 받고도 그 기간 중에 영업을 하거나 그 시설을 사용한 자 또는 영업소 폐쇄명령을 받고도 계속하여 영업을 한 자
6월 이하의 징역 (또는 500만 원 이하의 벌금)	• 규정에 의한 변경신고를 하지 아니한 자 • 공중위생영업자의 지위를 승계한 자로서 1월 이내에 신고하지 않은 자 • 건전한 영업질서를 위하여 영업자가 준수하여야 할 사항을 준수하지 아니한 자
300만 원 이하의 벌금	• 다른 사람에게 이용사 또는 미용사의 면허증을 빌려주거나 빌린 사람 • 이용사 또는 미용사의 면허증을 빌려주거나 빌리는 것을 알선한 사람 • 다른 사람에게 위생사의 면허증을 빌려주거나 빌린 사람 • 위생사의 면허증을 빌려주거나 빌리는 것을 알선한 사람 • 면허의 취소 또는 정지 중에 이용업 또는 미용업을 한 사람 • 면허를 받지 아니하고 이용업 또는 미용업을 개설하거나 그 업무에 종사한 사람

2 과징금(제11조의 2)

(1) 영업정지가 이용자에게 심한 불편을 주거나 그 밖에 공익을 해할 우려가 있는 경우 시장, 군수, 구청장은 영업정지 처분에 갈음하여 1억 원 이하의 과징금을 부과할 수 있다. 다만, 제5조, 「성매매알선 등 행위의 처벌에 관한 법률」, 「아동 · 청소년의 성보호에 관한 법률」, 「풍속영업의 규제에 관한 법률」 제3조 각호의 1 또는 이에 상응하는 위반행위로 인하여 처분을 받게 되는 경우를 제외한다.

(2) 과징금은 부과하는 위반 행위의 종별, 정도 등에 따른 과징금의 금액 등에 관하여 필요한 사항은 대통령령으로 정한다.

(3) 시장, 군수, 구청장은 과징금을 납부하여야 할 자가 납부기간까지 이를 납부하지 아니한 경우에는 대통령령으로 정하는 바에 따라 과징금 부과처분을 취소하고 영업정지 처분을 하거나 「지방행정제재·부과금의 징수 등에 관한 법률」에 따라 이를 징수한다.

(4) 시장, 군수, 구청장이 부과, 징수한 과징금은 해당 시·군·구에 귀속된다.

① 과징금 산정 기준

- 영업정지 1월은 30일로 계산한다.
- 과징금 부과 기준이 되는 매출금액은 해당 영업소에 대한 처분일에 속한 연도의 전년도로서 1년간 총매출금액을 기준으로 한다.

> **TIP** 다만, 신규사업, 휴업 등으로 인하여 1년간의 총매출금액을 산출할 수 없거나 1년간의 총매출 금액을 기준으로 하는 것이 불합리하다고 인정되는 경우에는 분기별, 월별 또는 일별 매출금액을 기준으로 산출 또는 조정한다.

- 시장, 군수, 구청장은 영업자의 사업규모, 위반 행위의 정도 및 횟수 등을 참작하여 과징금 금액의 2분의 1 범위 안에서 이를 가중 또는 경감할 수 있다.

> **TIP** 이 경우 가중하는 때에도 과징금 총액이 1억 원을 초과할 수 없다.

② 과징금의 부과 및 납부

- 과징금을 부과하고자 할 때 시장, 군수, 구청장은 그 위반 행위의 종별과 해당 과징금의 금액 등을 명시하여 이를 납부할 것을 서면으로 통지하여야 한다.
- 통지를 받은 날로부터 20일 이내에 시장, 군수, 구청장이 정하는 수납기관에 납부하여야 한다.

> **TIP** 다만, 천재지변 그 밖에 부득이한 사유로 그 기간에 납부할 수 없을 때에는 그 사유가 없어진 날부터 7일 이내에 납부하여야 한다.

- 과징금의 납부를 받은 수납기관은 영수증을 납부자에게 교부하여야 한다.
- 과징금의 수납기관은 규정에 따라 과징금을 수납한 때에는 지체 없이 그 사실을 시장, 군수, 구청장에게 통보하여야 한다.
- 시장 · 군수 · 구청장은 법 제11조의2에 따라 과징금을 부과받은 자(이하 "과징금납부의무자"라 한다)가 납부해야 할 과징금의 금액이 100만 원 이상인 경우로서 다음 각 호의 어느 하나에 해당하는 사유로 과징금의 전액을 한꺼번에 납부하기 어렵다고 인정될 때에는 과징금납부의무자의 신청을 받아 12개월의 범위에서 분할 납부의 횟수를 3회 이내로 정하여 분할 납부하게 할 수 있다.
  1. 재해 등으로 재산에 현저한 손실을 입은 경우
  2. 사업 여건의 악화로 사업이 중대한 위기에 있는 경우
  3. 과징금을 한꺼번에 납부하면 자금사정에 현저한 어려움이 예상되는 경우
  4. 그 밖에 제1호부터 제3호까지의 규정에 준하는 사유가 있다고 인정되는 경우
- 과징금납부의무자는 제5항에 따라 과징금을 분할 납부하려는 경우에는 그 납부기한의 10일 전까지 같은 항 각 호의 사유를 증명하는 서류를 첨부하여 시장 · 군수 · 구청장에게 과징금의 분할 납부를 신청해야 한다.
- 시장 · 군수 · 구청장은 과징금납부의무자가 다음 각 호의 어느 하나에 해당하는 경우에는 분할 납부 결정을 취소하고 과징금을 한꺼번에 징수할 수 있다.

1. 분할 납부하기로 결정된 과징금을 납부기한까지 내지 않은 경우
2. 강제집행, 경매의 개시, 파산선고, 법인의 해산, 국세 또는 지방세의 체납처분을 받은 경우 등 과징금의 전부 또는 잔여분을 징수할 수 없다고 인정되는 경우

• 과징금의 징수절차는 보건복지부령으로 정한다.

Section 02 과태료, 양벌규정

1 과태료(제22조)

과태료	내용
300만 원 이하의 과태료	• 규정에 의한 보고를 하지 않거나 관계 공무원의 출입·검사·기타 조치를 거부·방해 또는 기피한 자 • 개선명령에 위반한 자
200만 원 이하의 과태료	• 미용업소의 위생관리 의무를 지키지 아니한 자 • 영업소 외의 장소에서 미용업무를 행한 자 • 위생교육을 받지 아니한 자

2 양벌규정(제21조)

법인의 대표자나 법인 또는 개인의 대리인, 사용인 그 밖의 종업원이 그 법인 또는 개인의 업무에 관하여 제20조(벌칙)에 위반 행위를 하면 그 행위자를 벌하는 외에 그 법인 또는 개인에게도 해당 조문의 벌금형을 과한다.

[TIP] 다만, 법인 또는 개인이 그 위반 행위를 방지하기 위해 해당 업무에 관하여 상당한 주의와 감독을 게을리하지 아니한 경우에는 그러하지 않다.

Section 03 행정 처분

1 일반기준

(1) 위반행위가 2 이상인 경우로서 그에 해당하는 각각의 처분기준이 다른 경우에는 그 중 중한 처분기준에 의하되, 2 이상의 처분기준이 영업정지에 해당하는 경우 가장 중한 정지처분기간에 나머지 각각의 정지처분기간의 2분의 1을 더하여 처분한다.

(2) 행정처분을 하기 위한 절차가 진행되는 기간 중에 반복하여 같은 사항을 위반하였을 때 그 위반 횟수마다 행정처분 기준의 2분의 1씩 더하여 처분한다.

(3) 위반행위의 차수에 따른 행정처분기준은 최근 1년간 같은 위반 행위로 행정처분을 받은 경우에 이를 적용한다.

[TIP] 이 때 그 기준적용일은 동일 위반 사항에 대한 행정처분일과 그 처분 후의 재적발일(수거검사에 의한 경우에는 검사결과를 처분청이 접수한 날)을 기준으로 한다.

(4) 행정처분권자는 위반 사항의 내용으로 보아 그 위반 정도가 경미하거나 해당 위반 사항에 관하여 검사로부터 기소유예의 처분을 받거나 법원으로부터 선고유예의 판결을 받았을 때 개별기준에도 불구하고 그 처분기준을 다음의 구분에 따라 경감할 수 있다.

① 영업정지 및 면허정지의 경우에는 그 처분기준 일수의 2분의 1의 범위 안에서 경감할 수 있다.

② 영업장 폐쇄의 경우에는 3월 이상의 영업정지 처분으로 경감할 수 있다.

(5) 영업정지 1월은 30일을 기준으로 하고, 행정처분기준을 가중하거나 경감하는 경우 1일 미만은 처분 기준 산정에서 제외한다.

2 개별기준

위반행위	근거 법조문	행정처분기준			
		1차 위반	2차 위반	3차 위반	4차 이상 위반
가. 법 제3조 제1항 전단에 따른 영업신고를 하지 않거나 시설과 설비기준을 위반한 경우	법 제11조 제1항 제1호				
1) 영업신고를 하지 않은 경우		영업장 폐쇄명령			
2) 시설 및 설비기준을 위반한 경우		개선명령	영업정지 15일	영업정지 1월	영업장 폐쇄명령
나. 법 제3조 제1항 후단에 따른 변경신고를 하지 않은 경우	법 제11조 제1항 제2호				
1) 신고를 하지 않고 영업소의 명칭 및 상호, 법 제2조 제1항 제5호 각 목에 따른 미용업 업종 간 변경을 하였거나 영업장 면적의 3분의 1 이상을 변경한 경우		경고 또는 개선명령	영업정지 15일	영업정지 1월	영업장 폐쇄명령
2) 신고를 하지 않고 영업소의 소재지를 변경한 경우		영업정지 1월	영업정지 2월	영업장 폐쇄명령	
다. 법 제3조의2 제4항에 따른 지위승계신고를 하지 않은 경우	법 제11조 제1항 제3호	경고	영업정지 10일	영업정지 1월	영업장 폐쇄명령
라. 법 제4조에 따른 공중위생영업자의 위생관리의무 등을 지키지 않은 경우	법 제11조 제1항 제4호				
1) 소독을 한 기구와 소독을 하지 않은 기구를 각각 다른 용기에 넣어 보관하지 않거나 1회용 면도날을 2인 이상의 손님에게 사용한 경우		경고	영업정지 5일	영업정지 10일	영업장 폐쇄명령
2) 피부미용을 위하여 「약사법」에 따른 의약품 또는 「의료기기법」에 따른 의료기기를 사용한 경우		영업정지 2월	영업정지 3월	영업장 폐쇄명령	
3) 점 빼기·귓불 뚫기·쌍꺼풀 수술·문신·박피술 그 밖에 이와 유사한 의료행위를 한 경우		영업정지 2월	영업정지 3월	영업장 폐쇄명령	
4) 미용업 신고증 및 면허증 원본을 게시하지 않거나 업소 내 조명도를 준수하지 않은 경우		경고 또는 개선명령	영업정지 5일	영업정지 10일	영업장 폐쇄명령
5) 별표 4 제4호 자목 전단을 위반하여 개별 미용서비스의 최종 지불가격 및 전체 미용서비스의 총액에 관한 내역서를 이용자에게 미리 제공하지 않은 경우		경고	영업정지 5일	영업정지 10일	영업정지 1월
마. 법 제5조를 위반하여 카메라나 기계장치를 설치한 경우	법 제 11조 제1항 제4호의 2	영업정지 1월	영업정지 2월	영업장 폐쇄명령	

바. 법 제7조 제1항 각 호의 어느 하나에 해당하는 면허 정지 및 면허 취소 사유에 해당하는 경우	법 제 7조 제1항				
1) 법 제6조 제2항 제1호부터 제4호까지에 해당하게 된 경우		면허취소			
2) 면허증을 다른 사람에게 대여한 경우		면허정지 3월	면허정지 6월	면허취소	
3) 「국가기술자격법」에 따라 자격이 취소된 경우		면허취소			
4) 「국가기술자격법」에 따라 자격정지처분을 받은 경우(「국가기술자격법」에 따른 자격정지 처분 기간에 한정한다)		면허정지			
5) 이중으로 면허를 취득한 경우(나중에 발급받은 면허를 말한다)		면허취소			
6) 면허정지처분을 받고도 그 정지 기간 중 업무를 한 경우		면허취소			
사. 법 제8조 제2항을 위반하여 영업소 외의 장소에서 미용 업무를 한 경우	법 제11조 제1항 제5호	영업정지 1월	영업정지 2월	영업장 폐쇄명령	
아. 법 제9조에 따른 보고를 하지 않거나 거짓으로 보고한 경우 또는 관계 공무원의 출입, 검사 또는 공중위생영업 장부 또는 서류의 열람을 거부·방해하거나 기피한 경우	법 제11조 제1항 제6호	영업정지 10일	영업정지 20일	영업정지 1월	영업장 폐쇄명령
자. 법 제10조에 따른 개선명령을 이행하지 않은 경우	법 제11조 제1항 제7호	경고	영업정지 10일	영업정지 1월	영업장 폐쇄명령
차. 「성매매알선 등 행위의 처벌에 관한 법률」, 「풍속영업의 규제에 관한 법률」, 「청소년 보호법」, 「아동·청소년의 성보호에 관한 법률」 또는 「의료법」을 위반하여 관계 행정기관의 장으로부터 그 사실을 통보받은 경우	법 제11조 제1항 제8호				
1) 손님에게 성매매알선 등 행위 또는 음란행위를 하게 하거나 이를 알선 또는 제공한 경우					
가) 영업소		영업정지 3월	영업장 폐쇄명령		
나) 미용사		면허정지 3월	면허취소		
2) 손님에게 도박 그 밖에 사행행위를 하게 한 경우		영업정지 1월	영업정지 2월	영업장 폐쇄명령	
3) 음란한 물건을 관람·열람하게 하거나 진열 또는 보관한 경우		경고	영업정지 15일	영업정지 1월	영업장 폐쇄명령
4) 무자격안마사로 하여금 안마사의 업무에 관한 행위를 하게 한 경우		영업정지 1월	영업정지 2월	영업장 폐쇄명령	
카. 영업정지 처분을 받고도 그 영업정지 기간에 영업을 한 경우	법 제11조 제2항	영업장 폐쇄명령			
타. 공중위생영업자가 정당한 사유 없이 6개월 이상 계속 휴업하는 경우	법 제11조 제3항 제1호	영업장 폐쇄명령			
파. 공중위생영업자가 「부가가치세법」 제8조에 따라 관할 세무서장에게 폐업신고를 하거나 관할 세무서장이 사업자 등록을 말소한 경우	법 제11조 제3항 제2호	영업장 폐쇄명령			

PART 05

공중위생관리법규 실전예상문제

★★☆☆☆
01 공중위생관리법의 목적으로 옳은 것은?

① 국민 삶의 질을 향상
② 국민의 건강증진에 기여
③ 국민의 체력 향상을 도모
④ 국민의 건전한 생활을 확보

해설
공중위생관리법의 목적은 공중이 이용하는 영업과 시설의 위생관리 등에 관한 사항을 규정함으로써 위생수준을 향상시켜 국민의 건강증진에 기여하는 것이다.

★☆☆☆☆
02 공중위생관리법상 미용업의 정의로 가장 올바른 것은?

① 손님의 머리를 손질하여 손님의 용모를 아름답고 단정하게 하는 영업
② 손님의 머리카락을 다듬거나 하는 등의 방법으로 손님의 용모를 단정하게 하는 영업
③ 손님의 얼굴 등에 손질을 하여 손님의 외모를 아름답게 꾸미는 영업
④ 손님의 얼굴, 머리, 피부 등을 손질하여 손님의 외모를 아름답게 꾸미는 영업

해설
미용업이란 손님의 얼굴, 머리, 피부 등을 손질하여 손님의 외모를 아름답게 꾸미는 영업을 말한다.

★★★☆☆
03 공중위생영업에 해당되지 않는 것은?

① 위생관리업 ② 세탁업
③ 목욕장업 ④ 숙박업

해설
공중위생영업의 종류는 미용업, 이용업, 숙박업, 세탁업, 목욕장업, 건물위생관리업이 있다.

★★☆☆☆
04 미용업소에서 면도기 사용에 대한 설명으로 가장 옳은 것은?

① 면도기를 소독 후 계속 사용한다.
② 면도기를 손님 1인에 한하여 사용한다.
③ 매 손님마다 소독한 면도기를 교체하여 사용한다.
④ 1회용 면도날만을 손님 1인에 한하여 사용한다.

해설
면도기는 1회용 면도날만을 손님 1인에 한하여 사용한다.

★☆☆☆☆
05 미용업자의 준수사항 중 옳은 것이 아닌 것은?

① 조명은 75룩스 이상이 유지되도록 한다.
② 1회용 면도날은 손님 1인에 한하여 사용한다.
③ 신고증과 함께 면허증 사본을 게시한다.
④ 소독을 한 기구와 하지 아니한 기구는 각각 다른 용기에 넣어 보관한다.

해설
③ 면허증 원본을 게시한다.

★☆☆☆☆
06 이·미용업 영업자가 준수하여야 하는 위생관리기준으로 옳지 않은 것은?

① 손님이 보기 쉬운 곳에 준수사항을 게시하여야 한다.

정답 — 01 ② 02 ④ 03 ① 04 ④ 05 ③ 06 ①

② 영업장 안의 조명도는 75룩스 이상이어야 한다.
③ 일회용 면도날은 손님 1인에 한하여 사용하여야 한다.
④ 영업소 내에 요금표를 게시하여야 한다.

해설
②, ③, ④는 위생관리기준에 속한다.

07 이·미용 영업을 개설할 수 있는 자의 자격은?

① 영업소 내에 시설을 완비하였을 때
② 이 · 미용의 면허증이 있을 때
③ 이 · 미용의 자격이 있을 때
④ 자기 자금이 있을 때

해설
이·미용 영업개시를 하기 위해서는 면허증을 소지하여야 한다.

08 영업소 폐쇄명령을 받은 후 폐쇄명령을 받은 영업과 같은 종류의 영업을 할 수 있는 기준사항은?

① 영업소 폐쇄명령을 받은 후 3월 경과 후 같은 종류의 영업을 할 수 있다.
② 영업소 폐쇄명령을 받은 후 6월 경과 후 같은 종류의 영업을 할 수 있다.
③ 영업소 폐쇄명령을 받은 후 1년 경과 후 같은 종류의 영업을 할 수 있다.
④ 동일한 장소에서는 같은 영업을 할 수 없다.

해설
폐쇄명령을 받은 후 최소 6개월이 경과하여야 같은 종류의 영업을 할 수 있다.

★★☆☆☆
09 미용 영업소가 영업정지 명령을 받고도 계속하여 영업을 한 때의 벌칙사항은?

① 1년 이하의 징역 또는 1천만 원 이하의 벌금
② 6월 이하의 징역 또는 1천만 원 이하의 벌금
③ 3월 이하의 징역 또는 5백만 원 이하의 벌금
④ 1년 이하의 징역 또는 3백만 원 이하의 벌금

해설
1년 이하의 징역 또는 1천만 원 이하의 벌금
- 영업의 신고 규정에 의한 신고를 하지 않는 자
- 영업정지 명령 또는 일부 시설 사용중지 명령을 받고도 그 기간 중에 영업을 하거나 그 시설을 사용한 자
- 영업소 폐쇄명령을 받고도 계속하여 영업을 한 자

★☆☆☆☆
10 미용사의 면허증을 영업소 안에 게시하지 아니한 자에 대한 법적 조치는?

① 50만 원 이하 과태료
② 100만 원 이하 벌금
③ 200만 원 이하 과태료
④ 200만 원 이하 벌금

해설
200만 원 이하 과태료
- 위생교육을 받지 아니한 자
- 영업소 이외의 장소에서 미용 업무를 행한 자
- 미용업소의 위생관리 의무를 지키지 아니한 자

★★☆☆☆
11 이·미용의 업무를 영업소 이외에서 행하였을 때 이에 대한 처벌 기준은?

① 1년 이하의 징역 또는 1천만 원 이하의 벌금
② 300만 원 이하의 과태료
③ 200만 원 이하의 과태료
④ 100만 원 이하의 벌금

해설
200만 원 이하 과태료
- 위생교육을 받지 아니한 자
- 영업소 이외의 장소에서 미용 업무를 행한 자
- 미용업소의 위생관리 의무를 지키지 아니한 자

정답 07 ② 08 ② 09 ① 10 ③ 11 ③

★☆☆☆☆

12 보건복지부령이 정하는 위생교육을 반드시 받아야 하는 자에 해당되지 않는 것은?

① 영업을 승계한 자
② 영업의 신고를 하고자 하는 자
③ 영업소에 종사하는 자
④ 공중위생관리법에 의한 명령에 위반한 영업소의 영업주

해설
위생교육을 받아야 하는 자 중 영업에 직접 종사하지 아니하거나 2개 이상의 장소에서 영업을 하고자 하는 자는 종업원 중 영업장별로 공중위생에 관한 책임자를 지정하고 그 책임자로 하여금 위생교육을 받게 하여야 한다.

★★★★☆

13 다음 중 미용사의 면허를 받을 수 없는 자는?

① 교육부장관이 인정하는 인문계 학교에서 1년 이상 이 · 미용사 자격을 취득한 자
② 면허가 취소된 후 1년이 경과된 자
③ 국가기술자격법에 의한 미용사의 자격을 취득한 자
④ 전문대학에서 미용에 관한 학과를 졸업한 자

해설
① 교육부장관이 인정하는 고등기술학교에서 1년 이상 미용에 관한 소정의 과정을 이수한 자

14 이·미용사 면허증을 분실하여 재발급을 받은 자가 분실한 면허증을 찾았을 때 취하여야 할 조치로 해당되는 것은?

① 재발급 받은 면허증을 반납한다.
② 시장, 군수, 구청장에게 찾은 면허증을 반납한다.
③ 시 · 도지사에게 찾은 면허증을 반납한다.
④ 본인이 둘 다 소지하여도 상관없다.

해설
이·미용사 면허증을 분실하여 재발급을 받은 경우 분실한 면허증을 찾았을 때 시장, 군수, 구청장에게 찾은 면허증을 반납하여야 한다.

15 미용사의 면허증을 재발급 받을 수 있는 자에 해당되는 자는?

① 감염병자
② 다른 사람에게 면허증을 대여한 자
③ 공중위생관리법 규정에 의한 명령을 위반한 자
④ 면허증이 헐어 못쓰게 된 자

해설
면허증을 재발급 받을 수 있는 때
- 면허증을 잃어버린 때
- 면허증의 기재사항에 변경이 있을 때
- 면허증이 헐어 못쓰게 된 때

★★★☆☆

16 영업소 외에서 미용업무를 할 수 없는 경우에 해당되는 것은?

① 관할 소재동 지역 내에서 주민에게 미용을 하는 경우
② 혼례나 기타 의식에 참여하는 자에 대하여 그 의식의 직전에 미용을 하는 경우
③ 특별한 사정이 있다고 인정하여 시장, 군수, 구청장이 인정하는 경우
④ 질병, 기타의 사유로 인하여 영업소에 나올 수 없는 자에 대하여 미용을 하는 경우

해설
영업소 외에서 미용업무를 할 수 있는 경우
- 질병 기타의 사유로 인하여 영업소에 나올 수 없는 자에 대하여 미용을 하는 경우
- 혼례, 기타 의식에 참여하는 자에 대하여 그 의식 직전에 미용을 하는 경우
- 사회복지시설에서 봉사활동으로 미용을 하는 경우
- 방송 등의 촬영에 참여하는 사람에 대하여 그 촬영 직전에 미용을 하는 경우
- 위의 네 가지 사정 외에 특별한 사정이 있다고 시장, 군수, 구청장이 인정하는 경우

정답 12 ③ 13 ① 14 ② 15 ④ 16 ①

★☆☆☆☆
17 **위생서비스수준의 평가에 대한 설명 중 옳은 것은?**

① 평가의 전문성을 높이기 위해 관련 전문기관 및 단체로 하여금 평가를 실시하게 할 수 있다.
② 평가주기는 3년마다 실시한다.
③ 위생관리 등급은 2개 등급으로 나누어진다.
④ 평가주기와 방법, 위생관리등급은 대통령령으로 정한다.

해설
② 평가주기는 2년마다 실시한다.
③ 위생관리 등급은 3개 등급으로 나누어진다.
- 최우수업소 : 녹색등급
- 우수업소 : 황색등급
- 일반관리대상업소 : 백색등급

④ 위생교육의 방법, 절차 등에 관한 필요사항은 보건복지부령으로 정한다.

★★★☆☆
18 **이·미용 영업자의 지위를 승계한 자는 며칠 이내에 시장·군수·구청장에게 신고를 해야 하는가?**

① 즉시 ② 10일
③ 1월 이내 ④ 6월 이내

해설
공중위생영업자의 지위를 승계하는 자는 1월 이내에 보건복지부령이 정하는 바에 따라 시장, 군수, 구청장에게 신고하여야 한다.

★★★★★★★★★★
19 **과태료 처분에 불복할 경우 그 처분을 통지받은 날로부터 며칠 이내에 이의를 제기할 수 있는가?**

① 10일 ② 15일
③ 30일 ④ 60일

해설
과태료 부과에 불복하는 당사자는 과태료 부과 통지를 받은 날부터 60일 이내에 해당 행정청에 서면으로 이의제기를 할 수 있다(질서위반행위규제법 제20조).

★★☆☆☆
20 **이·미용업소에 반드시 게시하여야 할 내용은?**

① 이 · 미용 요금표
② 준수사항 및 주의사항
③ 면허증 사본
④ 미용업소 종사자 인적사항표

해설
영업장에 미용업 신고증, 개설자의 면허증 원본 및 미용 요금표를 게시하여야 한다.

★★☆☆☆
21 **공중위생영업자는 그 이용자에게 건강상 ( )이 발생하지 않도록 시설을 관리해야 한다. ( )속에 들어갈 내용은?**

① 장해 ② 악영향
③ 위해요인 ④ 질병

해설
공중위생영업자는 그 이용자에게 건강상 위해요인이 발생하지 않도록 시설을 관리해야 한다.

★★★☆☆
22 **이 · 미용사의 면허취소, 공중위생영업의 정지, 일부 시설의 사용중지 및 영업소 폐쇄명령 등의 처분을 하고자 하는 때에 실시해야 하는 절차는?**

① 구두 통보
② 서면 통보
③ 청문
④ 공시

해설
시장, 군수, 구청장은 신고사항의 직권 말소, 미용사 면허 취소 및 정지, 영업의 정지, 일부 시설의 사용중지 및 영업소 폐쇄명령 등의 처분을 하고자 하는 때에는 청문을 해야 한다.

정답 17 ① 18 ③ 19 ④ 20 ① 21 ③ 22 ③

★★★★☆

23 **다음 중 이·미용사의 면허를 취득할 수 없는 자에 해당하는 질병은?**

① B형간염 ② 간질
③ 감염성 결핵 ④ 피부 질환

해설

미용사의 면허를 받을 수 없는 자
- 피성년후견인
- 정신질환자(다만, 전문의가 적합하다고 인정한 사람은 그러하지 아니하다)
- 공중의 위생에 영향을 미칠 수 있는 감염병 환자로서 보건복지부령이 정한 자(감염성 결핵 환자)
- 마약 기타 대통령령으로 정하는 약물 중독자
- 면허가 취소된 후 1년이 경과되지 아니한 자

★★★☆☆

24 **영업소 폐쇄명령을 받고도 계속하여 이·미용 영업을 한 경우에 시장, 군수, 구청장이 취할 수 있는 조치로 틀린 것은?**

① 영업을 위하여 필수불가결한 기구 또는 시설물 봉인
② 해당 영업소의 간판 및 영업표지물의 제거
③ 영업장의 위법한 업소임을 알리는 게시물 등 부착
④ 해당 영업소의 업주에 대한 손해 배상 청구

해설

①, ②, ③은 시장, 군수, 구청장이 취할 수 있는 조치에 해당된다.

★☆☆☆☆

25 **과태료에 대한 설명 중 옳은 것이 아닌 것은?**

① 과태료 처분에 불복이 있는 자는 그 처분을 통지받은 날부터 60일 이내에 이의를 제기할 수 있다.
② 과태료는 관할 시장, 군수, 구청장이 부과 · 징수한다.
③ 과태료를 납부하지 아니한 때에는 지방세체납처분의 예에 의하여 징수한다.
④ 과태료 처분에 대하여 이의가 있을 경우 청문을 실시한다.

해설

시장, 군수, 구청장은 미용사 면허취소 및 정지, 영업의 정지, 일부 시설의 사용중지 및 영업소 폐쇄명령 등의 처분을 하고자 하는 때에는 청문을 해야 한다.

★☆☆☆☆

26 **이·미용기구의 소독 기준으로 옳지 않은 것은?**

① 건열멸균소독은 100℃ 이상의 건조한 열에 20분 이상 쐬어준다.
② 열탕소독은 100℃ 이상의 물속에 10분 이상 끓여준다.
③ 자외선소독은 1㎝²당 85㎼ 이상의 자외선을 20분 이상 쬐어준다.
④ 증기소독은 100℃ 이상의 습한 열에 30분 이상 쐬어준다.

해설

④ 증기소독은 100℃ 이상의 습한 열에 20분 이상 쐬어준다.

★★☆☆☆

27 **이·미용 기구 소독 기준으로 해당되지 않는 것은?**

① 자외선소독 : 1㎠당 85㎼ 이상의 자외선을 10분 이상 쬐어준다.
② 크레졸소독 : 크레졸 3% 수용액에 10분 이상 담가둔다.
③ 열탕소독 : 100℃ 이상의 물속에 10분 이상 끓여준다.
④ 석탄산수소독 : 석탄산 3% 수용액에 10분 이상 담가둔다.

해설

① 자외선 소독은 1㎠당 85㎼ 이상의 자외선을 20분 이상 쬐어준다.

정답 23 ③ 24 ④ 25 ④ 26 ④ 27 ①

★☆☆☆☆

28 다음 중 1년 이하의 징역 또는 1천만 원 이하의 벌금에 처할 수 있는 사항은?

① 면허정지 기간 중에 영업을 한 자
② 영업의 신고를 하지 아니하고 영업을 한 자
③ 영업의 허가를 받지 아니하고 영업을 한 자
④ 중요사항 변경신고를 하지 않은 자

해설

1년 이하의 징역 또는 1천만 원 이하의 벌금
- 영업의 신고 규정에 의한 신고를 하지 아니한 자
- 영업정지 명령 또는 일부 시설 사용중지 명령을 받고도 그 기간 중에 영업을 하거나 그 시설을 사용한 자 또는 영업소 폐쇄 명령을 받고도 계속하여 영업을 한 자

★☆☆☆☆

29 다음 중 공중위생영업 위법 사항 중 가장 무거운 벌칙 기준에 해당하는 자는?

① 신고를 하지 아니하고 영업한 자
② 관계 공무원 출입, 검사를 거부한 자
③ 변경신고를 하지 아니하고 영업한 자
④ 면허정지 처분을 받고 그 정지 기간 중에 업무를 행한 자

해설

① 1년 이하의 징역 또는 1천만원 이하의 벌금
② 300만 원 이하의 과태료
③ 6월 이하의 징역 또는 500만 원 이하의 벌금
④ 300만 원 이하의 벌금

★★☆☆☆

30 이·미용 영업자에 대한 지도,감독을 위해 관계 공무원의 출입, 검사를 거부, 방해한 자에 대한 처벌 규정은?

① 100만 원 이하의 벌금
② 100만 원 이하의 과태료
③ 200만 원 이하의 과태료
④ 300만 원 이하의 과태료

해설

300만 원 이하의 과태료
- 규정에 의한 보고를 하지 않거나 관계 공무원의 출입·검사·기타 조치를 거부·방해 또는 기피한 자
- 개선명령에 위반한 자

★☆☆☆☆

31 공중위생감시원의 자격으로 해당되지 않는 자는?

① 1년 이상 공중위생 행정에 종사한 경력이 있는 자
② 대학에서 미용학을 전공하고 졸업한 자
③ 외국에서 위생사 또는 환경기사의 면허를 받은 자
④ 위생사 자격증이 있는 자

해설

공중위생감시원의 자격
- 위생사 또는 환경기사 2급 이상의 자격증이 있는 사람
- 대학에서 화학, 화공학, 환경공학 또는 위생학 분야를 전공하고 졸업한 사람 또는 이와 같은 수준 이상의 자격이 있는 사람
- 외국에서 위생사 또는 환경기사의 면허를 받은 사람
- 1년 이상 공중위생 행정에 종사한 경력이 있는 사람
- 공중위생감시원의 인력확보가 곤란하다고 인정되는 때에는 공중위생 행정에 종사하는 사람 중에서 공중위생감시에 관한 교육훈련을 2주 이상 받은 자를 공중위생 행정에 종사하는 기간 동안 공중위생감시원으로 임명할 수 있다.

★★☆☆☆

32 영업장의 폐쇄명령을 받고도 계속 영업을 했을 경우에 벌칙 기준은?

① 6개월 이하의 징역 또는 500만 원 이하의 벌금
② 1년 이하의 징역 또는 1천만 원 이하의 벌금
③ 100만 원 이하의 벌금
④ 300만 원 이하의 벌금

정답 28 ② 29 ① 30 ④ 31 ② 32 ②

해설

1년 이하의 징역 또는 1천만 원 이하의 벌금
- 영업의 신고 규정에 의한 신고를 하지 않는 자
- 영업정지 명령 또는 일부 시설 사용중지 명령을 받고도 그 기간 중에 영업을 하거나 그 시설을 사용한 자 또는 영업소 폐쇄명령을 받고도 계속하여 영업을 한 자

★☆☆☆☆

33 공중위생영업자가 준수하여야 할 위생관리 기준은 다음 중 어느 것으로 정하고 있는가?

① 노동부령 ② 대통령령
③ 국무총리령 ④ 보건복지부령

해설

공중위생영업자가 준수하여야 할 위생관리 기준은 보건복지부령으로 정한다.

★☆☆☆☆

34 공중위생영업소의 위생관리 수준을 향상시키기 위하여 위생서비스 평가계획을 수립하는 자는?

① 보건복지부장관 ② 시장, 군수, 구청장
③ 시 · 도지사 ④ 행정자치부장관

해설

- 위생서비스 평가계획권자 : 시·도지사
- 위생서비스 평가계획 통보를 받는 관청 : 시장, 군수, 구청장

★★★☆☆

35 손님에게 음란 행위를 알선·제공한 때의 영업소에 대한 1차 위반 행정처분 기준은?

① 영업정지 1월 ② 영업정지 2월
③ 영업정지 3월 ④ 영업장 폐쇄

해설

1차 위반 시 영업정지 3월, 2차 위반 시 영업장 폐쇄명령

★★★★☆

36 이·미용사의 면허증을 다른 사람에게 대여한 때의 1차 위반 기준에 해당되는 것은?

① 영업정지 1월 ② 면허정지 1월
③ 면허정지 2월 ④ 면허정지 3월

해설

1차 위반 시 면허정지 3월, 2차 위반 시 면허정지 6월, 3차 위반 시 면허취소

★★☆☆☆

37 신고를 하지 아니하고 영업장의 면적을 3분의 1 이상 변경한 때의 1차 위반 행정처분 기준은?

① 경고 또는 개선명령
② 영업정지 10일
③ 영업정지 15일
④ 영업장 폐쇄명령

해설

1차 위반 시 경고 또는 개선명령, 2차 위반 시 영업정지 15일, 3차 위반 시 영업정지 1월, 4차 위반 시 영업장 폐쇄명령

★☆☆☆☆

38 미용업자가 점 빼기, 귓불 뚫기, 쌍꺼풀 수술, 문신, 박피술 그밖에 이와 유사한 의료행위를 했을 때 1차 행정 처분의 경우는?

① 개선명령
② 영업정지 2월
③ 영업정지 3월
④ 영업장 폐쇄명령

해설

1차 위반 시 영업정지 2월, 2차 위반 시 영업정지 3월, 3차 위반 시 영업장 폐쇄명령

정답 – 33 ④ 34 ③ 35 ③ 36 ④ 37 ① 38 ②

memo

PART 6

화장품학

CHAPTER

01 | 화장품학 개론

[화장품법 제2조 제1항]
화장품이란 인체를 청결, 미화하여 매력을 더하고 용모를 밝게 변화시키는 제품이다. 이는 피부·모발의 건강을 유지 또는 증진하기 위하여 인체에 바르고 문지르거나 뿌리는 등 이와 유사한 방법으로 사용되는 물품으로서 인체에 대한 작용이 경미한 것을 말한다. 다만 「약사법」 제2조 제4호의 의약품에 해당하는 물품은 제외한다.

Section 01 화장품의 정의

1 화장품의 사용목적 및 효과

(1) 화장품의 사용목적

인체를 청결하게 하고 미화하여 매력을 더하고 용모를 밝게 변화시키거나 건강을 유지 또는 증진시키기 위함이 목적이다.

(2) 화장품의 사용 대상

인체 외피인 피부와 모발, 네일 등을 대상으로 한다.

(3) 화장품의 사용방법 및 사용효과

① 인체에 도포(바른다), 도찰(문지른다), 산포(뿌린다) 등 이와 유사한 방법으로 사용되는 물품이다.
② 화장품은 질병을 치료하거나 예방하는 의약품이 아니므로 일상적으로 오랜 기간에 걸쳐 반복 사용하는 약리적인 효능 · 효과에 대한 인체작용이 경미해야 한다.

(4) 화장품의 4대 요건

① 안전성(피부) : 피부에 대한 자극, 알레르기, 특성 등이 없어야 한다.
② 안정성(제품) : 보관에 따른 파손, 변질, 변색, 성분에서의 이물질 혼입에 따른 미생물의 오염 등이 없어야 한다.
③ 사용성(사용감, 편리성, 기호성) : 피부의 친화성, 촉촉함, 부드러움, 제품의 크기, 중량, 기능, 휴대, 기호에 따른 디자인, 색, 향기 등이 적절해야 한다.

④ 유용성(효과) : 보습, 수렴, 혈액순환, 노화 억제, 자외선 차단, 미백, 세정, 색채 증감 등의 효과가 있어야 한다.

> **[TIP]** ① 일반화장품 : 주성분 표시 및 기재를 할 수 없으며 주름, 미백, 자외선 차단 효능에 대해서도 광고를 할 수 없다.
> ② 기능성 화장품 : 피부의 특정 부위의 문제인 미백, 주름개선, 자외선으로부터 피부 보호 등을 집중적으로 개선하고자 하는 화장품이다.

Section 02 화장품의 분류

1 화장품의 분류

(1) 법적 정의

화장품은 향장품과 동의어로서 피부에 보습과 영양 그리고 청결을 유지시켜주기 위한 작용을 기본방향으로 한다. 또한 안정성과 유효성에 따라 화장품, 의약외품, 의약품 등으로 구분한다.

구분	안정성과 유효성에 따른 분류	
화장품	기초화장품	• 세안, 세정, 청결을 목적으로 하는 클렌징 제품과 전신의 피부를 보호하거나 정돈시키는 화장수(스킨, 로션, 팩, 크림, 에센스 등)로 분류된다.
	색조화장품 (네일 제품 포함)	• 피부의 색을 표현하는 메이크업 베이스, 파운데이션, 파우더 등과 아이섀도, 아이라이너, 마스카라, 블러셔(볼터치), 립스틱, 네일폴리시, 리무버 등은 얼굴의 결점을 보완하는 제품으로 분류된다.
	기능성 화장품	• 주름 개선제, 미백제, 자외선 차단제 등으로서 식약처로부터 기능성 화장품 승인 후 제조, 판매된다.
	유기농 화장품	• 유기농 원료, 동·식물 및 그 유래 원료 등으로 제조된다(식품의약품안전처장이 준하는 기준에 맞는 주성분이어야 한다).
의약외품	식약처의 허가 및 인증에 의한 화장품	• 어느 정도 약리학적 효능, 효과가 있는 클렌징, 세정 제품(치약, 청결제 등)과 소독제, 마스크(황사용, 보건용, 수술용) 염모제, 탈색제 등이 포함된다.
의약품	의사 처방 후에 환자에 사용하는 물품	• 사람이나 동물의 구조와 기능이 약리학적 영향을 줄 목적으로 특정 부위에 단기간 또는 일정기간 사용하는 연고, 항생제 등이 포함된다.

2 화장품 취급 시 주의사항

(1) 화장품 선택 시

① 제조 연 · 월 · 일을 확인 후 제조사의 설명서를 참고하여 제품의 특징과 사용법 등에 이상이 없고 피부타입, 상태 및 성질에 적합한 화장품을 선택한다.

② 화장품 선택 시 최소로 필요한 물품으로 적정량만 구입한다.

③ 강한 향과 자극적인 성분 등을 피하며 첩포 테스트를 한 후 선택한다.

(2) 화장품 사용 시

① 손을 청결히 한 후 제품을 사용하며, 덜어쓸 경우에는 주걱을 이용한다.

② 화장품 사용 시 최소 필요량만 사용한다.

③ 덜어 사용 후 남은 제품을 용기에 다시 넣을 시 미생물에 의해 용기 내 제품의 변질을 가져다준다.

(3) 화장품 보관 시

① 일정 온도(18~20℃)를 유지하는 냉암소에 보관한다.

② 사용 후 뚜껑을 잘 덮어두고 사용할 때마다 용기의 입구를 청결하게 관리한다.

③ 유아들이 만지지 못하도록 보관한다.

CHAPTER

02 화장품 제조

Section 01 화장품의 원료

인체에 직접 사용되는 화장품은 고도로 정제된 원료를 사용해야 하므로 품질 관리면에서 안전성이 요구된다.

1 화장품의 원료

화장품의 구성성분은 수성원료, 유성원료, 유화제, 보습제, 방부제, 착색료, 향료, 산화방지제 등이 있다. 화장품의 활성성분은 미백제, 육모제, 주름 제거제, 여드름, 비듬 · 가려움 방지제, 자극 완화제, 액취 방지제, 각질 제거제, 유연제 등이 있다.

1) 수용성 원료

(1) 물

① 수용성 용매로 사용되는 물은 화장품 원료 중 가장 큰 비율을 차지한다. 세균과 금속이온(칼슘, 마그네슘 등)이 제거된 정제수로서 스킨, 로션, 크림 등에 기초 성분으로 사용된다.

② 증류수(수증기를 냉각기로 차갑게 만든 물) 또는 탈이온수(이온화된 물을 탈이온화시킨 물) 과정을 거친 물 등이 사용된다.

(2) 알코올류

① 에탄올

- 에틸알코올로서 수렴화장수, 스킨로션, 향수 등에 사용된다.
- 유기용매로서 향료, 색소, 유기안료 등을 녹이는 용매로 사용된다.
- 살균, 소독작용과 함께 휘발성과 친수 · 친유성을 동시에 가진 양친매성으로 청량감이 있다.

[TIP] 화장품에 사용되는 에탄올은 특수한 변성제를 첨가한 변성 알코올이다.

② 글리세린

3가 알코올의 대표적인 보습제로서 피부를 촉촉하게 해주며 용매, 유화제, 감미료 등에 사용된다.

2) 유성원료

고체(왁스)와 액체(오일)로 구성된다. 천연물에서 추출된 액상 천연오일은 가수분해, 수소화(경화 피마자유, 스쿠알렌) 등의 공정을 거쳐 만들어진다. 합성오일은 에스테르화(합성 에스테유)의 공정을 거쳐 유도체로 이용한다.

(1) 식물성 오일

식물의 꽃, 잎, 열매, 껍질 및 뿌리 등에서 추출한 성분으로 피부에 대한 자극은 없으나 피부 내로 흡수가 더디고 부패하기 쉽다는 단점이 있다.

오일 종류	특 징
올리브유	• 올레인산(65~85%)을 주성분으로 수분 증발 억제 및 촉감 향상에 효과적이다. 피부에 흡수가 용이하며 주로 선탠 오일, 에몰리엔트 크림 등에 사용된다.
아몬드유	• 크림, 로션의 에몰리엔트제, 마사지 오일 등에 사용된다.
맥아유	• 비타민 E를 함유한 밀배아 추출물로서 항산화작용과 함께 혈액순환을 돕고 메이크업, 모발 화장품 등에 폭넓게 사용된다.
피마자유	• 색소와 잘 혼합되는 피마자(아주까리)는 알칼로이드의 하나인 리시닌(85~90%) 추출물로서 친수성과 점성 또한 높아서 립스틱, 네일 에나멜 등에 주로 사용한다.
아보카도유	• 비타민 A, B_2가 함유되어 있어 건성피부에 특히 효과적이다. • 올레인산(77%), 리놀레인산(11%)을 성분으로 침투성과 에몰리엔트의 효과에 의해 피부 친화성과 퍼짐성 등이 좋아 에몰리엔트 크림, 샴푸, 린스 등에 사용된다.
살구씨유	• 살구씨(행인)의 추출물인 아미그달린은 감촉이 좋아 에몰리엔트제로 사용한다.
월견초(달맞이꽃)유	• 달맞이꽃 종자에서 추출된 필수지방산은 아토피성 피부염, 노화 억제, 보습, 세포재생 등에 효과가 있다.

(2) 동물성 오일

동물의 장기나 피하조직에서 추출, 정제함으로써 사용 시 피부친화성이 좋아 흡수가 빠르다.

오일 종류	특 징
라놀린	• 양의 털에서 추출하며 주성분은 고급 지방산인 에스터류, 콜레스테롤, 트리글리세라이드 등이 포함된다. • 피부 보습력을 지닌 피부유연제로서 피부친화성, 부착성, 흡수성이 우수하다. • 크림, 립스틱 등에 널리 첨가되었으나 여드름, 알레르기 유발 가능성이 있다.
스쿠알란	• 상어의 간에서 추출한 스쿠알렌에 수소(H)를 첨가하여 만든 불포화지방산인 스쿠알란은 산화를 방지한 것으로 피부흡수성과 유화성이 있다.
밍크 오일	• 밍크의 피하지방에서 추출된 부드러운 유연제로서 건조하고 거친 피부에 유분감을 주지 않으면서도 친화성이 좋다.
난황 오일	• 레시틴(계란 노른자)을 주성분으로 유화제로 사용되고 있다.

(3) 왁스

고급 지방산과 고급 알코올이 결합된 에스테르(실온에서 고체)는 식물성 또는 동물성 오일에 비해 변성이 적다. 광택과 사용감이 뛰어나 립스틱, 크림, 파운데이션 등에 사용된다.

구분	왁스 종류	특징
식물성 왁스 (열대식물의 잎이나 열매에서 추출)	카르나우바	• 카르나우바 야자 잎에서 추출하며 광택이 우수하여 크림, 립스틱, 왁스 등에 사용된다.
	칸데릴라	• 칸데릴라 식물에서 추출하며 립스틱에 첨가된다.
	호호바(조조바)	• 호호바 나무에서 추출된 고급 불포화지방산인 에스테르는 피부 밀착감과 안정성이 우수하여 유화제품 및 립스틱에 첨가된다.
동물성 왁스 (벌집과 양모에서 추출)	밀납	• 벌집에서 추출된 밀납은 피부유연제로서 화장품에 가장 많이 사용된다. • 크림, 로션, 탈모왁스, 아이섀도, 파운데이션 등에 첨가된다.
	라놀린	• 양모에서 추출되며 피부유연성과 친화성이 좋다.

(4) 합성 유성원료

① 광물성 오일(탄화수소류)

산패 또는 변질의 우려가 없는 석유에서 추출함으로써 유성감은 높으나 피부 호흡을 방해하므로 식물성 오일과 혼합하여 사용한다.

- 유동파라핀(미네랄 오일) : 정제가 쉽고 무색, 무취로서 화학적으로 안정되어 있다. 가격이 저렴하며, 사용감 향상(메이크업의 부착성)과 함께 피부 표면의 수분 증발을 억제시켜 클렌징, 마사지 제품 등에 사용한다.
- 실리콘 오일(디메치콘, 디메치콘폴리올, 페닐트리메콘 등) : 안정성, 내수성, 발수성이 높아 끈적거림이 없으며 사용감이 가볍다.
- 바셀린 : 무취하며 화학적으로 안정하여 크림, 립스틱, 메이크업 제품 등에 사용한다. 피부에 유막을 형성하여 수분 증발을 억제하며 외부 자극으로부터 피부를 보호한다.

② 고급 지방산

천연의 왁스, 에스터로 존재하는 것에서 추출한다.

- 라우릭산 : 야자, 팜유에서 추출하며 화장 비누, 세안류 등에 첨가된다.
- 올레인산 : 올리브유의 주성분으로 크림류에 사용되며 액체비누 제조에 사용된다.
- 팔미트산 : 팜유에서 추출하며 크림, 유액 등에 사용되는 피부 보호작용을 한다.
- 미리스트산 : 팜유를 분해해서 추출하며 세정력이 우수하여 세안류 등에 사용된다.
- 스테아르산 : 우지나 팜유에서 추출하며 유화제, 증점제, 크림, 로션, 립스틱 등 고급 지방산 중 가장 많이 첨가된다.

③ 고급 알코올

천연 유지 또는 석유화학 제품에서 추출한 알코올로서 유화 제품의 유화 안정 보존제로 첨가된다.

- 세틸 알코올 : 세탄올로서 유분감을 감소시키거나 왁스류의 접착성을 낮춤으로써 크림, 유액 등 유화안정제로 첨가된다.
- 스테아릴 알코올 : 야자유에서 추출되며 유화 안정제, 점도 조절제(점증제)로 사용된다.

④ 에스테르

산과 알코올 합성 시 반응물로서 가볍고 산뜻한 촉감과 피부 유연성을 갖게 한다.

- 부틸 스테아레이트 : 사용감이 가볍고 유성감은 거의 없다.
- 이소프로필 팔미테이트 : 사용감이 매끄럽고 침투력이 우수하여 보습제, 유연제로 사용된다.
- 이소프로필 미리스테이트 : 투명한 무색 액체로서 침투력이 좋아 사용감이 우수하며 보습제, 유연제로 사용한다.

3) 보습제

피부를 촉촉하게 하는 물질로서 흡습능력과 수분보유 능력, 피부 친화성이 있어야 한다.

① 폴리올

- 글리세린 : 의약품 등에서도 널리 사용되는 유연제(강한 보습효과)로서 피부를 부드럽게 하고 윤기와 광택을 나타낸다.
- 폴리에틸렌글리콜 : 글리세린보다 점도가 낮아 화장품의 크림 베이스와 연고의 유연제로 사용된다.
- 프로필렌글리콜 : 점성이 있는 액체로 글리세린보다 강한 침투력을 갖고 가격이 저렴하다.
- 부틸렌글리콜 : 유연제, 보습제로서 사용감과 방수효과가 있다.
- 솔비톨 : 해조류, 벚나무, 앵두, 사과, 딸기 등에서 추출하며 인체 안정성이 높고 보습력이 우수하다.

② 천연보습인자(NMF)

피부에서 자연 발생되는 나트륨은 수분과 결합함으로써 흡습과 유연성을 증가시킨다. 아미노산(천연보습인자 성분으로 피부에 자극이 없고 보습효과가 있음), 젖산염, 유산염, 피롤리돈카본산염(PCA) 등이 있다.

③ 고분자 보습제

피부유연성과 보습성이 우수한 히아루론산염, 콘드로이친 황산염, 가수분해 콜라겐 등에서 미생물 발효에 의해 대량 생산한다.

4) 계면활성제

계면을 활성화시키는 계면활성제의 작용과 종류는 친수성기 또는 원자단의 특성에 따라 분류한다.

(1) 계면활성제의 작용

구분	특징
습윤·침투	• 부착된 오염물을 느슨(팽윤)하게 하여 표면에서 떼어 냄으로써 계면장력을 저하시킨다.

유화	• 유성물질은 계면활성제 분자의 흡착에 의해 표면에서 떨어져 액체 중에 분산되어 더욱 작은 기름방울로 세분화됨으로써 유화상이 된다.
분산	• 계면활성제가 오염입자에 흡착하여 미세입자로 미셀화하여 분산시킨다.
재부착 방지	• 떼어낸 오염물이 재부착되지 않도록 오염입자를 안정하게 하는 작용이다.
가용화	• 물에 난용성인 유성물질이 미셀 내에 가두어 용해한 것처럼 만든다.
기포	• 가용화된 미셀끼리 접촉을 막아 마찰을 없애 면적을 확대한다.
헹굼	• 모발과 피부에서의 오염물 또는 세제를 제거하는 과정이다.
표면장력	• 표면장력 저하작용으로 습윤작용이 커짐과 동시에 물체의 작은 구멍에도 들어갈 수 있도록 침투작용을 증대시킨다.

(2) 계면활성제의 종류

구분	종류	특징	제품
음이온	지방산계 고급 알코올계	• 세정, 기포작용이 있다. • 탈지력이 커서 피부가 거칠어진다.	• 비누, 클렌징 폼, 샴푸, 치약, 바디 클렌저 등
양이온	아민염, 4차 암모늄염	• 살균소독작용을 한다. • 피부 자극이 강하다. • 유연효과, 정전기 발생을 억제한다.	• 헤어 린스, 트리트먼트 등
양성	아미다졸린형, 알킬베타인형, 설포베타인형	• 음·양이온을 동시에 갖는 양친매성이다. • 세정·살균·유연효과가 있다. • 피부 안정성이 크다. • 샴푸, 어린이용 제품에 이용, 정전기 억제한다.	• 저자극성 베이비 샴푸 등
비이온계	알코올 또는 알킬페놀의 폴리옥시에틸렌이써, 스팬, 트윈 등	• 물에 용해 시 이온을 띄지 않는다. • 피부에 대한 안정성과 유화력이 우수하다. • 피부 자극이 적어 기초화장품에 주로 사용된다.	• 화장수의 가용화제 • 크림의 유화제 • 세정제 분산제

(3) 계면활성제의 피부에 대한 자극

양이온성 〉 음이온성 〉 양쪽이온성 〉 비이온성 순으로 강한 자극을 준다.

5) 방부제 및 살균제

화장품이 미생물에 오염되면 혼탁, 분리, 침전, 변색, 악취, 변질, 분해 등이 일어난다. 미생물에 의한 변질은 상품의 성분과 수분 함량에 따라 다르나 O/W형이 W/O형보다 변질되기 쉽다.

(1) 파라옥시향산 에스테르

파라벤류로서 화장품에 가장 많이 사용된다.

① 수용성 물질에서의 방부제 : 파라옥시향산 메틸, 파라옥시향산 에틸 등이 사용된다.

② 지용성 물질에서의 방부제 : 파라옥시향산 프로핀, 파라옥시향산 부틸 등이 사용된다.

(2) 이미디아 졸리디닐 우레아

독성이 적어 기초화장품, 베이비 샴푸 등에 파라벤류와 함께 혼합하여 사용된다.

(3) 페녹시 에탄올

허용량 1% 미만으로 메이크업 제품에 주로 사용한다.

6) 금속봉쇄제

물 또는 원료 중의 미량 금속이온은 화장품의 효과를 저해시키므로 이를 막기 위한 안정화제로서 금속봉쇄제를 첨가한다. 종류에는 인산, 구연산, 아스코르빈산, 호박산, 글루콘산, 폴리인산나트륨이 있고 특히, 에틸렌다이아민테트라초산(EDTA) 나트륨염이 대표적이다. 이는 산화(산패) 방지 보조제로도 효과가 있다.

7) 향료

향료는 각각의 원료 냄새를 상쇄시키며 화장품의 이미지를 높이기 위한 성분으로서 천연 동 · 식물향료와 합성 향료가 있으며 항균력이 있다. 향료는 유기용매에 유용성과 반응성이 큰 화학 물질로서 휘발성이 커야한다.

분류		종류	특성
천연	식물성	레몬, 오렌지, 베르가모트, 계피, 종자, 바닐라, 장미, 샌달우드 등	• 피부 자극과 독성이 있어 알레르기가 발생할 수 있으나 가격이 저렴하고 종류가 다양하다.
	동물성	사향, 영묘향, 해리향, 용현향 등	• 피부 자극과 독성이 없으며 피부에 안전하나 가격이 비싸다.
합성향료		벤젠계, 테르펜계 등	• 석유화학원료를 합성하여 얻는 향료와 유기합성반응에 의해 제조되는 순합성 향료가 있다.
조합향료		천연 또는 합성 향료를 목적에 따라 조합한 향료이다.	

8) 색소(착색료)

> **[TIP]** 화장품에는 기초화장품에서 메이크업 화장품에 이르기까지 염료 또는 안료 등이 사용되고 있다. 염료는 물에 녹는 수용성 염료와 오일에 녹는 유용성 염료로 구분되며, 안료는 물과 오일에 녹지 않는 것으로 무기안료와 유기안료로 구분된다.

(1) 안료

물 또는 오일, 알코올 등의 용제에도 녹지 않는 색소이다.

① 무기안료

커버력이 우수하며 빛, 산, 알칼리 등에 강하고 색상이 화려하여 주로 마스카라에 사용한다.

- 체질 안료 : 탈크, 카오린, 마이카, 탄산칼슘, 무수규산, 산화알루미늄, 황산바륨, 탄산마그네

슘 등 흰색의 미세한 분말로서 페이스 파우더나 파운데이션에 주로 사용되며 피부에 대한 퍼짐성과 매끄러움을 나타낸다.

- 백색안료 : 산화아연, 이산화티탄 등은 피부의 커버력을 높여준다.
- 착색안료 : 감청, 산화철, 산화크롬 등은 백색안료와 함께 색채의 명암을 조절하고 커버력을 높인다.

② 유기안료

빛, 산, 알칼리에 약하나 색상이 선명하고 풍부하여 주로 립스틱이나 색조화장품에 사용된다. 타르색소로서 물, 오일에 용해되지 않는 유색 분말이며, 종류가 많고 대량생산이 가능하다.

③ 레이크

불용성 색소로서 립스틱, 블러셔, 네일 에나멜에 안료와 함께 사용한다.

(2) 펄 안료(진주광택 안료)

펄이 들어간 진주광택은 광학적 효과로서 피부에 도포 시 빛을 반사함과 동시에 피부 각질층에 빛의 간섭을 일으켜 금속광택을 나타낸다.

(3) 천연색소

헤나, 카로틴, 클로로필카르타민 등은 동 · 식물에서 얻어지므로 안정성이 높은 색소이다. 이는 착색력, 광택성, 지속성이 좋지 않아 사용하지 않는다.

9) 자외선 차단제

화장품에 사용되는 자외선 흡수제 또는 자외선 산란제 등은 독성과 피부장애가 없고 안정성이 높은 것이어야 한다.

10) 산화방지제

항산화제로서 스스로 산화함으로써 화장품 자체가 산화되는 것을 방지하는 방부제의 기능을 한다. 이는 부틸하이드록시톨루엔(BHT), 부틸하이드록시아니솔(BHA), 비타민 E(토코페롤) 등이 있다.

11) pH 조절제

pH 3~9로서 시트러스 계열(제품을 산성화시킴)과 암모늄 카보나이트(제품의 pH를 알칼리화 시킴) 계열이 있다.

Section 02 화장품의 기술

화장품의 제품 설계는 상품 기획, 기초 · 응용개발 연구, 원료, 포장재료 등의 기술이 요구된다.

1 화장품 개발

설계	구분
상품 기획	• 시장조사, 소비자의 욕구(패션 성향) 등을 분석하여 상품을 기획한다.
개발 연구	• 피부과학근원, 신원료, 신제재 관련 기초·응용연구 등을 개발 연구한다.
원료	• 색제, 향료, 첨가제, 원료(제형) 등을 연구한다.
제품화 연구	• 재료화학, 가공기술(합성수지용기, 금속, 튜브), 인쇄기술(포장지) 등에 관해 제품화한다.

2 화장품 품질 기술

화장품 품질 기술에는 품질특성과 품질보증으로 구분된다. 품질특성은 화장품 판매에 있어서 기본적으로 소홀해서는 안 되는 것을 말하며, 품질보증은 연구, 제조, 판매의 각 부문에서 각각의 보증업무를 말한다.

구분		요인
품질특성	안전성	• 피부 자극 및 독성, 이물질 유입, 알레르기 등이 없어야 한다.
	안정성	• 분리, 변질, 변색, 미생물 오염 등의 화장품 보관에 지장이 없어야 한다.
	유용성	• 피부 보습, 자외선 차단, 세정, 미백, 색상 등이 적절해야 한다.
	사용성	• 피부 친화(촉촉함, 부드러움)에 대한 사용감, 형상, 크기, 휴대 등에 따른 사용 편리감이 있어야 한다.
	기호성	• 디자인, 색, 향기 등의 감각성이 있어야 한다.
품질보증	안전성	• 첩포 시험, 중금속 시험 등에서 안전해야 한다.
	안정성	• 색조, 내광성, 향, 내온도, 내습성 안정성, 방부 등에 안정해야 한다.
	유용성	• 제품별 시험에서 유용해야 한다.
	사용성	• 심리학, 관능조사 등의 사용감이 있어야 한다.
	기호성	• 레올로지(점탄성), 색채학, 향료학 등에서 기호성을 가져야 한다.

Section 03 화장품의 특성

화장품의 기능은 사용된 원료(제형) 및 첨가에 따라 사용감이나 효능 · 효과를 나타내는 특성을 달리한다. 특히 유화(Emulsion)는 화장품을 만드는 데 중요한 기술적 특성이다.

1 유화의 생성

물과 기름 각각은 액체지만 서로 섞이지 않는 분산계를 이루며 유화 상태로 존재한다. 분산계는 분산상(질)과 분산매를 구성하고 있다.

(1) 분산상(분산질)

용해되지 않는 미세한 작은 입자(유지류 또는 왁스류)를 내부상, 즉 분산상이라 한다.

(2) 분산매

용해되지 않는 미세한 구상입자를 둘러싸고 있는 하나의 액체(물 또는 수용성 물질)를 외부상, 즉 연속상으로서 분산매라 한다.

(3) 유화제

기름과 물을 유화하는 경우 안정된 유화를 취하기 위해서는 유화제가 요구된다. 이는 미셀 형성에 따른 퍼짐성과 관련된다.

2 유화의 형태 및 제형

유화는 연속상(분산매) 또는 유화입자(분산상)로서 물 또는 기름 중에 어느 하나가 유화되어 계면활성제 배향에 위치하는가에 따라 형태가 달라진다.

(1) 수중유형(Oil in Water, O/W형)

① 물에 기름이 분산된(물에 오일 성분이 혼합) 유화 상태로서 단순히 유화형이 결정되고 친수성의 유화제는 연속상(계면활성제의 미셀)이 수상에서 형성된다.

② 물 - 기름 계면에 흡착된 계면활성제는 친유기를 외측에 친수기를 내측에 배향한다. 보습 로션, 선탠 로션 등 피부흡수가 빠르며 사용감이 산뜻하나 물에 잘 지워지며 지속성이 낮다.

(2) 유중수형(Water in Oil, W/O형)

① 기름에 물이 분산된(기름에 물이 혼합) 유화상태로서 친유성의 유화제는 연속상이 유상으로 형성된다.

② 기름 - 물 계면에 흡착된 계면활성제는 친수기를 외측에 친유기를 내측으로 배향한다. 영양 크림, 클렌징 크림, 선크림, 헤어 크림 등 유분감이 있어 피부 흡수가 느리며 사용 시 무게감을 갖는다. 수중유형보다 물에 잘 지워지지 않으며 지속성이 높다.

3 화장품 성분의 특성

피부 구분	성분 종류	특징
건성	솔비톨	• 글리세린 대체물질로서 인체 안정성이 높고 보습력이 강하다.
	콜라겐	• 보습작용이 우수하며 촉촉함을 부여하나 열과 자외선에 쉽게 파괴된다.
	엘라스틴	• 수분증발 억제작용을 한다.
	레시틴	• 콩, 계란노른자에서 추출하며 보습제, 유연제로서 사용된다.

피부 구분	성분 종류	특징
건성	알로에	• 보습작용과 항염증, 진정작용을 하며 건성, 노화, 민감성, 여드름 피부에 효과적이다.
	해초	• 주성분인 알긴산에 의해 보습, 진정작용을 하며 요오드가 함유되어 있어 독소제거가 된다.
	피롤리돈 카본산염 (Soduim PCA) 아미노산	• 천연보습인자로서 보습효과와 유연성을 증가시킨다.
	히아루론산염	• 미생물 발효에 의해 추출되며 보습효과가 뛰어나다.
지성 (여드름)	유황	• 각질 제거, 피지 조절, 살균작용 등을 한다.
	캄퍼	• 피지 조절, 항염증, 수렴, 냉각작용을 하며, 혈액순환 촉진작용이 있다.
	살리실산	• BHA(β-하이드록시산)라고 하며 살균작용, 피지 억제, 화농성 여드름에 효과적이다.
	머드, 카오린, 벤토나이트	• 피지 흡착력이 뛰어나다.
민감성	아줄렌	• 카모마일에서 추출하며 진정, 항염증 상처 치유에 효과적이다.
	판테놀(비타민 B_5)	• 보습, 항염증, 치유작용을 한다.
	위치하젤	• 살균, 소독, 항염증, 수렴작용을 한다.
	리보플라빈(비타민 B_2)	• 피부트러블 방지와 피부를 유연하게 한다.
	비타민 P, K	• 모세혈관벽을 강화시킨다.
노화	AHA(α-하이드록시산)	• 미백, 각질 제거, 피부 재생에 효과적이다.
	레티놀	• 잔주름 개선효과, 각화과정 정상화, 재생작용을 한다.
	알란토인	• 보습, 상처 치유, 재생작용을 하며 각질 제거효과가 있다.
	은행추출물	• 항산화, 항노화, 혈액순환 등을 촉진한다.
	프로폴리스	• 피부 진정, 상처 치유, 항염증, 면역력 향상작용을 한다.
미백	비타민 C	• 미백, 재생, 항노화, 항산화, 모세혈관을 강화한다.
	감초	• 해독, 소염, 상처 치유, 자극 완화 효과와 함께 색소침착을 방지한다.
	알부틴, 코직산	• 티로시나제 활성을 억제함으로써 색소침착을 방지한다.
	닥나무추출물	• 미백, 항산화에 효과적이다.

CHAPTER

03 화장품의 종류와 기능

Section 01 기초화장품

피부의 청결, 정돈, 보호, 유 · 수분 균형을 통해 신진대사를 촉진시켜 피부 항상성을 유지시키며 자외선을 차단한다.

1 기초화장품의 종류

(1) 세안제

① 계면활성제 세안제

비누는 알칼리성으로 피지막의 약산성을 중화시킨다.

② 유성(오일)형 세안제

- 피부 표면의 유성 노폐물, 메이크업 화장품 등 물에 녹지 않는 성분들을 분산, 유화시켜 피부를 세정시킨다.
- 유형은 클렌징 폼, 클렌징 로션, 클렌징 크림, 클렌징 오일, 클렌징 젤, 클렌징 워터 등 피부의 이물질을 제거하여 피부를 청결하게 한다.

(2) 피부정돈제(화장수)

pH 5~6인 화장수로서 정제수, 알코올, 보습제, 유연제, 가용화제, 기타(완충제, 점증제, 향료, 방부제) 등 주요 성분으로 한다. 이는 클렌징 후 피부의 수분 공급, pH 조절, 피부 정돈 등을 통해 피부 내 pH 회복을 하게 한다.

① 유연화장수

- 스킨로션, 스킨소프너, 스킨토너 등으로 부른다.
- 보습제와 유연제를 함유하고 있어 화장품의 흡수를 쉽게 한다.

② 수렴화장수

- 아스트리젠트, 토닝로션, 토닝스킨이라 하며 피부를 소독해 주며 보호작용을 한다.
- 각질층에 수분을 공급하거나 모공 수축, 피부결 정리, 피지 분비 억제작용을 한다.

(3) 피부보호제

에멀전 형태로서 피부 친화력이 좋아 유연 및 보습효과를 동시에 부여한다.

- 로션, 크림(안티에이징·아이·넥·핸드·풋·바디·화이트닝), 자외선 차단제, 팩 등으로 구분한다.

① 로션, 에멀전

- 로션은 화장수와 크림의 중간적 성질로서 O/W형 에멀전으로 촉촉함과 퍼짐성이 좋다.
- 유분량이 적고 유동성으로서 피부에 수분과 영양을 공급해 준다.

② 크림

> **[TIP]** • 크림은 유성 원료(왁스, 오일, 고체유형 성분), 수용성 원료(글리세린, 솔비톨 등), 계면활성제, 점증제, 방부제 등을 주요 성분으로 한다.
> • 세안 후 손실된 천연보습인자를 일시적으로 보충하여 피부에 촉촉함을 준다.
> • 유분감이 많아 피부 흡수가 더디고 사용감이 무겁다.

- 데이 크림(배니싱 크림) : 피부 도포 시 피막을 형성하지 않고 흡수됨으로써 피부에 수분 공급 및 보호작용을 한다.
- 에몰리언트 크림 : 연화제(에몰리언트제)의 작용에 의해 피부를 유연, 건강하게 보존하는 것을 목적으로 피부 유연 및 재생효과를 부여한다. 나이트 크림, 영양 크림, 모이스처 라이징 크림(보습 크림) 등의 종류가 있다.
- 마사지 크림(콜드 크림) : 친유성크림으로 피부를 유연하게 하는 미네랄 오일, 밀랍 지방산, 합성왁스, 식물성 오일 등이 있다.
- 안티링클 크림(아이 크림) : 눈가의 잔주름 완화 및 예방, 피부탄력 증진에 효과가 있다.

(4) 팩, 마스크

- 보습과 노화각질의 제거, 모공 내 오염물질 제거 등의 흡착기능이 있다.

> **[TIP]** 정제수, 보습제, 점증제, 피막제, 알코올, 계면활성제, 에몰리엔트제 등을 주요 성분으로 한다.

- 필오프 타입, 워시오프 타입, 티슈오프 타입, 시트 타입, 분말 타입 등이 있다.

(5) 에센스, 세럼, 부스터

고농축 보습 성분과 고영양 성분을 첨가하여 피부보호와 영양을 공급한다. 로션 또는 화장수 등에 특정 목적을 위한 유효성분을 첨가시킨 것으로 흡수가 빠르고 사용감이 가볍다.

> **[TIP]** 보습제, 알코올, 점증제, 유연제, 비이온 계면활성제, 향료, 기타 등이 에센스의 주요 성분이다.

Section 02 메이크업 화장품

색조화장품은 자외선으로부터 피부를 보호하고 피부색의 결점을 커버하기 위해 사용된다. 이는 피부톤을 균일하게 정돈하거나 색조를 사용하여 부분적으로 입체감을 나타냄으로써 심리적인 만족감, 자신감과 함께 매력적으로 보이도록 한다.

1 메이크업 화장품의 종류

1) 베이스 메이크업

메이크업 베이스, 파운데이션, 파우더 등 피부 결점(기미, 주근깨)을 보완하며 피부색을 균일하게 정돈하는 제품이다.

(1) 메이크업 베이스

메이크업 베이스 도포 시 인공 피지막을 형성하여 자연스럽고 투명한 피부색을 표현한다. 파운데이션 도포 시 밀착성과 퍼짐성에 따른 지속력을 높이며 색소의 피부침착과 들뜸을 방지시킨다.

① 베이스 색상

- 파란색 : 붉은 얼굴을 흰 피부톤으로 표현할 때 효과적이다.
- 보라색 : 노르스름한 피부를 중화시켜 준다.
- 분홍색 : 창백한 사람에게 화사하고 생기 있는 건강한 피부를 표현할 때 사용한다.
- 녹색 : 잡티 및 여드름 자국, 모세혈관확장 피부에 적합하다.
- 흰색 : 투명한 피부를 원할 때 T-zone 부위의 하이라이트에 효과적이다.

(2) 파운데이션

피부색과 피부 결점(기미, 주근깨, 흉터)을 균일하게 보완하고, 얼굴 윤곽을 수정해 주며, 부분 화장을 돋보이게 한다. 외부자극(건조, 추위, 자외선 등)으로부터 피부를 보호해 준다.

① 리퀴드 파운데이션 : 수분이 많은 로션 타입으로서 퍼짐성과 투명감, 사용감 등이 가볍고 산뜻하다.

② 크림 파운데이션 : 유분을 함유하고 있어 피부 커버력이 있어 땀이나 물에 화장이 잘 지워지지 않는다.

③ 케이크 타입 파운데이션 : 트윈, 투웨이 케이크라 하며 밀착력, 커버력이 좋아 뭉침 없는 사용감이 있으며 땀에 쉽게 지워지지 않는다.

(3) 파우더

파운데이션의 유분기를 제거하고 땀이나 피지를 억제하여 화장의 번들거림과 번짐을 방지하고 지속력과 화사함을 준다.

① 페이스 파우더

- 가루분 또는 루스 파우더라고도 한다. 유분감이 없으며 고운 입자에 의해 사용감이 가벼워 투명하고 자연스러운 피부톤을 나타낸다.
- 사용과 휴대가 불편하며 피부 커버력이 약해 자주 덧발라 주어야 하고 과다하게 바를 시 주름지고 건조해 보이는 단점이 있다.

② 콤팩트 파우더

- 고형분 또는 프레스 파우더라고도 한다.
- 가루분에 유분 첨가 후 압축하여 고형 상태로 형성시킨 제품으로 휴대가 간편하나 화장의 투명도와 지속성이 떨어진다.

2) 포인트 메이크업

입술, 눈, 볼 등에 부분적으로 색을 사용하여 단점을 보완하고 표정을 연출한다.

종류	유형(타입)	특징
아이브로 (눈썹 먹)	• 펜슬, 케이크 등	• 눈썹 모양을 그리고 눈썹색을 조정한다.
아이섀도	• 펜슬, 크림, 케이크 등	• 눈 주위에 명암과 색채감을 통해 눈의 단점을 수정·보완함으로써 표정을 연출한다.
아이라이너	• 펜슬, 리퀴드, 케이크 등	• 눈의 윤곽과 모양을 또렷하게 조정, 수정하여 생동감 있는 큰 눈으로 표현한다.
마스카라	• 볼륨, 컬링, 롱래시, 워터프루프 등	• 속눈썹을 길고 짙게 눈동자를 또렷하게 보이게 하여 표정을 좋게 한다.
립스틱(루즈)	• 매트 : 번들거리지 않고 밀착감이 높다. • 모이스처 : 유분기에 의해 촉촉하나 잘 번지고 지워지기 쉽다. • 롱래스팅 : 지속력이 있어 묻거나 지워지지 않으나 입술이 건조해질 수 있다.	• 색감을 주어 입술 모양을 수정·보완하여 화장효과를 가장 크게 나타낸다. 추위, 건조, 자외선으로부터 입술을 보호한다. [TIP] 립글로스 : 투명하고 부드러운 윤기를 부여한다.
블러셔(치크)	• 크림, 케이크 등	• 얼굴 윤곽의 음영을 통해 결점을 보완하여 건강하고 밝아 보이게 한다.

2 메이크업 화장품의 성분

메이크업(색조) 화장품을 구성하고 있는 원료는 안료 성분과 이를 분산시키는 기제로 구성된다. 안료와 기제의 배합 비율에 따라 제형을 달리할 수 있다.

(1) 안료

피부에 색채를 줌으로써 밀착성과 퍼짐성, 피복력이 있으며, 부드러운 사용감과 함께 제품의 기능이 저하되지 않아야 한다.

① 백색안료 : 피부색을 하얗게 할 목적으로 사용된다.

② 펄안료 : 색조에 진주와 같은 광택을 부여한다.

③ 체질안료 : 색의 농도, 제품의 퍼짐성 및 감촉 등을 조절한다.

④ 착색안료 : 산화철, 벤가라 등은 화장품의 색조 및 피복력을 조절한다.

(2) 기제

① 유분

지용성인 유성원료는 식물유(올리브, 피마자, 코코넛, 카카오지 등)와 동물유(밍크오일, 난황유) 등을 사용한다. 이는 피부의 수분을 보호하며 피지막을 형성하여 피부 유연성인 에몰리언트 효과를 부여한다.

② 왁스(납)

지방산과 1가 알코올로 된 에스테르가 주성분으로서 식물성 납(호호바유, 캔디릴라 납, 카르나우바 납)과 동물성 납(밀납, 경납, 라놀린) 등이 있다.

③ 계면활성제

분체 표면에 흡착되어 분체 표면 성질을 현저하게 변화시키는 분산계의 기능을 한다.

- 음이온 계면활성제 : 기포형성 작용에 의해 세정력이 좋아 샴푸, 치약, 클렌징 폼 등에 사용된다.
- 양이온 계면활성제(역성비누) : 음이온 계면활성제를 중화시키는 효과를 이용하여 살균 · 소독 작용과 정전기 발생을 억제한다.
- 양쪽성 계면활성제 : 피부에 자극이 적고, 세정작용이 있어 저자극 샴푸, 베이비 샴푸에 사용된다.
- 비이온성 계면활성제 : 피부자극이 적고 안정성이 높아 화장수의 가용화제, 클렌징 크림의 세정제, 산성 크림 또는 유액에 사용된다.

Section 03 모발 화장품

모발 화장품은 기초화장품(클렌징 및 트리트먼트)과 반응성 화장품으로 분류된다.

1 기초화장품

두개피(두발과 두개피부)에 존재하는 피지, 땀, 각질, 먼지, 매연, 화장품 잔여물, 미생물 등을 세정하고 생리기능을 개선시키며, 보습과 영양을 공급하여 육모를 조장하는 제품을 총칭한다.

> [TIP] 샴푸제, 린스제, 컨디셔너제, 트리트먼트제, 스프레이, 무스, 로션, 포마드, 미스트, 젤, 오일, 왁스, 팩, 육모제 등으로 구분된다.

(1) 세정제

모발 및 두개피부를 청결하게 하여 생리기능을 활성화시킨다.

① 샴푸제의 종류

- 형상에 따른 분류 : 액체 · 크림 · 분말 · 젤 샴푸 등이 있다.
- 모발 상태에 따른 분류 : 정상모 및 발수성(저항성)모·건조 및 손상(다공성)모·비듬 샴푸 등이 있다.

② 샴푸제의 성분

음이온 계면활성제, 증점제, 유탁제, 용해보조제, 컨디셔닝제, 금속봉쇄제, pH 조절제, 향료 등이 첨가된다.

(2) 트리트먼트제

모발에 유연성과 광택을 부여하고 대전성을 방지한다.

① 트리트먼트제

린스, 컨디셔너, 트리트먼트제 등으로 구분되나 성분의 농도에 따라 분류된다.

② 트리트먼트제의 성분

- 주성분은 양성 계면활성제로서 모발 케라틴에 잘 흡착하는 성질과 두개피부의 세균증식을 막고 가려움을 예방하며 비듬생성을 억제하는 성질이 있다.
- 모발 표면에 흡착함으로써 단분자막을 형성하여 건조를 막아 정전기 발생을 억제한다.

(3) 정발제

모발에서의 광택, 감촉, 질감, 손질 등을 쉽게 하기 위해 고정시키거나 세팅 시 사용한다.

① 헤어 젤 : 투명하며 촉촉하고 자연스러운 스타일 연출 시 사용하다.

② 헤어 오일 : 유분과 광택을 주며 모발 정돈 또는 관리 시 사용한다.

③ 헤어 로션 : 수분 공급과 끈적임 없는 보습효과 등에 사용한다.

④ 헤어 크림 : 유분이 많아 건조모에 사용한다.

⑤ 헤어 무스 : 거품제로서 원하는 헤어스타일 연출 시 사용한다.

⑥ 헤어 스프레이 : 리세트 시 헤어스타일을 고정하기 위해 사용한다.

⑦ 헤어 포마드 : 헤어스타일 마무리 연출에 사용된다.

(4) 육모제(헤어 토닉)

살균력이 있어 비듬과 가려움을 제거하며 혈액순환 촉진작용과 함께 시원한 느낌과 쾌적함을 갖게 한다.

> [TIP] **육모제의 성분**
> 난포호르몬(에스트라디올, 에스트로겐), 각질 용해제(살리신살, 레조르신, 젖산 등), 혈행 촉진제(비타민 E 유도체, 인삼엑기스), 보습제(글리세린, 프로핀렌글리콜, 히알루론산 나트륨), 살균제(이소프로필 메틸페놀, 클로로헥시딘), 소염제(캄포, L-멘톨, 글리실리신산 및 유도체), 영양제(비타민류, 아미노산류), 항지루제(유황 피리독신 및 유도체), 국소 자극제(캄포, L-멘톨, 페퍼민트 오일) 등이 첨가된다.

2 반응성 화장품

모발색인 멜라닌색소를 산화시켜 모발색을 빼거나 입히는 염모제와 시스틴결합을 영구히 변화시키는 펌제 등으로 분류된다.

> [TIP] 펌제(웨이브 펌제, 스트레이턴트 펌제), 염모제(일시적·반영구적·영구적) 등으로 구분된다.

(1) 펌제

본발인 직모인 웨이브 펌을 하여 영구파상모로 변형시키거나 본발인 파상모를 스트레이턴드 펌하여 영구직모로 변형시킨다.

> **[TIP] 펌제의 성분**
> 환원제, 산화제, 금속봉쇄제, 수산화나트륨(칼륨), 정제수, 알칼리제, pH 조절제, 향료, 고급 알코올, 계면활성제, 점증제, 지방산, 보습제, 침투제 등의 성분으로 구성된다.

(2) 염모제

자연모발의 색을 빼내는 탈색모 과정과 자연모발에 색을 입히는 염색과정이 있다.

> **[TIP] 염모제의 성분**
> 산성염료, 알칼리제, 고급 지방산, 용제, 염료전구체, 염료커플러, 산화제, 알코올, 금속봉쇄제, pH 조절제, 젤화제, 과황산암모늄, 계면활성제, 항산화제 등의 성분으로 구성된다.

Section 04 바디 관리 화장품

바디 관리 화장품은 청결 및 거칠음으로부터 보호, 생리적인 분비물 및 체취, 피부 트러블의 예방 및 보호 등에 사용되는 제품으로서 신체를 쾌적(유 · 수분 보충)하게 하거나 미적인 아름다움과 젊음의 유지를 목적으로 한다.

1 바디 화장품의 종류

(1) 세정제

① 목욕제로서 비누, 바디샴푸, 바스(코롱, 퍼퓸), 바디솔트 등이 있다.
② 피부 오염물(땀과 피지, 각질)을 제거함으로써 청결과 생리기능을 활성화시킨다.
③ 음이온 계면활성제, 비이온 및 양성 계면활성제, 고급 알코올, 고급 지방산, 탄화수소계 오일, 산화방지제 등의 성분으로 구성된다.

(2) 바디 트리트먼트제

① 바디 로션, 바디 크림, 바디 오일 등이 있다.
② 건조한 전신에 유 · 수분을 공급하며 탄력있는 피부를 만든다.
③ 수용성 다가알코올, 지방산 알킬아마이드, 고급 알코올, 산화 안정제, 실리콘 오일 등의 성분으로 구성된다.

(3) 방향제

① 파우더, 코롱 등으로서 체취 제거의 기능을 하며, 사용감이 산뜻(청량)하다.
② 퍼퓸(향수), 오데 퍼퓸 · 토일렛 · 코롱, 샤워코롱, 방향 파우더, 향수 비누 등의 성분으로 구성된다.

(4) 자외선 차단제

① 선스크린(리퀴드, 크림, 젤), 선텐(오일, 리퀴드, 젤), 에프터 선케어 로션 등으로서 벤조페논유도체, 파라아미노안식향산유도체, 파라메톡시계피산유도체, 살리실산유도체 등의 성분으로 구성된다.

② 일소 방지제로서 기미·주근깨, 홍반·염증 등의 트러블에 대한 안정성이 높고 내수성을 좋게 한다.

(5) 방충제

① 모기 스크린, 곤충 리베라 등으로서 살균제(염화벤졸코니윰, 트리크로산), 알루미늄 클로로 하이드레이트, 플라보노이드 등의 성분으로 구성된다.

② 흡혈성 곤충 기피제로서 벌레에 물리는 것을 예방한다.

(6) 손·발 관리제

핸드(로션, 크림), 제모(무스, 크림), 디스칼라, 각질 연화(로션, 크림) 등이 있다.

(7) 체취 방지제

데오드란트(로션 · 스프레이 · 파우더 · 스틱 타입), 디메틸프탈산염, 2－에틸－1, 3－핵산디올 등의 성분으로 구성된다. 강한 수렴작용을 통해 발한을 억제시키며, 피부상재균과 저급지방산을 금속염으로 변화시켜 냄새의 증식을 억제한다.

> **[TIP]** 데오드란트
>
> 방취제, 탈취제로서 이미 몸 밖으로 배출된 땀의 냄새를 제거시키기 위해 사용한다.

(8) 슬리밍제

마사지 크림, 바스트 크림, 지방분해 크림 등으로 특정 부위 피부를 매끄럽게하고 혈액 순환을 도와 노폐물 배출을 한다. 또한 셀룰라이트가 생기기 쉬운 복부, 엉덩이, 허벅지 등의 관리가 가능하다.

Section 05 네일 화장품

네일 화장품은 손(발)톱에 유연성과 광택, 단단함, 색채, 길이 연장, 보강술 등에 사용되는 제품으로서 손(발)톱을 보호하고 아름답게 하기 위한 목적으로 사용되고 있다.

1 네일 화장품의 종류

(1) 손질제

① 종류

소독제, 폴리시 리무버, 큐티클 오일 · 리무버, 네일 트리트먼트, 프라이머 등이 있다.

② 기능

- 안료의 지속성을 높인다.
- 도포막이나 큐티클을 제거 또는 정리한다.
- 갈라짐을 방지하며 손(발)톱을 보강한다.
- 용제에 의한 탈수, 탈지에 대한 유 · 수분을 보충한다.

(2) 색조 화장제

① 종류

베이스 코트, 네일 폴리시, 톱 코트 등이 있다.

② 기능

- 색조나 광택의 내구성을 좋게 한다.
- 색소침착 방지 및 사용성을 좋게 한다.
- 피막형성을 균일하게 하고 밀착성을 증가시킨다.
- 적당한 휘발 속도에 의한 건조성과 균일한 막을 형성시킨다.

(3) 연장제

팁, 실크, 린넨, 파이버 글래스, 아크릴 볼, 젤 등이 있다.

2 네일 화장품(폴리시)의 성분

(1) 피막형성제

니트로셀롤로오스, 수지(알키드, 아크릴, 설폰아마이드), 가소제(구연산, 에스테르, 피자유, 캄파) 등의 성분이 첨가된다.

(2) 용제

초산(에틸 · 부틸), 아이소프로필 알코올, 부탄올, 톨루엔, 아세톤 등의 성분이 첨가된다.

(3) 착색제

안료(유기, 무기), 염료, 합성 펄제, 알루미늄 분말 등의 성분이 첨가된다.

(4) 침전방지제

유기변성 점성점토광물(침전 방지제), 틱소트로픽 등의 성분이 첨가된다.

Section 06 방향 화장품

일반적으로 좋은 냄새를 의미하는 향은 주관적이며, 심리적 표현으로서 정확한 수치나 척도를 나타내지 못한다. 화장품이 향장품과 동의어로 사용되듯 화장품은 향과 밀접한 관계를 유지한다.

1 향수의 분류

(1) 천연향수

동 · 식물에서 추출한 천연향료의 배합 비율인 부향률에 따라 다양한 종류의 향수를 얻을 수 있다.

① 식물성 : 꽃 잎, 종자, 껍질(수피), 뿌리, 과실, 목재 등에서 추출된다.

② 동물성 : 사향(사향노루), 영모향(사향고양이), 해리향(비버), 용연향(향유고래) 등에서 추출된다.

> **[TIP]** 향수의 어원
> 라틴어 "Per-Fumum"에서 유래, Per는 통과하다(Through), Fumum은 연기(Smoke)라는 의미로 태워서 연기를 낸다는 뜻이다.

(2) 농도(부향률)

향수는 추출된 향료를 15~25% 에탄올에 용해한 후 일정 기간 숙성시켜 사용한다.

① 향수(퍼퓸) : 향의 농도는 10~30%로서 짙고 완벽하며 풍부한 향이다. 6~7시간 정도 오래 지속시킨다.

② 오데 퍼퓸 : 향의 농도는 9~10%로서 옅어 부담이 적으며 경제적이다. 향수(퍼퓸)에 가까운 지속력(5~6시간)과 풍부한 향을 가지고 있다.

③ 오데 토일렛 : 향의 농도는 6~9%로서 퍼퓸의 지속성과 오데 코롱의 가벼운 느낌이 나는 고급스럽고 상쾌한 향을 가지고 있다.

④ 오데 코롱 : 향의 농도는 3~5%로서 가볍고 신선하다. 지속력(1~2시간)이 길지 않으나 처음 접하는 사람에게 적당하다.

⑤ 샤워 코롱 : 향의 농도는 1~3%로서 향의 지속력은 1시간 정도이다. 신선하며 가벼운 향을 가지고 있다.

(3) 발산속도

① 탑 노트 : 휘발성이 강한 향수의 첫 느낌이다.

② 미들 노트 : 첫 향(알코올)이 날아간 다음에 나타나는 중간 향이다.

③ 베이스 노트 : 휘발성이 낮아 마지막까지 은은하게 유지되는 향이다.

2 향수의 기능

향 발산을 목적으로 하는 향수는 서로 다른 휘발성과 분자량을 가지므로 사용 시 먼저 휘발한 후 남은 향기가 지속 시간에 따라 발산된다.

(1) 흡입법

① 흡입(3~5분)을 통해 후각신경을 타고 대뇌 번연계로 직접신호가 전달됨으로써 감정과 기억을 관장하며 호르몬 분비의 중추역할을 한다.

② 두통, 편두통, 기침, 감기, 천식, 호흡기 감염 등에 효과적이다.

(2) 마사지법

① 마사지 시 신경을 자극함으로써 대뇌에서 엔돌핀을 분비시켜 스트레스를 해소시키며, 면역력을 증대시킨다. 또한 혈액과 림프순환을 활성화시킨다.

② 후각신경을 통해서 발산되는 향이 신경을 통해 심신과 감정 상태에 영향을 준다.

(3) 목욕법

① 정유가 피부로 흡수되는 경로와 증기흡입으로 뇌와 폐로 침투하는 두 가지 경로를 가진다. 특히 혈액순환을 촉진시켜 인체 내로 산소와 영양분의 공급을 원활히 한다.

② 더운 물에 정유를 떨어뜨린 후 15~30분 정도 담근다.

3 구비조건

① 확산성을 가진 좋은 향기로서 특징이 있어야 한다.

② 강하고 일정시간 지속력이 유지되는 향이어야 한다.

③ 격조있는 아름다움과 세련됨이 조화로운 향이어야 한다.

[TIP] **향수의 제조과정**

천연과 합성향료를 혼합 → 조합향료(알코올에 용해 또는 희석) → 숙성 또는 냉각(1개월~1년) → 여과 → 향수

4 향수보존법 및 사용법

(1) 향수보존법

① 공기 또는 직사광선에 직접 접촉되지 않도록 한다.

② 고온이나 온도변화가 심한 장소는 피한다.

③ 사용 후 용기의 뚜껑을 잘 닫아 향의 발산을 막는다.

(2) 향수 사용법

향 발산을 목적으로 하는 향수는 신체 중 맥박이 뛰는 손목이나 목 등에 분사하나 사람에 따라 광알레르기나 색소침착을 유발한다. 따라서 무릎 안쪽이나 팔꿈치에 바르거나 머리카락 또는 치마의 아랫단 등에 분사할 수도 있다.

Section 07 에센셜(아로마) 오일 및 캐리어 오일

1 사용목적 및 종류

(1) 목적

식물에 존재하는 향기 물질을 이용하여 두뇌와 신체 특정 기관을 자극하여 질병을 치유하는 목적으로 사용된다.

(2) 종류

구분	종류	
아로마 오일	상향	감귤, 오렌지, 레몬, 페퍼민트, 타임, 로즈마리, 바질, 유칼립투스, 그레이프푸르트 등
	중향	라벤더, 마조람, 로즈마리, 제라늄, 네롤리, 재스민 등
	하향	샌달우드, 프랑킨센스, 재스민, 벤조인, 백탄, 베티버 등
캐리어 오일	호호바, 아몬드, 아보카도, 그레이프씨드, 코코넛, 살구씨, 캐롯오일 등	

[TIP] 향을 의미하는 아로마는 향기나는 식물, 향초를 의미하나 오늘날에는 에센셜 오일로서 정유 또는 향유를 의미한다. 캐리어 오일은 에센셜 오일을 피부에 효과적으로 흡수시키기 위한 베이스 오일이다.

2 에센셜 오일의 추출방법

(1) 증류법

① 가장 오래된 추출방법으로서 물 증류법과 수증기 증류법이 있다.

② 증기와 열, 농축의 과정을 거쳐 수증기와 정류가 함께 추출됨으로써 물과 오일을 분리시키는 방법이다.

③ 추출된 수증기는 유분을 약간 함유하고 있어 화장품에 이용된다.

④ 대량으로 오일을 단시간 내로 추출할 수 있어 경제적이나 고온에서 추출하므로 열에 불안정한 성분은 파괴된다.

(2) 용매추출법

① 유기용매(벤젠, 핵산)를 이용하여 추출하는 방법으로서 식물(로즈, 네롤리, 재스민) 수지에 함유된 정유, 수증기에 녹지 않는 정유 등을 추출한다.

② 앱솔루트라 하여 수증기 증류법에서 추출되지 않으므로 유기용매를 이용하여 오일을 추출한다.

(3) 압착법(콜드 압착법)

① 열매 껍질, 내피 등을 실온에서 기계로 압착하여 추출한다.

② 라임, 레몬, 만다라, 버가못, 오렌지 등 시트레스 계열의 오일을 추출한다.

(4) 침윤법

① 온침법 : 꽃과 잎을 압착한 후 따뜻한 식물유에 넣어 식물에 정유가 흡수되도록 하여 추출한다.

② 냉침법 : 라드(동물성 기름)를 바른 종이 사이사이에 꽃잎을 넣어 추출한다.

③ 담금법 : 알코올에 식물을 담가 추출한다.

(5) 이산화탄소 추출법

① 액체 상태의 이산화탄소(용매작용)를 이용, 열에 약한 정유를 초저온에서 추출한다.

② 이물질이 남지 않으나 최근 개발된 추출법으로 생산비가 비싸다.

3 에센셜(아로마) 오일 및 캐리어 오일의 기능

(1) 아로마 오일

① 아로마 오일의 추출과 효능

추출 부위	효능
잎	• 계수, 제라늄, 티트리, 파출리, 유칼립투스, 페티그레인 등은 호흡기 질환에 효능이 있다.
꽃잎	• 라벤더, 로즈메리, 페퍼민트 등은 해독, 장미, 네롤리, 재스민, 일랑일랑 등은 성기능 강화, 항우울증에 효능이 있다.
나무	• 백단, 자란, 삼나무 등은 비뇨, 생식기관 감염치료에 효능이 있다.
열매	• 레몬, 라임, 오렌지, 버가못, 블랙페퍼, 그레이프프루트 등은 해독, 이뇨작용에 효능이 있다.
수지	• 몰약, 유향, 벤조인, 페루발삼 등은 이완, 호흡기 질환, 소독, 살균작용에 효능이 있다.
뿌리	• 생강, 당귀, 베티버 등은 신경계질환의 진정작용에 효능이 있다.

② 향의 휘발속도에 따른 분류

휘발속도	특징	오일 계열
상향(Top note)	• 브랜드한 향 중에서 처음 발산(3시간 이내)되는 향으로, 빠르게 퍼지는 성질로 인해 바로 느낄 수 있는 상쾌하고 가벼운 향이다.	감귤 또는 민트 계열의 오일
중향(Middle note)	• 브랜드한 향 중에서 중간 쯤 발산(6시간 이내)되는 향을 맡을 수 있다.	꽃이나 허브 계열의 오일
하향(Base note)	• 긴 향이 지속(2~6일 이내)되면서 서서히 맡을 수 있다. • 너무 빨리 확산되는 가벼운 오일들의 휘발을 보류하는 역할을 한다.	나무 또는 수지계 오일

③ 향에 따른 분류

계열	특징	비고
수목 계열	• 신선한 나무향으로 중후하며 부드럽고 따뜻한 느낌의 향이다.	사이프러스, 삼나무, 자단, 유칼립투스 등

허브 계열	• 그린, 스파이스, 플로랄 등 복합적인 식물의 향이다.	바질, 세이지, 로즈메리, 페퍼민트 등
플로랄 계열	• 꽃에서 추출되는 향이다.	로즈재스민, 라벤더, 제라늄, 캐모마일 등
시트러스(감귤) 계열	• 신선, 상큼한 향이며 휘발성이 강한 가볍고 지속성이 짧은 향이다.	라임, 레몬, 버가못, 오렌지, 만다린, 그레이프푸르트 등
스파이시 계열	• 자극적이고 샤프한 향이다.	진저, 시나몬, 블랙페퍼 등

[TIP] 아로마 오일의 기능

소염, 염증, 항균, 항박테리아작용, 소화 촉진, 국소혈류작용, 순환기 계통의 정상화 작용, 근육의 긴장과 이완 작용, 정신 안정 및 항스트레스, 면역력 강화 등의 기능을 한다.

(2) 캐리어 오일

순수한 식물성 오일로 섭취해도 안정적이나 마사지 시 정유를 피부에 효과적으로 침투시키기 위한 매개체 역할을 하는 오일이다. 이는 식물의 씨를 압착 · 추출시킨 식물유로서 베이스 오일(Base oil)이라고 하며 아로마 오일과 블랜딩하여 사용 시 효과가 있다.

종류	특징
호호바	• 항바이러스, 항균작용이 있어 피지 조절 등 여드름성 피부에 좋다. • 인체 피지와 지방산의 조성이 유사하여 친화성과 침투력이 좋아 건선, 습진피부 등에 좋다. • 다른 식물성 오일에 비해 쉽게 산화되지 않아 보존성과 안정성이 높다.
아몬드	• 미네랄, 비타민, 단백질이 풍부하며 가려움, 염증 부위 또는 윤기가 없거나 거친 피부에 효과가 있다.
아보카도	• 비타민 A, D, E, 칼륨, 지방산, 단백질 등 영양이 풍부하며 건성, 탈수, 비만 관리용 등 모든 피부 타입에 효과가 있다.
그레이프씨드	• 클렌징이나 지성피부의 피지 조절에 사용되며 끈적임 없는 가벼운 오일로서 여드름 피부 타입에 효과가 있다.
코코넛	• 오일(정유)을 잘 용해시키며 부드럽고 점성이 약하며 끈적임 없는 가벼운 오일로서 여드름 피부에 효과적이다.
살구씨	• 피부에 윤기와 탄력, 재생효과가 있다.
캐롯	• 건성, 습진 피부 등에 재생효과가 있다.
맥아류	• 항산화 성분인 천연 토코페롤이 풍부하며 세포 재생, 피부 탄력을 촉진시킨다.
올리브	• 건성, 민감성 피부 알레르기, 튼살 피부에 효과적이나 지성피부에는 부적당하다.
헤이즐넛	• 탄력과 혈액순환을 촉진하고 셀룰라이트 예방, 튼살 개선에 효과적이다.
로즈힙	• 카로티노이드, 리놀레산, 비타민 C가 풍부하며 수분 유지, 세포 재생, 색소침착 및 예방, 화상에 효과적이다.
칼렌둘라	• 금잔화 추출물로서 소양증, 갈라진 건성 습진, 염증, 종기 등 문제성 피부에 효과적이다.

4 아로마테라피(Aromatherapy)

아로마테라피는 아로마 오일을 이용하여 치료한다는 의미를 갖는다. 사용 시 캐리어 오일과 블랜딩한다.

(1) 정의

아로마(Aroma)와 테라피(Therapy)의 합성어로서 향기 치료법이다. 이는 식물의 꽃, 잎, 뿌리, 열매, 줄기 등에서 추출한 오일을 이용하여 육체적, 정신적 자극을 통해 면역력을 향상시킴으로써 건강을 유지 또는 증진시킨다.

① 테라피에 사용되는 오일 추출법

아로마 오일은 주로 수증기증류법에 의해 추출하여 사용한다.

② 아로마 오일 보관법

공기 중의 산소, 빛 등에 의해 변질될 수 있는 아로마 오일은 갈색병에 넣어 사용하며, 서늘하고 어두운 곳에 보관한다.

③ 아로마 오일 사용법

- 테라피를 목적으로 사용 시 캐리어 오일에 블랜딩하여 사용한다.
- 특정한 오일은 임산부, 고혈압, 간질환자에게 금지될 수 있다.
- 테라피 시 패치 테스트(피부 알레르기 반응검사)를 반드시 실시한 후 사용한다.
- 감귤계는 색소 침착의 우려가 있으므로 감광성(햇빛에 노출)에 주의한다.
- 개봉된 정유는 1년 이내에 사용해야 하며, 원액을 피부에 직접 사용할 수 없다.

Section 08 기능성 화장품

화장품과 의약외품의 중간 영역에 속하는 기능성 화장품은 피부의 항상성을 유지하기 위해 사용되는 일반적인 성분 이외에 화장품의 약리적인 유효성을 기능적으로 부여하고 있다.

1 기능성 화장품 사용목적 및 종류

세포 재생에 따른 주름 개선, 미백 개선, 색소침착 방지에 따른 자외선 차단 등 피부의 문제를 집중적으로 개선, 관리하는 화장품이다.

(1) 목적

화장품의 기본적인 기능에 새로운 기능을 추가함으로써 수분 보유, 세포 재생에 따른 노화, 색소침착 방지 등을 목적으로 한다.

(2) 종류

구분	성분
미백 개선	알부틴, 에틸아스코빌에테르, 아스코빌글로콕사이드, 나이아신 아마이드, 알파 비사보롤 등
자외선 차단	티타늄디옥사이드, 징크옥사이드, 아미소아밀-p-메톡시신나메이트, 벤조페논-3, 4, 8, 호모살레이트 등
주름 개선	레티노이드(레티놀, 레틴알데하이드, 레틴산), 레티닐팔미테이트, 아데노신, 메디민 A 등

2 기능성 화장품의 기능 및 성분

기능성 화장품은 미백, 주름 개선, 자외선 차단에 도움을 주는 제품을 말한다.

> [TIP] 기능성 화장품의 법적 정의(화장품법 제2조 제2항)
> '기능성 화장품'이란 화장품 중에서 피부의 미백이나 주름 개선에 도움을 주고, 피부를 곱게 태워주거나 자외선으로부터 보호하는 데 도움을 주는 총리령으로 정하는 제품을 말한다.

(1) 미백 성분

성분 종류	특징
알부틴	• 하이드로퀴논과 유사한 구조로서 멜라닌색소를 생성하는 효소의 활성을 억제시킴으로써 색소침착을 방지하며 인체에 독성이 없다.
코직산	• 누룩곰팡이에서 추출하며 색소침착을 방지한다.
감귤	• 색소침착을 방지시키며 해독, 소염, 상처 치유, 자극 완화효과가 있다.
닥나무 추출물	• 미백, 항산화효과가 있다.
비타민 C	• 미백(멜라닌 생성을 억제), 항산화, 항노화, 모세혈관 강화 등 진피 내 콜라겐 합성작용에 관여한다.
AHA(α-Hydroxy Acid)	• pH 3.5 이상에서 10% 이하로 사용되는 5가지 과일산, 젖산(우유), 구연산(오렌지, 레몬), 사과산(사과), 주석산(포도), 글리콜릭산(사탕수수) 등으로서 각질 제거, 피부 재생효과가 있다.
하이드로퀴논	• 의약품으로서 미백효과가 뛰어나나 백반증을 유발할 수 있다.

(2) 주름 개선

성분 종류	특성
레티놀(상피보호 비타민)	• 지용성 비타민으로서 공기 중에 쉽게 산화된다.
레티닐 팔미네이트	• 비타민 A 유도체로서 공기 중 산소에 산패되기 쉬운 유효성분을 안정화시킨 것으로서 잔주름개선, 각화과정 정상화, 재생작용 등의 효과가 있다.
아데노신	• 섬유아세포의 증식 촉진, 피부 세포의 활성화, 콜라겐 합성을 증가시켜 피부 탄력과 주름을 예방한다.
비타민 E(토코페놀)	• 항산화, 항노화, 피부 재생작용 등에 효과가 있다.

슈퍼옥사이드 디스뮤타제(SOD)	• 활성과 억제효소로 노화 억제효과가 있다.
베타카로틴	• 비타민 A의 전구물질로 당근에서 추출하며 피부 재생과 피부 유연효과가 있다.

(3) 자외선 차단

① 자외선 산란제

- 피부각질에서 자외선을 반사시키는 이산화티탄, 산화아연, 탈크의 성분은 난반사 인자로서 물리적 차단제, 미네랄 필터 등으로 불린다.
- 민감성 피부도 사용할 정도로 피부에 자극이 없는 대체적으로 안전한 제품이다.
- 단점은 메이크업이 뿌옇게 밀리는 백탁현상이 생길 수 있다.

② 자외선 흡수제

- 피부 내 멜라닌색소에 대한 작용으로서 자외선의 화학에너지를 미세한 열에너지로 바꾸는 화학적 차단(필터)제이다.

> [TIP] 벤조페논 유도체, 파라아미노안식향산 유도체, 살리실산 유도체 등을 성분으로 사용감은 우수하나 피부에 자극을 줄 수도 있다.

PART 06

화장품학 실전예상문제

01 다음 중 기초화장품의 주된 사용목적에 속하지 않는 것은?

① 세안 ② 피부 채색
③ 피부 정돈 ④ 피부 보호

해설
기초화장품의 주된 사용목적은 피부를 청결, 정돈, 보호, 영양에 따른 유·수분 균형 등이다.

★★☆☆☆
02 다음 중 진정 효과를 가지는 화장품 성분이 아닌 것은?

① 아줄렌 ② 카모마일 추출물
③ 비사볼롤 ④ 알코올

해설
알코올은 살균, 소독작용과 함께 휘발성에 의해 청량감이 있다.

03 다음 내용 중 기능성 화장품인 것은?

① 데이 크림 ② 영양 크림
③ 나이트 크림 ④ 화이트닝 크림

해설
화이트닝 크림은 미백의 기능을 가진 기능성 화장품이다.

04 피지 분비의 과잉을 억제하고 피부를 수축시켜 주는 것은?

① 소염화장수 ② 수렴화장수
③ 영양화장수 ④ 유연화장수

해설
수렴화장수는 아스트리젠트, 토닝로션, 토닝스킨이라 하며 피부를 소독해주고 보호작용을 한다. 각질층에 수분을 공급하고, 모공을 수축시키며, 피부결을 정리하여 피지 분비 억제작용을 한다.

05 세안용 화장품의 구비조건으로 부적당한 것은?

① 안정성 : 물이 묻거나 건조해지면 형태와 질이 잘 변해야 한다.
② 용해성 : 냉수나 온탕에 잘 풀려야 한다.
③ 기포성 : 거품이 잘 나고 세정력이 있어야 한다.
④ 자극성 : 피부를 자극시키지 않고 쾌적한 방향이 있어야 한다.

해설
- 안정성은 피부에 대한 자극, 알레르기 등이 없어야 한다는 것이다.
- 세안용 화장품은 물에 녹지 않는 성분들은 분산, 유화시켜 피부를 세정시킨다. 또한, 피부의 이물질을 제거하여 피부를 청결하게 한다.

06 화장품의 법적 분류와 거리가 가장 먼 것은?

① 의약품 ② 의약외품
③ 화장품 ④ 반응성 화장품

해설
화장품은 법적으로 안정성과 유효성에 따라 화장품, 의약외품, 의약품으로 구분한다.

정답 – 01 ② 02 ④ 03 ④ 04 ② 05 ① 06 ④

memo

PART 7

기출문제

매년 반복 출제되는 알짜배기

제1회 국가기술자격 필기시험문제

자격종목	시험시간	형별	수험번호	성명
미용사(일반)	60분			

01 미용사의 교양 또는 사명 중 잘못된 것은?

① 고객의 요구를 무엇이든 들어 주는 봉사자
② 손님이 만족하는 개성미 연출
③ 미용 기술에 관한 전문지식 습득
④ 시대 풍조를 건전하게 지도

해설
① 봉사적 측면 ② 미적 측면
③ 미용사의 교양 ④ 문화적 측면

02 고객이 추구하는 미용의 목적과 필요성을 시각적으로 느끼게 하는 과정은?

① 소재 ② 제작
③ 구상 ④ 보정

해설
보정은 제작 후 전체적인 모양을 종합적으로 관찰하여 불충분한 곳이 없는지를 재조사하는 과정이다. 보정 후 고객의 만족여부를 파악해야 미용의 과정은 끝나게 된다.

03 다음 중 뒤통수에 낮게 땋아 감아올려 비녀를 꽂은 머리형태는?

① 민머리 ② 얹은머리
③ 푼기명식머리 ④ 쪽진머리

해설
쪽진(낭자)머리는 고대 삼국시대 기혼녀의 머리형태로 뒤통수에서 땋은 두발을 낮게 틀어 비녀로 쪽을 지은 형태이다.

04 컬리 아이론을 발명하여 부인 결발법에 대혁명을 일으킨 사람은?

① 마셀 그라또우 ② 조셉 메이어
③ 찰스 네슬러 ④ J.B.스피크먼

해설
1875년 마셀 그라또우에 의해 마셀 웨이브가 창안되었다.

05 브러시의 손질법으로 적당하지 않은 설명은?

① 소독방법으로 석탄산수를 사용해도 된다.
② 털이 빳빳한 것은 세정 브러시로 닦아 낸다.
③ 털이 위로 가도록 하여 햇볕에 말린다.
④ 보통 비눗물이나 탄산소다수에 담그고 부드러운 털은 손으로 가볍게 비벼 빤다.

해설
브러시는 소독처리 후 털이 위로 가도록 하여 햇볕에 말리면 빗살이 뒤틀릴 수 있다.

06 테슬라의 고주파 전류에 대한 설명이 아닌 것은?

① 자광선이라고 한다.
② 직접적용 시 살균작용을 한다.
③ 빠른 진동으로 근육 수축은 없다.
④ 시술 시 금속성 물체를 지녀도 무방하다.

해설
테슬라의 고주파 전류
- 라디오나 무선에 사용되는 전파보다 짧은 파장의 교류 전류로서 비만용 시술에 주로 사용되며, 테슬라 전류라 한다.
- 신진대사를 활성화시키고, 직접적용 시 살균작용을 하며, 빠른 진동으로 근육에 자극을 주어 혈액순환을 촉진시킨다.
- 50~60 사이클로서 보통 교류 전류를 고주파로 바꾸는 축전기에 전극병을 설치하므로 자광선이라고도 한다.

정답 01 ① 02 ④ 03 ④ 04 ① 05 ③ 06 ④

07 두피 관리 시 헤어 스티머 사용의 적정시간은?

① 5~10분 ② 10~15분
③ 15~20분 ④ 20~30분

해설
헤어 스티머 사용시간은 10~15분이 적정하다.

08 염색한 두발에 적당한 기능성 샴푸제는?

① 논 스트리핑 샴푸제
② 프로테인 샴푸제
③ 약용 샴푸제
④ 댄드러프 샴푸제

해설
염색된 모발에는 pH가 낮은 저자극성 샴푸제인 논 스트리핑 샴푸제를 주로 사용한다.

★☆☆☆☆
09 다공성모에 가장 알맞은 샴푸제는?

① 산성 샴푸제 ② 중성 샴푸제
③ 알칼리성 샴푸제 ④ 프로테인 샴푸제

해설
프로테인(단백질) 샴푸제는 다공성모(손상모)에 탄력과 강도를 보강시킨다.

10 레이저를 이용한 커트로서 부적당한 것은?

① 두발이 마른 상태에서 자른다.
② 네이프 부분의 모발을 먼저 자른다.
③ 두발이 당기지 않게 적신 상태에서 자른다.
④ 두정부는 다른 부위를 자른 후 마지막에 커트한다.

해설
레이저를 이용한 커트는 두발이 젖은 상태에서 잘라야 당김과 손상을 주지 않는다.

★★☆☆☆
11 페더링과 같은 기법으로서 두발 끝을 점차적으로 가늘게 자르는 기법은?

① 틴닝 ② 테이퍼링
③ 클리핑 ④ 트리밍

해설
테이퍼링(Tapering) 또는 페더링(Feathering)이라고도 한다. 테이퍼(Taper)는 '끝을 점점 가늘게 한다'는 의미로 모발 끝을 점차 가늘게 연결시키는 커트방법이며 두발에 자연스러운 장단을 만들어 낸다.

★☆☆☆☆
12 커트는 '두발을 자르다'라는 뜻으로서 자르는 순서가 바른 것은?

① 위그 – 수분 – 빗질 – 블로킹 – 섹션 – 각도
② 위그 – 수분 – 빗질 – 블로킹 – 각도 – 섹션
③ 위그 – 수분 – 섹션 – 빗질 – 블로킹 – 각도
④ 위그 – 수분 – 각도 – 빗질 – 블로킹 – 섹션

해설
마네킹에 커트를 할 경우 두발을 적신 후 모양 다듬기를 하고 영역을 구분하여 섹션 후에 시술각에 따라 자른다.

13 모량이 많으며 굵은 두발인 경우 베이스 크기와 로드의 굵기의 관계가 옳은 것은?

① 베이스 모양을 크게 하고 로드 직경은 큰 것을 사용한다.
② 베이스 모양을 작게 하고 로드 직경은 큰 것을 사용한다.
③ 베이스 모양을 크게 하고 로드 직경은 작은 것을 사용한다.
④ 베이스 모양을 작게 하고 로드 직경은 작은 것을 사용한다.

해설
굵고 모량이 많은 모발은 베이스 크기는 작고 로드 직경은 큰 것을 사용하여 모발 숱이 적어 보이게 하면서 웨이브는 뚜렷한 효과를 갖게 한다.

정답 – 07 ② 08 ① 09 ④ 10 ① 11 ② 12 ① 13 ②

★★★☆☆

14 내로우 웨이브의 특징인 것은?

① 정상이 뚜렷하지 않은 좁은 웨이브
② 파장이 극단으로 많은 좁은 웨이브
③ 골이 뚜렷하지 않고 넓은 웨이브
④ 리지가 눈에 띄지 않는 넓은 웨이브

해설
내로우 웨이브는 웨이브 폭이 좁고 급경사의 웨이브 형상을 나타낸다.

15 두피나 모발의 생리기능을 유지 또는 촉진시키는 양모제가 아닌 것은?

① 헤어 토닉 ② 헤어 트리트먼트
③ 헤어 오일 ④ 헤어 컬러링제

해설
헤어 컬러링제는 염모제이다.

★★☆☆☆

16 헤어 컬링 시 1개의 컬을 할 만큼의 두발량을 얇게 갈라 잡는 것을 무엇이라 하는가?

① 리본딩 ② 엔코우
③ 스케일 ④ 컬리스

해설
스케일(Sclae)은 하나의 모다발로 나누어지는 판넬이다.

17 마셀의 구조 중 홈이 있는 부분을 무엇이라 하는가?

① 로드 ② 그루브
③ 프롱 ④ 핸들

해설
컬리 아이론(Curl Iron)은 마셀과 컬로 구분되며 마셀은 프롱과 그루브로 이루어져 있다. 프롱은 막대 모양이며 그루브는 프롱을 담을 수 있게 홈이 파여 있다.

18 핑거 웨이브의 종류와 설명으로서 연결이 잘못된 것은?

① 올 웨이브 – 가르마 없이 두상 전체에 C와 CC컬로 교차된 웨이브를 형성한다.
② 덜 웨이브 – 리지가 뚜렷하지 않는 느슨한 웨이브를 형성한다.
③ 로우 웨이브 – 리지가 중간 정도의 웨이브를 형성한다.
④ 스윙 웨이브 – 큰 움직임을 가진 웨이브를 형성한다.

해설
로우(Row) 웨이브는 리지(융기점)가 낮은 웨이브를 형성한다.

19 세포의 분열증식으로 모세포(Hair cell)가 만들어지는 곳은?

① 모구 ② 모낭
③ 모유두 ④ 모모세포

해설
모모세포는 모낭의 각질형성세포로서 유사분열에 의해 모세포(딸세포)를 생성한다.

★☆☆☆☆

20 두피에서 비듬이 생기는 질환은?

① 지루성 피부염 ② 알레르기
③ 습진 ④ 태열

해설
지루성 두피는 모낭 주위의 과도한 피지 분비에 의해 노화 각질이 두텁게 형성된 두피를 말한다.

정답 14 ② 15 ④ 16 ③ 17 ② 18 ③ 19 ④ 20 ①

★☆☆☆☆

21 다음 중 백모염색 시 사용되는 영구 염모제의 주성분인 것은?

① 오쏘트릴렌다이아민
② 니트로페닐렌다이아민
③ 모노니트로페닐렌다이아민
④ 파라페닐렌다이아민

해설
파라페닐렌다이아민(Paraphenylenediamine, PPDA)은 영구적 모발 염색제이다. 방향족아민의 유도체로 염색 시 사용되며 분자의 치환체를 바꾸면서 여러 가지 색을 나타낼 수 있다.

22 유기 합성 염모제에 대한 설명 중 틀린 것은?

① 제1제는 염료와 암모니아수가 혼합되어 있다.
② 제2제는 과산화수소로서 멜라닌색소의 탈색과 산화염료를 발색시킨다.
③ 제1제의 용액은 산성을 띄고 있다.
④ 유기합성 염모제 제1제는 색소제와 제2제의 산화제로 나누어진다.

해설
제1제는 색소제(전구체+커플러)와 암모니아계로서 알칼리성을 띄고 있다.

23 염모제를 바르기 전 올바른 색상 선정과 정확한 염모제의 작용시간을 알기 위한 테스트는?

① 테스트 컬
② 중간 린스
③ 패치 테스트
④ 스트랜드 테스트

해설
스트랜드 테스트(Strand test)는 모다발 검사로서 원하는 컬러와 작용시간 등을 테스트를 통해 측정할 수 있다.

24 '위그 치수재기'에서 이마의 헤어라인에서 정중선을 따라 네이프의 움푹 들어간 곳까지를 무엇이라 하는가?

① 머리 둘레 ② 이마의 폭
③ 머리 길이 ④ 머리 높이

해설
머리 길이는 두상 길이(정중선)를 측정하는 것으로 C.P → T.P → G.P → B.P → N.P로 이어지는 정중앙의 길이이다.

25 다음 중 카로틴을 가장 많이 함유한 식품은?

① 사과, 배 ② 감자, 고구마
③ 귤, 당근 ④ 쇠고기, 돼지고기

해설
비타민 A는 유제품, 난황, 간유, 녹황색 채소 등에 많이 함유되어 있다.

26 표피 중에서 각화 세포들로 이루어진 층은?

① 유두층 ② 각질층
③ 유극층 ④ 기저층

해설
각질층(Keratin)은 섬유성 단백질로서 각질화 과정에 의해 형성된 완전한 각질 덩어리층이다.

27 피부 상태의 색상을 측정·분석하는 피부미용기기는?

① 확대경 ② 스팀기
③ 우드램프 ④ 석션기(진공흡입기)

해설
- 우드(자외선)램프를 통한 피부진단으로서 피부 상태에 따라 반응색상을 내는 원리를 이용하였다.
- 우드램프는 피부의 민감도, 피지 상태, 색소침착, 모공 크기, 트러블 등을 관찰할 수 있다.

정답 – 21 ④ 22 ③ 23 ④ 24 ③ 25 ③ 26 ② 27 ③

28 다음 요소 중 피부 보호작용과 거리가 가장 먼 것은?

① 피하지방 ② 교원섬유
③ 평활근 ④ 표피각질층

해설
평활근은 내장기관 및 혈관벽을 형성하는 근육으로서 자율신경의 지배를 받는 불수의근이다.

29 피부 내 진피의 최하층으로 피하지방 조직과 인접된 층인 것은?

① 투명층 ② 기저층
③ 과립층 ④ 망상층

해설
망상층은 피부구조와 평행구조를 이루며, 탄력섬유와 망상 그물층으로서 피하조직층과 맞닿아 있다.

30 여름철의 피부 상태로서 잘못 설명된 것은?

① 표피의 색소침착이 뚜렷해진다.
② 각질층이 두꺼워지고 거칠어진다.
③ 버짐이 생기며 혈액순환이 둔화된다.
④ 고온다습한 환경으로 피부에 활력이 없어지고 피부는 지친다.

해설
버짐이 생기며 혈액순환이 둔화되는 것은 겨울철의 피부 상태이다. 겨울철의 피부는 급격한 온도차로 인해 충혈되기가 쉽고, 낮은 기온과 차가운 바람으로 인해 혈액순환과 피부 신진대사 기능이 저하된다.

31 홍반, 부종, 통증뿐 아니라 수포를 형성하는 화상은?

① 1도 화상 ② 2도 화상
③ 3도 화상 ④ 괴사성 화상

해설
- 제1도 화상은 발적(홍반성) 화상, 제2도 화상은 수포(발포)를 형성하는 부분층 화상이다.
- 제3도 화상은 피부 전 층의 괴사를 일으키는 전 층 화상이다.
- 화상은 세포의 단백질을 변성시켜 세포를 파괴한다.

32 비누세안 시 피지막이 제거된 후 다시 회복될 수 있는 시간은 어느 정도인가?

① 30분 정도 ② 1시간 정도
③ 2시간 정도 ④ 5시간 정도

해설
비누세안 시 피지막의 회복시간은 2시간 정도이다.

33 다음 중 피부의 진피 내 결합조직으로서 교원섬유인 것은?

① 유두층 ② 콜라겐
③ 망상층 ④ 세포간 물질

해설
교원섬유(콜라겐), 탄력섬유(엘라스틴)는 신축성과 탄력성을 결정한다. ①, ③은 진피층에 속한다.

34 다음 감염병 중 기본 예방접종의 시기가 가장 늦은 것은?

① 폴리오 ② 백일해
③ 디프테리아 ④ 일본뇌염

해설
- 결핵 : 생후 4주 이내
- 디프테리아, 백일해, 파상풍(D.P.T) : 생후 2개월, 4개월, 6개월, 15개월, 18개월에 접종
- 소아마비(폴리오) : 3차 접종은 6개월에 시행하나 18개월 이내에 접종
- 일반뇌염
  - 기초접종 : 12~24개월에 1~2주 간격으로 2회 접종 후 12개월 후 3차 접종
  - 추가접종 : 만 6세, 12세 때 각각 1회씩 접종

정답 — 28 ③ 29 ④ 30 ③ 31 ② 32 ③ 33 ② 34 ④

★★☆☆☆
35 조명 설치 시 눈의 보호에 가장 좋은 조명은?

① 간접조명 ② 반간접조명
③ 직접조명 ④ 반직접조명

반간접조명은 직접광 1/2, 간접광 1/2의 절충식으로서, 빛이 부드럽고 광선을 분산시켜 시력보호에 가장 좋은 조명이다.

36 법정감염법 중 제3군에 해당되는 것은?

① 황열 ② 풍진
③ 공수병 ④ 페스트

해설
②는 2군, ①, ④는 제4군감염병이다.

★★☆☆☆
37 유리산소 소모의 의미를 나타내는 하수의 오염지표는?

① pH ② BOD
③ 대장균 ④ 용존산소

해설
생물학적 산소요구량(BOD)은 물속의 유기물을 무기물로 산화시키고자 할 때 요구되는 산소량을 의미한다.

38 외래 감염병 관리에서 감염병 환자 또는 병원체 감염 의심자의 관리로 가장 효과적인 방법은?

① 검역 ② 격리
③ 제거 ④ 관리

해설
외래 감염병 환자 또는 의심자는 우선 격리시키는 것이 가장 효과적인 관리방법이다.

★☆☆☆☆
39 상수의 음용수로서 적정한 유리잔류염소량은?

① 0.02ppm 이상
② 0.55ppm 이상
③ 0.2ppm 이상
④ 0.5ppm 이상

해설
상수소독에 사용되는 염소(Cl)는 0℃, 4기압에서 액화시킨 액체염소로서 잔류염소는 송수, 배수, 급수 시 오염될 수 있는 미생물을 소독할 수 있다. 일반적으로 유리잔류염소량은 0.2ppm 이상이다.

★☆☆☆☆
40 지역사회의 보건수준 비교 시의 지표가 아닌 것은?

① 영아사망율
② 평균수명
③ 일반사망율
④ 국세조사

해설
국가 간 또는 지역사회 간의 보건수준을 비교하는 데 사용되는 WHO의 대표적(종합적) 지표는 평균수명, 영아사망률, 조사망률 등이다.

41 하수처리법 중 호기성처리법에 속하지 않는 것은?

① 활성오니법
② 살수여과법
③ 산화지법
④ 부패조법

해설
하수처리 과정은 예비처리, 본처리(혐기성 부패조, 임호프조, 호기성 활성오니법, 살수여과법), 오니처리 등이 있다.

정답 35 ② 36 ③ 37 ② 38 ② 39 ③ 40 ④ 41 ④

★☆☆☆☆

42 윈슬러의 공중보건학 정의로 가장 적합한 것은?

① 질병 예방, 수명 연장, 질병 치료에 주력하는 기술이며 과학이다.
② 질병 예방, 수명 유지, 조기치료에 주력하는 기술이며 과학이다.
③ 질병의 조기발견, 조기예방, 수명 연장에 주력하는 기술이며 과학이다.
④ 질병 예방, 수명 연장, 건강과 효율을 증진시키는 기술이며 과학이다.

해설
공중보건학 정의(C.E.A Winslow, 1920년)
공중보건학이란 조직적인 지역사회의 노력을 통해서 질병을 예방하고 수명을 연장시키며 신체적, 정신적 효율을 증진시키는 기술이며 과학이다.

43 혈청이나 당과 같이 화학약품이나 열을 가하지 않는 소독방법은?

① 자비소독법 ② 간헐멸균법
③ 여과멸균법 ④ 고압증기멸균법

해설
여과멸균법은 열에 불안정한 액체의 멸균에 이용되는 소독방법이다.

44 다음 중 미생물의 종류에 해당하지 않는 것은?

① 편모 ② 세균
③ 효모 ④ 곰팡이

해설
편모는 원충류로서 한 개의 세포로 구성되어 있고 운동능력이 있다.

45 3%의 크레졸 비누액 900㎖를 만드는 방법으로 옳은 것은?

① 크레졸 원액 27㎖에 물 873㎖를 가한다.
② 크레졸 원액 270㎖에 물 630㎖를 가한다.
③ 크레졸 원액 200㎖에 물 700㎖를 가한다.
④ 크레졸 원액 300㎖에 물 600㎖를 가한다.

해설

$$\text{농도(\%)} = \frac{\text{용질(소독액)}}{\text{용액(소독액 + 물)}} \times 100$$

46 일광소독 시 살균작용을 하는 광선은?

① 복사열 ② 적외선
③ 가시광선 ④ 자외선

해설
태양광선 중 자외선에 약간의 살균작용이 있다.

47 광범위한 미생물에 대한 살균력이 있으며 석탄산에 비해 강한 살균력을 갖고 독성이 적은 소독제는?

① 수은 화합물 ② 할로겐 화합물
③ 계면활성제 ④ 아세틸화제

해설
할로겐 화합물
- 염소와 요오드 등의 할로겐 화합물은 물 또는 식품 분야에 널리 사용되는 제1급 살균제이다.
- 살균력이 우수하여 세균, 곰팡이, 원충류와 조류, 바이러스, 세균 포자 등 광범위하게 사용된다.
- 세포 내 단백질의 활성을 강력한 산화작용으로 파괴시킨다.

48 화학적 소독제의 조건이 아닌 것은?

① 가격이 저렴해야 한다.
② 독성 및 안전성이 없어야 한다.
③ 살균력이 강해야 한다.
④ 용해성이 높아야 한다.

해설
화학적 소독제는 독성이 약하여 인체에 해가 없어야 하고 안정성이 있어야 한다.

정답 42 ④ 43 ③ 44 ① 45 ① 46 ④ 47 ② 48 ②

49 승홍수 소독제의 효과로서 설명이 틀린 것은?

① 금속부식성이 있다.
② 0.1% 수용액을 사용한다.
③ 상처 소독에 적당한 소독약이다.
④ 승홍수의 온도가 높을수록 살균력이 강하다.

해설
승홍수는 독성이 강하여 식기류나 피부 소독에는 부적합하다.

★☆☆☆☆
50 유리제품의 소독방법으로 가장 적당한 것은?

① 끓는 물에 넣고 10분간 가열한다.
② 건열멸균기에 넣고 소독한다.
③ 끓는 물에 넣고 5분간 가열한다.
④ 찬물에 넣고 75℃까지만 가열한다.

해설
건열멸균법은 유리제품, 금속제품, 도자기제품 등의 소독방법으로 적당하다.

51 자비소독 시 살균력 상승과 금속의 녹슴 방지를 위해 첨가되는 것은?

① 알코올 ② 승홍수
③ 염화칼슘 ④ 탄산나트륨

해설
자비소독 시 소독효과를 높이고 금속기구의 녹스는 것을 방지하기 위하여 끓는 물에 석탄산(95%), 크레졸(3%), 탄산나트륨(1~2%), 붕산(1~2%) 등을 첨가한다.

★☆☆☆☆
52 법률상에서 정의되는 용어로 올바르게 설명한 것은 다음 중 어느 것인가?

① 건물위생관리업이란 공중이 이용하는 시설물의 청결 유지와 실내공기 정화를 위한 청소 등을 대행하는 영업을 말한다.
② 이용업이란 손님의 머리, 수염, 피부 등을 손질하여 외모를 아름답게 꾸미는 영업을 말한다.
③ 공중위생영업이란 미용업, 숙박업, 목욕장업, 수영장업, 유기영업 등을 말한다.
④ 미용업이란 손님의 얼굴과 피부를 손질하여 외모를 아름답게 꾸미는 영업을 말한다.

해설
② 이용업이란 손님의 머리카락, 수염을 깎거나 다듬는 등의 방법으로 손님의 용모를 단정하게 하는 영업을 말한다.
③ 공중위생영업이란 다수인을 대상으로 위생관리 서비스를 제공하는 미용업, 이용업, 숙박업, 세탁업, 목욕장업, 건물위생관리업을 말한다.
④ 미용업이란 손님의 얼굴, 머리, 피부 등을 손질하여 손님의 외모를 아름답게 꾸미는 영업을 말한다.

★★☆☆☆
53 공중위생관리법에서 규정하고 있는 공중위생영업의 종류에 해당되지 않는 것은?

① 건물위생관리업 ② 세탁업
③ 학원 영업 ④ 숙박업

해설
공중위생영업의 종류는 미용업, 이용업, 숙박업, 세탁업, 목욕장업, 건물위생관리업이 있다.

★★☆☆☆
54 영업소의 폐쇄명령을 받은 후 몇 월이 지나야 그 영업을 다시 할 수 있는가?

① 1월 ② 3월
③ 5월 ④ 6월

해설
폐쇄명령이 있는 후 6개월이 경과하지 아니한 때에는 누구든지 같은 종류의 영업을 할 수 없다.

정답 – 49 ③ 50 ② 51 ④ 52 ① 53 ③ 54 ④

★☆☆☆☆

55 **위생서비스평가의 결과에 따른 위생관리 등급은 누구에게 통보하고 이를 공표하여야 하는가?**

① 해당 공중위생영업자
② 시장, 군수, 구청장
③ 보건소장
④ 시·도지사

해설
위생서비스평가의 결과에 따른 위생관리 등급은 해당 공중위생영업자에게 통보하고 공표하여야 한다.

★☆☆☆☆

56 **영업장 이외의 장소에서 예외적으로 이·미용을 할 수 있도록 한 법령은?**

① 국무총리령 ② 대통령령
③ 보건복지부령 ④ 행정자치부장관령

해설
미용의 업무는 영업소 외의 장소에서는 행할 수 없다. 다만, 보건복지부령이 정하는 특별한 사유가 있는 경우에는 행할 수 있다.

★★☆☆☆

57 **영업소 외의 장소에서는 이·미용 업무를 할 수 없다. 그러나 특별한 사유가 있는 경우에는 예외가 인정되는데 다음 중 특별한 사유로 옳지 않은 것은?**

① 시장, 군수, 구청장이 특별한 사정이 있다고 인정하는 경우에 행하는 이·미용
② 질병으로 영업장에 나올 수 없는 자에 대한 이·미용
③ 긴급히 국외에 출타하려는 자에 대한 이·미용
④ 혼례 기타 의식에 참여하는 자에 대하여 그 의식 직전에 행하는 이·미용

해설
③ 긴급히 국외에 출타하려는 자에 대한 사항은 영업소 외 미용 업무를 할 수 있는 경우에 해당되지 않는다.

58 **현대 향수의 시초라고 할 수 있는 헝가리 워터(Hungary water)가 개발된 시기는?**

① 1770년경 ② 970년경
③ 1570년경 ④ 1370년경

해설
헝가리 워터(Hungary water)는 1370년경 개발되었다.

59 **화장수에 가장 널리 배합되는 알코올 성분은 다음 중 어느 것인가?**

① 메탄올 ② 부탄올
③ 에탄올 ④ 프로판올

해설
③은 에틸알코올이라고도 하며 수렴화장수, 스킨로션, 향수 등에 사용된다.

★★☆☆☆

60 **박하에 함유된 시원한 느낌의 혈액순환 촉진성분은?**

① 자일리톨 ② 멘톨
③ 알코올 ④ 마조람 오일

해설
멘톨이 소량일 때에는 청량감이 있어 과자, 화장품, 의약품 등에 첨가하여 사용한다. 진통제나 가려움증을 멈추는 데 사용된다.

정답 55 ① 56 ③ 57 ③ 58 ④ 59 ③ 60 ②

제2회 국가기술자격 필기시험문제

자격종목	시험시간	형별	수험번호	성명
미용사(일반)	60분			

01 미용의 필요성으로 가장 거리가 먼 것은?

① 노화를 전적으로 방지해 주므로 필요하다.
② 현대생활에서는 상대방에게 불쾌감을 주지 않기 위해서 필요하다.
③ 외모의 결점을 미용의 기술로 보완하여 개성미를 연출해 주므로 필요하다.
④ 인간의 심리적 욕구를 만족시키고 생산의욕을 높이는 데 도움을 주므로 필요하다.

해설
지속적인 관리를 통해 노화를 늦출 수는 있지만 전적으로 노화를 방지할 수는 없다.

02 두상의 가마(Whorl)로부터 방사상으로 나눈 파트는?

① 스퀘어 파트 ② 센터 파트
③ 카우릭 파트 ④ 이어 투 이어 파트

해설
엄밀히 말하면 올 파트(Whorl part)이다. 카우릭 파트(Cowlick part)는 소가 핥은 듯한 모양의 가르마로서 전두부 C.P나 후두부 N.P.L에 주로 많다.

★★★☆☆
03 고대 서양미용의 발상지는?

① 로마 ② 이집트
③ 바빌로니아 ④ 그리스

해설
고대 서양의 미용 발생지는 이집트이다.

★★★★☆
04 중국 고대미용의 역사에 있어서 틀린 것은?

① 2200년경 하나라 분이 사용되었다.
② 1150년경 은나라의 주왕 때 연지를 사용하였다.
③ 현종은 홍장 또는 액황이라고 하여 백분을 바른 후에 연지를 더 발랐다.
④ 현종은 십미도라 하여 10가지 눈썹 모양을 소개하였다.

해설
진시황시대 「수하미인도」에 홍장 또는 액황의 예가 그려져 있다.

★☆☆☆☆
05 빗 선택 시 고려할 사항으로 바른 것은?

① 빗살이 두꺼운 것을 고른다.
② 빗살 끝이 뾰족한 것을 고른다.
③ 빗은 내수성이 있는 것이 좋지 않다.
④ 빗살의 두께나 길이는 균일한 것이 좋다.

해설
빗은 모발을 분배하고 조정시켜 가지런히 하며, 떠올려 각도를 만들거나 볼륨을 만든다.

06 확장된 모공을 수축하는 수렴작용에 가장 큰 효과를 주는 것은?

① 섹션 컵 ② 스팀 타월
③ 콜드 타월 ④ 클렌징 크림

해설
차가운 타월은 모공을 수축시키는 수렴작용을 한다.

정답 01 ① 02 ③ 03 ② 04 ③ 05 ④ 06 ③

07 덴맨 브러시의 내용에 대한 설명인 것은?

① 쿠션 브러시라고 한다.
② 빗살이 듬성하다.
③ 모근에 볼륨 또는 방향성을 갖게 한다.
④ 모발 표면의 흐름을 거칠게 한다.

해설
① 덴맨 브러시는 쿠션 브러시라고도 한다.
②, ③, ④는 스켈톤(벤트) 브러시에 대한 내용이다.

★★☆☆☆
08 다음 중 샴푸 시 적당하지 않은 것은?

① 손님의 의상이 젖지 않게 신경을 쓴다.
② 두발을 적시기 전에 물의 온도를 점검한다.
③ 손톱으로 두피를 문지르며 비빈다.
④ 다른 손님에게 사용한 타월은 쓰지 않는다.

해설
샴푸 시 손톱이 아닌 손가락의 완충 면을 사용하여 두피를 문질러야 한다.

09 다양한 기능의 트리트먼트 샴푸에 대한 설명으로 틀린 것은?

① 데오드란트 샴푸 – 악취 제거용 샴푸
② 저미사이드 샴푸 – 소독 살균용 샴푸
③ 리컨디셔닝 샴푸 – 탄력 회복용 샴푸
④ 이치리스 샴푸 – 가려움 제거 샴푸

해설
리컨디셔닝 샴푸는 손상 회복용 샴푸이다.

10 커트형에서 윗부분 머리가 짧고, 아래가 길어 단차가 큰 커트는?

① 하이 그래듀에이션
② 미디움 그래듀에이션
③ 로우 그래듀에이션
④ 인크리스트 레이어드

해설
• 인크리스트 레이어드(Increase layered)는 내측모발에서 외측모발을 향해 점진적으로 길어지는 구조이다.
• 활동적인 표면 질감을 만들어낸다.
• 헤어스타일의 모양은 곡선적인 면과 높낮이에서 늘어남이 있다.

★☆☆☆☆
11 커팅가위 선택 시 틀린 것은?

① 양 날의 견고함이 똑같아야 한다.
② 잠금나사가 느슨하지 않아야 한다.
③ 날의 두께는 두껍고 다리는 약한 것이 좋다.
④ 가위 날은 자연스럽게 약간 안쪽으로 구부러진 것을 사용한다.

해설
가위 날은 얇고 선회축은 강한 것이 좋으며 자연스럽게 안쪽으로 구부러진 것을 커팅가위로 선택한다.

12 싱글링(Shingling) 커트 기법으로 설명된 것은?

① 빗살을 위로 하여 커트할 두발을 많이 잡는다.
② 빗을 천천히 위쪽으로 이동하면서 가위를 개폐시킨다.
③ 모근으로부터 두발 끝을 향해 모다발을 쥔 후 가위 날을 세워 찌르듯 자른다.
④ 두발은 나눈 선에서 5~6cm 떨어져서 가위를 대고 모량을 제거한다.

해설
싱글링(Shingling)의 싱글(Shingle)은 '밑을 짧게 자른다'는 뜻으로 후두부의 모발을 짧게 자르는 방법이다. 레이어드 커트와는 반대로 두상의 위쪽(내부)은 길게, 외부(아래쪽)로 갈수록 점차 짧게 자른다.

정답 – 07 ① 08 ③ 09 ③ 10 ④ 11 ③ 12 ②

13 펌 시술 후 강한 열을 사용하였을 때 현상은?

① 두발이 화상을 입고 손상되기 쉽다.
② 탈모현상이 일어난다.
③ 두발의 색소가 변한다.
④ 웨이브가 풀어진다.

해설
펌 시술 후 강한 열을 이용한 아이론(마셀) 또는 블로 드라이어로 헤어스타일링을 마무리하였을 경우 펌된 두발은 화상을 입어 손상모가 된다.

14 염색모, 손상모에 사용하는 펌 용제의 사용방법으로 가장 옳은 것은?

① 정상모의 경우보다 제1액의 작용시간이 충분히 초과되어 이루어지도록 한다.
② 정상모의 경우보다 가능한 낮은 알칼리 농도의 제1액을 골라 사용한다.
③ 정상모의 경우보다 제2액의 작용시간을 짧게 이루어지도록 한다.
④ 정상모의 경우보다 가능한 높은 농도의 제2액을 골라 사용한다.

해설
염색모인 손상모는 모표피가 열려있는 상태이므로 알칼리도가 낮은 1액을 사용한다. 펌 1제의 주성분인 티오글리콜산 염에서 염은 알칼리이며 모발의 모표피를 부풀리는 팽윤(Swelling)작용을 한다.

15 웨이브 펌 시술 직전 발수성모의 처리방법 중 옳은 것은?

① 두발에 트리트먼트 처리를 한다.
② 보통 두발과 같은 방법으로 한다.
③ 보통 두발보다 퍼머 제1액을 많이 도포한다.
④ 스팀타월을 이용하여 두발의 모표피를 열어준 다음 제1액을 도포한다.

해설
웨이브 로션(펌1제)을 먼저 도포하고 열을 가하여 모표피를 팽윤시킨 다음 제1액을 도포한다.

16 뱅(Bang)에 대한 설명 중 잘못된 것은?

① 롤 뱅 : 롤 모양으로 말아 볼륨을 준 뱅
② 프렌치 뱅 : 롤을 하프 웨이브로 만든 뱅
③ 플러프 뱅 : 부드럽게 꾸밈없이 볼륨을 준 앞머리
④ 프린지 뱅 : 가르마 가까이에 작게 낸 뱅

해설
뱅(Bang)은 일명 애교머리(Love locks)라고도 한다.
② 프렌치(French) 뱅은 두발을 올려 빗질(Up shaping)하여 부풀려서 만들어 내린 모양이다.

★★☆☆☆

17 마셀 웨이브 시술 시 아이론의 적정한 온도는?

① 100~120℃　② 50~100℃
③ 120~140℃　④ 150℃ 이상

해설
마셀 웨이브 시 아이론은 120~140℃로 가열시켜 모발에 볼륨, 텐션이나 컬, 웨이브 등을 형성시킨다.

18 스컬프처 컬의 특징을 가장 잘 표현한 것은?

① 모다발의 끝에서부터 말아온 컬을 말한다.
② 컬의 루프가 두피에 대하여 평평하게 형성된 컬을 말한다.
③ 컬이 두피에 세워져 있는 것을 말한다.
④ 일반적인 컬 전체를 말한다.

해설
스컬프처 컬은 모다발 내 모발 끝을 중심으로 리본닝 후 모근을 향해 컬리스한다. 탄력은 있으나 볼륨감이 없어 스킵 웨이브 또는 플러프 컬에 이용된다.

정답 13 ① 14 ② 15 ④ 16 ② 17 ③ 18 ①

19 **머리카락 타는 냄새는 어떤 성분 때문인가?**

① 수소 ② 유황
③ 질소 ④ 탄소

해설
머리카락 타는 냄새는 모발의 성분 중 14~18%를 차지하는 시스틴결합의 황이 타는 냄새이다.

20 **다음 중 모주기(Hair cycle)의 순서인 것은?**

① 성장기 → 휴지기 → 퇴화기
② 휴지기 → 발생기 → 퇴화기
③ 퇴화기 → 성장기 → 발생기
④ 성장기 → 퇴화기 → 휴지기

해설
모주기(Hair cycle)는 성장기 → 퇴화기 → 휴지기를 거친다.

21 **염모제에 대한 설명 중 틀린 것은?**

① 과산화수소는 산화염료를 발색시킨다.
② 과산화수소는 모발의 색소를 분해하여 탈색한다.
③ 염모제 제1제는 모발을 팽창시켜 산화염료가 잘 침투하도록 한다.
④ 염모제 제1제는 제2제 산화제(H_2O_2)를 분해하여 발생기 수소를 발생시킨다.

해설
염모제 제1제는 색소제와 암모니아 성분이며 염모제2제는 산화제 성분이다. 산화제의 발생기 산소는 색소제를 발색시키고 모발 내 멜라닌색소를 탈색시킨다.

22 **염모제(Hair dye)의 연화제는 어떤 두발에 사용되는가?**

① 다공질모 ② 저항성모
③ 손상모 ④ 염색모

해설
저항성모(발수성모)는 비늘층(모표피)이 촘촘하며 두꺼워 손상모보다 팽윤성이 약하다. 따라서 사전처리로서 두발의 모표피층을 열어주는(팽윤) 역할이 모발의 연화제이다.

23 **다음 중 헤어 블리치에 관한 설명으로 틀린 것은?**

① 헤어 블리치는 산화작용으로 두발의 색소를 옅게 한다.
② 과산화수소는 수소를 방출한 다음 산소와 결합한다.
③ 헤어 블리치제는 과산화수소와 암모니아수를 더하여 사용한다.
④ 멜라닌색소는 알칼리 약품에 의해서 분해되어 색을 잃는 성질이 있다.

해설
암모니아는 모발의 모표피를 열어 주어 탈색제가 모발 내로 침투되도록 도와주고 과산화수소의 발생기 산소를 촉진시켜주는 역할을 한다.

24 **가발 네팅 과정 중 손뜨기의 장점인 것은?**

① 발제선 주위를 정교하게 작업할 수 있다.
② 모류가 정해져 있어 질이 뛰어나고 가격이 비싸다.
③ 인위적인 느낌은 강한 반면 가격이 저렴하다.
④ 다양한 색상과 스타일을 만들 수 있어 변신이나 치장에 유용하다.

해설
손뜨기는 파운데이션 네트 위에 실제 피부처럼 미세한 그물 형태로 모류에 따라 심는 방법을 자유롭게 바꿀 수 있으므로 질이 뛰어나고 가격이 비싸다.

정답 19 ② 20 ④ 21 ④ 22 ② 23 ④ 24 ①

25 모세혈관의 울혈에 의해 피부가 발적된 피부장애인 것은?

① 자반 ② 종양
③ 홍반 ④ 소수포

해설
홍반은 원발진으로서, 1차적 피부장애이다.

26 피부의 영양 관리에 대한 설명인 것은?

① 음식물을 통해 영양분은 대부분 얻을 수 있다.
② 외용약을 사용하여서만 유지할 수 있다.
③ 피부 관리로서 마사지를 잘 하면 된다.
④ 영양 크림을 듬뿍 잘 바르는가에 달려 있다.

해설
- 영양소는 우리가 먹는 식품의 구성물질이다.
- 영양소는 체내에서 다양한 경로를 거쳐 생명을 유지한다.
- 영양소는 건강은 물론, 성장을 촉진시켜주는 역할을 한다.

27 과립층(레인방어막) 아래층의 유극층 내 산도와 수분량은?

① 약산성, 78~80%의 수분량
② 약산성, 10~20%의 수분량
③ 약알칼리성, 70~80%의 수분량
④ 약알칼리성, 10~20%의 수분량

해설
유극층은 표피세포층 중에서 가장 두꺼운 층으로 70~80%의 수분을 가지고 있으며, 약알칼리성을 띄고 있다.

28 항산화작용이 있는 아스코빈산으로 불리는 비타민은?

① 비타민 A ② 비타민 B_1
③ 비타민 C ④ 비타민 F

해설
비타민 C는 아스코빈산 또는 항산화 비타민으로, 모세혈관을 간접적으로 강화시키며, 콜라겐 형성 및 멜라닌색소 형성을 억제하여 유해산소의 생성을 방해한다.

29 다음 중 지성피부의 주된 특징인 것은?

① 모공이 넓으며 뾰루지가 발생하기 쉽다.
② 정상피부보다 얇고 피지가 과다하게 분비된다.
③ 조그만 자극에도 피부가 예민하게 반응한다.
④ 세안 후 피부가 쉽게 붉어지고 당김이 심하다.

해설
지성피부는 정상피부보다 피부가 두껍고, 모공이 넓으며, 뾰루지와 면포가 생기기 쉽다.

30 다음 중 피부막을 형성하며 피부 pH와 관련 깊은 것은?

① 눈물의 분비
② 침샘의 분비
③ 땀과 피지 분비
④ 호르몬의 분비

해설
피부 표면의 피지막은 pH 5.5의 약산성이다.

★☆☆☆☆
31 1차적 피부장애로서 직접적인 초기 손상(원발진)을 일으키는 것은?

① 면포 ② 균열
③ 가피 ④ 찰상

해설
②, ③, ④는 속발진에 속한다.

정답 – 25 ③ 26 ① 27 ③ 28 ③ 29 ① 30 ③ 31 ①

32 자외선 A 차단지수에 대한 설명 중 틀린 것은?

① UV A 차단지수는 PFA로 표시된다.
② UV A 조사 시 색소침착이 언제 나타나느냐로서 구분된다.
③ UV A+, UV A++, UV A+++ 또는 P A+, P A++, P A+++로 표시된다.
④ UV A는 단파장으로 피부에 가장 깊게 침투하는 자외선이다.

해설

UV A는 장파장으로, 피부에 가장 깊게 침투하는 자외선이다.

33 대상포진의 특징에 대한 설명인 것은?

① 감염되지는 않는다.
② 수두 세균성 감염을 앓은 후 재발생된다.
③ 입술이나 콧구멍의 주위에 가끔 발생한다.
④ 지각신경 분포를 따라 군집 수포성 발진이 생기며 통증이 동반된다.

해설

대상포진은 수두를 앓은 후 잠복해 있던 수두 바이러스에 의해 재발생된다.

★☆☆☆☆

34 시, 군, 구에 두는 지방보건행정 조직으로 국민건강증진 기관은?

① 보건소
② 보건지소
③ 보건진료소
④ 대학병원

해설

시, 군, 구에서는 각 구역의 보건소가 보건행정조직의 역할을 맡아 지역주민에게 서비스를 제공한다.

★☆☆☆☆

35 다음 중 물의 일시경도의 원인 물질은?

① 중탄산염 ② 액화염소
③ 질산염 ④ 알루미늄

해설

- 일시경수는 탄산칼슘이나 탄산마그네슘을 함유하고 있다. 끓여서 불용성 화합물인 금속이온을 제거시키면 연수가 된다.
- 영구경수는 황산칼슘이나 황산마그네슘을 함유하고 있다. 석회소다법이나 제올라이트(Zeolite)법을 이용하여 경수를 연수화시킨다.
- 경도는 칼슘(Ca) 또는 마그네슘(Mg) 이온이 물에 용해되어 있는 양을 탄산칼슘으로 환산하여 그 농도를 ppm으로 나타낸 것이다.
- 경수는 Ca이나 Mg 이온이 중탄산염, 탄산염, 황산염 등의 형태로 많이 함유되어 있다.

36 다음 중 공중보건학의 개념과 가장 유사한 의미를 갖는 표현은?

① 치료의학 ② 예방의학
③ 지역사회의학 ④ 건설의학

해설

지역주민 단위의 다수로서 질병 예방, 수명 연장, 신체적·정신적 건강 및 효율의 증진에 목적이 있다.

37 다음 중 체온조절기능에 대한 설명으로 맞는 것은?

① 신체는 환경과의 열교환현상은 없다.
② 신체는 화학적 조절기능으로 체내에서 열생산을 한다.
③ 피부는 열방산기능보다 열생산기능이 더 활발하다.
④ 신체는 신진대사만으로 열을 생산한다.

해설

- 체온은 신체로부터 방열작용과 산열작용에 의해 조절된다.
- 방열작용은 열을 외부로 발산하는 것이다.
- 산열작용은 음식물(탄수화물, 지방)의 섭취에 의한 화학에너지는 복잡한 대사과정 중에서 100~75% 가 열로 전환되는 즉, 체내에서의 열생산작용을 말한다.

정답 32 ④ 33 ④ 34 ① 35 ① 36 ③ 37 ②

38 **발생 즉시 환자의 격리가 필요한 제1군감염병은?**

① 황열 ② 콜레라
③ 폴리오 ④ B형간염

해설
제1군감염병은 콜레라, 장티푸스, 파라티푸스, 세균성 이질, 장출혈성대장균감염증, A형간염이다.

39 **자연조명을 위한 이상적인 주택 방향과 창 면적은?**

① 남향, 바닥 면적의 1/5~1/7
② 남향, 바닥 면적의 1/5~1/2
③ 동향, 바닥 면적의 1/10~1/7
④ 동향, 바닥 면적의 1/5~1/2

해설
- 자연채광의 조건은 남향으로서 하루 4시간 이상의 일조량이 요구된다.
- 자연채광이 좋은 창의 면적은 방바닥 면적의 1/5~1/7이 적당하며 벽 높이는 1/3 이상이어야 한다.

★★★☆☆
40 **한 국가 간 또는 지역사회 간의 보건수준을 나타내는 가장 대표적인 지표는?**

① 조사망율 ② 평균수명
③ 영아사망율 ④ 비례사망지수

해설
- 영아는 생후 1년 미만의 아이로서 환경악화나 비위생적 생활환경에 가장 예민하게 영향을 받는 시기이다.
- 영아사망률은 한 국가 간 또는 지역사회 간의 보건수준을 나타내는 가장 대표적인 지표이다.

★☆☆☆☆
41 **열에 가장 쉽게 파괴되는 수용성 비타민은?**

① 비타민 A ② 비타민 B
③ 비타민 C ④ 비타민 D

해설
비타민 C는 열에 가장 쉽게 파괴되는 항산화제로서 수용성 비타민이다.

42 **수은중독의 증세와 관련이 없는 것은?**

① 구토, 설사 ② 골다공증
③ 신장장애 ④ 복통, 경련

해설
유독 금속류인 수은은 미나마타병의 원인물질이며, 수은에 감염된 어류 섭취 시 발병한다. 수은 중독 시 신장, 폐, 뇌에 이상이 생기며, 발열, 구토, 호흡곤란, 위염, 신장장애, 복통 등의 증상이 나타난다.

43 **다음 중 화학적 소독방법이 아닌 것은?**

① 크레졸 ② 승홍수
③ 포르말린 ④ 고압증기

해설
고압증기멸균법은 물리적 소독방법이다.

44 **에틸렌옥사이드(E.O) 가스멸균법에 대한 설명이 아닌 것은?**

① 50~60℃의 저온에서 멸균된다.
② 고압증기멸균법에 비해 저렴하다.
③ 가열에 변질되기 쉬운 것들이 멸균대상이 된다.
④ 고압증기멸균법에 비해 장기보존이 가능하다.

해설
에틸렌옥사이드(Ethylene oxide) 가스멸균법
- 상대습도 33% 전후에서 최고의 살균력을 갖는다.
- 감염성 환자의 침구류, 매트리스 멸균 시 적합하다.
- 상대습도(25~52%), 온도(38~60℃)에서 농도, 시간 등이 갖추어지면 미생물, 포자, 결핵균, 간염 바이러스 등을 살균할 수 있다.
- 고압증기멸균법에 비해 비싸고 조작의 난이도가 높아 숙련을 필요로 한다.
- 멸균 후 잔류가스에 의한 피부 손상 및 점막자극이 있을 수 있다.

정답 38 ② 39 ① 40 ③ 41 ③ 42 ② 43 ④ 44 ②

45 반응성과 산화작용이 강하여 물 소독에 사용되어 왔던 소독제는?

① 붕산 ② 오존
③ 아크리놀 ④ 과산화수소

해설
오존(O_3)은 산화작용으로 인한 살균력을 갖고 있어 프랑스에서 물의 살균에 주로 사용하여 왔다.

46 고압증기멸균법으로 121℃에서 20분 동안 멸균하고자 할 때 사용되는 기압은?

① 2기압 ② 3기압
③ 4기압 ④ 5기압

해설
고압증기멸균법을 실시할 때 압력, 온도, 소요시간이다.
- 10Lbs – 115.5℃ (30분)
- 15Lbs – 121.5℃ (20분)
- 20Lbs – 126.5℃ (15분)

47 미생물에 대한 알코올 소독제의 주된 작용기전은?

① 할로겐 복합물 형성
② 단백질 변성 및 응고
③ 효소의 완전 파괴
④ 균체의 완전 용해

해설
알코올은 세균세포의 효소 단백질을 응고해 그 기능을 상실시킨다.

48 미용사의 손 소독 시 가장 적합하지 않은 크레졸 비누액의 농도는?

① 1% ② 2%
③ 3% ④ 5%

해설
크레졸은 불용성이므로 대부분 비누액을 만들어 사용하며 일반적으로 자극성이 적은 1~3% 용액을 손, 피부 소독에 사용된다.

★☆☆☆☆
49 화학적 소독법에 가장 많은 영향을 주는 것은?

① 습도 ② 수분
③ pH ④ 농도

해설
화학적 소독법에 가장 큰 영향을 주는 것은 소독제의 농도이다.

50 소독제의 효과를 감소시키는 원인이 아닌 것은?

① 정수로 희석한 경우
② 경수로 희석한 경우
③ 고온에 노출될 경우
④ 햇빛에 노출될 경우

해설
소독제의 농도 또는 효과를 감소시키는 방법은 희석 처리방법이다.

51 멸균소독의 의미로서 가장 적절한 것은?

① 병원성 균을 사멸한다.
② 병원성 균의 증식을 억제한다.
③ 아포를 포함한 모든 균을 사멸한다.
④ 모든 세균의 독성을 파괴한다.

해설
멸균은 병원성, 비병원성 및 포자를 가진 미생물을 사멸 또는 제거하는 소독방법이다.

정답 – 45 ② 46 ① 47 ② 48 ④ 49 ④ 50 ① 51 ③

★☆☆☆☆

52 공중위생관리법의 궁극적인 목적은?

① 공중위생영업의 위상 향상
② 공중위생영업장의 위생 관리
③ 공중위생영업 종사자의 위생 및 건강 관리
④ 위생수준을 향상시켜 국민의 건강증진에 기여

해설
공중이 이용하는 영업의 위생관리 등에 관한 사항을 규정함으로써 위생 수준을 향상시켜 국민의 건강 증진에 기여함이 공중위생법의 목적이다.

★★☆☆☆

53 일부 시설의 사용중지 명령을 받고도 그 기간 중에 그 시설을 사용한 자에 대한 벌칙사항은?

① 3개월 이하의 징역 또는 5백만 원 이하의 벌금
② 6월 이하의 징역 또는 5백만 원 이하의 벌금
③ 1년 이하의 징역 또는 1천만 원 이하의 벌금
④ 1년 이하의 징역 또는 3천만 원 이하의 벌금

해설
1년 이하의 징역 또는 1천만 원 이하의 벌금
- 영업의 신고 규정에 의한 신고를 하지 않는 자
- 영업정지 명령 또는 일부 시설 사용중지 명령을 받고도 그 기간 중에 영업하거나 그 시설을 사용한 자
- 영업소 폐쇄명령을 받고도 계속하여 영업을 한 자

★☆☆☆☆

54 이·미용사가 아닌 사람이 이·미용 업무에 종사할 때에 대한 벌칙은?

① 100만 원 이하의 벌금
② 200만 원 이하의 벌금
③ 300만 원 이하의 벌금
④ 1년 이하의 징역 또는 1천만 원 이하의 벌금

해설
300만 원 이하의 벌금
- 면허정지 기간 중에 업무를 행한 자
- 면허가 취소된 후 계속하여 업무를 행한 자
- 면허를 받지 아니한 영업소를 개설하거나 업무에 종사한 자

★☆☆☆☆

55 공중위생영업자가 중요사항을 변경하고자 할 때 시장, 군수, 구청장에게 취해야 하는 절차는?

① 허가　② 승인
③ 신고　④ 통보

해설
보건복지부령이 정하는 중요사항을 변경하고자 하는 때에는 시장, 군수, 구청장에게 신고한다.

★★☆☆☆

56 공중위생영업소의 위생서비스수준 평가는 몇 년마다 시행하고 있는가?

① 1년　② 2년
③ 3년　④ 4년

해설
2년마다 평가를 실시한다.

★☆☆☆☆

57 영업소 안에 면허증을 게시하도록 위생관리 기준으로 명시한 경우에 해당되는 것은?

① 건물위생관리업을 하는 자
② 세탁업을 하는 자
③ 이·미용업을 하는 자
④ 목욕장업을 하는 자

이·미용영업자는 영업소 안에 면허증을 게시하여야 한다.

정답 – 52 ④　53 ③　54 ③　55 ③　56 ②　57 ③

★☆☆☆☆

58 다음 중 '블루밍 효과'의 설명으로 가장 적당한 것은?

① 피부색을 고르게 보이도록 연출한다.
② 보송보송하고 투명감 있는 피부 표면을 연출한다.
③ 파운데이션을 도포하여 색소침착을 방지하고자 한다.
④ 밀착성을 높여 화장의 지속성을 높게 연출한다.

해설
블루밍효과란 피부에 생기가 돋도록 화사하고 투명감있게 피부 표면을 연출하는 것이다.

59 자외선 차단지수를 나타내는 약어는?

① UV A ② SPF
③ UV C ④ UV D

해설
SPF(자외선 차단지수)는 실험실 내에서 측정되는 자외선(UV B) 차단효과를 나타내는 지수이다.

60 다음 중 지성피부 관리에 알맞은 크림은?

① 유성 크림 ② 라노린 크림
③ 배니싱 크림 ④ 에모리엔트 크림

배니싱 크림은 데이 크림이라고도 하며 피부 도포 시 피막을 형성하지 않고 흡수됨으로써 피부에 수분 공급 및 보호작용을 한다. 또한, 유성분이 적게 들어있어 지성피부에 주로 사용한다.

정답 58 ② 59 ② 60 ③

제3회 국가기술자격 필기시험문제

자격종목	시험시간	형별	수험번호	성명
미용사(일반)	60분			

01 미용시술 시 가장 먼저 해야 하는 것은?

① 작업계획의 수립과 구상
② 구체적으로 제작하는 과정
③ 전체적인 조화로움 검토 및 보정
④ 소재의 관찰 및 특징 분석

해설
고객의 모발을 주 소재로 하기 때문에 전신의 자태, 얼굴형, 표정, 동작의 특징 등을 신속정확하게 관찰 및 파악해야 한다.

02 미용의 통칙이 아닌 것은?

① 연령 ② 유행
③ 계절 ④ 직업

해설
미용의 통칙(미용술을 행할 때 지켜야 할 공통된 주의사항)은 연령, 계절, 경우, 직업, 얼굴형, 특성 등이 있다.

03 연지는 뺨에, 곤지는 이마에 발라 신부화장이 대중화된 시기는?

① 고려 초기 ② 조선 초기
③ 고려 중엽 ④ 조선 중엽

해설
조선 중기에 분과 연지, 곤지 등이 신부화장에 사용되기 시작하였다.

04 약 5000년 이전부터 가발을 즐겨 사용했던 서양 고대 국가는?

① 이집트 ② 그리스
③ 로마 ④ 바빌로니아

해설
최초로 가발을 사용한 고대국가는 이집트이다.

05 빗 소독에 대한 설명으로 틀린 것은?

① 빗을 소독액에 장시간 담가 놓으면 휘어진다.
② 더러워진 빗은 비눗물에 담가서 브러시로 문지르는 것이 좋다.
③ 빗은 손님 1인에 한해 1회 소독한다.
④ 매우 더러워진 빗은 증기소독 후 소독액에 담가 놓는다.

해설
빗은 재질상 열에 약하므로 자비·증기 소독은 피한다.

06 적외선등의 효과가 아닌 것은?

① 혈액순환을 촉진시킨다.
② 피부에 온열자극을 준다.
③ 팩 재료의 건조를 촉진시킨다.
④ 에고스테롤을 비타민 D로 환원시킨다.

해설
에고스테롤을 비타민 D로 환원시키는 것은 자외선이다.

07 웨트 커트 상태에서 자르는 레이저 역할에 대한 설명으로 틀린 것은?

① 힘이 강한 경모를 더 강하게 한다.
② 헤어 커트를 위해 모발량을 조절할 수 있다.
③ 가벼운 질감을 통해 움직임을 자유자재로 표현할 수 있다.
④ 모발을 테이퍼함에 따라 모발 겹침에 변화가 생겨 부드럽고 가벼운 질감을 갖는다.

정답 – 01 ④ 02 ② 03 ④ 04 ① 05 ④ 06 ④ 07 ①

해설
레이저 커트는 젖은 모발 상태에서 자르기를 해야 한다. 웨트 커트 시 힘이 강한 경모를 부드럽게 한다.

08 샴푸 시 올바른 자세는?

① 발을 약 6인치 정도 벌리고 등은 곧게 편다.
② 발을 약 12인치 정도 벌리고 등은 곧게 편다.
③ 발을 약 12인치 정도 벌리고 등은 약 30°로 구부린다.
④ 발을 약 6인치(15.24cm) 정도 벌리고 등은 약 45°로 구부린다.

해설
발은 어깨 너비만큼(약 6인치) 벌리고 등을 펴서 작업한다.

09 단백질을 원료로 한 프로테인 샴푸제를 사용해야 할 모발은?

① 저항모 ② 발모성모
③ 다공성모 ④ 지루성모

해설
프로테인(단백질) 샴푸제는 다공성모(손상모)에 탄력과 강도를 보강시킨다.

10 두발의 자연적 윤곽을 강조하기 위하여 후두부 부분을 치켜 올려 자르는 기법은?

① 클리핑 ② 싱글링
③ 트리밍 ④ 슬라이더링

해설
②는 손으로 각도를 만들 수 없는 후두부의 짧은 모발에 빗살을 아래에서 위로 이동시키면서 빗살 밖으로 나와 있는 모발을 잘라내는 기법이다.

★★☆☆☆

11 레이저로 테이퍼링을 할 때 모근에서 어느 정도 떨어져서 하는가?

① 약 1cm
② 약 2cm 미만
③ 약 2.5~5cm
④ 약 6cm 이상

해설
레이저를 사용하여 딥 테이퍼할 시 모근으로부터 2.5~5cm 정도 떨어져서 테이퍼링한다.

12 헤어 커트 시 적용되는 디자인의 3요소가 아닌 것은?

① 형태 ② 질감
③ 컬러 ④ 계절

해설
디자인의 3요소는 형태, 질감, 컬러이다.

★★★☆☆

13 펌 용제 1액 처리 중 언더 프로세싱(Under processing)의 설명으로 옳지 않은 것은?

① 언더 프로세싱은 1액 처리시간이 과도하게 오버했다는 뜻이다.
② 언더 프로세싱일 때에는 모발의 웨이브가 거의 나오지 않는다.
③ 언더 프로세싱일 때에는 처음에 사용한 솔루션보다 약한 제1액을 다시 도포한다.
④ 제1액 도포한 후 테스트 컬로서 언더 프로세싱 여부가 판명된다.

해설
언더 프로세싱이란 펌 제1액의 프로세싱 타임이 웨이브 형성에 요구되는 시간보다 과도하게 지난 것을 의미한다.

정답 08 ① 09 ③ 10 ② 11 ③ 12 ④ 13 ①

14 다음 용어의 설명으로 틀린 것은?

① 버티컬 웨이브 : 리지의 형태가 수직인 것
② 리세트 : 세트를 다시 마는 것
③ 호리존탈 웨이브 : 리지 형상이 수평인 것
④ 오리지널 세트 : 펌에서는 몰딩을 의미하는 것

해설
리세트(Reset)는 오리지널 세트를 마무리하기 위한 최종 단계인 빗질과 브러싱으로서 콤 아웃과 백 코밍 등이 있다.

15 웨이브 구조 중에서 시작점에서 융기점(Ridge)까지 이어지는 것을 무엇이라 하는가?

① 리지 ② 봉우리
③ 풀 웨이브 ④ 크레스트

해설
웨이브의 구조

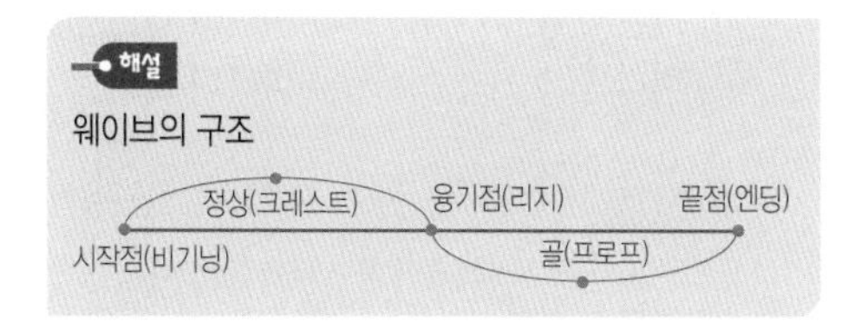

16 헤어 세팅에 있어 오리지널 기초 세트가 아닌 것은?

① 콤 아웃 ② 롤링 컬링
③ 헤어 웨이빙 ④ 헤어 파팅

해설
콤 아웃(Comb out)은 리세트 과정이다.

17 움직임이 가장 크며 모근에 대해 45°로 롤러 컬링 하는 것은?

① 논 스템 ② 하프 스템
③ 롱 스템 ④ 미디움 스템

해설
롱 스템 웨이브의 움직임이 가장 크게 형성되며 로드에 감긴 모다발이 베이스 크기를 벗어난 상태이다.

18 헤어디자인의 원리로서 잘못된 설명은?

① 형태는 점, 선, 면을 포함한다.
② 머리는 두상, 얼굴, 목으로 구성된다.
③ 질감은 모발의 겉표정을 일컫는다.
④ 컬러는 감성적인 반응을 나타낸다.

해설
헤어 디자인의 원리는 형태, 질감, 컬러로 구성된다.

19 자각증상 없이 원형 혹은 타원형의 형태로 탈모가 일어나는 탈모 유형은?

① 백모증 ② 무모증
③ 원형 탈모증 ④ 견인성 탈모증

해설
원형 탈모증은 아무 이유 없이 모발이 동전 크기로 빠져 있는 것을 말하며 대부분 1~2개월 사이에 모발이 자라 60%의 자연 치유력을 갖는다.

★★★☆☆
20 스캘프 트리트먼트의 연결이 올바르지 않은 것은?

① 건성두피 – 드라이 스캘프 트리트먼트
② 지성두피 – 오일리 스캘프 트리트먼트
③ 비듬성 두피 – 핫 오일 스캘프 트리트먼트
④ 정상두피 – 플레인 스캘프 트리트먼트

해설
비듬성 두피는 댄드러프 스캘프 트리트먼트를 한다.

21 헤어 블리치제로서 가장 적당한 성분은?

① 6% H_2O_2 90cc + 28% NH_3 24cc
② 3% H_2O_2 90cc + 25% NH_3 24cc
③ 10% H_2O_2 90cc + 28% NH_3 24cc
④ 8% H_2O_2 90cc + 25% NH_3 24cc

정답 14 ② 15 ④ 16 ① 17 ③ 18 ② 19 ③ 20 ③ 21 ①

해설
액상 블리치제는 6% 농도의 H_2O_2 90cc와 28% 농도의 NH_3 24cc를 혼합하여 사용한다.

22 다음 중 일시적 염모제의 종류가 아닌 것은?

① 컬러 크레용 ② 컬러 크림
③ 산성 컬러 ④ 컬러 스프레이

해설
③은 반영구 염모제이다.

23 다음 색의 3속성 중 명도만을 갖고 있는 무채색에 해당하는 것은?

① 적색 ② 황색
③ 청색 ④ 백색

해설
색은 색상, 명도, 채도 등의 요소로서 구별된다. 이를 색의 3속성이라 한다.

24 이집트 염모제로서 헤나 사용의 최초의 기록은?

① B.C 500년 경 ② B.C 1500년
③ B.C 2000년 ④ B.C 3000년 경

해설
B.C 3000년경 이집트 기록에 헤나염색 또는 가발 착용에 대한 기록이 있다.

25 지성피부의 피부 질환인 여드름의 발생과 관련한 설명으로 가장 옳은 것은?

① 한선의 기능이 왕성할 때
② 림프의 역할이 왕성할 때
③ 피지선의 기능이 왕성할 때
④ 피지가 많이 분비되어 모낭구가 막혔을 때

해설
피지가 과다하게 분비되면 모낭에 축적되고 각질세포를 피탈시키지 못해 피부병변을 일으킨다.

26 다음 중 멜라닌 생성 저하 물질인 것은?

① 비타민 C ② 콜라겐
③ 엘라스틴 ④ 티로시나제

해설
유극층 내 메캅탄기(SH−)의 작용을 억제시키고 미백작용을 하는 비타민이다.

27 에르고스테롤이 자외선을 받으면 어떤 비타민이 합성되는가?

① 비타민 A ② 비타민 C
③ 비타민 D ④ 비타민 K

해설
에르고스테롤은 버섯류에 풍부하며, 자외선을 받으면 비타민 D_2로 전환된다.

28 다음 중 피부색을 결정하는 요소가 아닌 것은?

① 멜라닌색소의 양과 분포도
② 모세혈관의 혈류량과 혈색소
③ 각질층의 두께
④ 세포간 물질

해설
카로틴, 헤모글로빈, 멜라닌색소가 피부 색소를 결정한다.

29 다음 중 무좀 관리에 좋은 비누는?

① 향이 있는 비누
② 항진균 성분의 비누
③ 거품이 많이 나는 비누
④ 고체 또는 액체비누

정답 22 ③ 23 ④ 24 ④ 25 ④ 26 ① 27 ③ 28 ④ 29 ②

> **해설**
> 무좀이 생기게 되면 항진균제 제품을 사용하도록 한다.

★★☆☆☆

30 다음 중 연령이 높은 층에 발생 빈도가 높은 바이러스성 질환으로 심한 통증을 유발하는 것은?

① 태선　② 단순포진
③ 습진　④ 대상포진

> **해설**
> 지각 신경을 따라 피부 발진이 발생하고 심한 통증을 유발한다.

31 피부 구조 중 진피에 속하는 세포층은?

① 망상층　② 기저층
③ 유극층　④ 과립층

> **해설**
> 유두층과 망상층이 진피층에 속하며, ②, ③, ④는 표피층에 해당된다.

32 자외선 노출에 대한 설명이 아닌 것은?

① 자외선에는 3월~10월까지 노출된다.
② 해발 1Km 상승 시 자외선량은 20%씩 증가한다.
③ 연중 5~6월에 자외선량이 최고이며 5월이 가장 강하다.
④ 하루 중에서는 9시부터 강해져서 오후 2시에 최고에 이른다.

> **해설**
> 자외선은 7~8월이 가장 강하다.

33 모발색을 결정하는 원인으로 잘못 연결된 것은?

① 검은색 모발 – 멜라닌색소를 많이 함유하고 있다.
② 금색 모발 – 멜라닌색소의 양이 많고 크기가 크다.
③ 붉은색 모발 – 멜라닌색소에 철 성분이 함유되어 있다.
④ 백모 – 유전, 노화, 영양결핍, 스트레스가 원인이다.

> **해설**
> 금색 모발은 멜라닌색소의 양이 적다.

34 다음 중 "인구의 기하급수적, 식량소비의 산술급수적 증가에 의해 인구조절이 필요하다."라고 한 인구론자는?

① 토마스 R. 말더스　② 프랜시스 플레이스
③ 포베르토 코흐　④ 에드워드 윈슬로우

> **해설**
> • 토마스 R. 말더스는 특정 기간 동안에 일정 지역에 거주하고 있는 사람의 집단을 인구라 정의하였다.
> • 인구의 기하급수적 증가에 대해 사회범죄와 사회악 발생 등을 문제점으로 제시하였으며, 규제 방법은 만혼 장려나 성적 순결 강조, 도덕적 억제라고 주장하였다.

35 생후 6개월 이내에 기본접종을 실시하는 감염병이 아닌 것은?

① 콜레라, 홍역
② 결핵, 파상풍
③ 디프테리아, 백일해
④ 경구용 폴리오, B형간염

> **해설**
> • 콜레라는 제1군 급성 법정감염병으로 유행 시 감염병 예방접종이 요구된다.
> • 홍역은 유행 시 생후 6개월에 홍역 단독백신으로 조기접종하며 이 경우 생후 12개월에 다시 MMR로 접종한다.

정답 30 ④　31 ①　32 ③　33 ②　34 ①　35 ①

36 다음 중 산업재해 방지대책과 무관한 내용은?

① 생산성 향상
② 안전관리
③ 정확한 관찰과 대책
④ 정확한 사례조사

해설
산업재해는 돌발적으로 발생하는 인명피해 및 재산상의 손실을 말한다. 생산성 저하로 많은 손실을 가져올 수 있다.

37 해충구제의 가장 근본적인 방법은 무엇인가?

① 발생원인 제거
② 유충구제
③ 방충망 설치
④ 성충구제

해설
해충구제 방법은 물리적, 화학적, 생물학적 방법이 있으며, 2가지 이상의 통합적 방법을 동시에 사용하여 구제한다.
- 물리적 구제 방법 : 발생원인 제거, 서식처를 제거한다.
- 화학적 구제 방법 : 살충제, 불임제, 기피제, 발육 억제제 등으로 구제한다.
- 생물학적 구제 방법 : 천적을 이용하여 구제한다.

38 다이옥신에 대한 설명이 아닌 것은?

① 열에 안정성이 큰 물질이다.
② 동식물의 생식을 교란시킨다.
③ 자연 상태에서 분해가 쉽게 일어난다.
④ 휘발성이 낮고 발암성 물질이다.

해설
다이옥신은 자연 상태에서 분해가 쉽게 일어나지 않는다.

39 음주와 건강과의 상관관계에 대한 내용으로 틀린 것은?

① 항이뇨 호르몬의 억제작용으로 소변량을 증가시킨다.
② 알코올의 열량은 7kcal/g 이므로 알코올로 인하여 영양물질이 공급된다.
③ 음주자는 폐렴, 결핵, 성병 등 감염병에 잘 이환된다.
④ 신장, 심장, 동맥의 퇴행성 변화를 초래하기 쉽다.

해설
알코올은 열량은 높지만 영양소가 되지는 못한다.

40 실내조명에서 조명효율이 천장색과의 연관성이 있는 조명은?

① 직접조명 ② 간접조명
③ 반간접 조명 ④ 반직접 조명

해설
간접조명은 균일한 조도에 의해 시력이 보호되고 조명효율이 낮은 반면 유지비가 많이 든다.

41 기생충 질환으로 제2중간 숙주인 가재, 게를 통해 감염되는 것은?

① 편충 ② 회충
③ 구충 ④ 폐흡충증

해설
- 폐흡충증(폐디스토마증)은 인체 폐에서 기생하며 산란된 충란은 객담과 함께 기관지와 기도를 통해 외부로 배출된다.
- 담수에서 충란은 제1중간숙주(다슬기)를 거쳐, 제2중간숙주(게·가재)를 거쳐 사람이 섭취함으로써 감염된다.

정답 36 ① 37 ① 38 ③ 39 ② 40 ② 41 ④

42 다음 중 수질오염 방지대책으로 묶인 것은?

ㄱ. 대기의 오염실태 파악
ㄴ. 산업폐수의 처리시설 개선
ㄷ. 어류 먹이용 부패시설 확대
ㄹ. 공장폐수 오염실태 파악

① ㄱ, ㄷ ② ㄴ, ㄹ
③ ㄱ, ㄴ, ㄷ ④ ㄱ, ㄴ, ㄷ, ㄹ

해설
산업폐수 처리시설 개선, 수질오염 실태파악 및 감시, 하수도 정비 및 하수처리장 증설, 수질오염 방지대책에 따른 법적 규제 강화 등이 있다.

43 다음 중 오존(O_3)소독이 가장 적절한 대상은?

① 물 ② 도자기
③ 금속기구 ④ 실내 공간

해설
오존(O_3)은 산화작용으로 인한 살균력을 갖고 있어 프랑스에서 물의 살균에 주로 사용해 왔다.

44 다음 소독제 중에서 페놀화합물인 것은?

① 석탄산 ② 포름알데히드
③ 이소프로판올 ④ 크레졸

해설
소독제 중 페놀화합물은 페놀(석탄산), 크레졸 등이 있다.

45 100℃의 유통증기 속에서 30~60분간 멸균 후 20℃ 이상의 실온에서 3회 반복하는 멸균법은?

① 열탕소독법
② 간헐멸균법
③ 건열멸균법
④ 고압증기멸균법

해설
100℃의 유통증기 속에서 30~60분간 멸균 후 20℃ 이상의 실온에서 3회 반복하는 멸균법은 간헐멸균법 또는 유통증기멸균법이라고 한다.

46 단백질 응고와 변성작용과 관계가 없는 소독제는?

① 승홍수 ② 알코올
③ 과산화수소 ④ 크레졸

해설
미생물 단백질 응고작용에 의한 소독효과를 얻는 소독제는 알코올, 포르말린, 크레졸, 승홍수, 석탄산 등이 있다.

★☆☆☆☆
47 다음 내용에서 화학적 소독법은?

① 건열소독법 ② 여과멸균법
③ 포르말린소독법 ④ 자외선소독법

해설
35~38% 포름알데하이드 수용액의 형태로 시판되고 있는 포르말린수(Formalin)는 그램음성, 양성, 결핵균, 세균 포자, 바이러스 및 사상균에 이르기까지 광범위한 미생물에 대해 강한 살균작용을 한다.

48 다음 내용 중 소독기전에 대한 설명으로 틀린 것은?

① 식기 소독에는 크레졸수가 적당하다.
② 중성세제는 세정작용이 강하며, 살균작용도 한다.
③ 역성비누는 보통비누와 병용해서는 안 된다.
④ 승홍은 객담이 묻은 도구나 기구류 소독에는 사용할 수 없다.

해설
② 중성세제는 세정작용은 강하나 살균작용은 없다. 따라서 세정을 통한 균의 제거를 목적으로 사용된다.

정답 42 ② 43 ① 44 ① 45 ② 46 ③ 47 ③ 48 ②

49 **어느 소독약의 석탄산 계수가 1.5이었다면 그 소독약의 적당한 희석배율은 몇 배인가?(단, 석탄산의 희석배율은 90배이다)**

① 60배 ② 135배
③ 150배 ④ 180배

해설

$$\text{석탄산 계수} = \frac{\text{(다른)소독약의 희석배수}}{\text{석탄산의 희석배수}}$$

★☆☆☆☆
50 **다음 중 크레졸에 관련된 설명으로 잘못된 것은?**

① 물에 잘 녹는다.
② 손, 오물 등의 소독에 사용된다.
③ 3%의 수용액을 주로 사용한다.
④ 석탄산에 비해 2배의 소독력이 있다.

해설
크레졸은 물 등의 용매에 잘 녹지 않는 난용성이므로 비누액과 섞어 크레졸 비누액으로 제조하여 사용한다.

51 **소독제의 구비조건으로 틀린 것은?**

① 인체 및 가축에 해가 없어야 한다.
② 소독대상물에 손상을 입혀서는 안 된다.
③ 방법이 간단하고 비용이 적게 들어야 한다.
④ 장시간에 걸쳐 소독의 효과가 서서히 나타나야 한다.

해설
살균력이 강해야 하며 단시간 내에 효과가 있어야 한다.

★☆☆☆☆
52 **영업소 안에 면허증을 게시하도록 '위생관리의무 등'의 규정에 명시된 자는?**

① 이·미용업을 하는 자
② 세탁업을 하는 자
③ 건물위생관리업을 하는 자
④ 목욕장업을 하는 자

해설
이·미용업자의 위생관리의무
- 의료기구나 의약품을 사용하지 않는 순수한 화장 또는 피부미용을 할 것
- 미용기구는 소독을 한 기구와 소독을 하지 않은 기구로 분리하여 보관하고, 면도기는 1회용 면도날만을 손님 1인에 한하여 사용할 것
- 미용사 면허증을 영업소 안에 게시할 것

★☆☆☆☆
53 **신고된 영업소 이외에 미용 영업을 할 수 있는 장소는 어디인가?**

① 일반 공장
② 일반 사무실
③ 일반 가정
④ 거동이 불가한 환자 처소

해설
질병, 기타의 사유로 인하여 영업소에 나올 수 없는 자에 대하여 영업소 이외의 장소에서 미용을 할 수 있다.

★★★☆☆
54 **영업소 폐쇄명령을 받고도 계속하여 이·미용의 영업을 한 자에 대하여 행할 수 없는 법적 조치는?**

① 영업소의 간판을 제거한다.
② 영업소 내 기구 또는 시설물을 봉인한다.
③ 위법행위를 한 영업소임을 알리는 게시물을 부착한다.
④ 영업소의 출입문을 봉쇄한다.

해설
영업소 폐쇄명령을 받고도 계속하여 영업을 할 때 관계 공무원이 영업소 폐쇄하기 위해 다음의 조치를 할 수 있다.
- 당해 영업소의 간판 기타 영업표지물의 제거
- 당해 영업소가 위법한 영업소임을 알리는 게시물 등의 부착
- 영업을 위하여 필수 불가결한 기구 또는 시설물을 사용 할 수 없게 하는 봉인

정답 – 49 ② 50 ① 51 ④ 52 ① 53 ④ 54 ④

★★☆☆☆

55 **위생교육에 관한 보관 및 기록을 해야 하는 기간은?**

① 3개월 이상 ② 6개월 이상
③ 2년 이상 ④ 1년 이상

해설
수료증 교부대장 등 교육에 관한 기록을 2년 이상 보관·관리하여야 한다.

★☆☆☆☆

56 **이·미용업자가 위생관리의무 규정을 위반했을 경우 취할 수 있는 사항은?**

① 개선 ② 면허취소
③ 감시 ④ 청문

해설
이·미용업자가 위생관리의무 규정을 위반했을 때 개선명령을 취할 수 있다.

★☆☆☆☆

57 **시장·군수·구청장이 영업정지가 이용자에게 심한 불편을 주거나 그 밖에 공익을 해할 우려가 있는 경우에 영업정지 처분에 갈음한 과징금을 부과할 수 있는 금액기준은?**

① 500만 원 이하 ② 1천만 원 이하
③ 3천만 원 이하 ④ 5천만 원 이하

해설
영업정지가 이용자에게 심한 불편을 주거나 그밖에 공익을 해할 우려가 있는 경우 시장, 군수, 구청장은 영업정지 처분으로서 3천만 원 이하의 과징금을 부과할 수 있다.

※ **참고** : 2021년 1월 기준, 관련 법규 개정으로 1억 원 이하의 과징금을 부과할 수 있다.

58 **항산화 비타민으로 아스코르빈산(Ascorbic acid)으로 불리는 것은?**

① 비타민 A ② 비타민 B
③ 비타민 C ④ 비타민 D

해설
비타민 C는 항산화 비타민으로 아스코르빈산이라고 한다.

59 **립스틱이 갖추어야 할 조건으로 틀린 것은?**

① 피부 점막에 자극이 없어야 한다.
② 입술에 부드럽게 잘 발라져야 한다.
③ 저장 시 수분이나 분가루가 분리되면 좋다.
④ 시간의 경과에 따라 색의 변화가 없어야 한다.

해설
립스틱 제품의 선택조건
- 사용 시 부러짐과 번짐이 없어야 하며, 피부 점막에 부드럽게 도포되고 자극이 없어야 한다.
- 인체 무해하며 안정성이 있어야 하고 불쾌한 냄새나 맛이 없어야 한다.
- 발랐을 때 시간이 경과되더라도 지속적으로 색이 유지되며 보관 시 분리되거나 변질되지 않아야 한다.

60 **적외선을 피부에 조사시킬 때 설명으로 틀린 것은?**

① 신진대사에 영향을 미친다.
② 혈관을 확장시켜 순환에 영향을 미친다.
③ 조사시간은 20~30분 정도이다.
④ 피부로부터 45cm 거리를 유지하여 조사한다.

해설
적외선
- 피부 깊숙이 자극 없이 침투하여 열을 발생시키는 열선이다.
- 혈관촉진으로 인한 피부 온도 상승에 따른 혈관 이완 및 혈압 감소, 근육조직의 이완과 수축에 따른 혈액순환 및 신진대사 촉진과 통증 완화 및 진정효과가 있다.
- 고객의 피부 상태에 따라 온도 및 조사시간은 조절된다.
- 아이패드를 깔고 화장수로 정리한 후 45~90cm 내외의 거리를 유지하여 조사한다.

정답 55 ③ 56 ① 57 ③ 58 ③ 59 ③ 60 ③

제4회 국가기술자격 필기시험문제

자격종목	시험시간	형별	수험번호	성명
미용사(일반)	60분			

01 미용의 의의(意義)와 가장 거리가 먼 것은?

① 복식을 포함한 종합예술이다.
② 외적 용모를 다루는 응용과학의 한 분야이다.
③ 시대의 조류와 욕구에 맞춰 새롭게 개발된다.
④ 심리적 욕구를 만족시키고 생산의욕을 향상시킨다.

해설
미용은 복식 이외 용모에 물리적·화학적 기교를 여러 방법으로 행하여 웨트 헤어스타일과 케미컬 헤어스타일을 연출시킨다.

★★★★☆
02 미용의 과정이 바른 순서로 나열된 것은?

① 소재 → 구상 → 제작 → 보정
② 소재 → 보정 → 구상 → 제작
③ 구상 → 소재 → 제작 → 보정
④ 구상 → 제작 → 보정 → 소재

해설
미용은 소재 → 구상 → 제작 → 보정의 과정을 거친다.

03 조선 중엽 일반 부녀자의 화장술과 거리가 먼 것은?

① 연지, 곤지를 사용했다.
② 참기름을 사용했다.
③ 열 종류의 눈썹 모양을 그렸다.
④ 분을 사용하였다.

해설
당나라 현종 때 「십미도」에서 알 수 있듯이 눈썹 모양으로 미인을 평가하였다.

★★☆☆☆
04 17세기 여성들의 두발 결발사로 종사하던 최초의 남자 결발사는?

① 바리깡 ② 조셉 메이어
③ 샴페인 ④ 마셀 그라또우

해설
샴페인은 프랑스 최초의 남자 미용사로, 파리에서 결발술이 성행하게 하였으며 프랑스 혁명 이후 근대 미용의 기반을 마련하였다.

05 동물의 부드러운 털로서 얼굴에 붙은 털이나 백분 등을 털어내는 데 사용하는 브러시는?

① 롤 브러시 ② 쿠션 브러시
③ 페이스 브러시 ④ 포마드 브러시

해설
족제비 털은 메이크업용 브러시로 사용된다.

06 다음 중 갈바닉 전류에 대한 설명인 것은?

① 양극에서 음극으로 흐르는 직류 전류이다.
② 가시광선의 바깥쪽의 파장이 긴 전자파다.
③ 전류의 방향과 크기가 주기적으로 변하는 교류 전류이다.
④ 라디오와 무선에 사용되는 전파보다 짧은 파장이다.

해설
갈바닉 전류는 저주파 전류로 양극에서 음극으로 흐르며 산 또는 염이 포함된 용액 속을 전류가 통과할 때 일어나는 화학변화 작용이 피부의 건강을 유지시킨다.

정답 01 ① 02 ① 03 ③ 04 ③ 05 ③ 06 ①

07 드라이어의 구조가 아닌 것은?

① 그립　② 프롱
③ 노즐　④ 모터

해설
②는 아이론의 구조이다.

08 스캘프 트리트먼트의 시술 과정 중 화학적 처치가 아닌 것은?

① 헤어 로션
② 헤어 토닉
③ 헤어 크림
④ 헤어 스티머

해설
헤어 스티머는 물리적 처치 방법이다.

09 손상모를 이전의 정상적인 상태로 되돌리는 헤어 트리트먼트는?

① 헤어 리컨디셔닝　② 신징
③ 싱글링　④ 클리핑

해설
헤어 리컨디셔너제는 두발 상태를 처리하여 손상 이전의 상태로 환원시키는 제품이다.

10 그래듀에이션형의 커트 효과로 가장 적절한 것은?

① 응용 범위가 넓다.
② 실용성이 풍부하다.
③ 소재의 악조건을 보완한다.
④ 스타일을 입체적으로 만든다.

해설
①, ②, ③은 레이어드 스타일의 효과이다.

★★★☆☆
11 커트 시 두발 끝을 차츰 가늘게 하는 기법은?

① 테이퍼링
② 틴닝
③ 트리밍
④ 싱글링

해설
테이퍼링(Tapering) 또는 페더링(Feathering)이라고도 한다. 테이퍼(Taper)는 '끝을 점점 가늘게 한다'는 의미로, 모발 끝을 점차 가늘게 연결시키는 커트 방법이며 두발에 자연스러운 장단을 만들어 낸다.

12 일상용 레이저(Ordinary razor)의 특징이 아닌 것은?

① 날이 닿는 두발이 제한되어 안전하다.
② 세밀한 작업에 용이하다.
③ 초보자에게 적당하지 않다.
④ 시술이 빠른 시간 내에 가능하다.

해설
일상용 면도날인 오디너리 레이저는 시간적으로 능률적이고 세밀한 작업이 용이하나 지나치게 자를 우려가 있어 초보자에게 적당하지 않다.

★★☆☆☆
13 다음 중 영구 웨이브 펌과 거리가 먼 것은?

① 머신 웨이브
② 프리 히트 웨이브
③ 롤 컬 웨이브
④ 엑소더믹 퍼머넌트 웨이브

해설
롤 컬 웨이브는 일시적 웨이브이다.

정답 – 07 ② 08 ④ 09 ① 10 ④ 11 ① 12 ① 13 ③

14 정상과 골을 이어주는 리지(Ridge)가 사선인 웨이브는?

① 버티컬 웨이브
② 와이드 웨이브
③ 호리존탈 웨이브
④ 다이애거널 웨이브

> **해설**
> 다이애거널(Diagonal)은 사선을 의미하며 웨이브의 정상과 골이 경사를 지으며 또렷한 웨이브 폭이 형성된다.

★★★☆☆
15 웨이브 펌 시 비닐 캡을 씌우는 이유 및 목적이 아닌 것은?

① 제1액의 피부염 유발 위험을 줄인다.
② 체온의 방산을 막아 솔루션의 작용을 촉진한다.
③ 환원제의 작용이 두발 전체에 골고루 진행되도록 돕는다.
④ 공기 중으로의 휘발을 방지하여 환원력을 높여준다.

> **해설**
> 비닐 캡
> - 공기 중 산소와 접촉되지 않도록 한다.
> - 환원제의 휘발 방지를 위해 사용한다.
> - 모표피의 팽윤(Swelling)과 모피질 내 S-S결합을 연화(Softening)시키기 위해 사용한다.

16 오리지널 세트와 기초 이론에 속하지 않는 것은?

① 헤어 파팅 ② 헤어 컬링
③ 헤어 롤링 ④ 헤어 커팅

> **해설**
> 오리지널 세트는 헤어 파팅, 헤어 셰이핑, 헤어 컬링, 헤어 롤링, 헤어 웨이빙 등으로 구성된다.

17 롤러 컬 시 전방 약 45°로 모다발 끝에서부터 말아가는 컬은?

① 논 스템 롤러 컬 ② 롱 스템 롤러 컬
③ 미디어 스템 롤러 컬 ④ 하프 스템 롤러 컬

> **해설**
> 논 스템 롤러 컬(Non steam roller curl)은 스케일된 모다발을 전방 45°(후방 135°)로 빗질(Forming) 후 모발 끝에서 모근 쪽으로 향해 와인딩한다. 롤러는 베이스 크기의 중앙(On base)에 논 스템으로 안착(Anchor)된다.

18 클락 와이즈 와인드 컬(C컬)에 대한 설명인 것은?

① 모다발을 두피에 세워서 마는 컬
② 시계바늘 반대 방향으로 마는 컬
③ 모다발을 오른쪽으로 향해 말아 감는 컬
④ 루프가 두피에 45°로 세워진 컬

> **해설**
> 클락 와이즈 와인드 컬(Clock wise wind curl)은 시계 방향으로 모다발을 컬리스한다.

★★★☆☆
19 다공성 모발에 대한 설명으로 틀린 것은?

① 다공성 정도가 클수록 모발에 탄력이 적으므로 프로세싱 타임을 길게 한다.
② 다공성모는 얼마나 빨리 유액을 흡수하느냐에 따라 그 정도가 결정된다.
③ 다공성의 정도에 따라서 콜드 웨이브의 프로세스 타임과 웨이브 용액의 강도가 좌우된다.
④ 다공성모는 간충 물질이 소실되어 모발조직 중에 구멍이 많고 보습작용이 적어져서 건조해지기 쉬운 손상모를 말한다.

> **해설**
> 다공성 모발(손상모)은 프로세싱 타임을 짧게 한다.

정답 14 ④ 15 ① 16 ④ 17 ① 18 ③ 19 ①

20 모발을 구성하는 성분 중 가장 많은 %를 차지하는 주성분은?

① 지방
② 비타민
③ 단백질
④ 탄수화물

해설
모발은 80~85%가 단백질(경 케라틴)로 구성되어 있다.

☆☆☆☆
21 헤어 컬러링 시 활용되는 색상환에 있어 적색의 보색은?

① 보라색 ② 청색
③ 녹색 ④ 황색

해설
색상환에서 원색의 정반대편에 놓인 2차색을 혼합하면 색이 중화되어 갈색이 된다.
- 빨강+녹색=갈색
- 파랑+주황=갈색
- 노랑+보라=갈색

22 일시성 염모제에 관한 설명 중 틀린 것은?

① 컬러 린스 – 일시적으로 착색되며 샴푸하면 없어진다.
② 워터 린스 – 컬러 린스와는 다른 것으로 샴푸의 일종이다.
③ 컬러 파운드 – 부분 착색에 이용되며 밀가루, 전분 등이 원료이다.
④ 컬러 크레용 – 두발 수정에 사용된다.

해설
컬러 린스를 워터 린스라고도 한다.

23 두발을 밝은 갈색으로 염색한 후 다시 자라난 두발에 염색을 하는 것을 무엇이라 하는가?

① 영구적 염색 ② 패치 테스트
③ 스트랜드 테스트 ④ 다이 터치 업

해설
다시 자라난 두발에 염색하는 것(재염색)을 다이 터치 업(Dye touch up, Retouch)이라 한다.

24 현재의 가발 사용목적과 거리가 먼 것은?

① 결점 보완 ② 패션
③ 실용성 ④ 상징성

해설
① 대머리나 모발숱이 적은 부분 또는 상처가 있는 두상 부위를 가려준다.
② 헤어스타일에 변화를 주고 싶을 때나 장식 또는 특별한 목적을 위해 사용한다.
③ 헤어 컬러와 스타일을 빠르게 변화시킬 수 있으므로 편리를 위해 사용한다.

25 피부 문제 유발 요인 중 하나인 스트레스의 강도가 가장 큰 것은?

① 결혼 ② 임신
③ 이사 ④ 배우자의 사망

해설
배우자의 사망이 스트레스 중 가장 강도가 크다.

26 관리 제품 중 피부 진정효과를 가진 제품이 아닌 것은?

① 알코올 ② 아줄렌
③ 비사볼롤 ④ 카모마일 추출물

해설
알코올은 피부에 청량감과 가벼운 수렴효과를 주며 농도가 높아지면 살균, 소독작용을 한다.

정답 20 ③ 21 ③ 22 ② 23 ④ 24 ④ 25 ④ 26 ①

27 **간유, 버터, 달걀, 우유 등에 주로 함유되어 있으며 결핍 시 피부가 건조해지거나 각질층이 두터워지며 세균감염을 일으키기 쉬운 비타민은?**

① 비타민 A　② 비타민 B
③ 비타민 C　④ 비타민 D

해설
- 비타민 A는 상피보호 비타민으로서 피부를 건강하게 유지시키고, 시각세포 형성에 관여하며, 각질생성을 예방한다.
- 결핍 시 야맹증, 안구 건조증, 피부점막의 각질화 등의 증상이 나타난다.
- 간, 계란, 해조류, 녹황색 채소 등에 풍부하다.

28 **지성피부의 특징이 아닌 것은?**

① 여드름이 잘 발생한다.
② 화장이 잘 받지 않으며 쉽게 지워진다.
③ 모공이 매우 크며 반들거린다.
④ 피부 결이 섬세하며 탄력이 있다.

해설
④는 정상피부의 특징이다.

29 **표피의 부속기관이 아닌 것은?**

① 손·발톱　② 모낭
③ 피지선　④ 흉선

해설
부속기관에는 한선, 피지선, 모발, 손·발톱 등이 해당된다.

30 **피부 질환의 2차적 피부장애로서 부차적 손상이라 일컫는 것은?**

① 알레르기　② 속발진
③ 원발진　④ 발진티푸스

해설
1차적 피부장애는 원발진, 2차적 피부장애는 속발진에 해당된다.

31 **흡연이 피부에 끼치는 영향으로 옳지 않은 것은?**

① 흡연 시 체온이 올라간다.
② 흡연자의 피부는 조기노화한다.
③ 니코틴은 혈관을 수축시켜 혈색을 나쁘게 한다.
④ 담배연기에 있는 알데하이드는 태양빛과 마찬가지로 피부를 노화시킨다.

해설
흡연은 체온과 관계가 없다.

32 **피부 내 수분이나 일부의 물질을 통과시키지 못하게 하는 흡수 방어벽은 어느 층 사이에 있는가?**

① 투명층과 과립층 사이
② 각질층과 투명층 사이
③ 유극층과 기저층 사이
④ 과립층과 유극층 사이

해설
- 과립층은 외부 물질로부터 수분 침투를 막아준다.
- 투명층은 엘라이딘이라는 반유동 물질을 함유하고 수분에 의한 팽윤성이 있다.

33 **체조직 구성 영양소에 대한 설명으로 틀린 것은?**

① 지질은 체지방의 형태로 에너지를 저장하며 생체막 성분으로 체구성 역할과 피부의 보호 역할을 한다.
② 지방은 지방산과 글리세린으로 분해된다.
③ 필수지방산은 불포화지방산으로서 식물성 지방에 많이 분포되어 있다.
④ 불포화 지방산은 상온에서 액체 상태를 유지한다.

정답 – 27 ①　28 ④　29 ④　30 ②　31 ①　32 ①　33 ③

해설

필수지방산은 리놀레산, 리놀렌산, 아라키돈산으로 식물성과 동물성 지방으로 나누어진다.

★☆☆☆☆

34 생명표의 표현에 사용되는 함수들은?

ㄱ. 생존 수	ㄴ. 사망 수
ㄷ. 생존률	ㄹ. 평균여명

① ㄱ, ㄷ　　② ㄴ, ㄹ

③ ㄱ, ㄴ, ㄷ　　④ ㄱ, ㄴ, ㄷ, ㄹ

해설

생명표의 표현에 사용되는 함수는 생존 수, 사망 수, 생존률, 평균여명 등이 있다.

35 감염병 유행의 요인 중 전파 과정 단절(경로)과 관련이 가장 가까운 것은?

① 인종

② 영양상태

③ 환경위생 관리

④ 개인의 감수성

해설

- 감염병이 생성되는 과정 : 병원체 → 병원소 → 병원소로부터 병원체의 탈출 → 전파 → 새로운 숙주에 침입 → 새로운 숙주의 감수성과 면역
- 위 과정 중 어느 한 단계라도 거치지 않거나 방해·차단되면 감염은 이루어지지 않기 때문에 환경을 위생적으로 관리하면 전파 과정은 단절된다.

36 다음 중 의료보험 급여 대상과 거리가 먼 것은?

① 질병　　② 사망

③ 산재　　④ 분만

해설

의료보험 급여는 질병, 사망, 분만 시 대상이 된다.

37 요충에 대한 설명으로 맞는 것은?

① 감염력이 있다.

② 흡충류에 속한다.

③ 심한 복통이 특징적이다.

④ 충란을 산란할 때는 소양증이 없다.

해설

요충은 흡충류로서 항문 주변에서 충란을 산란하고, 소양증이 있으며 집단감염이 잘된다.

38 고열에 의한 만성적인 열중증인 것은?

① 열허탈증(열피로)　　② 열쇠약

③ 열소실증　　④ 열성발진

해설

열중증의 종류로는 열실신, 열경련, 열피로, 열쇠약 및 열성발진, 열사병 등이 있다.

★☆☆☆☆

39 임신초기에 이환되면 태아에게 치명적인 영향을 주어 선천성 기형아를 낳을 수 있는 질환은?

① 홍역　　② 풍진

③ 백일해　　④ 폴리오

해설

풍진은 임신 초기에 감염률이 매우 높고 선천성 기형을 유발할 수 있어 주의해야 하는 질환이다.

40 다음 중 산업재해 방지대책과 관련이 가장 먼 내용은?

① 안전 관리　　② 정확한 사례조사

③ 생산성 향상　　④ 정확한 관찰과 대책

해설

산업재해는 돌발적으로 발생하는 인명피해 및 재산상의 손실을 말한다. 생산성 저하로 많은 손실을 가져올 수 있다.

정답 34 ④　35 ③　36 ③　37 ①　38 ③　39 ②　40 ③

41 **다음 중 소독되지 아니한 면도기 사용 시 유발될 수 있는 질환은?**

① 간염 ② 결핵
③ 이질 ④ 홍역

해설
B형간염 바이러스를 병원체로 하여 환자 혈액, 타액, 성접촉, 면도날 등에 의해 전파된다.

42 **이따이이따이병의 원인물질로서 구토, 복통, 설사 등을 일으키는 유독 금속물질은?**

① 비소 ② 카드뮴
③ 납 ④ 다이옥신

해설
이따이이따이(Itai-Itai)병은 카드뮴(Cd) 중독에 의해 야기된다.

43 **소독제 승홍의 경제적 희석배율은 몇 배인가?**

① 500배 ② 1,000배
③ 1,500배 ④ 2,000배

해설
승홍수는 0.1%로서 1,000배의 희석비율을 갖는다.

★☆☆☆☆
44 **다음 내용 중 플라스틱 브러시의 소독방법으로 가장 알맞은 것은?**

① 세척 후 자외선 소독기를 사용한다.
② 고압증기멸균기를 이용한다.
③ 100℃의 끓는 물에 20분 정도 자비소독을 행한다.
④ 0.5%의 역성비누에 1분 정도 담근 후 물로 씻는다.

해설
브러시의 이물질을 제거(세척)하고 자외선소독기에 넣어 소독한다.

45 **분말 생석회를 사용할 수 있는 소독대상물은?**

① 상처 ② 채소류
③ 화장실 분변 ④ 감염병 환자의 병실

해설
분말생석회는 탈취력이 있어 분변, 하수, 오수, 토사물 등의 소독에 적당하다.

46 **소독작용이 이루어지는 주된 원리는?**

① 균체 원형질 중의 수분 변성
② 균체 원형질 중의 단백질 변성
③ 균체 원형질 중의 지방질 변성
④ 균체 원형질 중의 탄수화물 변성

해설
균체 단백질 응고와 변성작용은 세균세포의 효소단백질을 응고시켜 그 기능을 상실시킨다.

★☆☆☆☆
47 **다음 중 물리적 소독법에 속하지 않는 것은?**

① 건열멸균법 ② 소각법
③ 크레졸 ④ 일광소독

해설
크레졸은 화학적 소독법에 해당한다.

★★★☆☆
48 **아포형성균의 소독방법으로 적합한 것은?**

① 일광소독 ② 알코올
③ 크레졸 ④ 고압증기멸균

정답 41 ① 42 ② 43 ② 44 ① 45 ③ 46 ② 47 ③ 48 ④

해설

고압증기멸균법은 현재 가장 널리 이용되는 멸균법으로 고온 고압의 수증기를 미생물과 포자 등과 접촉시켜 사멸시키는 방법이다. 대상물은 수술기구 등의 금속제품, 린넨류, 실험용 기자재, 액체약병, 면포나 종이에 싼 고무장갑, 주사기, 봉합사, 고무재료 등이며, 소독방법은 120~135℃의 온도에 15~20분간 방치하는 것이다.

49 고압증기멸균기의 열원으로 수증기를 사용하는 이유로서 틀린 것은?

① 일정 온도에서 쉽게 열을 방출하기 때문이다.
② 미세한 공간까지 침투성이 높기 때문이다.
③ 열 발생에 소요되는 비용이 저렴하기 때문이다.
④ 액체 또는 분말 등도 쉽게 통과할 수 있기 때문이다.

해설

고압증기멸균법은 고온·고압의 수증기가 미생물과 포자 등에 접촉함으로써 사멸시키는 방법이다.
④ 분말은 멸균할 수 없다.

★☆☆☆☆
50 100%의 무수 알코올을 사용해서 70%의 알코올 400ml를 제조하는 방법으로 옳은 것은?

① 물 70mL와 100%, 알콜 330mL 혼합
② 물 100mL와 100%, 알콜 300mL 혼합
③ 물 120mL와 100%, 알콜 280mL 혼합
④ 물 330mL와 100%, 알콜 70mL 혼합

해설

$$\text{농도}(\%) = \frac{\text{용질(소독액)}}{\text{용액(소독액 + 물)}} \times 100$$

51 소독에 대한 설명으로 가장 옳은 것은?

① 모든 균을 사멸한다.
② 아포형성균을 사멸한다.
③ 세균의 포자까지 사멸한다.
④ 감염의 위험성을 제거하는 비교적 약한 살균작용이다.

해설

소독은 병원성 미생물을 파괴해 감염의 위험성을 제거하는 약한 살균작용이다.

★★★★★
52 폐쇄명령을 받은 이·미용업소에서 다시 그 영업을 할 수 있는 때는?

① 2개월 후 ② 3개월 후
③ 5개월 후 ④ 6개월 후

해설

폐쇄명령이 있은 후 최소 6개월이 경과해야 동일 장소에서 영업을 할 수 있다.

★☆☆☆☆
53 다음 중 이·미용업소 내에 반드시 게시하지 않아도 되는 것은?

① 이·미용 요금표
② 이·미용업 신고증
③ 근무자의 면허증 원본
④ 개설자의 면허증 원본

해설

①, ②, ④는 업소 내에 미용업 신고증, 개설자의 면허증 원본 및 미용 요금표를 게시하여야 한다.

★★☆☆☆
54 공중위생영업을 하고자 하는 자가 필요로 하는 것은?

① 허가 ② 통보
③ 신고 ④ 인가

정답 49 ④ 50 ③ 51 ④ 52 ④ 53 ③ 54 ③

해설

공중위생영업을 하기 위해 신고를 하려는 자는 시설 및 설비(보건복지부령)를 갖춘 후 시장, 군수, 구청장에게 신고한다.

★★★☆☆
55 다음 중 이용사 또는 미용사의 면허를 취소할 수 있는 대상에 해당되지 않는 자는?

① 정신병자 ② 약물중독자
③ 감염병 환자 ④ 당뇨병 환자

해설

①, ②, ③은 면허를 받을 수 없는 자에 해당된다.

★☆☆☆☆
56 이·미용사의 면허가 취소되었을 경우 몇 개월이 지나야 면허를 다시 받을 수 있는가?

① 1개월 ② 3개월
③ 6개월 ④ 12개월

해설

면허가 취소된 후 1년이 경과되어야 한다.

★★★☆☆
57 이·미용사가 이·미용업소 외의 장소에서 이·미용을 한 경우의 1차 위반 행정처분 기준은?

① 경고
② 300만 원 이하의 벌금
③ 영업정지 1월
④ 영업정지 2월

해설

1차 위반 시 영업정지 1월, 2차 위반 시 영업정지 2월, 3차 위반 시 영업장 폐쇄명령

58 무좀이 있는 고객의 발 관리에 좋은 비누는?

① 고체 비누
② 항진균 성분의 비누
③ 향이 있는 비누
④ 거품이 많이 나는 비누

해설

무좀이 있는 고객의 발 관리에는 항진균 성분의 비누를 사용한다.

59 화장품에 배합되는 에탄올의 역할이 아닌 것은?

① 청량감 ② 수렴효과
③ 소독작용 ④ 보습작용

해설

에탄올은 살균, 소독작용과 함께 휘발성과 친수, 친유성을 동시에 가진 양친매성으로 청량감이 있다.

60 페이스 파우더의 주요 사용목적은?

① 주름살과 피부 결함을 감추기 위해
② 유분감이 없으며 입자가 고와서 휴대하기 위해
③ 파운데이션의 번들거림을 완화하고 피부 화장을 마무리하기 위해
④ 유분이 첨가된 가루분으로 화장의 투명도와 지속성을 위해

해설

루스 파우더라고도 하며 파운데이션의 유분기를 제거하고 땀이나 피지를 억제하여 화장의 번들거림과 번지는 것을 방지하고 지속력과 화사함을 나타낸다.

정답 — 55 ④ 56 ④ 57 ③ 58 ② 59 ④ 60 ③

제5회 국가기술자격 필기시험문제

자격종목	시험시간	형별	수험번호	성명
미용사(일반)	60분			

★★★☆☆

01 제작 후 전체적인 머리모양을 종합적으로 관찰하여 수정·보완시키는 절차는?

① 통칙 ② 소재
③ 보정 ④ 구상

해설
보정은 제작 후 전체적인 모양을 종합적으로 관찰하여 불충분한 곳이 없는지를 재조사하는 과정이다. 보정 후 고객의 만족여부를 파악해야 미용의 과정은 끝나게 된다.

02 헤어라인 중 E.P에서 N.S.C.P를 연결한 선을 무엇이라고 하는가?

① 목선 ② 목옆선
③ 측두선 ④ 측중선

해설
헤어라인(Hair line)에는 얼굴선(Hem line), 목옆선(Nape side line), 목선(Nape line)이 있고, E.P에서 E.B.P를 지나 N.S.C.P까지 이어지는 발제선을 목옆선이라고 한다.

03 다음 중 고대 여성의 머리형태가 아닌 것은?

① 얹은머리 ② 땋은머리
③ 높은머리 ④ 쪽진머리

해설
높은머리는 근대 개화기 이후의 머리형태이다.

04 1905년 찰스 네슬러의 스파이럴식 퍼머넌트 웨이브의 최초 발표지는?

① 독일 ② 영국
③ 미국 ④ 프랑스

해설
1905년 영국의 찰스 네슬러에 의해 머신 히트 웨이브인 스파이럴식 퍼머넌트 웨이브가 고안되었다.

05 고주파 전류로서 미안용 시술에 주로 사용되는 전류는?

① 오당 전류 ② 테슬라 전류
③ 네슬러 전류 ④ 달손발 전류

해설
오당, 달손발, 테슬라 중에 미안용 시술에 주로 사용되는 것은 테슬라 전류이다.

06 빗의 기능과 관련된 내용으로 거리가 먼 것은?

① 모발의 고정
② 아이론 시의 두피 보호
③ 디자인 연출 시 셰이핑
④ 모발 내 오염물질과 비듬 제거

해설
빗은 모발을 분배·조정하고, 모발을 곱게 빗어 매만짐으로써 가지런하게 한다.

07 블로 드라이어의 사용 시 주의점과 거리가 먼 것은?

① 정기적으로 먼지나 이물질을 제거한다.
② 모발이나 두피에 화상을 입을 수 있다.
③ 헤어스타일의 기본 구조를 창조해 준다.
④ 고객 신체로 감전의 위험과 오염의 우려가 있다.

해설
블로 드라이어의 역할(작용)에 관한 내용이다.

정답 01 ③ 02 ② 03 ③ 04 ② 05 ② 06 ① 07 ③

08 다음 중 컬러 린스와 같은 목적은?

① 정발제 ② 착색제
③ 양모제 ④ 세발제

> 해설
> 컬러 린스(워터 린스)는 일시적 염모제로서 착색제의 역할을 한다.

09 샴푸에 대한 설명 중 옳지 않은 것은?

① 샴푸는 누구에게나 횟수에 관계없이 자주하면 좋다.
② 샴푸 후 충분히 헹군 다음 크림 린스를 해주도록 한다.
③ 샴푸 시 물은 38℃로서 경수보다 연수가 좋다.
④ 샴푸제는 알칼리성이 너무 강한 것을 쓰지 않도록 한다.

> 해설
> 무조건 자주하는 것보다 아침, 저녁 두 번 정도 해주는 것이 좋다.

10 가위에 대한 설명 중 틀린 것은?

① 착강가위의 협신부는 연강이다.
② 전강가위는 전체가 특수강이다.
③ 커트나 셰이핑 시 틴닝가위를 사용한다.
④ 착강가위가 전강가위보다 수정할 때 편리하다.

> 해설
> 틴닝가위는 모발 길이를 자르지 않으면서 모량을 감소시킬 때 사용한다.

11 커트 형태(외곽)선이 컨케이브로서 무거움보다는 예리함과 산뜻함을 나타내는 커트스타일은?

① 머시룸 ② 스파니엘
③ 이사도라 ④ 파라렐 보브

> 해설
> 컨케이브 라인(Concave line)은 A자형, 오목곡선, 두상의 둥근 형태와는 역으로 아치 상태로 되어 있는 선으로서 스파니엘 커트스타일이다.

12 커트 형태의 기준이 되는 두발 길이를 정하는데, 이 기준이 되는 두발의 뜻으로 틀린 것은?

① 가이드라인 ② 외곽선
③ 형태선 ④ 블로킹

> 해설
> 가이드(Guide)는 '안내하다'라는 뜻으로 커트 시 기준이 되는 외곽선(Out line)이다.

13 웨이브 펌 시 두발의 끝이 자지러지는 원인이 아닌 것은?

① 오버 프로세싱 되었을 때
② 너무 가는 로드를 사용하였을 때
③ 발수성모에 시술을 하였을 때
④ 두발 와인딩 시 텐션을 약하게 하였을 때

> 해설
> 발수성모는 모표피가 촘촘해서 모표피 팽윤이 잘 안 된다. 따라서 1액으로 전처리 과정이 요구된다.

14 시스테인 펌 용제의 환원제로 사용되는 것은?

① 시스테인
② 브롬산칼륨
③ 브롬산나트륨
④ 티오글리콜산

> 해설
> 시스테인 펌 용제의 주성분인 시스테인은 환원제로서 제1액에 속한다.

정답 — 08 ② 09 ① 10 ③ 11 ② 12 ④ 13 ③ 14 ①

15 펌 시술 후 헤어스타일을 위해 아이론을 사용하였을 때 발생할 수 있는 현상은?

① 모발이 변색된다. ② 모발이 손상된다.
③ 탈모가 일어난다. ④ 모발이 강해진다.

해설
알칼리화된 모발에 아이론을 사용할 때 모발 손상이 야기된다.

16 롤러 컬 중 가장 볼륨감이 있고 두정부에 많이 사용되는 것은?

① 논 스템 롤러 컬
② 롱 스템 롤러 컬
③ 세미 롱 스템 롤러 컬
④ 하프 스템 롤러 컬

해설
논 스템 롤러 컬은 두상에 대해 전방 45°(후방 135°)로 와인딩 시 온 베이스로 안착된다.

★☆☆☆☆
17 컬의 루프가 귓바퀴를 따라 말린 스탠드업 컬은?

① 스컬프처 컬 ② 플래트 컬
③ 리버스 스탠드업 컬 ④ 포워드 스탠드업 컬

해설
루프가 두상 90~135°로 안말음형(귓바퀴 방향)으로 컬리스된다.

18 웨이브 폭이 좁고 급경사의 리지 형상을 나타내는 것은?

① 버티컬 웨이브 ② 섀도 웨이브
③ 내로우 웨이브 ④ 와이드 웨이브

해설
① 리지가 수직인 웨이브
② 크레스트가 뚜렷하지 않고 자연스러운 웨이브
③ 크레스트가 가장 뚜렷한 웨이브

19 두발의 구조와 성질에 대한 설명이 틀린 것은?

① 케라틴의 폴리펩타이드는 쇠사슬 구조이며, 두발의 장축 방향으로 배열되어 있다.
② 케라틴은 다른 단백질에 비하여 유황의 함유량이 많으며, 황(S)은 시스틴결합에 함유되어 있다.
③ 시스틴결합은 알칼리에 강한 저항력을 갖고 있으나 물, 알코올, 약산성이나 소금류에는 약하다.
④ 두발은 모표피, 모피질, 모수질 등으로 구성되어 있으며, 주로 탄력성이 풍부한 단백질로 이루어져 있다.

해설
시스틴결합은 알칼리에 저항력이 약하다.

★☆☆☆☆
20 비듬이 많은 사람에게 발생하기 쉬운 탈모증은?

① 결절열모증 ② 원형탈모증
③ 결발성 탈모증 ④ 비강성 탈모증

해설
비듬은 두피 표면에 붙어있는 각질세포(인설)로, 각화현상의 이상과 호르몬 이상, 영양 불균형, 스트레스, 과다 피지 분비, 피지 산화, 불청결 등 내·외적 원인에 의해 발생되며, 과다할 경우 비강성 탈모증으로 연결된다.

★☆☆☆☆
21 유기합성 염모제(PPDA를 이용)가 두발 염색의 기초를 마련한 시기는?

① 1876년 ② 1830년
③ 1883년 ④ 1905년

해설
모발 염색이 본격적으로 미용의 한 부분을 차지하게 된 시기는 19세기부터이다.
- 1818년 테나드가 H_2O_2를 발명
- 1863년 호프만이 파라페닐렌다이아민(PPDA)이 산화에 의해 발색된다는 사실을 언급함

정답 – 15 ② 16 ① 17 ④ 18 ③ 19 ③ 20 ④ 21 ③

- 1883년 프랑스 모네가 PPDA를 이용하여 모발 염색의 기초를 마련함
- 1888년 독일 E.에르트만이 아미노페놀 염모제를 발표
- 1907년 유젠슈엘르(프랑스 화학자)가 합성염모제 개발
- 1925년 산화염료를 주 원료로 하는 염모제들이 개발
- 1936년 크림 타입 염모제 출시
- 1951년 세계적으로 염색이 알려지기 시작함
- 1955년 백모염모제 출시

★★☆☆☆

22 **두발을 탈색한 후 초록색으로 염색하고, 얼마의 기간이 지난 후 다른 색으로 바꾸고 싶을 때 보색관계를 이용하여 초록색의 흔적을 없애려면 어떤 색을 사용하면 좋은가?**

① 노란색 ② 오렌지색
③ 적색 ④ 청색

해설
빨강+노랑+파랑 = 갈색일 때 녹색은 노랑과 파랑의 혼합색(2차색)이므로 빨강색인 원색만 첨가되면 갈색이 된다.

23 **유기합성 염모제에 대한 설명 중 틀린 것은?**

① 유기합성 염모제 제품은 알칼리성의 제1액과 산화제인 제2액으로 나누어진다.
② 제1액은 산화염료가 암모니아수에 녹아 있다.
③ 제1액의 용액은 산성을 띄고 있다.
④ 제2액은 과산화수소로서 멜라닌색소의 파괴와 산화염료를 산화시켜 발색시킨다.

해설
제1제는 염료(전구체+커플러)와 암모니아로 구성된다. 따라서 알칼리성을 띠고 있다.

24 **가발(Wig)에서 파운데이션의 설명이 아닌 것은?**

① 인조두피이다.
② 인모두피이다.
③ 두상에 맞으면서도 쪼이는 듯한 느낌이 있어야 한다.
④ 면 또는 혼합인조로서 신축성이 있어야 한다.

해설
파운데이션은 두발이 심기는 토대(네트)이다.

25 **다음은 피부 내의 세포층으로서 멜라닌색소를 만들어 내는 멜라닌 형성세포가 있는 층은?**

① 각질층 ② 과립층
③ 기저층 ④ 유두층

해설
표피 내의 기저부에 있는 기저층은 유핵세포로서 각질형성세포와 랑게르한스세포(항원세포), 색소형성세포가 분포되어 있다.

★★☆☆☆

26 **다음 중 피부의 촉각점이 가장 적게 분포하는 감각기관은?**

① 손 끝 ② 입술
③ 눈꺼풀 ④ 발바닥

해설
손·발바닥은 독립피지선이 존재하며, 두껍고, 촉각점이 가장 적게 분포한다.

27 **40대 이후 피부 표면의 손등이나 얼굴에 생기는 흑갈색의 반점이 아닌 것은?**

① 기미 ② 주근깨
③ 비립종 ④ 노인성 반점

해설
- 비립종은 속칭 화이트헤드라고 하며 눈꺼풀, 뺨, 이마에서 볼 수 있다.
- 피부 내에 표재성으로 존재하는 작은 구형의 백색 상피 낭종으로서 층상 각질을 함유한다.

정답 22 ③ 23 ③ 24 ② 25 ③ 26 ④ 27 ③

28 노화된 피지선의 현상을 잘 나타낸 것은?

① 피지 분비가 많아진다.
② 피지 분비가 감소된다.
③ 피부 중화능력이 상승된다.
④ pH의 산성도가 강해진다.

해설
① 피지 분비가 줄어든다.
③ 피부 중화능력이 줄어든다.
④ pH의 산성도가 약해진다.

29 강한 자외선에 노출될 때 생길 수 있는 현상과 가장 거리가 먼 것은?

① 아토피 피부염 ② 비타민 D 합성
③ 홍반반응 ④ 색소침착

해설
자외선 노출 시 ② 비타민 D 합성, ③ 홍반반응, ④ 색소침착 현상이 나타나며, 그 외에도 일광화상, 광노화, 피부암, 일광 알레르기 등의 반응이 나타날 수 있다.

30 피부에 여드름이 생기는 직접적인 요인은?

① 한선구가 막혀서
② 혈액순환이 나빠서
③ 피지에 의해 모공이 막혀서
④ 땀의 발산이 순조롭지 않아서

해설
모공 속에 각질이 쌓여 피지가 배출되지 못하면 여드름이 생긴다.

31 피부 질환 중 결절에 대한 설명이 아닌 것은?

① 구진과 종양의 중간 염증이다.
② 여드름 피부의 4단계에 나타난다.
③ 구진이 서로 엉켜서 큰 형태를 이룬 것이다.
④ 표피 내부에 직경 1cm 미만의 묽은 액체를 포함한 융기이다.

해설
④는 원발진의 농포에 대한 설명이다.

32 다음 중 태선화에 대한 설명인 것은?

① 표피가 얇아지는 것으로, 표피세포 수의 감소와 관련이 있다.
② 점진적인 괴사에 의해서 표피와 함께 진피의 소실이 오는 것이다.
③ 질병이나 손상에 의해 진피와 심부에 생긴 결손을 메우는 새로운 결체조직의 생성현상이다.
④ 피부가 가죽처럼 두꺼워지며 딱딱해지는 만성 소양성 질환에서 볼 수 있다.

해설
태선화는 피부가 가죽처럼 두꺼워지며 딱딱해지는 현상이다.

33 다음 중 2도 화상에 속하는 것은?

① 햇볕에 탄 피부로서 홍반성을 띤다.
② 진피층까지 손상된 수포성 화상이다.
③ 피하지방층까지 손상된 피부괴사성 화상이다.
④ 피하지방층 아래의 근육까지 손상된 괴사성 화상이다.

해설
①은 1도 화상, ③은 3도 화상, ④는 4도 화상에 해당된다.

34 식중독의 분류가 맞게 연결된 것은?

① 세균성 – 자연독 – 화학물질 – 수인성
② 세균성 – 자연독 – 화학물질 – 곰팡이독
③ 세균성 – 자연독 – 화학물질 – 수술 전후 감염
④ 세균성 – 외상성 – 화학물질 – 곰팡이독

정답 28 ② 29 ① 30 ③ 31 ④ 32 ④ 33 ② 34 ②

해설

식중독은 음식물 섭취로 인하여 발생하는 급성 위장염의 증상으로서 내·외적 환경의 영향 등으로 변질된 식품을 섭취했을 때 일어난다.
- 세균성 식중독 : 감염형, 독소형, 생체 독소형
- 화학물질 식중독 : 유독 금속류(납, 구리, 수은, 비소, 카드뮴), 유기화합물
- 자연독 식중독 : 식물성 자연독, 동물성 자연독

35 절지동물인 바퀴벌레가 주로 전파할 수 있는 질병이 아닌 것은?

① 재귀열 ② 이질
③ 콜레라 ④ 장티푸스

해설

재귀열은 이가 옮기는 질병이다.

★☆☆☆☆

36 대기오염으로 인한 건강장애와 관련이 가장 깊은 것은?

① 발육 저하 ② 호흡기 질환
③ 신경 질환 ④ 위장 질환

해설

대기오염 물질은 입자상(분진, 매연, 황사), 가스상(황상화물, 질소산화물) 물질로서 호흡기 질환과 가장 관련이 깊다.

★★★☆☆

37 다음 중 공해로 인해 피해가 아닌 것은?

① 경제적 손실
② 인구 증가
③ 정신적 영향
④ 자연환경의 파괴

해설

인구증가는 빈곤, 질병, 환경오염 등의 피해를 유발한다.

38 습도와 인체반응과의 관계로 적절한 것은?

① 습도가 높으면 땀이 잘 발산된다.
② 습도가 너무 낮을 때는 호흡기 점막을 해친다.
③ 여름에 습도가 높으면 불쾌지수는 낮아진다.
④ 습도와 체감온도는 관계가 형성되지 않는다.

해설

- 습도가 낮으면 호흡기계 질병에 노출되기 쉽다.
- 습도가 높으면 피부기계 질환에 노출되기 쉽다.

39 감염병 발생의 요인 중 숙주의 요인에 해당하지 않는 것은?

① 면역 ② 연령
③ 생리적 방어기전 ④ 경제적 수준

해설

숙주는 병원체를 받아들이는 인간을 말한다. 유병률은 연령, 생리적 방어기전에 따라 다르며 면역성과 감수성은 동일한 환경에서도 다르게 나타난다.

40 감염병예방법 중 제3군감염병에 해당되는 것은?

① 황열 ② 뎅기열
③ 후천성면역결핍증 ④ 신종감염병증후군

해설

①, ②, ④는 제4군감염병이다.

41 우리나라의 공중보건에 관한 과제 해결에 필요한 사항은?

ㄱ. 제도적 조치
ㄴ. 직업병 문제 해결
ㄷ. 보건교육 활동
ㄹ. 질병 문제 해결을 위한 사회적 투자

① ㄱ,ㄷ ② ㄴ,ㄹ
③ ㄱ,ㄴ,ㄷ ④ ㄱ,ㄴ,ㄷ,ㄹ

정답 – 35 ① 36 ② 37 ② 38 ② 39 ④ 40 ③ 41 ④

해설

우리나라 공중보건에서의 과제 해결과 제도적 조치, 보건교육 활동, 직업병 문제 해결 또는 이를 위한 사회적 투자에 필요한 사항 등을 두고 있다.

42 공기를 매개로 하는 비말감염인 것은?

① 영양 ② 상처
③ 피로 ④ 밀집

해설

비말(포말)감염은 대화, 기침, 재채기 등을 통해 전파된다.

43 산화 작용을 살균기전으로 하는 소독제는?

① 오존 ② 석탄산
③ 알코올 ④ 머큐로크롬

해설

O_3은 산소 1분자(O_2)와 발생기 산소(O↑)로 분해되면서 유리산소인 발생기 산소가 산화에 의한 살균작용을 도와준다.

44 다음 소독의 분류에서 할로겐 화합물이 아닌 것은?

① 표백분 ② 아크리놀
③ 염소산칼슘 ④ 아이오딘(요오드)

해설

할로겐 화합물은 염소, 요오드, 염소산칼슘, 표백분(클로르칼크) 등이다.

★☆☆☆☆

45 자비소독 시 소독효과를 높이고자 사용되는 보조(첨가)제가 아닌 것은?

① 붕산 ② 크레졸액
③ 포르말린 ④ 탄산나트륨

해설

자비소독 시 소독효과를 높이고 금속기구의 녹스는 것을 방지하기 위하여 끓는 물에 석탄산(95%), 크레졸(3%), 탄산나트륨(1~2%), 붕산(1~2%) 등을 첨가한다.

46 취기와 독성이 강하고 피부점막에 자극성과 마비성이 있어서 인체에는 잘 사용되지 않고 소독제의 평가기준으로 사용되는 것은?

① 알코올 ② 크레졸
③ 석탄산 ④ 과산화수소

해설

석탄산은 안정된 살균력이 있어 소독약의 살균을 비교하는 석탄산 계수, 즉 살균력의 상대적 표시법으로 사용된다.

47 포르말린에 대한 설명으로 맞는 것은?

① 온도의 높고 낮음에 관계없다.
② 온도가 높을수록 소독력이 강하다.
③ 온도가 낮을수록 소독력이 강하다.
④ 가스 상으로는 작용하지 않는다.

해설

포르말린

- 지용성으로 단백응고작용이 있어 0.02~0.1% 수용액으로 사용된다.
- 강한 살균력을 갖는다.
- 메틸알코올(메탄올)을 산화시켜 얻은 가스로 훈증소독에 사용한다.
- 20℃ 이하에서 살균력이 떨어진다.
- 빛을 차단할 수 있는 용기에 넣어 15~25℃의 상온에 보존한다.
- 피부소독에 부적합하다.
- 의류, 도자기, 목제품, 고무제품, 셀룰로이드 등 소독에 사용된다.

48 초음파살균에 가장 효과적인 미생물은?

① 나선균 ② 파상풍균
③ 포도상구균 ④ 그람양성세균

정답 42 ④ 43 ① 44 ② 45 ③ 46 ③ 47 ② 48 ①

해설

초음파 살균법
- 매초 8,800cycle의 음파가 살균작용을 한다.
- 강력한 각반작용에 의한 기계적 파괴 또는 산화작용이 이루어진다.
- 나선상균(매독균, 콜레라균, 장염 비브리오균 등) 등에 적용된다.

49 내열성이 강해서 자비소독으로는 멸균되지 않는 균은?

① 결핵균 ② 디프테리아균
③ 아포형성균 ④ 장티푸스균

해설

세균은 불리한 환경 속에서 균체 세포질에 아포를 형성하여 세균의 휴지기 상태(대사정지)로 들어가며 100℃ 끓는 물에 10분 정도 가열해도 사멸되지 않는다.

50 일반적으로 소독약품의 구비조건이 아닌 것은?

① 살균력이 강하다. ② 표백성이 강하다.
③ 안정성이 높다. ④ 용해성이 높다.

해설

소독제의 구비조건
- 살균력이 강해야 하며, 용해성이 높고 부식성과 표백성이 없어야 한다.
- 소독 대상물에 침투력과 안정성이 있어야 한다.
- 취기가 없고 독성이 약하여 인축에 해가 없어야 한다.
- 가격이 저렴하며 경제적이고 사용방법이 간편해야 한다.

51 에틸렌옥사이드(Ethylene oxide) 가스를 이용한 멸균법에 대한 설명 중 틀린 것은?

① 멸균시간이 비교적 길다.
② 멸균온도는 저온에서 처리된다.
③ 고압증기멸균법에 비해 비교적 저렴하다.
④ 플라스틱이나 고무제품 등의 멸균에 이용된다.

해설

에틸렌옥사이드 가스멸균법
- 고압증기멸균법에 비해 가격이 고가이다.
- 조작의 난이도가 높아 숙련이 필요하다.
- 멸균 후 잔류가스가 남아 있어 피부 손상 및 점막자극이 있다.

52 공중위생관리법에서 공중위생영업이란 다수인을 대상으로 무엇을 제공하는 영업으로 정의되고 있는가?

① 위생관리서비스
② 공중위생서비스
③ 위생서비스
④ 위생안전서비스

해설

공중위생영업이란 다수인을 대상으로 위생관리서비스를 제공하는 미용업, 이용업, 숙박업, 세탁업, 목욕장업, 건물위생관리업을 말한다.

★☆☆☆☆

53 미용업의 위생관리 기준이 아닌 것은?

① 영업소 내에 요금표를 게시하여야 한다.
② 소독을 한 기구와 소독을 하지 아니한 기구는 각각 다른 용기에 보관한다.
③ 1회용 면도날을 손님 1인에 한하여 사용하여야 한다.
④ 업소 내에 화장실을 갖추어야 한다.

해설

①, ②, ③은 위생관리 기준에 속한다.
- 점 빼기, 귓볼 뚫기, 쌍꺼풀 수술, 문신, 박피술, 그 밖에 이와 유사한 의료행위를 하여서는 안 된다.
- 피부미용을 위하여 약사법 규정에 의한 의약품 또는 의료 용구를 사용하여서는 안 된다.
- 1회용 면도날은 손님 1인에 한하여 사용하여야 한다.
- 업소 내에 미용업 신고증, 개설자의 면허증 원본 및 미용 요금표를 게시하여야 한다.
- 영업장 안의 조명도는 75Lux 이상이 되도록 유지하여야 한다.

정답 — 49 ③ 50 ② 51 ③ 52 ① 53 ④

★☆☆☆☆
54 **공중위생관리법규에서 규정하고 있는 이·미용 영업자의 준수사항으로 틀린 것은?**

① 이·미용 요금표를 업소 내에 게시하여야 한다.
② 손님의 피부에 닿는 수건은 악취가 나지 않아야 한다.
③ 소독을 한 기구와 소독을 하지 아니한 기구는 각각 다른 용기에 넣어 보관하여야 한다.
④ 이·미용업 신고증, 개설자의 면허증 원본 등은 업소 내에 게시하여야 한다.

해설
①, ③, ④는 이·미용영업자의 준수사항에 속한다.

★☆☆☆☆
55 **이·미용업소에 반드시 게시하여야 할 사항으로 옳은 것은?**

① 영업 신고증만 게시하면 된다.
② 면허증 사본, 요금표를 게시하면 된다.
③ 준수사항 및 요금표만 게시하면 된다.
④ 이·미용업 신고증, 면허증 원본, 요금표를 게시하여야 한다.

해설
영업장에 미용업 신고증, 개설자의 면허증 원본 및 미용 요금표를 게시하여야 한다.

★★★★☆
56 **공중위생영업소를 개설하고자 하는 자는 언제 위생교육을 받아야 하는가?**

① 영업개시 전 ② 개설 후 3개월 내
③ 개설 후 6개월 내 ④ 개설 후 1년 내

해설
영업신고 전에 위생교육을 받아야 한다.

★☆☆☆☆
57 **공중위생 영업자의 지위를 승계한 자로서 신고하지 아니하였을 경우 해당되는 행정처분 기준은?**

① 1년 이하의 징역 또는 1천만 원 이하의 벌금
② 6월 이하의 징역 또는 500만 원 이하의 벌금
③ 300만 원 이하의 벌금
④ 300만 원 이하의 과태료

해설
6월 이하의 징역 또는 500만 원 이하의 벌금
- 중요사항 변경신고를 하지 않은 자
- 공중위생영업자의 지위를 승계한 자로서 신고하지 아니한 자
- 건전한 영업질서를 위하여 영업자가 준수하여야 할 사항을 준수하지 아니한 자

58 **속눈썹에 색감을 주어 입체감을 살려 눈의 표정을 좋게 하는 화장품은?**

① 마스카라 ② 아이섀도
③ 아이라이너 ④ 아이브로 펜슬

해설
마스카라는 속눈썹을 길고 짙게 하여 눈동자를 또렷하게 보이게 하여 표정을 좋게 한다.

59 **물과 기름처럼 서로 녹지 않는 2개의 액체를 미세하게 분산시켜 놓는 상태는?**

① 유화 ② 레이크
③ 아로마 ④ 가용화

해설
유화(Emulsion)란 계면활성제 분자의 흡착에 의해 표면에서 떨어지면서 액제 중에 분산되어 더욱 작은 기름 방울로 세분화됨으로써 유화상이 된 것을 말한다.

60 **각질층이 두터워 보이고 모공이 크며 화장이 쉽게 지워지는 피부 타입은?**

① 건성 ② 중성
③ 지성 ④ 민감성

해설
지성피부는 정상피부보다 각질층이 두꺼우며 모공이 넓어 쉽게 피부가 오염됨으로써 뾰루지와 백색, 흑색 면포가 생기기 쉽다.

정답 54 ② 55 ④ 56 ① 57 ② 58 ① 59 ① 60 ③

제6회 국가기술자격 필기시험문제

자격종목	시험시간	형별	수험번호	성명
미용사(일반)	60분			

01 미용사의 사명인 것은?

① 시간적 측면
② 환경적 측면
③ 위생적 측면
④ 의사표현적 측면

해설
위생적, 문화적, 미적 측면에서 사회에 공헌해야 한다.

02 두상의 기준점 중 톱 포인트에 해당되는 것은?

① T.P ② G.P
③ C.P ④ B.P

해설
전두부에서 가장 높은 지점은 톱 포인트(Top Point)이다.

★★☆☆☆
03 한국 고대미용의 역사에 대한 설명으로 잘못된 것은?

① 고구려의 머리형태는 고분벽화보다 문헌의 기록으로 증명된다.
② 머리형태에 따라 신분의 귀천을 나타냈다.
③ 조선시대 쪽진머리, 얹은머리, 큰머리, 조짐머리가 성행하였다.
④ 삼한시대의 머리형태는 문헌을 통하여 살펴볼 수 있다.

해설
한국의 미용을 역사적으로 고찰하는 데 있어서는 유적지의 유물이나 고분출토물의 벽화분 등을 통하여 살펴볼 수 있다.

★★★☆☆
04 고대미용에서 비녀를 꽂은 머리형태는?

① 얹은머리 ② 쪽진머리
③ 땋은머리 ④ 귀밑머리

해설
쪽진(낭자)머리는 두발을 묶거나 땋아 후두부에 둘러서 쪽, 비녀를 꽂아 고정한 형태이다.

05 가위 선택 시 옳은 내용은?

① 만곡도가 큰 것을 선택한다.
② 양 날의 견고함이 같지 않은 것이 좋다.
③ 협신에서 날 끝으로 갈수록 내곡선상으로 된 것을 선택한다.
④ 만곡도와 내곡선상은 특별하게 연관된 내용이 아니다.

해설
가위의 선택방법
- 협신은 날끝으로 갈수록 자연스럽게 약간 내곡선상으로 된 것이 좋다.
- 날의 두께는 가위 날을 얇고 피봇이 강한 것이 좋다.
- 날의 견고성은 양날의 견고함이 동일해야 한다.

06 광선, 전류기기 등을 이용한 마사지에 관한 설명 중 틀린 것은?

① 자외선등을 사용할 때에는 미용사는 자외선 보호 안경을, 고객은 아이패드를 사용해야 한다.
② 적외선은 혈액순환을 촉진시키거나 피부에 바른 팩 재료의 건조를 촉진시키며, 적외선 등의 유효한 파장은 220～320㎛이다.
③ 바이브레이터는 피부와 근육의 지각신경에 쾌감을 주고 혈액순환을 촉진하여 생리기능을 높인다.

정답 01 ③ 02 ① 03 ① 04 ② 05 ③ 06 ②

④ 고주파 전류(교류)를 피부에 작용시키면 근육에 자극을 주어 혈액순환을 촉진시키고 신진대사를 활성화시키며 표백작용과 살균작용의 효능도 기대된다.

해설
적외선은 파장이 780nm 이상인 전자파의 일종이며 열선이라고도 한다. 적외선이 피부에 닿으면 침투해서 온열자극에 의해 혈액순환을 촉진시키고 피부에 도포된 팩의 건조를 촉진시킨다.

★★☆☆☆
07 천연재질의 브러시 손질법으로 틀린 것은?

① 소독방법으로 석탄산수를 사용해도 된다.
② 브러시의 털이 빳빳한 것은 세정 브러시로 닦아낸다.
③ 브러시의 털이 위로 가도록 하여 햇볕에 말린다.
④ 보통 비누물이나 탄산소다수에 담그고 부드러운 브러시의 털은 손으로 가볍게 비벼 빤다.

해설
브러시의 털은 아래로 가도록 하며 음지에서 건조시킨다.

★☆☆☆☆
08 다음 중 드라이 샴푸 방법이 아닌 것은?

① 팩 드라이 샴푸
② 핫 오일 샴푸
③ 파우더 드라이 샴푸
④ 화이트 에그 파우더 샴푸

해설
핫 오일 샴푸는 유분 공급을 위한 샴푸로, 건조모에 주로 사용한다.

09 논 스트리핑 샴푸제의 특징은?

① pH가 낮은 산성이며 저자극성으로 손상모에 사용된다.
② 알칼리성 샴푸제로 pH가 7.5~8.5이다.
③ 징크피리티온이 함유되어 비듬치료에 효과적이다.
④ 지루성 피부에 적합하며 유분 함량이 적고 탈지력이 강하다.

해설
염색된 모발에는 pH가 낮은 저자극성 샴푸제인 논 스트리핑 샴푸제를 주로 사용한다.

10 두발의 길이는 자르지 않으면서 모량 제거에 사용하는 가위는?

① R–시저스 ② 미니 시저스
③ 틴닝 시저스 ④ 커팅 시저스

해설
틴닝가위는 모량 제거에 주로 사용된다.

11 블런트 커팅에 적당하지 않는 기법은?

① 레이어 커트 ② 원랭스 커트
③ 포인트 커트 ④ 그래듀에이션 커트

해설
포인트 커트는 모다발 끝 부분에 대하여 60~90° 정도로 가위 날을 넣어서 훑어내리듯이 자르는 기법으로, 나칭보다 더 섬세한 효과를 낼 수 있는 질감처리 기법이다.

12 다음 내용 중 고객에게 적용한 커트 기법이 바르게 연결된 것은?

펌 시술 전에 커트를 한 후 펌 시술 후 손상모와 불필요하게 삐져나온 모발을 정리했다.

① 프리 커트, 트리밍
② 에프터 커트, 틴닝
③ 프리 커트, 슬리더링
④ 에프터 커트, 테이퍼링

정답 07 ③ 08 ② 09 ① 10 ③ 11 ③ 12 ①

해설
시술 전 처치로의 커트를 프리커트라 하며, 손상모 또는 불필요한 모발을 제거하는 기법은 트리밍이다.

★★☆☆☆
13 펌 용제 중에서 프로세싱 솔루션이 아닌 것은?

① 암모니아수 ② 탄산암모늄
③ 브롬산나트륨 ④ 티오글리콜산

해설
- 브롬산나트륨은 산화제이다.
- 프로세싱 솔루션은 펌 1제로서 환원제이며 웨이브 로션이다.

14 펌제 1액으로부터 두피를 보호하는 방법이 아닌 것은?

① 헤어 밴드나 타월을 두른다.
② 정제된 라놀린 크림을 바른다.
③ 컬과 컬 사이에 탈지면을 끼운다.
④ 제1액의 농도를 반으로 낮추고 프로세싱 타임을 줄인다.

해설
펌 1제로부터 두피를 보호하기 위해 발제선에 헤어밴드(터번)나 타월을 감싸거나 정제된 라놀린 크림을 발제선 주변에 바른다. 또는 로드와 로드 사이에 탈지면을 끼운다.

★★☆☆☆
15 웨이브 펌 시술 시 정확한 프로세싱 타임을 결정하고 웨이브의 형성 정도를 조사하는 것은?

① 테스트 컬 ② 패치 테스트
③ 스트랜드 테스트 ④ 컬러 테스트

해설
테스트 컬(Test curl)은 로드에 감긴 모다발의 팽윤, 연화 상태를 확인하는 과정이다.

16 스탠드 업 컬에 있어 컬의 루프가 귓바퀴 반대 방향으로 말린 컬은?

① 플래트 컬
② 스컬프처 컬
③ 리버스 스탠드업 컬
④ 포워드 스탠드업 컬

해설
리버스 스탠드 업 컬(Reverse stand up curl)은 루프가 귓바퀴 반대 방향(겉말음형)으로 세워서 컬리스된다.

17 리프트 컬의 특징에 대한 설명으로 가장 적합한 것은?

① 컬의 루프가 두피에 대하여 0°로 평평하고 납작하게 형성된 컬을 말한다.
② 일반적인 컬 전체를 말한다.
③ 루프가 반드시 90°로 두피 위에 세워진 컬로 볼륨을 내기 위해 주로 이용된다.
④ 스탠드업 컬과 플래트 컬을 연결하는 지점에서 말린다.

해설
리프트 컬(Lift curl)은 두상에 대해 45°로 컬리스된다.

18 컬(Curl)의 목적으로 가장 옳은 것은?

① 텐션, 루프, 스템
② 웨이브, 볼륨, 플러프
③ 슬라이싱, 스퀘어, 베이스
④ 세팅, 플러프, 웨이브, 뱅

해설
컬의 목적은 볼륨, 웨이브, 플러프를 만들기 위함이다.

정답 — 13 ③ 14 ④ 15 ① 16 ③ 17 ④ 18 ②

19 두발이 상하는 원인이 아닌 것은?

① 퍼머, 염색을 할 때
② 강한 햇볕에 장시간 쬐었을 때
③ 건조한 모발에 브러싱을 많이 했을 때
④ 알칼리성 샴푸 사용 후 산성 린스를 한 때

해설
산성 린스의 사용은 모표피의 수축을 유도한다.

20 비듬성 두피 마사지를 할 때 헤어 스티머의 적당한 시간은?

① 5 ~10분 ② 10~15분
③ 15~20분 ④ 20~30분

해설
- 건성두피 : 5~10분
- 지성·정상두피 : 10분
- 비듬성 두피 : 10~15분

21 과산화수소 6%에 대한 설명으로 맞는 것은?

① 10볼륨 ② 20볼륨
③ 30볼륨 ④ 40볼륨

해설
용액(100%)에 물(94%)과 과산화수소(6g)를 포함하는 6% H_2O_2는 20볼륨으로서 H_2O_2한 분자가 20개의 산소원자를 방출한다.

22 다이 터치 업(Dye touch up)에 관한 설명인 것은?

① 두발을 탈색하는 기술
② 일시적 염색기술
③ 염색 전 피부의 알레르기 여부를 실험하는 기술
④ 염색 후 새로 자라난 부분의 두발을 염색하는 기술

해설
다이 터치 업은 리터치(Retouch)와 동일한 재염색과정이다. '색조를 이루다'라는 의미를 갖는 다이(Dye)와 '그 위에 덧바르다'라는 의미의 터치 업(Touch up)의 합성어로서 재염색이라는 의미이다. 염색된 모발(기염부)과 새로 자란 모발(버진 헤어)의 색이 두 영역으로 보일 때 동일한 모발색을 만들기 위해 염색하는 기술이다.

23 유기합성 염모제에 대한 설명인 것은?

① 제1액은 산화제이며 제2액은 발색제이다.
② 암모니아수는 두발의 멜라닌색소를 파괴, 탈색시킨다.
③ 제1액과 제2액을 절대로 혼합해서 사용해서는 안 된다.
④ 제1액은 염료와 암모니아, 제2액은 과산화수소이다.

해설
유기합성 염모제는 영구 염모제로서 색소제와 산화제를 혼합하여 사용한다.

24 네팅에 대한 설명으로 연결이 틀린 것은?

① 손뜨기 – 가격이 비싸다.
② 기계뜨기 – 가격이 저렴하다.
③ 손뜨기 – 질이 뛰어나다.
④ 기계뜨기 – 자연스럽다.

해설
기계뜨기는 정교함이 부족하여 인위적인 느낌이 나는 반면 가격이 저렴하다.

★★☆☆☆
25 피부 색소를 퇴색시키는 미백작용 비타민은?

① 비타민 A ② 비타민 B
③ 비타민 C ④ 비타민 D

정답 19 ④ 20 ② 21 ② 22 ④ 23 ④ 24 ④ 25 ③

해설
멜라닌 형성을 저지하여 미백작용과 노화방지에 도움을 주는 비타민이다.

26 다음 중 지성피부 관리에 알맞은 크림은?

① 콜드 크림 ② 라놀린 크림
③ 바니싱 크림 ④ 에모리엔트 크림

해설
- 바니싱(Vanishing) 크림은 데이 크림이라고도 한다.
- 피부 도포 시 피막을 형성하지 않고 흡수된다.
- 피부에 수분 공급을 하며 피부를 보존한다.

27 비타민 C가 피부에 미치는 영향으로 틀린 것은?

① 모세혈관의 강화
② 멜라닌색소 생성 억제
③ 광선에 대한 저항력 약화
④ 진피의 결체조직 강화

해설
광선에 대한 저항력이 있다.

28 다음 중 남성형 탈모증을 관장하는 호르몬은?

① 안드로겐 ② 에스트라디올
③ 에스트로겐 ④ 프로게스테론

해설
② 에스트라디올은 여성호르몬인 에스트로겐 중 가장 강력하다.
③ 에스트로겐은 여성호르몬으로 여성의 2차 성징을 담당한다.
④ 프로게스테론은 임신을 지속시켜 주는 역할을 한다.

29 각질 제거제로 사용되는 알파하이드록시엑시드 중에서 분자량이 작아 침투력이 뛰어난 것은?

① 구연산 ② 사과산
③ 주석산 ④ 글리콜산

해설
글리콜산은 사탕수수에서, 구연산은 감귤류에서, 사과산은 사과에서, 주석산은 포도에서 추출한다.

30 일반적으로 여드름이나 부스럼이 가장 발생하기 쉬운 계절은?

① 봄 ② 여름
③ 가을 ④ 겨울

해설
봄에는 피부가 건조해지고 탄력성이 떨어져 피부 노화가 진행되기 쉽다.

31 갑상선과 부신 기능 향상에 따른 모세혈관의 기능을 정상화시키는 것은?

① 칼슘 ② 요오드
③ 철분 ④ 나트륨

해설
요오드는 갑상선 호르몬의 구성성분에 해당된다.
① 칼슘은 골격과 치아의 주성분으로 혈액응고, 근육 수축·이완에 관여한다.
③ 철분은 헤모글로빈 구성 물질로 피부 혈색과 관련이 있으며 결핍 시 빈혈을 유발한다.
④ 나트륨은 체액의 수분 및 산과 알칼리의 균형을 유지하고 결핍 시 무기력증을 유발한다.

32 다음 중 필수아미노산에 속하지 않는 것은?

① 아르기닌 ② 라이신
③ 히스티딘 ④ 글리신

해설
이소로이신, 메티오닌, 페닐알리닌, 트레오닌, 트립토판발린 등이 필수아미노산에 속한다.

정답 26 ③ 27 ③ 28 ① 29 ④ 30 ① 31 ② 32 ④

33 녹황색 채소류에 들어 있는 비타민으로 정상적인 피부각화 작용을 유지시켜 주는 것은?

① 비타민 C ② 비타민 A
③ 비타민 K ④ 비타민 D

해설
① 비타민 C는 황산화제로 모세혈관 강화 및 멜라닌색소 억제작용을 한다.
③ 비타민 K는 혈액응고에 관여하며 피부염과 습진에 효과적이다.
④ 비타민 D는 자외선을 통해 합성된다.

34 지역사회의 보건수준을 비교할 때 쓰이는 지표가 아닌 것은?

① 영아사망률 ② 평균수명
③ 조사망률 ④ 국세조사

해설
국가 간 또는 지역사회 간의 보건수준을 비교하는 데 사용되는 WHO의 대표적(종합적) 지표는 평균수명, 영아사망률, 조사망률 등이다.

35 하수도의 복개로 가장 문제가 되는 것은?

① 대장균의 증가 ② 일산화탄소의 증가
③ 이끼류의 번식 ④ 메탄가스의 발생

해설
하수도의 복개는 혐기성균이 무산소 상태에서 유기물을 분해하는 과정이며 메탄가스를 생성한다.

★☆☆☆☆
36 법정감염병 중 제1군감염병이 아닌 것은?

① 세균성이질 ② 콜레라
③ 장출혈성 대장균 ④ 디프테리아

해설
④는 제2군감염병이다.

★☆☆☆☆
37 환자 관리방법으로서 격리가 가장 중요한 감염병은?

① 파상풍, 백일해 ② 일본뇌염, 성홍열
③ 결핵, 한센병 ④ 폴리오, 풍진

해설
• 결핵은 조기발견과 조기치료가 강조되는 만성 소모성 질환으로 격리 및 치료와 예방접종사업이 매우 중요하다.
• 한센병은 항상성 간균으로서 환자와 직접적 전파에 의해 병원체를 전파하는 만성 감염병이다.
• 격리를 시킴으로써 전파를 예방할 수 있는 감염병은 결핵, 나병, 페스트, 콜레라, 디프테리아, 장티푸스, 세균성이질 등이다.

38 다음 중 산업재해의 지표로 사용되는 것으로 바르게 연결된 것은?

ㄱ. 도수율 ㄴ. 발생률 ㄷ. 강도율 ㄹ. 사망률

① ㄱ, ㄷ ② ㄴ, ㄹ
③ ㄱ, ㄴ, ㄷ ④ ㄱ, ㄴ, ㄷ, ㄹ

해설
산업재해의 지표는 건수율, 도수율, 강도율, 평균손실일수, 재해일수율 등이 사용되고 있다.

39 미용업소에서 소독하지 않은 레이저를 사용할 시 전파될 수 있는 질병은?

① 파상풍
② B형간염
③ 트라코마
④ 유행성 출혈열

해설
B형간염 바이러스를 병원체로 하여 환자 혈액, 타액, 성접촉, 면도날 등에 의해 전파된다.

정답 33 ② 34 ④ 35 ④ 36 ④ 37 ③ 38 ③ 39 ②

40 데시벨(Decibel)은 무엇과 관련된 단위인가?

① 소리의 파장
② 소리의 질
③ 소리의 강도(음압)
④ 소리의 음색

해설
- 소음 허용기준은 1일 8시간 기준 90db을 넘지 않아야 한다.
- 데시벨은 인간이 들을 수 있는 음의 강도와 음압의 범위를 상용대수로 사용하여 만든 단위이다.

★☆☆☆☆
41 다음의 영아사망률 사망통계 계산식인 것은?

① 연간 생후 28일까지의 사망자 수 / 연간 출생아 수 ×1,000
② 연간 생후 1년 미만 사망자 수 / 연간 출생아 수 ×1,000
③ 연간 1~4세 사망자 수 / 연간 출생아수 × 1,000
④ 연간 임신 28주 이후 사산 + 출생 1주 이내 사망자 수 / 출생 1주 이내 사망자 수

해설
영아사망률은 출생 1,000명에 대한 생후 1년 미만의 사망영아 수로 나타낸다.

42 다음 중 방사선 관련 직업에서 발생하지 않는 질환은?

① 조혈지능장애 ② 백혈병
③ 생식기능장애 ④ 잠함병

해설
④는 급격한 감압에 따라 혈액과 조직에 용해되어 있는 질소가 기포를 형성하여 순환장애와 조직손상을 유발한다.

43 다음 중 산화작용에 의한 살균법에 속하는 것은?

① 오존 ② 알코올
③ 자외선 ④ 음성비누

해설
오존은 산소 1분자(O_2)와 발생기 산소(O↑)로 분해되면서 유리산소인 발생기 산소가 산화에 의한 살균작용을 도와준다.

44 유리기구를 소독하고자 할 때 가장 정확한 방법은?

① 끓는 물에 넣고 10분간 끓인다.
② 60℃ 정도의 물에 넣은 후 10분간 끓인다.
③ 차고 뜨거운 것에 관계없이 넣고 10분간 끓인다.
④ 찬물에서부터 넣고 가열하여 100℃ 이상에서 10분 이상 끓인다.

해설
유리기구는 찬물에서부터 넣고 가열하지 않을 경우 깨진다.

45 객담, 오물, 배설물 소독을 위한 크레졸 비누액의 가장 적합한 농도는?

① 0.1% ② 1%
③ 3% ④ 10%

해설
크레졸은 불용성이므로 대부분 비누액을 만들어 사용하며 일반적으로는 3% 용액을, 손, 피부 소독에는 1~2% 용액을 사용한다.

46 다음 중 물리적 소독법에 해당하는 것은?

① 석탄산수 ② 알코올
③ 자비소독 ④ 포름알데히드

해설
자비소독은 물리적 소독법이다.

정답 40 ③ 41 ② 42 ④ 43 ① 44 ④ 45 ③ 46 ③

47 세균증식에 가장 적합한 수소이온(pH) 농도는?

① pH 3.5 ~5.5 ② pH 6.0 ~8.0
③ pH 8.5 ~10.0 ④ pH 10.5 ~11.5

해설
일반적으로 세균은 pH 6.0~8.0 중성에서 발육이 가장 왕성하며, 대부분의 병원성 세균들은 pH 5 이하의 산성과 pH 8.5 이상의 알칼리성에서 파괴된다.

48 일반적인 음용수로서 적합한 잔류염소기준은?

① 0.1mg/L 이하 ② 2mg/L 이하
③ 4mg/L 이하 ④ 250mg/L 이하

해설
음용수 잔류염소기준은 0.2ppm, 2mg/L 이하이다.

★☆☆☆☆
49 고압증기멸균법을 실시할 때 온도, 압력, 소요시간으로 가장 효과적인 것은?

① 110℃에 10 Lbs 30분
② 115℃에 15 Lbs 30분
③ 121℃에 15 Lbs 20분
④ 126℃에 20 Lbs 10분

해설
고압증기멸균법을 실시할 때 압력, 온도, 소요시간이다.
- 10Lbs – 115.5℃ (30분)
- 15Lbs – 121.5℃ (20분)
- 20Lbs – 126.5℃ (15분)

50 플라스틱, 전자기기, 열에 불안정한 제품들을 소독하기에 가장 효과적인 방법은?

① 자비소독
② 건열멸균소독
③ E.O가스소독
④ 고압증기소독

해설
E.O가스소독
- 가스 상태의 화학적 살균제는 공기 중에 분무시켜 미생물을 멸균시킨다.
- 고형재료, 식품 및 밀폐공간, 기구, 열에 불안정한 제품 등에 사용된다.

51 다음 중 소독의 정의를 가장 잘 표현한 것은?

① 오염된 미생물을 깨끗이 씻어내는 작업이다.
② 모든 미생물의 영양형이나 아포까지도 멸살 또는 파괴시킨다.
③ 병원성 미생물의 생활력을 파괴 또는 멸살시켜 감염되는 증식물을 없앤다.
④ 미생물의 발육과 생활 작용을 제지 또는 정지시켜 부패 또는 발효를 방지할 수 있다.

해설
소독은 병원성 미생물을 파괴해 감염의 위험성을 제거시키는 약한 살균작용이다.

52 공중위생영업자가 풍속 관련 법령 등 다른 법령에 위반하여 관계 행정기관장의 요청이 있을 때 당국이 취할 수 있는 조치사항은?

① 개선명령
② 면허취소
③ 6월 이내 기간의 업무정지
④ 6월 이내 기간의 영업정지

해설
6월 이내의 기간을 정하여 영업의 정지 또는 일부 시설의 사용 중지, 영업소 폐쇄 등을 명할 수 있다.

★☆☆☆☆
53 영업장 출입·검사 관련 공무원이 영업자에게 제시해야 하는 것은?

① 위생검사 통지서 ② 위생검사 기록지
③ 위생감시공무원증 ④ 신분증

정답 47 ② 48 ② 49 ③ 50 ③ 51 ③ 52 ④ 53 ③

해설
관계 공무원은 그 권한을 표시하는 증표를 지녀야 하며, 관계인에게 이를 내보여야 한다.

★★★☆☆
54 영업소 폐쇄명령을 받고도 계속하여 영업을 하는 경우 해당 공무원으로 하여금 당해 영업소를 폐쇄하기 위하여 할 수 있는 조치가 아닌 것은?

① 영업을 위하여 필수불가결한 기구 또는 시설물을 이용할 수 없게 봉인
② 영업소의 간판 기타 영업표지물 제거
③ 당해 영업소가 위법한 것임을 알리는 게시물 등의 부착
④ 영업시설물의 철거

해설
④ 영업시설물의 철거는 조치사항에 해당되지 않는다.

★★★★☆
55 이·미용사의 면허를 받을 수 있는 자는?

① 정신질환자 ② 벌금형이 선고된 자
③ 약물중독자 ④ 피성년후견인

해설
①, ③, ④는 면허를 받을 수 없는 자에 해당된다.

★☆☆☆☆
56 위생교육의 방법·절차 등이 명시되어 있는 법령은?

① 대통령령 ② 국무총리령
③ 보건복지부령 ④ 교육부령

해설
위생교육의 방법·절차 등에 관하여 필요한 사항은 보건복지부령으로 정한다.

★☆☆☆☆
57 이·미용사의 면허를 받지 아니한 자가 이·미용 업무에 종사하였을 때 이에 대한 벌칙기준은?

① 1년 이하의 징역 또는 1천만 원 이하의 벌금
② 2년 이하의 징역 또는 500만 원 이하의 벌금
③ 300만 원 이하의 벌금
④ 100만 원 이하의 벌금

해설
300만 원 이하의 벌금
- 면허가 취소된 후 계속하여 업무를 행한 자
- 면허정지 기간 중에 업무를 행한 자
- 면허를 받지 아니한 영업소를 개설하거나 업무에 종사한 자

58 표정을 연출하는 포인트 메이크업 화장품에 속하지 않는 것은?

① 블러셔 ② 립스틱
③ 파운데이션 ④ 아이섀도

해설
파운데이션은 균일한 피부색을 부여하고 피부 결점(기미, 주근깨, 흉터 등)을 보완하며 얼굴 윤곽을 수정하여 부분 화장을 돋보이게 한다. 또한, 외부자극(건조, 추위, 자외선 등)으로부터 피부를 보호해 준다.

59 다음 정유(아로마 오일) 중에서 살균, 소독작용이 가장 강한 것은?

① 타임 오일 ② 주니퍼 오일
③ 로즈마리 오일 ④ 클라리세이지 오일

해설
타임(Thyme) 오일은 백리향의 잎과 꽃봉우리에서 추출하며 피부 점막 부위에 자극이 강하다. 항균, 항염증, 항박테리아 효능이 있다.

60 다음 중 3가 알코올인 글리세린의 가장 중요한 작용은?

① 소독작용 ② 수분 유지작용
③ 탈수작용 ④ 금속염 제거작용

해설
글리세린은 보습제로 수분 유지작용을 한다.

정답 – 54 ④ 55 ② 56 ③ 57 ③ 58 ③ 59 ① 60 ②

제7회 국가기술자격 필기시험문제

자격종목	시험시간	형별	수험번호	성명
미용사(일반)	60분			

★☆☆☆☆

01 다음 중 미용의 과정이 아닌 것은?

① 보정 ② 구상
③ 연령 ④ 소재

해설
미용은 소재 → 구상 → 제작 → 보정의 과정을 거친다.

02 두상(두부)의 그림 중 (3)의 명칭은?

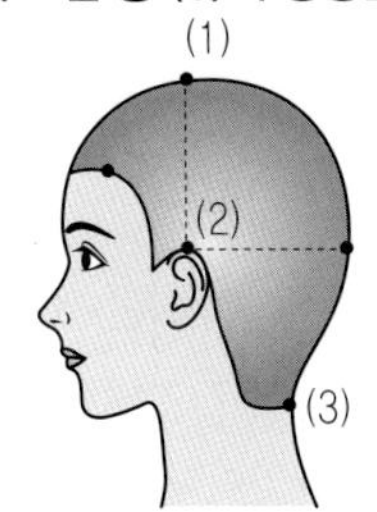

① 프론트 포인트 (F.P)
② 사이드 포인트(S.P)
③ 네이프 포인트(N.P)
④ 네이프 사이드 포인트(N.S.P)

해설
네이프 포인트(Nape point, N.P)이다.

03 우리나라 여성으로서 최초로 단발머리(김활란 여사)를 한 해는?

① 1894년
② 1895년
③ 1907년
④ 1920년

해설
김활란 여사가 최초로 단발머리를 한 해는 1920년이다.

★★★☆☆

04 고대 중국의 미용으로 설명이 틀린 것은?

① 2200년경 하(夏)나라 시대에는 분을, 1150년경 은(殷)나라의 주왕 때에는 연지를 사용하였다.
② B.C.246~210년 진시황제의 아방궁 3천 명(미희)에게 백분과 연지를 바르게 하고 눈썹을 그리게 하였다.
③ 액황이라 하여 이마에 발라 약간의 입체감을 주었으며, 홍장이라 하여 백분을 바른 후 연지를 덧발랐다.
④ 두발을 밀어내고 그 위에 일광을 막을 수 있는 대용물로써 가발을 즐겨 썼다.

해설
④는 고대 이집트의 미용의 역사이다.

05 다음 내용 중 라운드 브러시로서 가장 적합한 것은?

① 부드럽고 매끄러운 연모로 된 것
② 탄력 있고 촘촘히 박힌 강모로 된 것
③ 부드러운 나일론 또는 비닐계의 제품
④ 털이 촘촘한 것보다 듬성듬성 박힌 것

해설
라운드(롤) 브러시는 모발 질감을 정확하고 빠르게 표현할 수 있게 한다. 열에 강하며 빗살이 치밀하고 촘촘하여 탄력 있는 센 털이 좋다.

06 브러싱 관련 내용으로 틀린 것은?

① 두발에 윤기를 더해 주며 헝클어진 두발을 고르는 작용을 한다.
② 두피의 근육과 신경을 자극하여 혈액순환을 촉진시키고 영양을 공급하는 효과가 있다.

정답 – 01 ③ 02 ③ 03 ④ 04 ④ 05 ② 06 ③

③ 브러싱 자체는 여러 가지 효과를 주므로 어떤 상태에서든 많이 할수록 좋다.
④ 샴푸 전 브러싱은 두발이나 두피에 부착된 먼지나 노폐물, 비듬 등을 제거해 준다.

해설
과도한 브러싱은 두피에 자극을 주며 두발을 손상시킨다. 특히 펌 또는 염색 후 잦은 브러싱은 모발의 손상을 초래한다.

07 테슬라 전류에 대한 설명이 아닌 것은?

① 저주파 전류이다.
② 자광선이라고도 한다.
③ 50~60 사이클의 교류전류이다.
④ 고주파로 바꾸는 축전기에 전극병을 설치한다.

해설
테슬라 전류는 고주파 전류이다.

08 샴푸제의 주성분인 것은?

① 살균제 ② 점증제
③ 계면활성제 ④ 산화제

해설
음이온 계면활성제는 세정, 기포작용이 있으며 탈지력이 강하다.

★★☆☆☆
09 누에고치에서 추출한 성분과 난황 성분을 함유한 샴푸제는?

① 유아 샴푸 ② 블리치 샴푸
③ 단백질 샴푸 ④ 논 스트리핑 샴푸

해설
단백질 샴푸는 프로테인 샴푸라고도 하며 누에고치와 난황(계란 노른자)에서 추출한다.

10 레이저 사용설명 중 잘못된 것은?

① 셰이핑 레이저를 이용하여 커팅하면 안정적이다.
② 초보자는 오디너리 레이저를 사용하는 것이 좋다.
③ 솜털 등을 깎을 때 내곡선상보다 외곡선상의 날이 좋다.
④ 면도날을 이용하여 자르기 때문에 반드시 웨트 커트를 해야 한다.

해설
초보자는 날에 닿는 모발이 제한되어 있어 옆으로 미끄러져 나가지 않아 안전율이 높은 안전 면도날(Shaping razor)을 사용하는 것이 좋다.

11 레이어드형의 특징이 아닌 것은?

① 커트라인이 얼굴 정면에서 네이프라인과 일직선인 스타일이다.
② 두피면에서의 모다발의 각도는 90° 이상으로 커트한다.
③ 머리형태가 가볍고 부드러워 다양한 스타일을 만들 수 있다.
④ 네이프라인에서 탑 부분으로 올라가면서 모발의 길이가 점점 짧아지는 커트이다.

해설
①은 원랭스 커트에 대한 설명으로, 이는 솔리드형에 속한다.

12 두상 위치에 관한 내용이 아닌 것은?

① 자르기 작업이 용이하도록 두상 영역을 결정한다.
② 빗질 또는 자르기에 따라 커트형태선의 실루엣을 결정한다.
③ 머리형태로서 디자인 결과에 직접적인 영향을 주는 요소이다.
④ 똑바로, 앞숙임, 옆기울임 등의 위치로 구분된다.

정답 07 ① 08 ③ 09 ③ 10 ② 11 ① 12 ①

> 해설
>
> ①은 블로킹에 대한 설명이다.

13 펌 시술 결과 웨이브가 강하게 형성된 원인으로 거리가 먼 것은?

① 가는 로드를 사용하였다.
② 오버 프로세싱이 되었다.
③ 강한 펌 용제를 사용하였다.
④ 밴드를 잘 고정시켰다.

> 해설
>
> 강한 웨이브는 모발 길이에 비해 가는 로드를 사용하거나 펌 용제의 알칼리도가 높거나 열처리하지 않아도 되는 콜드 펌 용제를 사용하여 열처리하였거나 프로세싱 타임이 오버된 경우에 형성된다.

14 펌 1제를 모발에 사용 후 말끔히 헹구지 않았을 때 일어나는 현상은?

① 모발을 경화시킨다.
② 모발을 푸석하게 보이게 한다.
③ 모표피를 수축시킨다.
④ 모발에 잔류하여 광택과 감촉을 나쁘게 한다.

> 해설
>
> 펌 1제는 모발을 알칼리화 시켜 72시간 웨이브를 계속 만들어내며 알칼리화 된 모발은 탈색과 손상이 연계된다. ①, ②, ③은 펌 2제를 말끔히 헹구지 않았을 때 일어나는 현상이다.

15 스템이 롤러에 완전히 감겨 볼륨감은 가장 크나 움직임은 가장 작은 것은?

① 풀 스템(Full stem)
② 논 스템(Non stem)
③ 컬 스템(Curl stem)
④ 하프 스템(Half stem)

> 해설
>
> 논 스템 웨이브는 볼륨감이 가장 크나 움직임은 가장 적은 웨이브로 형성력에 따른 탄력도가 가장 강하다.

16 헤어 세팅을 할 때 두발에 일시적인 웨이브 또는 볼륨을 주는 목적으로 사용하는 원통형 도구는?

① 컬링 로드
② 헤어 롤러
③ 헤어 클립
④ 아이론

> 해설
>
> 헤어 롤러는 원통형으로 일시적 웨이브와 볼륨을 주는 목적으로 사용된다.

17 핑거 웨이브와 관계없는 것은?

① 세팅 로션, 물, 빗
② 크레스트, 리지, 트로프
③ 포워드 비기닝, 리버스 비기닝
④ 테이퍼링, 싱글링, 트리밍

> 해설
>
> ④는 헤어 커트 기술에 대한 용어이다.

18 컬의 움직임 중 물결이 소용돌이 치는 듯한 웨이브는?

① 덜 웨이브
② 하이 웨이브
③ 스웰 웨이브
④ 스윙 웨이브

> 해설
>
> 스웰 웨이브(Swell wave)는 물결이 소용돌이치는 듯한 웨이브를 형성한다.

정답 — 13 ④ 14 ④ 15 ② 16 ② 17 ④ 18 ③

19 **다음 모발에 관한 설명으로 틀린 것은?**

① 모근부와 모간부로 구성되어 있다.
② 하루에 약 0.2~0.4mm씩 자란다.
③ 모발의 수명은 보통 3~6년이다.
④ 모발은 퇴행기→성장기→탈락기→휴지기의 성장 단계를 갖는다.

해설
모발은 생장기, 퇴화기, 휴지기의 모주기를 갖는다.

20 **두피 관리 프로그램의 절차 중 스케일링에 대한 설명이 아닌 것은?**

① 손이나 면봉 등을 이용하여 두피에 골고루 스케일링 해준다.
② 모공을 열어주기 위한 세정 단계로서 세균 번식, 염증을 없애고 예방한다.
③ 두피에 토닉으로 진정시키고 두발에는 에센스로 영양을 준다.
④ 노폐물과 피지, 각질을 세정하는 것으로서 두피의 모공을 열어주는 준비 단계이다.

해설
에센스로 영양을 주는 과정은 마무리 단계이다.

21 **두발 염색 시 헤어 컬러링에 있어서 색채의 기본적인 원리를 이해하고 응용할 수 있어야 하는데, 색의 3원색에 해당하지 않는 것은?**

① 청색 ② 황색
③ 적색 ④ 백색

해설
원색은 색소 발현체(Chromophor)로서 빨강, 노랑, 파랑이라 일컫는 기본색이다.

22 **유기합성 염모제를 사용할 때 시술 전에 부작용의 여부에 대한 예비 테스트와 관계가 없는 것은?**

① 패치 테스트 ② 피부반응 테스트
③ 알레르기 테스트 ④ 스트랜드 테스트

해설
모다발 검사(Strand test)
- 염색제를 사용하기 전에 색상의 선택을 확인하기 위한 예비검사이다.
- 염착되는 시간의 결정과 다공성 문제를 해결하기 위한 절차로 색의 진행과 결과를 관찰하기 위해 실시한다.
- 새로 자라나온 버진 헤어 부위(두정부)에 염모제를 도포하고 진행시간을 본 후 검사하기 위해 염색제를 젖은 타월로 깨끗이 닦아내어 색상을 비교·일치시켜 보면서 진행시킨다.

23 **액상 블리치제에 대한 설명이 아닌 것은?**

① 탈색작용이 빠르다.
② 탈색이 잘 되지 않는다.
③ 샴푸할 때 한번에 끝낼 수 있다.
④ 원하는 시간에 중지시킬 수 있다.

해설
액상 탈색제는 모발의 탈색작용이 빠르고 탈색 정도를 살필 수 있으나, 탈색이 지나치게 되는 경우가 있고 탈색제가 고르게 도포되지 않을 수 있다.

24 **'가발 주문하기'에 제시되는 내용으로 틀린 것은?**

① 정확히 측정된 두상 치수를 첨부한다.
② 기름기가 묻은 모발을 샘플로 첨부한다.
③ 고객이 원하는 모발 길이를 첨부한다.
④ 가르마 유형과 모량, 모류, 모발색 등과 머리 형태를 첨부한다.

해설
고객에게 모발 샘플을 제시할 때 샴푸와 린스로 깨끗이 처리된 것이어야 한다.

정답 — 19 ④ 20 ③ 21 ④ 22 ④ 23 ② 24 ②

25 과잉 섭취 시에는 혈액의 산도를 높이고 피부의 저항력을 약화시켜 산성 체질을 만들고 결핍되었을 때는 체중 감소, 기력 부족 현상이 나타나는 에너지원이 되는 영양소는?

① 탄수화물 ② 단백질
③ 지방 ④ 비타민·무기질

해설
탄수화물은 소화효소에 의해 포도당으로 전환된다. ②는 아미노산, ③은 지방산으로 전환된다.

★☆☆☆☆
26 직경 1~2mm의 둥근 백색구진으로 눈꺼풀, 뺨, 이마 등에 호발하는 것은?

① 비립종 ② 한관종
③ 표피낭종 ④ 피지선 모반

해설
② 한관종은 대부분 눈 주위와 뺨, 이마에 발생하는 1~3mm 크기의 피부색 또는 홍갈색의 구진으로, 주로 성인 여성에게 발생하는 흔한 양성종양이다.
③ 표피낭종은 진피 내 종양으로, 지방질과 연화된 각질이 피지처럼 배출되는데 표피에서 피지가 배출되지 못하고 쌓이게 되면서 세균이 침투하고 염증이 생겨 종기가 되는 것을 말한다.
④ 피지선 모반은 일종의 점으로, 과증식되어 검은 점으로 변하고 검은 점에서 악성 흑색종의 피부암으로 발병할 수 있다.

★☆☆☆☆
27 자외선 조사를 받아 체내 피부에 생성되고 수용성 칼슘과 인의 대사조절에 관여하며 골다공증의 예방에 효과적인 비타민은?

① 비타민 D ② 비타민 E
③ 비타민 K ④ 비타민 B

해설
② 비타민 E는 항산화 비타민이고, ③은 혈액응고에 관여하며, ④ 비타민 B는 수용성 비타민에 속한다.

28 뜨거운 물을 피부에 사용할 때 미치는 영향이 아닌 것은?

① 혈관의 확장을 가져온다.
② 분비물의 분비를 촉진한다.
③ 모공을 확장 또는 수축시킨다.
④ 피부의 긴장감을 떨어뜨린다.

해설
모공을 수축시키는 것은 차가운 물이다.

29 피부 노화인자 중 외부인자가 아닌 것은?

① 나이 ② 햇빛
③ 계절 ④ 날씨

해설
나이는 내부인자이다.

30 입모근(기모근)의 역할로서 가장 중요한 것은?

① 수분 조절 ② 체온 조절
③ 피지 분비 조절 ④ 호르몬 분비 조절

해설
자율신경의 영향을 받으며, 춥거나 무서울 때 외부 자극에 의해 수축된다.

31 표피 내의 투명층에 존재하는 반유동성 물질은?

① 엘라이딘
② 콜레스테롤
③ 천연보습인자
④ 세라마이드

해설
주로 손·발바닥에 존재하고 수분에 의한 팽윤성이 적다.

정답 25 ① 26 ① 27 ① 28 ③ 29 ① 30 ② 31 ①

32 **멜라닌색소는 모발구조 중에서 어느 곳에 분포되어 있는가?**

① 모표피 ② 모피질
③ 모수질 ④ 모유두

해설
모피질은 모발의 80~90%를 차지하며 간충 물질로 채워져 있다.
① 모표피는 모발의 가장 바깥쪽을 싸고 있는 얇은 비늘 모양층이다.
③ 모수질은 모발의 가장 안쪽에 위치하며 경모에 존재하고 연모에는 없다.
④ 모유두는 모발의 필요한 영양은 모유두에서 혈관으로 공급한다.

33 **생리적 노화 시에 피부노화 증상이 아닌 것은?**

① 망상층이 얇아진다.
② 피하지방세포가 감소한다.
③ 각질층의 두께가 감소한다.
④ 멜라닌 형성 세포 수가 감소한다.

해설
피부노화 시 표피의 두께가 얇아진다.

34 **법정감염병 중 제3군감염병에 속하지 않는 것은?**

① B형간염 ② 공수병
③ 렙토스피라증 ④ 쯔쯔가무시증

해설
①은 제2군감염병이다.

35 **공중보건의 3대 요소에 속하지 않는 것은?**

① 질병 치료
② 수명 연장
③ 질병 예방
④ 건강과 능률의 향상

해설
공중보건사업 수행의 3대 요소는 보건교육, 보건행정, 보건관계법규로서 질병의 예방 및 수명연장을 위해 신체적, 정신적 효율 증진을 목표로 하고 있다.

36 **하수처리과정에 사용되는 활성오니법의 설명으로 옳은 것은?**

① 상수도부터 하수까지 연결되어 정화시키는 방법이다.
② 대도시 하수만 분리하여 처리하는 방법이다.
③ 하수 내 유기물을 산화시키는 호기성 처리법이다.
④ 쓰레기를 하수에서 걸러내는 방법이다.

해설
활성오니법은 호기성 처리의 대표적 방법으로 호기성균이 풍부한 활성오니를 20~30% 정도 첨가하여 2~4시간 산소를 공급함으로써 호기성균의 활동을 촉진시켜 유기물을 분해하는 방법이다.

★☆☆☆☆

37 **석탄이나 석유를 연소시킬 때 산화되어 발생되며 만성 기관지염과 산성비 등을 유발시키는 것은?**

① 일산화탄소 ② 질소산화물
③ 이산화탄소 ④ 부유분진

해설
pH 5.6 미만의 비를 산성비라 하며, 자동차나 공장의 매연에서 비롯되는 황산화물, 질소산화물 등이 대기 중에서 황산, 질산으로 변한 후 비에 함유되어 내리는 것이다.

38 **보건행정의 목적달성을 위한 기본 요건이 아닌 것은?**

① 법적 근거의 마련
② 건전한 행정조직과 인사
③ 강력한 소수의 지지와 참여
④ 사회의 합리적인 전망과 계획

정답 — 32 ② 33 ③ 34 ① 35 ① 36 ③ 37 ② 38 ③

> 해설
> 보건행정은 법적 근거를 마련하고, 건전한 행정조직과 인사, 사회의 합리적인 전망과 계획 등을 기본 요건으로 한다.

39 다음 중 일본뇌염의 중간숙주가 되는 것은?

① 소 ② 쥐
③ 돼지 ④ 벼룩

> 해설
> 유행성 일본뇌염의 병원소는 돼지이다.

★☆☆☆☆
40 다음 중 하수에서 용존산소(DO)가 아주 낮다는 의미로서 맞는 설명은?

① 수생식물이 잘 자랄 수 있는 물의 환경이다.
② 물고기가 잘 살 수 있는 물의 환경이다.
③ BOD가 높아 물의 오염도가 높다는 의미이다.
④ 하수의 BOD가 낮은 것과 같은 의미이다.

> 해설
> • 용존산소량(DO)은 물에 녹아 있는 산소, 즉 용존산소를 말한다.
> • DO는 높을수록 좋다.
> • BOD가 높을 때 DO은 낮아진다.
> • 온도가 낮아질수록 DO은 증가된다.
> • 생물이 생존할 수 있는 DO은 5ppm 이상이다.

41 미용업소의 실내온도로서 가장 알맞은 것은?

① 10°C ② 14°C
③ 21°C ④ 26°C

> 해설
> 적정 실내온도는 18±2℃(16~20℃ 정도)이다.

42 다음 중 올바른 도구 사용법이 아닌 것은?

① 에머리보드는 한 고객에게만 사용한다.
② 시술 도중 바닥에 떨어뜨린 빗은 소독하여 사용한다.
③ 사용한 빗과 브러시는 소독해서 사용해야 한다.
④ 일회용 소모품은 경제성을 고려하여 재사용한다.

> 해설
> 일회용 소모품은 위생을 위해 재사용하지 않는다.

43 다음 중 물리적 소독법에 해당하는 것은?

① 건열소독 ② 석탄산
③ 승홍수 ④ 크레졸

> 해설
> 물리적 소독법은 건열·습윤멸균법, 방사선멸균법, 여과멸균법, 초음파·자외선살균법 등이 있다.

★☆☆☆☆
44 고압증기멸균법에서 20파운드의 압력에서는 몇 분간 처리하는 것이 가장 적절한가?

① 10분 ② 15분
③ 20분 ④ 30분

> 해설
> 20Lbs의 압력에서는 126.5℃(온도), 15분(시간)에 의해 고압증기멸균시킨다.

45 석탄산 소독제에 관한 설명으로 틀린 것은?

① 금속부식성이 없다.
② 고온일수록 소독력이 커진다.
③ 세균단백에 대한 살균작용이 있다.
④ 유기물에도 소독력은 약화되지 않는다.

정답 — 39 ③ 40 ③ 41 ③ 42 ④ 43 ① 44 ② 45 ①

해설

석탄산
- 3% 수용액을 사용한다.
- 저온에서는 살균력이 떨어지며 고온일수록 효과가 크다.
- 안정된 살균력이 있어 소독약의 살균을 비교하는 석탄산 계수, 즉 살균력의 상대적 표시법으로 사용된다.
- 토사물이나 배설물 등의 유기물에 살균력이 있다.
- 금속부식성과 취기, 독성이 강하며 피부, 점막 등에 자극성이 있다.

46 **코발트나 세슘 등을 이용한 방사선멸균법의 단점인 것은?**

① 소독에 소요되는 시간이 길다.
② 시설설비에 소요되는 비용이 비싸다.
③ 투과력이 약해 포장된 물품에 소독효과가 없다.
④ 고온에서 적용되기 때문에 열에 약한 기구소독이 어렵다.

해설

방사선 멸균법
- 코발트(Co), 세슘(Cs)과 같은 대량의 방사선을 식품이나 의료품에 조사하여 미생물을 살균시킨다.
- 주로 식품에 이용되며 저온살균의 형태를 취하고 있다.
- 내열성에 약한 물품의 살균에 효과적이다.
- 소독에 소요되는 시간이 길고 방사선 조사 시설 및 장비 등의 투자비용이 많이 든다.

47 **역성비누액에 대한 설명으로 잘못된 것은?**

① 냄새가 거의 없고 자극이 적다.
② 수지, 기구, 식기소독에 적당하다.
③ 물에 잘 녹고 흔들면 거품이 난다.
④ 소독력과 함께 세정력(洗淨力)이 강하다.

해설

역성비누(제4급 암모늄염)
- 양이온 계면활성제 중에서 가장 널리 사용되고 있다.
- 중성비누와는 달리 역성비누 또는 양성비누라고 한다.
- 살균 및 소독작용이 있지만 환자의 배설물 소독에는 효과가 없다.
- 다른 소독제와 같이 사용하면 살균력은 저하된다.
- 피부에 독성이 거의 없어 의료 분야, 환경위생, 식품위생 분야에 널리 이용되고 있다.
- 특히 미용실의 손 소독에 주로 사용된다.

48 **다음 중 건열멸균에 관한 내용이 아닌 것은?**

① 화학적 살균 방법이다.
② 주로 건열 멸균기(Dry oven)를 사용한다.
③ 유리기구, 주사침 등의 처리에 이용된다.
④ 160℃에서 1시간 30분 정도 처리한다.

해설

건열멸균법은 물리적인 방법을 이용하는 소독법이다.

★☆☆☆☆

49 **다음 중 맹독성이 있어서 금속을 부식시키는 소독제는?**

① 승홍수 ② 아크리놀
③ 과산화수소 ④ 과망간산칼륨

해설

승홍수($HgCl_2$)는 수은화합물로서 맹독성과 금속부식성이 있어 식기류나 피부 소독에 부적합하다.

★☆☆☆☆

50 **다음 내용 중 미용실 내 쓰레기통 소독 시 가장 경제적인 소독제는?**

① 생석회 ② 에탄올
③ 포르말린수 ④ 역성비누액

정답 46 ① 47 ④ 48 ① 49 ① 50 ①

해설

생석회(CaO)는 물을 가하면 발생기 산소에 의해 소독작용을 하며 분변, 하수, 오수, 토사물 등에 탈취력이 있어 소독에 유용하다.

★☆☆☆☆
51 미용사의 업무로 올바르지 않은 것은?

① 머리카락 자르기 ② 면도
③ 파마 ④ 머리카락 모양내기

해설

②는 이용사의 업무이다. 미용사의 업무는 파마, 머리카락 자르기, 머리카락 모양내기, 머리피부 손질, 머리카락 염색, 머리 감기, 의료기기나 의약품을 사용하지 아니하는 눈썹손질이다.

★☆☆☆☆
52 이·미용 영업장에 대하여 위생관리의무 이행검사 권한을 행사할 수 없는 자는?

① 시, 군, 구 소속 공무원
② 국세청 소속 공무원
③ 특별시, 광역시 소속 공무원
④ 도 소속 공무원

해설

①, ③, ④는 위생관리의무 이행검사 권한을 행사할 수 있다.

★☆☆☆☆
53 영업장 폐쇄명령을 받고도 계속 이·미용의 영업을 한 자에 대한 법적 조치가 아닌 것은?

① 영업소 내 기구 또는 시설물 봉인
② 영업소 출입문 봉쇄
③ 위법한 업소임을 알리는 게시물 부착
④ 영업소의 간판 및 영업 표지물 제거

해설

①, ③, ④는 영업자가 영업소 폐쇄명령을 받고도 계속하여 영업을 할 때 관계 공무원이 영업소를 폐쇄하기 위하여 할 수 있는 조치이다.

★☆☆☆☆
54 건전한 영업질서를 위하여 공중위생영업자가 준수하여야 할 사항을 준수하지 아니한 자에 대한 벌칙기준은?

① 1년 이하의 징역 또는 1천만 원 이하의 벌금
② 6월 이하의 징역 또는 500만 원 이하의 벌금
③ 300만 원 이하의 벌금
④ 300만 원 이하의 과태료

해설

6월 이하의 징역 또는 500만 원 이하의 벌금
- 중요사항 변경신고(제3조 제1항 후단)를 하지 않은 자
- 영업자의 지위를 승계한 자로서 1월 이내에 신고하지 않은 자
- 건전한 영업질서를 위하여 공중위생영업자가 준수하여야 할 사항을 준수하지 아니한 자

★☆☆☆☆
55 이·미용업장에 게시하지 않아도 되는 것은?

① 미용 요금표 ② 신고필증
③ 면허증 원본 ④ 영업 시간표

해설

업소 내에 미용업 신고증, 개설자의 면허증 원본 및 미용 요금표를 게시하여야 한다.

★☆☆☆☆
56 이중으로 이·미용사 면허를 취득한 때의 1차 행정처분기준은?

① 영업정지 15일
② 영업정지 30일
③ 먼저 발급받은 면허의 취소
④ 나중에 발급받은 면허의 취소

해설

이중으로 이·미용사 면허를 취득한 때 1차 행정처분은 면허취소에 해당된다(나중에 발급받은 면허의 취소).

정답 51 ② 52 ② 53 ② 54 ② 55 ④ 56 ④

★☆☆☆☆

57 일반(기초)화장품에 대한 설명인 것은?

① 피부의 특정 부위의 문제를 개선시키는 화장품이다.
② 미백, 주름, 자외선으로부터 피부를 보호하고 개선시키는 화장품이다.
③ 주성분 표시 및 기재를 할 수 없으며 기능성 화장품에 대해 광고를 할 수 없다.
④ 미백, 주름, 자외선 차단 효능에 대해 기재하고 광고할 수 있다.

해설
일반화장품은 주성분을 표시 및 기재를 할 수 없으며, 주름, 미백, 자외선 차단 효능에 대해 광고를 할 수 없다. ①, ②, ④는 기능성 화장품에 관한 내용이다.

58 화장품의 수용성 원료 중 물(H_2O_2)에 관한 설명으로 잘못된 것은?

① 수용성 용매로 사용된다.
② 화장품 원료 중 가장 큰 비율을 차지한다.
③ 수증기를 냉각기로 차갑게 만든 증류수 또는 이온수 등이 사용된다.
④ 세균과 금속이온(Ca, Mg 등)이 제거된 정제수를 사용한다.

해설
증류수 또는 탈이온수가 사용된다. 증류수는 수증기를 냉각기로 차갑게 만든 물이며, 탈이온수는 이온화된 물을 탈이온화로 시킨 물로서 탈이온수 과정을 거친 물 등이 화장품의 수성원료로 사용된다.

59 피부 유연성과 보습성이 우수한 고분자 보습제가 아닌 것은?

① 히아루론산염
② 가수분해 콜라겐
③ 콘드로이친황산염
④ 피롤리돈카르본산염

해설
천연보습인자(NMF)
피부에서 자연 발생되는 나트륨은 수분과 결합함으로써 흡습과 유연성을 증가시킨다. 아미노산(천연보습인자 성분으로 피부에 자극이 없고 보습효과가 있다), 요소, 젖산염, 피롤리돈카르본산염 등이 있다.

60 다음 중 식물성 오일이 아닌 것은?

① 아보카도 오일
② 피마자 오일
③ 올리브 오일
④ 실리콘 오일

해설
실리콘 오일은 광물성 오일에 속한다.

정답 – 57 ③ 58 ③ 59 ④ 60 ④

제8회 국가기술자격 필기시험문제

자격종목	시험시간	형별	수험번호	성명
미용사(일반)	60분	B		

01 미용사의 개요로 적합한 것은?

① 사람과 동물의 외모를 치료한다.
② 봉사활동만을 행하는 사람이 좋은 미용사라 할 수 있다.
③ 두발, 피부, 손톱, 발톱 등을 건강하고 아름답게 손질한다.
④ 두발만을 건강하고 아름답게 손질하여 생산성을 높인다.

해설
미용은 복식 이외 용모에 물리적·화학적 기교를 여러 방법으로 행하여 웨트 헤어스타일과 케미컬 헤어스타일을 연출시킨다.

02 두상(두부)의 그림 중 (2)의 명칭은?

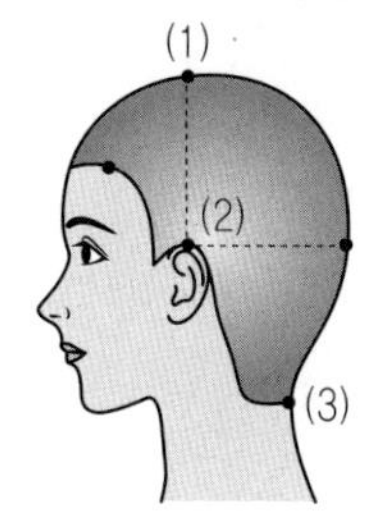

① 탑 포인트(T.P)
② 백 포인트(B.P)
③ 이어 포인트(E.P)
④ 네이프 백 포인트(N.B.P)

해설
이어 포인트(Ear Point, E.P)이다.

03 조선 후기까지 유행하였던 부녀자들의 머리형태는?

① 쪽진머리 ② 푼기명머리
③ 쌍상투머리 ④ 상투머리

해설
고대부터 조선 후기까지 쪽진머리가 대중적으로 유행했다.

04 한국의 근대미용이 시작된 시기로서 설명된 것은?

① 갑오개혁과 을미년 이후 서서히 움터 한일합방 이후 본격화되었다.
② 조선시대 실학 사상 및 동학과 함께 시작되었다.
③ 2차 대전 이후 미국의 영향을 받으면서 대중화되었다.
④ 6.25 사변 직후 사회 변화에 따른 여성 진출을 요구하면서 시작되었다.

해설
갑오개혁(1884년, 고종 21년)부터 한일합방(1910년)까지 구미 각국의 제열강과 통상조약을 체결함으로써 새로운 근대 미용을 맞이하게 되었다.

05 레이저에 대한 설명으로 틀린 것은?

① 녹이 슬지 않게 관리를 한다.
② 초보자는 오디너리 렐이저를 사용하는 것이 좋다.
③ 솜털 등을 깎을 때에는 외곡선상의 날이 좋다.
④ 셰이핑 레이저를 사용하여 커팅하면 안정적이다.

해설
초보자는 날에 보호막이 있는 셰이핑 레이저를 사용하는 것이 안전하다.

06 다음 명칭 중 가위에 속하는 것은?

① 마셀 ② 피봇 포인트
③ 프롱 ④ 그루브

정답 01 ③ 02 ③ 03 ① 04 ① 05 ② 06 ②

해설
가위는 가위 끝, 날 끝, 동도, 정도, 선회축, 다리, 약지환, 소지걸이, 엄지환 등의 각부 명칭이 있다.

07 고주파 전류의 작용과 관련된 내용이 아닌 것은?

① 신진대사를 활성화시킨다.
② 직접적용 시 살균작용을 한다.
③ 아스트리젠트 로션을 침투시키는 작용을 한다.
④ 빠른 진동으로 근육에 자극을 주어 혈액순환을 촉진시킨다.

해설
갈바닉 전류의 양극의 역할이다.

★★☆☆☆
08 약알칼리성의 비누를 사용한 모발에 가장 적당한 린스는?

① 레몬 린스 ② 크림 린스
③ 오일 린스 ④ 알칼리성 린스

해설
레몬 린스는 알칼리화된 모발 상태를 약산성으로 되돌려 열린 모표피를 닫게 해준다.

09 다음 중 손상모에 가장 효과적인 샴푸는?

① 에그 샴푸 ② 산성 샴푸
③ 컬러 샴푸 ④ 토닉 샴푸

해설
에그 샴푸는 단백질 샴푸로, 건조모나 염색모에 주로 사용한다.

10 다음 중 상부(내측)의 두발은 짧고 하부(외측)로 갈수록 길어 보이며, 모발 끝을 점차 가늘게 연결시키는 기법과 관련 있는 것은?

① 레이어, 테이퍼링
② 원랭스, 클리핑
③ 레이어, 클리핑
④ 그래듀에이션, 테이퍼링

해설
두상이 이루는 각도에 의해 내측은 짧고 외측은 길게 나타나는 것은 레이어드형이고, 활동적이며 모발 끝이 보이고 점차 가늘어 보이는 것은 페더링(테이퍼링) 기법으로 나타낸다.

11 가위를 사용한 질감처리 기법이 아닌 것은?

① 에칭 ② 슬라이드
③ 슬리더링 ④ 슬라이싱

해설
에칭(Etching)은 겉말음 또는 베벨 업(Bevel-up) 기법으로 모다발 표면을 레이저로 경사지게 자르는 것이다.

12 원랭스 커트의 방법 중 틀린 것은?

① 가이드라인과 동일선상에서 자른다.
② 커트라인에 따라 이사도라, 스파니엘, 파라렐 보브 등의 유형이 있다.
③ 짧은 단발의 경우 손님의 머리를 숙이게 하고 정리한다.
④ 짧은 모발의 길이에 주로 적용한다.

해설
원랭스는 내측과 외측이 동일선상에서 시술되어 단차가 없는 커트 스타일이다.

13 화학적 시술 후 건조한 모발에 지방을 공급하고 광택을 줄 수 있는 샴푸는?

① 에그 샴푸 ② 드라이 샴푸
③ 산성 샴푸 ④ 핫 오일 샴푸

정답 07 ③ 08 ① 09 ① 10 ① 11 ① 12 ④ 13 ④

해설

핫 오일 샴푸는 건조모에 지방을 공급함으로써 모발에 윤기를 제공한다.

14 리지(Ridge)에 따른 웨이브로 분류된 것은?

① 호리존탈 웨이브, 다이애거널 웨이브, 와이드 웨이브
② 다이애거널 웨이브, 내로우 웨이브, 버티컬 웨이브
③ 섀도 웨이브, 버티컬 웨이브, 다이애거널 웨이브
④ 버티컬 웨이브, 호리존탈 웨이브, 다이애거널 웨이브

해설

리지(융기점)의 흐름에 따라 수직(버티컬) 웨이브, 수평(호리존탈) 웨이브, 사선(다이애거널) 웨이브로 분류된다.

15 웨이브 펌을 준비하기 위한 사전처리 과정으로 틀린 설명은?

① 사전(프리) 샴푸 시 두피를 문질러서 깨끗이 세정한 후 지압을 한다.
② 펌 디자인을 결정할 때 고객의 의사가 최우선되어야 한다.
③ 사전(프리) 커트 시 불규칙한 단차와 테이퍼링은 펌 후 모발 손상을 줄 수 있다.
④ 심한 손상모는 펌을 하기 전에 트리트먼트를 하는 것이 좋다.

해설

프리 샴푸 시 두발만 가볍게 샴푸한다. 두피를 문지르거나 지압 시 펌제에 의한 2차 자극에 의해 피부장애가 발생할 수 있다.

16 헤어디자인 원리 중에서 대조(Contrast)에 대한 설명으로 틀린 것은?

① 서로 반대되는 요소가 인접해 있다.
② 강하거나 약하거나 등의 반대 분위기를 나타낸다.
③ 점증 또는 강조의 원리로 나뉘며 점진적으로 변화된다.
④ 딱딱하거나 부드럽거나 무겁거나 가벼움 등을 나타낸다.

해설

대조는 서로 반대되는 요소의 인접으로서 강약, 중경, 경연 등의 반대 분위기를 나타낸다.

17 롤러 컬의 와인딩 방향으로서 포워드 롤러 컬의 설명인 것은?

① 안말음형 ② 겉말음형
③ 바깥말음형 ④ 귓바퀴 반대 방향

해설

포워드 롤러 컬은 귓바퀴 방향으로 감긴 안말음형이다.

18 폭이 넓고 부드럽게 흐르는 버티컬을 만들고자 할 때 핑거 웨이브와 핀컬을 교대로 교차하여 만든 웨이브는?

① 리지 컬 ② 스윙 웨이브
③ 스킵 웨이브 ④ 플래트 컬

해설

스킵 웨이브(Skip wave)
- 핀컬과 웨이브가 한 단씩 교차됨으로써 폭이 넓고 부드러운 웨이브를 만드는 데 적합하다.
- 핀컬은 핀컬끼리 웨이브는 웨이브끼리 방향이 같다.
- 핀컬은 스컬프처와 플래트 컬이 가장 적합하다.

19 비듬에 대한 설명인 것은?

① 고주파 전류의 사용을 금해야 한다.
② 건성비듬은 지나친 피지 분비가 원인이 된다.

정답 — 14 ④ 15 ① 16 ③ 17 ① 18 ③ 19 ③

③ 두피 내 표피세포의 과도한 각질화가 직접적 원인이다.
④ 모든 비듬은 감염성이 없으므로 주의할 필요가 없다.

해설
비듬은 두피 표면에 붙어있는 각질세포(인설)로 각화현상의 이상과 호르몬 이상, 영양 불균형, 스트레스, 과다 피지 분비, 피지 산화, 불청결 등 내·외적 원인에 의해 발생되며, 과다할 경우 비강성 탈모증으로 연결된다.

20 다음 중 두발 손상 원인이 아닌 것은?

① 백 코밍을 자주 하는 경우
② 헤어 트리트먼트제 도포 후 헤어 스티머를 사용하는 경우
③ 샴푸 후 두발에 물기가 많이 있는 상태에서 급속하게 건조시킨 경우
④ 열과 자외선에 장시간 노출되거나 바닷물의 염분이나 풀장의 소독용 표백분을 충분히 씻어 내지 못한 경우

해설
헤어 트리트먼트제 도포 후 헤어 스티머를 사용하는 과정은 모발 관리 과정이다.

21 헤어 블리치에 사용되는 과산화수소의 일반적인 농도(%)는?

① 4% 용액 ② 6% 용액
③ 10% 용액 ④ 15% 용액

해설
6%의 과산화수소 용액은 모발색을 1~2레벨 밝게 한다.

★☆☆☆☆
22 염색제의 분자가 크기 때문에 두발의 모표피에만 착색되는 염색은?

① 프로그래시브 헤어 틴트
② 템퍼러리 헤어 틴트
③ 퍼머넌트 헤어 틴트
④ 세미 퍼머넌트 헤어 틴트

해설
템퍼러리(Temporary) 헤어 틴트(Hair tint)는 일시적 염모제로서 일종의 컬러 마스크이다. 모발 케라틴을 화학적으로 변경시키는 일 없이 염료가 모표피에서 코팅되므로 진정한 의미에서는 화장품이라 할 수 있다.

23 유기합성 염모제의 제1액과 제2액에 대한 설명 중 틀린 것은?

① 과산화수소에서 분해된 산소는 산화반응을 일으킨다.
② 제1액은 산화염료제이고 제2액은 산화제이다.
③ 제2액의 일부 작용에 의해 두발이 탈색된다.
④ 제1액을 먼저 바르고 얼마 후 제2액을 바른다.

해설
염모 직전에 제1액과 제2액을 혼합하여 도포한다.

24 가발 샴푸에 대한 잘못된 설명은?

① 인모는 2~4주 정도 세척한다.
② 세척 시 가발 클렌저를 사용한다.
③ 엉킨 가발은 1~1.5cm 정도 섹션한 후 모근에서 모간 쪽으로 빗질한다.
④ 세척 전에 무리하게 브러싱 또는 빗질하면 심긴 모발이 빠질 수 있다.

해설
엉킨 가발은 얇게 슬라이스하여 모발 끝에서부터 모근 쪽으로 부드럽게 천천히 빗질한다.

정답 20 ② 21 ② 22 ② 23 ④ 24 ③

25 성장 촉진, 생리대사의 보조 역할, 신경안정과 면역기능 강화 등과 관련된 영양소인 것은?

① 지방 ② 비타민
③ 무기질 ④ 단백질

해설
비타민은 생리작용 및 체내대사의 조절을 한다.

26 항산화 비타민과 관계가 가장 적은 것은?

① 비타민 A ② 비타민 C
③ 비타민 D ④ 비타민 E

해설
자외선 조사에 의해 피부 내에서 비타민 D가 생성된다.

27 피부 감각기관 중 가장 많이 분포되어 있는 것은?

① 온각점 ② 통각점
③ 촉각점 ④ 냉각점

해설
통각점은 피부의 감각기관 중 가장 많이 분포하고 있다.

28 햇빛에 노출되었을 때 피부 내에서 생성되는 비타민은?

① 비타민 B ② 비타민 D
③ 비타민 E ④ 비타민 F

해설
비타민 D는 자외선 조사 시 생성되며 부족 시 구루병이 발생한다.

29 낭배 형성기 시 표피를 발생시키는 배엽은?

① 간배엽 ② 중배엽
③ 내배엽 ④ 외배엽

해설
표피는 외배엽에서 발생하며 혈관과 신경이 많다.

30 외부로부터 충격 시 완충작용을 하는 것은?

① 피하지방 ② 한선
③ 모낭 ④ 피지선

해설
② 한선은 땀샘으로 대한선(아포크린선), 소한선(에크린선)으로 나뉜다.
③ 모낭은 모근을 싸고 있는 주머니 모양으로 피지선과 연결되어 모발에 윤기를 준다.
④ 피지선은 피지를 배출한다.

31 비늘 같이 얇고 핵이 없는 편평세포 구조를 가진 것은?

① 비듬 ② 농포
③ 두드러기 ④ 종양

해설
② 농포는 원발진에 속하며 고름을 말한다.
③ 두드러기는 표재성의 일시적 부종으로 붉거나 창백하고 크기와 형태가 변하며 수 시간 내에 소실된다.
④ 종양은 직경 2cm 이상의 피부 증식물로, 양성과 악성이 있다.

32 심상성 좌창이라고도 하며, 주로 사춘기 때 잘 발생하는 피부 질환은?

① 여드름 ② 헤르페스
③ 아토피 피부염 ④ 신경성 피부염

해설
여드름은 남성호르몬에 의한 과잉 분비되는 피지로 인한 모공 속의 각질 비후 현상이다. 유전, 내분비, 과각질화, 변비, 스트레스, 피지선의 기능 이상, 물리적·화학적 자극 등에 의해 발생된다.

정답 25 ② 26 ③ 27 ② 28 ② 29 ④ 30 ① 31 ① 32 ①

33 자외선에 대한 민감도가 가장 낮은 인종은?

① 흑인종　　② 백인종
③ 황인종　　④ 몽골로이스종

해설
멜라닌 생성 세포 수는 동일하나 멜라닌의 크기와 색상의 차이로 흑인종이 자외선에 대한 민감도가 가장 낮다.

34 후천성면역결핍증(AIDS)의 전파 원인이 아닌 것은?

① 주사기　　② 호흡기
③ 환자의 모유　　④ 환자와의 성 접촉

해설
후천성면역결핍증(AIDS)은 HIV 바이러스에 의해 발생 성 접촉, 수혈, 약물주사, 혈액제제, 환자의 모유, 타액, 소변 등에 의해 감염된다.

35 법정감염법 중 제1군감염병에 속하는 것은?

① 결핵　　② 공수병
③ 말라리아　　④ 파라티푸스

해설
제1군감염병은 콜레라, 장티푸스, 파라티푸스, 세균성 이질, 장출혈성대장균감염증, A형간염이다. ①, ②, ③은 제3군감염병이다.

36 다음 중 식중독균의 최적증식온도는?

① 0~10℃　　② 10~20℃
③ 18~22℃　　④ 25~37℃

해설
세균의 최적증식온도(혐기성, 호기성 포함)는 25~ 39℃이다.

★☆☆☆☆

37 다음 내용에서 환경위생 사업에 속하지 않는 것은?

① 구충 구서　　② 수질 관리
③ 오물 처리　　④ 예방접종

해설
환경위생 사업의 대상은 공기, 상수, 하수, 폐기물 처리, 주택 및 의복 위생 사업으로, 예방접종은 질병관리 사업에 속한다.

38 피임에 관련된 내용으로서 이상적 요건이 아닌 것은?

① 피임효과가 확실하여 더 이상 임신이 되어서는 안 된다.
② 육체적, 정신적으로 무해하고 부부생활에 지장을 주어서는 안 된다.
③ 비용이 적게 들어야 하고, 구입이 불편해서는 안 된다.
④ 실시방법이 간편하여야 하고, 부자연스러우면 안 된다.

해설
임신을 원할 때는 피임을 끊으면 된다.

39 바퀴벌레에 의해 전파될 수 있는 감염병이 아닌 것은?

① 이질　　② 말라리아
③ 콜레라　　④ 장티푸스

해설
- 바퀴벌레는 이질, 콜레라, 장티푸스 등의 질병을 야기한다.
- 모기는 황열, 뎅기열, 말라리아, 일본뇌염 등의 질병을 야기한다.

40 실·내외의 온도차는 몇 도가 가장 적합한가?

① 1~3℃　　② 5~7℃
③ 8~12℃　　④ 12℃ 이상

정답 33 ① 34 ② 35 ④ 36 ④ 37 ④ 38 ① 39 ② 40 ②

해설
냉방 시 실내·외의 온도차는 5~7℃가 적합하며, 10℃ 이상의 차이는 건강에 해롭다.

41 자외선의 인체에 대한 작용으로 관계가 없는 것은?

① 비타민 D 형성 ② 멜라닌 색소침착
③ 체온 상승 ④ 피부암 유발

해설
- 자외선은 피부에 조사되면 홍반현상과 색소침착을 일으킨다.
- 자외선에 피부가 반복적으로 노출되면 피부암이 일어나는 경우도 있다.
- 자외선은 인체 내에서 비타민 D를 합성시키며 살균작용을 한다.

42 음용수를 통하여 감염될 가능성이 가장 큰 감염병은?

① 이질 ② 백일해
③ 풍진 ④ 한센병

해설
- 이질의 병원소는 환자이며, 오염수 및 오염 음식물이 감염 원인으로 잠복기간은 2~7일 정도이다.
- 분변으로 탈출하여 파리나 불결한 손을 통해 음식물과 식수 등으로 경구 침입된다.

43 살균 및 탈취뿐 아니라 탈색 또는 표백의 효과가 있는 소독제는?

① 알코올 ② 석탄수
③ 크레졸 ④ 과산화수소

해설
과산화수소는 살균 및 탈취, 산화(표백, 탈색) 등에 효과가 있다.

44 운동성을 지닌 원충의 사상부속기관은 무엇인가?

① 아포 ② 편모
③ 원형질막 ④ 협막

해설
원충류(원생동물)
- 한 개의 세포로 구성되어 있으며 운동능력(축사, 섬모, 편모 등)을 가진 원시적 동물이다.
- 중간숙주에 의해 전파되며 면역이 생기는 일은 드물다.
- 원충에 따라서는 아포를 형성시켜 생활환경을 바꾼다.
- 말라리아 원충, 아메바성 이질균, 질염, 수면병 등이 있다.

45 실험기기, 의료용기, 오물 등의 소독에 사용되는 석탄산수의 농도는?

① 0.1% 수용액 ② 1% 수용액
③ 3% 수용액 ④ 5% 수용액

해설
석탄산
- 3% 수용액을 사용한다.
- 저온에서는 살균력이 떨어지며 고온일수록 효과가 크다.
- 안정된 살균력이 있어 소독약의 살균을 비교하는 석탄산 계수, 즉 살균력의 상대적 표시법으로 사용된다.
- 토사물이나 배설물 등의 유기물에 살균력이 있다.
- 금속부식성과 취기, 독성이 강하며 피부, 점막 등에 자극성이 있다.

★☆☆☆☆
46 자비소독 시 살균력을 강하게 하고 금속기구가 녹스는 것을 방지하기 위하여 첨가하는 물질이 아닌 것은?

① 5% 승홍수
② 2% 크레졸 비누액
③ 3% 석탄산
④ 2% 탄산나트륨

정답 41 ③ 42 ① 43 ④ 44 ② 45 ③ 46 ①

해설
자비소독 시 소독효과를 높이고 금속기구의 녹스는 것을 방지하기 위하여 끓는 물에 석탄산(95%), 크레졸(3%), 탄산나트륨(1~2%), 붕산(1~2%) 등을 첨가한다.

47 다음 중 자극성이 적어 피부 상처 표면의 소독에 가장 적당한 것은?

① 3% 석탄산
② 3% 과산화수소
③ 15% 염소화합물
④ 10% 포르말린수

해설
2.5~3.5%의 과산화수소수는 상처나 피부 소독에 가장 적당하다.

48 E.O 가스의 폭발위험성을 감소시키기 위하여 혼합하여 사용하는 물질은?

① 질소 ② 탄소
③ 일산화탄소 ④ 이산화탄소

해설
에틸렌옥사이드에 이산화탄소(CO_2)를 혼합함으로써 폭발 위험성을 감소시킨다.

49 다음 중 배설물 소독에 가장 적당한 것은?

① 승홍 ② 오존
③ 염소 ④ 크레졸

해설
크레졸은 유기물에 소독효과가 있다.

50 다음 중 습열멸균법에 속하는 것은?

① 자비소독법 ② 화염멸균법
③ 여과멸균법 ④ 건열멸균법

해설
습열멸균법은 자비소독, 저온소독, 간헐멸균, 고압증기멸균 등으로 분류된다.

51 3% 소독액, 1,000mL를 만드는 방법으로 옳은 것은?(단, 소독액 원액의 농도는 100%이다)

① 원액 300mL에 물 700mL를 가한다.
② 원액 30mL에 물 970mL를 가한다.
③ 원액 3mL에 물 997mL를 가한다.
④ 원액 3mL에 물 1,000mL를 가한다.

해설
$$\text{농도(\%)} = \frac{\text{용질(소독액)}}{\text{용액(소독액 + 물)}} \times 100$$

★★★★☆
52 이·미용사의 면허를 받을 수 있는 자는?

① 정신질환자
② 벌금형이 선고된 자
③ 약물중독자
④ 피성년후견인

해설
①, ③, ④는 면허를 받을 수 없는 자에 해당된다.

★★★☆☆
53 영업소 폐쇄명령을 받고도 계속하여 이·미용영업을 한 경우에 시장, 군수, 구청장이 취할 수 있는 조치로 틀린 것은?

① 영업을 위하여 필수불가결한 기구 또는 시설물 봉인
② 당해 영업소의 간판 및 영업표지물의 제거
③ 영업장의 위법한 업소임을 알리는 게시물 등 부착
④ 당해 영업소의 업주에 대한 손해배상 청구

정답 47 ② 48 ④ 49 ④ 50 ① 51 ② 52 ② 53 ④

> **해설**
> ①, ②, ③은 시장, 군수, 구청장이 취할 수 있는 조치에 해당된다.

★★☆☆☆

54 다음 중 공중위생감시원의 직무사항으로 틀린 것은?

① 공중위생영업소의 시설 및 설비의 확인에 관한 사항
② 위생지도 및 개선명령 이행여부에 관한 사항
③ 영업자의 위생관리 준수사항 이행여부에 관한 사항
④ 세금납부의 이행여부에 관한 사항

> **해설**
> 공중위생감시원의 업무 범위
> • 시설 및 설비의 확인
> • 공중위생영업 관련 시설 및 설비의 위생 상태 확인·검사, 위생관리의무 및 영업자 준수사항 이행여부 확인
> • 위생지도 및 개선명령 이행여부의 확인
> • 공중위생영업소의 영업의 정지, 일부 시설의 사용중지 또는 영업소 폐쇄명령 이행여부의 확인
> • 위생교육 이행여부의 확인

55 이·미용사의 면허 발급권자는?

① 보건복지부장관
② 시·도지사
③ 시장, 군수
④ 대통령

> **해설**
> 미용사가 되고자 하는 자는 보건복지부령이 정하는 바에 의하여 시장, 군수, 구청장이 발부하는 면허를 받아야 한다.

★★★☆☆

56 미용업 신고증, 면허증을 게시하지 아니한 때 1차 위반 행정처분 기준은?

① 경고 또는 개선명령
② 영업정지 5일
③ 영업정지 10일
④ 영업장 폐쇄명령

> **해설**
> 1차 위반 시 경고 또는 개선명령, 2차 위반 시 영업정지 5일, 3차 위반 시 영업정지 10일, 4차 위반 시 영업장 폐쇄명령

★★★★☆

57 신고를 하지 아니하고 영업소 명칭(상호)을 변경한 때의 1차 위반 시 행정처분 기준은?

① 영업장 폐쇄명령
② 경고 또는 개선명령
③ 영업정지 15일
④ 영업정지1월

> **해설**
> 1차 위반 시 경고 또는 개선명령, 2차 위반 시 영업정지 15일, 3차 위반 시 영업정지 1월, 4차 위반 시 영업장 폐쇄명령

58 미량의 금속이온은 화장품의 효과를 저해시키기 때문에 금속 봉쇄제를 첨가하는데, 금속 봉쇄제로 가장 대표적인 것은?

① AHA ② BHT
③ NMF ④ EDTA

> **해설**
> 물 또는 원료 중의 미량 금속이온은 화장품의 효과를 저해시키므로 이를 막기 위해 금속 봉쇄제를 첨가한다. 종류에는 인산, 구연산, 아스콜빈산 호박산, 글루콘산, 폴리인산나트륨이 있고, 에틸렌다이아민테트라초산(EDTA) 나트륨염이 대표적이다. 이는 산화 방지 보조제(산패)로서도 효과가 있다.

정답 54 ④ 55 ③ 56 ① 57 ② 58 ④

59 **각각의 원료의 냄새를 상쇄시키기 위해 사용하는 향료로 바르게 연결된 것은?**

① 천연향료 – 식물성 – 피부자극과 독성이 있어 알레르기가 발생할 수 있다.
② 천연향료 – 동물성 – 피부자극과 독성이 없어 피부에 안전하나 가격이 비싸다.
③ 합성향료 – 벤젠계 – 석유화학 원료를 합성하여 얻은 향료이다.
④ 합성향료 – 테르펜계 – 유기합성반응에 의해 제조되는 순합성향료이다.

해설
천연향료 – 동물성(사향, 영묘향, 해리향, 용현향 등) – 피부자극과 독성이 없으며 피부에 안전하나 가격이 비싸다.

60 **다음 보기는 착색료인 무기안료 중에서 어떤 안료에 대한 설명인가?**

- 탈크, 카오린, 탄산칼슘, 무수규산 등 흰색의 미세 분말이다.
- 페이스 파우더나 파운데이션에 주로 사용된다.
- 피부에 대한 퍼짐성과 매끄러움을 나타낸다.

① 체질안료 ② 백색안료
③ 착색안료 ④ 진주광택안료

해설
- 백색안료 : 산화아연, 이산화티탄 등은 피부의 커버력을 높여준다.
- 착색안료 : 감청, 산화철, 산화크롬 등은 백색안료와 함께 색채의 명암을 조절하고 커버력을 높인다.
- 진주광택안료 : 펄이 들어간 진주광택은 광학적 효과로서 피부에 도포 시 빛을 반사함과 동시에 빛의 간섭을 피부의 각질층에 일으켜 금속광택을 나타낸다.

정답 59 ② 60 ①

memo

PART 8

상시시험 복원문제

최근 CBT 상시시험 출제경향 이해·적응

제1회 상시시험 복원문제

자격검정 CBT 상시시험 복원문제 문제풀이

수험번호:

수험자명:

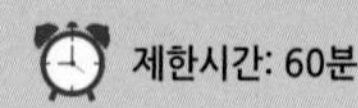

제한시간: 60분

01 미용의 목적과 가장 거리가 먼 것은?

① 아름다움을 유지시켜준다.
② 영리의 추구를 도모한다.
③ 인간의 생산의욕을 높여준다.
④ 인간의 심리적 욕구를 만족시켜준다.

해설

미용의 목적 또는 필요성
- 미를 추구하는 인간의 심리적 욕구를 만족시킨다.
- 자신에 대한 만족으로 인해 생산의욕을 높여준다.
- 지속적인 관리를 통해 노화를 방지하여 아름다움을 유지시켜준다.
- 현대생활에서는 상대방에게 불쾌감을 나타내지 않는 미를 추구한다.

★★☆☆☆

02 전체적인 머리모양을 종합적으로 관찰하여 불충분한 곳이 없는지를 재조사하는 과정인 것은?

① 구상　② 보정
③ 제작　④ 통칙

해설

미용의 과정

고객의 모발을 소재로 머리형태를 완성시켜가는 4가지 절차를 미용의 과정이라 한다.
- 소재 : 고객의 모발과 함께 전신의 자태, 얼굴형, 표정, 동작의 특징 등을 신속·정확하게 관찰·파악해야 한다.
- 구상 : 손님의 얼굴형과 특징 등을 고려하여 개성미를 연출할 수 있도록 계획한다. 고객과의 의견 차이가 있을 경우 양해와 이해를 구해야 한다.
- 제작 : 미용의 과정에서 가장 중요한 단계이며, 구체적인 표현과정이다. 제작은 신속하고 정확해야 하며, 미적 표현은 실제적이면서 생활적이어야 한다.
- 보정 : 제작 후 전체적인 모양을 헤어디자인의 요소와 원리에 따라 종합적으로 관찰하고 불충분한 곳이 없는지를 재조사하여 보정한다. 보정 후 고객의 만족여부를 파악한 후에야 미용의 과정은 끝나게 된다.

03 1920년대 이숙종에 의해 유행된 머리형태는?

① 높은머리　② 얹은머리
③ 단발머리　④ 쪽진머리

해설

1920년 김활란의 단발머리, 이숙종의 높은머리(일명 다까머리)가 혁신적인 변화로서 유행하였다.

04 빗의 선택방법으로 틀린 것은?

① 빗등의 두께가 균일한 것이 좋다.
② 빗살은 가늘고 전체가 균일하게 정렬되어야 좋다.
③ 빗살이 곱고 매끄러우며 반질거릴수록 좋다.
④ 빗 머리는 모발이 걸리지 않고 손질하기 쉽게 끝이 둥근 것이 좋다.

해설

빗의 각부 명칭과 특징
- 빗살 끝 : 가늘고 너무 뾰족하거나 무디지 않아야 한다.
- 빗살 : 간격과 크기가 전체적으로 균일하게 정렬되어야 한다.
- 빗살 뿌리 : 모발을 가지런히 정돈하면서 빗질 시 요구되는 각도로 유지시킨다.
- 빗 몸(빗 허리) : 빗 전체를 지탱하며 균형을 잡아주므로 너무 매끄럽거나 반질거리지 않으며 안정성이 있어야 한다.
- 빗등 : 두께는 균일해야 하며, 재질은 약간 강한 느낌이 나는 것이 좋다.
- 빗 머리 : 모발이 걸리지 않고 손질하기 쉽게 빗 머리의 가장자리는 끝이 둥근 것이 좋다.

★★☆☆☆

05 모발을 알칼리성 비누로 샴푸했을 경우 가장 적당한 린스제는?

① 레몬 린스　② 컬러 린스
③ 플레인 린스　④ 알칼리성 린스

정답 01 ② 02 ② 03 ① 04 ③ 05 ①

> 해설
>
> 레몬 린스는 알칼리화된 모발 상태를 약산성으로 되돌려 열린 모표피를 닫게 해준다.
> ② 컬러 린스는 색소 고정제로서 부분적으로 모발색상을 강조하거나 색소를 보완시키기도 한다.
> ③ 플레인 린스는 린스제를 사용하지 않고 물로만 헹구는 과정이다.

06 스트로크 커트란?

① 레이저에 의한 테이퍼링
② 시저스에 의한 테이퍼링
③ 레이저에 의한 클리퍼링
④ 시저스에 의한 클리핑

> 해설
>
> 스트로크 커트
> 시저스(가위)에 의해 모발의 길이와 양을 제거하는 커트기법이다.
> • 쇼트 스트로크 기법 : 모다발에 대해 가위 날을 0~10° 정도로 개폐하면서 잘라 모량이 적게 제거된다. 두발 끝에만 볼륨이 요구될 때 자르는 기법이다.
> • 미디엄 스트로크 기법 : 모다발에 대해 가위 날을 10~45° 정도로 개폐하면서 잘라 모발 길이와 모량이 중간 정도 제거된다. 중간 정도의 볼륨감과 질감이 요구될 때 자르는 기법이다.
> • 롱 스트로크 기법 : 모다발에 대해 가위 날은 45~90° 정도로 개폐하면서 잘라 모발 길이와 모량은 중간 정도 제거된다. 두발의 움직임이 자유로워 가벼운 느낌을 요구할 때 자르는 기법이다.

07 다음 내용 중 1~2mm 길게 커트해도 본처리 시 지장이 없는 것은?

① 프리 커트
② 트리밍
③ 싱글링
④ 포인트 커트

> 해설
>
> 프리 커트는 본처리 전에 자르는 사전 커트를 말한다.
> ② 트리밍 커트 기법은 이미 형태가 이루어진 두발의 형태선을 최종적으로 정돈하기 위하여 가볍게 자르는 기법이다.
> ③ 싱글링 커트 기법은 손으로 각도를 만들 수 없는 짧은 모발에 빗살을 아래에서 위로 이동시키면서 빗살 밖으로 나와 있는 모발을 잘라내는 기법이다.
> ④ 포인트 커트 기법은 슬라이싱 커트 기법 중에 하나로서 모다발 끝 부분에 대하여 60~90° 정도로 가위 날을 넣어서 훑어 내리듯 자르는 기법이다. 나칭 보다 더 섬세한 효과를 낼 수 있는 질감처리 기법이다.

08 다음 중 직경이 가장 작은 로드를 사용하였을 때의 웨이브의 형태는?

① 내로우 웨이브
② 와이드 웨이브
③ 섀도 웨이브
④ 호리존탈 웨이브

> 해설
>
> 웨이브 위치(리지 방향)
> • 내로우 웨이브 : 정상(Crest)과 골(Trough)이 가장 좁고 융기 점(Ridge)은 급경사이다. 로드는 폭(직경)이 가장 작은 것을 사용한다.
> • 와이드 웨이브 : 정상과 골의 고저가 뚜렷하여 넓은 웨이브 형상을 나타낸다.
> • 섀도 웨이브 : 정상과 골이 고저가 뚜렷하지 못하여 희미한 웨이브 형상을 나타낸다.
> • 프리즈 웨이브 : 모다발 내 모근 쪽은 느슨하고 모간 끝 쪽은 강한 웨이브를 형성한다.

★★★★★☆☆☆

09 웨이브 펌에서 크로키놀 방식을 창안한 독일 사람은?

① 마셀 그라또우
② 조셉 메이어
③ 스피크먼
④ 찰스 네슬러

정답 06 ② 07 ① 08 ① 09 ②

해설

1925년 독일의 조셉 메이어(Mayer, J.)에 의해 크로키놀식(Croquignole winding)의 전열 펌을 형성시켰다.
① 마셀 그라또우(1875, 프랑스)는 마셀과 컬로 구성된 히트 아이론을 최초로 창안해 냈다.
③ 스피크먼(1936, 영국)은 상온(콜드)에서 웨이브 펌을 고안했다. 콜드 웨이브란 약한 염기성 용액을 모발에 사용함으로써 일반적 실온에서 쉽게 모발 구조를 변화시키는 것을 말한다. 과거 전열기기, 용제 등에 반응하는 열 펌에 대응하여 실온 또는 상온이라는 개념으로 사용된다.
④ 찰스 네슬러(1936, 영국)는 스파이럴식의 전열 펌을 고안했다. 붕사와 같은 알칼리 수용액을 웨이브 로션으로 사용하였으며 105~110°의 전열기기로 가열하는 웨이브 펌 방식이다.

10 **모다발을 베이스에 대하여 90°로 빗질하여 와인딩한 롤러 컬은?**

① 롱 스템 롤러 컬　② 논 스템 롤러 컬
③ 쇼트 스템 롤러 컬　④ 하프 스템 롤러 컬

해설

하프 스템 롤러 컬은 논 스템과 롱 스템의 중간의 움직임과 볼륨감을 갖는다. 모다발을 두상에서 수직으로 빗질(직각분배)하여 모다발 끝에서 와인딩하면 롤러는 베이스 크기의 1/2 지점 밑에 안착된다.
① 롱 스템 롤러 컬 : 모다발을 두상에서 45° 사선으로 빗질(포밍)하여 모다발 끝에서 와인딩하면 롤러는 베이스 크기를 벗어난 지점에서 안착된다.
② 논 스템 롤러 컬 : 모다발을 전방 45°(후방 135°)로 빗질하며 모다발 끝에서 와인딩하면 롤러는 베이스 크기의 중앙에 안착된다.

★★★☆☆
11 **스템이 롤러에 완전히 감겨 볼륨감은 가장 크나 움직임은 가장 작은 것은?**

① 풀 스템(Full stem)
② 논 스템(Non stem)
③ 컬 스템(Curl stem)
④ 하프 스템(Half stem)

해설

논 스템은 볼륨감은 가장 크나 움직임은 가장 작은 웨이브로, 형성력에 따른 탄력도가 가장 강하다.
④ 하프 스템 : 논과 롱 스템의 중간의 움직임과 볼륨감을 갖으며, 모다발은 두상에서 수직으로 빗질하여 모다발 끝에서 와인딩하면 롤러는 베이스 크기의 1/2 지점 밑에 안착된다.

★★★★☆
12 **프렌치 뱅(French bang)에 대한 설명으로 옳은 것은?**

① 가르마 가까이에 작게 낸 뱅이다.
② 포워드 롤 뱅에 적용시킨 것이다.
③ 컬이 부드럽고 꾸밈없는 듯한 볼륨이다.
④ 뱅 부분을 업 셰이핑하고 모다발 끝은 플러프해서 내린 것이다.

해설

- 프렌치 뱅은 전발을 업 셰이핑한 후 부풀리게 플러프한 모양이다.
- 뱅은 일명 애교머리라고도 하며 이마 장식으로 드러우기 위해 두발을 가지런히 자른 모습을 일컫는다. 뱅의 종류는 플러프·롤·프린지·웨이브·프렌치 뱅 으로 분류된다.

13 **정상(건강)두피에 행하는 트리트먼트는?**

① 플레인 스캘프 트리트먼트
② 댄드러프 스캘프 트리트먼트
③ 오일리 스캘프 트리트먼트
④ 드라이 스캘프 트리트먼트

해설

스캘프 트리트먼트의 종류(두피 상태에 따라)
- 플레인 스캘프 트리트먼트 : 생리활성이 정상인 건강한 두피에 플레인 스캘프 트리트먼트를 사용한다.
- 드라이 스캘프 트리트먼트 : 건성두피로서 피지가 부족하고 건조한 상태일 때 사용한다.
- 오일 스캘프 트리트먼트 : 지성두피로서 피지가 과잉 분비되어 지방이 많을 때 사용한다.
- 댄드러프 스캘프 트리트먼트 : 비듬성 두피로서 비듬을 제거하기 위해 실시·사용한다.

정답 — 10 ④　11 ②　12 ④　13 ①

14 **헤어 블리치 시술상의 주의점을 설명한 것 중 잘못된 것은?**

① 두피에 상처나 질환이 있는 경우 염색시술을 하지 않는다.
② 블리치를 시술한 두발은 일주일 정도 지나서 필요시 콜드 퍼머넌트를 하는 것이 좋다.
③ 블리치제는 시술 전에 미리 정확하게 조합해둔다.
④ 블리치를 시술한 손님에 대해 필요한 사항은 카드에 기록해서 참고한다.

해설

탈색제(Bleach agent)는 과황산암모늄(제1제)과 과산화수소(제2제)를 혼합하여 사용한다. 혼합 시 발생기 산소가 휘발해 버리면 멜라닌색소를 산화시킬 수 있는 반응력을 잃어버린다.

15 **두부의 톱 부분의 두발에 특별한 효과를 연출하기 위해 사용하는 헤어 피스는?**

① 폴 ② 위그
③ 위글렛 ④ 스위치

해설

헤어 피스의 종류
- 폴(Fall) : 짧은 길이의 헤어스타일을 일시적으로 중간 또는 긴 두발의 머리형태로 변화시키고 싶을 때 사용한다.
- 스위치(Switch) : 땋거나 늘어트리는 부분 가발로서 모발의 길이는 대게 20cm 이상이다. 1~3가닥으로 땋거나 스타일링을 하기 쉽도록 이루어져 있으며, 여성스러움을 강조할 수 있다. 가장 실용적이고 시술이 용이한 것은 3가닥으로 구성되어 있다.
- 위글렛(Wiglet) : 두상의 한 부위(탑 부분)에 높이와 볼륨을 주기 위하여 컬이 있는 상태 그대로를 사용한다.
- 캐스케이드(Cascade) : 폭포수처럼 풍성하고 긴 머리형태를 원할 때 사용된다.
- 치그논(Chignon) : 한 가닥으로 길게 땋은 스타일이다.
- 브레이드(Braids) : 모발을 여러 가닥으로 땋은 스타일이다.

16 **프로그래시브 스타일에 대한 설명인 것은?**

① 조화, 유동성, 세부적 묘사 등이 요구된다.
② 살롱에서 일반적으로 행해지는 소비자 스타일이다.
③ 웨이브와 질감이라는 변화로서 유동성 있는 디자인을 요구한다.
④ 전문적인 의상, 액세서리, 메이크업 역시 진취적이고 창작적으로 강하게 표현된다.

해설

프로그래시브 스타일은 기술적인 표현을 80%, 전반적인 메이크업, 의상 등을 20%로 헤어 드레싱의 기술을 가장 창조적이면서 혁신적으로 전시한다.

17 **'가발 주문하기'에 대한 설명으로 틀린 것은?**

① 고객의 모발 샘플을 첨부한다.
② 모발의 질감 상태를 제시한다.
③ 원하는 모발 길이보다 2cm 길게 제시한다.
④ 가르마의 유형과 헤어스타일을 제시한다.

해설

가발 주문하기
고객의 두상치수를 정확히 측정했는지 확인한 후 기록물과 함께 가발 제조사에 주문한다.
- 고객의 모발 샘플 첨부(샴푸와 린스로 깨끗이 처리된 것)
- 모발의 질감 상태 제시
- 원하는 모발 길이 제시
- 가르마의 유형과 헤어스타일 제시

18 **탈색제 성분 중 알칼리제의 특성에 대한 설명이 잘못된 것은?**

① 제1제인 알칼리제는 과산화수의 산화를 촉진하는 물질이다.
② 과산화수소 자체로도 짧은 방치시간으로 모발을 밝게 할 수 있다.
③ 알칼리제는 산화를 위한 촉진 물질로서 산화촉매제 또는 보력제이다.
④ 알칼리제의 농도가 높을수록 과산화수소의 분해를 더욱 촉진시켜 탈색 속도를 높인다.

정답 14 ③ 15 ③ 16 ④ 17 ③ 18 ②

해설

과산화수소의 특성

- 과산화수소 자체로도 모발을 밝게 할 수 있으나 방치 시간이 오래 걸린다.
- 화장품학에서 산화제, 발생기제 등이라고 한다.
- H_2O_2는 빛 또는 열, 오염 물질 등에 약하다.
- 금속 성분이나 유기체(세균) 등에 의해 쉽게 분해되거나 휘발된다.
- 알칼리제와 혼합된 과산화수소의 pH를 증가시켜 모발에서의 탈색을 관장한다.
- 과산화수소의 유형은 분말(파우더), 크림, 액상 등이 있다.

19 **두피의 유형을 판별하기 위한 내용으로 거리가 먼 것은?**

① 유형을 판별하기 위해서는 클렌징 전에 측정한다.
② 유형을 판별하기 위해서는 상담을 통한 문진에 의해서 측정된다.
③ 유형을 판별하기 위해서는 시각을 통한 시진에 의해서 측정된다.
④ 유형을 판별하기 위해서는 감촉을 통한 촉진에 의해서 측정된다.

해설

두피 유형은 문진, 시진, 촉진, 검진 등의 진단방법을 혼합하여 정확하게 판별한다. 또한, 유형을 판별하기 위해서는 클렌징 후 토너 사용 전에 측정해야 한다.

20 **손상모를 판정하기 위한 판단 또는 진단이 아닌 것은?**

① 인장 강도에 의한 판단
② 모표피의 유막 형성 진단
③ 신도에 의한 판단
④ 광학 현미경에 의한 모표피 진단

해설

모표피의 유막 형성은 손상된 모발을 회복 또는 관리하는 방법이다. 모표피의 마찰 저항이 약해져 광택과 감촉이 손실된 상태에 유막제를 사용한 트리트먼트 시 물리적 손상이 예방된다.

21 **머리모양의 구성요소가 아닌 것은?**

① 두개골이 갖는 공간 ② 두발이 갖는 선
③ 두피가 갖는 면 ④ 두상의 각부 포인트

해설

두상(머리모양)의 구조

공간체로서 두정융기, 측두융기, 후두융기를 통해 깊이감을 가진 머리모양을 갖춘다. 이는 3가지 구성요소로서 ①, ②, ③ 등의 크기와 형태가 자체적인 표현 특성을 나타낸다.

22 **아래 보기에서 설명하는 시술각 및 웨이브 움직임과 베이스 위치를 바르게 연계시킨 것은?**

- 빗질 각도는 90~135°로서 베이스 크기 위로 모다발이 안착되는 논 스템(Non stem)이다.
- 모근의 부피감과 볼륨감이 크며, 강한 웨이브로서 움직임이 큰 효과를 갖는다.
- 베이스 섹션 자국이 선명히 남는 단점이 있다.

① 온 베이스 ② 오프 베이스
③ 프리즈 베이스 ④ 하프 오프 베이스

해설

모다발의 빗질 각도는 모발이 로드에 말린 후(Curl-ness) 고정(Anchor) 베이스 위치를 예상하여 조절된다. 베이스의 위치는 모근에 대한 부피감과 볼륨감에 영향을 준다.

23 **아래 보기는 어떤 도구를 이용한 기법인가?**

- 커트스타일 완성 후 질감처리를 위해 사용한다.
- 지나치게 많은 모량은 형태선을 만들기 전에 적당하게 조절한다.
- 모량이 어느 한 쪽으로 지나치게 치우쳐 있을 경우 이를 조절할 때 사용한다.

① 가위 ② 레이저
③ 클리퍼 ④ 틴닝가위

해설

틴닝가위를 사용하여 모량(모발 숱)을 감소시키는 기법으로서 모발 길이를 짧게 하지 않는다.

정답 19 ① 20 ② 21 ④ 22 ① 23 ④

24 두피 관점에서 두상에 그어진 선을 의미하는 라인드로잉에 대한 설명과 관련 없는 것은?

① 전대각 ② 외곽선
③ 내곡선상 ④ 외곡선상

해설

커트의 형태선을 외곽선이라 하며, 빗질 또는 자르기에 따라 결과에 가장 직접적인 영향을 주는 요소이다.

라인드로잉

두피 관점에서 두상에 그어진 선을 의미한다. 선으로서 수평, 수직, 대각선 등으로 파트된다. 이 때 자르기 위한 베이스 크기는 폭 1~1.5cm 정도의 서브 섹션이 된다.

- 컨케이브 라인(Concave line) : 전체 영역에서 드러나는 선(형태선)을 의미한다. 컨케이브는 형태선으로 볼 때 전대각 라인보다 면적이 갖는 이미지가 곡선적(내곡선상)이다.
- 컨벡스 라인(Convex line) : 형태선으로 볼 때 후대각 라인보다는 면적이 갖는 이미지가 곡선적(외곡선상)이다.
- 전대각 : 좌대각이라고도 하며, 앞내림형으로서 파트 또는 라인드로잉 된다.
- 후대각 : 우대각이라고도 하며, 앞올림형으로서 파트 또는 라인드로잉 된다.

25 친유성기의 구조를 띠는 부분에 의해 결정되는 계면활성제의 종류는?

① 유용성 계면활성제
② 수용성 계면활성제
③ 이온성 계면활성제
④ 비이온성 계면활성제

해설

계면활성제의 종류

친수성기와 소수성기 대소에 따라 유용성과 수용성 계면활성제로 구분된다.

- 유용성 계면활성제 : 친유성기의 구조를 띠는 부분에 의해 결정된다.
- 수용성 계면활성제 : 친수성기의 이온을 띠는 부분에 의해 결정된다.
- 이온성 계면활성제 : 음이온, 양이온, 양(쪽)성 이온 등으로 구분된다.
- 비이온성 계면활성제 : 이온적으로 완전한 중성상태로서 물에서 이온을 띠지 않으나 계면활성 작용을 한다.

26 피부 표면의 pH는?

① 3.5~4.0 ② 4.5~5.5
③ 6.5~7.0 ④ 7.0~7.5

해설

- 피부 pH는 4.5~5.5(약산성)로서 피부보호막을 형성한다.
- 일시적으로 피부 pH가 파괴되더라도 약 2시간 정도 후에는 재생된다.
- 피부 표면의 약산성 상태는 세균으로부터 피부를 보호한다.
- 피부 표피의 약산성막은 정화작용 능력과 세균 발육 억제 기능을 갖고 있다.

27 다음 내용 중 손바닥과 발바닥에서만 볼 수 있는 세포층은?

① 기저층 ② 유두층
③ 각질층 ④ 투명층

해설

투명층

무색, 무핵의 납작하고 투명한 3~4개의 층의 상피세포로 구성된다. 손·발바닥에 다수 존재하며 엘라이딘이라는 반유동성 물질로서 체내에 필요한 물질이 체외로 나가는 것을 막는 역할을 한다.

28 피부 구조에 대한 설명으로 옳은 것은?

① 표피, 진피, 피하조직 등 3층으로 구분된다.
② 각질층, 투명층, 과립층 등 3층으로 구분된다.
③ 한선, 피지선, 유선 등 3층으로 구분된다.
④ 결합섬유, 탄력섬유, 백색섬유 등 3층으로 구분된다.

해설

- 피부는 얇은 피부(4개의 세포층)와 두꺼운 피부(5개의 세포층)로 구분된다.
- 피부는 3개의 층으로서 표피, 진피, 피하조직 등으로 구성되어 있으며 피부의 부속기관은 각질부속기관(모발, 손·발톱)과 분비부속기관(한선, 피지선)으로 대별된다.

정답 — 24 ② 25 ① 26 ② 27 ④ 28 ①

29 다음 중 표피층 내 면역과 관계있는 세포는?

① 콜라겐
② 머켈세포(신경종말세포)
③ 멜라닌세포
④ 랑게르한스세포(긴수뇨세포)

해설
- 표피의 부속기관은 각질형성세포, 색소형성세포, 랑게르한스세포(항원세포), 머켈세포(촉각세포) 등으로서 면역과 관계있는 세포는 랑게르한스세포이다.
- 알레르기 감각세포인 랑게르한스세포는 면역작용에 관여하여 항원을 탐지하며, 림프가 흐르는 곳인 기저층과 유극층 내에 항원전달세포가 존재한다.

30 다음 중 중성피부에 대한 설명으로 옳은 것은?

① 화장이 오래가지 않고 쉽게 지워진다.
② 계절이나 연령에 따른 변화가 전혀 없다.
③ 외적인 요인에 의해 건성 또는 지성 타입으로 변화될 수 있어 꾸준하게 손질을 해야 한다.
④ 유 · 수분이 적당하여 다른 손질은 하지 않아도 된다.

해설
- 중성피부는 정상피부 또는 보통피부라 하며, 피부조직 상태 또는 생리기능이 정상적이다.
- 계절, 건강상태, 생활환경 등에 의해 피부상태가 변화될 수 있다.
- 유·수분 균형에 의해 피부가 윤기와 촉촉함이 있고, 피부결이 섬세하여 주름이 없으며 탄력이 있다.
- 피부색은 선홍색으로서 표피는 두껍지 않고 얇으며 정상적인 각화현상을 나타낸다.

31 천연보습인자(NMF)의 구성성분 중 40%를 차지하는 중요 성분은?

① 요소 ② 젖산염
③ 무기염 ④ 아미노산

해설
천연보습인자(NMF)는 아미노산, 요소, 젖산염, 피롤리돈카본산염 등으로 구성되어 있으며, 아미노산이 구성성분의 가장 높은 비율(40%)을 차지한다.
천연보습인자
- 피지의 친수성 부분인 천연보습인자는 피부의 수분 보유량을 조절하여 건조를 방지하는 인자이다.
- 과립층 내 케라토하이알렌(Keratohyalin)이 감소하면 NMF의 생산이 저하되어 보습능력이 낮아진다. NMF가 결핍되면 피부가 건조해져서 각질층이 두터워지며 피부노화의 원인이 된다.

32 손·발에서 생긴 곰팡이 균에 의해 가려움증을 동반하는 피부 질환은?

① 기미 ② 무좀
③ 비립종 ④ 두부백선

해설
무좀은 손(발)톱 진균증으로서 손(발)톱이 불투명한 백색으로 변하며, 비후되고 약해져 부서지기 쉽게 된다.
① 기미 : 흑피증으로서 1cm~수cm에 이르는 갈색반이 얼굴에 나타내는 상태이다.
③ 비립종 : 화이트헤드라고도 하며 직경 1~2mm의 둥근 백색 구진으로 안면(특히 눈 하부)에 호발한다.
④ 두부백선 : 두부에 피부사상균이 감염되어 발생하는 백선증으로서 눈썹, 속눈썹에도 병변이 나타나며 가끔 유행성을 보인다.

33 공중보건사업과 그 관련성이 가장 적은 내용은?

① 검역 및 예방접종사업
② 결핵 및 성병관리사업
③ 가족계획 및 모자보건사업
④ 선천성 질환자 및 암환자의 치료

해설
공중보건사업은 검역 및 예방접종, 결핵 및 성병 관리, 가족계획 및 모자보건사업 등을 시행한다.

정답 29 ④ 30 ③ 31 ④ 32 ② 33 ④

34 다음 중 기후의 3대 요소는?

① 기온 - 기압 - 기류
② 기온 - 기습 - 기류
③ 기온 - 기압 - 복사량
④ 기류 - 기압 - 일조량

해설

기후(Climate)란 어떤 장소에서 매년 되풀이 되는 대기현상을 종합한 것으로 기후의 3대 요소는 기온, 기습, 기류이다.

- 기온(온도) : 쾌적온도는 18±2℃이며, 수은온도계를 이용하여 1.5m 높이의 백엽상 내에서 측정한다.
- 기습(습도) : 쾌적습도는 40~70%이며, 기온에 따라 달라지는 습도는 대기 중에 포함된 수분량으로서 인체에 적당하게 작용되면서 쾌적감각을 가진다. 실내가 너무 건조하면 호흡기계 질병에 노출되기 쉬우며, 너무 습하면 피부계 질환에 노출되기 쉽다.
- 기류(바람) : 실외의 기압과 실내의 기온 차이에 따라 기류(바람)가 발생하며 실내의 기류는 항상 0.5m/sec로, 느끼지 못하는 불감기류로서 존재한다. 자연환기가 이루어지면서 신체 방열작용을 한다.

35 출생 후 가장 먼저 실시하게 되는 영아 예방접종은?

① 결핵　② 폴리오
③ 홍역　④ 파상풍

해설

결핵

- 결핵 예방접종인 BCG는 생후 4주 이내에 한다.
- 감염병 중 가장 많이 걸리는 질병으로서 환자의 비말감염 또는 오염된 식기나 식품으로 전파된다.
- 기침, 객혈, 발열, 흉통, 피로감 등의 임상증상이 나타난다.
- 투베르쿨린 반응 검사 후 양성 반응 시 X선 간접촬영, X선 직접촬영, 객담 검사 실시 후 등록관리 한다.

36 감염병을 옮기는 절지동물과 질병과의 연결이 바른 것은?

① 재귀열 - 이
② 말라리아 - 진드기
③ 일본뇌염 - 체체파리
④ 발진티푸스 - 모기

해설

재귀열, 발진티푸스, 뎅기열은 절지동물인 이에 의해 전파된다.

37 다음 보기 중 직업병만으로 묶은 것은?

ㄱ. 잠함병　ㄴ. 규폐증　ㄷ. 소음성 난청　ㄹ. 식중독

① ㄱ, ㄷ　② ㄴ, ㄹ
③ ㄱ, ㄴ, ㄷ　④ ㄱ, ㄴ, ㄷ, ㄹ

해설

- 직업병은 특정 직종에 종사하는 사람에게 발생되는 질환이다. 납중독, 벤젠중독, 규폐증은 대표적인 3대 직업병이다.
- 식중독은 음식물 섭취로 인하여 발생하는 급성위장염의 증상이다.

38 특히 돼지고기를 생식하는 지역주민에게 많이 나타나며, 성충 감염보다는 충란을 섭취하여 낭충으로 감염되는 것은?

① 유구조충증　② 무구조충증
③ 광절열두조충증　④ 폐디스토마증

해설

유구조충증

- 인체 내 소장에서 유구낭미충이 성충으로 발육, 전세계적으로 분포하며, 특히 돼지고기를 생식하는 지역에서 발병한다.
- 병인은 유구조충, 갈고리촌충이라고도 한다.
- 소화기계 증상으로서 두통, 변비, 설사, 식욕부진, 소화불량 등을 야기한다.

39 환경오염지표의 내용과 바르게 연결된 것은?

① 수소이온농도 - 음용수오염지표
② 대장균 - 하천오염지표
③ 용존산소 - 대기오염지표
④ 생물학적 산소요구량 - 수질오염지표

정답 34 ② 35 ① 36 ① 37 ③ 38 ① 39 ④

해설

수질오염의 지표는 이화학적 또는 생물학적 수질오염 지표가 있다.
- 이화학적 수질오염 지표는 수소이온 농도(pH), 용존산소(DO), 생화학적 산소요구량(BOD), 부유고형물, 탁도 및 색도, 냄새와 맛 등이 있다.
- 생물학적 수질오염 지표는 미생물(일반세균, 대장균), 어류, 조류 등이 있다.

40 소독 시 화학적 소독제의 구비조건이 아닌 것은?

① 용해성이 낮아야 한다.
② 살균력이 강해야 한다.
③ 부식성, 표백성이 없어야 한다.
④ 경제적이고 사용방법이 간편하며 광범위해야 한다.

해설

소독제의 구비조건
- 인체 무해·무독하며 환경오염을 발생시키지 않아야 한다.
- 용해성과 안정성이 높아 부식성과 표백성이 없어야 한다.
- 소독 범위가 넓고 냄새가 없어야 하며 탈취력이 있어야 하며, 살균력이 강해야 한다.
- 경제적이고 사용이 간편하며 높은 석탄산 계수를 가져야 한다.

★☆☆☆

41 자비소독(100℃)에서도 멸균되지 않는 세균은?

① 결핵균 ② 장티푸스균
③ 소아마비 ④ 아포형성균

해설

아포형성균
외부환경 조건에 강한 저항으로서 균체 세포질에 아포를 형성하여 세균의 휴지기 상태(대사 정지)가 되면서 100℃ 끓는 물에 10분 정도 가열해도 사멸되지 않는다. 건조, 열, 소독제, 화학약품 등에 저항성을 나타낸다.
자비 소독법
- 100℃ 끓는 물에 15~20분간 처리하는 방법이다.
- 내열성이 강한 미생물은 완전 멸균할 수 없다.
- 식기류, 도자기류, 주사기, 의류 소독 등에 사용한다.

42 자외선 소독에 대한 설명인 것은?

① 짧은 시간에 충분히 소독된다.
② 직접 쬐여 노출된 부위만 소독된다.
③ 액체의 표면을 통과하지 못하고 반사한다.
④ 투과력이 강해서 매우 효과적인 살균법이다.

해설

자외선 소독
- 자외선 소독기는 저전압 수은램프를 이용하여 살균력이 강한 260~280nm의 전자파를 방사시켜 멸균하는 방법이다.
- 공기나 물의 살균에 사용되며 무균작업대, 조직세포 배양실, 수술실, 식품 저장창고 등의 살균에도 널리 사용된다.
- 피조사 물질에 거의 변화를 주지 않고 살균이 가능하다.
- 내부 침투력이 약하여 주로 표면에서 살균작용이 이루어진다.

43 살아있는 세포에서만 증식하고 크기가 가장 작아 전자현미경으로만 관찰할 수 있는 병원체는?

① 구균 ② 간균
③ 원생동물 ④ 바이러스

해설

바이러스
- DNA 바이러스와 RNA 바이러스가 있으며 살아 있는 세포 속에서만 증식·생존하는 병원체 중 가장 작아 여과기를 통과하므로 여과성 병원체라 한다.
- 간염 바이러스를 제외하고 56℃에서 30분 가열하면 불활성을 초래하는 열에 불안정한 미생물이다.
- 소아마비, 홍역, 유행성 이하선염, 광견병, AIDS, 간염, 천연두, 황열 등을 야기한다.

44 석탄산수의 소독효과로서 볼 수 없는 것은?

① 금속부식성이 있다.
② 살균력이 안정되어 있다.
③ 피부점막에 대한 자극성이 없다.
④ 강한 소독력이 있다.

정답 40 ① 41 ④ 42 ② 43 ④ 44 ③

해설

- 소독제 또는 방부제로서 석탄산은 3~5% 수용액으로 무아포균을 1분 이내에 사멸하며, 소독제의 살균지표인 계수를 가진다. 유기물 소독에도 살균력이 안정되며 고온일수록 살균효과가 크다. 염산이나 소금을 석탄산에 혼합하면 살균력이 강해진다.
- 금속부식성과 취기, 독성이 강하여 피부, 점막 등에 자극성이 있다.

45 고압증기멸균법의 단점으로 설명된 것은?

① 멸균비용이 많이 든다.
② 멸균물품에 잔류독성이 있다.
③ 많은 멸균물품을 한번에 처리할 수 없다.
④ 수증기가 통과함으로써 용해되는 물질은 멸균할 수 없다.

해설

고압증기멸균법

- 고압증기멸균법은 현재 가장 널리 이용되는 멸균법으로, 고온고압의 수증기를 미생물과 포자 등과 접촉시켜 사멸시키는 방법이다.
- 소독대상물은 수술기구 등의 금속제품, 린넨류, 실험용 기자재, 액체약병, 면포나 종이에 싼 고무장갑, 주사기, 봉합사, 고무재료 등이다.
- 고압증기멸균기 사용방법
  10Lbs – 115.5℃ – 30분
  15Lbs – 121.5℃ – 20분
  20Lbs – 126.5℃ – 15분

46 다음 내용 중 병원 또는 비병원성 미생물을 모두 제거하는 방법은?

① 멸균 ② 소독
③ 방부 ④ 살균

해설

소독 관련 용어

- 소독 : 병원성 미생물을 파괴시켜 감염의 위험성을 제거하는 약한 살균작용을 한다.
- 방부 : 미생물의 발육과 생활작용을 억제 또는 정지시킴으로써 부패나 발효시키는 조작을 의미한다.
- 살균 : 생활력을 가지고 있는 미생물을 이학적, 화학적 소독법에 의해 급속하게 죽이는 것을 의미한다.
- 멸균 : 병원 또는 비병원성 미생물 또는 그 포자를 사멸 또는 제거한다.

47 여드름 치유와 잔주름 개선에 널리 사용되는 것은?

① 레틴산
② 아스코르빈산
③ 토코페롤
④ 칼시페롤

해설

레틴산은 레티노이드류로서 비타민 A 유도체로서 공기 중 산소에 산패되기 쉬운 유효성분을 안정화시킨 것으로서 잔주름 개선, 각화과정 정상화, 재생작용 등에 효과가 있다.

주름 개선

- 비타민 C, 비타민 A(레티노이드), 펩타이드 등 : 콜라겐 합성(세포재성)
- 비타민 E(토코페놀), 플라보노이드, 폴리페놀 등 : 항산화 작용

여드름 치유

- 피지억제제 : 에티닐, 에스트론, 로즈마리, 비타민 B_6, 에스트라디올, 우엉, 인삼추출물 등
- 각질 제거 : 유황, 비타민 C, 살리실산 등
- 살균제 : 작약, 고삼, 영화벤잘코늄 등

48 피부 표면의 수분증발을 억제하여 피부를 부드럽게 해주는 물질은?

① 방부제 ② 에탄올
③ 유연제 ④ 계면활성제

해설

유연제

강한 보습효과가 있는 비타민 A 유도체이며, 공기 중 산소에 산패되기 쉬운 유효성분을 안정화시킨 것이다. 잔주름 개선, 각화과정 정상화, 재생작용 등에 효과가 있다. 글리세린, 폴리에텔렌글리콜, 부틸렌글리콜, 천연보습인자(NMF) 등이 있다.

정답 – 45 ④ 46 ① 47 ① 48 ③

49 자외선 차단제에 관한 설명이 틀린 것은?

① 자외선 차단제는 SPF의 지수가 매겨져 있다.
② SPF는 지수가 낮을수록 차단지수가 높다.
③ 자외선 차단제의 효과는 자신의 멜라닌색소의 양과 자외선에 대한 민감도에 따라 달라질 수 있다.
④ 자외선 차단지수는 제품을 사용했을 때 홍반을 일으키는 자외선의 양을 제품을 사용하지 않았을 때 홍반을 일으키는 자외선의 양으로 나눈 값이다.

해설
SPF 지수가 높을수록 차단효과가 있으나 피부에 자극적이다.

50 민감성 피부용 화장품 성분인 아줄렌은 피부에 어떤 작용을 하는가?

① 미백 ② 자극
③ 진정 ④ 색소침착

해설
아줄렌은 카모마일에서 추출하며 진정, 항염증 상처치유에 효과적이다.

51 다음 화장품 성분 중 여드름을 유발하지 않는 것은?

① 올레인산
② 라우린산
③ 솔비톨
④ 올리브 오일

해설
건성피부용 성분인 솔비톨은 글리세린 대체 물질로서 인체 안정성이 높고 보습력이 강하다.

52 약산성인 피부에 가장 적합한 비누의 pH는?

① pH 3 ② pH 4
③ pH 5 ④ pH 7

해설
약산성인 피부(pH 4.5~5.5)에 가장 적합한 비누 pH는 중성(pH 7)이다.

53 향수에 대한 설명으로 옳지 않은 것은?

① 향 발산을 목적으로 맥박이 뛰는 손목이나 목에 분사한다.
② 자외선에 반응하여 피부에 광알레르기를 유발시킬 수도 있다.
③ 색소침착된 피부에 향료를 분사하고 자외선을 받으면 색소침착이 완화된다.
④ 향기가 격조가 있어야 하며 아름답고 세련된 조화로운 향이어야 한다.

해설
향수 사용법
향 발산을 목적으로 하는 향수는 신체 중 맥박이 뛰는 손목이나 목 등에 분사하나 사람에 따라 광알레르기나 색소침착을 유발한다. 따라서 무릎 안쪽이나 팔꿈치에 바르거나 머리카락 또는 치마의 아랫단 등에 분사할 수도 있다.

54 이·미용사의 위생교육에 대한 설명 중 바르게 설명된 것은?

① 위생교육 대상자는 이 · 미용업 영업자이다.
② 위생교육 시간은 분기당 4시간으로 한다.
③ 이 · 미용사의 면허를 가지고 이 · 미용업에 종사하는 모든 자는 위생교육에 포함된다.
④ 위생교육은 시, 군, 구청장만이 할 수 있다.

정답 49 ② 50 ③ 51 ③ 52 ④ 53 ③ 54 ①

해설

영업자 위생교육
- 공중위생영업자는 매년 3시간의 위생교육을 받아야 한다.
- 영업하고자 시설 및 설비를 갖추고 신고하고자 하는 자는 미리 위생교육을 받아야 한다. 다만, 보건복지부령으로 정하는 부득이 한 사유로 미리 교육을 받을 수 없는 경우에는 영업개시 후 6개월 이내에 위생교육을 받을 수 있다.
- 위생교육을 받아야 하는 자 중 영업에 직접 종사하지 아니하거나 2개 이상의 장소에서 영업을 하고자 하는 자는 영업장별로 종업원 중에서 공중위생에 관한 책임자를 지정하고 그 책임자로 하여금 위생교육을 받게 하여야 한다.
- 위생교육은 보건복지부장관이 허가한 단체 또는 공중위생영업자 단체의 설립(제16조)에 따른 단체가 실시할 수 있다.
- 위생교육의 방법, 절차 등에 관한 필요사항은 보건복지부령으로 정한다.

55 이·미용업소의 위생관리기준에 해당되지 않는 것은?

① 손님 1인에 한하여 1회용 면도날을 사용하도록 한다.
② 영업장의 조명도는 75룩스 이상이 되도록 한다.
③ 피부미용을 위한 의약품은 따로 보관한다.
④ 소독을 한 기구와 소독을 하지 아니한 기구를 구분하여 보관한다.

해설

피부미용을 위하여 약사법 규정에 의한 의약품 또는 의료용구를 사용하여서는 안 된다.
영업자 위생관리 기준
- 점 빼기, 귓불 뚫기, 쌍꺼풀 수술, 문신, 박피술, 그 밖에 이와 유사한 의료행위를 하여서는 안 된다.
- 피부미용을 위하여 「약사법」에 따른 의약품 또는 「의료기기법」에 따른 의료기기를 사용하여서는 안 된다.
- 미용기구 중 소독을 한 기구와 하지 아니한 기구는 각각 다른 용기에 넣어 보관하여야 한다.
- 1회용 면도날은 손님 1인에 한하여 사용하여야 한다.
- 영업장 안의 조명도는 75Lux 이상이 되도록 유지하여야 한다.
- 영업소 내부에 미용업 신고증 및 개설자의 면허증 원본, 최종지불요금표를 게시하여야 한다.

56 이·미용기구의 소독기준 및 방법이 고시되어 있는 곳은 어디인가?

① 대통령령 ② 보건복지부령
③ 환경과 ④ 위생과

해설

이·미용기구의 소독기준 및 방법은 보건복지부령에 고시되어 있다.

★☆☆☆

57 이·미용업소의 조명시설은 몇 룩스 이상이어야 하는가?

① 50룩스 ② 75룩스
③ 100룩스 ④ 125룩스

해설

영업장 안의 조명도는 75Lux 이상이 되도록 유지하여야 한다.

58 공중위생영업자가 공중위생관리법상 필요한 보고를 당국에 하지 않았을 때의 법적 조치는?

① 100만 원 이하의 과태료
② 300만 원 이하의 과태료
③ 100만 원 이하의 벌금
④ 200만 원 이하의 벌금

해설

300만 원 이하 과태료
- 규정보고를 하지 아니한 자
- 위생기준 및 개선명령에 따르지 아니한 자
- 관계 공무원의 출입, 검사, 기타 조치를 거부, 방해 또는 기피한 자

정답 55 ③ 56 ② 57 ② 58 ②

59 영업자의 지위를 승계 받은 후 누구에게 신고하여야 하는가?

① 시 · 도지사
② 경찰서장
③ 시장, 군수, 구청장
④ 보건복지부장관

해설
공중위생영업자의 지위를 승계하는 자는 1월 이내에 보건복지부령이 정하는 바에 따라 시장, 군수, 구청장에게 신고하여야 한다.

60 미용업의 신고에 대한 설명으로 가장 옳은 것은?

① 미용사 면허를 받은 사람만 신고할 수 있다.
② 일반인 누구나 신고할 수 있다.
③ 1년 이상의 미용업무 실무경력자가 신고할 수 있다.
④ 미용사 자격증을 소지하여야 신고할 수 있다.

해설
영업의 신고
공중위생영업을 하고자 하는 자(이하 공중위생영업자라 함)는 시설 및 설비(보건복지부령)를 갖춘 후 시장, 군수, 구청장에게 신고하여야 한다.
영업신고 시 첨부서류
- 영업시설 및 설비 개요서
- 교육 필증(미리 교육을 받은 경우)

정답 – 59 ③ 60 ①

제2회 상시시험 복원문제

자격검정 CBT 상시시험 복원문제 문제풀이

수험번호:
수험자명:

제한시간: 60분

01 미용의 특수성과 거리가 먼 것은?

① 미용은 조형예술과 같은 장식예술이다.
② 손님의 머리모양을 낼 때 시간적 제한을 받는다.
③ 미용은 인체에 아름다움을 부가하는 부용예술이다.
④ 손님의 머리모양을 낼 때 미용사 자신의 독특한 구상을 표현해야 한다.

해설

미용의 특수성
미용은 그림, 조각, 건축, 조경(造景)과 같은 조형예술로서 주로 시각(視覺)을 통해 얻어진다. 따라서 미용은 조형예술, 장식예술, 정적예술, 부용예술 등이라는 명칭과 함께 특수성을 갖는다.

- 의사표현의 제한 : 미용사 자신의 의사표현보다는 고객의 의사가 우선적으로 다루어져야 한다.
- 소재선정의 제한 : 신체의 일부인 모발, 얼굴을 소재로 하기 때문에 고객을 자유롭게 선택하거나 교체할 수 없다.
- 시간의 제한 : 미용사 자신의 여건과 관계없이 고객의 생태적인 머리모양을 이상적인 머리형태로 만들기 위해 실용적이고 생활적으로 신속하게 오리지널과 리세트하여야 한다.
- 미적 효과의 변화 : 미용은 일반 조형예술과 같은 정적예술(靜的藝術)로서 고객의 신체 일부를 대상으로 동작이나 표정, 의복, 상황, 장소, 시간(T.P.O) 등에 따라 표현해야 한다.
- 부용예술 : 미용은 살아있는 인체의 조건에 제한을 극복하여 아름다움을 부가하는 부용예술이다.

02 헤어스타일에서 개성미를 파악하기 위한 첫 단계는?

① 구상　② 보정
③ 소재　④ 제작

해설

미용의 과정
고객의 모발을 소재로 머리형태를 완성시켜가는 4가지 절차이다.

- 소재 : 주 소재인 고객의 모발과 함께 전신의 자태, 얼굴형, 표정, 동작의 특징 등을 신속정확하게 관찰·파악해야 한다.
- 구상 : 손님의 얼굴형과 특징 등을 고려하여 개성미를 연출할 수 있도록 계획하고 고객과의 의견차이가 있을 경우 양해와 이해를 구해야 한다.
- 제작 : 미용의 제작과정에서 가장 중요한 단계인 제작은 구체적인 표현과정이다. 신속하고 정확해야 하며, 미적 표현은 실제적이면서 생활적이여야 한다.
- 보정 : 제작 후 전체적인 모양을 헤어디자인의 요소와 원리에 따라 종합적으로 관찰하고, 불충분한 곳이 없는지를 재조사하여 보정해야 한다.

03 고대 중국 당나라의 화장술로서 거리가 먼 것은?

① 백분과 연지로 얼굴형 부각
② 10가지 종류의 눈썹 모양으로 개성을 표현
③ 액황을 이마에 발라 입체감 살림
④ 일본에서 유입된 가부끼 화장이 서민에게까지 성행

해설

가부끼 화장은 일본식 화장술이다.

중국의 고대미용

- B.C 2200년경 하(夏)나라 때에는 이미 분(粉)이 사용되었다.
- B.C 1150년경 은(殷)나라 주왕 때 연지화장을 하였다.
- B.C(246~210년) 진시황시대 아방궁 삼천궁녀들 사이에서는 백분, 연지, 눈썹화장이 성행하였다.
- 당나라 시대에는 높이 치켜 올리거나 내리는 머리형태를 하였다.
- 액황(額黃)을 이마에 발라 약간의 입체감을 나타냈다.
- 홍장(紅粧)이라 하여 백분을 바른 후에 연지를 덧바른 화장을 하였으며 「수하미인도(樹下美人圖)」의 인물상이 그 예이다.
- 당 현종(713~755년) 때에는 「십미도(十眉圖)」라 하여 10가지 눈썹 모양을 소개하였다.

정답 01 ④ 02 ③ 03 ④

04 **다음 내용 중 헤어스타일의 연출에 사용되는 기기는?**

① 후드 드라이어 ② 블로 드라이어
③ 램프 드라이어 ④ 스탠드 드라이어

해설

드라이어의 종류

- 블로 드라이어 : 핸드 드라이어로서 열풍, 냉풍, 온풍 등을 조절할 수 있어 스타일 연출에 편리하다. 소음이 적고 모발이 날리지 않는 바람이 방산되므로 건조 속도가 다소 느리다. 살롱용으로서 1Kw(1,000w) 이상의 대용량 전기를 이용하며 노즐의 좁은 부분으로 바람이 집중된다.
- 후드 드라이어 : 모발을 건조시키거나 헤어스타일을 고정시키기도 한다. 터비네이트 식으로 바람의 순환과 선회를 이용한 후드 타입이며, 모발을 건조시키는 속도가 빠르다.
- 램프 드라이어 : 적외선 램프를 사용하여 헤어스타일을 완성시킨다. 마무리(Comb out)를 위해 빗질 시 모발에 윤기를 부여한다.
- 디퓨터(Diffuser) : 덕빌클립이라고도 하며 핸드 드라이어의 일종이다. 본체에 커다란 원통의 노즐을 끼운다. 이는 조그만 구멍이 넓게 나있어 부드러운 바람에 의해 모발이 헝클어지지 않게 건조 또는 고정시킨다.

05 **스캘프 트리트먼트의 시술 과정에서 물리적 처치 방법이 아닌 것은?**

① 스캘프 매니플레이션을 해준다.
② 스팀 타월이나 헤어 스티머 등의 습열을 제공해준다.
③ 자외선이나 적외선을 상태에 따라 쬐여 준다.
④ 헤어 로션 및 헤어 팩을 바른다.

해설

헤어 팩과 헤어 로션은 화학적 처치 방법이다.

06 **다음 내용 중 클럽(Clubbed) 커트 기법인 것은?**

① 틴닝 ② 테이퍼링
③ 스퀘어 커트 ④ 스트로크 커트

해설

클럽 커트는 블런트 커트와 동일한 의미로서 뭉툭하게 자르는 기법이다. 본 문항에서는 스퀘어 커트와 같은 기법이다.
① 틴닝 : 모발량을 감소시키는 기법
② 테이퍼링 : 레이저를 이용하여 모발 끝을 붓 끝처럼 점차적으로 가늘게 제거하는 기법
④ 스트로크 : 모다발을 모간 끝 쪽에 모근 쪽으로 향해 모발 길이와 양을 제거하는 기법

★★★☆☆

07 **완성된 스타일을 최종적으로 정돈하기 위하여 가볍게 자르는 기법은?**

① 트리밍 ② 틴닝
③ 테이퍼링 ④ 스트로크

해설

트리밍(Trimming)
트림(Trim)은 '정돈하다' 또는 '다듬는다'의 의미로서 가볍게 다듬는 커트 기법이다. 이미 형태가 이루어진 두발의 형태선을 최종적으로 정돈하기 위하여 가볍게 자르는 기법이다.

08 **콜드 웨이브 펌 시술 시 환원제로 많이 사용되고 있는 것은?**

① 브롬산나트륨 ② 티오글리콜산염
③ 취소산염류 ④ 브롬산칼륨

해설

웨이브 펌 용제는 티오글리콜산염 또는 시스테인을 주성분으로 한다. 브롬산염류 또는 취소산염류는 산화제로서 브롬산나트륨과 브롬산칼륨으로 구분된다.

09 **콜드 웨이브 펌을 최초로 성공시킨 사람은?**

① 마셀 그라또우 ② 스피크먼
③ 찰스 네슬러 ④ 조셉 메이어

정답 04 ② 05 ④ 06 ③ 07 ① 08 ② 09 ②

> 해설
>
> 스피크먼(1936, 영국)은 상온(콜드)에서 웨이브 펌을 형성시켰다. 콜드 웨이브란 약한 염기성 용액을 모발에 사용함으로써 일반적 실온에서 쉽게 모발 구조를 변화시키는 것을 말한다. 과거 전열기기, 용제 등에서 반응하는 열 펌에 대응하여 실온 또는 상온이라는 개념으로 사용되었다.
>
> ① 마셀 그라또우(1875, 프랑스)는 마셀과 컬로 구성된 히트 아이론을 최초로 창안해 내었다.
>
> ③ 찰스 네슬러(1936, 영국)는 스파이럴식의 전열 펌을 형성시켰다. 붕사와 같은 알칼리 수용액을 웨이브 로션으로 사용하였으며 105~110°의 전열기기로 가열하는 웨이브 펌 방식이다.

10 헤어 파팅의 종류로서 두정부의 가마로부터 방사상으로 나눈 파트가 해당되는 것은?

① 카우릭 파트　② 사이드 파트
③ 스퀘어 파트　④ 라운드 사이드 파트

> 해설
>
> 카우릭 파트(Cowlick part)는 소 가르마라고도 하며 소의 혀로 핥은 것 같은 모류의 방향으로서 이마나 목선 주변에 주로 형성되는 분산된 파트이다.
>
> ② 사이드 파트 : 센터라인을 중심으로 왼(오른)쪽 3:7의 방향으로 나누어진 상태를 말한다.
>
> ③ 스퀘어 파트 : 전두면의 양(오른, 왼) 측두선을 축으로 하여 사각형으로 나누어진 상태를 말한다.
>
> ④ 라운드 사이드 파트 : 왼(오른)쪽 측두선을 축으로 S.P에서 G.P를 향하여 둥글게 3:7로 나누어진 상태를 말한다.

11 풀 또는 하프 웨이브로서 라운드 플러프 모양의 뱅은?

① 플러프 뱅　② 프렌치 뱅
③ 프린지 뱅　④ 웨이브 뱅

> 해설
>
> 웨이브 뱅은 풀 또는 하프 웨이브로서 라운드 플러프 모양이 된다. 방향의 교대로서 연결(Blending)한 모양은 선 쪽으로 움직이고 다른 모양은 선에서 바깥쪽으로 움직이는 방향감을 주는 움직임을 만든다.
>
> **뱅의 종류**
>
> - 플러프 뱅(Fluff bang) : 일정 모양 없이 부풀려서 볼륨을 준다.
> - 롤 뱅(Roll bang) : 롤 모양으로 말아 볼륨을 준 뱅이다.
> - 프린지 뱅(Fringe bang) : 가르마 가까이에 작게 낸 뱅이다.
> - 프렌치 뱅(French bang) : 두발을 올려 빗질하여 부풀려서 만들어 내린 뱅이다.

12 아이론을 손에 쥔 상태에서 아이론을 여닫을 때 사용하는 손가락은?

① 중지　② 엄지
③ 검지　④ 소지와 약지

> 해설
>
> 아이론의 프롱에 연결된 손잡이를 인지의 둘째 마디와 엄지(모지)의 손가락 완충 면으로 쥐고 나머지 중지, 약지, 소지는 그루브에 연결된 손잡이에 나란히 놓으면서 프롱과 그루브를 소지와 약지로 크게 벌려 작동시킨다.

13 스캘프 매니플레이션의 효과가 아닌 것은?

① 신경을 자극하여 흥분하게 한다.
② 두피에 혈액의 순환을 촉진시킨다.
③ 두발이 건강히 자라도록 도와준다.
④ 근육을 자극하여 단단한 두피를 더 부드럽게 한다.

> 해설
>
> 스캘프 매니플레이션은 지각신경을 자극하여 혈액순환을 잘 되게 하고, 피로감을 해소함으로써 상쾌한 기분과 함께 정신을 안정시킨다. 근육과 분비선의 기능을 왕성하게 하여 두피에 탄력을 주며, 진피 내의 탄력섬유의 퇴화를 방지하여 건강상태를 양호하게 유지시켜 준다.

정답 – 10 ① 11 ④ 12 ④ 13 ①

14 **다음 중 영구적 염모제에 대한 설명으로 적합하지 않은 것은?**

① 제1액의 알칼리제로는 휘발성이 있는 암모니아가 사용된다.
② 제2제인 산화제는 모피질 내로 침투하여 수소를 발생시킨다.
③ 제1제 속의 알칼리제가 모표피를 팽윤시켜 모피질 내로 인공색소와 과산화수소를 침투시킨다.
④ 모피질 내의 인공색소는 단량체로 들어가 다량체를 형성하여 영구적으로 착색된다.

해설
산화제는 제1제와 혼합되어 모피질 내로 침투하여 멜라닌색소를 산화(탈색)시킨다. 이 때 산화제 ($H_2O_2 \rightarrow H_2O + O\uparrow$)의 발생기 산소가 작용된다.

15 **땋거나 스타일링하기 쉽도록 3가닥 혹은 1가닥으로 만들어진 헤어 피스는?**

① 웨프트 ② 스위치
③ 폴 ④ 위글렛

해설
스위치(Switch)는 모발 길이가 20cm 이상인 땋거나 늘어뜨리는 부분 가발로서 1~3가닥으로 땋거나 스타일링을 하기 쉽도록 이루어져 있고, 여성스러움을 강조할 수 있다. 가장 실용적이고 시술이 용이한 것은 3가닥으로 구성되어 있다.

16 **컨슈머 스타일에 대한 설명이 아닌 것은?**

① 조화, 유동성, 세부적 묘사 등을 밤 스타일로 표현한다.
② 살롱에서 일반적으로 행해지는 소비자 스타일이다.
③ 일상 활동에 필요한 의상과 액세서리를 착용한다.
④ 낮 화장 스타일로서 컬러와 형태는 너무 지나치지 않도록 상업적 컬러의 범위에서 택한다.

해설
일반적 정장, 원피스, 투피스 등의 의상 패션과 소비자스타일의 컬러와 형태를 갖춘 낮 스타일(Day style)이다.

17 **가발 커트에 대한 설명으로 잘못된 것은?**

① 가발은 건조모 상태에서 커트한다.
② 파팅은 1cm 이하로 하여 레이저를 사용하여 자른다.
③ 젖은 상태에서는 원하는 길이보다 0.2 mm 길게 커트한다.
④ 가르마 또는 본발과의 경계가 드러나지 않도록 자연스럽게 연결시킨다.

해설
주문된 가발은 고객의 일생생활이나 얼굴형에 맞게 젖은 상태에서 커트한다.

18 **과산화수소의 볼륨 세기와 퍼센트 세기의 연결이 맞는 것은?**

① 10Vol – 물 97 + H_2O 3%
② 20Vol – 물 100 + H_2O 6%
③ 30Vol – 물 100 + H_2O 9%
④ 40Vol – 물 100 + H_2O 12%

해설
1볼륨은 1분자의 H_2O_2가 방출하는 산소량을 나타내며, %는 용액 단위(물 100%) 내에 포함되어 있는 용질(H_2O_2 양)을 의미한다.

정답 14 ② 15 ② 16 ① 17 ① 18 ①

19 **지성두피에 대한 내용인 것은?**

① 두피 표면은 피지선과 한선의 이상현상으로 나타난다.
② 두피톤은 불투명하며 탁해 보이고 유 · 수분 공급이 원활하지 않은 상태이다.
③ 두피가 건조하여 윤기가 없고 각질이 하얗게 쌓여 불규칙하게 갈라져 보인다.
④ 두피 표면에 노화된 각질이 두텁게 쌓여 있으며 가려움증 및 건조화 현상이 나타난다.

해설
② 두피 톤은 황색으로 노화각질과 피지산화물이 누적되어 있다.
③ 과도한 피지분비로 인해 세정이 잘 이루어지지 않을 수도 있다.
④ 지성두피는 심하게 진행될 시 비듬과 각질이 피지와 엉겨 모공 막힘 현상이 일어날 수 있다.

20 **모발 구조의 이상으로서 다음 보기와 관련된 것은?**

> 모발이 부분적으로 손상되어 매듭처럼 얽혀 있으며 부서져 있다. 즉, 건조하여 쉽게 부스러지는 상태로서 브러시처럼 펼쳐져 보인다.

① 연주모
② 모발종렬증
③ 결절성 열모증
④ 양털 모양

해설
① 연주모 – 모간의 두께가 고르지 않고 결절 모양이 보이며 잘 부러진다.
② 모발종렬증 – 모발이 찢어져 깃털 모양으로 된 상태이다.
④ 양털 모양 – 한 타래로 뭉쳐지는 경향이 있어 빗질이 힘들며 보통 12cm 이상 자라지 못한다.

21 **보기 내용은 헤어디자인의 원리 중 무엇에 관한 설명인가?**

> • 황금 비율은 1:1.618로서 비율, 분할, 균형 등과 같이 전체와 부분과의 관계를 뜻한다.
> • 전체 속에서 부분이 어떤 비율을 가짐으로써 합당하게 적절하거나 안정될 때 이루어졌다고 볼 수 있다.

① 균형
② 대조
③ 비례
④ 조화

해설
디자인 원리는 머리 형태를 드러내는 중요한 척도로서 교대, 반복, 리듬, 대조, 조화, 균형, 비례 등이 있다.

22 **아래 보기는 스템의 움직임에 대한 설명이다. 스템 종류를 바르게 연결시킨 것은?**

> • 로드에 감긴(Winding) 모다발이 베이스 크기 위에 안착된다.
> • 모근이 남지 않고 감기므로 뚜렷한 웨이브가 오래 지속된다.
> • 스템의 움직임이 가장 작다.

① 논 스템
② 롱 스템
③ 하프 스템
④ 하프 오프 스템

해설
스템 각도로서 모다발이 갖는 모류 흐름인 스템(Stem) 방향은 모근 볼륨의 강약과 움직임을 좌우한다.

정답 19 ① 20 ③ 21 ③ 22 ①

23 **아래 보기는 커트의 기법에 관련된 내용으로 맞는 것은?**

> ㉠ 모발 길이가 점차적으로 미세한 단차가 생기도록 자른다. 즉, 점점 길어지거나 짧아지는 단차가 겹겹이 쌓인 것처럼 미세한 층을 이룬다.
> ㉡ 손으로 각도를 만들 수 없는 짧은 모발에 빗살을 아래에서 위로 이동시키면서 빗살 밖으로 나와 있는 모발을 잘라내는 기법이다.

① ㉠ - 그라데이션, ㉡ - 레이어
② ㉠ - 레이어, ㉡ - 그라데이션
③ ㉠ - 그래듀에이션, ㉡ - 레이어드
④ ㉠ - 레이어드, ㉡ - 그래듀에이션

해설
그라데이션과 레이어는 커트 기법이며, 그래듀에이션과 레이어드는 헤어 커트의 기본 유형이다.

24 **아래 보기에서 설명하는 브러시의 역할에 관련된 내용으로서 거리가 가장 먼 것은?**

> • 모발에 윤기를 부여한다.
> • 모질을 부드럽고 유연하게 한다.
> • 엉켜있는 모발을 가지런히 정돈한다.
> • 모발 브러싱 시 혈액순환을 유도시켜 대사작용을 촉진시킨다.

① 라운드 브러시
② 라운드 숄더 브러시
③ 덴맨(쿠션) 브러시
④ 스켈톤(벤트) 브러시

해설
하프 라운드(라운드 숄더) 브러시는 재질과 종류에 따라 모발에 광택을 부여하며, 시술을 용이하게 한다.

25 **아래 보기는 계면활성제의 성질로서 가장 적절하게 연결된 것은?**

> ㉠ 우유 같은 균일한 유백색 혼합 액체
> ㉡ 액체나 기체 속의 부유물로 고체입자의 부유 상태
> ㉢ 물에 불용성인 물질이 미셀 형성에 의해 용해된 것과 같은 현상

① ㉠ - 에멀전, ㉡ - 용해성 ㉢ - 기포성
② ㉠ - 에멀전, ㉡ - 서스펜션, ㉢ - 가용화
③ ㉠ - 에멀전, ㉡ - 가용화, ㉢ - 서스펜션
④ ㉠ - 에멀전, ㉡ - 서스펜션, ㉢ - 용해성

해설
계면활성제 종류는 성질이 다소 다르지만 계면에 흡착하여 계면에너지를 감소시킨다.

26 **한선에 대한 설명 중 틀린 것은?**

① 체온 조절기능이 있다.
② 진피와 피하지방 조직의 경계 부위에 위치한다.
③ 입술과 손 · 발바닥을 포함한 전신에 존재한다.
④ 소한선(에크린선)과 대한선(아포크린선)으로 구분된다.

해설
소한선은 귀두부, 손·발톱, 소음순을 제외한 전신에 분포한다.
한선
한선은 체온조절 역할을 하며 평균 1.2L/1day 정도 분비되고 격한 운동 시 10L 정도 땀을 분비하며 땀이 분비되는 곳을 기준으로 소한선(에크린선)과 대한선(아포크린선)으로 구분된다. 콜린성 교감신경에 의해 자극을 받아 한선의 활동이 증가된다.

27 **피부의 저색소침착 질환인 것은?**

① 기미 ② 주근깨
③ 백색증 ④ 몽고반

정답 – 23 ① 24 ① 25 ② 26 ③ 27 ③

해설

기미·주근깨, 몽고반은 색소성 피부 질환 중에 과색소 침착 질환에 속한다.

저색소침착 질환

- 백색증(알비노즘) : 선천적으로 피부의 전신 또는 일부, 모발, 눈 등에서 색소형성 세포 수는 정상이나 색소가 없는 멜라닌 과립을 생성한다.
- 백반증 : 후천적 현상으로서 다양한 모양과 크기의 백색반들이 피부에 발생한다.

28 자외선에 의한 피부반응으로 거리가 먼 것은?

① 부종 ② 색소침착
③ 독소배출 ④ 광노화

해설

자외선은 살균 및 소독작용을 하며, 비타민 D를 생성하고, 자율신경 활동에 영향을 준다. 호르몬 생성을 증가시켜 피부를 건강하게 하며, 혈액순환을 촉진시킨다. 자외선에 과다하게 노출될 경우 색소침착, 홍반, 심한 통증, 부종, 물집 등 일광화상을 일으킨다. 독소 및 노폐물의 체외배출은 적외선의 영향이다.

29 과립층 내의 레인방어막의 역할이 아닌 것은?

① 피부의 색소를 만든다.
② 피부염 유발을 억제한다.
③ 수분 유실을 제거시켜 주는 미용층이다.
④ 외부로부터 침입하는 각종 물질을 방어한다.

해설

레인방어막(베리어 층)

피부 트러블 원인층인 레인방어막은 수분 증발 저지 또는 물질의 침입을 방지하는 역할을 한다. 피부염 또는 피부 건조를 방지해주는 막으로서 과도한 밤샘 작업 시 레인방어막이 손상되며 피부가 거칠어진다.

30 세포 재생이 더 이상 되지 않으며 반흔이라고도 하는 것은?

① 흉터 ② 티눈
③ 습진 ④ 두드러기

해설

반흔은 2차적 피부장애인 속발진으로서 진피의 손상으로 새로운 결체 조직이 생긴 상태이며, 흉터가 있는 켈로이드 상태이다.

② 티눈은 압력에 의해 발생되며 중심 핵을 가지고 통증을 동반한다.
③ 습진은 피부가 건조하고 예민하며 소양감이 발생한다.
④ 두드러기는 표재성의 일시적 부종으로, 붉거나 창백하다.

31 진피층 내 유두층에 관한 설명 중 틀린 것은?

① 혈관과 신경이 있다.
② 수분을 다량으로 함유하고 있다.
③ 표피층에 위치하여 모낭 주위에 존재한다.
④ 혈관을 통하여 기저층에 많은 영양분을 공급하고 있다.

해설

진피 유두층

- 표피 기저층과 인접하여 영양 공급 및 체온을 조절하며 혈관이 집중되어 있어 상처를 회복시키고 피부결을 만드는 기능을 한다.
- 진피 유두가 있는 얇은 겉층으로서 유두층 가장 위쪽은 이랑과 유두 모양의 돌기 형태를 이루며 피부 탄력 및 유연에 관여한다.

32 자외선의 인체에 대한 작용으로 관계가 없는 것은?

① 비타민 D 형성 ② 멜라닌색소침착
③ 체온 상승 ④ 피부암 유발

해설

- 자외선은 피부에 조사되면 홍반현상과 색소침착을 일으킨다.
- 자외선에 피부가 반복적으로 노출되면 피부암이 생기는 경우도 있다.
- 자외선은 인체 내에서 비타민 D를 합성시키며 살균 작용을 한다.

정답 28 ③ 29 ① 30 ① 31 ③ 32 ③

33 법정감염병 중 제1군감염병이 아닌 것은?

① 세균성이질 ② 콜레라
③ 장출혈성대장균 ④ 디프테리아

해설
디프테리아는 제2군 감염병이다.
제1군감염병(6종)
마시는 물 또는 식품을 매개로 발생하고 집단 발생의 우려가 커서 발생 또는 유행 즉시 방역대책을 수립하여야 한다. 콜레라, 장티푸스, 파라티푸스, 세균성이질, 장출혈성 대장균감염증, A형간염이 있다.

34 공중보건학 개념상 공중보건사업의 최소 단위는?

① 직장 단위의 건강
② 가족 단위의 건강
③ 지역사회 전체 주민의 건강
④ 노약자 및 빈민 계층의 건강

해설
- 지역사회를 단위로 하는 공중보건학은 질병 예방, 건강 유지·증진시키는 3가지 분야로서 연구되고 있다.
- 공중보건의 궁극적 대상은 지역사회 주민 전체 또는 인간집단의 전체이다.

35 수질오염의 지표로서 '생물학적 산소요구량'은?

① SS ② DO
③ COD ④ BOD

해설
생물학적 산소 요구량(BOD)
- 물의 오염도(물속의 유기물이 무기물로 산화시킬 때 필요로 하는 산소요구량)를 생물학적으로 측정하는 방법으로서 BOD가 높을수록 오염이 되었음을 나타낸다.
- BOD의 산소요구량은 5ppm 이상이다.

36 법정감염병 중 제4군에 속하는 것은?

① 황열 ② 콜레라
③ 말라리아 ④ 디프테리아

해설
② 콜레라 – 제1군감염병
③ 말라리아 – 제3군감염병
④ 디프테리아 – 제2군감염병
제4군 법정감염병
국내에서 새롭게 발생하거나 발생할 우려가 있는 감염병 또는 국내 유입이 우려되는 해외 유행 감염병으로, 발생 즉시 신고해야 한다.

37 잉어, 참붕어, 피라미 등의 민물고기를 생식하였을 때 감염되는 기생충은?

① 간흡충증 ② 폐흡충증
③ 유구조충증 ④ 말레이사상충증

해설
- 간흡충증(간디스토마증)은 담수에서 충란이 제1중간숙주(왜우렁이)와 제2중간숙주 민물고기(참붕어, 잉어, 피라미 등) 등을 거쳐 사람에게 감염된다.
- 인체 간의 담관에서 기생하며 간 및 비대, 복수, 황달, 빈혈, 소화기 장애 등이 나타난다.
- 민물고기, 왜우렁이의 생식을 금지하고 인분을 위생적으로 처리하며, 생수, 양어장 등이 오염되지 않도록 한다.

38 호흡기계 감염병이 아닌 것은?

① 인플루엔자
② 유행성이하선염
③ 파라티푸스
④ 중증급성호흡기증후군(사스)

해설
파라티푸스는 경구침입인 소화기계 질병으로서 주로 분변을 통해 접촉된다.
호흡기계 감염병
- 호흡기계 감염병은 비말(콧물, 침, 가래) 또는 비말핵 흡입으로 기침, 재채기, 담화 등을 통해 접촉된다.
- 결핵, 나병, 두창(천연두), 성홍열, 백일해, 홍역, 수두, 폐렴, 디프테리아, 유행성이하선염, 수막구균성수막염 등이 호흡기계 감염병이다.

정답 33 ④ 34 ③ 35 ④ 36 ① 37 ① 38 ③

39 손가락 화농성 질환 또는 식중독의 원인균이 될 수 있는 병원균은?

① 살모넬라균 ② 포도상구균
③ 리케차 ④ 곰팡이 독소

해설

포도상구균
면도 시 상처, 식품취급자의 화농성(엔트로톡신) 질환에 오염된 우유 및 유제품을 섭취하였을 경우 감염되는 전형적 독소형 식중독으로서 침 분비, 구토, 설사(점액성 혈관), 복통 등의 증상이 나타난다.

40 다음 내용 중 물리적인 소독방법이 아닌 것은?

① 건열소독 ② 생석회소독
③ 방사선멸균법 ④ 고압증기멸균법

해설

생석회(CaO)
생석회에 물을 가(소석회)했을 때 발생기 산소에 의해 소독작용을 한다. 생석회 분말(2) + 물(8) = 혼합액을 만들어서 사용한다.
- 장점 : 무아포균에 효과가 있으며 값이 싸고 탈취력이 있어 분변, 하수, 오수, 토사물 등의 소독에 좋다.
- 단점 : 공기 중에 장기간 방치 시 공기 중의 CO_2와 결합하여 탄산칼슘이 되므로 살균력이 떨어진다.

41 다음 내용 중 독성이 가장 적은 소독제는?

① 석탄산 ② 승홍수
③ 에틸알코올 ④ 포르말린

해설

에틸알코올(Ethanol)은 70~80% 농도로 손, 피부 및 기구소독에 주로 사용된다.
알코올
에탄올 70~80% 수용액은 피부, 기구(20분 이상 담가두었다 사용) 소독 또는 주사 부위에 널리 이용된다. 이소프로판올 30~70% 수용액 사용한다. 살균력은 에탄올보다 이소프로판올이 강하다. 가구 및 도구류 소독에는 70% 알코올을 사용한다.
- 장점 : 무아포균의 소독에 효과와 함께 피부 및 기구소독에 살균력이 강하다.
- 단점 : 아포균 또는 소독대상에 유기물이 있으면 소독 효과가 떨어진다.

42 역성비누에 대한 설명이 잘못된 것은?

① 독성이 적다. ② 냄새가 거의 없다.
③ 세정력이 강하다. ④ 물에 잘 녹는다.

해설

- 역성비누(제4급 암모늄염)는 양이온 계면활성제 중에서 가장 널리 사용되고 있다.
- 중성비누와는 달리 역성비누 또는 양성비누라고 한다.
- 살균 및 소독작용이 있지만 환자의 배설물 소독에는 효과가 없다.
- 다른 소독제와 같이 사용하면 살균력이 저하된다.
- 피부에 독성이 거의 없어 의료 분야, 환경위생, 식품위생 분야에 널리 이용되고 있다.
- 미용실의 손 소독에 주로 많이 사용된다.
- 소화기계 감염병의 병원체에 효력이 있어 조리기구, 식기류 등의 소독에 사용된다.

43 E.O(Ethylene Oxide) 가스소독이 갖는 장점인 것은?

① 소독에 드는 비용이 저렴하다.
② 소독 후 즉시 사용이 가능하다.
③ 소독 절차 및 방법이 쉽고 간단하다.
④ 일반 세균은 물론 아포까지 불활성화시킬 수 있다.

해설

에틸렌옥사이드(E.O)
- 에틸렌 가스를 이용한 멸균법이다.
- 상대습도 25~50%, 온도 38~60℃에서 살균력이 높다. 포자, 결핵균, 간염 바이러스 등의 살균 시 농도, 온도, 습도, 시간에 유의하여 살균하여야 한다.
- 감염성 환자가 사용하였던 침구류, 매트리스, 플라스틱, 고무제품, 기계류 등을 대상으로 소독한다.
- 멸균 공정 완료 후 공기 순환에 유의해야 하며 가격이 비싸고 조작의 난이도가 높아 숙련이 요구된다.

44 다음 중 에탄올을 사용할 수 있는 소독대상물로서 가장 적합한 것은?

① 유리제품 ② 플라스틱제품
③ 고무제품 ④ 셀룰로이드제품

정답 39 ② 40 ② 41 ③ 42 ③ 43 ④ 44 ①

해설
- 유리기구는 알코올을 사용하여 소독한다.
- 70% 수용액에 10분 이상 담가두거나 면이나 거즈에 충분히 적셔서 기구 및 도구를 닦아준다.

45 소독제의 보관에 대한 설명으로 잘못된 것은?

① 냉암소에 둔다.
② 직사일광을 받지 않도록 한다.
③ 사용하다 남은 소독제는 재사용을 위해 밀폐시켜 보관한다.
④ 식품과 혼돈하기 쉬운 용기나 장소에 보관하지 않도록 한다.

해설
소독 시 주의사항
- 소독 대상물의 특성에 따라 소독제나 소독방법 등을 선택하여 사용해야 한다.
- 소독제는 사용할 때마다 필요한 양을 즉석에서 만들어 사용해야 한다.
- 멸균, 살균, 방부 등 소독의 목적과 방법, 시간, 농도, 온도 등에 따라 사용해야 한다.
- 소독제는 밀폐하여 냉암소에 보관한다.
- 라벨이 가려지지 않도록 해야 한다.

46 금속제 기구 소독으로 사용할 수 없는 것은?

① 승홍수
② 알코올
③ 크레졸
④ 포르말린수

해설
승홍수는 금속을 부식시킨다.
금속기구, 도자기, 유리기구, 플라스틱, 나무제품 소독
- 자비소독, 고압증기멸균을 하기 위해 대상물을 깨끗이 씻어서 사용한다.
- 소독제는 크레졸 비누액(3%), 석탄산수(3%), 포르말린수(3%), 글루타르 알데하이드(2%), 역성비누(0.25~05%) 등이 사용된다.

47 오일에 대한 설명으로 옳은 것은?

① 식물성 오일 - 피부에 자극은 없으나 부패하기 쉽다.
② 동물성 오일 - 무색 투명하고 냄새가 없다.
③ 광물성 오일 - 색이 진하며 피부 흡수가 늦다.
④ 합성 오일 - 냄새가 나빠 정제한 것을 사용한다.

해설
식물성 오일은 피부 내로 흡수가 더디고 부패하기 쉽다.
유성원료(오일)
고체(왁스)와 액체(오일)로 구성된다. 천연물에서 추출된 액상 천연 오일은 가수분해, 수소화(경화 피마자유, 스쿠알렌) 등의 공정을 거쳐 만들어진다. 합성오일은 에스테르화(합성 에스테유)의 공정을 거쳐 유도체로 이용한다.

48 피부 미백 또는 항산화에 가장 많이 사용되는 비타민은?

① 비타민 A ② 비타민 B
③ 비타민 C ④ 비타민 D

해설
비타민 C(아스코빈산, 항산화 비타민)
- 미백, 재생, 항노화, 항산화, 모세혈관을 강화한다.
- 모세혈관을 간접적으로 강화시키며 콜라겐 형성 및 멜라닌색소 형성을 억제하여 유해산소의 생성을 방해한다.
- 결핍 시 괴혈병, 빈혈 등을 야기하며 야채나 과일에 풍부하게 함유되어 있다.

49 다음 중 수분 함량이 가장 많은 로션 타입의 파운데이션은?

① 크림 파운데이션 ② 리퀴드 파운데이션
③ 스틱 파운데이션 ④ 케이크 파운데이션

해설
- 퍼짐성과 투명감, 사용감 등이 가볍고 산뜻하다.
- 파운데이션은 밀착성과 퍼짐성에 따른 지속력을 높이며 화장품 색소의 피부침착과 들뜸을 방지한다.

정답 45 ③ 46 ① 47 ① 48 ③ 49 ②

50 지성(여드름) 화장품 성분으로서 피지 조절과 관련이 가장 먼 것은?

① 카오린　② 유황
③ 캄포　④ 레시틴

해설
레시틴은 건성피부용의 성분으로서 콩, 계란 노른자에서 추출하며 보습제, 유연제로서 사용된다.
지성(여드름) 피부용
- 유황 : 각질 제거, 피지 조절, 살균작용 등을 한다.
- 캄퍼 : 피지 조절, 항염증, 수렴, 냉각작용을 하며, 혈액순환 촉진작용이 있다.
- 살리실산 : BHA(β-하이드록시산)라고 하며 살균작용, 피지 억제, 화농성 여드름에 효과적이다.
- 머드, 카오린, 벤토나이트 : 피지흡착력이 뛰어나다.

51 고형의 유성성분으로 화장품의 굳기를 증가시켜주는 기제는?

① 왁스　② 바셀린
③ 동물유　④ 식물유

해설
왁스
고급 지방산과 고급알코올이 결합된 에스테르(실온에서 고체)는 식물성 또는 동물성 오일에 비해 변성이 적고, 광택과 사용감이 뛰어나 립스틱, 크림, 파운데이션 등에 사용된다.
- 식물성 왁스(열대식물의 잎이나 열매에서 추출)
  - 카르나우바 왁스 : 카르나우바 야자 잎에서 추출하며 광택이 우수하여 크림, 립스틱, 왁스 등에 사용된다.
  - 칸데릴라 왁스 : 칸데릴라 식물에서 추출하며 립스틱에 첨가된다.
  - 호호바(조조바)오일 : 호호바 나무에서 추출된 고급불포화지방산인 에스테르는 피부 밀착감과 안정성이 우수하여 에멀전 제품 및 립스틱에 첨가된다.
- 동물성 왁스(벌집과 양모에서 추출)
  - 밀납 : 화장품에 가장 많이 사용된다. 벌집에서 추출된 밀납은 유연한 촉감을 피부에 부여한다. 크림, 로션, 탈모왁스, 아이섀도, 파운데이션 등에 사용된다.
  - 라놀린 : 양모에서 추출되며 피부유연성과 친화성이 좋다.

52 다음 내용에서 지성피부 손질로 가장 적합한 것은?

① 유분이 많이 함유된 화장품을 사용한다.
② 스팀 타월을 사용하여 불순물 제거와 수분을 공급한다.
③ 민감성을 진정시켜주는 수렴화장품을 사용한다.
④ 알코올 함량이 적은 화장수와 보습이 높은 화장품을 사용한다.

해설
지성피부는 정상피부보다 각질층이 두꺼우며 모공이 넓고 쉽게 피부가 오염되어 뾰루지가 발생하기 쉽다.
지성피부 관리 방법
- 알코올 함량이 높은 수렴화장수(토너)로서 살리실산, 클레이, 유황, 캄퍼 등이 함유된 화장품을 사용한다.
- 로션이나 젤 타입의 유분이 적은 클렌저 제품 또는 피지 조절제가 함유된 화장품을 사용한다.
- 알코올이 함유된 유분기가 적은 제품(살리실산, 비타민A, AHA, 클레이, 유황 캄퍼 등)을 사용한다.
- 알칼리성 일반 비누는 여드름 균의 번식을 악화시킬 수 있으므로 지루성 피부 상태의 개선을 위해 전문적인 세정제를 사용한다.
- 지방 섭취를 제한하는 등 식생활을 조절하여 피지량을 조절하고, 항균, 소독, 소염 등을 통해 피지 제거 및 피지 분비를 조절한다.

53 AHA(α-하이드록시산) 중에서 분자량이 작아 침투력이 뛰어난 것은?

① 구연산(레몬, 오렌지)
② 사과산(사과)
③ 주석산(포도)
④ 글리콜산(사탕수수)

해설
AHA(α-하이드록시산)은 젖산, 구연산, 사과산, 주석산, 글리콜릭산 등으로서 미백, 각질 제거, 피부 재생 효과가 있다.

정답 50 ④　51 ①　52 ②　53 ④

54 영업소 폐쇄명령을 받고도 계속하여 이·미용의 영업을 한 자에 대하여 행할 수 있는 법적조치가 아닌 것은?

① 영업소의 간판을 제거한다.
② 영업소 내 기구 또는 시설물을 봉인한다.
③ 위법행위를 한 영업소임을 알리는 게시물을 부착한다.
④ 영업소의 출입문을 봉쇄한다.

해설
영업소 폐쇄명령을 받고도 계속하여 영업을 할 때 관계 공무원이 영업소를 폐쇄하기 위해 다음의 조치를 할 수 있다.
- 당해 영업소의 간판 기타 영업 표지물의 제거
- 당해 영업소가 위법한 영업소임을 알리는 게시물 등의 부착
- 영업을 위하여 필수 불가결한 기구 또는 시설물을 사용 할 수 없게 하는 봉인

★☆☆☆
55 공중위생영업자가 중요사항을 변경하고자 할 때 시장, 군수, 구청장에게 취해야 하는 절차는?

① 허가 ② 승인
③ 신고 ④ 통보

해설
보건복지부령이 정하는 중요사항을 변경하고자 하는 때에 시장, 군수, 구청장에게 신고한다.
변경신고를 해야 할 경우(시행규칙 제3조의 2)
- 영업소의 명칭 또는 상호 변경
- 영업소의 소재지 변경
- 신고한 영업장 면적의 3분의 1 이상 증감
- 대표자의 성명 또는 생년월일 변경
- 업종 간 변경

56 미용사의 청문을 실시하는 경우가 아닌 것은?

① 영업장 폐쇄명령
② 일부 시설 사용중지
③ 영업정지
④ 위생등급 결과 이의

해설
시장, 군수, 구청장이 청문을 실시하는 경우
- 미용사 면허 취소 및 정지 시
- 영업의 정지 시
- 일부 시설의 사용 중지 및 영업소 폐쇄명령 등의 처분 시
- 신고사항의 직권 말소

57 면허가 취소된 후 계속하여 영업을 행한 자에 대한 벌칙은?

① 100만 원 이하의 과태료
② 200만 원 이하의 벌금
③ 300만 원 이하의 벌금
④ 3월 이하의 징역 또는 300만 원 이하의 벌금

해설
300만 원 이하의 벌금
- 면허의 취소 또는 정지 기간 중에 미용업을 행한 자
- 면허를 받지 아니하고 영업소를 개설하거나 그 업무에 종사한 자

★☆☆☆
58 과태료 처분에 불복이 있는 경우 어느 기간 내에 이의를 제기할 수 있는가?

① 처분한 날로부터 15일 이내
② 처분의 통지를 받은 날로부터 60일 이내
③ 처분한 날로부터 60일 이내
④ 처분이 있음을 안 날로부터 20일 이내

해설
행정청의 과태료 부과에 불복하는 당사자는 과태료 부과 통지를 받은 날부터 60일 이내에 해당 행정청에 서면으로 이의제기를 할 수 있다(질서위반행위규제법 제20조).

정답 54 ④ 55 ③ 56 ④ 57 ③ 58 ②

59 이·미용사의 면허를 받을 수 없는 자에 해당되는 것은?

① 전문대학 또는 이와 동등 이상의 학력이 있다고 교육부장관이 인정하는 학교에서 이용 또는 미용에 관한 학과를 졸업한 자
② 교육부장관이 인정하는 고등기술학교에서 6개월 이상 이용 또는 미용에 관한 소정의 과정을 이수한 자
③ 고등학교 또는 이와 동등의 학력이 있다고 교육부장관이 인정하는 학교에서 이용 또는 미용에 관한 학과를 졸업한 자
④ 국가기술자격법에 의한 이용사 또는 미용사의 자격을 취득한 자

해설

미용사의 면허

미용사가 되고자 하는 자는 보건복지부령이 정하는 바에 의하여 시장, 군수, 구청장이 발부하는 면허를 받아야 한다.

- 전문대학 또는 이와 동등 이상의 학력이 있다고 교육부장관이 인정하는 학교에서 이용 또는 미용에 관한 학과를 졸업한 자
- 「학점인정 등에 관한 법률」 제8조에 따라 대학 또는 전문대학을 졸업한 자와 동등 이상의 학력이 있는 것으로 인정되어 같은 법 제9조에 따라 미용에 관한 학위를 취득한 자
- 고등학교 또는 이와 동등의 학력이 있다고 교육부장관이 인정하는 학교에서 미용에 관한 학과를 졸업한 자
- 교육부장관이 인정하는 고등기술학교에서 1년 이상 미용에 관한 소정의 과정을 이수한 자
- 국가기술자격법에 의한 미용사 자격을 취득한 자

★★★☆☆

60 다음 중 이·미용사 면허를 받을 수 없는 자는?

① 독감 환자
② 전과기록자
③ 마약중독자
④ 면허가 취소된 지 1년 경과 자

해설

면허결격사유

- 피성년후견인
- 정신질환자(다만, 전문의가 미용사로서 적합하다고 인정하는 사람은 그러하지 아니하다)
- 공중의 위생에 영향을 미칠 수 있는 감염병 환자로서 보건복지부령이 정하는 자
- 마약 기타 대통령령으로 정하는 약물중독자
- 면허가 취소된 후 1년이 경과되지 아니한 자

정답 59 ② 60 ③

PART 9

상시시험 적중문제

최근 3개년 빈출 CBT 상시시험 완벽 분석·적용

제1회 상시시험 적중문제

자격검정 CBT 상시시험 적중문제 문제풀이

수험번호:
수험자명:

제한시간: 60분

★★☆☆☆

01 개성미 관찰·파악의 첫 단계는?

① 구상 ② 보정
③ 제작 ④ 소재

02 미용 시술 시 작업 자세에 대한 설명으로 틀린 것은?

① 헤어스타일 작업에 적합한 높이로 의자를 조정한다.
② 작업 대상의 높이는 자신의 심장 높이와 평행하게 한다.
③ 샴푸 시에 발을 6인치 벌리고 등을 곱게 펴서 시술한다.
④ 미용 시술 시 앉은 자세, 선 자세 모두 허리를 구부려서 한다.

03 다음 중 삼한시대의 머리형태에 관한 설명으로 틀린 것은?

① 포로나 노비는 머리털을 깎아서 표시했다.
② 수장급은 모자를 썼다.
③ 일반인은 상투를 틀게 했다.
④ 귀천에 따라 개체변발을 했다.

04 빗의 손질법으로 틀린 것은?(단, 금속 빗은 제외)

① 빗살 사이의 때는 솔로 제거하고, 심한 경우에는 비눗물에 담근 후 브러시로 닦은 후 소독한다.
② 증기소독과 자비소독을 한 후 알코올 소독을 해준다.
③ 빗은 크레졸수, 역성비누액 등으로 소독하나 세정이 어려운 재질은 자외선으로 소독한다.
④ 빗을 오랫동안 소독 용액에 담가두면 빗이 휘어지는 경우가 있어 주의하고, 꺼낸 후 물로 헹구고 물기를 제거한다.

05 헤어 샴푸의 목적이 아닌 것은?

① 두발에 지방과 영양을 공급한다.
② 두피의 생리활성을 높여준다.
③ 청결한 두피와 두발 상태를 유지한다.
④ 헤어 트리트먼트의 효과를 높이는 기초과정이다.

06 두상의 상부(내측)로 갈수록 길고 하부(외측)로 갈수록 짧게 함으로써 길이에 작은 단차가 생기게 하는 커트 형태는?

① 레이어드 ② 이사도라
③ 스파니엘 ④ 그래듀에이션

07 원랭스 커트에 속하지 않는 것은?

① 이사도라
② 스파니엘
③ 파라렐 보브
④ 그라데이션

08 마셀 웨이브의 특징에 해당하는 것은?

① 조각적인 웨이브이다.
② 핑거웨이브의 일종이다.
③ 핀컬 웨이브의 일종이다.
④ 부드러운 S자 모양의 웨이브이다.

09 다음 중 콜드 펌 시 웨이브 형성이 가장 어려운 모질은?

① 염색모 ② 발수성모
③ 흡수성모 ④ 건강모

10 모다발을 베이스에 대하여 45° 사선으로 빗질하여 와인딩한 롤러 컬은?

① 롱 스템 롤러 컬　② 하프 스템 롤러 컬
③ 논 스템 롤러 컬　④ 쇼트 스템 롤러 컬

11 헤어디자인의 요소가 아닌 것은?

① 균형　② 질감
③ 컬러　④ 형태

★★★★☆
12 모다발의 끝이 중심이 되어 말리는 컬은?

① 핀컬
② 스컬프처 컬
③ 포워드 스탠드 업 컬
④ 리버스 스탠드 업 컬

★★☆☆☆
13 혈관과 신경이 연결되어 영양을 주거나 모발의 성장을 담당하는 부위는?

① 모낭　② 모근
③ 모관　④ 모유두

★☆☆☆☆
14 영구적 염모제는 모발 내 어느 부분까지 침투하는가?

① 모근　② 모수질
③ 모피질　④ 모표피

15 인모가발을 세정할 때 기본적으로 두발이 빠지는 것을 막기 위해 하는 것은?

① 플레인 샴푸
② 파우더 샴푸
③ 메디케이드 샴푸
④ 리퀴드 샴푸

16 헤어 바이 나이트 스타일에 대한 설명이 아닌 것은?

① 웨이브와 질감이라는 변화로서 유동성 있는 디자인을 요구한다.
② 밤 머리의 표현으로 연속성과 균형, 5개 이하의 헤어 피스를 사용한다.
③ 주름 · 짜임의 변화는 모발 조각처럼, 장식품은 의상과 메이크업 디자인 사이에서 연출된다.
④ 개성 표현과 연출 과정에 있어서 일반적 패션에서는 흐름의 일치성, 비율, 밀도, 대조, 대비 등을 작품화시킬 수 있다.

17 염색(Hair tint) 과정에 대한 설명으로 잘못된 것은?

① 모발의 자연 멜라닌색소를 먼저 표백시킨 후 인공색소를 넣어주는 방법이다.
② 영구 염모제를 사용하는 염색은 '색조를 이루다 또는 색조를 구성하다'라는 의미를 갖는다.
③ 제1제의 주성분인 파라페닐렌다이아민은 색소제와 알칼리제로 구성된다.
④ 제2제의 주성분인 과산화수소의 1/2은 모발을 탈색 · 발색시키고 모표피를 팽윤시킨다.

18 과산화수소의 사용범주가 바르게 연결된 것은?

① 밝게 하기 – 6% H_2O_2는 모발 명도를 2단계 밝게 한다.
② 탈색하기 – 모발에 따라 2~4단계까지 밝게 탈색한다.
③ 클렌징 – '닦아내기'로서 탈색제 10g, 산화제 30mL을 혼합하여 사용한다.
④ 딥 클렌징 – '지워내기'로서 4~5단계까지 밝게 한다.

19 비듬성 두피에 대한 설명으로서 연결이 틀린 것은?

① 건성 비듬성 두피 – 두피 표면은 백색톤을 띤다.
② 지성 비듬성 두피 – 두피 표면은 불투명한 황색톤이다.
③ 혼합성 비듬성 두피 – 두피 표면은 붉은 톤으로 얼룩져 있다.
④ 비듬성 두피 – 두피 표면은 전체적으로 붉다.

20 이상적인 머리형태로서 헤어디자인 모형이 아닌 것은?

① 구형　② 편구형
③ 장구형　④ 오발형

21 아래 보기는 펌 용제에 관한 내용이다. 관련이 없는 것은?

> 티오글리콜산염 또는 시스테인을 주성분으로 하며, 알칼리(7mL 이하)와 pH 4.5~9.6 등이 포함된다.

① 환원제　② 웨이브 로션
③ 뉴트럴라이저　④ 프로세싱 솔루션

22 모간 끝 쪽에서 모근 쪽으로 향해 모다발의 길이와 양을 제거하는 커트 기법인 것은?

① 블런트　② 페더링
③ 테이퍼링　④ 스트로크

23 베이스 섹션에 관련된 내용으로 맞는 것은?

① 온 더 베이스 – 급격하게 모발 길이를 자르기를 원할 때
② 오프 더 베이스 – 모발 길이를 두상에서 동일한 길이로 자를 때
③ 사이드 베이스 – 모발 길이를 점점 길게 또는 점점 짧게 자를 때
④ 프리 베이스 – 모발 길이를 온 더 베이스나 오프 더 베이스의 중간 베이스로서 급격한 변화를 원할 때

24 아래 보기는 어떤 브러시의 역할에 관련된 내용인가?

> • 모발의 방향에 따라 질감을 만들거나 건조시킬 때 사용된다.
> • 컬 또는 방향성이 있는 강한 웨이브 헤어스타일 등에 주로 사용된다.
> • 곱슬 모발을 펴거나 모발에 윤기를 내고 싶을 때 블로 드라이어와 함께 사용된다.
> • 브러시류의 크기는 웨이브나 컬의 크기로서 강, 약 등의 웨이브 효과를 나타낸다.

① 롤 브러시　② 하프 롤 브러시
③ 덴맨 브러시　④ 벤트 브러시

25 컨디셔닝 샴푸에 대한 내용으로 연결이 바른 것은?

① 광택용 샴푸 – 리퀴드 크림 샴푸
② 유연작용 샴푸 – 헤나 샴푸
③ 산성 샴푸 – 카스틸 샴푸
④ 건조 방지용 샴푸 – 오일 샴푸

26 모발에서의 가장 안정된 pH의 범위는?

① pH 1~2　② pH 4~5
③ pH 7~9　④ pH 10~12

27 혈관이 분포되어 있어 영양을 공급하여 모발 성장에 관여하는 부위는?

① 모유두　② 모표피
③ 모피질　④ 모수질

28 피부의 각화작용을 정상화시키며, 피지 분비를 억제하여 각질연화제로 많이 사용되는 비타민은?

① 비타민 A　② 비타민 B
③ 비타민 C　④ 비타민 D

29 다음 중 표피를 구성하는 세포층이 아닌 것은?

① 각질층 ② 유두층
③ 유극층 ④ 기저층

30 피지선에 대한 설명으로 틀린 것은?

① 피지를 분비하는 선으로 진피에 위치한다.
② 피지선은 손바닥에는 전혀 없다.
③ 피지의 1일 분비량은 10~20g 정도이다.
④ 피지선은 코 주위, 이마, 가슴, 두개피부 등에 분포해 있다.

31 다음 중 화학적인 필링제로서 각질 제거제로 사용되는 것은?

① AHA(α - Hydroxy acid)
② 프로폴리스
③ 토코페롤(비타민 E)
④ 인삼 추출물

32 백반증에 관한 내용 중 틀린 것은?

① 멜라닌 세포의 과다한 증식으로 일어난다.
② 멜라닌 세포의 결핍으로 백색 반점이 피부에 나타난다.
③ 후천적인 저색소침착 질환이다.
④ 원형, 타원형 등의 여러 크기 및 형태의 백색 반들이 나타난다.

33 매개 곤충과 전파하는 감염병의 연결이 잘못된 것은?

① 벼룩 - 페스트
② 파리 - 사상충
③ 모기 - 일본뇌염
④ 진드기 - 유행성출혈열

34 다음 중 직업병으로만 구성된 것은?

① 열중증 - 잠수병 - 식중독
② 열중증 - 소음성 난청 - 잠수병
③ 열중증 - 소음성 난청 - 폐결핵
④ 열중증 - 소음성 난청 - 대퇴부 골절

35 신경독소가 원인이 되는 세균성 식중독 원인균은?

① 장티푸스균 ② 황색포도상구균
③ 돼지 콜레라균 ④ 보툴리누스균

36 다음 내용의 법정감염병 중 제2군감염병이 아닌 것은?

① 말라리아 ② 파상풍
③ 일본뇌염 ④ 유행성이하선염

37 인간 전체 사망자 수에 대한 50세 이상의 사망자 수를 나타낸 구성 비율은?

① 평균수명 ② 조사망률
③ 영아사망률 ④ 비례사망자수

38 다음 중 일산화탄소가 인체에 미치는 영향이 아닌 것은?

① 신경 기능에 장애를 불러온다.
② 세포 내에서 산소와 헤모글로빈의 결합을 방해한다.
③ 색, 냄새 자극성이 있는 기체로서 혈액 속에 기포를 형성한다.
④ 세포 및 각 조직에 산소 부족현상을 일으킨다.

39 인수 공통 감염병에 해당되는 것은?

① 홍역 ② 한센병
③ 풍진 ④ 공수병

40 미용실 바닥 소독제로 주로 사용하는 것은?

① 알코올 ② 크레졸
③ 생석회 ④ 승홍수

41 다음 내용에서 소독에 영향을 주지 않는 인자는?

① 온도 ② 풍속
③ 수분 ④ 시간

42 살균력이 강하며 맹독성이 있으며 무색, 무취하여 푸크신액으로 착색하여 사용하는 소독제는?

① 석탄산수 ② 포르말린수
③ 승홍수 ④ 크레졸 비누액

43 소독약품의 구비조건이 아닌 것은?

① 살균력이 강해야 한다.
② 부식성이 없어야 한다.
③ 경제적으로 저렴해야 한다.
④ 사용방법이 어려워야 하며, 사용범위는 광범위하지 않아도 된다.

44 미용실 내에서 감염 관리를 위한 방법으로 가장 적절한 것은?

① 화장실에서는 고체 비누를 사용하도록 준비한다.
② 레이저나 가위는 사용 후 깨끗이 씻고 말려서 사용한다.
③ 작업장의 환경은 환기와 통풍보다는 냉 · 온방 시설이 잘 되어야 한다.
④ 화장실에는 펌프로 된 역성비누와 일회용 종이 타월을 비치한다.

45 다음 중 건조한 열을 이용한 멸균법이 아닌 것은?

① 화염멸균법 ② 열탕소독법
③ 건열멸균법 ④ 소각소독법

46 구내염, 입 안 세척 및 상처 소독에 산화작용으로 소독이 가능한 것은?

① 알코올 ② 승홍수
③ 크레졸 ④ 과산화수소

47 일반적으로 많이 사용하고 있는 화장수의 알코올 함유량은?

① 70% 전후 ② 10% 전후
③ 30% 전후 ④ 50% 전후

48 다음 중 기초화장품에 해당하는 것은?

① 루즈
② 파우더
③ 볼연지
④ 스킨로션

49 화장품으로 인한 알레르기가 생겼을 때의 피부 관리방법 중 맞는 것은?

① 민감한 반응을 보인 화장품의 사용을 중지한다.
② 알레르기가 유발된 후 정상으로 회복될 때까지 두꺼운 화장을 한다.
③ 비누를 사용하여 피부를 소독하듯이 자주 닦아 낸다.
④ 뜨거운 타월로 피부의 알레르기를 진정시킨다.

50 피부에 좋은 영양 성분을 농축해 만든 것으로 소량으로도 효과가 있는 것은?

① 팩 ② 로션
③ 에센스 ④ 라놀린

51 여드름이 많이 났을 때의 관리방법으로 가장 거리가 먼 것은?

① 유분이 많은 화장품을 사용하지 않는다.
② 적당한 운동과 비타민류를 섭취한다.
③ 요오드가 많이 든 음식을 섭취한다.
④ 피부 정화를 위해 클렌징을 철저히 한다.

52 수렴화장수의 주요 성분이 아닌 것은?

① 습윤제　② 알코올
③ 정제수　④ 표백제

53 알코올에 대한 설명으로 틀린 것은?

① 바이러스 소독제로 사용한다.
② 화장품에서 용매, 운반체, 수렴제로 쓰인다.
③ 알코올이 함유된 화장수는 오랫동안 사용하면 피부를 건성화시킬 수 있다.
④ 인체 소독용으로는 메탄올(Methanol)을 주로 사용한다.

54 공중위생관리법상 위생교육을 받지 않았을 때 부과되는 과태료의 기준은?

① 20만 원 이하　② 50만 원 이하
③ 100만 원 이하　④ 200만 원 이하

★★☆☆☆
55 다음은 공중위생관리법에 규정된 벌칙으로 1년 이하의 징역 또는 1천만 원 이하의 벌금에 해당하는 것은?

① 영업정지 명령을 받고도 그 기간 중에 영업을 행한 자
② 영업자의 지위를 승계하고도 변경신고를 하지 않은 자
③ 건전한 영업질서를 위반하여 공중위생영업자가 지켜야 할 사항을 준수하지 아니한 자
④ 위생관리 기준을 위반하여 환경오염 허용기준을 지키지 아니한 자

56 미용사 면허증의 재발급 사유로 옳지 않은 것은?

① 면허증이 헐어 못쓰게 된 때
② 면허증의 기재사항에 변경이 있을 때
③ 면허증을 잃어버린 때
④ 성명 등 면허증의 기재사항에 변경이 있을 때

57 공중위생감시원의 자격, 임명, 업무 범위 기타 필요한 사항은 무엇으로 정하는가?

① 대통령령　② 보건복지부령
③ 환경부령　④ 지방자치령

58 이·미용 영업장의 정지 기간 중에 영업을 한 자에 처할 수 있는 사항은?

① 1년 이하의 징역 또는 300만 원 이하의 벌금
② 1년 이하의 징역 또는 500만 원 이하의 벌금
③ 1년 이하의 징역 또는 1,000만 원 이하의 벌금
④ 2년 이하의 징역 또는 1,000만 원 이하의 벌금

59 이·미용사의 면허증을 분실하였을 때 누구에게 재교부 신청을 하여야 하는가?

① 시 · 도지사　② 보건소장
③ 시장, 군수, 구청장　④ 보건복지부장관

★★★☆☆
60 공중위생영업자의 지위를 승계받은 자가 시장, 군수, 구청장에게 신고를 해야 하는 기간은?

① 20일 이내　② 1월 이내
③ 2월 이내　④ 3월 이내

제1회 상시시험 적중문제 정답 및 해설

1	2	3	4	5	6	7	8	9	10
④	④	④	②	①	④	④	④	②	①
11	12	13	14	15	16	17	18	19	20
①	②	④	③	④	④	④	①	④	④
21	22	23	24	25	26	27	28	29	30
③	④	③	①	④	②	①	①	②	③
31	32	33	34	35	36	37	38	39	40
①	①	②	②	④	①	④	③	④	②
41	42	43	44	45	46	47	48	49	50
②	③	④	④	②	④	②	④	①	③
51	52	53	54	55	56	57	58	59	60
③	④	④	④	①	②	①	③	③	②

01 미용에서의 소재는 신체의 일부분인 모발이다. 이는 각각의 사람마다 일률적이지 못하므로 개성미를 파악하는 것이 필수이다.

미용의 과정

고객의 모발을 소재로 머리형태를 완성시켜가는 4가지 절차로서 소재 → 구상 → 제작 → 보정의 과정이다.

02 앉아서 시술할 때는 의자에 똑바로 앉아 상체를 약간 앞으로 굽혀 시술하고, 선 자세로 시술할 때는 정대한다.

미용시술 시 작업 자세

- 작업 대상과의 명시 거리는 약 25cm 정도를 유지한다.
- 시작부터 마무리까지 균일한 동작을 위하여 힘의 배분을 고려한다.
- 샴푸 작업 시 어깨너비 정도로 발을 벌리고 등을 곧게 펴도록 한다.
- 앉아서 시술할 때는 의자에 똑바로 앉아 상체를 약간 앞으로 굽혀 시술한다.
- 실내의 조도는 약 75lux로 유지하고, 정밀 작업 시에는 약 100lux의 조도가 요구된다.
- 작업 대상의 높이는 자신의 심장 높이와 평행하게 맞추어 주는 것이 좋다.

03 ④는 고려시대 몽고풍의 머리형태이다.

삼한(낙랑시대 머리형태)

- 마한 : 두발을 길고 아름답게 가꾸는 것을 선호하였으며, 과두(머리다발을 틀어서 과결을 만듦) 노계를 하였다.
- 진한(낙랑)
  - 남자들은 정수리에 상투를 틀었다.
  - 어린아이의 머리를 돌로 눌러서 머리모양을 각지게 변형시키는 편두의 풍습이 있었다.
- 변한 : 진한과 같이 상투와 편두의 풍습이 있었으며, 문신으로 신분과 계급을 표시하였다.

04 빗을 열 소독(증기, 자비)하면 모양이 틀어진다.

빗의 소독방법

- 빗살에 낀 이물질을 먼저 털어 내고 비눗물에 담근 후 소독을 해야 한다.
- 소독하기 전 브러시로 털어 내거나 심할 경우 비눗물에 담가 브러시로 닦는다.
- 소독은 석탄산수, 크레졸수, 포르말린수, 자외선, 역성비누액 등을 사용한다.
- 소독액에 오래 담가두면 빗이 휘어진다. 소독액에서 빗을 꺼낸 다음 물로 헹구고 마른 수건으로 물기를 닦아낸 후 잘 말린다.

05 모발에 지방과 영양을 공급하는 것은 트리트먼트제이다.

샴푸의 목적

'모발과 두피의 세정'을 의미하는 샴푸는 샴푸제와 매니플레이션을 통하여 모발 내 오염물인 때(垢, Soil)와 이물질을 깨끗이 제거하고, 두피의 적당한 자극을 통해 혈액순환과 두발의 성장을 촉진시킨다.

06 그래듀에이션 커트 형태

- 삼각형을 이루며 두상으로부터 모발을 들어 올리면서 제작되는 스타일이다.
- 모발을 얼마나 높이 들어 올리느냐에 따라 내

부 또는 외부로 단차가 다르게 나타나게 된다.
- 무게감은 가장자리 머리형태선 위에 나타난다.
- 비활동적인 질감과 활동적인 질감의 경계 부분에서 이루어진다.

07 원랭스 커트는 이사도라, 스파니엘, 파라렐 보브 등이다. 이는 솔리드 형태를 갖는다.

솔리드 형에서의 커트 종류
- 평행 보브형(Straight bob) : 모발 형태선을 목선(Nape line) 기점으로 하였을 때 수평 일직선인 덩어리 모양을 나타내는 스타일
- 앞올림형(Isadora) : 모발 형태선을 목선 기점으로 하였을 때 E.S.C.P 기점으로 4~5cm 짧아지는 사선 일직선(후대각) 덩어리 모양을 나타내는 스타일
- 앞내림형(Spaniel) : 모발 형태선을 목선을 기점으로 하였을 때 E.S.C.P 기점으로 4~5cm 길어지는 사선 일직선(전대각) 덩어리 모양을 나타내는 스타일
- 버섯형(Mushroom) : 모발 형태선의 가장자리는 얼굴 정면(C.P)에서 목선(N.P)과 일직선 덩어리 모양을 나타내는 스타일

08 아이론은 모발에 120~140℃의 열을 가함으로써 모발에 볼륨, 텐션, 웨이브, 컬을 형성시킨다.

09 발수성모

모표피 내의 비늘층 간의 간격이 좁고 비늘층 수가 많은 상태로서 물을 스프레이했을 때 다른 모발보다 튕겨내는 성질이 강하여 저항성모라고도 한다. 펌 시 모발의 비늘층이 두꺼워 팽윤이 더디다.

> 염색모나 흡습성모(다공성모)는 손상모로서 모표피(비늘층)가 손상되어 있어서 웨이브 로션 흡수성이 발수성모 또는 건강모보다 크다.

10 롤러 컬의 와인딩 각도
- 논 스템 롤러 컬
  - 모다발의 모근까지 롤러에 완전히 와인딩되어 볼륨감이 가장 크며, 움직임은 가장 작다.
  - 모다발을 전방 45°(후방 135°)로 빗질하며 모다발 끝에서 와인딩하면 롤러는 베이스 크기의 중앙에 안착된다.
- 하프 스템 롤러 컬
  - 논과 롱 스템의 중간 움직임과 볼륨감을 갖는다.
  - 모다발은 두상에서 90° 수직으로 빗질하여 모다발 끝에서 와인딩 하면 롤러는 베이스 크기의 1/2 지점 아래에 안착된다.
- 롱 스템 롤러 컬
  - 볼륨감이 가장 작아 웨이브의 방향만 제시되며, 움직임은 가장 크게 형성된다.
  - 모다발은 두상에서 45° 사선으로 빗질(포밍)하여 모다발 끝에서 와인딩하면 롤러는 베이스 크기를 벗어난 지점에서 안착된다.

11 헤어디자인의 3요소
- 형태(Form) : 점, 선, 면을 포함한다.
- 질감(Texture) : 모발의 겉표정인 질감은 눈으로 보이는(시각) 것과 동시에 촉각이 갖는 감촉에 의해 인식할 수 있다.
- 컬러(Color)
  - 형태뿐 아니라 질감의 착시현상에 영향을 준다.
  - 전체적인 형태가 동일할 때 색상을 더해주면 깊이와 입체감이 더 잘 표현된다.
  - 모발색이 갖는 컬러는 깊이, 색조, 강도를 포함함으로써 감성적인 반응을 나타낸다.

12 플래트 컬(Flat curl)로서 두상에 대하여 0°로 포밍 후 컬리스된다. 플래트 컬은 핀컬(메이폴 컬)과 스컬프처 컬로 구분된다. 스컬프처 컬은 모다발 내 모발 끝을 중심으로 리본닝 후 모근을 향해 컬리스한다. 탄력은 있으나 볼륨감이 없어 스킵 웨이브 또는 플러프 컬에 이용된다.

13 모유두는 혈관과 신경이 연결되어 있어 영양과 성장을 담당한다.

14 영구적 염모제는 모표피의 비늘 틈을 팽윤시켜 색소입자를 침투시킴으로써 모피질 안의 색소분자를 탈·염색(발색)시키도록 만들어졌다.

15 인모가발은 액체 샴푸제를 사용하며 세정 전에 무리한 빗질은 삼간다.

인모가발 세정 및 컨디셔닝

- 위그걸이(Wig block)에 고정시킨 다음 샴푸 또는 컨디셔닝을 시술한다.
- 대개 2~4주마다 가발 클렌저를 사용하여 세척해 주어야 한다.
- 심긴 모발이 빠지는 것을 방지하기 위해 세척 전에 무리하게 브러싱 또는 빗질해서는 안 된다.
- 만약 모발이 엉켰을 경우에는 얇게 슬라이스하여 모발 끝에서부터 모근쪽으로 부드럽게 천천히 빗질해야 한다.
- 컨디셔너는 모발에만 도포한다.
- 스프레이 타입의 컨디셔너를 적당한 거리에서 분무하고 넓은 빗살로 부드럽게 빗질한다.
- 가발모가 빠지지 않도록 후두부의 모발 끝에서 모근쪽으로 조금씩 부드럽게 빗질한다.
- 빗질이 끝난 후 수분이 남아있으면 타월로 감싸 눌러 수분을 최대한 제거시켜야 냄새나 곰팡이로부터 보호할 수 있다.
- 미지근한 바람으로 모발결에 따라 원하는 헤어스타일로 건조시킨다.

16 ④는 대회를 위한 작품 만드는 법에 관한 설명이다.

대회를 위한 작품 만드는 법

개성 표현과 연출 과정에 있어서 일반적 패션에서는 흐름의 일치성, 비율, 밀도·대조·대비 등을 작품화시킬 수 있다.

하이패션에서는 우아미(Elegance), 세련미(Refined), 연극적 분위기(Dramatic), 고전성(Classic), 강렬한 분위기(Raging), 충동성·선정적·균형성·영구성 등의 특정적 주제를 각각 작품화 시킬 수 있다.

17 제2제인 과산화수소의 1/2은 모발색을 탈색시키고, 1/2은 색소를 발현시킨다.

과산화수소(산화제)의 역할

- 천연색소 멜라닌을 2~3레벨까지 탈색(산화)시킨다.
- 1제의 색소제를 피질층에 가두는 역할과 함께 1제의 산화를 도와 발색이 되도록 한다.

18 산화염료의 제2제인 H_2O_2 6%는 모발 명도를 2단계까지 밝게 할 수 있으며, 12%는 4단계까지 밝게 한다.

탈색(Bleach)

- 모발에 따라 4~7단계까지 밝게 탈색시킬 수 있다.
- 모발색인 멜라닌을 산화시키는 과정은 파랑색이 먼저 빠지고, 그 다음 빨강, 노랑 순서로 같은 비율의 색균형을 이루며 점진적으로 색조를 감소시킨다.

클렌징(Cleansing, Bleach bath)

- 탈색제 10g + 온수 10㎖ + 샴푸제 10㎖ + 산화제 10㎖ = 1 : 1 : 1 : 1로 혼합하여 모발 도포 5~30분 정도 색조가 제거될 때까지 부드럽게 마사지 후 세척한다.
- 클렌징으로 지움(탈염)으로써 4~5Level을 밝게 할 수 있다.

딥 클렌징(Deep cleansing)

- 딥 클렌징은 닦아내기라 하며 탈색제 10g + 산화제 30㎖를 모발에 도포하고 50분간 마사지 후 세척한다.

19 비듬은 두피 표면에 붙어 있는 각질세포(인설)로서 각화 현상의 이상과 호르몬 이상, 영양 불균형, 스트레스, 과다 피지 분비, 피지 산화, 불청결 등 내·외적 원인에 의해 발생된다. 이는 건성·지성·혼합성 비듬으로 분류할 수 있다.

20 머리모양(Head Shape, 2D)에 디자인적 요소와 원리를 가미하여 조형화시킨 결과물이 머리형태이다.

헤어디자인 모형

- 구형(Spheroid) : 길이와 넓이가 거의 같은 머리형태로서 두상 곡면을 따라 똑같은 볼륨을 만들어 낸다.
- 편구형(Oblate) : 길이보다 넓이가 더 넓은 머리형태로서 측두부에 부가적인 볼륨을 만들어 낸다.
- 장구형(Prolate) : 넓이보다 길이가 더 긴 머리형태로서 두상의 탑 부분이나 아래 부분에 볼륨감을 만들어 낸다.

21 뉴트럴라이저(Neutralizer)는 중화제로서 제2제인 산화제인 과산화수소를 일컫는다.

22 스트로크는 가위를 사용하여 모량과 모발 길이를 제거하는 커트기법으로서 일명 샤기커트라고도 한다.

스트로크 커트

- 쇼트 스트로크 기법 : 모다발에 대해 가위 날을 0~10° 정도로 개폐하면서 자르며, 모량은 적게 제거된다. 두발 끝에만 볼륨이 요구될 때 자르는 기법이다.
- 미디엄 스트로크 기법 : 모다발에 대해 가위 날을 10~45° 정도로 개폐하면서 자르며, 모발 길이와 모량은 중간 정도 제거된다. 중간 정도의 볼륨감과 질감이 요구될 때 자르는 기법이다.
- 롱 스트로크 기법 : 모다발에 대해 가위 날은 45~90° 정도로 개폐하면서 자르며, 모발 길이와 모량은 중간 정도 제거된다. 두발의 움직임이 자유로워 가벼운 느낌을 요구할 때 자르는 기법이다.

23 블로킹 된 영역을 1~1.5cm로 작게 나눌 때 섹션(Section)이라고 한다. 섹션은 관점에 따라 서브 섹션과 베이스 섹션으로 구분된다. 베이스 섹션은 시술각에 의해 빗질될 때 손가락 위치에 따른 자르기 방법이다.

베이스 종류

- 온 더 베이스(On the base) : 모발 길이를 두상에서 동일한 길이로 자를 때 사용한다.
- 사이드 베이스(Side base) : 모발 길이를 점점 길게 또는 점점 짧게(Over-direction) 자를 때 사용한다.
- 프리 베이스(Free base) : 모발 길이가 두상에서 자연스럽게 길어지거나 짧아지게 자를 때 사용한다. 온 더 베이스와 사이드 베이스의 중간 베이스로서 급격한 변화를 원하지 않을 때 사용한다.
- 오프 더 베이스(Off the base) : 급격한 모발 길이를 자르기를 원할 때 사용한다.

24 롤(라운드) 브러시를 이용한 시술 목적에 따른 브러시 재질의 선정은 헤어스타일에서의 모발 겉표정인 질감을 정확하고 빠르게 표현할 수 있게 한다.

25 컨디셔닝 샴푸는 클렌징과 컨디셔닝 효과를 위해 세척과 보습 및 영양이 보완된 샴푸제이다.

컨디셔닝 샴푸

- 광택용 샴푸(브라이언트 샴푸, 헤나 샴푸) : 붉은색 또는 적갈색의 헤나를 첨가시킴으로써 짙은 모발색조에 광택을 내는 효과가 있다.
- 유연작용 샴푸(소프트 터치 샴푸, 리퀴드 크림 샴푸) : 중간 정도의 유분기를 포함한 유상액 상태이다. 모발을 부드럽고 윤기나게 하는 오일 합성물로서 건성모발에 사용한다.
- 건조 방지용 샴푸(드라이 프리벤티브 샴푸, 카스틸 & 오일 샴푸) : pH 5.5~7의 중성으로서 올리브유와 가성소다를 주 원료로 모발 내 염착된 염료가 픽스(Fix)되게 하며 부서지기 쉽고 건조하며 손상모에 사용된다.
- 산성샴푸(산균형 샴푸) : pH 5~6의 약산성으로서 구연산, 인산 등이 첨가되어 있어 모발 팽윤이 억제되는 효과와 함께 염색모, 펌모 등에 사용된다.

26 모발의 pH는 4.5~5.5이다.

모발의 pH

- 케라틴 단백질은 만들고 있는 아미노산은 기본식 외에 측쇄결합을 하고 있다.
- 기본식은 탄화수소를 중심으로 각각의 아미노시($-NH_2$)와 카복실기($-COOH$) 1개를 가지고 주쇄결합을 구성하고 있다.
- 곁사슬(측쇄잔기)원가단에 아미노기와 카복실기가 없는 것을 중성 아미노산이라 한다.
- 곁사슬(측쇄잔기)에 아미노기가 있는 것을 염기성(알칼리성) 아미노산이라 하며, 카복실기가 있는 것을 산성 아미노산이라 한다.
- 주쇄결합 내 폴리펩타이드 결합 또는 염결합을 하고 있을 때 모발 pH는 4.5~5.5이다.
- pH 4.5~5.5 값의 범위에서 염결합이 가장 안정되므로 모발의 등전점이라 한다.

27 모발이 필요한 영양은 모유두에서 혈관으로 공급한다.

모유두(Hair papilla)

- 모유두는 세포들이 풍부하며 유두의 크기 변화

는 모낭의 크기와 이곳을 지나가는 모세혈관의 숫자와 크기, 세포 내부 물질에서의 변화 등에 따라 달라진다.
- 모주기에 따라 위치가 변하며 모세혈관과 자율신경이 풍부하다.
- 모발의 성장물질을 분비하며 성장(유전적으로 내재된 시간)을 조절하고 모질 및 굵기를 결정한다.

28 비타민 A(레티놀)의 유사체로서 표피세포의 이상 각화를 억제한다.

비타민 A(상피 보호 비타민)
- 피부를 건강하게 유지시키며 시각세포 형성에 관여하며 각질생성을 예방한다.
- 결핍 시 야맹증, 안구건조증, 피부 점막의 각질화 등이 생기며 간, 계란, 해조류, 녹황색 채소 등에 풍부하다.

29 진피는 유두층과 망상층으로 구성되어 있다.

표피의 세포층
- 각질층 : 각질의 수분 함량은 15~20%로서 천연보습인자를 갖고 있다. 표피의 가장 바깥층으로서 각질층과 각질세포로 구성된다. 10~20개 층으로 된 치밀한 라멜라층으로서 비늘 같이 얇고 핵이 없는 편평세포 구조를 갖는다.
- 투명층 : 무색, 무핵의 납작하고 투명한 3~4개의 층의 상피세포로 구성되어 있다. 손·발바닥에 다수 존재하며 엘라이딘이라는 반유동성 물질로서 체내에 필요한 물질이 체외로 나가는 것을 막는 역할을 한다.
- 과립층 : 각질화 과정이 실제로 시작되는 과립층의 세포질에는 각질유리과립이 축적되어 있다. 3~5개의 편평세포인 세포질은 유리과립질의 반고형세포로서 점진적으로 세포 고형화 과정을 갖는다. 피부 트러블 원인층인 레인 방어막(Barrier zone)은 과립층 하부로부터 수분 유실을 제거시켜주는 미용층이다.
- 베리어 층(레인 방어막) : 피부염 또는 피부 건조를 방지해주는 막으로서 과도한 밤샘 작업 시 레인방어막이 손상되며 피부가 거칠어진다.
- 유극층 : 기저층과 합쳐 말피기층이라고 하며 표피에서는 세포분열이 일어나는 유핵층이다. 표피세포층 중에서 가장 두꺼운 층으로서 가시 돌기 형태의 유극세포가 존재한다. 여러 층의 불규칙한 다각형 세포들로 이루어진 층들로 당김원섬유, 장원섬유로 구성된 가시 같은 돌기를 많이 가지고 있다.
- 기저층 : 각질형성세포 이외 색소형성세포가 10 : 1로 분포되어 있다. 표피세포를 생산하는 줄기세포로서 세포분열이 왕성하여 딸세포를 생성한다. 표피의 가장 깊은 곳(기저)에 존재하는 원주 세포층으로서 기저대를 이룬다.

30 피지의 1일 분비량은 1~2g 정도이다.

피지선(Sebaceous gland)
- 모낭에 부착되어 있는 피지선은 모피지선 단위를 이루며, 독립 피지선은 입술, 유두, 귀두, 손·발바닥에 존재한다.
- pH 4.5~5.5의 피지선은 약산성 피부 보호막으로서 코 주위, 이마, 가슴, 두개피부 등에 분포해있으며 발바닥, 손바닥에는 존재하지 않는다.
- 피지는 살균, 소독, 보습, 중화, 윤기, 비타민 D 형성과 함께 유독물질 등의 배출작용을 한다.
- 신경계통의 통제는 받지 않고 자율신경계와 성호르몬의 영향을 받는다.
- 남성호르몬, 황체호르몬, 식생활, 계절, 연령, 환경, 온도 등에 따라 분비량이 달라진다.

31 5가지 과일산으로 구성된 AHA는 각질 제거, 피부 재생효과가 뛰어나다.

AHA(α-Hydroxy acid)

pH 3.5 이상에서 10% 이하의 농도로 사용되는 AHA는 사탕수수, 우유(젖산), 구연산(오렌지, 레몬), 사과산(사과), 주석산(포도) 등 5가지 과일산으로서 수용성이다. 각질 제거, 피부 재생효과가 있다.

32 백반증

멜라닌 세포의 결핍으로 일어나는 후천적 현상으로서 다양한 모양과 크기의 백색반들이 피부에 발생된다.

33 모기 – 사상충

매개 곤충(절지동물) 감염병

- 파리 : 콜레라, 이질, 장티푸스, 결핵, 파라티푸스, 트라코마, 참호열, 쯔쯔가무시병 등의 질병을 야기한다.
- 모기 : 일본뇌염, 말라리아, 뎅기열, 황열, 사상충 등의 질병을 야기한다.
- 이 : 뎅기열, 발진티푸스, 재귀열 등의 질병을 야기한다.
- 벼룩 : 페스트, 발진열, 흑사병, 수면병 등의 질병을 야기한다.
- 바퀴벌레 : 콜레라, 이질, 장티푸스 등의 질병을 야기한다.
- 빈대 : 재귀열을 일으킨다.
- 진드기 : 야토병, 발진열, 재귀열, 로키산 홍반열, 유행성 출혈열 등의 질병을 야기한다.

34 잠수병은 이상감압으로서 급격하게 기압이 내려감에 따라 혈액과 조직 내의 질소가 기포를 형성하여 순환장애 또는 조직 손상을 유발하는 것을 말한다. 잠수부, 비행사 등의 직업군에서 발생하고 내이장애, 척추마비, 반신불수, 피부소양감, 관절통 등의 증상이 나타난다.

이상고온기온

- 열 경련 : 고온 상태에서 육체적 노동 시 체내 수분 및 염분 손실에 다른 두통, 구토, 이명, 현기증, 근육 경련, 맥박 상승 등
- 열사병(일사병) : 체온 이상상승에 따른 체온조절에 의한 중추신경(뇌) 장애로서 두통, 이명, 구토, 혈압 상승, 동공 확대 등
- 열 쇠약 : 고온 환경에서 비타민 B_1 결핍에 의한 만성적 체열 소모에 따른 빈혈 및 불면, 식욕부진, 전신 권태, 위장장애 등

35
- 세균성 식중독 중 감염형은 살모넬라균, 장염비브리오균, 병원성 대장균이 원인균이다.
- 독소형은 포도상구균, 보툴리누스균, 부패산물형이 원인균이다.
- 생체 독소형은 웰치균이 원인균이다.

36 말라리아는 제3군 감염병이다.

제2군감염병

- 예방접종을 통하여 예방 및 관리가 가능하여 국가예방접종사업의 대상이 된다.
- 디프테리아, 백일해, 파상풍, 홍역, 유행성이하선염, 풍진, 폴리오, B형간염, 일본뇌염, 수두, b형헤모필루스인플루엔자, 폐렴구균

37 비례사망지수는 일 년 동안의 전체 사망자 수에 대한 같은 해 사망한 50세 이상의 사망자 수를 표시한 것으로, 수치가 높게 나올수록 전체 사망자 중에서 고령자의 비율이 높다는 것을 의미한다. 따라서 비례사망지수는 보건수준을 반영한다.

38 일산화탄소(CO)

- 일산화탄소가 호흡을 통해 흡입되면 혈액 내 헤모글로빈과 결합(Hb-CO)한다.
- 헤모글로빈과의 친화성이 산소에 비해 250~300배 강하며 최대 허용량(서한량)은 8시간 기준으로 100ppm(0.01%)이다.
- 무색, 무취, 무자극성 기체이며 독성이 크고, 비중 0.976으로 공기보다 가벼우며 불완전연소 시 다량 발생한다(불에 타기 시작할 때 또는 꺼질 무렵 다량 발생).
- 일산화탄소 중독(산소결핍증) : 헤모글로빈(Hb)의 산소결합 능력을 빼앗아 혈중 산소(O_2) 농도를 저하시킨다.

39 공수병(광견병)은 공수병 바이러스에 감염된 개의 침에 의해 전파되며, 근육경련, 근육마비, 혼수상태 등의 증상이 있다.

사람과 동물(인축) 공통 감염병

- 소 – 결핵, 파상풍, 탄저병, 살모넬라증, 보툴리즘 등
- 개 – 광견병(공수병), 톡소플라스마증 등
- 돼지 – 살모넬라증, 탄저병, 일본뇌염, 렙토스피라증 등
- 말 – 탄저병, 살모넬라증, 유행성 뇌염 등
- 쥐 – 페스트, 살모넬라증, 발진열, 렙토스피라증, 쯔쯔가무시병, 유행성 출혈열 등
- 고양이 – 살모넬라증, 톡소플라마스증 등
- 토끼 – 야토증의 질병

40 크레졸

- 크레졸 비누액은 유기물이 존재해도 살균력이 저하되지 않는다.

- 환자의 배설물, 토사물 소독에 3% 용액을 동량 혼합하여 사용한다.
- 일반 실내 소독 청소로 바닥 등을 닦아내야 할 필요가 있는 경우 석탄산(2%), 크레졸(3%), 요오드, 역성비누(500배), 차아염소산나트륨(500배) 등을 사용한다.

41 소독인자
- 온도, 빛, 물, 농도, 시간 등이 있으며 미생물의 농도가 낮으면 짧은 시간 내에 효과적으로 소독할 수 있다.
- 소독작용을 위해 필요한 시간은 소독제 농도가 증가할수록 짧아진다.
- 수용액에서 소독제의 활성은 물의 양에 따라 다르다.

42 승홍수는 무색, 무취하며 푸크신 액으로 착색하여 사용한다. 착색하여 사용하는 이유는 독성과 살균력이 강하기 때문에 구분하기 위해서이다.

승홍수
- 살균력이 강하며 맹독성이 있어 피부 소독에는 0.1~0.5% 수용액을 사용한다(특히 온도가 높을수록 살균 효과는 더욱 강해진다).
- 금속을 부식시키며 단백질과 결합 시 침전이 생긴다.
- 식기류, 장난감 등의 소독에 사용할 수 없다.

43 소독제의 구비조건
- 살균력이 강해야 하며, 용해성이 높고 부식성, 표백성이 없어야 한다.
- 소독대상물에 침투력과 안정성이 있어야 한다.
- 취기가 없고 독성이 약하여 인축에 해가 없어야한다.
- 가격이 저렴하며 경제적이고 사용방법이 간편해야 한다.

44 미용실은 다수의 공중을 대상으로 작업이 이루어지는 곳으로 화장실에는 펌프로 된 역성비누와 1회용 소모품인 개별 타월을 비치하는 것이 위생적이다.

미용 업무와 관련된 질환
- 트라코마 : 눈병으로서 잘 씻지 않은 손, 더러운 의복, 타월과 파리 등에 의해 바이러스를 통해 전파된다.
- 결막염 : 화농된 고름 등이 타월, 베개 등을 매개로 전달된다.

45 건열멸균법(Dry heat)은 화염멸균법과 건열멸균법(Dry oven), 소각법 등이 있다.

건열 멸균법
- 화염멸균법 : 가장 확실한 멸균법으로서 알코올 램프 또는 가스버너의 화염불꽃 속에 20초 이상 접촉시켜 표면의 미생물을 멸균시키는 방법이다. 금속류, 유리기구, 이·미용 도구, 도자기류, 바늘 등에 처리한다.
- 건열멸균법 : 고온에 견딜 수 있는 물품을 건열멸균기에서 160~170℃에서 1~2시간 처리한다. 유리기구, 주사침, 분말, 금속류, 자기류 유지 등에 사용하며, 종이나 천의 소독에는 부적합하다.
- 소각법 : 재생가치가 없는 오물 등을 불에 태워 멸균시키는 가장 쉽고 안전한 화염멸균 방법이다. 오염된 가운, 수건, 휴지, 쓰레기 등을 처리한다.

46 화학약품에 의한 살균법 중 하나인 산화화합물은 과산화수소(H_2O_2), 과망간산칼륨($KMnO_4$), 오존(O_3)으로 구성된다.

과산화수소
- 과산화수소는 강력한 산화력에 의하여 미생물을 살릴 수 있다.
- $H_2O_2 \rightarrow H_2O+O\uparrow$ 발생기 산소에 의한 산화력은 표백, 탈취 및 살균 등의 발포 작용을 하기도 한다.
- 과산화수소는 상처 소독 뿐 아니라 실내 공간의 살균에도 사용된다.
- 상처 소독용 과산화수소는 2.5~3.5%로서 상처의 표면을 소독한다.
- 살균력과 침투성이 약하고 지속성도 부족하다.
- 일반적으로 4~5배로 희석시켜 구강세척에 사용한다.

47 화장수로 사용되는 에탄올은 변성 알코올이며, 화장수의 알코올 함유량은 10% 전후이다.

에탄올

• 에틸알코올이라고도 하며, 수렴화장수, 스킨로션, 향수 등에 사용된다.
• 유기용매로서 향료, 색소, 유기안료 등을 녹이는 용매로 사용된다.
• 살균, 소독작용과 함께 휘발성과 친수·친유성을 동시에 가진 양친매성으로 청량감이 있다.

48 기초화장품은 세안, 세정, 청결을 목적으로 하는 클렌징 제품, 전신의 피부를 보호하거나 정돈하는 화장수, 팩, 마스크 크림, 에센스, 세럼, 부스터, 피부 보호제(로션, 에멀전, 크림) 등이 있다.

49 화장품으로 인해 가려움, 홍반, 염증, 두드러기가 생겼을 때는 즉시 사용을 중지해야 한다.

50 에센스, 세럼, 부스터

고농축 보습 성분과 고영양 성분을 첨가하여 피부를 보호하고 영양을 공급한다. 로션 또는 화장수 등에 특정 목적을 위한 유효성분을 첨가시킨 것으로 흡수가 빠르고 사용감이 가볍다. 보습제, 알코올, 점증제, 유연제, 비이온 계면활성제, 향료, 기타 등이 에센스의 주요 성분이다.

51 요오드는 갑상선에 좋은 음식이다. 여드름 피부의 관리는 피부 정화, 피지 분비의 정상화, 유·수분의 균형 유지가 목적이다. 복합성 피부용 클렌징을 이용하며 이마 부위는 주 1~2회 딥 클렌징, 볼 부위는 민감하여 2주에 1회 관리한다.

여드름용 관리 제품

• 유황 : 각질 제거, 피지 조절, 살균작용 등을 한다.
• 캄퍼 : 피지 조절, 항염증, 수렴, 냉각작용, 혈액순환 촉진작용을 한다.
• 살리실산 : BHA(β-하이드록시산)라고 하며, 살균 작용, 피지 억제, 화농성 여드름에 효과적이다.
• 머드, 카오린, 벤토나이트 : 피지 흡착력이 뛰어나다.

52 표백제는 소독제에 속한다. 화장수는 피부 정돈제로서 정제수, 알코올, 보습제, 유연제, 가용화제, 기타(단충제, 점증제, 향료, 방부제) 등을 주요 성분으로 한다.

수렴화장수

• 아스트리젠트, 토닝 로션, 토닝 스킨이라 하며, 피부를 소독하고 보호하는 작용을 한다.
• 각질층에 수분 공급, 모공 수축, 피부결 정리, 피지 분비 억제작용을 한다.

53 소독용은 에탄올을 사용한다.

에탄올

• 에틸알코올이라고도 하며 수렴화장수, 스킨로션, 향수 등에 사용된다.
• 유기용매로서 향료, 색소, 유기안료 등을 녹이는 용매로 사용된다.
• 살균, 소독작용과 함께 휘발성과 친수·친유성을 동시에 가진 양친매성으로 청량감이 있다.

54 200만 원 이하의 과태료

• 미용업소의 위생관리 의무를 지키지 아니한 자
• 영업소 이외의 장소에서 미용 업무를 행한 자
• 위생교육을 받지 아니한 자

55 1년 이하의 징역 또는 1천만 원 이하의 벌금

• 영업의 신고(제3조 제1항) 규정에 의한 신고를 하지 아니한 자
• 영업정지 명령 또는 일부 시설 사용중지 명령을 받고도 그 기간 중에 영업을 하거나 그 시설을 사용한 자 또는 영업소 폐쇄명령을 받고도 계속하여 영업을 한 자

56 영업장소의 상호 및 소재지가 변경될 때는 변경신고를 해야 한다.

면허증의 재발급

• 면허증의 기재사항에 변경이 있을 때
• 면허증을 잃어버린 때
• 면허증이 헐어 못쓰게 된 때

57 공중위생감시원의 자격, 임명, 업무 범위 기타 필요한 사항은 대통령령으로 정한다.

공중위생감시원의 자격 및 임명

• 특별시장, 광역시장, 도지사, 시장, 군수, 구청장은 다음에 해당하는 소속 공무원 중에서 공중위생감시원을 임명한다.
  - 위생사 또는 환경기사 2급 이상의 자격증이 있는 사람
  - 「고등교육법」에 의한 대학에서 화학, 화공

학, 환경공학 또는 위생학 분야를 전공하고 졸업한 사람 또는 이와 같은 수준 이상의 자격이 있는 사람
– 외국에서 위생사 또는 환경기사의 면허를 받은 사람
– 1년 이상 공중위생 행정에 종사한 경력이 있는 사람

- 공중위생감시원의 인력확보가 곤란하다고 인정되는 때에는 공중위생 행정에 종사하는 자 중에서 공중위생감시에 관한 교육훈련을 2주 이상 받은 자를 공중위생 행정에 종사하는 기간 동안 공중위생감시원으로 임명할 수 있다.

공중위생감시원의 업무 범위
- 공중위생영업소 시설 및 설비의 확인
- 공중위생영업 관련 시설 및 설비의 위생상태 확인·검사, 공중위생영업자의 위생관리의무 및 영업자준수사항 이행 여부의 확인
- 위생지도 및 개선명령 이행 여부의 확인
- 공중위생영업소의 영업의 정지, 일부 시설의 사용중지 또는 영업소 폐쇄명령 이행 여부의 확인
- 위생교육 이행여부의 확인

58 1년 이하의 징역 또는 1,000만 원 이하의 벌금
- 영업의 신고 규정에 의한 신고를 하지 않는 자
- 영업정지 명령 또는 일부 시설 사용중지 명령을 받고도 그 기간 중에 영업을 하거나 그 시설을 사용한 자 또는 영업소 폐쇄명령을 받고도 계속하여 영업을 한 자

59 면허증의 재발급 신청을 하고자 하는 자는 신청서를 첨부하여 시장, 군수, 구청장에게 제출해야 한다.

면허증 재발급에 따른 신청 첨부 서류
- 면허증 원본(기재 사항이 변경되거나 헐어 못쓰게 된 때)
- 최근 6개월 이내에 찍은 탈모 정면 상반신 사진 2매(3.5×4.5cm)

60 공중위생영업자의 지위를 승계하는 자는 1월 이내에 보건복지부령이 정하는 바에 따라 시장, 군수, 구청장에게 신고하여야 한다.

공중위생영업자의 영업의 승계
공중위생영업자가 그 공중위생영업을 양도하거나 사망한 때 또는 법인의 합병이 있는 때에는 그 양수인·상속인 또는 합병 후 존속하는 법인이나 합병에 의하여 성립되는 법인이 그 공중위생영업자의 지위를 승계한다.

제2회 상시시험 적중문제

자격검정 CBT 상시시험 적중문제 문제풀이

수험번호:
수험자명:

제한시간: 60분

01 미용기술 시술 시 작업자세로 적당치 않은 것은?

① 일어서서 하는 작업 자세의 경우 25~30㎝ 거리를 유지한다.
② 작업대상은 시술자의 심장 높이와 평행하도록 한다.
③ 작업 시 안정된 자세란 수직성이 양다리를 둘러싼 영역 내이다.
④ 앉은 자세에서는 25~30㎝ 거리를 유지한다.

02 근대 미용의 역사에 대한 설명으로 옳은 것은?

① 해방(광복) 이전 김상진에 의해 현대미용 학원이 설립되었다.
② 1933년 일본인이 화신백화점 내에 처음으로 미용실을 개원했다.
③ 해방 전 최초의 미용교육기관은 정화고등기술학교이다.
④ 오엽주는 일본에서 미용기술을 배워 화신백화점 내에 미용원을 열었다.

03 다음 시술 중 히팅 캡의 사용과 가장 거리가 먼 것은?

① 스캘프 트리트먼트
② 헤어 트리트먼트
③ 가온식 콜드 웨이브 시술 시
④ 열에 의한 순환과 두발 건조효과

★☆☆☆☆
04 헤어 리컨디셔닝 시 준비물이 아닌 것은?

① 샴푸제　　② 브러시
④ 헤어 스티머　　③ 히팅 캡

05 레이저를 이용하여 두발 끝 1/3 정도를 테어퍼링하는 기법은?

① 딥 테이퍼링
② 롤 테이퍼링
③ 엔드 테이퍼링
④ 노멀 테이퍼링

06 그라데이션 기법의 라인드로잉과 시술 각도는?

① 대각선, 20°　　② 대각선, 45°
③ 수직선, 90°　　④ 수직, 120°

07 다음 중 옳게 짝지어진 것은?

① 마셀 웨이브 : 1830년 프랑스의 무슈 끄로샤뜨
② 콜드 웨이브 : 1936년 영국의 J.B 스피크먼
③ 스파이럴 웨이브 : 1925년 영국의 조셉 메이어
④ 크로키놀 웨이브 : 1875년 프랑스의 마셀 그라또우

08 헤어디자인의 원리가 아닌 것은?

① 질감　　② 균형
③ 통일　　④ 조화

09 아이론(Iron)의 열을 이용하여 웨이브를 형성하는 것은?

① 마셀 웨이브
② 콜드 웨이브
③ 핑거 웨이브
④ 섀도 웨이브

10 **다음 중 스퀘어 파트에 대하여 설명한 것은?**

① 사이드 파트로 나눈 것
② 파트의 선이 곡선으로 된 것
③ 이마의 양각에서 나누어진 선이 두정부에서 함께 만난 세모꼴의 가르마를 타는 것
④ 이마의 양쪽은 사이드 파트를 하고, 두정부 가까이에서 얼굴의 두발이 난 가장자리와 수평이 되도록 모나게 가르마를 타는 것

11 **아무런 꾸밈없이 부풀려서 볼륨을 주는 뱅은?**

① 웨이브 뱅　② 프린지 뱅
③ 플러프 뱅　④ 포워드 롤 뱅

★★☆☆☆

12 **컬(Curl)의 구성요소에 해당되지 않는 것은?**

① 루프(Loop)　② 스템(Stem)
③ 베이스(Base)　④ 크레스트(Crest)

13 **스캘프 트리트먼트의 목적과 거리가 먼 것은?**

① 두피 청결　② 탈모 방지
③ 두발 성장 촉진　④ 두피의 질병 치료

14 **컬러링 시술 전 실시하는 패치 테스트에 관한 설명으로 틀린 것은?**

① 염색 시술 48시간 전에 실시한다.
② 팔꿈치 안쪽이나 귀 뒤에 실시한다.
③ 테스트 결과 양성반응일 때 염색시술을 해야 한다.
④ 염색제의 알레르기 반응 테스트이다.

15 **위그와 헤어 피스에 대한 설명으로 잘못된 것은?**

① 위그 – 전체 가발
② 헤어 피스 – 부분 가발
③ 위그 – 두상의 95~100% 감싸는 형태
④ 헤어 피스 – 인모, 인조, 합성섬유, 동물의 털

16 **위그는 두발의 대체물 또는 장식적인 의미로서 사용된다. 위그의 사용목적이 아닌 것은?**

① 실용 – 헤어 펌과 컬러에 따른 형태(Form)를 일시적으로 변화시킨다.
② 패션 – 헤어스타일을 연출하고자 할 때 장식 또는 변화를 위해 종류, 길이, 볼륨 등 특별한 목적을 갖는다.
③ 모량의 유무 – 탈모 또는 모량의 가감에 따라 두상 부위를 가려주고자 할 때 개인적 선택이 따른다.
④ 미용 산업의 주요 관심 분야로서 가발의 판매, 스타일링, 수선 등은 미용실의 주요 수입원이 될 수 있다.

17 **영구 염모제의 조성으로서 잘못 연결된 것은?**

① 염모제 1제 – 색소제 + 알칼리제
② 염모제 1제 – (전구체 + 커플러) + 암모니아
③ 염모제 2제 – 산화제, 발생기제
④ 염모제 2제 – 촉진제(가속제), 보력제

18 **모발색(자연 모발색 또는 탈색처리모 등)을 10등급으로 구분하였을 때 연결이 잘못된 것은?**

① 2등급 – 어두운(중간) 검정 → 적갈색(적보라) → 빨강 + 보라(보라)
② 5등급 – 중간 갈색(적색) → 주황색(오렌지) → 오렌지 + 약간의 빨강(빨강)
③ 8등급 – 중간 금발 → 진한 노란색 → 노랑 + 약간의 오렌지(따뜻한 금빛)
④ 10등급 – 매우 밝은 금발 → 흐린 노란색 → 따뜻한 반사 빛(어둡게), 차가운 반사 빛(밝게)

19 **두피 관리 프로그램(일반적 매뉴얼) 순서로서 맞는 것은?**

① 상담 → 진단 → 관리 프로그램 선택 → 두피 매니플레이션 → 스케일링 → 샴푸 → 영양공급 → 마무리
② 상담 → 진단 → 관리 프로그램 선택 → 스케일링 → 두피 매니플레이션 → 샴푸 → 영양공급 → 마무리
③ 진단 → 상담 → 관리 프로그램 선택 → 스케일링 → 두피 매니플레이션 → 샴푸 → 영양공급 → 마무리
④ 진단 → 상담 → 관리 프로그램 선택 → 두피 매니플레이션 → 스케일링 → 샴푸 → 영양공급 → 마무리

20 **보기 내용에서 얼굴형의 특징과 헤어스타일 연출에 대한 설명인 것은?**

> • 이마가 좁고 광대뼈가 과도하게 넓으며 턱의 선은 가늘은 얼굴형이다.
> • 헤어스타일은 이마와 턱은 풍성하게 넓히며 광대뼈 쪽에서 머리카락이 얼굴면에 접착시키듯이 하여 계란형으로 보이도록 연출한다.

① 원형
② 삼각형
③ 장방형(사각형)
④ 육각형(다이아몬드형)

21 **아래 보기에서 펌 용제 제1제에 포함되어 있는 아민계 알칼리제의 단점인 것은?**

> ㉠ 두발이나 손가락에 잔류하기 쉽다.
> ㉡ pH 균형을 제공한다.
> ㉢ 불휘발성 유기 알칼리제로서 취기가 있다.
> ㉣ 피부 접촉 시 부드럽고 순하여 알레르기 현상 또는 모발 손상에 영향을 준다.

① ㉠　　② ㉠, ㉡
③ ㉠, ㉢, ㉣　　④ ㉠, ㉡, ㉢, ㉣

22 **아래 보기는 가위를 이용한 질감처리 방법이다. 이와 관련된 커트기법은?**

> 가위를 이용하여 모다발을 틴닝하는 것으로 모발 겉표면(질감)의 머리카락을 훑어내리는 듯한 방법으로 모량을 감소시키는 기법이다.

① 슬라이드(Slide)
② 슬리더링(Slithering)
③ 슬라이싱(Slicing)
④ 슬라이스(Slice)

23 **아래 보기에서 설명하는 파팅에 관한 내용으로서 옳은 것은?**

> 오른쪽 가르마, 왼쪽 가르마, 뒤로 향하는 사선 가르마, 아래로 향하는 사선 가르마

① 정중선　　② 측두선
③ 발제선　　④ 측수평선

24 **아래 보기는 어떤 천연모 재질에 대한 용도를 설명한 것이다. 용도와 재질을 바르게 연결한 것은?**

> ㉠ 부드러운 모발에 사용하며 정전기를 일으킨다.
> ㉡ 경도가 높아 모발 브러시로 사용한다.

① ㉠ - 돼지 털, ㉡ - 족제비 털
② ㉠ - 돼지 털, ㉡ - 말갈기 털
③ ㉠ - 돼지 털, ㉡ - 고래수염 털
④ ㉠ - 돼지 털, ㉡ - 염소갈기 털

25 **특수 샴푸와 관련 없는 내용은?**

① 약용 샴푸
② 염모용 샴푸
③ 동물성 샴푸
④ 컬러 고정용 샴푸

26 장파장으로, 인공 선탠 시 활용하는 광선은?

① UV A ② UV B
③ UV C ④ UV D

27 과색소침착 질환의 증상이 아닌 것은?

① 기미 ② 백반증
③ 몽고반 ④ 오타모반

28 콜라겐과 엘라스틴으로 구성되어 있는 피부 구조는?

① 표피 ② 진피
③ 피하조직 ④ 비만조직

29 다음 중 피부, 모발, 손·발톱의 구성성분인 케라틴을 가장 많이 함유한 것은?

① 동물성 단백질
② 동물성 지방
③ 식물성 지방
④ 합성 단백질

30 다음 중 탄수화물, 지방, 단백질의 3가지 지칭하는 것은?

① 구성 영양소 ② 열량 영양소
③ 조절 영양소 ④ 구조 영양소

31 피부의 기능이 아닌 것은?

① 강력한 보호작용을 한다.
② 피부는 체온의 외부 발산을 막고 외부 온도 변화가 내부로 전해지는 작용을 한다.
③ 피부는 땀과 피지를 통해 노폐물을 분비 · 배설 한다.
④ 호흡한다.

32 진피의 가장 두꺼운 부분이며, 섬세한 섬유가 그물 모양으로 구성되어 있는 층은?

① 망상층 ② 유두층
③ 기저층 ④ 과립층

33 인수 공통 감염병이 아닌 것은?

① 페스트 ② 야토병
③ 나병 ④ 우형 결핵

34 법정감염병 중 제3군에 속하는 것은?

① B형간염 ② 장티푸스
③ 일본뇌염 ④ 후천성면역결핍증

35 불임증 및 생식불능과 피부의 노화방지 등에 관여하는 비타민은?

① 비타민 A ② 비타민 B 복합체
③ 비타민 E ④ 비타민 D

★☆☆☆☆
36 주로 7~9월 사이에 많이 발생되며, 어패류가 주 원인이 되는 식중독은?

① 포도상구균 ② 살모넬라
③ 보툴리누스균 ④ 장염 비브리오

37 간디스토마증의 제1중간숙주는?

① 다슬기 ② 왜우렁이
③ 피라미 ④ 가재

38 다음 식중독 중에서 치명률이 가장 높은 것은?

① 살모넬라증
② 포도상구균 중독
③ 연쇄상구균 중독
④ 보툴리누스균 중독

39 보건행정에 대한 설명으로 가장 올바른 것은?

① 공중보건의 목적을 달성하기 위해 공공의 책임하에 수행하는 행정활동
② 개인보건의 목적을 달성하기 위해 공공의 책임하에 수행하는 행정활동
③ 국가 간의 질병교류를 막기 위해 공공의 책임하에 수행하는 행정활동
④ 공중보건의 목적을 달성하기 위해 개인의 책임하에 수행하는 행정활동

40 소독제로서 석탄산에 관한 내용 중 틀린 것은?

① 세균 포자나 바이러스에 효과적이다.
② 사용 농도는 3% 수용액을 주로 쓴다.
③ 단백질 응고작용으로 살균기능을 한다.
④ 고무제품, 의류, 가구, 배설물 등의 소독에 적합하다.

41 음용수 소독에 주로 사용되는 소독제는?

① 염소 ② 표백분
③ 요오드 ④ 승홍수

42 다음 중 승홍수 소독으로 적당하지 않은 것은?

① 도자기 ② 금속류
③ 유리그릇 ④ 에나멜 그릇

43 균 자체에 화학반응을 일으켜 세균의 생활력을 빼앗아 살균하는 것은?

① 물리적 멸균법 ② 화염 멸균법
③ 여과 멸균법 ④ 화학적 살균법

44 상처 소독에 적당치 않은 것은?

① 승홍수 ② 요오드딩크제
③ 과산화수소 ④ 머큐로크롬

45 건열멸균법에 대한 설명 중 틀린 것은?

① 젖은 손으로 조작하지 않는다.
② 드라이 오븐(Dry oven)을 사용한다.
③ 유리제품이나 주사기 등에 적합하다.
④ 110~130℃에서 1시간 내에 실시한다.

46 소독작용의 요인에 대한 설명이 잘못된 것은?

① 농도가 높을수록 소독효과가 크다.
② 온도가 높을수록 소독효과가 크다.
③ 접속시간이 길수록 소독효과가 크다.
④ 유기물질이 많을수록 소독효과가 크다.

★☆☆☆☆
47 여러 가지 꽃 향이 혼합된 세련되고 로맨틱한 향으로 아름다운 꽃다발을 안고 있는 듯한 느낌을 주는 향수의 타입은?

① 우디 ② 오리엔탈
③ 플로랄 부케 ④ 싱글 플로랄

48 천연보습인자(NMF) 성분 중 가장 많이 차지하는 것은?

① 아미노산
② 포름산염
③ 젖산염
④ 피롤리돈 카복실산

49 AHA(Alpha Hydroxy Acid)에 대한 설명으로 틀린 것은?

① 미백작용
② 화학적 필링
③ 각질세포의 응집력 강화
④ 글리콜산, 젖산, 주석산, 사과산, 구연산

50 다음 중 기초화장품의 주된 사용목적에 속하지 않는 것은?

① 청결 ② 피부 영양
③ 피부 보호 ④ 피부 채색

51 화장품의 분류와 거리가 먼 것은?

① 색조화장품 ② 전신 관리 화장품
③ 기초화장품 ④ 기능성 화장품

52 화장품 사용 시 주의사항인 것은?

① 유아들이 만지지 못하도록 보관한다.
② 화장품은 필요량만 선택하여 구입한다.
③ 강한 향과 자극적인 성분 등을 피하며, 첨포 실험을 한 후 선택한다.
④ 피부 타입, 상태 및 성질에 적합한 화장품을 선택한다.

53 식약처의 허가 및 인증에 의한 의약외품인 것은?

① 청결제 ② 미백제
③ 주름개선제 ④ 자외선차단제

54 이·미용업자가 신고한 영업장 면적의 ( ) 이상 증감 시 변경신고를 하여야 하는가?

① 2분의 1 ② 4분의 1
③ 3분의 1 ④ 5분의 1

55 이·미용업 영업자가 변경신고를 해야 하는 것을 모두 고른 것은?

㉠ 영업소 바닥 면적의 3분의 1 이상 증감 시 ㉡ 영업소의 소재지 ㉢ 영업자의 재산변동사항 ㉣ 종사자의 변동사항

① ㉠ ② ㉠, ㉡
③ ㉠, ㉡, ㉢ ④ ㉠, ㉡, ㉢, ㉣

56 소독을 한 기구와 소독을 하지 않은 기구를 각각 다른 용기에 넣어 보관하지 아니하거나 1회용 면도날을 2인 이상의 손님에게 사용한 경우의 1차 위반 행정처분 기준은?

① 경고 ② 영업정지 5일
③ 영업정지 10일 ④ 영업장 폐쇄명령

57 이·미용업 영업소에서 손님에게 음란한 물건을 관람·열람하게 한 때에 대한 1차 위반 시 행정처분 기준은?

① 영업장 폐쇄명령 ② 영업정지 15일
③ 영업정지 1월 ④ 경고

58 미용업 신고증, 면허증 원본을 게시하지 아니한 때 1차 위반 행정처분 기준은?

① 경고 또는 개선명령
② 영업정지 5일
③ 영업정지 10일
④ 영업장 폐쇄명령

59 공중위생영업자가 위생교육을 받지 아니했을 경우에 대한 처분은?

① 200만 원 이하의 과태료
② 300만 원 이하의 과태료
③ 영업정지 3월
④ 면허취소

60 신고를 하지 아니하고 영업소 명칭(상호)을 변경한 때의 1차 위반 행정처분 기준은?

① 영업장 폐쇄명령
② 경고 또는 개선명령
③ 영업정지 15일
④ 영업정지1월

제2회 상시시험 적중문제 정답 및 해설

1	2	3	4	5	6	7	8	9	10
④	④	④	①	③	②	②	①	①	④
11	12	13	14	15	16	17	18	19	20
③	④	④	③	④	④	④	④	①	④
21	22	23	24	25	26	27	28	29	30
①	②	②	③	③	①	②	②	①	②
31	32	33	34	35	36	37	38	39	40
②	①	③	④	③	④	②	④	①	①
41	42	43	44	45	46	47	48	49	50
①	②	④	①	④	④	③	①	③	④
51	52	53	54	55	56	57	58	59	60
②	①	①	③	②	①	④	①	①	②

01 정대(바르게 서서)해서 작업하는 것이 올바른 자세이다. 앉아서 시술할 때는 의자에 똑바로 앉아 상체를 약간 앞으로 굽혀 시술한다.

미용 시술 시 작업자세
- 작업 대상과의 명시 거리는 약 25cm 정도로 유지한다.
- 시작부터 마무리까지 균일한 동작을 위하여 힘의 배분을 고려한다.
- 샴푸 작업 시 어깨너비 정도로 발을 벌리고 등을 곧게 펴도록 한다.
- 앉아서 시술할 때는 의자에 똑바로 앉아 상체를 약간 앞으로 굽혀 시술한다.
- 실내의 조도는 약 75lux로 유지해야 하고, 정밀 작업 시의 조도는 약 100lux가 요구된다.
- 작업대상의 높이는 자신의 심장 높이와 평행하게 맞추어 주는 것이 좋다.

02 해방(광복) 이후 최초의 미용교육기관으로 정화고등기술학교가 개설되었다.

근대(개화기)미용의 역사

전통의 신분제를 폐지하고 복제 간소화나 양복화가 단발령의 기초가 되는 정책을 시행하였다. 개화기를 맞았지만 나라가 존속하는 한 궁중양식에서도 그대로였다. 조선조 후기 예장에 어여머리, 큰머리를 그대로 존속하였으며 서민의 기혼녀는 기호를 중심으로 이남은 쪽진머리, 서북은 얹은머리 형태가 그대로 유지되었고 미혼녀는 댕기머리가 주를 이루었다.
- 1920년 김활란의 단발머리, 이숙종의 높은 머리(일명 다까머리)가 혁신적인 변화로서 유행하였다.
- 1933년 오엽주가 일본에서 미용기술을 배워 화신백화점 내에서 우리나라 최초로 미용실을 개원하였으며 예림고등기술학교를 설립하였다.
- 광복이후 김상진에 의해 현대미용학원이 설립되었다.
- 6.25 사변 이후 권정희는 정화고등기술학교(사범 2년제 도입)를 설립하였다.

03 히팅 캡은 열선을 통하여 고른 열을 공급한다.

히탱 캡 기능
- 발열작용으로 체온을 상승시키지는 않는다.
- 스캘프 트리트먼트, 헤어 트리트먼트, 콜드 웨이브 시술 시 히팅 캡에 의해 가해진 열은 모발에 도포된 화학제가 전체적으로 골고루 퍼지게 하고 침투효과를 높여준다.

04 샴푸제는 세척제로서 트리트먼트제가 아니다.

05 모다발 내에서 모간 끝의 1/3 지점에 테이퍼링한다.

테이퍼링(페더링) 기법

① 엔드 테이퍼 기법 : 1/3 지점 이내의 모다발 끝을 에칭(겉마름) 방법으로 테이퍼링한다. 모량이 적을 때 모발 끝의 표면(질감)을 정돈한다.

② 노멀 테이퍼 기법 : 모량이 보통일 때 모다발 1/2 지점을 폭넓게 겉말음 테이퍼링한다. 모발 끝이 자연스럽게 테이퍼되어 생동감 있는 움직임이 생긴다.

③ 딥 테이퍼 기법 : 모량이 많을 때 모다발의 2/3 지점에서 겉말음 테이퍼링한다. 모발을 많이 솎아내므로 모량이 적어 보이나 볼륨감은 크다.

06 그라데이션(Gradation)은 '단계, 층을 점차적으로 미세하게 내다'라는 뜻으로서 모발에 단차(45°)를 주는 정도가 미세하다.

07 콜드 웨이브
- 1936년 영국의 J.B.스피크먼(Speakman,

J.B.)은 상온에서 웨이브 펌을 고안하였다.

- 콜드 웨이브란 약한 염기성 용액을 모발에 사용함으로써 일반적 실온에서 쉽게 모발 구조를 변화시키는 것을 말한다. 과거 전열기기, 용제 등에서 반응하는 열 펌에 대응하여 실온 또는 상온이라는 개념으로 사용된다.

① 마셀 웨이브(1875, 마셀 그라또우)
③ 스파이럴 웨이브(1905, 찰스 네슬러)
④ 크로키놀 웨이브(1925, 조셉 메이어)

08 '질감'은 헤어디자인의 3요소에 속한다.

헤어디자인의 원리

- 반복(Repetition) : 일정한 간격을 두고 되풀이 되는 것으로, 동일한 모양이 반복되면 부분과 전체가 정돈되어 통일감이 있다.
- 교대(Alternation) : 둘 또는 그 이상의 요소들이 같은 패턴으로 반복될 때 나타내는 변화이다.
- 리듬(Rhythm) : 리듬(율동)은 점증 또는 강조의 원리로 나뉜다. 일정한 비율로, 점진적으로 변화시켜 최종 결과를 향해 증가 또는 감소되는 것을 나타낸다.
- 대조(Contrast) : 서로 반대되는 요소의 인접으로서 강약, 중경(무겁거나 가볍거나), 경연(딱딱하게 부드러운) 등 반대의 분위기를 나타낸다.
- 조화(Harmony) : 인접된 요소들 간에 서로 잘 어울리는 것이 유사조화와 대비조화로 분류된다. 유사조화는 둘 이상의 요소가 서로 같거나 아주 비슷할 때 그 공통된 성격으로부터 일어나며 대비조화는 서로 다른 성격을 띨 때 일어나는 현상이다.
- 균형(Balance) : 대조적으로 반대가 되는 또는 상호작용하는 요소들 사이의 평형 상태를 말한다. 대칭적, 비대칭적, 방사형 등의 균형을 이루며 조형의 역동성을 만들어 내는 데 필수적인 역할을 한다.
- 비례(Proportion) : 황금 비례는 1:1.618로서 비율, 분할, 균형 등과 같이 전체와 부분과의 관계를 뜻한다. 전체 속에서 부분이 어떤 비율을 가짐으로써 합당하게 적절하거나 안정될 때 비례가 이루어졌다고 한다.

09 아이론의 열을 이용하여 마셀 웨이브를 형성시켰다.

10 헤어 파팅의 종류

- 센터 파트(Center part) : C.P에서 T.P를 지나 G.P 전두부 정중선으로서 5:5 가르마이다.
- 센터 백 파트(Center back part) : G.P에서 B.P를 지나 N.P까지의 후두부에 대한 정중선이다.
- 사이드 파트(Side part) : 왼쪽, 오른쪽 사이드 파트로서 측두선으로 구분되며 S.P에서 시작하여 T.P를 향하는 3:7 가르마이다.
- 노 파트(No part) : 가르마 없는 올백 상태이다.
- 라운드 사이드 파트(Round side part) : 왼쪽·오른쪽 사이드 파트로서 S.P에서 G.P를 향하여 둥글게 3:7로 나눈다.
- 올 파트(Whorl part) : 두정부 내의 가마를 중심으로 방사상으로 분산된 파트이다.
- 카우릭 파트(Cowlick part) : 소의 혀로 핥은 듯한 모류의 방향으로서 이마나 목선 주변에 주로 형성되는 분산된 파트이다.
- 업 다이아고널 파트(Up diagonal part) : C.P에서 G.P를 이어주는 둥근 사선이 측두선을 향해 위로 파트된다.
- 다운 다이아고널 파트(Down diagonal part) : C.P에서 G.P를 이어주는 둥근 사선이 측두선을 향해 아래로 파트된다.
- 이어 투 이어 파트(Ear to ear part) : 오른쪽 E.P에서 왼쪽 E.P로 이어지는 수평선으로서 중간 경로가 T.P 또는 G.P 또는 B.P로 연결되기도 한다.
- 트라이앵글 파트(Triangle part) : T.P를 중심으로 양측두선의 시작인 S.P를 축으로 하는 삼각형 파트이다.
- 스퀘어 파트(Square part) : 전두부의 오른쪽, 왼쪽 양 측두선을 축으로하여 T.P를 중심으로 하는 사각형 파트이다.

11 뱅

- 플러프(Fluff) 뱅 : 일정 모양없이 부풀려서 볼륨을 준다.
- 웨이브 뱅 : 풀 또는 하프 웨이브로서 라운드 플러프 모양이 된다.
- 프린지 뱅 : 가르마 가까이에 작게 낸 뱅이다.
- 포워드 롤 뱅 : 뱅의 종류가 아니며, 포워드 롤러 컬이라 하여 헤어롤링에서 와인딩 방향을 지칭한다.

12 크레스트(Crest)는 웨이브의 각부 명칭에 해당된다.

컬의 각부 명칭

① 루프(Loop, Circle) : 모다발이 원형(C컬)으로 말린 상태이다.

② 베이스섹션(Base section) : 모발의 근원(뿌리 부분)으로서 두피에 구획된 베이스 모양과 크기를 포함한다.

③ 피봇 포인트(Pivot point) : 선회축으로서 컬이 말리기 시작하는 크기로서 리보닝이라고도 한다.

④ 스템(Stem) : 베이스에서 피봇 포인트까지의 모간(줄기) 부분으로서 모다발의 양을 일컫는다.

⑤ 앤드 오브 컬(End of curl) : 스케일된 모다발 끝 지점으로서 플러프(Fluff)라고도 한다.

13 트리트먼트는 '처치·처리'로서 질병 치료는 의료행위이다.

스캘프 트리트먼트 목적

두피에 발생하는 다양한 문제점을 올바르게 파악함으로써 효과적인 관리를 위해 행한다. 두피 관리는 노화된 각질이나 피지 산화물 등을 스케일링을 이용해 제거한다. 각화주기를 정상화시켜 모공 내 제품 침투력을 높여 신진대사 기능이 향상되는 효과를 가져온다. 또한, 두피 관리 시 행하는 마사지는 혈액순환을 촉진시켜 최종적으로 문제성 두피와 탈모를 사전에 예방한다.

14 패치 테스트(Patch test)

- 염색 시술 시 매번 실시한다.
- 염모제 사용 48시간 전에 피부 첨포 실험인 알레르기 반응검사를 해야 한다.
- 패치 테스트에 사용될 염모제는 염색 시 사용될 것과 같은 제조법으로 만든 것을 사용한다.
- 시험 부위는 한쪽 귀 뒤의 발제선이 있는 곳이나 팔의 안쪽이다.
- 반응은 노출 후 12~14시간 정도 지났을 때 시작되며 48시간 동안 방치한다. 해당 증상 및 반응으로는 화상, 물집, 숙폐, 부스럼 등이 있다.
- 시험 부위를 살핀 후 가려움 등의 증상 발생 시 즉시 염색제를 제거하고 피부를 안정시키는 로션을 도포한다.
- 패치 테스트 후 양성 반응 시 염색할 수 없다.
- 결과를 고객관리카드에 기록한다.

15 헤어피스는 폴, 위글렛, 스위치, 치그논, 브레이드, 캐스케이드 등이 있다.

위그의 재질

- 인모가발(Human hair wigs)
  - 사람의 모발(人毛)만을 사용함으로써 자연스러운 느낌을 갖는다.
  - 펌, 염·탈색 등과 같은 화학 제품의 시술과 세트, 드라이어, 샴푸 등이 가능하다.
  - 가발로 짜여진 모발은 시간이 지날수록 거칠고 윤기가 없어지므로 약품처리로 모표피에 인위적인 윤기를 보완함으로써 형태뿐 아니라 빗질 시 유연하게 해 준다.
- 인조가발(Synthetic wigs)과 부분 가발
  - 인모의 성질과 거의 비슷하게 만들어진 아크릴 섬유(Modacrylic fibers)는 화학섬유(털 모양의)를 주 원료로 한다.
  - 컬이 잘 유지되며 햇볕에 변색되거나 산화되지 않는다.
  - 짜임새, 다공성, 유연성, 지속성, 광택, 느낌 등 모든 면에서 인모와 유사하다.
  - 가격이 저렴하며 천연재질이 아니므로 공급에 제한을 받지 않는다.
  - 인조가발 패션 산업은 시장이 매우 넓어 누구나 사용하기가 쉽다.
- 조모, 합성섬유(Composition Synthetic)
  - 나일론, 아크릴 섬유 등 주 재료의 화학합성(혼성)물로서 사용된다.
  - 모발색상이 다양하고 가격이 저렴하다.
  - 샴푸 후에도 잘 엉키지 않고 원래의 스타일이 유지될 수 있다.
  - 헤어스타일을 변화시키기가 힘들다.
  - 시각적으로 인모보다는 자연스러움이 덜하며 약품처리가 불가능하다.
  - 동물의 털(Animal hair) : 앙고라, 산양, 야크 털 등이 사용되는데 길이나 모질의 분류에 따라 가발 또는 부분 가발로 활용된다.
  - 합성모(Composition hair) : 인모, 인조모, 동물의 털 등 세 종류의 털을 합성하여 만드는 것으로 특별한 경우에 한하여 신중히 제작된다.

16 가발사

① 가발로 고객의 외모를 돋보이게 하는 방법

② 가발제조, 조립방법

③ 고객에게 최대의 미용효과를 줄 수 있도록 가발을 선택하고 모양을 내는 방법 등의 직무를 통해 전문성을 갖음

17 염모제 2제는 과산화수소(H_2O_2)로서 물(H_2O)과 발생기 산소(O↑)로 분리됨으로써 모발의 멜라닌색소를 탈색(산화)시키는 발생기제이다.

염모제 성분 중 알칼리제의 특징
- 알칼리제(NH_3)는 보력제 또는 촉진제(가속제), 활성제라고 한다.
- 알칼리제는 촉진제(가속제)로서 과산화수소가 분해할 수 있도록 pH를 조절한다.
- 색소 형성에 필요한 pH를 조절한다.
- 색소제가 모피질층 내로의 침투를 도와준다.
- 모표피를 팽윤시켜 열어주며 케라틴 사슬을 연화시킨다.
- 과산화수소와 혼합되어 산소 방출을 가속화시킴으로써 산화제의 분해를 돕는다.
- 제2제 과산화수소와 혼합되어 탈색 및 염색(발색)의 역할을 한다.

18 10등급은 모발 내 지배 색소가 흰색에 가까운 노란색으로서 따뜻한 반사 빛의 자연모는 밝게 표현되나 차가운 반사 빛의 자연모는 어둡게 표현된다.

19 두피 관리 프로그램 순서
1. 상담 : 고객과의 첫 만남으로, 고객관리카드를 작성하는 과정이다. 또한, 10~15분 정도의 상담시간이 적합하다.
2. 진단 : 문진, 시진, 촉진, 검진(진단기기) 등을 이용해 정확한 진단을 하며 고객에게 진단결과를 설명해 준다.
3. 관리 프로그램 : 두피의 유형에 맞게 적절한 관리방법(매뉴얼)을 선택한다.
4. 두피 매니플레이션 : 관리 시작 전의 긴장 완화 단계로서 아로마 등을 이용하여 10~20분 정도 마사지하며 혈액순환을 촉진시킨다.
5. 스케일링 : 손이나 면봉 등을 이용하여 두피에 골고루 스케일링한다. 모공을 열어주기 위한 세정 단계로서 세균 번식과 염증을 억제하고 예방함으로써 두피 정상화 과정을 유도한다.
6. 샴푸 : 두피에 적당한 자극과 두피의 유형에 맞는 샴푸제로 세정한다.
7. 영양공급 : 두피에 영양을 공급함으로써 모낭 내 조직세포의 활성화를 유도한다.
8. 마무리 : 두피는 토닉으로 진정시키고 두발은 에센스로 영향을 준다.

20 얼굴형에 따른 헤어스타일
- 원형 : 둥근 이마의 헤어라인(발제선)과 둥근 턱선을 형성하는 넓은 얼굴형이다. 헤어스타일은 얼굴 길이가 길어 보이도록 착시현상을 연출한다.
- 삼각형 : 이마가 좁고 턱선과 볼이 넓은 얼굴형이다. 헤어스타일은 얼굴이 짧고 넓어 보이도록 하기 위해 T.P를 낮추고 보브 또는 뱅 스타일로 한다.
- 장방형 : 볼이 꺼져 있고 길고 좁은 얼굴형이다. 헤어스타일은 얼굴이 짧고 넓어 보이도록 하기 위해 T.P를 낮추고 보브 또는 뱅 스타일로 하며 외곽 형태선은 입술선이나 귀 뒤를 풍성하게 보이도록 연출한다.

21 아민계 알칼리제
아민계 알칼리제는 일률적으로 pH를 유지함으로써 모근에서 모간 끝까지 고른 웨이브 효과를 준다.
- 장점
  - 불휘발성 유기 알칼리제로서 냄새가 거의 없다.
  - pH Balance(pH 균형)를 제공한다.
  - 피부 접촉 시 부드럽고 순하여 알레르기 현상 또는 모발 손상이 없다.
- 단점 : 두발이나 손가락에 잔류하기 쉽다.

22
- 슬라이드(Slide) : 모다발을 잡고 가위 날을 벌려 모다발 끝을 향해 미끄러지듯이 훑어 내리면서 자르는 방법으로서 레이저 대신 가위를 이용한다.
- 슬리더링(Slithering) : 가위를 이용하여 모다발을 틴닝하는 것으로, 모발 겉표면(질감)의 머리카락을 훑어 내리는 듯한 방법으로 모량을 감소시키는 방법이다.
- 슬라이싱(Slicing) : 모다발을 쥐고 가위 날을 벌려서 스쳐 올리듯이 두발을 자르는 것을 말한다. 가볍고 불규칙한 층이 만들어지면서 모발 길이는 유지하고 질감이 조절된다.
  - 나칭 기법 : 가위 날 끝을 45°로 세워서 모다발 끝을 45° 정도로 비스듬히 지그재그(Zigzag) 자르는 방법이다. 가위 끝을 이용하여 지그재그로 불규칙한 선으로 자르는

질감처리 기법이다.
- 포인트 기법 : 모다발 끝 부분에 대하여 60~90° 정도로 가위 날을 넣어서 훑어 내듯이 자르는 기법이다. 나칭보다 더 섬세한 효과를 낼 수 있는 질감처리 기법이다.

23 파팅은 모발 관점에서 원하는 방향으로 상·하, 좌·우로 나누는 것을 의미한다. 헤어 커트 작업 중 가장 기본 기술로서 파팅은 커트 절차 중 일부분으로 생각할 수 있으나 머리 형태를 만들고 난 뒤의 모습까지 생각해야 하는 기본 기술이다.

24 천연모 재질은 돼지나 산돼지 털, 고래의 수염 등의 재질로 양질의 자연 강모이다.

25
- 동물성 샴푸는 누에고치에서 추출하거나 계란의 난황성분이 함유된 단백질 샴푸제이다.
- 특수 샴푸는 항진균제, 항균제, 활성제 또는 진정제 등의 특수성분에 첨가제로 사용된다.

26
- UV A는 320~400nm로 생활 광선, 색소침착 작용을 한다.
- UV B는 280~320nm로 일광 화상, 선번, 홍반, 피부암의 원인이 된다.
- UV C는 200~280nm로 살균효과가 가장 강한 자외선으로, 피부암의 원인이 된다.

27 백반증은 후천적으로 멜라닌세포가 파괴되어 흰색의 반점으로 나타나는 것이다.

과색소침착 질환
- 기미 : 흑피증으로서 1~수cm에 이르는 갈색반이 얼굴에 나타나는 상태이다.
- 주근깨 : 멜라닌 과립이 산재성으로 축적됨으로써 생기는 갈색점 모양의 색소반이다.
- 흑색점(흑자) : 검정 사마귀라 하며 피부에서 볼 수 있는 원형이거나 난원형의 평탄한 갈색의 색소반으로 멜라닌의 침착 증가에 의하여 생긴다.
- 노인성 반점 : 만성적으로 오랫동안 햇볕에 쬐인 피부로서 손등이나 팔에 생기는 양성 국한성의 과다색소침착의 반점이다.
- 청색증(자색증) : 청색 반점으로서 피부 및 점막의 변색을 말한다.
- 몽고반 : 출생 시 청회색반이 엉덩이 부위에 나타나는 것으로, 멜라닌세포가 진피 내에 존재하다가 수 년이 지나면 일반적으로 소실된다.
- 오타모반 : 청갈색 또는 청회색의 얼룩진 색소반이 이마, 눈 주위, 광대뼈 부분에 나타난다.
- 악성 흑색종 : 멜라닌색소가 악성으로 변형되어 갑자기 커지고 불규칙해지거나 진물이 나며 궤양이 형성된다.

28 진피 조직의 특징

피부의 90% 이상을 차지하며 표피층 두께의 20~40배 정도로서 피부의 탄력과 주름이 여기에서 형성된다.

세포간 물질은 교원(콜라겐)·탄력(엘라스틴)·세망섬유(세포간 물질) 등 3종류의 섬유로서 72%가 교원섬유로 구성되어 있다.

29 인체 외피를 감싸고 있는 피부, 모발, 손·발톱의 각질부속기관은 단백질(Keratin)로 구성되어 있다. 피부는 연케라틴(Sofe keratin)으로 구성되어 있고, 모발, 손·발톱은 경케라틴(Hard keratin)으로 구성되어 있다.

30 열량 영양소는 지방, 단백질, 탄수화물 등 3대 영양소를 말하며 에너지 공급원이다.

영양소
- 구성 영양소 : 단백질, 무기질, 물 등은 신체조절 영양소로서 신체조직을 구성한다.
- 조절 영양소 : 비타민, 무기질, 물 등은 신체 구성 영양소로서 생리기능과 대사조절 작용을 한다.

31 외부의 여러 영향으로부터 내부 기관을 보호한다.

피부의 기능
- 보호 : 수분 유지, 외부의 압력·충격·마찰로부터 보호, 세균·미생물로부터 방어, 광선 차단 등 피부를 보호한다.
- 경피흡수 : 피지막과 각질세포가 체내로의 흡수기전을 방해하며, 피부부속기관(한선, 피지선, 모낭)을 통해 체외로부터 흡수한다.
- 호흡 : 약 99%는 폐와 혈액(외호흡)으로 호흡하며, 낮 시간대에 약 97%가 페포에서 가스 교환으로 호흡한다. 피부로도 약 1%가 혈액과 조직세포(내호흡)로 밤 시간대에 약 1~3%가 피부 조직세포의 가스 교환으로 호흡한다.
- 분비, 배설 : 피부는 흡수보다 배설 기능이 더 강하며, 한선이나 피지선을 통해 수분이나 피지 외에도 대사산물의 일부를 몸 밖으로 배출한다.
- 체온 조절 : 우리 몸은 36.5℃를 유지하려는 항상성에 의해 혈관과 한선, 입모근, 피하지방 조

직 등이 피부의 체온을 조절한다. 체온이 높으면 혈관을 확장시켜 열을 발산시키다가 체온이 떨어지면 혈관과 입모근을 수축시켜 체표면적을 줄여서 열손실을 막아준다.

- 감각수용 : 촉각, 압각, 통각, 온각, 한랭, 소양감 등을 받아들이는 장치가 있어 감각수용기로서의 역할을 수행한다.
- 비타민 D 합성 : 칼슘의 흡수를 촉진시켜 뼈와 치아의 형성에 도움을 주는 자외선을 받아 항구루병 인자의 비타민 D로 바뀌어 체내에 흡수시킨다.
- 영양분 저장 : 피하조직 내 지방은 우리 몸의 저장 기관으로 각종 영양분과 수분을 보유하고 있다.
- 도구 : 피부 변성물인 손·발톱은 손·발가락 끝을 보호하며, 손가락 또는 발 끝을 세울 때 반응과 함께 도구의 역할을 한다.
- 광선 차단 : 피부가 자외선에 노출되면 홍반, 색소침착 등이 발생한다. 멜라닌세포는 자외선을 흡수하며 표피의 투명층은 광선과 열의 침투로부터 피부를 보호한다.

32 진피의 대부분을 차지하며 그물 모양의 결합조직으로 피부의 유연성을 조절하는 기능을 한다.

진피 조직의 세포층

- 유두층
  - 표피 기저층과 인접하여 영양 공급 및 체온을 조절하며 혈관이 집중되어 있어 상처를 회복시키고 피부결을 만드는 기능을 한다.
  - 진피유두가 있는 얇은 겉 층으로서 유두층 가장 위쪽은 이랑과 유두 모양의 돌기 형태를 이루며, 피부 탄력 및 유연에 관여한다.
- 망상층
  - 피부 구조와 평행구조를 이루는 랑거당김선을 갖고 피부 탄력성과 피부 반사작용에 관여한다.
  - 치밀한 구조인 탄력섬유와 두꺼운 속층인 망상그물층이 굵은 교원(아교)섬유 다발을 이룬다.

33 나병(한센병)은 개방 병소로서 환자의 농양, 피부병 등의 피부 병변 부위에서 직접 접촉 전파된다. 항산성 간균을 병원체로 한다.

인수 공통 감염병

- 소 – 결핵, 파상풍, 탄저병, 살모넬라증, 보툴리즘 등
- 개 – 광견병(공수병), 톡소플라스마증 등
- 돼지 – 살모넬라증, 탄저병, 일본뇌염, 렙토스피라증 등
- 말 – 탄저병, 살모넬라증, 유행성 뇌염 등
- 쥐 – 페스트, 살모넬라증, 발진열, 렙토스피라증, 쯔쯔가무시병, 유행성 출혈열 등
- 고양이 – 살모넬라증, 톡소플라마스증 등
- 토끼 – 야토증

34 장티푸스는 제1군감염병이다.

제3군감염병(19종)

- 간헐적으로 유행할 가능성이 있어 계속 그 발생을 감시하고 방역대책의 수립이 필요하다.
- 말라리아, 결핵, 한센병, 성홍열, 수막구균성수막염, 레지오넬라증, 비브리오패혈증, 발진티푸스, 발진열, 쯔쯔가무시증, 렙토스피라증, 브루셀라증, 탄저, 공수병, 신증후군출혈열, 인플루엔자, 후천성면역결핍증(AIDS), 매독

35 비타민 E는 항산화비타민 토코페놀이라 하며, 불임에 관여한다.

비타민 E

- 인체에 매우 중요한 항산화제로, 호르몬 생성, 임신 등 생식기능에 관여하며 노화방지나 세포재생에 도움을 준다.
- 결핍 시 불임증, 피부 노화 등을 유발하며 두부, 곡물의 배아, 버터, 푸른 잎 채소, 식물성 유지 등에 풍부하게 함유되어 있다.

36
- 장염 비브리오균은 여름철에 많이 발생(7~8월 집중적)되며 급성 장염을 나타내는 세균성 식중독은 어패류(60~70%), 생선류가 대부분 차지한다.
- 복통, 설사, 구토, 두통, 고열, 권태감, 수양성 혈변 등을 동반한다.

37
- 간흡충증인 간디스토마증은 제1중간숙주인 왜우렁이를 거쳐 제2중간숙주인 민물고기(참붕어, 잉어 등)를 거쳐 사람이 섭취하여 감염된다.
- 인체 간의 담관에서 기생하며, 간 비대 및 복수, 황달, 빈혈, 소화기 장애 등이 나타난다.
- 민물고기, 왜우렁이의 생식을 금지하며, 인분을 위생적으로 처리하고, 생수, 양어장 등이 오염되지 않도록 한다.

38 보툴리누스균은 독소형 식중독으로, 신경독소(뉴

로톡신)가 통조림, 소시지 등을 매개로 섭취 시 신경계 증상(호흡곤란, 복통, 구토, 언어장애 등)으로 치명률이 가장 높다.

39 공중보건의 목적을 달성하기 위해 공공의 책임하에 수행하는 행정활동이 보건행정이다.

보건행정

- 보건행정은 지역사회를 단위로 건강을 유지, 증진시키며 정신적 안녕과 사회적 효율을 증진시키기 위한 행정활동을 말한다.
- 보건관계 기록의 보존, 환경위생과 감염병 관리, 모자보건과 보건간호 등이 보건행정 범위이다.

40 석탄산은 세균 포자(아포), 바이러스에 작용력이 거의 없다.

석탄산(페놀)

- 석탄산의 살균작용 기전 : 세포 용해작용, 균체 단백의 응고작용, 균체의 효소계 침투 등의 작용을 한다.
- 석탄산 계수 : 성상이 안정되고 순수한 석탄산을 표준으로 다른 소독제의 살균력을 비교하기 위하여 사용한다. 즉, 어떤 균주를 10분 내에 살균할 수 있는 석탄산의 희석배수와 시험하려는 소독약의 희석배율을 비교하는 방법이다.
- 석탄산 계수 = 소독약의 희석배수/석탄산의 희석배수
- 소독대상 : 의류, 실험대, 용기, 오물, 토사물, 배설물 등에 사용된다. 가구류의 소독에는 1~3% 수용액을 사용한다.

41 염소

- 염소 살균제는 pH의 저하에 따라 살균력이 증가한다.
- 상수도의 수돗물 소독에는 액상의 차아염소산염이 이용된다.
- 소량의 우물물이나 수영장물 소독에는 표백분(클로르칼크)이 사용된다.
- 염소 주입량은 수질에 따라 보통 0.2~1.0ppm이다.
- 경제적이고 간편한 조작에 비해 소독력이 강하다.
- 잔류염소량으로 인해 소독의 효과가 오래 지속된다.
- 염소 자체의 독성 및 냄새 등이 단점이 되기도 한다.
- 우물물 소독 시의 잔류염소량은 0.2~0.4ppm 정도이다.

42 승홍수

- 살균력이 강하며 맹독성이 있어 피부 소독에는 0.1~0.5% 수용액을 사용한다(특히 온도가 높을수록 살균 효과는 더욱 강해짐).
- 금속을 부식시키며 단백질과 결합 시 침전이 생긴다.
- 식기류, 장난감 등의 소독에 사용할 수 없다.

43 세균의 특정 활성분자들의 활성을 정지시키거나 저해시켜 살균작용을 하는 것은 화학적 살균법이다.

소독제의 살균기전

- 균단백질 응고와 변성작용을 한다.
  예 석탄산, 알코올, 크레졸, 포르말린, 승홍수 등
- 효소계 침투작용에 의해 세포막과 세포벽을 파괴하는 균체의 효소 불활화 작용을 한다.
  예 알코올, 석탄산, 역성비누, 중금속염 등
- 계면활성제 작용으로 세포벽을 파괴하고, 세포막 투과성을 저해하며 다른 물질과의 접촉을 방해한다.
- 특이적 화학 반응으로서 화학물질이 미생물의 조효소 등 특정 활성 분자들의 활성을 저해시키거나 활동을 정지시키는 중금속염의 형성 작용을 한다.
  예 승홍, 질산은, 머큐로크롬 등
- 산화작용을 한다.
  예 과산화수소, 오존, 염소유도체, 과망간산칼륨 등
- 가수분해 작용을 한다.
  예 강산, 강알칼리, 열탕수 등
- 탈수작용을 한다.
  예 식염, 설탕, 알코올, 포르말린 등

44 승홍수는 피부에 맹독성이 있다.

- 과산화수소 : 과산화수소 3% 수용액으로서 미생물을, 살균소독제로서 상처 소독에 2.5~3.5% 수용액을 사용한다.
  - 장점 : 무아포균을 살균하며 자극성이 적다.
  - 소독대상 : 실내 공간 살균, 식품의 살균이나 보존과 구내염, 인두염, 상처, 입 안 소독 등에 이용된다.
- 머큐로크롬 : 2% 수용액으로서 살균력이 약

하나 지속성이 있어 점막 및 피부 상처에 이용한다.

45 건열멸균법
- 건열멸균기(Dry oven)를 이용하여 미생물을 산화 또는 탄화시켜 멸균시킨다.
- 금속, 도자기, 유리제품이나 광물유, 파라핀, 바셀린, 파우더 제품 등을 대상으로 멸균시킨다.
- 140℃에서 4시간, 160~180℃에서 1~2시간 가열시킨다.

46 농도, 온도, 시간이 길고 높을수록 효과가 크고, 소독대상물에 유기물질이 많으면 소독효과는 적다.

소독에 영향을 미치는 다른 요인들
- 단백질 오염 물질들은 소독제를 불활성화시키며, 미생물을 보호하기도 한다. 이는 소독하려는 물체를 깨끗하게 세척해야 하는 중요한 이유이다.
- 상처로부터 감염된 외과도구들은 세제성 살균제를 끓이거나 세척한 후 멸균한다.

47 플로랄 부케
- 꽃에서 추출되는 향으로 로즈마리, 재스민, 라벤더, 제라늄, 캐모마일 등이 있다.
- 성기능 강화, 항우울증, 해독작용에 효능이 있다.

48 천연보습인자
- 천연보습인자는 피부의 수분 보유량을 조절하며 건조를 방지하는 인자이다. 과립층 내 케라토하이알렌이 감소하면 NMF의 생산이 저하되어 보습능력이 낮아지면서 피부가 건조해져서 각질층이 두터워지며 피부노화의 원인이 된다.
- 아미노산은 천연보습성분으로서 피부에 자극이 없고 보습효과가 있다.
- NMF 성분은 아미노산, 요소, 젖산염, 피롤리돈카르본산염 등이 있다.

49 AHA는 pH 3.5 이상에서 10% 이하로 사용되는 5가지 과일산으로서 각질 제거, 피부 재생효과가 있다.

50 ④는 색조화장품에 속한다.

기초화장품

피부를 청결, 정돈, 보호, 영양에 따른 유·수분 균형을 통해 신진대사를 촉진시켜 피부항상성을 유지하며 자외선을 차단시킨다.

51 화장품의 분류
- 기초화장품 : 세안, 세정, 청결을 목적으로 하는 클렌징 제품으로서 전신의 피부를 보호하거나 정돈하는 화장수(스킨, 로션), 팩, 크림, 에센스 등이다.
- 색조화장품(네일 제품 포함) : 피부의 색을 표현하는 메이크업 베이스, 파운데이션, 파우더 등과 아이섀도, 아이라이너, 마스카라, 블러셔(볼터치), 립스틱, 네일 폴리시, 리무버 등은 얼굴의 결점을 보완하는 제품이다.
- 기능성 화장품 : 주름개선제, 미백제, 자외선 차단제 등으로서 식약청으로부터 기능성 화장품 승인 후 제조, 판매가 필수적이다.
- 유기농 화장품 : 유기농 원료, 동·식물 및 그 유래 원료 등으로 제조되고 식품의약품안전처장이 정하는 기준에 맞는 주성분이어야 한다.

52 ①은 화장품 사용 시 주의사항이며 ②, ③, ④는 화장품 선택 시 주의사항이다.

화장품 사용 시 주의사항
- 손을 청결히 한 후 제품을 사용하며 덜어쓸 때는 주걱을 이용한다.
- 화장품 선택 시 최소 필요량만 구입한다.
- 손에 덜어 사용한 후 남은 제품을 용기에 다시 넣으면 미생물에 의해 용기 내 제품의 변질을 가져다준다.
- 유아들이 만지지 못하도록 보관한다.

53 청결제는 세정효과가 있는 제품으로 의약외품이다. ②, ③, ④는 화장품(기능성 화장품)이다.

의약외품
- 식약처의 허가 및 인증에 의한 화장품이다.
- 어느 정도 약리학적 효능, 효과가 있는 클렌징, 세정효과의 제품(치약, 청결제 등)과 소독제, 마스크(황사용, 보건용, 수술용), 염모제, 탈색제 등이 있다.

54 변경신고 사항
- 영업소의 명칭 또는 상호 변경 시
- 영업소의 소재지 변경 시
- 신고한 영업장 면적의 3분의 1 이상 증감 시
- 대표자의 성명 또는 생년월일 변경 시
- 업종 간 변경 시

55 변경신고를 해야 하는 경우
- 업종 간 변경

• 영업소의 명칭 또는 상호 변경
• 영업소의 소재지 변경
• 신고한 영업장 면적의 3분의 1 이상 증감
• 대표자의 성명 또는 생년월일 변경

56 소독을 한 기구와 소독을 하지 않은 기구를 각각 다른 용기에 넣어 보관하지 아니하거나 1회용 면도날을 2인 이상의 손님에게 사용한 경우의 행정처분 기준

1차 위반	2차 위반	3차 위반	4차 위반
경고	영업정지 5일	영업정지 10일	영업장 폐쇄명령

57 이·미용 영업소에서 손님에게 음란한 물건을 관람·열람하게 한 때에 행정처분 기준

1차 위반	2차 위반	3차 위반	4차 위반
경고	영업정지 15일	영업정지 1월	영업장 폐쇄명령

58 미용업 신고증, 면허증 원본을 게시하지 아니한 때 행정처분 기준

1차 위반	2차 위반	3차 위반	4차 위반
경고 또는 개선명령	영업정지 5일	영업정지 10일	영업장 폐쇄명령

59 200만 원 이하의 과태료에 처하는 경우
• 미용업소의 위생관리 의무를 지키지 아니한 자
• 영업소 외의 장소에서 미용업무를 행한 자
• 위생교육을 받지 아니한 자

60 신고를 하지 아니하고 영업소 명칭(상호)을 변경한 때 행정처분 기준

1차 위반	2차 위반	3차 위반	4차 위반
경고 또는 개선명령	영업정지 15일	영업정지 1월	영업장 폐쇄명령

제3회 상시시험 적중문제

자격검정 CBT 상시시험 적중문제 문제풀이

수험번호:
수험자명:

제한시간: 60분

★
01 다음 중 피부의 면역기능에 관계하는 것은?

① 각질형성세포　② 랑게르한스세포
③ 색소형성세포　④ 머켈(인지)세포

★★
02 갑상선의 기능과 관계있으며 모세혈관 기능을 정상화시키는 것은?

① 철　② 마그네슘
③ 칼륨　④ 요오드

★
03 피부 진균에 의하여 발생하며 습한 곳에서 발생빈도가 가장 높은 것은?

① 모낭염　② 족부백선
③ 봉소염　④ 대상포진

★
04 기미를 악화시키는 주요한 원인이 아닌 것은?

① 경구피임약의 복용　② 임신
③ 자외선 차단　④ 내분비 이상

★★
05 다음 중 피지선과 가장 관련이 깊은 질환은?

① 사마귀　② 주사(Rosacea)
③ 한관종　④ 백반증

★
06 다음 중 필수 아미노산에 속하지 않는 것은?

① 트립토판　② 트레오닌
③ 발린　④ 알라닌

★★
07 상피조직이 신진대사에 관여하며 각화 정상화 및 피부 재생을 돕고 노화 방지에 효과가 있는 비타민은?

① 비타민 C　② 비타민 E
③ 비타민 A　④ 비타민 K

★★
08 다음 중 멜라닌색소를 함유하고 있는 부분은?

① 모표피　② 모피질
③ 모수질　④ 모유두

★
09 피지선의 활성을 높여주는 호르몬은?

① 안드로겐　② 에스트로겐
③ 인슐린　④ 멜라닌

★★
10 분진의 지속적인 흡입에 의하여 폐에서 일어나는 질병은?

① 진폐증　② 결핵
③ 폐렴　④ 기관지염

★
11 다음 중 제3군감염병에 속하는 것은?

① B형간염　② 후천성면역결핍증
③ 세균성이질　④ 디프테리아

★★
12 소화기계(수인성) 감염병으로 엮인 것은?

① 장티푸스-파라티푸스-콜레라-간흡충증
② 콜레라-파라티푸스-세균성이질-폐흡충증
③ 장티푸스-파라티푸스-콜레라-세균성이질
④ 장티푸스-파라티푸스-간흡충증-세균성이질

★
13 소아의 항문 주위에서 산란하는 기생충은?

① 구충　② 편충
③ 요충　④ 회충

★
14 논이나 들에서 들쥐의 똥, 오줌 등에 의해 경피감염되는 감염병은?

① 유행성출혈열　② 이질
③ 렙토스피라증　④ 파상풍

★
15 지구 온난화 현상의 원인이 되는 주된 가스는?

① NO ② CO_2
③ Ne ④ CO

★
16 법정감염병 중 제1군감염병이 아닌 것은?

① 페스트 ② 콜레라
③ 세균성이질 ④ 폴리오

★★
17 지용성 비타민 E를 많이 함유한 식품은?

① 당근 ② 맥아
③ 복숭아 ④ 유제품

★★
18 국가 간이나 지역사회 간의 보건수준을 비교하는데 사용되는 대표적인 3대 지표는?

① 평균수명, 모성사망률, 비례사망지수
② 영아사망률, 비례사망지수, 평균수명
③ 유아사망률, 사인별 사망률, 영아사망률
④ 영아사망률, 사인별 사망률, 평균수명

★
19 인공능동면역 방법 및 질병과의 연결이 잘못된 것은?

① 생균 – 두창, 탄저, 광견병
② 생균 – 결핵, 황열, 홍열
③ 사균 – 콜레라, 백일해, 일본뇌염
④ 사균 – 파상풍, 장티푸스, 디프테리아

★
20 다음 중 파리가 옮기지 않는 병은?

① 이질 ② 콜레라
③ 장티푸스 ④ 유행성출혈열

★
21 다음 감염병 중 세균성 감염병은?

① 결핵 ② 말라리아
③ 일본뇌염 ④ 유행성간염

★★
22 식사 전 손 씻기, 인체 항문 주위의 청결유지 등을 필요로 하며 어린 연령층이 집단으로 감염되기 쉬운 기생충은?

① 회충 ② 촌충
③ 요충 ④ 십이지장충

★★
23 대기오염물질이 아닌 것은?

① 황산화물(SO_3) ② 일산화탄소(CO)
③ 오존(O_3) ④ 질소산화물(NO_2)

★
24 다음 중 매개 곤충이 전파하는 감염병과 연결이 잘못된 것은?

① 벼룩 – 흑사병
② 모기 – 황열
③ 파리 – 사상충
④ 진드기 – 유행성출혈열

★★
25 미용업소의 실내 쾌적 습도 범위로 가장 알맞은 것은?

① 10~30% ② 30~50%
③ 40~70% ④ 70~90%

★
26 절지동물인 파리에 의해서 전파될 수 있는 질병이 아닌 것은?

① 장티푸스 ② 발진열
③ 콜레라 ④ 세균성이질

★★
27 미용업소에서 비말에 의한 공기전파로 감염될 수 있는 것은?

① 뇌염 ② 대장균
③ 장티푸스 ④ 인플루엔자

★
28 다음 중 기생충과 중간숙주와의 연결이 잘못된 것은?

① 무구조충 – 소 ② 폐흡충 – 가재
③ 간흡충 – 붕어 ④ 유구조충 – 잉어

★
29 다음 내용 중 호흡기계 감염병에 속하지 않는 것은?

① 수두 ② 홍역
③ 폴리오 ④ 백일해

★★
30 식품을 통한 세균성 식중독 중 독소형인 것은?

① 포도상구균
② 살모넬라균
③ 장염비브리오
④ 병원성 대장균

★★
31 가족계획 사업의 효과로서 가장 적절한 지표는?

① 인구증가율 ② 조출생률
③ 남녀출생비 ④ 평균여명 수

★★
32 공기 조성물로서 이산화탄소는 약 몇 %를 차지하고 있는가?

① 0.03% ② 0.3%
③ 3% ④ 13%

★
33 모기가 매개하는 감염병이 아닌 것은?

① 황열 ② 뇌염
③ 사상충 ④ 발진열

★★
34 다음 중 독소형 세균성 식중독이 아닌 것은?

① 보툴리누스균
② 살모넬라균
③ 웰치균
④ 포도상구균

★★
35 주로 여름철에 발병하며 어패류가 원인물질로서 급성 장염 등의 증상을 나타내는 식중독은?

① 포도상구균
② 병원성대장균
③ 장염비브리오
④ 보툴리누스균

★
36 다음 중 감염성 질환이 아닌 것은?

① 폴리오 ② 풍진
③ 성병 ④ 당뇨병

★
37 조도불량, 현휘가 과도한 장소에서 장시간 작업 시 기인하는 직업병은?

① 안정피로 ② 정신적 분열
③ 열중증 ④ 안구진탕증

★
38 다음 중 인구증가에 대한 사항으로 맞는 것은?

① 자연증가 = 유입인구 – 유출인구
② 사회증가 = 출생인구 – 사망인구
③ 인구증가 = 자연증가 + 사회증가
④ 초자연증가 = 유입인구 – 유출인구

★
39 체감온도(감각온도)의 3요소가 아닌 것은?

① 기온 ② 기습
③ 기류 ④ 기압

★
40 일산화탄소(CO)의 8시간 기준 허용 농도는?

① 0.01ppm ② 1ppm
③ 0.03ppm ④ 25ppm

★
41 예방접종(Vaccine)으로 면역을 획득시키는 방법인 것은?

① 인공능동면역 ② 인공수동면역
③ 자연능동면역 ④ 자연수동면역

★ 42 비타민이 결핍 시 발생하는 질병과 관련 없는 것은?

① 비타민 B_1 - 각기증
② 비타민 D - 괴혈병
③ 비타민 A - 야맹증
④ 비타민 E - 불임증

★★ 43 다음 내용에서 세균성 식중독 중 감염형에 속하는 것은?

① 살모넬라균 ② 보툴리누스균
③ 포도상구균 ④ 웰치균

★★ 44 출생률이 높고 사망률이 낮으며 14세 이하 인구가 65세 이상 인구의 2배를 초과하는 인구유형은?

① 별형 ② 종형
③ 항아리형 ④ 피라미드형

★★ 45 감염병 예방법상 제2군에 해당되는 질병은?

① 황열 ② 풍진
③ 세균성이질 ④ 장티푸스

★ 46 법정감염병상 제2군인 것은?

① 성병 ② 말라리아
③ 유행성이하선염 ④ 유행성출혈열

★ 47 진동이 심한 작업장 근무자에게 다발하는 질환으로 청색증과 동통, 저림 증세를 보이는 질병은?

① 잠함병 ② 레이노드씨병
③ 진폐증 ④ 열경련

★★ 48 다음 중 파리가 옮기지 않는 병은?

① 이질 ② 콜레라
③ 장티푸스 ④ 유행성출혈열

★★ 49 다음 영양소 중 인체의 생리적 조절작용에 관여하는 조절소는?

① 단백질 ② 비타민
③ 지방질 ④ 탄수화물

★ 50 출생 4주 이내에 기본접종을 실시하는 감염병은?

① 결핵 ② 홍역
③ 볼거리 ④ 일본뇌염

★★ 51 우리나라에서 의료보험을 전 국민에게 적용하게 된 최초의 시기는 언제부터인가?

① 1964년 ② 1977년
③ 1988년 ④ 1989년

★★ 52 한 나라의 건강수준과 국가 간 보건수준을 비교할 수 있는 지표는?

① 국민소득 ② 인구증가율
③ 질병이환율 ④ 비례사망지수

★★ 53 오염된 주사기, 면도날 등으로 인해 전파되는 만성 감염병은?

① B형간염 ② 트라코마
③ 렙토스피라증 ④ 파라티푸스

★★ 54 수인성 감염병이 아닌 것은?

① 일본뇌염 ② 이질
③ 콜레라 ④ 장티푸스

★ 55 법정감염병 중 제3군에 속하지 않는 것은?

① B형간염 ② 공수병
③ 렙토스피라증 ④ 쯔쯔가무시증

★
56 **환경오염의 발생요인인 산성비의 가장 주요한 원인과 산도는?**

① 이산화탄소 pH5.6 이하
② 아황산가스 pH5.6 이하
③ 염화불화탄소 pH6.6 이하
④ 탄화수소 pH6.6 이하

★★
57 **돼지와 관련된 질환이 아닌 것은?**

① 유구조충 ② 살모넬라증
③ 일본뇌염 ④ 발진티푸스

★
58 **이·미용 영업을 개설할 수 있는 자의 자격은?**

① 영업소 내에 시설을 완비하였을 때
② 이 · 미용의 면허증이 있을 때
③ 이 · 미용의 자격이 있을 때
④ 자기 자금이 있을 때

★★
59 **미용사의 면허증을 영업소 안에 게시하지 아니한 자에 대한 법적 조치는?**

① 50만 원 이하 과태료
② 100만 원 이하 벌금
③ 200만 원 이하 과태료
④ 200만 원 이하 벌금

★★
60 **물의 오염을 나타내는 생물학적 산소요구량(BOD)과 용존산소량(DO)의 상관관계로서 설명된 것은?**

① BOD와 DO는 무관하다.
② BOD가 낮으면 DO는 낮다.
③ BOD가 높으면 DO는 낮다.
④ BOD가 높으면 DO도 높다.

제3회 상시시험 적중문제 정답 및 해설

1	2	3	4	5	6	7	8	9	10
②	④	②	③	②	④	③	②	①	①
11	12	13	14	15	16	17	18	19	20
②	③	③	①	②	④	②	②	④	④
21	22	23	24	25	26	27	28	29	30
①	③	③	③	③	②	④	④	③	①
31	32	33	34	35	36	37	38	39	40
②	①	④	②	③	④	④	③	④	①
41	42	43	44	45	46	47	48	49	50
①	②	①	④	②	③	②	④	②	①
51	52	53	54	55	56	57	58	59	60
④	④	①	①	①	②	④	②	③	③

01 알레르기 감각세포인 항원전달(랑게르한스)세포는 면역작용에 관여하며 항원을 탐지한다.

02 요오드는 갑상선호르몬의 구성성분으로서 과잉 지방 연소를 촉진하며 체내의 에너지 대사에 관여하고 단백질을 생성시킨다.

03 피부사상균(곰팡이균)은 무좀으로 발가락 사이, 발바닥에 나타난다.

04 자외선 차단제는 피부를 보호하고 색소침착을 방지한다.

05 딸기코라고도 불리며 심한 경우 피지선의 증식을 유발한다. 40~50대에 혈액순환이 나빠지면서 모세혈관이 파괴되어 나타나는 현상이다.

06 트립토판, 트레오닌, 발린, 로이신, 이소로이신, 메티오닌, 리신, 페닐알리닌 등이 필수 아미노산에 해당된다.

07 ①, ②는 항산화제에 해당된다. ④ 비타민 K는 혈액응고에 관여한다.

08 모피질은 모발의 색상을 결정짓는 멜라닌색소를 함유하고 있다.

09 피지의 분비는 남성호르몬인 안드로겐의 영향을 받는다.

10 분진에 의한 장애
- 진폐증 : 0.5mm의 분진(유리규산, 석면 등)이 폐포에 축적된다.
- 규폐증 : 이산화규소, 석면 등의 미세먼지를 지속적으로 흡입 시 폐 질환이 발생한다.
- 석면폐증 : 석면 분진 2~5mm 정도의 크기를 지속적으로 흡입 시 만성 폐 질환의 장애를 갖는다.

11 ①, ④는 제2군, ③은 제1군감염병이다.

12 소화기계(수인성) 감염병
- 환자나 보균자의 분뇨를 통해 병원체가 음식물 또는 식수를 오염시키거나 개달물을 매개로 경구감염된다.
- 콜레라, 폴리오, 장티푸스, 파라티푸스, 유행성간염, 세균성이질, 아메바성이질 등이 있다.

13 요충
- 집단감염과 소아감염이 잘 된다. 항문 주위에 산란과 동시에 감염되며, 인구밀집지역에 많이 분포한다.
- 불결한 손이나 음식물을 통해 경구로 감염된다.

14 절지동물 매개 감염병인 유행성출혈열(진드기)은 한탄바이러스를 병원체로 하여 들쥐 배설물과 좀진드기 오염물 등을 전파물로 한다.

15 CO_2는 실내공기오염의 기준이 되며 일반적으로 허용량은 8시간 기준으로 0.1%이다.

16 ④는 제2군감염병이다. 제2군감염병은 D(디프테리아), P(백일해), T(파상풍), 홍역, 유행성이하선염, 풍진, 폴리오, B형간염, 일본뇌염, 수두, b형헤모필루스인플루엔자, 폐렴구균(12종)이다.

17 비타민 E는 항산화제로서 토코페롤이라고도 한다.
- 호르몬 생성, 임신 등 생식기능에 관여하며 노화방지나 세포재생을 돕는다.

- 결핍 시 불임증, 피부노화 등을 유발하며 두부, 곡물의 배아, 버터, 푸른잎 채소, 식물성 유지 등에 풍부하게 함유되어 있다.

18 지역사회와 국가 간의 건강수준을 수량으로 표현한다는 것은 어려운 일이다. 인간집단의 공중보건 수준을 평가하기 위해서는 반대 개념인 사망률을 이용한다.
- 비례사망지수 : 일년동안 전체 사망자 중에서 50세 이상의 사망자를 표시한 것으로 수치가 높을수록 고령자의 비율이 높음을 의미한다.
- 평균수명 : 0세의 평균 여명을 평균수명이라 한다. 앞으로 몇 년을 더 살 수 있는지에 대한 평균적 기대치를 의미한다.
- 보통사망률 : 특정 연도의 인구 중에서 같은 해의 총 사망자수를 의미한다.
- 영아사망률 : 출생 1,000명에 대한 생후 1년 미만의 사망영아 수로 나타낸다.

19 디프테리아, 파상풍은 순화독소이다.

20 유행성출혈열은 쥐에 기생하는 좀진드기에 의해 발생된다.

21 세균으로 인한 감염병은 결핵, 나병, 웰슨병, 페스트, 콜레라, 이질(세균·아메바성), 파상풍, 장티푸스, 파라티푸스, 디프테리아 등이 있다.

22 요충은 도시 소아의 항문 주위에 산란함으로써 침구, 침실 등에서 충란으로 오염되며, 집단감염과 자가감염(손가락)을 일으킨다.

23 O_3는 대류의 성층권(지상 25~30km)에 있으며 표백, 살균작용을 한다.

24 파리는 참호열, 쯔쯔가무시병을 전파하며, 사상충증은 모기가 옮기는 질병이다.

25 쾌적 습도는 40~70%이다. 기온에 따라 달라지는 습도는 대기 중에 포함된 수분량으로, 인체에 적당하게 작용되면서 쾌적 감각을 가진다.

26 벼룩(진드기)이 옮기는 질병은 발진열, 재귀열, 야토병, 로키산홍반열 등이다.

27 신체의 직접접촉에 의한 비말(침, 가래, 콧물)감염으로는 파상풍, 탄저, 홍역, 구충증, 급성회백수염, 인플루엔자 등이 있다.

28 유구조충은 돼지와 관련된다.

29 ③은 소화기계 감염병이다.

30 독소형은 포도상구균, 보툴리누스균, 부패산물형이 있다. ②, ③, ④는 감염형 세균성 식중독이다.

31 모성보건을 위한 가족계획에서 초산연령(조출생률)은 20~30세로, 임신간격(약 3년) 등의 내용을 담고 있다.

32 공기는 N_2(78.1%), O_2(20.1%), Ar(0.93%), CO_2(0.03%), 기타(0.04%) 등으로 구성되어 있다.

33 모기는 일본뇌염, 말라리아, 뎅기열, 황열 등의 질병을 야기한다.

34 ② 세균성 식중독 중에서 감염형 식중독이다.

35 장염비브리오균은 여름철에 많이 발생(7~8월 집중적)하며 급성 장염을 발생시키는 세균성 식중독은 어패류(60~70%), 생선류가 대부분 차지한다.

36 ④는 비감염성 질환이다.

37 눈의 피로, 안구진탕증, 전망성안염, 백내장, 작업능률저하 등의 직업병이 생긴다.

38 자연증가(출생률−사망률)+사회증가(전입인구−전출인구)=인구증가이다.

39 기후의 3대 요소인 체감(감각)온도는 기온, 기습(습도), 기류(바람)이다.

40 일산화탄소(CO)
- 연탄이 불에 타기 시작할 때와 꺼질 무렵 다량 발생한다.
- 헤모글로빈과의 친화성이 산소에 비해 250~300배 강하다. 최대 허용량(서한량)은 8시간 기준 100ppm(0.01%)이다.

41 인공능동면역은 생균, 사균 및 순화독소 등을 사용한 예방접종을 통해 인위적으로 얻어지는 면역이다.

42 ② 비타민 D : 구루병

43
- 세균성 식중독 중 감염형은 살모넬라균, 장염비브리오균, 병원성 대장균이 원인균이다.

- 독소형은 포도상구균, 보툴리누스균, 부패산물형이 원인균이다.
- 생체 독소형은 웰치균이 원인균이다.

44 피라미드형의 인구유형은 출생률이 높고 사망률이 낮은 인구증가형이다.

45 제2군감염병은 12종으로서 DPT, 홍역, 풍진, 폴리오, 수두, 폐렴구균, 유행성이하선염, B형간염, 일본뇌염, b형헤모필루스인플루엔자이다.

46 유행성이하선염(볼거리)은 바이러스성 질환으로 주로 어린아이에게 발생된다. 산모(임신 4개월 이내)가 감염되면 기형아를 출산한다.

47 레이노드병은 국소진동으로서 손가락의 감각마비 및 창백 등의 증상이 있다.

48 ④는 쥐의 진드기를 매개로 하는 감염병이다.

49 비타민은 인체 생리조절 작용을 한다.

50 결핵은 신생아 시(생후 4주 이내) BCG 예방접종을 한다.

51 1989년에 우리나라 최초로 전 국민에게 의료보험이 적용되었다.

52 비례사망지수는 전체 사망자 수에 대한 50세 이상 사망자 수의 구성비율이다.

53 B형간염 바이러스를 병원체로 하여 환자 혈액, 타액, 성접촉, 면도날 등에 의해 전파된다.

54 일본뇌염은 피부기계(점막피부) 감염병이다.

55 B형간염은 제2군감염병이다.

56 산성비는 pH 5.6 미만의 비를 말한다. 자동차나 공장의 매연에서 비롯되는 황산화물, 질소화합물, 탄소화합물 등이 비에 함유되어 내리는 것이다.

57 발진티푸스는 절지동물인 이(Lice)에 의해 감염된다.

58 이·미용 영업개시를 하기 위해서는 면허증을 소지하여야 한다.

59 200만 원 이하 과태료
- 위생교육을 받지 아니한 자
- 영업소 이외의 장소에서 미용 업무를 행한 자
- 미용업소의 위생관리 의무를 지키지 아니한 자

60
- 용존산소량(DO)은 물에 녹아 있는 산소, 즉 용존산소를 말한다.
- DO는 높을수록 좋다.
- BOD가 높을 때 DO는 낮아진다.
- 온도가 낮아질수록 DO는 증가된다.
- 생물이 생존할 수 있는 DO는 5ppm 이상이다.

제4회 상시시험 적중문제

자격검정 CBT 상시시험 적중문제 문제풀이

수험번호:
수험자명:

제한시간: 60분

★
01 산성 린스의 종류 중 거리가 가장 먼 것은?

① 레몬 린스 ② 크림 린스
③ 비니거 린스 ④ 구연산 린스

★★
02 논 스트리핑 샴푸제를 주로 사용하는 두발은?

① 지성 두발 ② 정상 두발
③ 건성 두발 ④ 염색된 두발

★
03 두발이 지나치게 건조하거나 염색에 실패했을 때 가장 적합한 샴푸방법은?

① 플레인 샴푸 ② 에그 샴푸
③ 파이더 샴푸 ④ 토닉 샴푸

★
04 경수(센물)로 샴푸한 모발에 가장 적당한 린스는?

① 산성 린스 ② 크림 린스
③ 중성 린스 ④ 보통 린스

★
05 염색모에 사용되는 샴푸제는?

① 논 스트리핑 샴푸제
② 소플리스 비누 샴푸제
③ 토닉 샴푸제
④ 파우더 드라이 샴푸제

★
06 다음 중 산성 린스에 속하지 않는 것은?

① 식초 린스 ② 레몬 린스
③ 구연산 린스 ④ 올리브 린스

★★
07 공중위생영업에 해당되지 않는 것은?

① 위생관리업 ② 세탁업
③ 목욕장업 ④ 숙박업

★
08 누에고치에서 추출한 성분 또는 난황성분을 함유한 샴푸제로서 모발에 영양을 공급해 주는 샴푸제는?

① 산성 샴푸 ② 드라이 샴푸
③ 프로테인 샴푸 ④ 컨디셔닝 샴푸

★
09 염색 시술 시 모표피의 안정과 퇴색을 방지하기 위해 가장 적합한 것은?

① 식물성 샴푸 ② 플레인 린스
③ 알칼리 린스 ④ 산성 균형 린스

★★
10 두발 끝을 붓처럼 가늘게 만드는 커트 기법은?

① 틴닝 ② 클리핑
③ 슬리더링 ④ 테이퍼링

★★
11 원랭스 커트에 속하지 않는 것은?

① 레이어드 ② 스파니엘
③ 이사도라 ④ 패러렐 보브

★
12 머리형태가 이루어진 상태에서 튀어나오거나 빠져나온 두발을 가위로 마무리하는 기법은?

① 틴닝 ② 트리밍
③ 클리핑 ④ 테이퍼링

★
13 움직이는 질감과 움직이지 않는 질감이 혼합된 무게감인 전개도는?

① 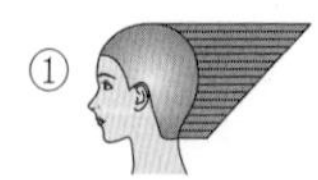
② 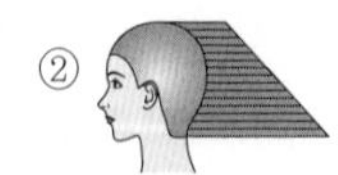
③ 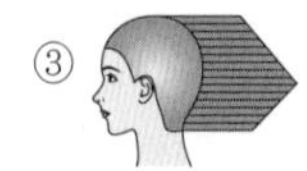
④ 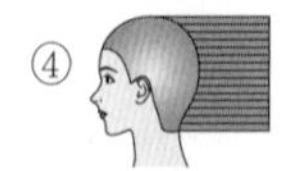

14 빗과 가위를 위쪽으로 이동시키면서 빗살 사이에 끼어있는 두발을 자르는 기법은?

① 싱글링(Shingling)
② 틴닝 시저스(Thinning scissors)
③ 레이저 커트(Razor cut)
④ 슬리더링(Slithering)

15 기본(9등분) 퍼머넌트 와인딩의 순서를 가장 바르게 나타낸 것은?

① 톱 → 사이드 → 백 → 네이프
② 백 → 네이프 → 톱 → 사이드
③ 사이드 → 톱 → 백 → 네이프
④ 네이프 → 백 → 사이드 → 톱

16 다음 내용 중 웨이브의 위치(리지 방향)와 관계가 가장 먼 것은?

① 섀도 웨이브 ② 버티컬 웨이브
③ 내로우 웨이브 ④ 와이드 웨이브

17 다음 중 웨이브 펌 처리시간이 가장 짧은 모질은?

① 손상모 ② 발수성모
③ 저항성모 ④ 경모

18 다음 중 웨이브 펌이 잘 되지 않는 모질은?

① 손상모
② 정상모
③ 다공성모
④ 오일이 묻은 모발

19 모발에서 추출한 시스틴을 환원시켜 만들어 연모와 손상모 등에 주로 사용되는 펌제는?

① 산성 펌제 ② 히트 펌제
③ 거품 펌제 ④ 시스테인 펌제

20 콜드 웨이브 펌 시 2액의 사용방법으로 바르게 설명된 것은?

① 중화제를 따뜻하게 데워서 고르게 모발 전체에 사용한다.
② 중화제를 차갑게 하여 두발 전체에 사용한다.
③ pH balance를 도포한 후 2액을 사용한다.
④ 샴푸제로 깨끗이 씻어준 후 2액을 사용한다.

21 콜드식 웨이브 형성(환원)제의 주성분으로 사용되는 것은?

① 티오글리콜산염
② 과산화수소
③ 브롬산 칼륨
④ 취소산 나트륨

22 웨이브 펌제 중 프로세스 솔루션의 화학적 성분은?

① 과산화수소
② 산화제
③ 브롬산염
④ 티오글리콜산염

23 펌 시술 후 웨이브가 잘 나오지 않은 경우가 아닌 것은?

① 와인딩 시 텐션을 주어 와인딩한 경우
② 프리 샴푸 시 비누와 경수로 세정하여 모발에 금속염이 형성된 경우
③ 저항성모(발수성모)를 적당한 텐션으로 와인딩한 경우
④ 오버 프로세싱타임으로 시스틴이 지나치게 파괴된 경우

24 콜드 펌제 주성분인 티오글리콜산의 적정 농도는?

① 1~2% ② 2~7%
③ 8~12% ④ 15~20%

★★
25 모발 끝 부분에서 모근 쪽으로 갈수록 웨이브 폭이 커지는 것은?

① 더블 와인딩　② 크로키놀 와인딩
③ 스파이럴 와인딩　④ 컴프렉스 와인딩

★
26 퍼머넌트 웨이브 용액 중 제1액에 속하는 것은?

① 취소산나트륨　② 취소산칼륨
③ 티오글리콜산염　④ 과붕산나트륨

★
27 콜드식 프로세싱 솔루션 사용법으로 틀린 것은?

① pH 4.5~9.6의 알칼리성 환원제이다.
② 티오 타입과 시스 타입이 있다.
③ 한 번 사용하고 남은 용액은 원래의 병에 다시 넣어 보관해도 좋다.
④ 냉암소에 보관하고 금속 도구의 사용은 삼가야 한다.

★
28 웨이브 펌 시 모발 내 시스틴결합을 절단시키는 화학제는?

① 과산화수소　② 취소산칼륨
③ 브롬산나트륨　④ 티오글리콜산염

★★
29 1액이 웨이브(Wave)의 형성을 위해 주로 작용하는 모발의 부위는?

① 모근(Hair rool)　② 모표피(Cuticle)
③ 모피질(Cortex)　④ 모수질(Medulla)

★★
30 펌 용제 2액에 관한 설명 중 옳은 것은?

① 용액은 티오글리콜산염이다.
② 환원된 웨이브를 고정시켜준다.
③ 두발의 구성 물질을 환원시키는 작용을 한다.
④ 시스틴의 구조를 변화시켜 갈라지게 한다.

★★
31 아이론과 빗을 이용해서 형성하는 웨이브는?

① 컬 웨이브　② 핑거 웨이브
③ 마셀 웨이브　④ 콜드 웨이브

★★
32 컬의 각도 상태로서 루프가 귓바퀴 반대 방향으로 세워서 말린 컬은?

① 플래트 컬　② 리버스 스탠드 업 컬
③ 스컬프처 컬　④ 포워드 스탠드 업 컬

★★
33 컬의 기본적인 스템(Stem)이 아닌 것은?

① 논 스템　② 풀 스템
③ 롱 스템　④ 하프 스템

★
34 헤어 파팅 중 후두부를 정중선으로 나눈 파트는?

① 센터 파트　② 스퀘어 파트
③ 카우릭 파트　④ 센터 백 파트

★★
35 가발 샴푸 방법으로 옳은 것은?

① 샴푸제를 도포하여 빗질하고 헹군다.
② 미지근한 물에 6시간 정도 담가 두었다가 헹군다.
③ 벤젠, 알코올 등의 용제에 12시간 정도 담가 두었다가 응달에서 말린다.
④ 알칼리성이 강한 세제에 12시간 정도 담가 두었다가 햇빛에서 말린다.

★
36 가발 네팅 과정 중 손뜨기의 장점인 것은?

① 발제선 주위를 정교하게 작업할 수 있다.
② 모류가 정해져 있어 질이 뛰어나고 가격이 비싸다.
③ 인위적인 느낌은 강한 반면 가격이 저렴하다.
④ 다양한 색상과 스타일을 만들 수 있어 변신이나 치장에 유용하다.

37 손님에게 음란 행위를 알선·제공한 때의 영업소에 대한 1차 위반 행정처분 기준은?

① 영업정지 1월　② 영업정지 2월
③ 영업정지 3월　④ 영업장 폐쇄

38 가발 선별을 위해 태워보았을 때 결과가 아닌 것은?

① 인모 – 천천히 탄다.
② 인모 – 황타는 냄새가 강렬하다.
③ 인조 – 냄새가 안 나며 빨리 탄다.
④ 인조 – 타고난 후 가루가 남는다.

39 가발 커트 시 주의점이 아닌 것은?

① 젖은 상태의 가발을 커트한다.
② 레이저를 사용하여 정확하고 섬세하게 커트한다.
③ 원하는 모발 길이보다 2cm 길게 커트한다.
④ 1cm이하의 섹션과 가르마 또는 본발과의 연결선이 자연스럽게 보이도록 해야 한다.

40 가발 컨디셔닝 방법으로 설명이 잘못된 것은?

① 반드시 위그걸이에 고정시켜 시술한다.
② 컨디셔너는 파운데이션과 모발에 도포한다.
③ 빗질이 끝난 후 수분이 남아있으면 타월로 감싸 수분을 제거한다.
④ 모발의 결(모류)방향으로 원하는 머리형태로 건조시킨다.

41 위그 사용목적이 아닌 것은?

① 가발을 선택하고 모양을 낸다.
② 개인적 선택에 의해서 모량의 유무와 관련된다.
③ 패션에 의한 모발 길이, 종류, 볼륨 등에 따라 장식과 변화에 대한 연출과 관련된다.
④ 헤어 펌과 염색된 모발을 일시적으로 변화시킬 수 있는 실용적 편리와 관련된다.

42 모공과 거친 피부결에 의해 화장이 쉽게 지워지는 피부타입은?

① 지성　② 건성
③ 중성　④ 민감성

43 자외선 차단지수의 단위는?

① UV C　② SPF
③ WHO　④ FDA

44 표피 세포층 중에서 가장 바깥에 존재하는 것은?

① 유두층　② 각질층
③ 과립층　④ 기저층

45 진균에 의한 피부 질환이 아닌 것은?

① 조갑백선
② 족부백선
③ 무좀
④ 대상포진

46 제모 후에는 어떤 제품을 바르는 것이 가장 좋은가?

① 알코올　② 진정 젤
③ 파우더　④ 영양크림

47 단파장(200~290nm) 자외선으로서 피부암의 원인이 되는 가장 에너지가 강한 파장은?

① UV A　② UV B
③ UV C　④ UV D

48 멜라닌을 생성하는 색소형성세포가 위치하는 표피 내 세포층은?

① 과립층　② 유극층
③ 각질층　④ 기저층

★
49 피부의 구조 중 콜라겐과 엘라스틴이 결합된 조직층인 것은?

① 표피 ② 진피
③ 피하조직 ④ 기저층

★
50 피부에 조사된 자외선의 생리적 영향으로 틀린 설명은?

① 신진대사에 영향을 미친다.
② 혈관을 확장시켜 순환에 영향을 미친다.
③ 적외선의 적색 빛은 세포를 자극시킨다.
④ 세포배열을 파괴시켜 피부노화를 촉진시킨다.

★
51 내인성 노화가 진행될 때 감소현상과 관련 없는 것은?

① 피부 탄력 감소
② 면역기능 퇴화
③ 표피가 얇아짐
④ 랑게르한스세포 수 감소

★★
52 정상적인 피부의 피지막 pH는?

① pH 1.5~2.0
② pH 2.5~3.5
③ pH 4.5~5.5
④ pH 6.5~7.5

★
53 과일, 야채에 많이 들어있으면서 멜라닌색소 형성을 억제하는 비타민은?

① 비타민 K ② 비타민 C
③ 비타민 E ④ 비타민 B

★★
54 자외선 중 중파장(290~320nm)으로서 홍반을 주로 유발시키는 것은?

① UV A ② UV B
③ UV C ④ UV D

★★
55 여드름 관리방법으로 잘못된 것은?

① 클렌징을 철저히 한다.
② 요오드가 많이 든 음식을 섭취한다.
③ 적당한 운동과 비타민류를 섭취한다.
④ 유분이 많은 화장품을 사용하지 않는다.

★
56 천연보습인자(NMF)의 구성요소에 속하지 않는 것은?

① 젖산염 ② 암모니아
③ 아미노산 ④ 글리세린

★
57 각질세포가 기저층에서 생성되어 각질층까지 떨어져 나가기까지의 기간은 얼마인가?

① 7일 ② 15일
③ 28일 ④ 45일

★
58 영업장의 폐쇄명령을 받고도 계속 영업을 했을 경우에 벌칙 기준은?

① 6개월 이하의 징역 또는 500만원 이하의 벌금
② 1년 이하의 징역 또는 1천만원 이하의 벌금
③ 100만원 이하의 벌금
④ 300만원 이하의 벌금

★★
59 공중위생감시원의 자격으로 해당되지 않는 것은?

① 1년 이상 공중위생 행정에 종사한 경력이 있는 자
② 대학에서 미용학을 전공하고 졸업한 자
③ 외국에서 위생사 또는 환경기사의 면허를 받은 자
④ 위생사 자격증이 있는 자

★★
60 표피 내 가장 두꺼운 층으로 가시 모양의 돌기가 있는 세포층은?

① 유극층 ② 과립층
③ 각질층 ④ 기저층

제4회 상시시험 적중문제 정답 및 해설

1	2	3	4	5	6	7	8	9	10
②	④	②	①	①	④	①	③	④	④
11	12	13	14	15	16	17	18	19	20
①	③	③	①	④	②	①	④	④	③
21	22	23	24	25	26	27	28	29	30
①	④	①	②	②	③	③	④	③	②
31	32	33	34	35	36	37	38	39	40
③	②	③	④	③	②	③	④	③	②
41	42	43	44	45	46	47	48	49	50
①	①	②	②	④	②	③	④	②	④
51	52	53	54	55	56	57	58	59	60
③	③	②	②	②	④	③	②	②	①

01 크림 린스는 영양 또는 광택을 주거나 정전기를 방지하는 목적으로 사용된다.

02 염색된 모발에는 pH가 낮은 저자극성 샴푸제인 논 스트리핑 샴푸제를 주로 사용한다.

03 에그 샴푸는 단백질 샴푸로, 건조모나 염색모에 주로 사용한다.

04 센물로 샴푸한 모발은 뻣뻣하여 금속성 물질이 모발에 침착되어 있으므로 금속제거용으로 사용되는 산성 린스를 사용한다.

05 염색된 모발에는 pH가 낮은 저자극성 샴푸제인 논 스트리핑 샴푸제를 주로 사용한다.

06 산성 린스는 식초, 레몬, 구연산을 원료로 한다. 올리브 린스는 오일 린스의 종류로 세발 후 모발에 유분을 보충하여 린스의 결함을 개선시킨 제품이다.

07 공중위생업의 종류는 미용업, 이용업, 숙박업, 세탁업, 목욕장업, 건물위생관리업이다.

08 프로테인(단백질) 샴푸는 누에고치와 난황(계란 노른자)에서 추출하여 다공성모(손상모)에 탄력과 강도를 보강한다.

09 염색 후 알칼리화 된 모발을 등전가(pH 4.5~5.5)로 되돌리기 위해 pH balance(산성 린스)를 사용한다.

10 테이퍼링(Tapering) 또는 페더링(Feathering)이라고도 한다. 테이퍼(Taper)는 '끝을 점점 가늘게 한다'는 의미로 모발 끝을 점차 가늘게 연결시키는 커트 방법이며 두발에 자연스러운 장단을 만들어 낸다.

11 원랭스는 내측과 외측의 길이에 단차가 없이(0°) 일자로 자르는 커트이며 레이어드는 두상에 대해 90° 또는 90° 이상의 각도로 커트한다.

12 클립(Clip)은 언저리 부분에 있는 가장자리를 잘라낸다는 뜻으로 클리핑은 튀어나오거나 빠져나온 불필요한 모발을 잘라내어 마무리하는 기법을 말한다.

13 ③은 모발이 겹치는 후두융기 아래 부분에 무게감이 형성된다.

14 싱글(Shingle)은 '밑을 짧게 자른다'는 뜻으로 싱글링은 후두부의 모발을 짧게 커트하는 기법이다.

15 9등분 기본 펌의 와인딩 순서는 네이프→백→사이드→톱이다.

16
- 웨이브의 위치에 따라 내로우·와이드·섀도 웨이브 등으로 구분된다.
- 웨이브의 형상에 따라 수직(버티컬)·사선(다이애거널)·수평(호리존탈) 웨이브 등으로 구분된다.

17 모질
- 건강모 : 경모(센털), 발수성모(저항성모)로 구분된다. 경모는 모수질이 있는 0.09mm 이상의 굵기를 가진 털이며, 발수성모는 모표피의 텁 간격이 좁고 모표피의 장수가 많아 물을 가했을 때 밀어내는 모발이다.
- 손상모 : 다공성모로 펌이나 염색 등에 의해 모

피질 내 구멍이 많이 생긴 모발이다.

18 모발에 오일이 묻은 경우 펌 용제가 침투할 수 없다.

19 시스테인 펌 용제는 두발을 원료로 가수분해하여 정제한 시스틴을 환원시켜 수소(H)를 첨가한 것이다.

20 2액은 산화제, 고정제, 정착제로서 1액에 의해 환원 절단된 모발 웨이브를 고정시키는 역할을 한다. 이때 pH balance를 도포하면 산화제의 역할을 충분히 할 수 있다.

21 콜드 펌 웨이브의 주성분은 티오글리콜산염이다.

22 프로세스 솔루션(Process solution)은 웨이브 로션(펌 1제)이다.

23 와인딩 시 적당한 긴장감(Tension)을 주어서 컬리스(Curliness)해야 한다.

24 콜드 펌 제 1제의 주성분인 티오글리콜산의 농도는 일반적으로 2~7%이다.

25 크로키놀식 와인딩은 모다발 내의 모간 끝에서 모근 쪽으로 향해 말아간다.

26 웨이브 펌의 제1액은 주로 티오글리콜산염을 주성분으로 한다.

27 사용하고 남은 용액과 사용하지 않은 용액을 섞어서 보관할 경우 용액의 효능이 떨어진다.

28 모발 내 시스틴결합을 절단시키는 화학제는 펌 1제(환원제)이다.

29 모피질 내 비결정영역인 시스틴결합을 절단시켜 재결합 시키는 과정이 웨이브 펌이다.

30 펌 2제
- 산화제(Oxidizing solution) 또는 중화제(Neutralizer)라고도 한다.
- 환원된 모발구조를 산화시키는 작용을 한다.
- 과산화수소를 주성분으로 하며 산성(pH 2.5~4.5)이다.

31 마셀 웨이브는 히트 아이론으로 일시적 웨이브를 형성시킨다.

32 리버스 스탠드 업 컬(Reverse stand up curl)은 루프가 귓바퀴 반대 방향(겉말음형)으로 세워서 컬리스된다.

33 ① 논 스템 – 온 베이스
② 풀 스템 – 오프 베이스
④ 하프 스템 – 하프 오프 베이스

34 정중선은 프론트 센터 파트(C.P~G.P)와 센터 백 파트(G.P~N.P)로 구분한다.

35 가발 클렌저를 사용하여 대개 2~4주에 한 번씩 샴푸한다.

36 손뜨기는 파운데이션 네트 위에 실제 피부처럼 미세한 그물 형태로, 모류에 따라 심는 방법을 자유롭게 바꿀 수 있어 질이 뛰어나고 가격이 비싸다.

37 1차 위반 시 영업정지 3월, 2차 위반 시 영업장 폐쇄명령

38 인조모는 타고난 후에 딱딱하고 조그마한 구슬이 만져진다.

39 원하는 모발 길이보다 0.2mm 길게 커트해야 건조된 상태에서 원하는 모발 길이가 될 수 있다.

40 컨디셔너는 모발에만 도포하여 헹군다.

41 ①은 가발사의 역할로서 가발사는 고객의 외모를 돋보이도록 가발 제조·조립을 하고, 미용효과 등에 따른 가발을 선택하고 모양을 낸다.

42 지성피부는 정상피부보다 피부가 두껍고, 모공이 넓으며, 뾰루지와 면포가 생기기 쉽다.

43 SPF는 실험실 내에서 측정되는 자외선 B 차단효과를 지수로 표시하는 단위이다.

44 각질층
- 표피의 가장 바깥층으로서 각질층과 각질세포로 구성된다.
- 수분량은 15~20%로서 천연보습인자(NMF)를 갖고 있다.
- 10~20개의 치밀한 세포(라멜라)층으로서 비늘같이 얇고 핵이 없는 편평세포 구조를 갖는다.

45 대상포진은 바이러스 감염에 의한 급성 염증성 질환으로, 소수포를 나타내며 신경통을 수반한다.

46 제모 후에는 진정 로션 또는 진정 젤로 마무리한다.

47 UV C
- 단파장으로서 표피의 각질층까지 파장이 도달한다.
- 피부암의 원인이 되며 살균·소독작용을 한다.
- 오존층이 파괴됨으로써 지표에 도달한 가장 에너지가 강한 자외선이다.

48 표피 내의 기저부에 있는 기저층은 유행세포로서 각질형성세포와 랑게한스세포(항원 세포), 색소형성세포가 분포되어 있다.

49 콜라겐과 엘라스틴은 진피의 구성물질이다.

50 ④는 자외선의 장파장(320~400nm)의 특징 중 하나이다.

51 표피가 얇아지는 것은 외인성 노화에 해당된다.

52 정상적인 피부의 pH는 4.5~5.5의 약산성이다.

53 비타민 C는 황산화제로, 모세혈관을 튼튼하게 하고 멜라닌색소 형성을 억제한다. 부족 시 괴혈병이 발생한다.

54 UV B는 피부홍반, 일광화상, 색소침착 현상을 일으킨다.

55 요오드가 많이 든 음식은 여드름을 악화시킬 수 있어 피하도록 한다.

56 ① 젖산염, ② 암모니아, ③ 아미노산이 천연보습인자에 속하며, 그 외에도 카르복시산, 나트륨, 칼슘, 칼륨, 마그네슘 등의 성분이 천연보습인자에 속한다.

57 각질세포는 28일 주기로 박리현상이 일어난다.

58 1년 이하의 징역 또는 1천만 원 이하의 벌금
- 영업의 신고 규정에 의한 신고를 하지 아니한 자
- 영업정지 명령 또는 일부 시설 사용중지 명령을 받고도 그 기간 중에 영업을 하거나 그 시설을 사용한 자 또는 영업소 폐쇄명령을 받고도 계속하여 영업을 한 자

59 공중위생감시원의 자격
- 위생사 또는 환경기사 2급 이상의 자격증이 있는 사람
- 대학에서 화학, 화공학, 환경공학 또는 위생학 분야를 전공하고 졸업한 사람 또는 이와 같은 수준 이상의 자격이 있는 사람
- 외국에서 위생사 또는 환경기사 면허를 받은 사람
- 1년 이상 공중위생 행정에 종사한 경력이 있는 사람
- 공중위생감시원의 인력확보가 곤란하다고 인정되는 때에는 공중위생 행정에 종사하는 사람 중에서 공중위생감시원에 관한 교육훈련을 2주 이상 받은 사람을 공중위생 행정에 종사하는 기간 동안 공중위생감시원으로 임명할 수 있다.

60 유극층에는 랑게르한스세포가 존재한다.

제5회 상시시험 적중문제

자격검정 CBT 상시시험 적중문제 문제풀이

수험번호:
수험자명:

제한시간: 60분

★
01 미용의 특수성과 가장 거리가 먼 것은?

① 고객의 요구가 반영된다.
② 시간적 제한을 받는다.
③ 정적예술로써 미적효과를 나타낸다.
④ 유행을 강조하는 자유예술이다.

★★★
02 모발의 색은 흑색, 적색, 갈색, 금색, 백색 등 여러 가지 색이 있다. 다음 중 주로 검은 모발의 색을 나타나게 하는 멜라닌은?

① 티로신(Tyrosine)
② 멜라노사이트(Melanocyte)
③ 유멜라닌(Eumelanin)
④ 페오멜라닌(Pheomelanin)

★★★
03 헤어 세팅의 컬에 있어 루프가 두피에 45°로 세워진 것은?

① 플래트 컬　② 스컬프처 컬
③ 메이폴 컬　④ 리프트 컬

★★★
04 면역을 얻기 위해 생균제제를 사용하는 예방접종 방법은?

① 장티푸스　② 파상풍
③ 결핵　④ 디프테리아

★★★
05 위그 치수 측정 시 이마의 헤어라인(C.P)에서 정중선을 따라 네이프의 움푹 들어간 지점(N.P)까지는?

① 머리 길이　② 머리 둘레
③ 이마 폭　④ 머리 높이

★★★
06 미용 작업 시의 자세와 관련된 설명으로 틀린 것은?

① 작업대상의 위치가 심장의 위치보다 높아야 좋다.
② 서서 작업을 하므로 근육의 부담이 적게, 각 부분의 밸런스를 배려한다.
③ 과다한 에너지 소모를 피해 적당한 힘의 배분이 되도록 배려한다.
④ 정상 시력인 사람의 적당한 명시거리는 안구에서 약 25cm이다.

★★★
07 웨트 커팅(Wet cutting)의 설명으로 적합한 것은?

① 손상모를 손쉽게 추려낼 수 있다.
② 웨이브나 컬이 심한 모발에 적합한 방법이다.
③ 길이 변화를 많이 주지 않을 때 이용한다.
④ 두발의 손상을 최소화할 수 있다.

★★★
08 퍼머넌트 제1액 처리에 따른 프로세싱 중 언더 프로세싱의 설명으로 틀린 것은?

① 언더 프로세싱은 프로세싱 타임 이상으로 제1액을 두발에 방치한 것을 말한다.
② 언더 프로세싱일 때에는 두발의 웨이브가 거의 나오지 않는다.
③ 언더 프로세싱일 때에는 처음에 사용한 솔루션보다 약한 제1액을 다시 사용한다.
④ 제1액의 처리 후 두발의 테스트 컬로, 언더 프로세싱 여부가 판명된다.

★★★
09 커트용 가위 선택 시의 유의사항 중 옳은 것은?

① 일반적으로 협신에서 날 끝으로 갈수록 만곡도가 큰 것이 좋다.
② 양날의 견고함이 동일한 것이 좋다.
③ 일반적으로 도금된 것은 강철의 질이 좋다.
④ 잠금 나사는 느슨한 것이 좋다.

***
10 다음 중 헤어 브러시로서 가장 적합한 것은?

① 부드러운 나일론, 비닐계의 제품
② 탄력 있고 털이 촘촘히 박힌 강모로 된 것
③ 털이 촘촘한 것보다 듬성듬성 박힌 것
④ 부드럽고 매끄러운 연모로 된 것

***
11 루프가 귓바퀴를 따라 말리고 두피에 90°로 세워져 있는 컬은?

① 리버스 스탠드업 컬
② 포워드 스탠드업 컬
③ 스컬프처 컬
④ 플랫 컬

***
12 조선시대에 사람의 머리카락으로 만든 가체를 얹은 머리형은?

① 큰머리　　② 쪽진머리
③ 귀밑머리　　④ 조짐머리

***
13 헤어 컬러링의 용어 중 다이 터치업(Dye touch up)이란?

① 자연모(Virgin hair)에 처음 시술하는 염색
② 자연적인 색채의 염색
③ 탈색된 두발에 대한 염색
④ 염색 후 새로 자라난 두발에만 하는 염색

***
14 다음 중 플러프 뱅(Fluff bang)을 설명한 것은?

① 가르마 가까이에 작게 낸 뱅
② 컬을 깃털과 같이 일정한 모양을 갖추지 않고 부풀려서 볼륨을 준 뱅
③ 두발을 위로 빗고 두발 끝을 플러프 해서 내려뜨린 뱅
④ 풀 웨이브 또는 하프 웨이브로 형성한 뱅

***
15 다음 중 공중위생영업 위법 사항 중 가장 무거운 벌칙 기준에 해당하는 자는?

① 신고를 하지 아니하고 영업한 자
② 관계 공무원 출입, 검사를 거부한 자
③ 변경신고를 하지 아니하고 영업한 자
④ 면허정지 처분을 받고 그 정지 기간 중에 업무를 행한 자

***
16 가발 손질법 중 틀린 것은?

① 스프레이가 없으면 얼레빗을 사용하여 컨디셔너를 골고루 바른다.
② 두발이 빠지지 않도록 차분하게 모근 쪽에서 두발 끝 쪽으로 서서히 빗질을 해 나간다.
③ 두발에만 컨디셔너를 바르고 파운데이션에는 바르지 않는다.
④ 열을 가하면 두발의 결이 변형되거나 윤기가 없어지기 쉽다.

***
17 두발의 다공성에 관한 사항으로 틀린 것은?

① 다공성모(多孔性毛)란 두발의 간충물질(間充物質)이 소실되어 보습작용이 적어져서 두발이 건조해지기 쉬운 손상모를 말한다.
② 다공성은 두발이 얼마나 빨리 유액(流液)을 흡수하느냐에 따라 그 정도가 결정된다.
③ 두발의 다공성 정도가 클수록 프로세싱 타임을 짧게 하고, 보다 순한 용액을 사용하도록 해야 한다.
④ 두발의 다공성을 알아보기 위한 진단은 샴푸 후에 해야 하는데 이것은 물에 의해서 두발의 질이 다소 변화하기 때문이다.

***
18 헤어스타일에 다양한 변화를 줄 수 있는 뱅(Bang)은 주로 두부의 어느 부위에 하게 되는가?

① 앞이마　　② 네이프
③ 양 사이드　　④ 크라운

★★★
19 쿠퍼로즈(Couperose)라는 용어는 어떠한 피부 상태를 표현하는 데 사용하는가?

① 거친 피부
② 매우 건조한 피부
③ 모세혈관이 확장된 피부
④ 피부의 pH 밸런스가 불균형인 피부

★★★
20 다음 중 그라데이션(Gradation)에 대한 설명으로 옳은 것은?

① 모든 모발이 동일한 선상에 떨어진다.
② 모발의 길이에 변화를 주어 무게(Weight)를 더해 줄 수 있는 기법이다.
③ 모든 모발의 길이를 균일하게 잘라주어 모발에 무게(Weight)를 덜어 줄 수 있는 기법이다.
④ 전체적인 모발의 길이 변화 없이 소수 모발만을 제거하는 기법이다.

★★★
21 법정 감염병 중 제3군 감염병에 속하는 것은?

① 후천성면역결핍증
② 장티푸스
③ 일본뇌염
④ B형간염

★★★
22 다음 중 환자의 격리가 가장 중요한 관리방법이 되는 것은?

① 파상풍, 백일해 ② 일본뇌염, 성홍열
③ 결핵, 한센병 ④ 폴리오, 풍진

★★★
23 신고를 하지 아니하고 영업장의 면적을 3분의 1 이상 변경한 때의 1차 위반 행정처분 기준은?

① 경고 또는 개선명령
② 영업정지 10일
③ 영업정지 15일
④ 영업장 폐쇄명령

★★★
24 비교적 가격이 저렴하고 살균력이 있으며 쉽게 증발되어 잔여량이 없는 살균제는?

① 알코올 ② 요오드
③ 크레졸 ④ 페놀

★★★
25 영업소 외에서 미용업무를 할 수 없는 경우에 해당되는 것은?

① 관할 소재동 지역 내에서 주민에게 미용을 하는 경우
② 혼례나 기타 의식에 참여하는 자에 대하여 그 의식의 직전에 미용을 하는 경우
③ 특별한 사정이 있다고 인정하여 시장 · 군수 · 구청장이 인정하는 경우
④ 질병, 기타의 사유로 인하여 영업소에 나올 수 없는 자에 대하여 미용을 하는 경우

★★★
26 비타민 결핍증인 불임증 및 생식불능과 피부의 노화 방지작용 등과 가장 관계가 깊은 것은?

① 비타민 A ② 비타민 B 복합체
③ 비타민 E ④ 비타민 D

★★★
27 파리에 의해 주로 전파될 수 있는 감염병은?

① 페스트 ② 장티푸스
③ 사상충증 ④ 황열

★★★
28 고압멸균기를 사용하여 소독하기에 가장 적합하지 않은 것은?

① 유리기구 ② 금속기구
③ 약액 ④ 가죽 제품

★★★
29 위그 치수 측정 시 이마의 헤어라인에서 정중선을 따라 네이프의 움푹 들어간 지점까지를 무엇이라고 하는가?

① 두상 길이 ② 두상 둘레
③ 이마 폭 ④ 두상 높이

30 저온폭로에 의한 건강장애는?

① 동상 - 무좀 - 전신체온 상승
② 참호족 - 동상 - 전신체온 하강
③ 참호족 - 동상 - 전신체온 상승
④ 동상 - 기억력 저하 - 참호족

31 AIDS나 B형간염 등과 같은 질환의 전파를 예방하기 위한 이·미용기구의 가장 좋은 소독방법은?

① 고압증기멸균기 ② 자외선소독기
③ 음이온 계면활성제 ④ 알코올

32 소독에 영향을 미치는 인자가 아닌 것은?

① 온도 ② 수분
③ 시간 ④ 풍속

33 3%의 크레졸 비누액 900ml를 만드는 방법으로 옳은 것은?

① 크레졸 원액 270ml 에 물 630ml를 가한다.
② 크레졸 원액 27ml에 물 873ml를 가한다.
③ 크레졸 원액 300ml에 물 600ml를 가한다.
④ 크레졸 원액 200ml에 물 700ml를 가한다.

34 다음 중 건성피부 손질로 가장 적당한 것은?

① 비타민 복용
② 적절한 일광욕
③ 카페인 섭취 줄임
④ 적절한 수분과 유분 공급

35 수분 증발을 억제하여 피부 표면을 부드럽게 해주는 물질은?

① 알코올 ② 미백제
③ 유연제 ④ 자외선 차단제

36 일시적 또는 영구적 웨이브를 개발한 사람의 연대 순서는?

① 찰스 네슬러 → 스피크먼 → 조셉 메이어 → 마셀 그라또우
② 마셀 그라또우 → 찰스 네슬러 → 조셉 메이어 → 스피크먼
③ 마셀 그라또우 → 찰스 네슬러 → 스피크먼 → 조셉 메이어
④ 찰스 네슬러 → 조셉 메이어 → 스피크먼 → 마셀 그라또우

37 비타민 C 결핍 시 어떤 증상이 주로 일어날 수 있는가?

① 피부가 촉촉해진다.
② 색소 기미가 생긴다.
③ 여드름이 발생된다.
④ 피지 분비가 많아진다.

38 광노화와 거리가 먼 것은?

① 표피 두께가 두꺼워진다.
② 섬유아세포의 양이 감소한다.
③ 콜라겐이 비정상적으로 늘어난다.
④ 랑게르한스세포 수가 감소된다.

39 산업보건에서 작업조건의 합리화를 위한 노력으로 옳은 것은?

① 작업강도를 강화시켜 단시간에 끝낸다.
② 작업속도를 최대한 빠르게 한다.
③ 운반방법을 가능한 범위에서 개선한다.
④ 근무시간은 가능하면 전일제로 한다.

40 이·미용업에 있어 위반행위의 차수에 따른 행정처분 기준은 최근 어느 기간 동안 같은 위반행위로 행정처분을 받은 경우에 적용하는가?

① 6월 ② 10개월
③ 12개월 ④ 2년

***
41 발수성모는 비늘층 간격이 촘촘하고 건강하여 펌제의 침투시간이 더디다. 이때 사전처리법으로 맞는 것은?

① 특수 활성제를 도포하여 스티머를 적용한다.
② 린스를 적당히 하여 두발을 부드럽게 해 준다.
③ PPT 제품의 용액을 도포하여 두발 끝에 탄력을 준다.
④ 헤어 트리트먼트 크림을 도포한 후 스티머를 적용한다.

***
42 삼각형 얼굴에 잘 어울리는 헤어스타일에 대한 설명으로 적합하지 않은 것은?

① 전두부를 낮게 하여 옆선이 강조되도록 한다.
② 딱딱한 느낌을 피하고 곡선적인 느낌을 갖는 헤어스타일을 구상한다.
③ 헤어 파트는 얼굴의 각진 느낌에 변화를 줄 라운드 사이드 파트로 한다.
④ 이마의 직선적인 느낌을 감추기 위해 변화 있는 뱅을 한다.

***
43 모발색의 결정으로서 틀린 설명은?

① 색소형성세포에서 생성되는 생화학적 천연색소이다.
② 모발아미노산 타이로신을 전구체로 하는 타이로시나제(효소)의 작용에 의해 모발색이 만들어진다.
③ 유멜라닌 또는 페오멜라닌 과립의 비율 및 양(농도)의 분포에 따라 모발색은 결정된다.
④ 모발의 자연색상은 밝고 어두운 정도에 따라 일반적으로 황인종, 흑인종, 백인종으로 구분된다.

***
44 쇼트 헤어를 일시적으로 롱 헤어의 모습으로 변화시키고자 할 때 사용하는 헤어 피스는?

① 폴(Fall) ② 스위치(Switch)
③ 위글렛(Wiglet) ④ 웨프트(Weft)

***
45 다음 사마귀 종류 중 얼굴, 턱, 입 주위와 손등에 잘 발생하는 것은?

① 심상성 사마귀 ② 족시성 사마귀
③ 지연성 사마귀 ④ 편평 사마귀

***
46 다음 중 표피에 존재하며, 면역과 가장 관계가 깊은 세포는?

① 멜라닌세포 ② 랑게르한스세포
③ 머켈세포 ④ 섬유아세포

***
47 공중보건산업의 기본개념에 따라 우선적으로 관리하여야 하는 대상은?

① 폐결핵환자 ② 암환자
③ 심장질환자 ④ 당뇨병환자

***
48 미용실에서 사용하는 타월을 통해 주로 발생할 수 있는 감염병은?

① 결핵 ② 트라코마
③ 페스트 ④ 일본뇌염

***
49 행정처분 중 청문을 거치지 않아도 되는 것은?

① 영업장의 개선명령
② 영업소 폐쇄명령
③ 이 · 미용사의 면허취소
④ 공중위생영업 정지

***
50 메이크업 베이스에 관한 베이스 색상에 대한 설명으로서 연결이 잘못된 것은?

① 녹색 - 잡티 및 여드름 자국, 모세혈관확장 피부에 적합하다.
② 흰색 - 투명한 피부를 원할 때 T-zone 부위의 하이라이트에 효과적이다.
③ 보라색 - 붉은 얼굴, 흰 피부톤을 표현할 때 효과적이다.
④ 분홍색 - 창백한 사람에게 화사하고 생기 있는 건강한 피부를 표현할 때 사용한다.

***
51 자외선 중 장파장(UV A) 파장 범위인 것은?

① 200 ~ 290㎚ ② 290 ~ 320㎚
③ 320 ~ 400㎚ ④ 400 ~ 700㎚

***
52 두꺼운 피부 상태로서 무색, 무핵의 손·발바닥에 있는 층은?

① 각질층 ② 유극층
③ 투명층 ④ 기저층

***
53 자비소독 시 살균력을 강하게 하고 금속기구가 녹스는 것을 방지하기 위하여 첨가하는 물질이 아닌 것은?

① 5% 승홍수 ② 2% 크레졸 비누액
③ 3% 석탄산 ④ 2% 탄산나트륨

***
54 다음 중 미용사의 면허를 받을 수 없는 자는?

① 교육부장관이 인정하는 인문계 학교에서 1년 이상 이 · 미용사 자격을 취득한 자
② 면허가 취소된 후 1년이 경과된 자
③ 국가기술자격법에 의한 미용사의 자격을 취득한 자
④ 전문대학에서 미용에 관한 학과를 졸업한 자

***
55 콜드식 웨이브 형성(환원)제의 주성분으로 사용되는 것은?

① 티오글리콜산염 ② 과산화수소
③ 브롬산 칼륨 ④ 취소산 나트륨

***
56 빗의 소독 및 보관으로서 옳은 것은?

① 증기소독은 자주해 주는 것이 좋다.
② 소독액은 석탄산수, 크레졸 비누액 등이 좋다.
③ 빗은 사용 후 소독액에 계속 담가 보관한다.
④ 소독액에서 빗을 꺼낸 후 물로 닦지 않고 그대로 사용해야 한다.

***
57 개체변발의 설명으로 틀린 것은?

① 몽고풍의 머리형태이다.
② 고려시대에 한동안 일부 계층에서 유행했던 남성의 머리형태이다.
③ 남성의 머리형태로서 머리카락을 끌어올려 정수리에서 틀어 감아맨 모양이다.
④ 정수리 이외 두발은 삭발하고 정수리 부분만 남겨 땋아 늘어뜨린 형이다.

***
58 다음 중 공중위생영업 위법 사항 중 가장 무거운 벌칙 기준에 해당하는 자는?

① 신고를 하지 아니하고 영업한 자
② 관계 공무원 출입, 검사를 거부한 자
③ 변경신고를 하지 아니하고 영업한 자
④ 면허정지 처분을 받고 그 정지 기간 중에 업무를 행한 자

***
59 공중위생영업소의 위생관리 수준을 향상시키기 위하여 위생서비스평가계획을 수립하는 자는?

① 보건복지부장관 ② 시장·군수·구청장
③ 시 · 도지사 ④ 행정자치부장관

***
60 미용업자가 점 빼기, 귓불 뚫기, 쌍꺼풀 수술, 문신, 박피술 그 밖에 이와 유사한 의료행위를 위반했을 때 1차 행정 처분의 경우는?

① 개선명령 ② 영업정지 2월
③ 영업정지 3월 ④ 영업장 폐쇄명령

제5회 상시시험 적중문제 정답 및 해설

1	2	3	4	5	6	7	8	9	10
④	③	④	③	①	①	④	①	②	②
11	12	13	14	15	16	17	18	19	20
②	①	④	②	①	②	④	①	③	②
21	22	23	24	25	26	27	28	29	30
①	③	①	①	①	③	②	④	①	②
31	32	33	34	35	36	37	38	39	40
①	④	②	④	③	②	②	③	③	③
41	42	43	44	45	46	47	48	49	50
①	①	④	①	④	②	①	②	①	③
51	52	53	54	55	56	57	58	59	60
③	③	①	①	①	②	③	①	③	②

01 헤어미용은 부용예술이자 정적예술에 속한다.

02 유멜라닌은 흑색을 나타내고, 페오멜라닌은 적색 또는 황색을 나타낸다.

03 ① 플래트 컬 : 0°의 컬로서 납작하게 형성된 컬
③ 메이폴 컬 : 모발 끝이 바깥쪽으로 하여 중심이 되는 컬
④ 리프트 컬 : 루프가 두피에 45°로 세워진 컬

04 생균 백신은 두창, 탄저, 결핵, 홍역, 황열, 광견병, 폴리오 등의 예방접 종방법이다.

05 ② 머리 둘레 : 페이스라인을 거쳐 귀 뒤 1cm 부분을 지나 네이프 미디움 위치의 둘레
③ 이마 폭 : 페이스 헤어라인의 양쪽 끝에서 끝까지의 길이
④ 머리 높이 : 왼쪽 이어 탑의 헤어라인에서 오른쪽 이어 탑 헤어라인까지의 길이

06 작업대상의 위치는 심장의 높이와 평행하게 하도록 한다.

07 웨트 커트란 모발에 물을 묻힌 뒤 커트하는 방법이다.

08 언더 프로세싱이란 프로세싱 타임 이하로서 제1액을 두발에 방치한 것이다.

09 만곡도가 큰 날은 마멸이 빠르다. 날이 얇으면 협신이 가볍고 조작이 쉬워 기술표현이 용이하다. 날의 견고함이 다를 경우 부드러운 쪽의 날이 쉽게 닳는다.

10 브러시는 모발을 정돈하거나 볼륨, 웨이브, 유연함 등을 연출한다.

11 ① 리버스 스탠드업 컬 : 귓바퀴 반대방향으로 말리고, 루프가 두피에서 90°로 세워진 컬
③ 스컬프처 컬 : 모발 끝이 컬의 중심으로 된 컬
④ 플랫 컬 : 루프가 두피에 0°로 평평하게 형성된 것

12 가체란 가발을 뜻하며, 신분을 나타내기 위해 가체를 얹은 머리형을 큰머리라고 한다.

13 다이 터치업 : 염색 후 새로 자라난 신생모에만 염색하는 기술

14 ① 프린지 뱅(Fringe bang) ③ 프렌치 뱅(French bang)
④ 웨이브 뱅(Wave bang)

15 ① 1년 이하의 징역 또는 1천만 원 이하의 벌금
② 300만 원 이하의 과태료
③ 6월 이하의 징역 또는 500만 원 이하의 벌금
④ 300만 원 이하의 벌금

16 두발을 빗질할 때에는 두발 끝에서 모근 쪽으로 빗질을 해야 두발이 엉키지 않으면서 빠지지 않는다.

17 두발의 다공성을 알아보기 위한 진단은 샴푸 전에 확인해야 정확히 판단할 수 있다.

18 뱅(Bang)은 이마에 장식을 드리우기 위해 두발에 모양을 낸 일명 애교머리이다. 즉, 장식머리 또는 늘어뜨린 앞머리를 말한다.

19 쿠퍼로즈는 모세혈관 확장피부라고도 한다. 혈관

이 지속적으로 확장이 되어 수축되지 않고 확장된 상태로 있는 피부이다.

20 그라데이션 커트 : 하부는 짧고 상부로 갈수록 길어지는 커트 형태로, 각도에 의해 두발에 단차가 생기게 함으로써 모발 길이에 변화를 준다.

21 장티푸스는 제1군 감염병, 일본뇌염과 B형간염은 제2군 감염병에 속한다.

22 제3군 감염병에 속하는 결핵과 한센병은 환자의 격리가 가장 중요한 관리방법이다.

23 1차 위반 시 경고 또는 개선명령, 2차 위반 시 영업정지 15일, 3차 위반 시 영업정지 1월, 4차 위반 시 영업장 폐쇄명령

24 에틸알코올(에탄올)은 피부, 기구, 수지 등에 사용할 정도로 인체에 무해하며 독성이 없다. 휘발성이 있어 증발되는 성질이 있다.

25 영업소 외에서 미용업무를 할 수 있는 경우
- 질병 기타의 사유로 인하여 영업소에 나올 수 없는 자에 대하여 미용을 하는 경우
- 혼례, 기타 의식에 참여하는 자에 대하여 그 의식 직전에 미용을 하는 경우
- 사회복지시설에서 봉사활동으로 미용을 하는 경우
- 방송 등의 촬영에 참여하는 사람에 대하여 그 촬영 직전에 미용을 하는 경우
- 위의 네 가지 사정 외에 특별한 사정이 있다고 시장, 군수, 구청장이 인정하는 경우

26 비타민 E는 항산화 작용, 노화 방지, 임신, 혈액순환을 촉진한다.

27 파리에 의한 감염병은 장티푸스, 파라티푸스, 이질, 콜레라, 결핵, 디프테리아 등이 있다.

28 고압멸균기는 초자기구, 금속기구, 약액, 고무 제품, 거즈 등의 소독에 쓰인다.

29 ② 두상 둘레 : 페이스라인을 거쳐 귀 뒤 1cm 부분을 지나 네이프 미디움 위치까지의 둘레
③ 이마 폭 : 페이스 헤어라인의 양쪽 끝에서 끝까지의 길이
④ 두상 높이 : 왼쪽 이어 탑의 헤어라인에서 오른쪽 이어 탑 헤어라인까지의 길이

30 참호족은 발을 오랜 시간동안 차가운 곳에 노출하였을 때 일어나는 장애이다.

31 고압증기멸균법은 120℃에서 20분간 멸균하는 것으로 모든 미생물을 완전히 사멸시킬 수 있다.

32 소독에 영향을 미치는 인자로는 온도, 습도, 시간, 자외선 등이 있다.

33 $\text{농도(\%)} = \dfrac{\text{용질(소독액)}}{\text{용액(소독액 + 물)}} \times 100$

34 건성피부의 특징
- 모공이 좁고 피부결이 얇으며 탄력 저하와 주름 발생이 쉬워 노화 현상이 빨리 온다.
- 유·수분의 분비기능이 저하된 건성화로 이마, 볼 주위 피부에 당김 현상이 있다.
- 작은 각질과 가려움을 동반하며 기온 또는 일광, 자극성 화장품에 의해 피부가 얼룩져 붉게 보인다.

35 강한 보습효과를 갖는 유연제는 피부를 촉촉하게 하는 물질로서 흡습능력과 수분 보유능력, 피부 친화성이 있어야 한다.
① 알코올은 피부에 살균, 소독작용을 한다.
② 미백제는 색소침착, 기미, 주근깨를 예방한다.
④ 자외선 차단제는 자외선 차단 및 화상을 방지한다.

36 마셀 그라또우(1875년, 프랑스) → 찰스 네슬러(1905년, 영국) → 조셉 메이어(1925년, 독일) → 스피크먼(1936년, 영국)

37 비타민 C 결핍 시 색소침착 및 기미가 발생할 수 있다.

38 광노화 시 콜라겐이 감소한다.

39 작업 강도나 속도, 근무시간 등의 작업 조건을 개별적 상황에 따라 합리적으로 운행해야 한다.

40 위반행위의 차수에 따른 행정처분 기준은 최근 1년간 같은 위반행위로 행정처분을 받을 경우에 이를 적용한다.

41 발수성모는 모표피 내의 비늘층 간의 간격이 좁

고 비늘층 수가 많은 상태로서 물을 스프레이했을 경우 다른 모발보다 튕겨내는 성질이 강하며 저항성모라고도 한다. 펌 시 모발의 비늘층이 두꺼워 팽윤이 더디다. 따라서 웨이브 로션(펌1제)을 먼저 도포한 다음 열을 가하여 모표피를 팽윤시키고 제1액을 도포한다.

42 삼각형 얼굴은 이마가 좁고 턱선과 볼이 넓은 얼굴형이다. 헤어스타일은 얼굴이 짧고 넓게 보이도록 T.P를 낮추고 보브 또는 뱅 스타일로 한다.

43 명도는 일반적으로 1~10 레벨로 등급화된다.

44 폴은 헤어 피스(Hair pieces)의 종류로, 짧은 길이의 두발을 긴 두발로 변화시킬 때 사용한다.

45
- 심상성 사마귀 – 신체의 말단인 손가락, 손톱 등에 발생한다.
- 물 사마귀 – 피부 점막 신체 전 부위에 발생한다.
- 수장족저 사마귀 – 손·발바닥에 주로 발생하며 통증을 수반한다.

46 랑게르한스세포는 표피의 유극층에 존재하며, 유극층은 가장 두꺼운 층에 해당된다.

47 페결핵은 전염병이므로 우선적으로 관리해야할 대상이다.

48 트라코마는 눈병으로 타월이 개달물이 된다.

49 청문은 신고사항의 직권 말소, 미용사의 면허취소 또는 면허정지, 영업정지 명령, 일부 시설의 사용중지 명령 또는 영업소 폐쇄명령 등을 처분내용으로 한다.

50 보라색 메이크업 베이스는 칙칙하고 혈색이 안 좋은 피부에 노랑기를 없애준다.

51 ①은 UV C에, ②는 UV B에 해당된다.

52 무색, 무핵의 납작하고 투명한 3~4개의 층의 상피세포로 구성된다.

53 자비소독 시 소독효과를 높이고 금속기구의 녹스는 것을 방지하기 위하여 끓는 물에 석탄산(95%), 크레졸(3%), 탄산나트륨(1~2%), 붕산(1~2%) 등을 첨가한다.

54 ① 교육부장관이 인정하는 고등기술학교에서 1년 이상 미용에 관한 소정의 과정을 이수한 자

55 콜드 펌 웨이브의 주성분은 티오글리콜산염이다.

56 빗의 소독에는 석탄산수, 크레졸수, 포르말린수, 역성비누액 등을 사용한다.
① 빗은 열에 약하므로 증기소독은 피한다.
③, ④ 소독액에 오래 담가두면 빗이 휘어지므로 소독 후 물로 헹궈 마른 수건으로 잘 닦은 후 보관한다.

57 개체변발은 고려 후기 중국 원나라와 국혼관계로 인해 들어온 머리형태로, 정수리 부분의 두발만 땋아 늘어뜨리고 나머지 두발은 모두 밀어 버린 형태이다.

58 ① 1년 이하의 징역 또는 1천만 원 이하의 벌금
② 300만 원 이하의 과태료
③ 6월 이하의 징역 또는 500만 원 이하의 벌금
④ 300만 원 이하의 벌금

59
- 위생서비스 평가계획권자 : 시·도지사
- 위생서비스 평가계획 통보를 받는 관청 : 시장, 군수, 구청장

60 1차 위반 시 영업정지 2월, 2차 위반 시 영업정지 3월, 3차 위반 시 영업장 폐쇄명령

memo

memo

美
美친 적중률
美친 합격률
美친 만족도
최고의 국가자격시험 수험서를 제대로 만들고 싶어하는 성안당의 마음입니다

2016~2020 수험서(미용)분야 베스트 도서
2021
최신개정판
미용 관련 학교·학원 지정 교재
합격보장
MAKE UP ARTIST
미용사
메이크업
필기
BM 성안당

CBT 상시시험 대비! 합격을 위한 유일무이한 교재

피부미용사 필기시험에 美 미치다

(美: 아름다울 미)

- ☑ 기출·상시시험문제를 완벽 분석 체계화한 출제경향과 핵심이론
- ☑ 합격을 좌우하는 공중위생관리학 이론 및 문제 완벽 보강
- ☑ 단원별 학습 수준을 확인하는 실전예상문제
- ☑ CBT 상시시험 대비 기출문제 복원 및 적중 문제 전격 수록
- ☑ 족집게 적중노트와 저자 직강 동영상 제공

허은영·박해련·김경미 지음
본책 528쪽 & 적중노트 72쪽 | 27,000원

족집게 강의 ➕ 족집게 적중노트

기출문제와 상시문제를 철저하게 분석하여 만든 피부미용사 국가자격시험 필독서!

수험생의 고충을 헤아린 **빈틈없는 구성**	CBT 상시시험에 대한 **완벽한 대비**	공중위생관리학 이론 및 문제 **철저한 대비**	족집게 적중노트와 동영상 강의 **특별 제공**

memo

미용사 일반 필기시험에 미치다

2017. 1. 10. 초 판 1쇄 발행
2018. 1. 5. 개정 1판 1쇄 발행
2019. 1. 16. 개정 2판 1쇄 발행
2020. 1. 6. 개정 3판 1쇄 발행
2021. 1. 7. 개정 4판 1쇄 발행

지은이 | 한국미용교과교육과정연구회
펴낸이 | 이종춘
펴낸곳 | 
주소 | 04032 서울시 마포구 양화로 127 첨단빌딩 3층(출판기획 R&D 센터)
10881 경기도 파주시 문발로 112 파주 출판 문화도시(제작 및 물류)
전화 | 02) 3142-0036
031) 950-6300
팩스 | 031) 955-0510
등록 | 1973. 2. 1. 제406-2005-000046호
출판사 홈페이지 | **www.cyber.co.kr**
ISBN | 978-89-315-8161-4 (13590)
정가 | 25,000원

이 책을 만든 사람들
책임 | 최옥현
기획 · 진행 | 박남균
교정 · 교열 | 디엔터
내지 디자인 | 홍수미
표지 디자인 | 박원석, 디엔터
홍보 | 김계향, 유미나
국제부 | 이선민, 조혜란, 김혜숙
마케팅 | 구본철, 차정욱, 나진호, 이동후, 강호묵
마케팅 지원 | 장상범
제작 | 김유석

■ **도서 A/S 안내**

성안당에서 발행하는 모든 도서는 저자와 출판사, 그리고 독자가 함께 만들어 나갑니다.
좋은 책을 펴내기 위해 많은 노력을 기울이고 있습니다. 혹시라도 내용상의 오류나 오탈자 등이 발견되면 **"좋은 책은 나라의 보배"**로서 우리 모두가 함께 만들어 간다는 마음으로 연락주시기 바랍니다. 수정 보완하여 더 나은 책이 되도록 최선을 다하겠습니다.
성안당은 늘 독자 여러분들의 소중한 의견을 기다리고 있습니다. 좋은 의견을 보내주시는 분께는 성안당 쇼핑몰의 포인트(3,000포인트)를 적립해 드립니다.
잘못 만들어진 책이나 부록 등이 파손된 경우에는 교환해 드립니다.

미용사 일반 필기시험에

OX 합격노트

한국미용교과교육과정연구회 지음

BM (주)도서출판 성안당

PART

01 미용총론

Chapter 01 미용이론

※ 미용이론에 관한 다음 설명이 옳으면 "O", 틀리면 "X"로 표시하시오.

01	미용사 일반 업무는 퍼머넌트, 머리카락 자르기, 머리카락 모양내기, 머리피부 손질, 머리카락 염색, 머리 감기, 의료기기나 의약품을 사용하지 아니하는 눈썹 손질 등을 하는 영업이다.	
02	미용의 과정은 소재 → 구상 → 제작 → 보정으로 이루어진다.	
03	미용은 그림, 조각, 건축, 조경과 같은 동적예술이다.	
04	두개골은 22개의 뼈로 구성되며 뇌를 둘러싸는 8개의 뇌두개골과 14개의 안면골로 구성된다.	
05	모발의 관점에서 파팅은 '나누다'라는 의미이며, 두피의 관점에서 라인드로잉은 '선을 긋다'라는 의미이다.	
06	두부 영역은 전두부, 측두부, 두정부, 후두부로 불리고, 두개골 명칭은 전두골(이마뼈), 측두골(관자뼈), 두정골(마루뼈), 후두부(네이프)로 불린다.	
07	블로킹이란 두상에서의 두발을 덩어리로 구획하는 범위로서 섹션이라 한다.	
08	라인드로잉은 버티칼, 호리존탈, 다이애거널 등이 있다.	
09	헤어라인은 두발 경계선에서 구분되는 얼굴선과 얼굴 경계선에서 구분되는 발제선에 따라 얼굴 모양을 다양하게 형성시킨다.	
10	헤어라인은 목선(Nape line), 목옆선(Nape side line), 얼굴선(Hem line) 등으로 구분된다.	

11	두상의 선에서 측수직선은 T.P에서 E.B.P를 연결하는 선이다.	
12	백 네이프 미디움 포인트는 B.N.M.P로 표기한다.	
13	미용사는 미용술이라는 기술을 통해서 사회발전에 공헌한다는 강하고 뚜렷한 목적의식을 갖고 일하는 자세가 무엇보다도 중요하다.	
14	미용의 통칙은 연령, 경우, 계절, 직업, 청결로서 미용술을 행할 때 지켜야 할 공통된 주의사항이다.	
15	구상의 구체적인 표현으로서 제작 과정이 가장 중요하다.	
16	고객의 얼굴형과 특징 등을 고려하여 개성미를 연출할 수 있도록 계획하는 것을 구상이라 한다.	
17	미용업은 인간사회의 문화가 발전함에 따라 생겨난 직업으로 위생적, 문화적, 미적 측면에서 사회에 공헌해야 한다.	
18	미용사 자신의 의사표현 보다도 고객의 의사가 우선으로 다루어져야 하기 때문에 미용사는 의사표현의 제한을 한다.	
19	신체 일부인 모발, 얼굴을 소재로 하기 때문에 고객을 자유롭게 선택하거나 교체할 수 없는 것이 미용의 특수성이다.	
20	미용의 특수성은 의사표현의 제한, 소재선정의 제한, 시간의 제한, 미적 효과의 변화, 부용예술 등을 가진다.	

[정 답]

01	02	03	04	05	06	07	08	09	10
○	○	×	○	○	×	×	○	○	○
11	12	13	14	15	16	17	18	19	20
○	○	○	×	○	○	○	○	○	○

[해 설]

03 미용은 조형예술, 장식예술, 정적예술, 부용예술이다.

06 후두부는 후두골이라 한다. 네이프는 두부의 영역으로서 영어표기이다.

07 두상에서의 두발을 상하좌우로 나뉘는 파트는 덩어리로 구획하는(나누는) 범위로서 블로킹

(Blocking)과 섹셔닝(Sectionong)이라 한다. 블로킹과 섹셔닝을 다시 작게 구획(나누는 것) 하는 것을 섹션(Section)이라 한다.

14 미용의 통칙은 연령, 경우, 계절, 직업 등이다. 청결은 미용사의 개인위생에 속한다.

Chapter 02 미용의 역사

※ 미용의 역사에 관한 다음 설명이 옳으면 "O", 틀리면 "X"로 표시하시오.

01	우리나라 고대미용의 역사는 유적지의 유물이나 고분 출토물의 벽화 등을 통해 살펴볼 수 있다.	
02	단군왕검 환웅이 백성들로 하여금 두발을 땋아서 늘어뜨리(편발)거나 방망이와 같이 삐쭉하게(추결) 하는 상투머리형태를 가르쳤다.	
03	삼한시대는 머리형태로 신분을 표시한 최초의 시대이다.	
04	어린아이의 머리를 돌로 눌러서 머리 모양을 각지게 변형시키는 편두의 풍습을 한 나라는 마한이다.	
05	고구려의 머리형태로서 미혼녀는 쌍상투, 채머리(민머리), 묶은 중발머리를 하였으며, 기혼녀는 푼기명, 쪽진, 얹은(트레)머리 등을 하였다.	
06	삼국시대 공통적인 머리형태는 쪽진머리와 얹은머리이다.	
07	신라시대 결발 또는 변발(편발)의 기법으로 본체 이외 다른 모발(가체)을 얹어서 머리형태를 만들었다.	
08	신라시대 머리 장신구로 비녀를 사용하였다.	
09	고려시대의 특기할 사항은 두발 염색(흑발장윤법)이 행해졌다는 것이다.	
10	여염집 부인들은 엷은 화장이라 하여 분대화장을 하였다.	
11	조선시대 미혼녀의 머리형태로서 바둑판(종종)머리, 새앙머리, 조짐머리, 첩지머리 등을 하였다.	

12 조선시대에는 머리채 대신 나무로 만든 떠구지를 얹음으로써 큰머리 또는 거두미라고 하였다.

13 조선 중기에는 분화장이 신부화장에 사용되기 시작했으며 양쪽 뺨에 연지, 이마에 곤지를 찍고 눈썹을 밀고 따로 그렸다.

14 1933년 김활란은 단발머리를 유행시키고, 예림고등기술학교를 설립하였다.

15 당나라시대 액황이라 하여 이마에 발라 약간의 입체감을 내고 홍장이라 하여 백분을 바른 후에 연지를 덧바른 화장의 예가 「수하미인도」의 인물상이다.

16 고대미용의 발생지인 이집트는 왕조 전에는 남녀 모두 짧은 단발머리였다.

17 그리스시대 키프로스풍의 두발형에서 링레트와 나선형 컬을 몇 겹으로 쌓아 겹친 스타일을 만들었다.

18 그리스의 조각가들이 남긴 불멸의 조각상 또한 그 머리형태에서도 오늘날의 미용사들이 시행하고 있는 고전 머리 중에 기본 스타일의 하나라고 할 정도로 균형과 조화로움이 탁월하여 현재도 가끔 유행의 무대에 등장한다.

19 중세 시대의 에넹은 원뿔 형태의 모자로서 두발이 보이지 않도록 감쌌다.

20 르네상스 때에는 챙이 없는 토크 모자와 장식용 쇠사슬인 벨 페로니에를 사용하였다.

21 최초 남자 결발사 샴페인으로부터 브레이드 스타일이 17세기 초반 파리에서 성업했다.

22 17C 초 미용사는 16C에 이어 앞이마에 와이어나 쿠션을 집어넣어 높게 부풀린 다양한 스타일을 하였다.

23 루이 14세 시대 퐁땅쥬 스타일이 유행하였다.

24 로코코 시대에는 두발을 부풀리지 않은 납작하고 작은 머리형태인 퐁파두르 스타일이 유행하였다.

25 18C 후반에는 마리 앙투아네트에 의해 점점 높고 볼륨이 커지는 머리형태가 출현하였다.

[정 답]

01	02	03	04	05	06	07	08	09	10
○	○	○	×	○	○	○	○	○	×
11	12	13	14	15	16	17	18	19	20
×	○	○	×	○	○	○	○	○	○
21	22	23	24	25					
○	○	○	○	○					

[해 설]

04 편두의 풍습은 삼한시대의 진한이다.

10 고려시대 분대화장은 기생 중심의 짙은 화장으로서 분을 하얗게 많이 바르고, 눈썹을 가늘고 또렷하게 그렸으며, 머릿기름을 반질거릴 정도로 많이 발랐다.

11 조짐머리, 첩지머리는 양반가 부녀자들의 머리형태이다.

14 1920년에는 김활란의 단발머리가 유행하였고 1933년에는 오엽주가 화신백화점 내에 미용실을 개원하였으며, 예림고등기술학교가 설립되었다.

Chapter 03 미용장비

※ 미용장비에 관한 다음 설명이 옳으면 "O", 틀리면 "X"로 표시하시오.

01 손님에게 접촉되거나 사용되었던 도구는 감염성 질환의 매개물이 되지 않도록 소독에 주의한다.

02 도구의 보관은 반드시 청결하게 위생상 안전한 케이스나 소독장에 정리한다.

03 빗은 열과 화학제에 대한 내구성으로서 내열성이 좋아야 한다.

04 두피에 접해 있는 모발을 일으켜 세우는 작용은 빗살의 기능이다.

05 빗 몸(빗 허리)은 빗 전체를 지탱하며 균형을 잡아주는 역할을 하며, 너무 매끄럽거나 반질거리지 않으면서 안정성이 있어야 한다.

06 빗의 역할은 모발을 분배하고 조정시키며 모발에 윤기를 부여하는 것이다.

07 브러시의 재질과 형태에 따라 헤어스타일의 양감과 질감이 달라진다.

08 모량이 적고 가는 모발은 부드러운 천연재질의 브러시를 사용한다.

09 합성재질의 브러시의 단점은 빗살 끝이 마모가 잘된다는 것이다.

10 덴멘(쿠션) 브러시는 열에 강한, 가장 기본이 되는 와이드 라운드 숄더 브러시라고도 한다.

11 스켈톤(벤트) 브러시는 모발에 텐션을 주고, 모근에 볼륨을 강하게 주는 데 사용된다.

12 빗살이 듬성듬성하여 볼륨감을 원할 때 사용되며 모근에 볼륨 또는 방향성을 주는 브러시는 스켈톤(벤트) 브러시이다.

13 쿠션 브러시 중 고무 빗살인 경우에는 쿠션 몸체에 나 있는 공기구멍을 성냥개비로 막은 후 물로 헹군다.

14 천연모 롤 브러시는 컬이나 웨이브 형성을 용이하게 하며 시술시간을 단축시킨다.

15 빗살 간격이 넓어 베이스 크기와 관계없이 빠른 시간 안에 시술이 용이한 것은 플라스틱 브러시이다.

16 금속성 롤 브러시는 지나치게 모발을 상하게 하거나 건조하게 함으로써 모질을 변성시킬 수 있다.

17 브러시는 세정 후 소독을 실시하여 청결하게 보관하고, 석탄산수, 크레졸수, 포르말린수, 알코올 등을 사용한다.

18 가위는 커팅에 필요한 절단 도구로서 역학적으로 지레의 원리를 응용한 간단한 구조이다.

19 가위의 동도는 커팅 시 엄지에 의해 조작되는 가윗날의 몸체이다.

20	엄지환은 동인에 연결된 원형의 고리로, 엄지를 끼워 넣을 때 엄지 손톱의 조모와 조근(손가락 완충면) 바로 밑에 위치하도록 한다.	
21	가위는 재질에 따라, 사용목적에 따라 분류한다.	
22	가위 선택방법에서 협신은 날 끝으로 갈수록 자연스럽게 약간 내곡선상으로 된 것이 좋다.	
23	레이저의 운행은 모다발을 쥐고 당기는 힘과 레이저를 미는 동작으로서 힘의 조화에 의해 조절되며 건조모 상태에서 자르기를 해야 한다.	
24	일정한 두께의 레이저 어깨는 날선의 균등한 마멸에 영향을 준다.	
25	아이론은 홈이 파진 그루부와 전열선으로 연결된 프롱과 지렛대 역할을 하는 선회축인 이음쇠에 연결된 손잡이와 전선 등으로 이루어져 있다.	
26	전기 아이론 손질 시 알코올 램프의 불꽃을 이용하여 아이론에 묻은 헤어스타일링 제품을 제거한다.	
27	클리퍼는 '바리캉'이라고도 하며, '잘라 마무리'하는 의미와 함께 '퀵 살롱 서비스'를 위한 도구 중 하나이다.	
28	핀 또는 클립은 비눗물로 세정한 후 물기를 닦고 자외선, 석탄산수, 크레졸수, 포르말린수, 알코올, 역성비누 등으로 소독한다.	
29	원통형 롤은 직경과 길이에 따라 대, 중, 소로 구분된다.	
30	롤러 컬은 컬이 매끄럽게 만들어지고 와인딩이 간편하며 통풍성이 있어 건조가 쉽다. 스템의 흐름을 의지대로 구사하며 컬의 배열에 연속성을 준다.	
31	블로 드라이어 기술은 고정(Setting), 건조(Drying), 빗질(Combing)에 소비되는 시간을 절약하고, 흐르는 듯한 자연스러운 헤어스타일을 구사하여 헤어 커트와 헤어 펌을 보완하는 이미지 메이킹이다.	
32	블로 드라이어를 과도하게 사용하면 두발의 윤기가 없어지고, 모발 끝이 갈라지며, 두피의 수분이 감소하면서 피지 분비를 방해하여 비듬을 발생시킨다.	

33	드라이어 뒤쪽의 공기 흡입구가 막힐 경우 공기가 자유롭게 들어오지 못하여 드라이어의 전극이 타버릴 수도 있다. 따라서 항상 청결하게 사용하여야 한다.	
34	히팅 캡 사용 시 손질을 끝낸 모발에 먼저 얇은 플라스틱 캡이나 파라핀 종이를 씌운 다음 그 위에 그보다 무거운 보호 캡을 씌우도록 한다.	
35	헤어 스티머의 내부 분무 증기 입자는 균일하게 고루 퍼질 수 있어야 한다.	
36	미안용 시술에 사용되는 고주파 전류는 50~60사이클로서 교류전류이다.	
37	고주파 전류는 오당, 달손발, 테슬라 등 3종류가 있다.	
38	이탈리아 해부학자 갈바니가 발명한 저주파 전류는 반드시 음극에서 양극으로 흐르고 각각의 작용이 같다.	
39	저주파 전류는 양극이나 음극 중 한극은 손님이 쥐고, 다른 한극은 미용사가 쥐어 두 사람이 하나의 전기 회로를 이룸으로써 작용을 한다.	
40	영국의 화학 물리학 패러디가 발명한 감응전류인 패러딕 전류는 제1권선과 제2권선으로 나뉘어 있다.	
41	단속적인 전류를 이용한 패러딕 전류 사용 시 손님에게 쥐게 하기 위한 전극과 미용사의 팔에 붙이는 완륜 전극으로 구성된다.	
42	파장 780nm 이상으로서 열선인 적외선등은 물체에 닿으면 반사 또는 흡수되며 흡수된 에너지는 직접 열로 변화되어 물체 온도를 상승시킨다.	
43	적외선등은 처음 사용 시 두피 가까이 쬐다가 점점 거리를 멀리하나, 평균 50cm 정도 떨어져 사용한다.	
44	파장 220~320nm의 살균작용이 강한 화학선(도르노선)이라고도 하며 피부의 노폐물 배설을 촉진하고 비타민 D를 생성한다.	
45	자외선등의 조사 시 자외선으로부터 눈을 보호하기 위해 미용사는 자외선 보호안경을 쓰고, 손님에게는 아이패드를 사용한다.	

46 바이브레이터는 근육과 피부에 진동을 줌으로써 혈액순환을 좋게 하여 신진대사를 높이고 지각신경을 자극하여 쾌감을 준다.

[정 답]

01	02	03	04	05	06	07	08	09	10
○	○	○	×	○	×	○	○	○	○
11	**12**	**13**	**14**	**15**	**16**	**17**	**18**	**19**	**20**
×	○	○	×	○	○	○	○	○	○
21	**22**	**23**	**24**	**25**	**26**	**27**	**28**	**29**	**30**
○	○	×	○	○	○	○	○	○	○
31	**32**	**33**	**34**	**35**	**36**	**37**	**38**	**39**	**40**
○	○	○	○	○	○	○	×	○	○
41	**42**	**43**	**44**	**45**	**46**				
○	○	○	○	○	○				

[해 설]

04 빗살 끝의 기능이며, 빗살은 모발 속으로 잘 빗질되면서 모발에 적합한 힘이 작용한다.

06 모발에 윤기를 부여하는 것은 브러시의 역할이다.

11 덴맨 브러시의 역할이다.

14 금속성 롤 브러시의 특성이다.

23 레이저 커트는 젖은 모발 상태에서 자르기를 해야 한다.

38 반드시 양극에서 음극으로 흐르는데 양극은 모공을 닫고 피부를 수축시키게 하며 아스트린젠트 로션을 피부에 침투시키는 작용을 하며, 음극은 혈액순환을 왕성하게 하고 피부의 영양 상태를 좋게 할 수 있도록 자극하는 등의 각각 작용이 다르다.

Chapter 04 헤어 샴푸 및 컨디셔너

※ 헤어 샴푸 및 컨디셔너에 관한 다음 설명이 옳으면 “O”, 틀리면 “X”로 표시하시오.

01 헤어 브러싱은 두부 기술의 최초 단계에 해당하는 기술로서 고객을 편안하고 안정되게 하는 준비 과정이며, 샴푸 시술 또는 스케일링 후의 마지막 마무리로서 모발과 두피 상태를 파악할 수 있다.

02 샴푸는 고객에게 휴식과 상쾌함을 제공하며 다양한 헤어스타일을 연출시키기 위한 준비 단계로서 첫인상을 심어줄 수 있는 과정이다.

03 샴푸(세발)는 매니플레이션에 의한 손의 움직임과 샴푸 제품(Shampoo agent)을 포함하는 세정작업을 통칭한다.

04 샴푸제는 비누나 세정제 등과 함께 계면활성제에 속한다.

05 계면활성제의 분자구조로서 머리(Head)에는 극성을 띄는 친수성기와 꼬리(Tail)에는 비극성을 띄는 친유성기를 나타내는 양친매성 물질이다. 양친매성(친수–친유)의 균형이 달라지면 세정제, 침투제, 유화제 등 사용 용도가 달라진다.

06 계면활성제의 작용에는 미셀, 에멀전(유화), 서스펜션, 가용화, 용해성, 기포성 등이 있다.

07 계면활성제의 성질에는 습윤, 침투, 유화, 분산, 가용화, 거품화, 재부착 방지 등이 있다.

08 유화(에멀전)는 물에 녹지 않는 미립 물질이 액체 내의 분산된 모양으로서 기름을 유지하려는 힘과 물을 유지하려는 힘의 균형이 없어지는 현상이다.

09 컨디셔닝 샴푸는 클렌징과 컨디셔닝 효과를 위해 세척과 보습 및 영양이 보완된 샴푸제이다.

10 산성 샴푸(산 균형 샴푸)는 pH 5~6의 약산성으로서 구연산, 인산 등이 첨가되어 있어 모발 팽윤이 억제되는 효과와 함께 염색모, 펌 된 모 등에 사용된다.

11 항비듬 샴푸는 안티 댄드러프 샴푸 또는 저미사이드 샴푸라고 하며 비듬의 발생을 예방하거나 클렌징 샴푸제로 제거되지 않는 비듬을 제거한다.

12 악취 제거용 샴푸는 데오드란트 샴푸라 하며 살균제 또는 탈취제가 배합되어 있으며 양이온과 양성 활성제를 첨가한 탈취 작용이 강한 샴푸제이다.

13 액상 드라이 샴푸(리퀴드 드라이 샴푸)는 계면활성제를 사용하지 않는 특별한 클렌징 제품으로서 벤젠이나 휘발유를 원료로 하여 휘발되는 성분이므로 통풍이 잘되는 방에서 사용해야 한다.

14 주 성분의 농도에 따라 린스, 컨디셔너, 트리트먼트로 구분되는 컨디셔닝제는 모발에서의 마찰력을 낮추고 정전기적인 충격을 방지함으로써 다른 임상서비스를 받아들일 수 있는 기반 상태를 만든다.

15 샴푸 후 린스(After rinse)는 오일 린스(모발의 유연, 보습, 살균효과가 있으며 약산성)와 크림 린스(약간의 산성도가 있으며 비누 찌꺼기를 제거함)가 있다.

16 산 린스(pH balance)는 알칼리성을 중화시켜 모발 등전대를 유지시킨다.

17 산 린스는 중화작용과 수렴작용을 한다.

18 색소린스는 색소 고정제(Color fix)로서 부분적으로 모발 색상을 강조하거나 색소를 보완하기도 한다.

19 트리트먼트제는 처리, 치유, 처치, 치료 등의 다양한 의미를 가진다.

20 음이온성 계면활성제는 세정, 기포 작용이 있으며 탈지력이 강하여 샴푸, 비누, 치약, 클렌징 폼, 바디클렌저 등에 사용된다.

21 양이온 계면활성제는 살균, 소독작용이 크며 유연작용과 함께 정전기 발생을 억제하나 피부에 대한 자극이 있으며 린스, 컨디셔너, 트리트먼트 등에 사용된다.

22 양(쪽)성 계면 활성제는 피부 자극과 독성이 약하며 정전기를 방지한다. 세정력, 살균력, 유연성이 있어 피부 안정성이 있으며 컨디셔닝 샴푸, 베이비 샴푸 등이 있다.

23 비이온계 계면활성제는 피부 자극이 적고 안정성이 높아 기초화장품에 많이 첨가되며 유화제(크림), 분산제(샴푸, 비누), 세정제(클렌징 크림), 가용화제(화장수) 등이 있다.

[정 답]

01	02	03	04	05	06	07	08	09	10
×	○	○	○	○	×	×	○	○	○
11	**12**	**13**	**14**	**15**	**16**	**17**	**18**	**19**	**20**
○	○	○	○	○	○	○	○	○	○
21	**22**	**23**							
○	○	○							

[해 설]

01 샴푸 시술 또는 스케일링 전 첫 단계의 모발과 두피 상태를 파악할 수 있다.

06 계면활성제의 성질에 관한 예시이다.

07 계면활성제의 작용에 관한 설명이다.

Chapter 05 헤어 커트

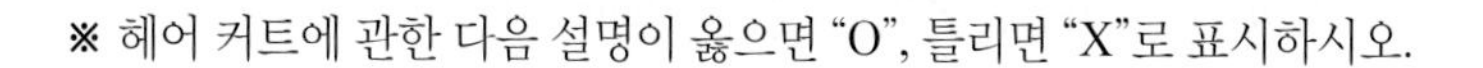

※ 헤어 커트에 관한 다음 설명이 옳으면 “O”, 틀리면 “X”로 표시하시오.

01	헤어 커트의 기본형은 솔리드, 그래듀에이션, 레이어드 3가지이다.	
02	솔리드형은 일직선 상으로 자르는 단발머리 스타일(One length style)로서 내측과 외측이 층이 나지 않는 동일한 길이의 덩어리 모양을 가진다.	
03	솔리드형의 커트 종류는 평행 보브형(원랭스 보브), 앞올림형(이사도라), 앞내림형(스파니엘), 버섯형(머시룸) 등으로 구분된다.	
04	그래듀에이션형은 편구형 같은 삼각형 모양으로서 두상으로부터 외부(Exterior)로 갈수록 비활동적인 질감을, 내부(Interior)로 갈수록 활동적인 질감을 나타낸다. 이들의 질감 경계 부분이 로우, 미디움, 하이의 부피감(그라데이션)을 가진 모발 형태선이다.	
05	두상에 대해 90° 이상 시술각의 온 더 베이스로 주로 자르며 두상곡면을 따라 모발의 겹침이 없으므로 무게감 없는 거친 질감을 내는 커트는 그래듀에이션형이다.	

06 그라데이션이란 '미세한 층이 지다'라는 뜻으로서 후두융기를 기점으로 아래 또는 위에 두발 길이의 형태선 즉, 무게감 또는 부피감을 갖게 하는 커트 기법을 통해 그래듀에이션 형을 연출한다.

07 일반적으로 가위를 사용하여 모발 길이를 제거하기 위해 자르는 방법을 블런트 커트라고 하며, 일직선으로 뭉툭하게 자르는 커트 기법으로도 사용된다.

08 가위를 이용하여 모발 길이와 질감처리를 동시에 제거할 수 있는 자르는 기법은 스트로크 커트이다.

09 슬라이싱은 나칭(지그재그)과 포인트 기법으로서 모발 길이는 유지하면서 질감이 조절되어 가볍고 불규칙한 층이 만들어진다.

10 레이저를 이용하여 에칭(겉말음, 베벨-업), 아킹(안말음, 베벨-언더), 레이저 로테이션, 테이퍼링 등의 기법으로 자른다.

11 모다발 안쪽으로 레이저 날을 대고 모다발을 위로 치켜들면서 면도날은 위로 미는 방식으로 끊어내듯이 자르는 기법을 에칭(Etching) 커트라고 한다.

12 커트 시 자세는 어깨선을 섹션과 같은 높이로, 눈의 위치를 가위의 작업 위치와 같은 높이로 하고, 어깨너비 정도로 발을 벌린 후 배를 몸 앞으로 내민 상태로 왼발을 약간 몸 앞으로 내고 무릎이 쉽게 굽혀질 수 있도록 한다.

13 스트로크 커트는 레이저를 이용하는 커트방법으로, 엔드, 노멀, 딥 테이퍼 기법 등이 있다. 딥 테이퍼 시 모발을 많이 솎아내므로 모량이 적어보이나 볼륨감은 크다.

14 테이퍼링 커트는 가위를 이용하는 커트방법으로, 쇼트, 미디엄, 롱 스트로크 기법 등이 있다. 쇼트 스트로크는 두발 끝에만 볼륨이 요구될 때 자르는 기법이다.

15 디자인 결정된 커트 형태를 만들기 위해서 자르는 작업이 용이하도록 영역을 구획하는 것을 블로킹이라 하며, 블로킹 된 영역을 1~1.5cm로 작게 나누는 것을 섹션이라 한다.

16 빗질 또는 자르기에 따라 커트 형태선의 외곽(Out line)이 드러나며, 머리 형태로서의 결과에 가장 직접적인 영향을 주는 요소는 두상 위치로서 똑바로, 앞숙임, 옆 기울임 등이 있다.

17 파팅은 모발의 관점에서 원하는 방향으로 상하좌우로 나누는 것을 의미하며, 헤어 커트 작업 중 가장 기본 기술로서 정중선, 측두선, 측수평선, 발제선 등으로 구분된다.

18 라인드로잉은 두피 관점에서 두피에 그러진 선을 의미하며 수평, 수직, 대각선의 컨케이브(내곡선상), 컨벡스(외곡선상), 전대각, 후대각 등으로 구분된다.

19 분배는 빗질이라고도 하며 모발을 빗질하는 방향(모류 흐름)과 시술 각도를 포함하여 자연분배(0°), 직각분배(90°), 변이분배(1~89°), 방향분배(두정융기, 측두융기, 후두융기) 등이 있다.

20 디자인 라인은 빗질에 의한 두상이 갖는 각도로서 고정, 이동, 혼합으로 구분된다.

[정답]

01	02	03	04	05	06	07	08	09	10
○	○	○	×	×	○	○	○	○	○
11	12	13	14	15	16	17	18	19	20
×	○	×	×	○	○	○	○	○	○

[해설]

04 외부(외측)는 활동적이며 내부(내측)는 비활동적인 질감을 나타낸다.

05 레이어드 형이다.

11 모다발의 겉표면에 레이저를 대고 자르는 것을 에칭 커트라고 한다.

13 레이저를 이용하여 모량을 제거하는 커트 기법은 테이퍼링이다.

14 가위를 이용하여 모량과 길이를 제거하는 커트 기법은 스트로크이다.

Chapter 06 헤어 퍼머넌트 웨이브

※ 헤어 퍼머넌트 웨이브에 관한 다음 설명이 옳으면 "O", 틀리면 "X"로 표시하시오.

01 머신 펌은 전열기기로 발생시킨 전기나 수증기의 열과 함께 웨이브 로션이 사용되었다.

02 1905년 영국의 찰스 네슬러에 의해 스파이럴식의 전열 펌이 고안되었다.

03 1925년 독일의 조셉 메이어에 의해 크로키놀식의 전열 펌이 고안되었다. 모근을 향해 모선 끝에서부터 감는 와인딩 방식으로서 모근으로 갈수록 웨이브의 폭이 점차 크게 형성된다.

04 1936년 영국의 J. B. 스피크먼은 상온에서 웨이브 펌(콜드 펌)을 형성시켰다.

05 웨이브 펌에 관여하는 측쇄결합 내 S-S결합은 펌 제1제(환원제)에 의해 절단(SH·HS)된다.

06 펌제인 제1제 환원제는 티오글리콜산(2~7%) 또는 시스테인(3~7%)을 주성분으로 하여 환원작용에 관여한다.

07 펌제인 제2제는 과산화수소와 브롬(취소)산염으로 구성되어 있으며 제1제에 의해 환원· 절단된 시스틴결합을 산화시킴으로써 재결합시키는 역할을 한다.

08 원하는 웨이브 펌의 효과에 따라 로드를 선택하며, 사용되는 로드의 직경은 베이스 크기를 결정한다.

09 블로킹은 사용되는 로드의 직경, 감는 방법에 따라 베이스의 크기 및 종류가 달라진다.

10 모다발의 빗질 각도는 모발이 로드에 말린 후 고정되는 과정에서 예측할 수 있는 베이스 위치에 따라 조절되며 베이스의 위치는 모근에 대한 부피감과 볼륨감에 영향을 준다.

11	오프 베이스는 모다발의 빗질 각도가 0°로서 롱 스템이 형성되며 모근에서의 부피감과 볼륨감이 요구되지 않는 후두부 또는 발제선 주변의 모발 와인딩에 응용된다.	
12	논 스템은 로드에 감긴 모다발이 베이스 크기 위에 안착되며 스템의 움직임이 가장 작다.	
13	모발의 모양을 변형시키는 물리적 역할을 하는 로드와 기구는 말거나 감싸기 기법으로서 와인딩 – 크로키놀식, 감싸기 – 스파이럴식, 누르기·찝기·압착하기 – 컴프레이션 등으로 구분된다.	
14	와인딩 후 터번 사용에 있어서 1제 도포 후 산소와의 접촉에 따른 환원제 휘발과 일정 온도 유지 및 용제로부터 자극을 보호하기 위해서 사용된다.	
15	비닐 캡은 모표피의 팽윤과 모피질 내 S–S결합을 고르게 절단(연화)시키기 위해 씌운다.	
16	테스트 컬은 모발 내 시스틴결합이 절단(연화)되었는지를 확인하는 작업으로서 와인딩 된 정중면, 측두면, 후두면 등 3부분으로 나누어 테스트 컬을 해본다.	
17	pH balance 도포는 제1제가 갖는 알칼리도를 산 린스를 사용함으로써 중화시키는 역할이다. 이는 pH 2~4이며 도포 후 2~3분간 방치한다.	
18	로드 아웃 후 펌 용제를 말끔히 헹구지 않으면 잔류 알칼리는 약 28시간 지속한다.	
19	로드 아웃 후 잔류 알칼리는 모발의 광택과 감촉을 좋지 않게 하며 모발색을 탈색시키고 손상시킨다.	
20	로드에 와인딩 된 모다발은 텐션에 의해 내측의 당김과 외측의 늘어남에 의해 타원형으로 변형된다.	
21	펌 처리 후에도 모발을 구성하는 주 성분인 아미노산이나 펩타이드가 유출되며 펌 용제 역시 모발 구조 내에 혼합되어 존재한다.	

22 제1제의 진행 시간을 길게(Over time) 방치했을 경우 웨이브는 형성되지 않고 모발은 거칠어진다.

[정 답]

01	02	03	04	05	06	07	08	09	10
○	○	○	○	○	○	○	○	○	○
11	12	13	14	15	16	17	18	19	20
○	○	○	○	○	○	○	×	○	○
21	22								
○	×								

[해 설]

18 72시간(3일) 지속한다.

22 모질과 용제의 조합 비율이 맞지 않는 경우로서 모발 끝 부분이 자지러진다. 2제의 진행 시간이 불충분하였을 때 웨이브는 형성되지 않고 모발이 거칠어진다.

Chapter 07 헤어 세팅

※ 헤어 세팅에 관한 다음 설명이 옳으면 “O”, 틀리면 “X”로 표시하시오.

01 헤어디자인의 3요소는 형태, 질감, 색상으로 대별되며 형태는 점, 선, 면을 포함하며 모발의 겉표정인 질감과 컬러는 형태뿐 아니라 질감의 착시현상에 영향을 준다.

02 헤어디자인 모형, 즉 이상적인 머리형태는 구형, 편구형, 장구형으로 분류된다.

03 헤어디자인의 원리는 머리형태를 드러내는 중요한 척도로서 반복, 교대, 리듬, 조화, 균형, 비례 등이다.

04 직선 이마의 헤어라인과 직사각형의 턱선을 가진 넓은 얼굴형으로서 얼굴선이 부드럽고 가늘게 보이도록 비대칭의 헤어스타일을 연출시키는 얼굴형은 장방형(직사각형)이다.

05 이마가 넓고 턱선이 좁은 얼굴형으로서 턱선은 부드럽고 넓게 보이도록 연출하고 헤어스타일은 이마 너비를 줄이는 비대칭 뱅 스타일을 연출시키는 얼굴형은 역삼각형이다.

06 옆얼굴(Drofiles)로서 이상적인 계란형은 얼굴면 2/3 위쪽에서 상상으로 수직선을 그렸을 때 10° 정도의 기울기를 유지한다.

07 눈과 눈 사이가 먼(벌어진) 눈은 얼굴이 좁고 긴 얼굴에서 주로 볼 수 있는 유형으로서 헤어스타일은 얼굴면 밖으로 움직이는 컬을 주고, 커트의 형태선은 어깨선에서 겉말음형으로 연출한다.

08 오리지널 세트는 헤어 파팅, 헤어 셰이핑, 헤어 컬링, 헤어 롤링, 헤어 웨이빙 등으로 구분된다.

09 헤어 세팅에서 헤어 셰이핑은 두발의 관점에서 머리카락을 상하좌우로 나눔으로써 경계를 구획하는 인위적인 가르마이다. 이는 얼굴형, 머리 모양, 모류 등에 따라 원하는 머리형태를 결정시킨다.

10 올 파트(Whorl part)는 두정부 내의 가마를 중심으로 방사상으로 분산된 파트이다.

11 헤어 셰이핑은 포밍(Forming) 또는 빗질(Combing)을 중심으로 모발의 흐름(모류)을 갖추기 위해 '모양을 만든다, 다듬는다, 빗질 한다'라는 작업적 의미이다. 즉, 컬 또는 웨이브를 만들기 위한 기초 작업이다.

12 스트레이트 셰이핑은 모다발 빗질 시 직선으로 똑바로 포밍한다.

13 헤어 컬링(Hair Curling)은 모발에 볼륨과 컬, 웨이브, 뱅(모발 끝의 변화와 움직임이 있는 애교머리)을 만들기 위한 기초 작업이다.

14 베이스 → 스케일 → 포밍 → 리본닝 → 컬리스 → 엔코잉 → 핀닝 등의 절차에 의해 컬이 형성된다.

15	루프는 모다발이 원형(C컬 또는 CC컬)으로 말린 상태이다.	
16	컬의 각도에 따라 스탠드 업 컬(90°), 리프트 컬(45°), 플래트 컬(0°)로 구분된다.	
17	스탠드 업 컬은 루프 모양의 고리가 두상의 전두 부위에 귀 중심 또는 귀 반대 방향으로 컬리스 되는 포워드 또는 리버스 스탠드 업 컬로 구분된다.	
18	플래트 컬은 루프가 두피에서 대해서 0°로 컬리스 되며, 낮은 각도에서 형성되는 평평하고 납작한 모양의 컬이다.	
19	스케일된 모다발의 모근을 중심으로 리본닝 후 모간 끝을 향해 나선형으로 컬리스하는 것을 스컬프처 컬이라 한다.	
20	원통형 핀컬로서 후두부 중앙 부위에 볼륨을 주고자 할 때 스파이럴 컬이 사용된다.	
21	플래트 컬로서 시계를 중심으로 컬리스 방향이 해석된다. C컬은 시계 방향의 안말음형이고, CC컬은 시계 반대 방향으로 컬리스되는 겉말음형이다.	
22	모다발 끝을 모아서 롤러에 와인딩하면 볼륨 또는 방향을 갖고자 할 때 유용하다.	
23	모다발 끝을 로드 너비만큼 넓혀서 와인딩하면 리세트 시 두발의 갈라짐을 방지한다.	
24	리지 방향에 의한 웨이브 위치는 내로우, 와이드, 섀도, 프리즈 웨이브로 구분되며 웨이브 형성은 수직(버티칼), 사선(다이아거널), 수평(호리존탈) 웨이브로 구분된다.	
25	뱅은 일명 애교머리라고 하며, 이마에 장식으로 드리우기 위해 두발을 가지런히 자른 모습을 일컫는다.	
26	프린지 뱅은 두발을 올려 빗질하여 부풀려서 만들어 내는 뱅이다.	
27	플러프는 라운드 플러프와 페이지 보이 플러프로 나눌 수 있다.	

28	1875년 프랑스의 마셀 그라또우가 마셀과 컬로 구성된 히트 아이론을 최초로 창안해 냈다.	
29	블로 드라이 기법은 적당한 습기가 있는 모발에 드라이어의 열과 롤(라운드) 브러시를 이용하여 모발을 원하는 방향으로 펴거나, 꺾거나, 말아 고정시키고, 건조시켜 빗질하는 데 소요되는 시간을 절약하면서 부드럽고 자연스러운 헤어스타일을 연출하는 기법이다.	
30	블로 드라이어는 손잡이, 노즐, 팬, 모터, 바람 조절기, 몸체 등의 구조로 이루어져 있다.	
31	블로 드라이어의 운행 각도가 90~180°일 때는 모다발 끝을 안정시키고자 할 때이다.	

[정답]

01	02	03	04	05	06	07	08	09	10
○	○	○	×	○	○	×	○	×	○
11	**12**	**13**	**14**	**15**	**16**	**17**	**18**	**19**	**20**
○	○	○	○	○	○	○	○	×	×
21	**22**	**23**	**24**	**25**	**26**	**27**	**28**	**29**	**30**
○	○	○	○	○	×	○	○	○	○
31									
○									

[해설]

04 정방형(정사각형) 얼굴에 대한 설명이다. 장방형은 볼이 꺼져 있고 길고 좁은 얼굴형이다.

07 눈과 눈 사이가 좁은 눈에 관한 내용이다.

09 헤어 파팅에 관한 설명이다.

19 핀컬(크로키놀 컬)에 관한 설명이다. 스컬프처 컬은 스케일된 모다발 끝을 중심으로 리본닝 후 모근을 향해 컬리스한다.

20 바렐 컬에 대한 설명이다. 스파이럴 컬은 나선형 핀컬로서 롱 헤어에 깊이 있는 웨이브를 주고자 할 때 사용된다.

26 프렌치 뱅에 관한 설명이다. 프린지 뱅은 가르마 가까이에 작게 낸 뱅이다.

Chapter 08 두피 및 모발 관리

※ 두피 및 모발 관리에 관한 다음 설명이 옳으면 “O”, 틀리면 “X”로 표시하시오.

01 두피 진단은 문진(상담을 통해), 시진(시각을 통해), 촉진(감촉을 통해), 검진(의료행위를 통해) 등으로써 정확한 진단이 이루어져야 한다.

02 두피 유형의 결정요인 중 두피조직의 상태, 모공의 크기, 유·수분 함유량, 탄력도(긴장도), 혈색의 정도, 각질화 정도 등을 선천(유전)적 요인으로 한다.

03 두피 유형의 후천적 요인은 연령, 성별, 계절, 식생활, 화장품, 심리적 상태, 신체적 상태 등이다.

04 두피 표면에 기생하는 각종 세균이거나 화학제품에 의한 자극이 원인이 되며, 전체 두피 표면이 붉으며, 부분적으로 모세혈관 확장에 따라 열을 동반하는 두피의 유형은 비듬성 두피이다.

05 두피 표면에 사상균(곰팡이)이 침입하여 가려움, 진물, 염증 현상과 50원 동전 크기의 원형 버짐이 경계를 나타내는 두부백선도 문제성 두피의 유형이다.

06 두부건선은 두피세포의 과각화 과정에 따른 세포분열 등이 촉진되며 은백색의 인설과 염증, 통증을 동반한다.

07 두부건선의 원인은 불분명하나 유전적 요인이나 면역체계 이상의 영향을 받는다.

08 드라이 스캘프 트리트먼트는 건성 두피로서 피지가 부족하고 건조한 상태일 때 사용한다.

09 댄드러프 스캘프 트리트먼트는 지성 두피로서 피지가 과잉 분비되어 지방이 많을 때 사용한다.

10 유형별 관리 프로그램 중 민감성 두피는 1차 헤어스티머 절차에서 적외선을 50cm 이상 거리를 두고 조사해야 한다.

11 과다 피지를 정리하여 피부를 맑고 깨끗하게 유지해야 하며 스케일링 단계를 가장 중요한 관리 프로그램으로 갖는 피부 유형은 지성두피이다.

12 스케일링제는 멘톨, 페퍼민트 등의 천연 아로마 성분과 계면활성제가 사용된다.

13 스케일링 시 정확한 파팅을 나누어 제품을 도포하고, 도포 시 두발 엉킴에 주의하며 어깨, 목(경추)을 풀어주고 아로마, 유칼립투스 오일을 이용하여 긴장 완화, 상처 치유 등의 효과를 준다.

14 두피 관리 시 고주파, 저주파, 진동 패턴 헤드 마시지 기기는 림프와 혈액순환을 촉진하고 신진대사를 활성화시키는 세정기기이다.

15 항균비듬 두피용 세정제를 사용하며, 1차 스티머 시 부드럽고 약하게 관리하고 세균 감염 및 염증, 두피 질환이 있을 시 전문의와 상의해야 하는 두피 유형은 지성두피이다.

16 진단기기 사용 시 일정 거리를 유지하여 두피에 과다 압력을 주지 않으면서 문제 부위에서 시작하여 전두부 → 두정부 → 후두부 → 측두부 순서로 측정한다.

17 진단기기 배율 중 40, 80, 100 배율은 일정 공간 안에 존재하는 두피 상태를 배율에 따라 측정하는 것이다.

18 두부 마사지의 목적은 지각신경을 자극하여 혈액순환을 잘 되게 하며 두개피에 탄력을 주고 탄성섬유의 퇴화를 방지함으로써 두개피의 건강 상태를 양호하게 유지시켜 주는 것이다.

19 두피 매니플레이션의 기본 동작 중 고타법에는 태핑, 슬래핑, 커핑, 해킹, 비팅이 있다.

20 두피 스케일링이란 노폐물의 피지, 각질을 세정하는 것으로서 두피의 모공을 열어주는 준비 단계를 말한다.

21 브러싱은 샴푸 시술 또는 스케일링 전의 첫 단계로서 두발과 두피 상태를 파악할 수 있다.

22 일반적으로 센 털(경모)의 모발 직경은 0.1~0.12mm이며, 솜털(연모)은 0.05~0.06mm의 굵기를 갖는다. 따라서 평균적 굵기는 0.08~0.09mm이다.

23 모경지수는 모발 횡단면의 최소 직경을 최대 직경으로 나누어 100배 되는 수치를 일컫는다.

24 연주모는 모발 형태의 이상현상으로서 모간의 두께가 고르지 않고 결절을 보이며 잘 부러진다.

25 결절성 열모증은 모발이 부분적으로 손상되어 매듭처럼 얽혀 있으며 부서져 있다. 즉, 건조하여 쉽게 부스러지는 상태로서 브러시처럼 펼쳐져 보인다.

26 양털 모양의 두발은 한 타래로 뭉쳐지는 경향이 있어 빗질이 힘들며 보통 12cm 이상 자라지 못한다.

27 원형 탈모증은 자각 증상 없이 갑자기 동전 크기의 원형을 이루며 탈모된다.

28 남성형 탈모증은 가마에서 전두부 쪽을, 이마 발제선에서 가마 쪽을 향해 탈모가 진행된다.

29 결발성 휴지기 탈모는 산후 2~5개월에 나타나기 시작하여 전두부의 1/3에서 탈모가 일어나지만, 두부 전체에 나타나기도 한다.

30 탈모증 모발의 특징은 모발 숱이 적어지고, 모발이 가늘어지고 힘이 없으며, 정상인에 비해 자라는 속도가 느린 것이다.

[정답]

01	02	03	04	05	06	07	08	09	10
○	○	○	×	○	○	○	○	×	○
11	**12**	**13**	**14**	**15**	**16**	**17**	**18**	**19**	**20**
○	○	○	×	×	○	○	○	○	○
21	**22**	**23**	**24**	**25**	**26**	**27**	**28**	**29**	**30**
○	○	○	○	○	○	○	○	×	○

[해 설]

04 민감성 두피에 대한 설명이다. 비듬성 두피의 비듬은 두피 표면에 붙어있는 각질세포(인설)로서 각화 현상의 이상과 호르몬 이상, 영양 불균형, 스트레스, 과다 피지 분비, 피지 산화, 불청결 등 내 · 외적 원인에 의해 발생한다.

09 댄드러프 스캘프 트리트먼트는 비듬성 두피의 비듬을 제거하기 위해 사용한다.

14 이완기기에 대한 설명이다. 세정기기는 제트필(에어 브러시), 디스인크러스테이션 등이다.

15 비듬성 두피 유형으로서 비듬균의 전이를 막아야 한다.

29 산후 휴지기 탈모에 관한 설명이다. 견인성 탈모는 견고하게 머리털을 묶거나 끌어올려 땋거나 감아올릴 때 또는 기계적인 자극을 반복했을 때 일어나는 현상이다.

Chapter 09 헤어 컬러링

※ 헤어 컬러링에 관한 다음 설명이 옳으면 "O", 틀리면 "X"로 표시하시오.

01 컬러는 빛의 현상으로서 빛에 의해 형태, 질감, 색상을 볼 수 있다. 색이 지각되기 위해서는 빛(태양)이 반드시 필요하다.

02 빛의 파장에 따라 가시광선(380~780nm), 자외선(380nm 이하), 적외선(780nm 이상) 등으로 분류된다.

03 보통 빨강, 주황, 노랑, 초록, 파랑, 남색, 보라까지의 스펙트럼에 나타나는 광선으로서 보라색 바깥쪽에 위치하는 짧은 파장은 적외선이며, 빨간색 바깥쪽에 위치하는 긴 파장은 자외선이다.

04 색은 색상, 명도, 채도 이 세 가지 요소의 차이로 구별되며 이를 색균형이라 한다.

05 명도는 색의 밝고 어두움, 즉 밝기의 정도를 말한다. 흰색에 가까울수록 명도가 높다는 것은 그만큼 색이 밝다는 의미이다. 탈색 등급에서 가장 밝은 색상은 명도 10이다.

06 채도는 색의 연하고 진함, 즉 선명도를 말하며 채도가 가장 높은 색을 순색이라고 한다.

07	모발 내 자연색소(유멜라닌, 페오멜라닌)의 농축 정도에 따라 흑색 → 갈색 → 적색 → 황색의 순서로 색조모가 나누어지며 백모인 경우 색소는 거의 없다.
08	다른 색으로 분해할 수 없고 다른 색상을 혼합하여 만들 수 없는 원색(일차색)은 빨강, 노랑, 파랑색이다.
09	이차색은 각각의 원색 두 가지를 같은 양으로 혼합하여 얻어지는 색(빨 + 노 = 주황색, 노 + 파 = 녹색, 파 + 빨 = 보라색)이다.
10	각각의 원색 1개와 근접한 이차색인 등화색 1개가 같은 양을 혼합하여 얻어지는 색은 4차색이다.
11	색상환에서 원색의 정 반대편에 놓인 2차색을 혼합하면 색이 중화되어 갈색이 되며, 보색 관계는 3가지 원색 중 하나가 반드시 포함된다.
12	모발색은 멜라닌색소로서 자연색조모라고 하며 어떤 색을 띠든 빨강(20%), 노랑(30%), 파랑(10%)의 기본색이 혼합된 색균형을 유지한다. 이를 바탕(기여)색소의 균형 즉, 색균형이라 한다.
13	탈색은 모발 자체의 색상을 좀 더 밝게 하거나 염색 전 준비 과정으로서 원하는 색상의 바탕(기여)색소를 만드는 데에도 목적이 있다.
14	난색(따뜻한 색)은 파랑, 초록, 보라 등이 지배적인 베이스 색상이 된다.
15	탈색제는 제1제 알칼리제와 제2제 과산화수소로서 이를 혼합하여 사용한다. 이 중 과산화수소 농도(세기)와 방치시간에 따라 모발 내 색소의 질기가 달라진다.
16	탈색제 제1제는 pH 9.5~10 정도의 알칼리제로서 암모니아 성분이며, 과산화수소를 분해할 수 있는 촉진물질(가속제, 활성제, 보력제)로서의 역할을 할 뿐 아니라 모표피를 팽윤시켜 용제의 침투를 도와준다.
17	H_2O_2 자체로도 모발을 밝게 할 수는 있으나 방치시간이 오래 걸린다.
18	일반적으로 미용실에서 사용되는 H_2O_2는 물 가운데 H_2O_2의 농도를 중량(%) 또는 볼륨(Volume)으로 표기한다.

19 과산화수소의 단위 중 볼륨의 세기는 1볼륨일 때 1분자의 H_2O_2가 방출하는 산소의 양을 나타내는 것이며, 퍼센트의 세기는 용액 단위(물 100%) 내에 포함된 용질(H_2O_2 양)을 의미하며 볼륨보다 더 화학적인 개념을 나타낸다.

20 과산화수소의 사용범주는 밝게 하기, 모발색 탈색하기, 탈염(색소 지우기)이 있다.

21 H_2O_2 6%는 모발 명도를 2단계까지 밝게 할 수 있으며, 12%는 4단계까지 밝게 한다.

22 모발색인 멜라닌의 산화(탈색)는 파랑색이 먼저 빠지고 그 다음 빨강, 노랑 순서로 같은 비율의 색균형을 이루며 점진적으로 색조를 4~7단계까지 밝게 탈색시킬 수 있다.

23 탈염(Cleansing)은 색소 지우기로서 클렌징, 딥 클렌징으로 인공색조를 지우거나 어두운 색상을 밝게 하고 싶을 때 금속염으로 염착된 염모제를 없앨 때 등에 과산화수소를 사용한다.

24 탈색제는 모근에서 2~2.5cm 정도 띄우고 모간 쪽에 먼저 도포한 후 모근 쪽은 가장 나중에 도포한다. 도포된 탈색제는 무한으로 방치해도 된다.

25 어떤 등급의 탈색은 다른 등급에서보다 시간을 더 요구한다. 7등급인 황금색에서 노란색까지는 다른 등급보다 1~3시간이 더 필요하며 한 번의 탈색 과정으로는 불가능하다.

26 탈색 또는 염색 시 패치테스트 결과가 음성일 경우 시술하며 0.6~1cm 정도 슬라이스로 시술한다. 도포 시 빗질하지 않으며 습도를 유지하기 위해 도포하는 동안 물로 스프레이한다. 탈색 확인을 위한 모다발 테스트 시 지정된 시간보다 15분 전에 첫 번째로 도포한 부분을 젖은 타월로 닦아내고 확인한다. 산성 샴푸를 사용하여 찬물로 전체적으로 헹구어 내고, 차가운 바람(냉풍)으로 모발을 건조시킨다.

27 유멜라닌은 적색과 갈색의 범주로서 어두운 모발색을 결정한다. 비교적 크기가 크고 화학적으로 쉽게 파괴될 수 있는 입자형 색소로서 길쭉한 타원형이다.

28 페오멜라닌은 붉은색과 노란색의 범주로서 밝은 모발색을 결정하며 시스테인 함량이 많은 모발에 많이 존재한다. 비교적 크기가 작고 화학적으로 안정된 구조를 하고 있는 분사형 색소로서 난형 또는 구형이다.

29 모발색은 유전, 나이, 모발의 두께, 색소과립의 크기와 양, 멜라노사이트(색소형성세포)의 활성에 의해서 결정된다.

30 염모제는 자연모의 모발색을 모방하여 제조하며, 모발 내의 인공색의 침착 정도와 견뢰도에 따라 기간별로 분류하거나 산화제의 사용 여부에 따라 화학적으로 분류한다.

31 일시적 염모제는 컬러 린스(워터 린스), 크림, 파우더, 크레용, 스프레이, 마스카라 등으로서 샴푸 시 본래의 모발색으로 돌아오므로 안전하고 쉽게 사용할 수 있다.

32 반영구적 염모제는 비산화 염모제로서 직접 염모제, 산성 염모제, 헤어 코팅제, 헤어 매니큐어, 왁싱이라고도 하며, 모표피와 모피질 내의 일부까지 침투되어 염(이온)결합에 의해 흡착된다.

33 샴푸 횟수와 관련되며 4~6주 후에 염모된 색소가 점차 퇴색되는 것을 영구 염모제라고 한다.

34 반영구적 염모제는 샴푸 후 타월건조시킨 젖은 모발에 염료를 도포한다. 샴푸 시 모표피를 팽윤시키며 모발의 피지나 이물질을 제거하여 염색제를 잘 흡착시키게 한다.

35 식물성 염료인 헤나는 고대 이집트인들에 의해 모발, 손톱, 손바닥 등의 염색에 사용되었으며 공기 속의 산소와 만나면 점진적으로 산화되는 점진적 염모제이다.

36 헤나는 영구 염료제로, 패치 테스트를 반드시 해야 한다.

37 금속성(광물성) 염료는 오늘날 제한된 색상과 독성 문제가 있어 거의 사용되지 않으나 가정용 소매 염료시장은 아직도 존재한다.

38 영구 염모(산화 염모)제는 제1제(색소제 + 알칼리제)와 제2제(산화제)를 혼합함으로써 고분자 화합물 구조로서 염색이 된다.

39	염모제 제1제 중 알칼리제는 색소 형성에 필요한 pH를 조절하며 색소제가 모피질 층 내로의 침투를 도와준다. 모표피를 팽윤시켜 열어주며 케라틴 사슬을 연화시키고, 제2제 과산화수소와 혼합되어 탈색 및 염색(발색)의 역할을 한다.	
40	패치테스트(알레르기 반응검사)는 영구 또는 반영구 염모 실시(아닐린 염료) 시 매번 실시한다.	
41	패치테스트에 염색 시 사용될 것과 같은 제조법으로 만든 염모제를 사용한다.	
42	패치테스트의 반응은 노출 후 12~14시간 정도 지났을 때 시작되며 48시간 동안 방치한 후 화상, 물집, 숙폐, 부스럼 등의 반응 시 염색할 수 없다.	
43	스트랜드 테스트는 색의 진행과 결과를 관찰하기 위해 두정부의 모발을 절단하여 버진 헤어에 염모제를 도포한 후 35~45분 경과 시 젖은 타월로 염모제를 닦아내고 모근과 모간 끝의 색상을 비교한다.	
44	염모제 혼합 시 제조사에서 요구하는 제1제와 제2제의 용량을 정확히 지켜야 한다.	
45	염모제 도포 후 가렵거나 두피가 붉게 일어나고 부풀게 되면 즉시 세척해야 한다.	
46	염모제 1제가 2제 보다 용량이 많은 경우 발색이 잘 되지 않아 결과 색상보다 어둡게 착색된다. 이는 2제인 산화제의 방출 산소량이 부족하여 반사 빛이 약화되거나 뿌연 색상으로 표현되기 때문이다.	
47	2제(산화제)의 용량이 과다한 경우 과다하게 산화된다. 이는 많은 양의 방출 산소로 인해 착색이 완벽하지 못하게 된다.	

[정답]

01	02	03	04	05	06	07	08	09	10
○	○	×	×	○	○	○	○	○	×
11	12	13	14	15	16	17	18	19	20

○	○	○	×	○	○	○	○	○	○
21	22	23	24	25	26	27	28	29	30
○	○	○	×	○	○	○	○	○	○
31	32	33	34	35	36	37	38	39	40
○	○	×	○	○	×	○	○	○	○
41	42	43	44	45	46	47			
○	○	○	○	○	○	○			

[해 설]

03 보라색 바깥쪽의 짧은 파장이 자외선이며 빨간색 바깥쪽에 위치하는 긴 파장이 적외선이다.

04 색은 색상, 명도, 채도의 차이로 구별되며 이를 색의 3속성이라 한다.

10 3차 색에 대한 설명이다. 4차 색은 3원색을 섞어서 만든 모든 색을 의미하며, 시각적 색의 느낌인 난색과 한색의 범주로 분별된다.

14 한색(차가운 색)에 대한 설명이다. 난색은 노랑, 주황, 빨강 등이 지배적인 베이스 색상이 된다.

24 모발에 도포된 탈색제는 최대 1시간 정도의 탈색 과정으로서 화학제품이 갖는 역할은 끝난다.

33 반영구적 염모제에 대한 설명이다. 영구 염모제는 산화 염모제, 알칼리 염모제로서 한 번의 염색 과정에서 탈색과 동시에 색을 착색시킬 수 있으며, 인공적인 색으로 결합한 분자들은 모피질 내부에 영구적으로 결합한다.

36 다른 염모제와는 달리 영구 염료이지만 천연 식물성 염료제로서 패치테스트는 하지 않는다.

Chapter 10 뷰티 코디네이션

※ 헤어 컬러링에 관한 다음 설명이 옳으면 "O", 틀리면 "X"로 표시하시오.

01 고객은 자신에게 가장 자연스러운 개성적인 모습으로 변하고 있다. 헤어스타일도 유행을 단순히 좇던 시대에서 유행 속에 존재하는 자신에게 어울리는 그 무엇을 찾아내어 자기 것으로 만드는 시대로 변해가고 있다.

02 컨슈머 스타일은 살롱에서 일반적으로 행해지는 소비자(낮 화장) 스타일로서 컬러와 형태가 너무 지나치지 않도록 상업적 컬러의 범위에서 택한다.

03 프로그래시브 스타일은 전문적인 의상, 액세서리, 메이크업 역시 진취적이고 창작적으로 강하게 표현된다.

04 헤어 바이 나이트는 밤 머리(이브닝) 스타일로서 5개 이하의 헤어 피스를 사용하여 웨이브와 질감이라는 변화로서 유동성 있는 디자인을 요구한다.

05 위그의 종류로는 멋 내기뿐 아니라 패션에 따라 작품 유형의 가발과 부분 가발이 있다.

06 위그 사용목적은 모발 숱의 양이 적을 때, 헤어스타일을 연출(패션)하고자 할 때, 헤어 펌과 컬러에 따른 형태를 일시적으로 변화시킬 수 있는 편리(실용성) 등에 있다.

07 위그의 재질은 인모, 인조모, 동물의 모, 조모(합성섬유), 합성모의 5가지 유형으로 나눌 수 있다.

08 가발 재료 선별의 물리적 방법으로 가발의 털을 몇 가닥 성냥불로 태웠을 때 나타나는 현상으로 구분할 수 있다.

09 인조모는 천천히 타면서 황(S) 타는 냄새가 강렬하다.

10 합성모는 인모, 인조모, 나일론, 아크릴 섬유 등을 주 재료로 하는 화학합성(혼성)물이다.

11 동물의 털은 모발 색상이 다양하고 가격이 저렴하며 샴푸 후에도 잘 엉키지 않고 원래의 스타일을 유지할 수 있으나 헤어스타일을 변화시키기가 힘들다.

12 인모 가발은 사람의 모발만을 사용함으로써 자연스러운 느낌과 펌, 염·탈색 등과 같은 화학제품의 시술과 세트, 드라이어, 샴푸 등이 가능하다.

13 파운데이션은 인조 두피로서 두상에 맞으면서도 조이는 듯한 느낌이 없어야 하며, 재료는 면 또는 혼합인조(인조 + 면)로서 신축성이 강화된 직조이다.

14 모발이 심긴 가늘고 긴 조각을 네트에 박거나 네트에 기계가 직접 모발을 박아 주는 네팅은 손뜨기(Hand knotted)이다.

15 두상 둘레 → 두상 길이(정중선) → 이마 폭 → 귀에서 귀까지 거리 측정 → 우측 관자놀이에서 좌측 관자놀이 측정 → 목선 측정 등을 통해 가발의 치수를 잰다.

16 가발 커트는 젖은 상태에서 레이저를 사용하여 미세하게 커트한다.

17 가발 커트는 젖은 상태에서 원하는 모발 길이보다 0.2mm 길게 커트해야 건조된 상태에서 원하는 길이가 된다.

18 가발 커트는 가르마 또는 본발과의 경계가 드러나지 않도록 섹션을 1cm 이하로 하여 정확하면서 자연스럽게 연결시킨다.

19 가발 샴푸는 인모의 경우 대개 2~4주마다 가발 클렌저를 사용하여 세척해 주어야 한다.

20 인조모나 헤어 피스의 경우는 먼지나 더러움이 덜 타기 때문에 3개월에 한 번 정도 세척한다.

21 가발 컨디셔너는 모발에만 도포하며 가발모가 빠지지 않도록 후두부의 모발 끝에서 모근 쪽으로 조금씩 부드럽게 빗질한다.

22 헤어 피스는 폴, 스위치, 위글렛, 캐스케이드, 치그논, 브레이드 등의 종류가 있다.

23 두상의 어느 한 부위(탑 부분)에 높이와 볼륨을 주기 위하여 컬이 있는 상태 그대로를 사용하는 부분 가발이 치그논이다.

24 헤어 커트스타일에 인모 또는 인조를 붙여줌으로써 모량과 볼륨감, 길이 등을 다양하게 변화시키기 위해 섞어 짜는 기술이 가모술이다.

25 짧은 길이의 헤어스타일을 일시적으로 중간 또는 긴 두발의 머리형태로 변화시키고 싶을 때 폴 피스를 사용한다.

[정 답]

01	02	03	04	05	06	07	08	09	10
○	○	○	○	○	○	○	○	×	×
11	12	13	14	15	16	17	18	19	20
×	○	○	×	○	○	○	○	○	○
21	22	23	24	25					
○	○	×	○	○					

[해 설]

09 인모에 대한 설명이다. 인조모는 냄새가 거의 안 나고 빨리 타며, 타고난 후에는 딱딱하고 조그마한 구슬이 만져진다.

10 인모, 인조모, 동물의 털 등 세 종류의 털을 합성하여 만드는 합성모는 특별한 때에만 신중히 제작된다.

11 동물의 털은 앙고라, 산양, 야크 털 등이 사용되며 길이나 모질의 분류에 따라 가발 또는 부분 가발로 활용된다.

14 손뜨기는 파운데이션 네트 위에 실제 피부(Head skin)처럼 미세한 그물 형태이며, 모류에 따라 심는 방법을 자유롭게 바꿀 수 있어 질이 뛰어나고 가격이 비싸다.

23 치그논은 한 가닥으로 길게 땋은 스타일이다.

PART

02 | 피부학

※ 피부학에 관한 다음 설명이 옳으면 "O", 틀리면 "X"로 표시하시오.

01 피부의 3층 구조에서 지방세포가 분포되어 있는 곳은 피하지방 조직이다.

02 기미는 흑피증으로서 1~수cm에 이르는 갈색반이 얼굴에 나타는 상태로서 임신, 유전적 요인, 갱년기 장애 등의 생성 유발 요인에 의해 형성된다.

03 외인성(광노화) 피부 질환은 진피 내 탄력섬유의 이상적 증식 및 모세혈관 확장을 유발하고, 색소가 침착되며, 각질층이 두꺼워지며, 자외선 A, B에 의해 탄력성이 소실되어 피부가 건조해지고 거칠어지며 주름이 발생한다.

04 원발진은 1차적 피부장애로서 직접적인 피부 질환의 초기 병변은 비듬, 가피, 미란, 찰상, 반흔, 위축, 궤양, 태선화, 색소침착 등이 있다.

05 진피 조직은 교원섬유(백색섬유, 콜라겐), 탄력섬유(황색섬유, 엘라스틴), 세망조직 등의 세포로 구성된다. 교원섬유는 강력한 견인력과 함께 피부 주름을 예방하는 수분 보유원의 역할을 한다.

06 자외선을 통해 피부 내의 프로비타민 D를 비타민 D로 활성화한다. 비타민 D 결핍 시 뼈 발육의 변형인 구루병과 골연화증이 나타난다.

07 알코올을 베이스로 하여 청결과 소독을 주된 목적으로 하는 손 소독 제품은 세니타이저이다.

08 표피와 진피는 표피의 기저층인 원극세포와 진피의 유두층이 안정되어 있어 물결상의 이랑과 돌기 형태를 취하고 있다. 표피는 혈관과 신경이 있어 확산 현상에 의해 영양과 산소가 보급된다.

09 정상피부는 피부조직 상태 또는 생리기능이 정상적이기 때문에 유·수분 균형에 의해 피부에 윤기와 촉촉함이 있다. 탄력, 피부 이상색소, 여드름, 잡티 등이 없으며 모공이 고르고 피지 분비가 적절하다. 피부색은 선홍색으로서 표피가 얇으며 정상적인 각화현상을 갖는다. 계절, 건강 상태, 생활환경 등에 의해 피부 상태가 변화될 수 있으므로 적당한 수분을 항상 유지하고 충분한 수면과 영양을 공급해 주어야 한다.

10 영양분의 공급은 신진대사 작용에 의한 생명 유지에 관련된 것으로서 질병을 예방하거나 치료를 겸할 수 있다. 인체 전반의 생활을 유지하는 데 필요한 영양소는 신체 열량 공급과 조직 구성, 생리기능 조절작용을 하며, 탄수화물(포도당), 단백질(아미노산), 지방(지방산, 글리세린) 등으로서 최종분해물질을 생성한다.

11 자외선 차단지수는 SPF로 나타내며, 자외선 B(UV B) 방어효과를 나타내는 지수와 자외선 A(UV A, PA) 차단지수로 구분된다.

12 자외선 B(SPF)는 화학지수가 높을수록 피부 자극이 적으며, SPF 1은 10분 내에 홍반이 나타남을 수치화 한 것이므로 외출 10분 전에 도포해야만 흡수가 되어 차단효과가 있다.

13 UV A 차단지수는 PF A로 표시하며, UV A를 조사했을 때 색소침착이 언제 나타나느냐로 구분된다.

14 UV A^{+}, UV A^{++}, UV A^{+++} 또는 PA^{+}, PA^{++}, PA^{+++}로 표시하며, 숫자가 많을수록 차단효과는 우수하다.

15 백반증은 멜라닌색소 결핍으로 인해 후천적으로 발생하는 저색소침착 질환으로 원형, 타원형 또는 부정형의 백색 반점이 피부에 나타난다.

16 AHA는 5가지 과일산(사탕수수, 젖산, 구연산, 사과산, 주석산)에 포함된 성분으로, 수용성이다. 노화피부에 pH 3.5 이상, 10% 이하의 농도로 사용된다. 각질 제거, 피부 재생효과가 있다.

17 기계적 손상에 의한 질환은 굳은살, 티눈, 욕창 등이다.

18 바이러스성 질환은 조갑백선, 족부백선, 두부백선, 칸디다증 등이다.

19 단순포진은 급성 바이러스 감염증의 하나로서 직경 3~6mm의 소수포가 집단으로 입술이나 콧구멍 주위에 나타나며, 발열과 함께 감기, 피부 박탈, 감정적 불안 등을 수반하기도 한다.

20 족부백선은 조체(손톱·발톱)의 무좀으로서 곰팡이균(피부 사상균)에 의해 발생한다.

21 인체의 피부결은 촘촘하게 연결된 삼각 또는 마름모꼴의 다각형으로 이루어져 있다.

22 여드름을 유발하는 안드로겐 호르몬은 피지선을 자극시키는 호르몬이다.

23 표피의 기저층에는 각질형성세포, 색소형성세포, 랑게르한스세포, 인지세포 등이 존재하며 멜라닌색소는 색소형성세포에서 만들어진다.

24 소한선(Eccrine gland)은 성호르몬의 영향을 받아 사춘기 이후에 분비선이 발달하며 체외로 분비되면 공기에 산화되어 유색을 띠고 체취를 발산하는 땀샘이다.

25 UV B는 290~320nm 범위의 중파장으로, 일광화상(Sun burn)의 주된 원인이 되는 자외선으로서 여름철 낮 시간대에 투과량이 최고이며, 피부에 노출이 되면 일광화상과 색소침착 현상이 나타난다.

26 노화피부는 피부 늘어짐, 주름 발생, 피부 건조, 색소침착 등의 현상이 나타난다.

27 골격과 치아의 주 성분이며 결핍되면 치아 건강이 약화되고 혈액의 응고현상이 나타나는 칼슘(Ca)은 인체 내에서 가장 풍부한 무기질이다.

28 원발진인 면포는 화이트헤드와 블랙헤드로서 여드름 1~2단계이다. 특징은 피지, 각질세포 등에 세균이 작용하여 여드름, 코 주위 검은 여드름이 발현된다.

29 B 림프구(B-cell)는 세포성 면역으로 탐식세포처럼 인체세포면역의 일부로서 골수에서 만들어지나 흉선으로 들어가 기능이 부여된 상태로 혈류로 나와 독특한 기능을 한다.

30	T 림프구는 혈액 내에서 9%를 차지하며 대부분 정상피부에 존재한다.	
31	식세포 면역은 외부 이물질에 대한 혈액 내 백혈구의 식균작용을 한다.	
32	체액성 면역은 B-cell이 특이 항체(면역글로불린)를 생산하여 항원을 제거한다.	
33	세포성 면역은 T-cell의 항원에 대한 정보를 림프절로 전달하여 림포카인 단백질 전달물질이 방출됨으로써 항원을 제거한다.	
34	피부 표면은 건조하여 미생물이 서식하기에 용이하나 표피 각질층 내의 각질세포 피탈과 피부의 산성막이 피부 면역작용을 한다.	
35	자외선량은 3월~10월까지 가장 많이 노출되며, 5~6월에 최고이나 6월이 가장 강하고, 하루 중에는 9시부터 강해져서 오후 2시에 최고에 이른다.	

[정 답]

01	02	03	04	05	06	07	08	09	10
○	○	○	×	○	○	○	×	○	○
11	**12**	**13**	**14**	**15**	**16**	**17**	**18**	**19**	**20**
○	×	○	○	○	○	○	×	○	×
21	**22**	**23**	**24**	**25**	**26**	**27**	**28**	**29**	**30**
○	○	○	×	○	○	○	○	×	○
31	**32**	**33**	**34**	**35**					
○	○	○	○	○					

[해 설]

04 원발진은 반점, 구진, 결절, 낭종, 팽진, 홍반, 농포, 종양, 면포, 비립종, 소수포, 대수포, 포진(헤르페스) 등의 피부 변화를 갖는다. 속발진은 원발진으로 인해 2차적 피부 장애를 갖는다.

08 표피에는 신경과 혈관이 없다.

12 SPF 1은 10분 내에 홍반이 나타나는 것을 수치화한 것으로 화학지수가 높을수록 피부에 자극적이다. 외출 30분 전 정도에 도포해야만 흡수가 되어 차단효과가 있다.

18 진균성 피부 질환에 대한 설명이다. 바이러스성 질환은 대상포진, 단순포진, 사마귀(우종) 등이다.

20 조갑백선에 대한 설명이다. 족부백선은 발 특히, 발가락 사이와 발바닥의 만성 표재성 진균(곰팡이)증으로서 피부의 침연, 균열 및 낙설과 심한 소양을 특징으로 한다.

24 대한선(Apocrine gland)에 대한 설명이다.

29 T 림프구(T-cell)에 관한 설명이다. B 림프구는 체액성 면역으로 면역글로불린이라는 항체를 생산하며, 특정 항원과 접촉 시 탐식을 하면서 즉각적인 공격을 한다. 전체 림프구의 20~30%로서 표면에 특정 항원 코드를 인식할 수 있는 수용체가 있다.

PART

03 공중보건학

※ 공중보건학에 관한 다음 설명이 옳으면 "O", 틀리면 "X"로 표시하시오.

01	비타민 C는 야채를 고온에서 조리할 때 가장 파괴되기 쉬운 비타민이다.	
02	소각법은 일반폐기물 처리방법 중 가장 위생적이다.	
03	모유 수유 시 초유는 영양가가 높고 면역제로서 림프구, 대식세포 등의 백혈구가 들어 있어 각종 감염으로부터 장을 보호하고 설사를 예방하는 데 큰 효과가 있다.	
04	감염병 감염 후 얻어지는 면역은 자연수동면역이다.	
05	병원소는 병원체(바이러스, 세균, 리케차, 진균 등)가 생활하고 증식하며 계속해서 다른 숙주에게 전파될 수 있는 상태로 저장되는 장소이다.	
06	인구통계에서 영유아는 6세 미만의 취학 전 아동을 뜻하며, 영아는 1세 미만을, 유아는 1~4세를 가리킨다.	
07	보건행정(WHO) 범위는 ① 보건관계 기록의 보존, ② 환경위생과 감염병 관리, ③ 모자 보건과 보건간호 등으로서 지역사회를 단위로 건강을 유지·증진시키며 정신적 안녕과 사회적 효율을 증진시키기 위한 행정활동을 말한다.	
08	공기는 대기의 하부층으로 구성된 기체로서 주로 해발 10km 내의 공간에서 측정되며 희석, 산화, 교환, 세정작용을 통해 공기의 자정작용을 한다.	
09	제4군감염병은 황열, 뎅기열, 페스트, 두창, 야토병, 결핵, 한센병, 성홍열, 말라리아 등이다.	
10	증상 없이(불현성 감염) 균을 보유하면서 균을 배출하고 있는 자로서 보건관리가 가장 어려운 대상자는 만성 보균자이다.	

11	절족동물인 이(재귀열, 발진티푸스), 벼룩(페스트, 발진열), 모기(황열, 뎅기열, 말라리아, 일본뇌염), 파리(이질, 결핵, 콜레라, 장티푸스, 파라티푸스, 트라코마), 진드기(발진열, 재귀열, 야토병, 로키산 홍반열) 등에 의한 흡혈, 피부 외상을 통하여 질환이 야기된다.
12	연어, 숭어, 농어를 제1중간숙주로 하는 조충류는 유구조충이다.
13	영아사망률은 그 해의 1세 미만 사망아 수 / 어느 해의 연간 출생 수 ×1,000을 계산공식으로 한다.
14	감염병 유행의 3대 요인은 감염원(숙주), 감염경로(환경), 감수성(병인) 등이다.
15	기온에 따라 달라지는 습도는 대기층에 포함된 수분량이며, 실내 쾌적 습도는 40~70%로서 인체에 적당하게 작용되면서 쾌적감각을 가진다.
16	공중보건학의 범위 중 환경보건 분야는 환경위생, 식품위생, 보건교육, 보건행정, 보건통계, 영유아보건, 모자보건, 성인보건, 학교보건, 정신보건, 가족계획, 인구보건, 사고관리 등이다.
17	급성 감염성 질환인 소화기계(수인성) 감염병은 장티푸스, 콜레라, 폴리오, 세균성이질, 파라티푸스, 유행성 간염, 장출혈성 대장균 감염증으로서 발생률은 높고 유병률은 낮은 질환이다.
18	인공채광(조명)은 작업에 충분하며 균등한 조도를 가진 주광색에 가까운 반간접조명으로서 좌상방(왼쪽머리 위)에서 비치는 것이 좋다. 취급이 간편하고 저렴하면서 폭발·발화의 위험이 없으며 유해가스가 발생되지 않아야 한다.
19	감자의 싹과 녹색 부분에 존재하는 솔라닌에 의한 식중독은 식후 수 시간 이내에 발병되며, 구토, 복통, 설사, 발열, 언어 장애, 환각작용 등을 야기한다.
20	영양소는 인체에 필요한 에너지를 제공하며, 신체의 생리기능을 조절한다. 또한, 신체의 조직 구성물질이며, 열량 공급작용을 한다.
21	아황산가스(SO_3)는 이산화황(SO_2) 또는 아황산무수물이라고도 하며, 대기오염의 지표로서 산성비의 원인이 된다. 피부, 점막, 기관지 등을 자극하며 무색으로서 공기보다 무겁다. 자극성의 취기가 강한 도시공해 요인으로서 자동차 배기가스, 공장 매연에서 다량 배출된다.

22 검역이란 해외에서 유행하는 감염병이나 해충에 의한 전파 또는 감염을 예방하고 방지하기 위하여 공항과 항구에서 감염병 감염이 의심되는 사람을 강제 격리하는 것으로서 '건강격리'를 취하는 조치이다.

23 격리를 시킴으로써 전파를 예방할 수 있는 감염병은 결핵, 나병, 페스트, 콜레라, 디프테리아, 장티푸스, 세균성이질 등이다.

24 동물 매개 곤충의 감염병은 공수병(개의 침 – 바이러스 병원체), 탄저병(소, 말, 양 등 인수공통 감염병), 브루셀라(소, 돼지, 말, 양, 개, 환자 배설물), 렙토스피라증(들쥐의 배설물) 등이 있다.

25 사회보장 중 사회보험은 건강(의료)보험, 국민연금, 고용보험, 산재보험 등의 종류가 있다.

26 인구의 구성형태에서 65세 이상 인구는 50세 이상 또는 60세 이상의 인구를 뜻하기도 하며 인구 구성의 남녀별 및 연령별 구성을 결합한 모형으로서 별형(인구 감퇴형)은 도시지역의 인구 구성으로 생산층 인구 증가형이다.

27 결핵, 나병, 두창(천연두), 성홍열, 백일해, 홍역, 폐렴, 유행성이하선염, 수막구균성수막염 등이 있으며, 비말 또는 비말핵 흡입으로서 기침, 담화, 재채기 등을 통해 접촉된다.

28 감염병 감염요인 중 환경(감염경로)적 요인에서 개방병소에 의한 감염인 나병(한센병)은 농암, 피부병 등이 있으며, 병변 부위에서 직접 접촉된다.

29 진애 감염은 먼지 또는 공기를 통해 전파되며 결핵, 두창, 디프테리아, 발진티푸스 등을 야기한다.

30 개달 감염은 수건, 의류, 서적, 인쇄물 등의 개달물에 의해 감염되며 결핵, 두창, 트라코마, 탄저, 디프테리아 등의 질환을 야기한다.

31 음용수의 수질검사 방법 중 대장균 검출은 미생물이나 분변에 오염된 것을 추출할 수 있으며 검출방법이 간단하다.

32 BCG는 결핵 예방접종으로 사용되는 생균백신으로서 인공능동면역에 의해 항체가 형성된다.

33 게나 가재를 제2중간숙주로 하는 폐흡충류는 인체의 폐에 기생하며 산란된 충란은 객담과 함께 기관지와 기도를 통해 외부로 배출된다. 일종의 풍토병으로서 가재 등의 생식을 금지한다.

34	WHO가 제시한 종합건강지표인 조사망률, 평균수명, 비례사망지수 등은 국가 간 비교지표이면서 한 나라의 건강수준지표이다.	
35	질병 발생 요인 중 숙주(면역성과 감수성)는 병원체를 받아들이는 숙주(인체)를 말하며, 감염균에 대한 자기 방어능력과 저지할 수 있는 환경에 의해 다르게 나타난다.	

[정 답]

01	02	03	04	05	06	07	08	09	10
○	○	○	×	○	○	○	○	×	×
11	**12**	**13**	**14**	**15**	**16**	**17**	**18**	**19**	**20**
○	×	○	×	○	×	○	×	○	○
21	**22**	**23**	**24**	**25**	**26**	**27**	**28**	**29**	**30**
○	○	○	○	○	×	○	○	○	○
31	**32**	**33**	**34**	**35**					
○	○	○	○	○					

[해 설]

04 자연능동면역에 대한 설명이다. 자연수동면역은 모체로부터 태반이나 수유를 통해서 항체를 받는 면역이다.

09 결핵, 한센병, 성홍열, 말라리아는 제3군감염병이다.

10 건강보균자의 보건 관리가 가장 어려우며, 만성 보균자는 균을 오랫동안 지속적으로 보유하고 있는 사람이다.

12 제1중간 숙주(물벼룩), 제 2중간숙주(연어, 농어, 송어) – 광절열두조충(긴촌충증), 유구조충은 갈고리촌충증으로 돼지고기를 익혀서 먹어야 한다.

14 병인(감염원), 환경(감염경로), 숙주(감수성) 등이 감염병 유행의 3대 요인이다.

16 환경보건 분야는 환경위생, 식품위생, 환경오염(환경보전과 공해), 산업보건 등의 분야이다.

18 간접조명은 눈의 보호 또는 광원이 작업상 가장 좋아 균일한 조도에 의해 시력이 보호되나 조명효율이 낮은 반면 유지비가 많이 든다.

26 별형(인구 유입형 – 도시형)은 생산층 인구가 전체 인구의 1/2 이상이다.

PART

04 소독학

※ 소독학에 관한 다음 설명이 옳으면 “O”, 틀리면 “X”로 표시하시오.

01 석탄산(페놀)은 소독제 또는 방부제로서 석탄산은 3~5% 수용액으로 무아포균은 1분 이내에 사멸되며 소독제의 살균 지표인 계수를 가진다. 석탄산의 살균작용 기전은 세포 용해작용, 균체 단백의 응고작용, 균체의 효소계 침투작용 등이다. 세균 포자와 바이러스에 작용력이 거의 없으며, 취기와 독성이 강하고 피부 점막에 자극성과 마비성이 있어 금속을 부속시킨다.

02 석탄산의 살균력은 유기물 소독에는 살균력이 안정되며 고온일수록 살균효과가 크다. 염산이나 소금을 석탄산에 혼합하면 살균력이 강해진다.

03 자비 소독은 100℃ 끓는 물에 15~20분간 처리한다. 소독효과를 높이기 위해 석탄산(5%), 크레졸(3%), 탄산나트륨, 붕산 등을 첨가한다.

04 미용실에서 사용되는 타월을 철저하게 소독하지 않으면 개달감염으로 트라코마에 노출된다.

05 승홍은 살균력이 강하고 맹독성이기 때문에 피부 소독에 0.01~0.1% 수용액을 사용하며 온도에 관계없이 살균효과가 있다.

06 미생물의 적정 pH는 5.0~8.5로서 중성(pH 7.0~7.6 – 병원성 세균), 약알칼리성(pH 7.6~8.2 – 콜레라균, 장염비브리오균), 약산성(pH 5.0~6.0 – 유산간균, 진균, 결핵균)이 최적 수소 이온 농도이다.

07 소독은 협의적 의미로 병원 미생물의 생활력을 파괴하여 감염력을 없애는 것이다.

08 물의 소독에는 열 처리법, 자외선 소독법, 오존 소독법 등을 이용하나 특히 산화력이 강한 것은 오존(O_3)이다.

09	소독제를 만들 때 수돗물로 희석할 경우 물의 경도에 주의하여야 한다.
10	생석회에 물을 가했을 때 발생기 산소에 의해 소독작용을 한다. 생석회 분말(8) + 물(2) = 혼합액을 만들어 분변, 하수, 오수, 토사물 등에 사용한다. 아포균에 효과가 있으며 값이 싸고 탈취력이 있다.
11	금속을 부속시키는 소독제는 승홍수, 석탄산수, 염소수 등이 있다.
12	역성(양성)비누는 음성 계면활성제로서 세정제에 살균제를 첨가함으로써 살균·세정작용이 동시에 이루어진다.
13	세균은 증식하기에 불리한 외부환경 조건에 대한 강한 저항으로 균체 세포질에 아포를 형성한다.
14	물리적 소독법은 가열과 무가열로 크게 분류되며 가열처리법에는 건열멸균법과 습열멸균법이 있다. 건열멸균법에는 화염멸균법과 건열멸균법, 소각법이 있으며. 습열멸균법에는 자비소독, 고압증기멸균법, 유통증기멸균법(간헐멸균법), 저온살균법, 초고온순간멸균법 등이 있다. 무가열처리법에는 자외선멸균법, 일광소독, 초음파, 세균여과법 등이 있다.
15	소독제의 살균력을 비교하기 위해 사용되는 것은 크레졸이다.
16	소독제는 소독·살균력이 강해야 하고, 생산이 용이하고 경제적이며, 사용법이 간단해야 한다. 또, 소독 물체나 인체에 무해해야 하며, 취급방법이 간단해야 한다.
17	고온, 고압의 포화증기로 멸균하는 고압증기멸균방법은 포자 형성균의 멸균에 가장 효과가 있다. 100℃ 증기로 30분간 3회 실시(1일 1회씩, 3일간)할 때 포자가 완전 멸균된다.
18	미생물 중 질병을 일으키는 병원체는 크기에 따라 곰팡이 > 효모 > 세균 > 리케차 > 바이러스 등의 순서를 갖는다. 이 중 살아있는 세포 속에서만 증식·생존하며 크기가 가장 작아 여과기를 통과하는 여과성 병원체는 리케차이다.
19	이·미용업소의 쓰레기통, 하수구 소독으로 효과적인 소독제는 승홍수, 역성비누, 포르말린수이다.

20 아포균은 세균의 발육환경이 나쁠 때 아포를 만들며 모든 대사가 정지되며 수년간 생존하나 아포에 적합한 영양, 습도, 온도 등이 유지되면 영양형으로 돌아가 균체를 형성하면서 증식한다.

21 세균은 원핵생물의 특징을 갖고 있다. 세포벽, 세포막, 핵으로 구성되어 있으며 직경 약 1㎛로서 구균, 간균, 나선균 등 크기와 형태에 따라 차이가 있다.

22 세균은 편모(세포의 운동기관), 섬모, 축사, 아포 등을 관찰할 수 있으며, 이들은 발육, 증식하기 위해 외부로부터 영양소를 취하고 이를 분해하여 에너지를 취한다.

23 세균의 증식에 관여하는 환경인자는 온도, pH, 산소, 이산화탄소, 삼투압 등이다.

24 세균의 영양소로는 무기염류, 탄소원, 질소원, 발육인자, 물 등이 필요하다.

25 병원균의 대부분은 28~38℃에서 발육증식이 가장 왕성하다.

26 세균류의 발육온도는 저온균 0~25℃(최적 온도 15~20℃), 중온균 15~55℃(최적 온도 30~40℃), 고온균 40~47℃(최적 온도 50~65℃)이다.

27 병원성(아포 생성 포함) 또는 비병원성 미생물 모두를 사멸 또는 제거하는 것을 살균이라 한다.

28 진균은 진핵세포로서 핵막이 있으며, 광합성이나 운동성이 없는 동물성 기생충으로서 효모나 곰팡이 형태를 취하며 무좀이나 피부 질환을 야기한다.

29 리케차는 진핵세포로서 핵막이 있으며, 말라리아 원충(포자충류), 아메바성 이질(근족충류), 아프리카 수면병·트리코모나스(편모충류), 바란타지움(섬모충류) 등을 일으킨다.

30 리케차는 세균과 바이러스의 중간 미생물로서 살아있는 세포 내에서 기생하며 이, 벼룩, 진드기(절지동물)를 매개로 전파하는 발진성, 열성 질환으로 발진티푸스, 발진열 등의 증상을 일으킨다.

31 화학적 소독제의 적정 농도는 석탄산의 기구류 소독 1~3%, 승홍수의 피부 소독 0.1~0.5%, 크레졸수 1~3%, 알코올 70~80%(에탄올), 30~70%(이소프로탄올), 과산화수소 2.5~3.5% 등이다.

32 병원체가 감염증을 일으킬 수 있는 능력은 정착성, 침습성, 증식성, 독소 생산성 등의 정도가 있다.

33 병원체의 증식성이란 숙주의 저항력 또는 살균력에 대하여 증식할 수 있는 병원체 능력이다. 결핵균은 폐 조직에서, 바이러스는 세포 내에서, 세균은 세포 밖에서, 장티푸스균은 비장, 간장, 담낭에서 증식한다.

34 병원체가 독성물질을 생산할 수 있는 독소 생산성은 균체 외 독소로서 디프테리아균, 파상풍균, 콜레라, 대장균, 보툴리눔균 등이 있으며, 균체 내 독소는 그람음성세균의 세포벽이 주요 성분이다.

35 소독제는 인체 무해·무독하며 환경오염을 발생시키지 않아야 하고, 용해성과 안정성에 의해 부식성과 표백성이 없어야 한다. 소독범위가 넓고 냄새가 없어야 하며, 탈취력과 살균력이 강하고, 경제적이고 사용이 간편해야 하며, 높은 석탄산 계수를 가져야 한다.

36 공중위생관리법에서 소독방법은 자외선, 자비, 유통증기, 건열멸균, 석탄산, 크레졸, 에탄올 소독 등으로 규정된다.

37 빗이나 브러시 등 미용실에서 사용하는 도구의 소독은 세제를 사용하여 세척한 후 자외선 소독기에 넣어 소독한다.

[정 답]

01	02	03	04	05	06	07	08	09	10
○	○	○	○	×	○	○	○	○	×
11	**12**	**13**	**14**	**15**	**16**	**17**	**18**	**19**	**20**
○	×	○	○	×	○	×	×	×	○
21	**22**	**23**	**24**	**25**	**26**	**27**	**28**	**29**	**30**
○	○	○	○	○	○	×	○	×	○
31	**32**	**33**	**34**	**35**	**36**	**37**			
○	○	○	○	○	○	○			

[해 설]

05 피부 소독에는 0.1~0.5% 수용액을 사용하며, 온도가 높을수록 살균효과가 더욱 강해진다.

10 생석회 분말(2)+물(8)=혼합액, 무아포균에 효과적이다. 공기 중에 장기간 방치 시 공기 중의 CO_2와 결합하여 탄산칼슘이 되므로 살균력이 떨어진다.

12 역성비누는 0.01~0.1% 수용액으로 저자극성, 저독성이며 강한 살균력이 있어 일반 세균, 진균, 바이러스 등에 유효하다. 아포, 결핵균에는 효과가 없으며 무기물, 음성비누와 함께 사용 시 작용이 감소된다.

15 석탄산 계수는 성상이 안정되고 순수한 석탄산을 표준으로 다른 소독제의 살균력을 비교하기 위하여 사용된다. 즉, 어떤 균주를 10분 내에 살균할 수 있는 석탄산의 희석배수와 시험하려는 소독약의 희석배율을 비교하는 방법이다.

- 석탄산 계수 = 소독약의 희석배수/석탄수의 희석배수

17 고압증기멸균법은 고압증기멸균기(Autoclave)을 사용하여 10Lbs-115.5℃(30분간), 15Lbs-121.5℃(20분간), 20Lbs-126.5℃(15분간) 실시한다.

18 바이러스는 가장 작아 전자현미경으로 관찰된다.

19 역성비누는 조리기구, 식기류 등, 승홍수는 초자기구, 도자기, 목제품 등, 포르말린수는 의류, 금속기구, 도자기, 고무제품 등, 생석회(석회유)는 분변, 하수, 오수, 토사(배설)물 등의 소독에 사용한다.

27 멸균에 대한 설명이다.

29 원충에 대한 설명으로서 원충은 진핵세포로서 근족충류, 편모충류, 섬모충류, 포자충류 등이 있다.

PART

05 공중위생관리법규

※ 공중위생관리법규에 관한 다음 설명이 옳으면 "O", 틀리면 "X"로 표시하시오.

01	공중위생영업을 하고자 하는 자는 시설 및 설비를 갖춘 후 시장, 군수, 구청장에게 신고한다.	
02	공중위생영업자는 중요사항을 변경하고자 하는 때에도 보건복지부장관에게 신고한다.	
03	폐업신고는 영업을 폐업한 날로부터 20일 이내에 폐업신고서를 첨부하여 시장, 군수, 구청장에게 신고하여야 한다.	
04	영업을 양도하거나 사망한 때 또는 법인이 합병한 때에는 그 영업자의 지위가 파괴된다.	
05	공중위생영업 중 미용업의 경우에는 면허를 소지하지 않은 자도 승계할 수 있다.	
06	미용업을 하는 자는 의료기구나 의약품을 사용하지 않는 순수한 화장 또는 피부미용을 해야 하며, 미용기구는 소독한 기구과 소독하지 않은 기구로 분리하여 보관하고, 면도기는 1회용 면도날만을 손님 1인에 한하여 사용해야 하며, 미용사 면허증을 영업소 안에 게시해야 한다.	
07	미용업자 위생관리 기준에 1회용 면도날은 손님 1인에 한하여 사용하며, 영업장 내의 조명도는 75Lux 이상을 유지하고, 영업소 내에 미용업 신고증 및 개설자의 면허증 원본, 최종지불요금표를 게시 또는 부착하도록 명시되어 있다.	
08	기한 내에 과징금을 납부하지 아니한 경우 과징금 부과 처분을 취소하고, 영업정지 처분을 하거나 「지방행정제재 · 부과금의 징수 등에 관한 법률」에 따라 징수한다.	

09	공중위생영업소의 위생서비스 평가계획 수립은 시·도지사가 한다.	
10	영업과 관련하여 과태료 부과 대상은 위생관리의무를 위반한 자, 위생교육을 받지 않은 자, 관계 공무원 출입 또는 검사를 방해한 자, 영업소 외의 장소에서 미용업무를 행한 자 등이다.	
11	미용업자 위생관리 기준으로서 영업소 내에 미용업 신고증, 개설자의 면허증 원본, 최종지불 요금표 등을 게시해야 한다.	
12	미용사 면허는 고등학교에서 이용 또는 미용에 관한 학과를 졸업한 사람, 초·중등교육법령에 따른 특성화고등학교, 고등기술학교나 고등학교 또는 고등기술학교에 준하는 각종 학교에서 1년 이상 이용 또는 미용에 관한 소정의 과정을 이수한 사람, 국가기술자격법에 의한 미용사의 자격을 취득한 사람 등이 받을 수 있다.	
13	영업의 신고 및 폐업신고, 공중이용시설의 위생관리, 미용사 업무 범위, 영업소의 폐쇄 등 규정에 의한 관계 공무원의 업무를 행하기 위하여 특별시, 광역시, 도 및 시·군·구에 공중위생 감시원을 둘 수 있다.	
14	위생교육을 받은 자가 위생교육을 받은 날부터 3년 이내에 위생교육을 받은 업종과 같은 업종의 영업을 하려는 경우 해당 영업에 대한 위생교육을 받은 것으로 본다.	
15	위생서비스 평가의 결과에 따른 위생관리 등급을 해당 영업자에게 통보하고 이를 공표하여야 하며 위생서비스 평가는 2년마다 실시한다.	
16	미용사 면허 취소 및 정지(제 7조), 영업의 정지, 일부 시설의 사용 중지 및 영업소 폐쇄명령(제 11조) 등의 처분을 하고자 하는 때에는 보고를 해야 한다.	
17	보건복지부령에는 공중위생영업 관련 시설 및 설비, 공중위생 관련 중요사항의 변경, 신고방법 및 절차 등에 관한 필요한 사항 등이 명시되어 있다.	
18	영업의 신고, 영업장 폐쇄, 영업 관련 중요사항 변경, 영업자의 지위 승계 등은 시장, 군수, 구청장에게 신고해야 한다.	

19	영업자의 지위 승계, 미용기구의 소독기준 및 방법, 영업자가 준수해야 할 사항, 소독기준 및 방법, 면허, 공중위생에 영향을 미칠 수 있는 감염병 환자, 면허 취소, 면허 정지 처분의 세부적인 처분, 영업소 외의 장소에서의 미용 업무, 영업의 정지, 일부 시설의 사용 중지, 영업소 폐쇄명령 등 세부기준, 위생관리 등급, 영업소 출입·검사, 위생 감시 실시 주기 및 횟수, 위생관리 등급별 위생 감시 기준, 영업 개시 후 위생교육기간 결정권자 및 허가권자 등은 보건복지부령으로 정한다.	
20	면허증을 잃어버린 후 재발급 받은 자가 그 잃어버린 면허증을 찾은 때에는 지체 없이 면허 교부권자인 보건복지부장관에게 이를 반납한다.	
21	면허증의 기재사항에 변경이 있을 때, 면허증을 잃어버린 때, 면허증이 헐어 못쓰게 된 때 면허증을 재발급 받을 수 있다.	
22	미용사 면허 수수료, 미용사 면허를 받을 수 없는 자(마약 기타 약물 중독자), 과징금의 금액 등에 관한 필요한 사항, 과태료 결정 등은 대통령령에 의해 정한다.	
23	공중위생영업자가 영업소 폐쇄명령을 받고도 계속하여 영업을 할 때 당해 영업소가 위법한 영업소임을 알리는 게시물을 부착하며, 영업소의 간판 기타 영업표지물의 제거, 영업을 위하여 필수 불가결한 기구 또는 시설물을 사용할 수 없게 하는 봉인 등의 조치를 취한다.	
24	과태료 처분에 불복이 있는 자는 과태료 부과 통지를 받은 날부터 20일의 기간 이내에 처분권자에게 이의를 제기할 수 있다.	
25	영업하고자 시설 및 설비를 갖추고 신고를 하고자 하는 자는 신고 이전에 미리 위생교육을 받아야 하나 부득이한 사유로 미리 교육을 받을 수 없는 경우에는 영업 개시 후 6개월 이내에 위생교육을 받을 수 있다.	
26	매년 위생교육은 3시간으로 한다.	
27	위생교육 내용은 「공중위생 관리법」 및 관련 법규, 소양교육(친절 및 청결에 관한 사항을 포함), 기술교육, 그 밖에 공중위생에 관하여 필요한 내용으로서 방법, 절차 등에 관한 필요사항은 시·도지사령으로 정한다.	

28	1년 이하의 징역 또는 1천만 원 이하의 벌금은 영업의 신고 규정에 의한 신고를 하지 않는 자, 영업정지 명령 또는 일부 시설 사용중지 명령을 받고도 그 기간 중에 영업을 하거나 그 시설을 사용한 자 또는 영업소 폐쇄(제 11조 제 1항)명령을 받고도 계속하여 영업을 한 자이다.	
29	300만 원 이하의 과태료는 영업소의 위생관리 의무를 지키지 아니한 자, 위생교육을 받지 아니한 자, 영업소 이외의 장소에서 미용업무를 행한 자에 대한 처분이다.	
30	신고를 하지 아니하고 영업소의 소재지를 변경한 때에는 1차 위반 시 영업장 폐쇄명령의 행정처분을 받는다.	

[정 답]

01	02	03	04	05	06	07	08	09	10
○	×	○	×	×	○	○	○	○	○
11	**12**	**13**	**14**	**15**	**16**	**17**	**18**	**19**	**20**
○	○	○	×	○	×	○	○	○	×
21	**22**	**23**	**24**	**25**	**26**	**27**	**28**	**29**	**30**
○	○	○	×	○	○	×	○	×	×

[해 설]

02 보건복지부령이 정하는 중요사항을 변경하고자 하는 때에도 시장, 군수, 구청장에게 신고한다.

보건복지부령이 정하는 중요사항

① 영업소의 명칭 또는 상호 변경

② 영업소의 소재지 변경

③ 신고한 영업장 면적의 1/3 이상 증감

④ 대표자의 성명 또는 생년월일 변경

⑤ 업종 간 변경

04 양수인, 상속인 또는 합병 후 존속하는 법인이나 합병으로 설립되는 법인에게 영업자의 지위가 승계된다.

05 면허를 소지한 자에 한하여 영업자의 지위를 승계할 수 있다.

14 위생교육에 대한 기준은 2년 이내이다.

16 처분 시 청문을 해야 한다.

20 면허교부권자인 시장, 군수, 구청장에게 지체 없이 반납한다.

24 60일 이내에 해당 행정청에 이의를 제기할 수 있다.

27 위생교육의 방법, 절차 등에 관한 필요사항은 보건복지부령으로 정한다.

29 200만 원 이하의 과태료에 대한 설명이다. 300만 원 이하의 과태료는 규정에 의한 개선명령에 위반한 자, 규정에 의한 보고를 하지 아니하거나 관계 공무원의 출입 · 검사 · 기타 조치를 거부 · 방해 또는 기피한 자에 대한 처분이다.

PART

06 화장품학

※ 화장품학에 관한 다음 설명이 옳으면 "O", 틀리면 "X"로 표시하시오.

01 미백 성분으로는 감초, 알부틴, 코직산, 비타민C, 닥나무 추출물, 하이드로 퀴논 등이 있다.

02 린스는 정전기를 방지하며, 모발 표면을 보호하는 유분을 보충하고 윤기 및 광택을 부여한다.

03 화장수는 수렴과 유연 화장수로 구분되며 수렴화장수는 스킨 로션, 소프너, 토너 등으로서 보습제와 유연제를 함유하고 있다.

04 화장품의 4대 요건은 안전성, 안정성, 사용성, 유용성 등이다.

05 아줄렌은 카모마일에서 추출한 것으로 항염, 진정, 상처 치유, 항알레르기 등의 작용을 한다.

06 왁스는 사용감과 광택이 뛰어나 립스틱, 크림, 파운데이션 등에 사용되며, 열대식물의 잎이나 열매에서 추출하는 식물성 왁스와 벌집과 양모에서 추출하는 동물성 왁스로 구분된다.

07 향수는 농도(부향률)에 따라 향수(퍼퓸), 오데 퍼퓸, 오데 토일렛, 오데 코롱, 샤워 코롱 등으로 분류된다.

08 오데 코롱은 향의 농도가 6~9%로서 퍼퓸의 지속성과 오데 코롱의 가벼운 느낌이 나는 고급스럽고 상쾌한 향이다.

09 자외선 차단에는 자외선 산란제와 자외선 흡수제가 있으며, 피부 각질에서 자외선을 반사시키거나 화학적 차단(필터)제로서 노화와 과색소, 일광화상 등을 막는다.

10 피부 정돈제인 화장수는 pH 5~6으로 클렌징 후 피부의 수분 공급, 수렴, 피부 정돈 등을 통해 피부의 pH를 회복한다.

11 세정제는 피부 생리 균형에 영향을 미치지 않고 피부를 청결하게 하며 피지막의 약산성을 중화시킨다. 피부 노화를 야기하는 활성산소로부터 피부를 보호하기 위해 비타민 C, B를 함유한 기능성 세정제의 역할도 한다.

12 양모에서 추출한 동물성 왁스인 라놀린은 피부 유연성과 친화성이 좋다.

13 바디 샴푸는 목욕제로서 풍부한 거품과 거품의 지속성을 이용한 적절한 세정력과 피부에 대한 높은 안정성, 생리적 분비물 및 체취 제거, 피부 트러블의 예방 및 보호 등에 사용되는 제품이다.

14 자외선 산란제는 민감성 피부에도 사용 가능한 제품으로 피부 자극이 없는 대체적으로 안전한 제품이다. 피부 내 멜라닌색소에 대한 작용으로서 자외선의 화학에너지를 미세한 열에너지로 바꾸는 화학적 차단제이다.

15 화장품 제조 기술에서 유화(Emulsion)는 유성성분과 수성성분이 일정 기간, 일정한 상태로 균일하게 혼합된 상태이다.

16 화장품의 수용성 원료인 알코올은 다른 물질과 혼합 시 녹이는(용매) 성질과 살균·소독작용에 의해 화장수, 양모제에 첨가되며, 피부에 청량감과 가벼운 수렴효과를 주나 피부에 자극을 줄 수 있다.

17 화장품과 의약외품의 중간 영역에 속하는 기초화장품은 피부의 항상성을 유지하기 위해 사용되는 일반적인 성분 이외에 화장품의 약리적인 유효성을 기능적으로 부여하고 있다.

18 에센셜 오일 중 라벤더는 일광화상, 상처 치유에 효과가 있으며, 티트리는 살균 ·소독작용이 있어 여드름에 효과적이고, 제라늄은 향균과 호르몬 조절에 효과가 있다. 레몬은 해독, 이뇨 등에 효능이 있으나 햇빛에 노출 시 색소침착 우려가 있다.

19 피부의 탄력유지에 매우 중요한 역할을 하며 피부 파열을 방지하는 스프링 역할을 하는 진피층 결합조직은 엘라스틴이다.

20	노화피부 화장품 성분은 비타민 C, 감초, 알부틴, 코직산, 닥나무 추출물 등이다.	
21	살리실산은 BHA(β-하이드록시산)라고 하며 살균작용, 피지 억제, 화농성 여드름에 효과적이다.	
22	피롤리돈 카본산염(Soduim PCA)과 아미노산은 천연보습인자로서 지성피부용(여드름용) 화장품에 사용되는 성분으로 피부 보습효과와 피부 유연성을 증가시킨다.	
23	민감성 피부용 화장품 성분은 솔비톨, 콜라겐, 엘라스틴, 레시틴, 알로에, 해초, 히아루론산염, 피롤리돈 카본산염 등이다.	
24	보습제는 피부를 촉촉하게 하는 물질로서 흡습능력과 수분 보유 능력, 피부 친화성 등이 있어야 하며 폴리올, 천연보습인자, 고분자 보습제 등이 사용된다.	
25	글리세린은 의약품 등에서도 널리 사용되는 유연제(강한 보습제)로서 피부를 부드럽게 하고 윤기와 광택을 준다.	

[정 답]

01	02	03	04	05	06	07	08	09	10
○	○	×	○	○	○	○	×	○	○
11	12	13	14	15	16	17	18	19	20
○	○	○	×	○	○	×	○	○	×
21	22	23	24	25					
○	×	×	○	○					

[해 설]

03 수렴 화장수는 아스트리젠트, 토닝 로션, 토닝 스킨이라 하며 피부 소독, 각질층에 수분 공급, 모공 수축, 피지 분비 억제작용을 한다.

08 오데 토일렛에 대한 설명이다. 오데 코롱은 향의 농도가 3~5%로서 가볍고 신선하여 지속력(1~2시간)이 길지 않으나 처음 접하는 사람에게 적당하다.

14 자외선 산란제는 자외선을 반사하여 분사하는 이산화티탄, 산화아연, 탈크성분 등은 난반사 인자로서 물리적 차단제, 미네랄 필터 등으로 불린다.

17 기능성 화장품에 대한 설명이다. 기초화장품은 피부를 청결, 정돈, 보호, 영양에 따른 유 · 수분 균형을 통해 신진대사를 촉진시켜 피부 항상성을 유지하며 자외선을 차단한다.

20 미백용 화장품 성분이다. 노화피부용 화장품 성분으로 AHA(α-하이드록시산), 레티놀(지용성 비타민), 알란토인, 은행 추출물, 프로폴리스 등이다.

22 건성피부용 화장품 성분이다. 여드름용 화장품에 사용되는 성분은 유황, 캄퍼, 머드, 카오린, 살리실산, 벤토나이트 등이다.

23 건성피부용 화장품에 대한 성분이다. 민감성 피부에는 아줄렌, 판테놀(비타민 B_5 유도체), 위치하젤, 리보플라빈, 비타민 P, 비타민 K 등을 화장품 성분으로 첨가한다.